建筑细部设计系列

屋面细部设计

MODERN CONSTRUCTION ENVELOPES：Roofs

[英] 安德鲁·沃茨（Andrew Watts）著
殷山瑞　孟阳子　徐哲文　译

中国建筑工业出版社

目录

本书的内容是基于《现代构造手册》(Modern Construction Handbook) 一书编著而成。其每一章节的主题在书中都作了深入阐述，为屋面、材料和装修提供详细的设计指导，并且汇集了图示的技术信息；讨论了组件设计、建筑装配、手工艺，还有结构和环境方面的内容。

本书目的

本书可作为建筑学学生和建筑从业者的教学参考书；同样也适合结构和环境工程师，如果他们想在本书中获得更多知识的话。本书介绍了当今主要屋面类型的构造方式，并通过有代表性的同一类的细部以及完工的工程实例加以阐释，完工的工程实例可以使人更细致地了解其设计。

书中的六章以建造使用的主要材料：金属、玻璃、混凝土、木材、塑料与织物为切入点对屋面进行分析。每个具体的构造形式都用3个双面 (共6面) 的篇幅以图片和呼应注的方式来加以解释。纵观全书，由知名建筑师设计并竣工的作品被用来阐述具体的构造方式。本书中述及的技术也可以在国际上通用。

概论

本章讨论的是关于屋面设计的两个问题：设计的产生和维护措施。现在人们越来越倾向于隐蔽天沟和管道，并将其与屋面构造整体考虑。屋面清洁和维护设备，还有安装在屋面上的清洁立面的设备，在过去的10年中有长足的发展。除了从屋面固定臂上悬挂或在轨道上移动的吊篮，绳降的使用自20世纪80年代以来也越来越受青睐。在绳降中采用的高安全级别的保障措施也让这一方式更容易清洗复杂造型的屋面和立面，而不需采用视觉上过于突出的梯子和吊篮。这种方法对于清洗玻璃、倾斜金属屋面和织物膜结构都有很大优势。

金属屋面

这一章讨论金属板在屋面中的两种用途：底板和防水盖板。当作为底板时，采用压型金属板或者复合板，防水卷材可以用不同的材料形成。当作覆盖用途时，金属板可以做成直立锁缝、压型金属板和遮雨板。由金属做成的遮阳构件在这里也有论述。

玻璃屋面

本章讲述玻璃作为采光顶和大玻璃屋面的两种用途。杆件作框架的采光顶与玻璃幕墙的部分有相通之处，但通常在与坡度平行的两边用压力板固定。用于采光顶或屋面的螺栓固定的玻璃系统采用与幕墙一样的做法。粘结玻璃屋面和天窗是玻璃砖细部的发展成果，在本章中也会谈到。本章最后讨论玻璃采光顶，重点是使用最少支撑结构的点支式。

前言

混凝土屋面

混凝土结构的屋面由多层防水层和面层做法组成。当防水层直接铺在混凝土上时，保温材料和面层，如屋面植被、铺装或者木板都可采用。屋面也可用另一种屋面系统，例如金属直立锁缝系统，或者其他材料的遮雨板。所有这些类型都会在本章讨论。

木质屋面

木质屋面是一种采用砖瓦、石板、木瓦等材料施工的传统构造方式。近年来，木质屋面上越来越多地采用金属板材，产生了更多、更复杂的屋面造型而不必遵循传统的搭接方式。除了更传统的单层卷材面层，平面木屋面、种植和金属板材在本章都会介绍。

塑料屋面

玻璃钢（GRP）是比玻璃更经济的且保温隔热效果优良的透明材料，其质量比玻璃更轻，允许采用视觉上更加轻巧的支撑结构。玻璃钢也可以创造不透明的、没有节点的连续的屋面结构，如薄壳或穹顶，它们同外面的防水面层一起形成轻盈的整体。所有这些类型在本章中都会加以探讨。

织物屋面

本章讨论受拉的屋面结构，充气结构和小尺度天篷。聚四氟乙烯（PTFE）膜可以在支撑结构上拉伸，比较有代表性的是钢管结构上的不锈钢索。聚四氟乙烯也可用来形成铝合金框架支撑的充气“气枕”。高保温隔热性能和轻质的特点使之成为越来越受青睐的屋面结构形式。

适用范围

书中所述的建造技术和列举的竣工建筑案例的设计都是为了在比较长的一段时间内保持相对优良的表现。然而，展览类和临时类建筑的实例在本书中也加以引用，因为所采用的技术已经被证明在短期和长期都是可靠的。由于读者来自不同国家，本书没有引用国家法律、建筑规章、执业规范和标准。本书也解释了当前正在使用的被接受的技术准则。因为日益深化的经济和知识全球化，世界范围的建筑规范正面临着进一步的协调一致。世界不同国家制造的建筑组件常常用在同一个建筑里。既然建筑规范是用来保护建筑中人的安全和健康，好的施工行为必须遵守这些规范并且帮助加以改进。本书所示的组件和细部反映了当今建筑工业使用的很多建筑技术，但本书不一定赞同或认为使用是合适的，因为建筑技术一直处在不断地变化和发展中。有些列举的例子是将本书所描述的技术高度发展后加以应用的。

注：为了保持原版书的风格，对本书图中图注的标注有缺失者，未做修改。——译者注

概论

（1）屋面系统总览

金属

玻璃

混凝土

木材

塑料

织物

（2）同制造商、装配商和安装人员协作

（3）屋面性能测试

气密性

抗渗性

抗风压性

抗冲击性

试样拆卸

（4）设置在屋面上的维护系统

吊车系统

单轨系统

台车系统

蝉翼，纽约市。建筑师：Tom Wiscombe/Emergent

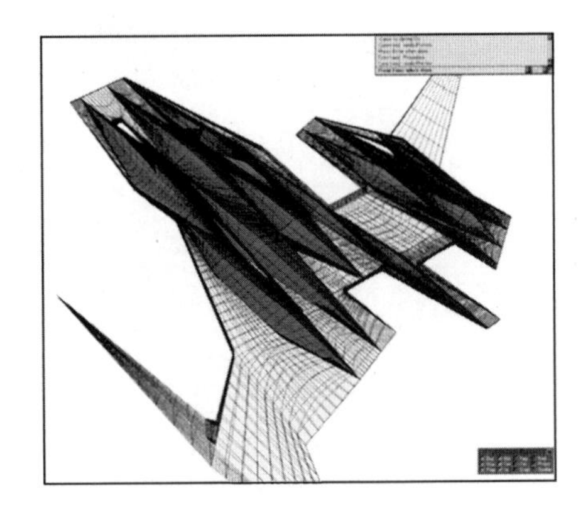

近年来不论何种材料形成的屋面系统都受到影响的一个重要因素是其日益增加的可见性，有些还要同下面的立面连为一体。屋面曾一度被认为是带有传统形象，如黏土瓦和石板瓦的坡屋面；或者被当作像平屋面一样（从下面）完全不被人看到。现在屋面被认为是建筑整体的一部分，无论在形象还是技术方面的性能上，其重要性与外墙一样。各种材料做成的屋面性能的不断提高引发了技术和视觉层面的更大实验。

在最近的一些项目中，屋面和墙体采用了一致的结构形式、相同的构造方法、材料和细部做法。屋面材料日益优良的技术性能和可靠性激励人们做出更大胆的设计。然而，立面和屋面一个本质的不同是立面上的雨水能够沿墙面自由下落，而屋面在下雨时可能被淹没。屋面在汇集雨水的区域必须完全密封，如女儿墙排水沟，以防落水口堵塞时雨水滞留在屋面上。即使坡屋面也得假设屋面会被沿坡流淌的雨水淹没，因此立面设计中使用的第二条防线的做法在屋面设计中作用有限。有些设计将屋面作为一个完全防水的单层的膜，并用它来包裹整个外表面。这就是将屋面向下延伸代替墙体，而不是将立面向上延伸构成屋面的做法。这两种方法在雕塑形式的建筑中都有采用，在这里墙体和屋面在一个设计中被结合起来。

立面的设计越来越多受到屋面设计的影响，立面的技术被融合到屋面设计中。螺栓固定的玻璃、遮雨板、硅胶粘结且成组化的板材这些元素被吸收到屋面设计中，而乙烯-四氟乙烯聚合物（ETFE）气枕、聚合物膜和织物结构在立面设计中也有用武之地。

金属

金属屋面最近10年的发展致力于提高其视觉效果。20世纪70年代，压型金属板屋面增加了弧形屋檐和压制金属转角等构件来实现檐沟的隐蔽，从而给屋面一种强烈的线形纹理，这也成为工业建筑的重要组成部分。接头不断增加的可靠性和更多的使用铝合金板取代钢板（灵活性越来越大），这两方面促使产生了更加大胆的屋面形式而防水效果不受影响。人们对中间带屋脊的传统屋面样式兴趣的降低导致更多地使用与消费产品（特别是汽车）相关的亮色调的油漆或涂料饰面，而不再使用模仿传统材料如瓦或钢板上镀锌层的传统深颜色。20世纪80年代，一些建筑甚至模仿火车的形式，采用抛光的不锈钢屋面板和压型金属板，板的走向是水平的，而不是传统的有助于坡顶排除雨水的压型金属板的走向。20世纪90年代，压型金属板屋面开始采用直立锁缝系统，这种做法将能大跨度布置的压型金属板和在现场用机械如同拉拉链一般连接的防水优良、视觉简洁的直立锁缝结合了起来。自从引入“拉链”接点的板材以来，由于这些安装方法的相互融合，压型金属板系统和直立锁缝系统的差异已经变得有点模糊。这种新的“混合”系统有一套可以从金属板安装的内衬板系统，有些可以从屋面高度悬挂而不需要脚手架或平台。这种系统可以用来做大

这个屋面天篷设计和建造的创新性不仅是数字技术的结果，也是创新性团队协作的结果。团队为某一项目将个人和小组召集到一起。工作方法和设计、施工内容对设计团队同样重要

跨度建筑，特别适应净空较高的建筑，例如有屋面的体育馆，因为不需要脚手架而且施工简单。

自20世纪80年代以来，复合屋面板系统一直在不断发展，这种系统采用的半扣搭板材既充当室内顶棚饰面，又充当外部的屋面板，板材之间采用叠合的金属接头或在直立锁缝接头上安装金属封口件。复合板还没有达到其立面的技术水平。板材之间的接头最好能充当排水沟或者外密封层的第二道防线，如同幕墙中一样，在接头处有排水或通风槽的话就可以让水在屋面基础处排出。人们在这个方向上已经做了不少尝试，但要使这一系统脱离模仿压型金属板系统而自成系统还有很大的发展空间。一种折中但有效的使用复合板的方法是作为带保温隔热效果的屋面板，在上面做一层独立的防水膜。尽管板材缺乏可视性，但还是很实用经济的，板材里的保温材料不仅能填充板材自身凹凸形成的空隙，也能增加结构上的稳定性。这种复合板材也用于要求大跨度的围护板材的墙体，而厂家专有的围护板难以满足要求。

遮雨板是金属屋面系统新加的构件。其并无防雨作用，而是保护下面涂膜免受日照和维护人员的踩踏。这种方法成为比鹅卵石视觉效果更好的另一种选择，当然也有不好的方面如积聚尘土。金属遮雨板要求刚度足够大并且能够抵抗冲击损伤。内芯是塑料、外表是薄金属面的复合板材在这方面受到欢迎，因为通常当铝合金型材用硅胶粘结在板底面时，它们能够达到很高的平整度，并且有足够的弹性来承受人在上面行走的荷载。

一项新的发展是将遮雨板与不透明的穿孔或开槽的板材混合，也可以用于挑檐吊顶。对造价经济的屋面来说，复合板不仅仅有一定程度的装饰作用，而且通过在不同的屋面景观中形成连续性构成建筑物外表的语言，具体包括从遮盖通风端口，采光顶和天沟等构件到形成屋面与下面立面的平滑的过渡等。金属遮雨板能适应复杂的几何造型而不必特制单独的复合板，也能达到相同的视觉效果。虽然这些板材不是完全用金属做成而是以假乱真的“真正的”金属屋面，却可以在一张板里应付透明和半透明的各种做法，而且从建筑内外都能看出板的厚度。遮雨板未来的发展有可能是结合半透明的如填充半透明隔热材料的玻璃钢（GRP）使用，可以调节透射的日光，允许玻璃钢用不同的颜色，如果没有穿孔或开槽板（覆盖）的话，容易褪色。也可以同聚碳酸酯板或丙烯酸有机玻璃一起使用，这种情况下，穿孔的金属板能产生发散的光线，因此材料的老化效应会变得几乎更加不明显，甚至可以提高着色效果。这种可替代玻璃屋面的做法采用受拉的单层织物膜屋面的方法，允许屋面的形状变成非线性的，甚至做成双曲线的形式。

金属天篷正经历重大的发展。因为它能用来起到遮阳作用，人们也常将其当成能反映自身特点的小屋面结构。因其能做成折形造型，可作为对未来建筑外表的一种探索。采用计算机数控切割

布鲁日展馆，比利时，建筑师：伊东丰雄及合伙人

结构复合板，或“三明治”（sandwich）板的设计在工作室经历了很大发展。做原型模型方法的大量应用使设施的设计可以在相对较小的建筑上发展

机械和使用越来越经济的能在穿孔板上做出独具一格式样的冲压工具，使每个项目采用的特殊样式和切割的板材更容易用不同材料实现。

过去10年影响所有金属工程的一个因素是面层质量的提高。粉末涂料的质量获得了巨大的提高，如耐久性更好，色牢度也更高，因此可以同价格更高的偏聚氟乙烯（PVDF）媲美。对于各种系统，金属屋面设计的主要限制在于金属板出厂宽度是1200mm或1500mm，但如果使用金属卷材的话，可以保证较长的长度，也就是说在工厂里将金属卷成筒状。在立面上使用的大多数金属板都是从卷筒当中截取的，当然也受到上述宽度的限制。4mm或更厚一点的板子，都是制作成约1000mm×2000mm 规格平板的样式。尺寸更大的板子一般难以大量订购。成卷金属板的宽度有限，还有接缝处材料的折叠，这是应用中主要的限制。但这种材料可以通过经济地弯曲、折叠来做出几乎任何需要的形态，板的表面施加面层材料可以保持其外表的干净达25年之久。

玻璃

为了提高防风雨的密封能力，玻璃系统在过去的25年里有了很大的发展。所谓的“无油灰镶玻璃法”（patent glazing，也可译为“专利装玻璃”，实际是指使用构件而非油灰固定玻璃的方法——译者注）本来是指温室建筑中用金属格条和夹子来快速可靠固定玻璃的一种方法。“无油灰镶玻璃法”这一说法现在还在使用，但通常采用隔热材料来固定双层玻璃。外面的密封材料能够在风压较大的情况下对刮到玻璃上的雨水保持水密性，雨水以立面系统的方式排除并且保持材料内部的通风。完全密封的玻璃幕墙节点的雨水渗透与室内外气压差有关。室内一侧气压低于室外时，雨水会从玻璃屋面和幕墙的接头渗入。这一问题一直都靠设在双层玻璃旁、固定玻璃压力下的排水槽排除透过外密封层的雨水来解决。雨水从底部排出，在这里室外空气与排水腔所在区域连通，以保证内外压力一致。尽管排水和通风系统（ventilated systems，此处仅指为保持内外气压相同而与外界空气保持连通的设备）已经用了25年，但水平接缝的水密性能一直都在不断提升。沿坡屋面放置的格条用来支撑玻璃，这样不会阻挡雨水流淌。水平接头侧面为阶梯状的接头支撑，这样雨水可以从较高位置的玻璃流到下面的玻璃上。玻璃一般用夹子固定，并用玻璃系统自带的密封胶密封。这样的接头很难以可靠的密封来达到高风压下的水密性要求，并且不适合用于带排水和通风的玻璃系统。这一问题首先依靠用于玻璃幕墙的硅酮胶粘结玻璃系统的发展，而在过去20年已经得到解决。在这种新方法中，双层玻璃单元的顶部和底部设置通长金属槽，同时玻璃板沿着水平接头对齐放置。然后将玻璃板用金属夹固定

梅塞德斯·奔驰设计中心，德国斯图加特，建筑师：伦佐·皮亚诺建筑工作室

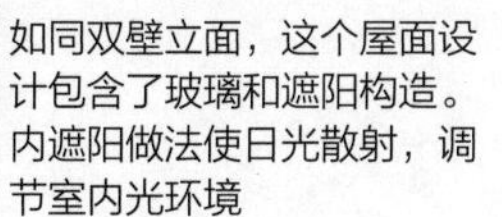

如同双壁立面，这个屋面设计包含了玻璃和遮阳构造。内遮阳做法使日光散射，调节室内光环境

在接头里面来提供机械约束。板间的水平接头用硅胶密封。固定玻璃的铝合金框架有与空气相通的排水设施，来排除任何流经外部密封材料上的雨水。随着硅胶粘结技术的进步，双层玻璃板也能固定到铝合金型材上，后者再用螺栓固定在支撑框架上。玻璃板间的接头如同前面的例子一样用硅胶密封。另一种可供选择的做法是采用带有压力板的水平格条，其造型尽量减少对水流的阻碍，当然一些雨水会滞留在压力板的较高一侧。这些雨水量不大会自行蒸发，即使有少量雨水透过外部密封材料，也会在系统内部被排走。带硅胶密封的凹入式安装方法和改进的压力板安装系统的性能都很可靠。

螺栓固定的玻璃系统在采光顶上的应用晚于立面。这种系统在技术上的成功部分归功于现场完成玻璃单元接头的较高的施工水平。这在屋面上早期应用时出现了一些困难，但现在已获解决。螺栓固定的玻璃幕墙相对于框架系统的优势在于从建筑内部或外部都能安装。框架系统的玻璃幕墙支撑框架在内部，即使格条延伸到屋面外面，金属框架的网格还是可见的。而用螺栓固定的玻璃幕墙，屋面可以看成一个连续面，构件和遮阳构件根据需要也可以设置在玻璃外部。当屋面主要是从建筑外面观看时，结构构件设置在屋面内部，这样屋面看起来如同一个没有构件的玻璃块。人们对带有一定反射率的大面积连续玻璃面的喜爱同对屋面透明性的喜爱一道与日俱增。用于采光顶的螺栓固定的玻璃系统原先是因为其无框、点支式的设计形成的通透感而受到喜爱，现在这种方法更多用于塑造连续面和雕塑般的玻璃造型。这可以在这种系统的技术发展中体现，螺栓只固定双层玻璃的一面，外层玻璃板则没有螺栓固定件穿过，因此在玻璃外看不到任何安装构件。这使这种系统向无可视固定件的玻璃系统方向又进了一步。

螺栓固定玻璃系统的使用提供了更大通透性，这也促使人们更多使用索网式支撑的玻璃系统。螺栓固定系统中的索网是由形成直线网格形式的不锈钢索组成，钢索的交接处以螺栓固定。轻质的钢索网固定在边框上，这种结构的效果如同网球拍一样。当采光顶周围是不透光屋面时，例如混凝土屋面上开的一个洞，圈梁看不见，但当采光顶形成整个屋面时，产生的屋面周边结构在视觉上非常明显。所以当结构外露时，这种方式视觉效果上高度依赖于周边结构自身形象的美观。螺栓固定的天窗逐渐不再依赖当前技术所特有的X形铸造支架，转向平板和焊接支架，这两种构件都更加经济并且确保视觉重心集中到玻璃所创造的平面或造型上，而不是支架和螺栓组成的固定系统。

胶粘玻璃采光顶是玻璃屋面一个新的发展成果，做法是将双层玻璃单元直接粘结到轻质的金属框架上，外表面没有可见的安装件。螺栓固定的玻璃系统可以从玻璃板一边将固定螺栓隐蔽在

国际货港，日本横滨，建筑师：Foreign Office建筑事务所

折形钢板结构的创新使用使屋面结构在室内完全可见，同时形成屋面的独特形态

双层玻璃内，结构用硅胶粘结的玻璃则根本没有可见的结构，是通过将起支撑作用的格条隐藏在外密封层后面的接缝里面实现的。这样促使采用这种技术的采光顶在造型设计上可以更加自由，而其中的格条位置、如何相交的问题在设计中都不是必须要考虑的了。第2章中介绍的锥形采光顶上有一个油漆喷涂的金属顶盖，此顶盖也可以用铸造玻璃制成。这种玻璃系统不需要玻璃框和封口件（为了安装通常需要相对简单或较大弧形的形式），因此能够做出有雕塑感的形态——玻璃主导视觉重点，而不是其他玻璃安装方法所必须有的框架构件、封口件或者密布的螺栓固定件。胶粘玻璃促进了玻璃结构梁的使用，后者很适合用于需要结构支撑的采光顶。大多数胶粘玻璃采光顶都有轻微的坡度，但平坦的表面也部分来源于近15年不断发展的玻璃楼板和楼梯踏步。虽然有零星损坏产生，但随着玻璃梁可靠性和人们对其性能认识的提高，这种构件一定会获得更多的使用。这一技术很可能在半透明的塑料中得到应用，而不是仅仅用在玻璃上。

混凝土

混凝土屋面防水卷材在过去25年的发展集中在提高材料的弹性上。沥青，一种在混凝土屋面上广泛应用的材料，传统上有不能适应建筑结构或太阳辐射引起的位移的缺点。一种解决方法是采用倒置式屋面构造，这种构造将保温层置于防水层之上，来保持防水层保持较低且相对恒定的温度，最后将卵石铺装在保温层上面。但沥青仍然被要求跨越变形缝并和其他材料连接。将高聚物添加到沥青中获得了更大的弹性，使材料易于现场施工，特别是作为热熔卷材而非以液态形式。高聚物材料，主要是热塑性塑料和人造橡胶，正变得愈加经济。高聚物材料的优点是可以暴露在日光中，这引领屋面使用这种材料当作面层，一些建筑甚至将沿立面向下延伸来形成整个建筑的外表面。这些防水卷材（也可用于金属或木屋面）的安装方式与织物膜一样，后者是在工厂里将不同的膜熔接在一起形成，带有笔直而干净的接缝。以前的卷材因为有碍观瞻而需隐蔽起来，现在的这种变化使之可以成为视觉上的积极因素。一些厂家提供同卷材一样材质的泛水构件，一般是PVC卷材，可以用来像直立锁缝金属屋面一样导流雨水。这个发展也允许卷材之间的接头同直立锁缝接头相结合以取得视觉上的整洁感。屋面卷材自身即可当作面层而无须遮掩，屋面边缘无疑会变得更加干净，在这里就不再需要女儿墙来遮掩后面的屋面，而允许使用栏杆代替。坡屋面视觉上外露的高聚物卷材或高聚物改性沥青卷材，不再模仿传统屋面瓦的样式，而是正在当作一种独立的材料使用。由生产厂家改良过的安装技术将会有助于这种角色的转换。防水卷材越来越多地被用在不同寻常的衬板上，如折形金属屋面板或发泡保温材料

有轨电车站，法国斯特拉斯堡，建筑师：扎哈·哈迪德建筑事务所

此处的折形混凝土板形成了有强烈视觉形象的屋面天篷，并没有因防水和排水做法而受到影响

包裹的屋面板，这些屋面不论从内还是从外看都有很强的立体感。卷材需要能适应更大的结构位移和更高的温度，上面的耐磨面层保证维修时受到工人踩踏而不受损害。涂膜的使用，不论是外露还是遮掩的，未来的10年都会在以上方面继续发展。

种植屋面在过去的20年中，在轻质建筑屋面上的使用要多于混凝土屋面。种植屋面遇到的一个困难是如何解决植物生长所需的土壤和灌溉设施的重量，这会增加建筑结构的成本。在过去的20年里，种植屋面发展成只需要50mm的种植介质，以满足高度较低的植物的生长。这部分归功于设计了更好的聚苯乙烯灌溉层，里面容纳了能满足植物生长的合适的水量，因此土壤和灌溉用水的重量可以减到最低。这样，种植屋面就可以用到任何材料的轻质屋面上。这项技术在要求屋面尽量减少对周围环境产生视觉影响的地方（主要是城市与乡村结合的地区）很受欢迎。灌溉装置变得更加复杂，里面的电控阀门根据时节变化控制水量来灌溉植物。

木材

木结构屋面在过去20年中一直在发展，以提高其保温隔热效果。大多数使用黏土瓦和石板瓦的技术都在沿用很久以来的传统做法，但不能满足最近几年为满足建筑节能所要求的更严格的保温隔热效果。“冷”屋面是将保温层置于顶棚高度，而与屋面板之间闷顶是通风的，这种屋面构造方法仍在使用。而“热”屋面为了恰当地解决通风需求以避免屋面构造中发生冷凝，经历了很大的发展。一些生产厂家喜欢在屋面构造里面不做通风，因为在内装修后面的墙体构造内侧使用高性能的隔汽层后就难以实现这种做法。在实际中也不总是能实现，特别是在穿屋面的管子或通风管的周围。厂家也提供性能更高的通气口来保证空气能够从屋面的黏土瓦、石板瓦或木瓦和透气卷材或屋面油毡之间的空隙中排出。大多数给这类坡屋面做通风的努力都尽量保持传统屋面的形式，通风管和烟道直到最近才获得使用。现代的黏土、石板和木质瓦屋面有两道防水，防止雨水渗透。构造中最外面的一层瓦就是外层防水层，起到保护下面防水涂膜或呼吸式卷材的作用。当要求增加保温层来减少建筑能耗时，屋面构造中避免空隙冷凝水的要求也会相应提高。由于上述原因，屋面的形式毫无疑问会发生改变，当前对外观要模仿传统瓦屋面的要求也会改变。在坡屋面局部使用太阳能面板替代瓦片（其外形也是模仿传统瓦屋面的外观）的应用有可能会越来越多，温带地区用于热水系统的太阳能集热瓦片的使用也会增加。未来几年，这无疑会影响居住建筑坡屋面的设计。

坡屋面中一项很有意义的进步是金属瓦片的使用。这项技术是融合了瓦屋面和直立锁缝立面的相关技术，用来在一个系统内建造墙和屋面，这种做法

自然椭圆形房屋，日本东京，建筑师：远藤正明等

这个建筑的外膜混合了隐蔽聚合物卷材的做法，使用了拉伸结构和塑料形式。这种经济材料的创新应用可以创造出经济的3D效果，而不需要传统的屋面元素

既经济又能处理多种安装角度。如果瓦片呈45°放置的话，木瓦或黏土瓦在顶边挂住，而金属瓦在侧边和底边上弯折成接头。瓦的顶边用钉子或螺钉固定，再用瓦片搭接在钉子固定件的上面。这种方法固定了瓦片的所有边，同时保持了视觉上能看到的搭接关系，还允许瓦片在任何位置固定，甚至在挑檐底部。这种安装方法通过假设雨水会透过接头而通常遵循遮雨板的原则，雨水会流到后面与空气相通的空腔内。金属瓦片的加工很经济，从铝、低碳钢、铜或者锌板上很容易切割。另外，瓦片还可以通过受压形成弧形从而给屋面带来立体效果，这种效果还需要继续探索。

塑料

半透明塑料主要做成平板和复合板，模仿玻璃采光顶的效果。这种情况正逐步改变，塑料不再被看作其他材料的廉价替代品，而是一种独立的建筑材料。早期透明或半透明的塑料采光顶容易褪色或变黄。现在用的材料比30年前的要优良，保证褪色要远比以前轻微。这部分归功于使用的涂层，通常是不透明板上的油漆面层。人们欣赏现代塑料的耐久性且能够用模具加工成复杂形状，这种情况启动了新颖屋面设计的进程。一些板材用作半透明的遮雨板，在其最外层塑料壳下设置照明设备或图案。塑料制品面临的很大困难在于人们将其与玻璃和金属相比较而认为不如上述材料耐久，因为这个原因塑料材料被当成一种廉价替代品。只有当用其余材料实现复杂的外部造型远远超出预算时，这种观念才会改变。塑料和复合板的加工仍然是在相对较小规模的车间里，模型的制作过程很容易，也很经济，而且允许设计人员和厂家互相交流，这一点在大工厂里很难做到，那里靠大批量生产相同构件仍然是主要的生产方法。

玻璃钢（GRP）是一种日益受到欢迎的材料，但因为制作时使用的是单面模板导致其只有一面是经过处理的。浇注完的板背对背粘结在一起形成双面都经过处理的板子，如同需要内装饰面和外层防水面的不透明天窗一样。小尺度组件由于造价问题至今仍需使用注塑技术。未来的10年由于加工机械（特别是适合加工塑料板和复合板的数控加工铣削和切割机器）成本的降低，这一状况可能改观。塑料材料和金属材料的本质区别是塑料可以浇注成很大的形体而不需要接头。金属屋面之间的接缝需要盖板和防水板来处理，塑料材料则不需要。金属细部的复杂性带来丰富的视觉感受，这种感受在模仿相同屋面形态的塑料屋面中不存在，不过新的双曲面形式、有高等级保温隔热性能的双层板、电子照明系统都能是塑料表达自身形象的语言。这种材料的塑造能力和灵活性的例子在消费产品和汽车方面可以看到，进入建筑工业领域也逐渐变为可能。

汽车站，瑞士卢加诺，建筑师：马里奥·博塔

聚碳酸酯板的应用塑造了看起来浮在周围环境上的轻质天篷。整洁的屋面组合使屋面看起来优雅而耐久

织物

用高聚物材料制作的织物的使用对建筑业来说还相对新鲜，其应用也集中在创造帐篷式屋面上。世界上模仿传统帐篷造型的张拉结构起源于35年前的早期天篷。基于帐篷的支撑结构拉伸外表防水的单张膜，结构中的桅杆承担膜的荷载，绳索用于膜的定位和固定。膜的造型是模仿传统的帐篷。这在膜同拉索的连接和拉索与支撑结构的连接方面产生了一些有意义的进展。膜也可以在更加有雕塑感的支撑框架上拉伸，这不是对帐篷的模仿，而是来自建筑工程中确立的表达方式。这种屋面的设计寿命在逐渐增加，既是因为有早期例子的参考和发展，也由于保护涂层的性能有了提升。大多数涂层的目的在于尽可能地增加表面的光滑度来减少屋面尘土的积聚，因此屋面可以仅通过自然降水清洁而无须人工操作。上述做法一般都是有效的。需要记住大多数织物屋面都难以上人用手清洗。大多数膜屋面较大的尺寸也给清洁带来困难。双层膜屋面的使用毫无疑问会改变其用途：从单纯用于遮风避雨到保温隔热。更透明的保温材料能够增加屋面的透光率，人们正在研究使之变得经济且具有高透光率，以适用于双层膜。给膜提供保温效果的另一种办法是在双层膜之间充入空气做成充气屋面。这种方法的问题在于需要不断补充空气来维持屋面的位置，而不是用根本不需电气设备的框架结构。虽然充气结构用作临时或季节性建筑的屋面，但采用这种方式形成的充气“气枕”已经用来作为有保温隔热效果的屋面。视觉上最引人注目的例子使用的是乙烯-四氟乙烯聚合物（ETFE）膜，这种材料同其他高聚物织物材料相比耐久性更好，透明度也更高。这对需要一定遮阳的采光顶来说是个不利条件，但对很多立面来说却很理想，并正用作整个建筑的外围护结构，墙和屋面在这里由透明和半透明膜混合组成。这些膜内部充满气体，永久性的充气装置与之固定，可以周期性地给气枕补充更多空气来保持为满足结构稳定性所需的压力。织物一定会获得更广泛的应用，用它做成的气枕与遮阳构件或者内部的景观墙相结合用于各种双层屋面或者双层墙中（twin roof or twin wall）。正如塑料板材一样，ETFE气枕的设计正从玻璃采光顶的设计语言中解放出来，使用更复杂的几何造型形成曲面屋面。不需任何支撑结构的有承重作用的气枕，正处于发展和应用的早期阶段。我们很可能在未来几年看到它在屋面结构和自支撑围护结构中的发展。

虽然ETFE/玻璃纤维板比PVC/聚酯纤维类型已经宽得多，但织物膜当前仍受到产品宽度的限制。织物膜的接头，同混凝土、金属和木屋面上高聚物膜相似，都能看到各种技术的融合，在这里，防水涂膜、玻璃板、塑料板在一个屋面上找到了结合语言而各用各的解决方法。在不那么规则的屋面设计中这些技术的结合能产生全新的屋面技术。

工作室与房屋，日本志贺县，琵琶湖，建筑师：远藤秀平建筑事务所

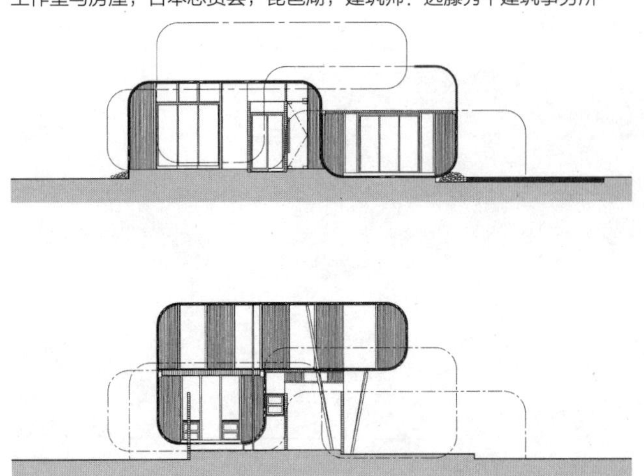

这个建筑的屋面结构与外墙连续，形成一体的围护结构。这种设计方法已经用在大型建筑上，而在小型建筑上的应用还属创新

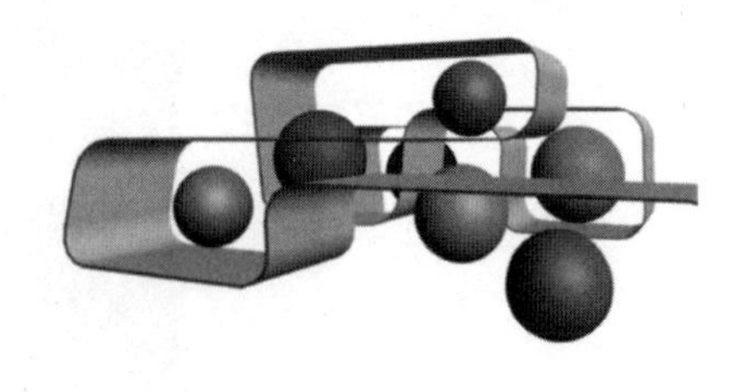

当屋面设计被统合进立面设计，从而使立面设计更复杂时，屋面的细部设计、模型和测试的量也应与立面取得一致，特别是在屋面占整个形体的比例较大或者屋面要和下面的立面形成视觉上的连续性时。

屋面及其面层的安装是制造商生产的专利构件或系统、装配商的组合和安装厂家的现场作业三者协力完成的。除了规模较小的工程使用传统技术，大多数屋面采用的是制造商生产的系统。很多传统技术被吸收到制造商的专利系统中，这些系统注重可靠性、经济性和保温隔热效果，同时克服冷凝水的问题。

对设计人员来说，金属、混凝土和木材制作的屋面主要依靠制造商或安装厂家完成，而玻璃、塑料和织物屋面则主要靠制造商或装配商。在确立屋面的大体外观之后，设计人员根据所用的材料进行细化设计。

金属屋面大多属于厂家的专利系统，除了遮雨板和天篷（通常由装配商完成），都由制作商生产。直立锁缝、压型金属板和复合板等屋面系统由制作商生产，设计人员可以在项目的早期阶段联系他们获得大体的技术信息。当屋面的设计同上述标准屋面系统区别不大时，不需要额外的信息就能设计出可适用于很多厂商的屋面系统。如果设计的系统与常用的有本质区别，那应该尽早邀请一两家制造商看他们是否乐意在投标之前开发这一系统。当确定哪一家制造商或装配商能在预算内完成这个项目时就可与其商讨合同问题。这种做法在采用混合系统、遮雨板或者双层屋面的情况下格外重要，因为几乎没有先例，并且细化设计和测试来保证其作为建筑一部分的长期性能。

玻璃屋面通常遵照玻璃幕墙的规范，各种细部做法也很明确。如果使用附加遮阳构件的话，设计人员需要在设计的早期阶段咨询生产商，因为在采光顶上很少有穿过框架和接头的做法（指在螺栓固定的玻璃幕墙中）。一些规模较大的幕墙公司的业务已经拓展到屋面领域，他们对于非常规的设计在早期阶段也能够提供建议。立足于钢材加工、制作特殊屋面的公司，也能在设计早期阶段提供支撑结构和玻璃之间联系的有用信息，特别是能并入建筑总体结构设计中的结构荷载信息。

混凝土屋面上通常都有卷材防水层。这些内容设计人员几乎不需要咨询。很多厂家的变形缝和标准接头的细部做法都大同小异。差异体现在种植屋面上，土壤厚度或其他种植媒介的厚度及其自重需要在设计前期确定，以便考察两种或三种不同的专利种植屋面系统。混凝土水平屋面的设计需要同排水系统紧密配合来保证它们能合适安装，特别是在水落口与立面或下面的顶棚布置效果需要紧密协调的地方。位于屋面边的双路水落口日益广泛的应用，使其与周围协调的要求更加迫切。

木结构屋面一般只采用比较成熟的系统，甚至连金属瓦屋面都被当作测试系统。由于对相关技术了解得很透彻，设计人员通常在投标之前就可以独立完成详尽的设计。黏土瓦、石板瓦和木瓦

Saltwater Pavilion，尼尔杰水世界（Neeltje Jans），荷兰，建筑师：Oosterhuis建筑事务所

外膜使用现喷的聚合物涂层，混合了天然沥青和液态施工的屋面卷材的视觉语言，塑造创新外观的聚合物技术以后一定会继续发展

在建筑工业中一直都有发展，其最新的改进都会由安装厂家在其投标时发布。具体选择何种瓦片通常在项目进展的早期完成，然后由制造商尽早提供大概的成本预算。建筑承包商或安装厂家，常常要投标争取获得安装设计方已经指定的系统的资格。沥青材料已经发展得很完善，设计人员可以自信地完成深化设计。

玻璃钢（GRP）屋面是作为专利系统生产的，规模较小的制造商提供单独设计的系统。它是由板材和特殊形式的组件组合而成，如护角（nosing）和天沟。当塑料屋面用作结构屋盖时，通常是为每个项目单独设计的并在工厂生产、组装。设计方通常要保证设计会适合两三家投标人，但由于工程的专业性，很有可能在较早的时候就选好了承包商。因为这个原因，尽早谈判价格也是明智的。

织物膜屋面和乙烯-四氟乙烯聚合物(ETFE)气枕屋面可以由张拉结构的专业结构工程师协助设计，这样就可以不用请制造商帮忙。事实上，他们可能也不情愿提供详细的几何造型和确定施加到支撑结构上的各种力。材料及其宽度的选择，都可以在早期向装配商咨询时决定。一旦材料与预算吻合，专业结构工程师就可以开始进行初步设计，支撑结构同织物膜的设计同步进行。

总体来讲，同屋面制造商的协作不如墙体制造商那么灵活，但这种情形随着各种材料新屋面系统的发展在快速改变。当屋面的视觉复杂性和技术性能越来越趋近于立面时，制造商也有空坐下来跟建筑师和工程师们一道发展他们的产品了。谈判厂家屋面系统价格的能力在此问题上也有帮助，投标内容也被限制在由设计人员指定的某一特定系统的安装上。到被选用屋面系统的供货商的工厂参观有助于设计人员理解组件的制造方式及其生产的限定条件，也有助于帮助设计人员弄清楚他们希望修改的系统的某一部分是否可以在不显著增加造价的情况下实现。

装配商在金属、玻璃、塑料和织物膜屋面的技术和视觉效果方面有远大的志向。他们在项目早期阶段就能接洽，而且如果预约够早的话，同设计人员能建立起更密切的联系。在项目早期就参观他们的设施来确认工程经验，还有从复杂性和尺度这两个方面考核他们的能力。

安装厂家，尤其当他们也是总承包商的时候，能够在早期阶段提供关于设计是否易于施工和材料运送进场的相关费用信息。如果将材料运到现场并易于吊装到屋面上的恰当方法被接受的话，那么预算内的更大胆的设计也能够实现。然后现场安装量和场外的组装量可以由设计人员进行优化，以便在不显著增加现场施工时间的基础上完工。

首先，对于每种材料的属性、工作方式以及材料的运输和组装方法，从一开始就应深入理解。其次，与从工厂远距离运输组件相比，在工地附近建立临时组件生产车间具有更多的优点，这将为承包商带来很多好处。当设计人员更好地理解了要使用的材料时，建设质量会因此提高。

屋面系统的测试一般在包含屋面所有接头和代表系统所能达到的最大跨度的小型板上进行。这是为了保证系统在正、负风压下经受形变时能确保完全的防水效果

模型防水测试直到最近还仅限于立面墙体。当屋面在技术上与一般系统不同或者是几个一般系统组合成特殊系统时，通常要在专业的实验室做测试。测试通常限于金属、玻璃或塑料屋面。混凝土、木结构和织物膜屋面通常不需要做测试模型，因为它们的性能不论在正在使用的系统中还是在整个工业规范中都已经很明确。当各种设计荷载施加到模型上时，实验设备可测定模型的水密性和气密性。另外，当屋面下人员可能受到邻近更高建筑高空坠物威胁而需要考虑屋面抵御此类荷载时，高空坠物对屋面的影响也会进行测试。屋面区别于墙体的测试是雨水浸泡实验。将屋面一个区域充满一定高度的水，模仿水落口被堵塞积水多日的情况。测试通常在有毡屋面上进行，这种屋面在水落口堵塞时会积水，而对于坡屋面则仅在天沟或排水位置测试就够了。对于混凝土、钢或者木质水平屋面上的单层卷材屋面，这种测试通常在现场进行。

性能测试用的模型另外的好处是能揭示系统的安装问题，特别是系统有创新时，并且可以让设计人员提前看到屋面的施工方式。模型也可以用来明确可接受的施工质量水平，特别是在以下方面：视觉整洁度、材料平整度、能看到的接缝宽度、面层和颜色。

车间通常要准备至少一块屋面板或一套接缝构造，形成足够大的面积以显示框架构件和里面通风、排水设备的结构位移。拿一块尺寸为300mm×300mm且只带一个接缝的板子来测试毫无意义，因为在设计最大风荷载下整个屋面的位移的总体效果根本无法确定。测试用屋面板放置的角度应同正式施工时一样。如果屋面有很多角度，要采用最脆弱或最极端的角度。屋面模型高于地面1500—2000mm，便于从下面观察。屋面试样通常在边上由钢框支撑，是模仿建筑中使用的结构。然后通常将屋面下部空间用胶合板密封，与下面的地板一起形成尽可能不透气的空间。给测试小室装上一扇门，以便在测试过程中能够关闭。

测试小室内充入空气加压以确定屋面系统中的空气渗透量。空气通常由穿过胶合板的软管提供。软管接到离心风机上，风机既可以充气也可以排气。

测试中最大的外部设备是带螺旋桨的航空发动机，给模型施加风压。网格状布置的喷头固定在模型上，模仿降雨。

装满小玻璃球的帆布包用来模仿较软物体的撞击，一般从试样旁边可移动的平台或临时搭建的脚手架上抛下。

气密性

为了确定空气透过模型的渗透率，模型要经受恒定的持续10s的正压，压力值等于设计值的一半。这样做是为了给测试小室加压，确保密封效果良好。整个过程在测试开始前进行。测试小室内外的压力差现在增加到600Pa，屋面试样首先用胶带密封以确认有无渗漏；空气的流动也会测量，对于固定的采光

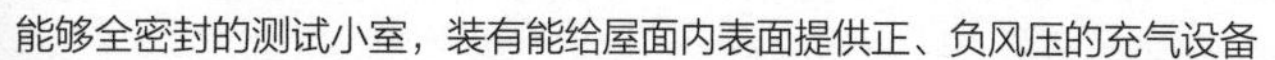
能够全密封的测试小室，装有能给屋面内表面提供正、负风压的充气设备

顶来说不能大于1.1 $m^3/(m^2 \cdot h)$。将胶带除去后气流测试再次进行。前面两次试验数据之差表明屋面空气的渗透率。

抗渗性

这些测试在静风压和动风压下分别进行，前者是试样表面没有明显的气流变化，后者是指用航空发动机将空气吹到试样上。第一个试验中，也就是静风压的渗水试验，水从喷嘴以3.4L/($m^2 \cdot$ min)的流量喷洒到屋面试样上。喷嘴固定在网架上，间距不大于700mm，离试样屋面的高度大约是400mm，这样保证屋面试样的所有部分都能被水喷到。对应的600Pa的压力差在试样应用15min。模型内表面要被检查有无渗透。测试要在同等压力使用航空发动机在整个试样表面提供同等的600Pa的压力差重复进行。屋面模型的底面要注意检查，以保证从屋面渗透后看不到水滴。

抗风压性

在这些测试中，压力传感器安装在屋面试样的内表面，位于导流板最重要的位置，例如框架构件的中心或者板的中心。传感器是能够测量形变的能伸缩的测量仪器，精度可达0.25mm。数据在距模型一定距离的位置接收。传感器的设定是通过施加10s相当于（设计）正风压50%的正压。在停止风压5min后，将压力传感器数值归零作为测试的零值。然后将正风压施加到屋面模型上，并在不同压力值时持续10s。当压力达到设计正风压的50%、75%和100%时，数据被记录。5min后，试样中的残余形变（或永久变形）都会被记录。这一试验在测试小室内空气被抽走的负风压条件下再做一遍。测试再从头开始，50%的压力持续10s为传感器确定“0”值。这两个正负风压情况下的测试确定模型在设计风压（通常是1400Pa）下是否与设计的极限有所偏离。

这两项测试在1.5倍的设计风压下要再做一遍，作为安全测试。然后将风压增加到设计值的2倍，来看如果极限值没有达到的失败情况下会发生什么。一般来说，失败出现在屋面的密封材料上，或者天窗的玻璃板上，但这通常只发生在风压超过2倍设计值的情况下。

抗冲击性

以玻璃或塑料采光顶为代表的轻质屋面的抗高空坠物能力通过前文已述的装有玻璃球总重约50kg、直径400mm的帆布包来测试。帆布包从高于屋面约750mm处落下，模仿大约350Nm能量的冲击。测试在接缝和板上进行，以确定在这些冲击下整个屋面会保持完好。

试样拆卸

当测试完成后，屋面试样会被拆卸，来确保当时建造的方式同以后正式施工时一样。如果测试失败，拆卸也会有助于设计人员解决问题，如果需要的话也可以将模型准备好，做第二轮的测试。

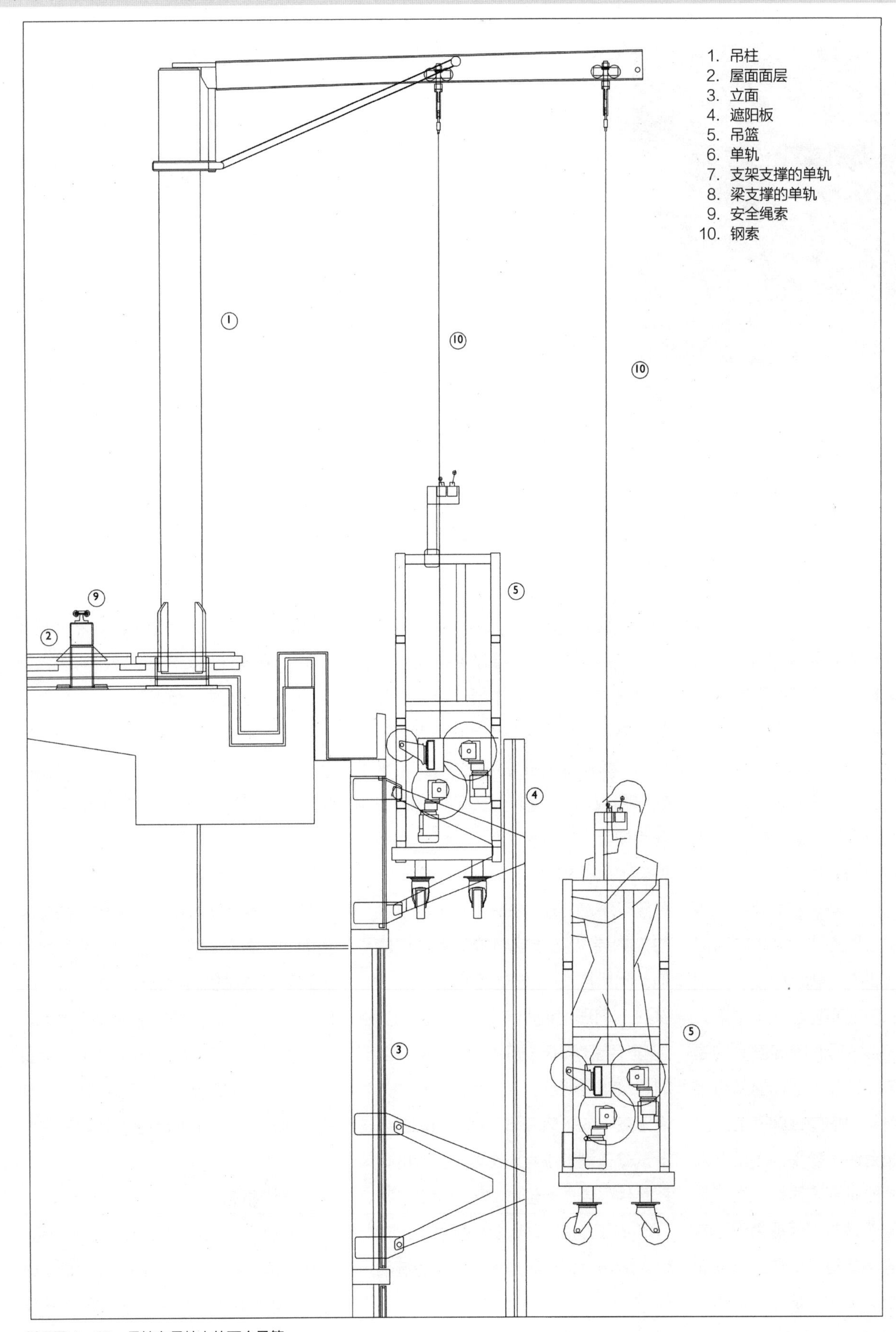

剖面图 1：25　悬挂在吊柱上的两个吊篮

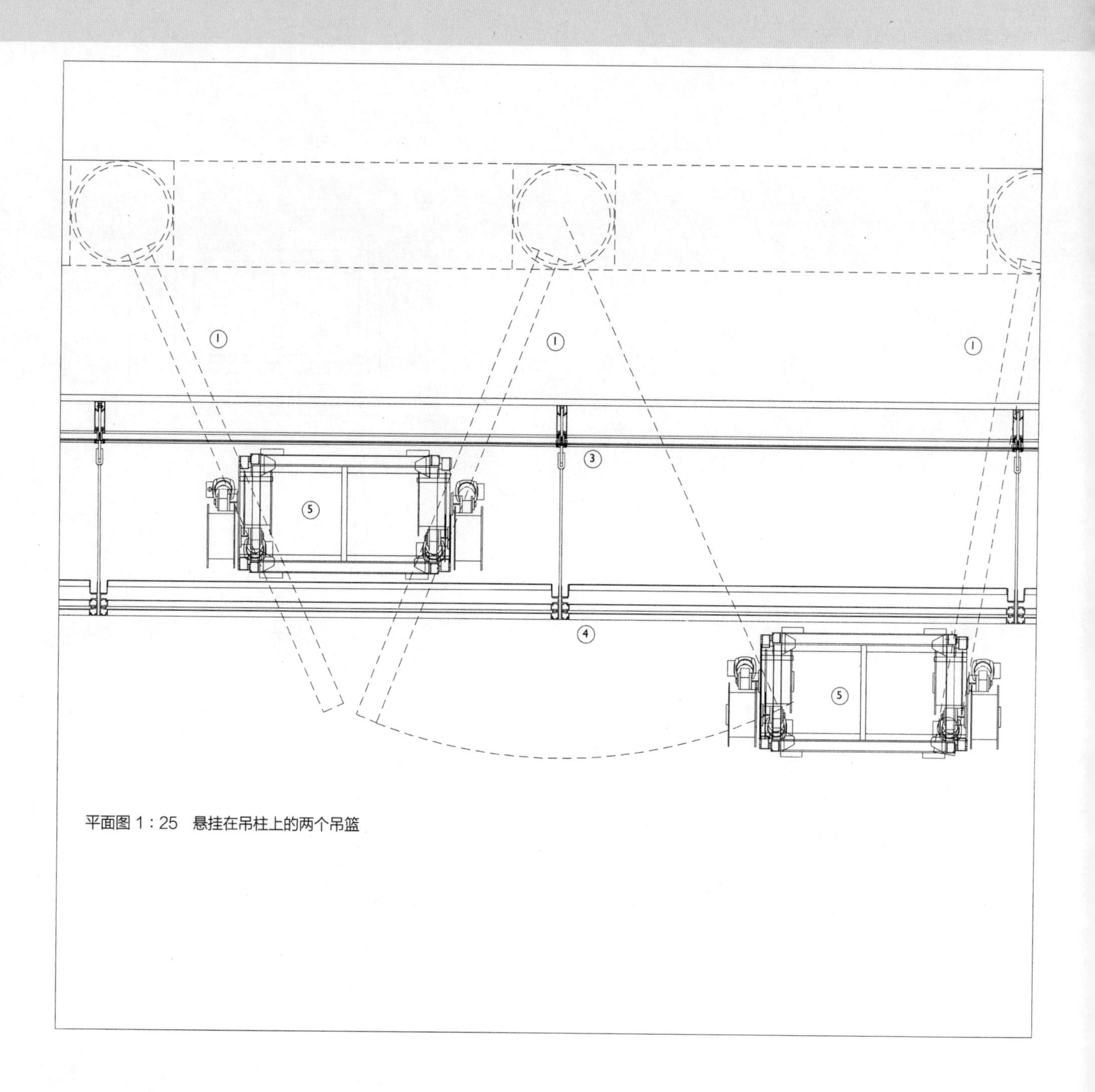

平面图 1：25　悬挂在吊柱上的两个吊篮

随着金属、玻璃和复合材料在立面上的应用，对清洁和维护设备的需求也日益增加。30年前的立面使用的是砖、混凝土和木质材料，很少需要清洁，细部做法上也能经受住风吹雨打。砖石结构上的窗户设计成可开启的，可以起到通风作用，也便于清洁。随着无开启窗户的密闭立面的大量使用，对清洁设备的要求也在增加。

双层墙的立面清洁系统［在本套丛书中的《立面细部设计》(Modern Construction Facades）中已进行过讨论］采用的是在每层的墙间设置走道。然而大多数设备都是设置在屋面上，要求同屋面一同设计，设备尽量遮掩起来。这些系统的类型会在这里讨论。大多数立面都是通过安装在屋面上的吊柱、单轨或者台车系统清洁的，较大型建筑单个屋面会将以上系统结合后使用。

吊车系统

吊车系统是指一个起重臂或脚手架形状的骨架，从上面悬挂清洁用吊篮。一个清洁吊篮，能容纳一或两个人，通常在每一个角上用缆绳与上面的吊车相连。吊车是可移动的，使用时与屋面边缘附近的固定位置上的基座固定。吊车系统对于不适合采用有永久性视觉存在的单轨或台车系统的屋面来说非常有用。吊车通常由低碳钢或铝管制成，在底座上有轮子可供移动。这让构件重量足够轻且易于移动，当系统到达位置且固定好准备使用时，可以由吊篮里的人手动操作。

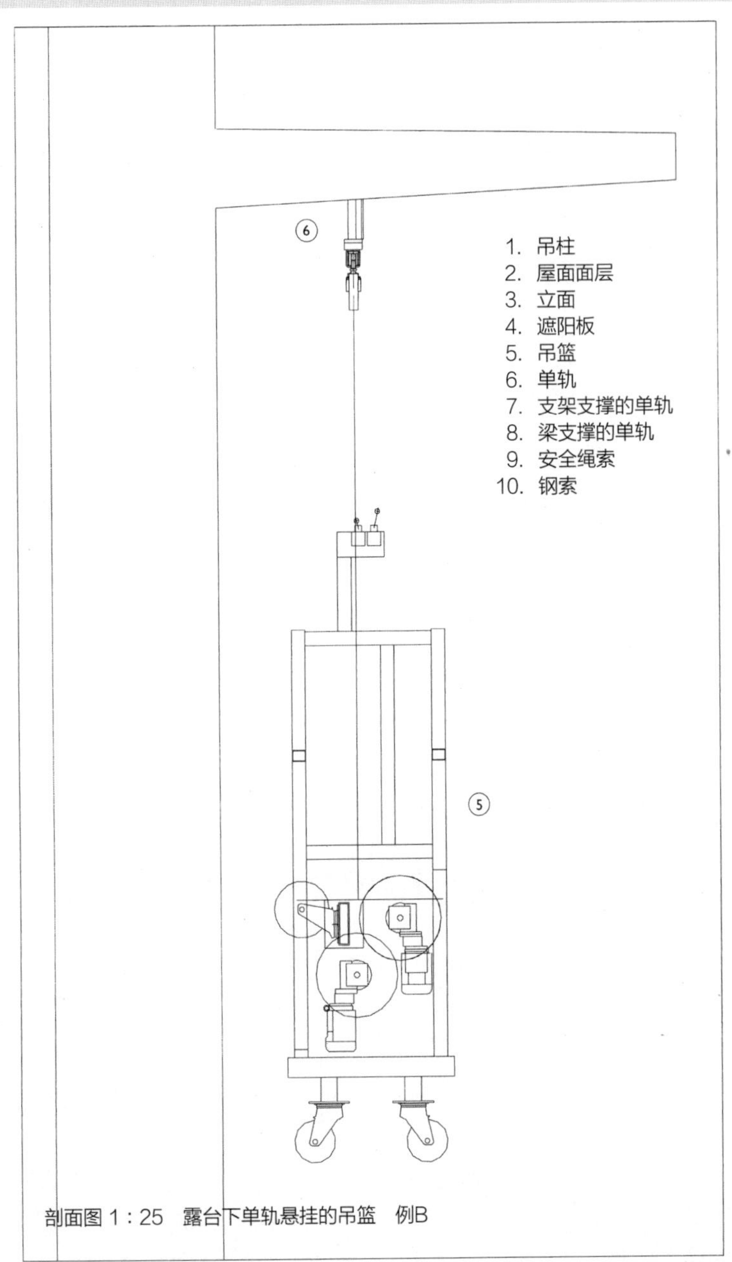

剖面图 1：25　露台下单轨悬挂的吊篮　例B

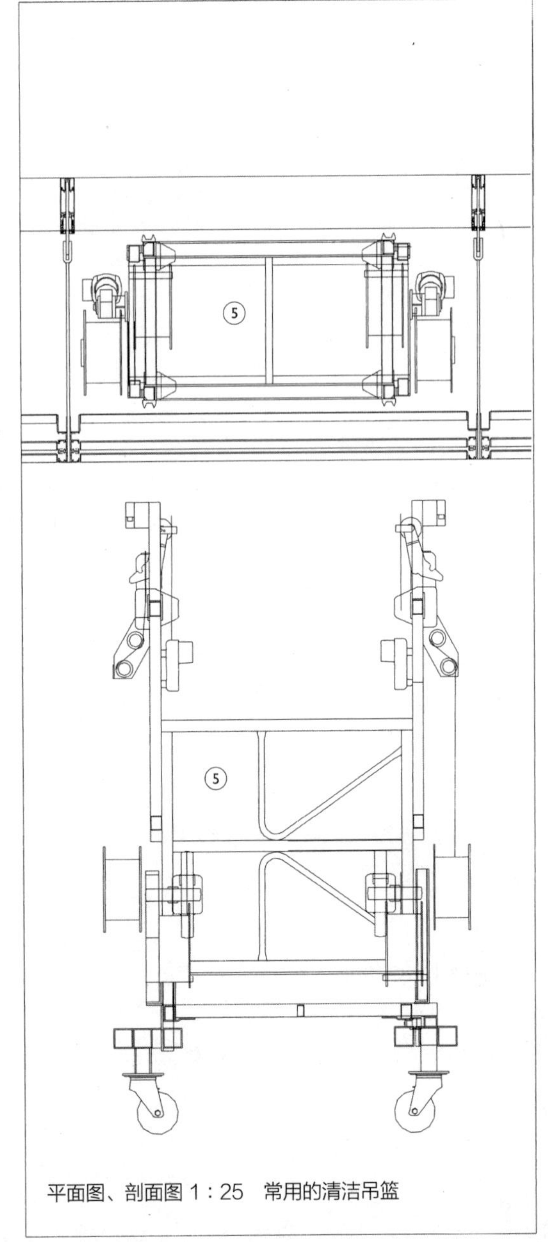

平面图、剖面图 1：25　常用的清洁吊篮

吊车系统通常吊装到既定位置，同突出屋面的螺栓连接，一般作为短柱形式的基座，或者作为屋面面层下的凹入盒子，这样可以将螺栓隐蔽起来。这种方式经常用于可上人屋面平台。吊车被提升到既定位置上，这个过程通常由一个人通过牵拉固定在柱顶的一根绳子完成。吊车一旦固定就位，吊车臂就可以向外旋转。缆绳在安装就位前固定在吊车起重臂的端头上，沿着立面降下与立面底部的吊篮连接。吊篮下面通常都有轮子，当上面的吊车移动到新位置时，它们也能够调整到相应位置。缆绳连接到吊篮上，允许它能够沿立面升起。吊篮上装有电动卷线设备和橡胶挡板，以防止与立面直接碰撞。吊车没有卷线设备，它的作用仅仅是支撑缆绳。吊篮电动机的电力由来自屋面或立面底部的电缆提供。在电力供应失败的情况下，通过操纵绞车上的手动系统也能让吊篮安全降到地面上。各种专利系统中的绞车电动机和升降设备系统都可以买到，其安全特点也是各有千秋。

当竖向的一条墙面被从吊车提升或降低的吊篮清洗完毕后，吊篮就降低高度并拆开缆绳移动到下一个位置。将吊车与基座连接的螺栓拧开后，将吊车从基座移到屋面上，然后移动到邻近位置重新安装。

虽然这相对来说是个缓慢的过程，需要立起吊车，安装缆绳和吊篮，然后将各部分分开，再移动到新位置重新安装，但这种方法避免了清洁系统永久立在屋面上且可见的弊端。当屋面是可上人屋面或是花园时，最常用的是吊车系统，因为这种地方不允许使用有碍观瞻的永久性清洁系统。

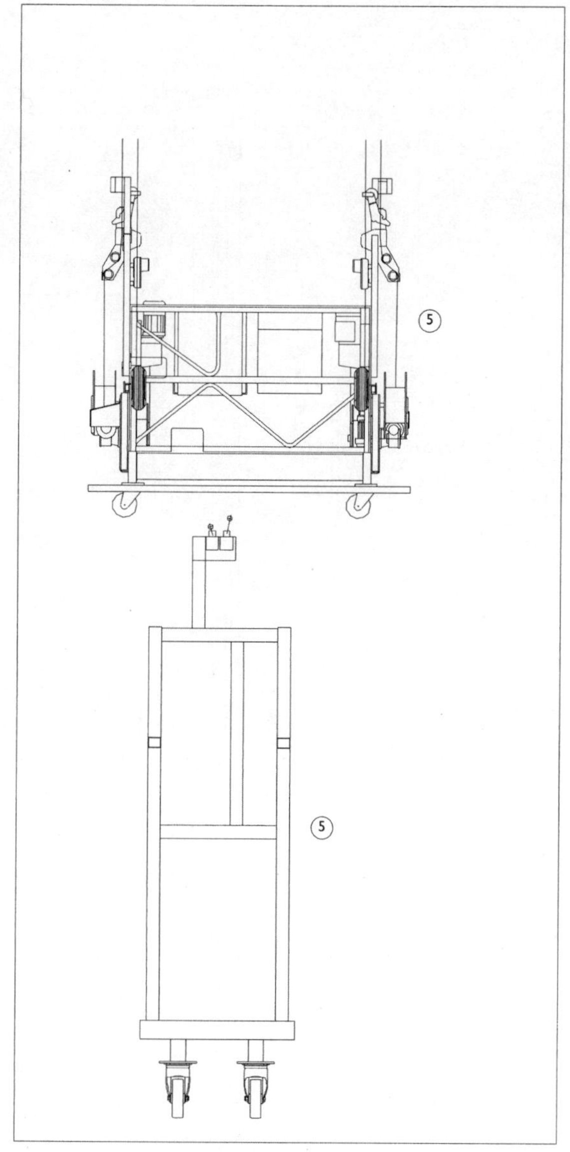

立面图1：25　常用的清洁吊篮

单轨系统

在单轨系统中，一根连续通长的轨道固定在屋面层上，清洁吊篮通过各角上的缆绳挂在上面。单轨固定在离开屋面边缘500mm的位置让吊篮在立面前离开一定距离，一般是悬挂在从屋面悬挑的托架上（例A）。单轨是能引起强烈视觉的元素，要融入屋面边缘的总体设计中。另一种替代方法是将屋面板悬挑500mm（例B）。单轨通常用低碳钢制作，上面涂漆或用装饰金属板包裹，常用的是折弯铝板。

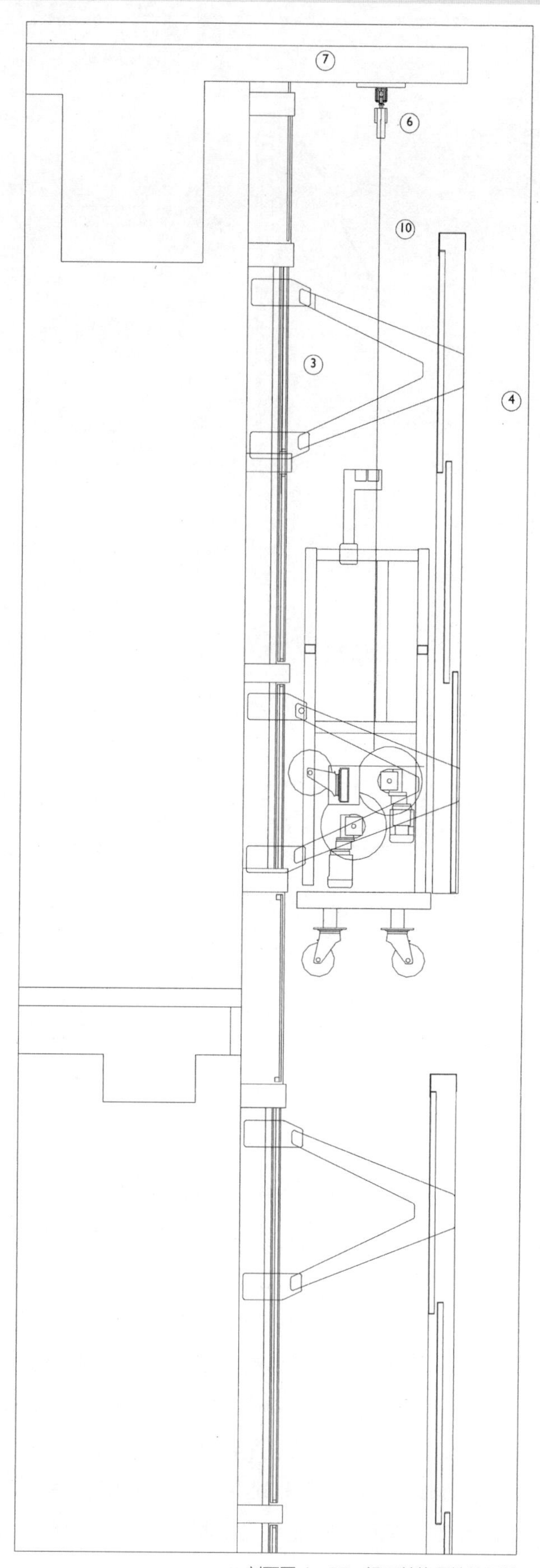

剖面图 1：25　梁下单轨悬挂的吊篮

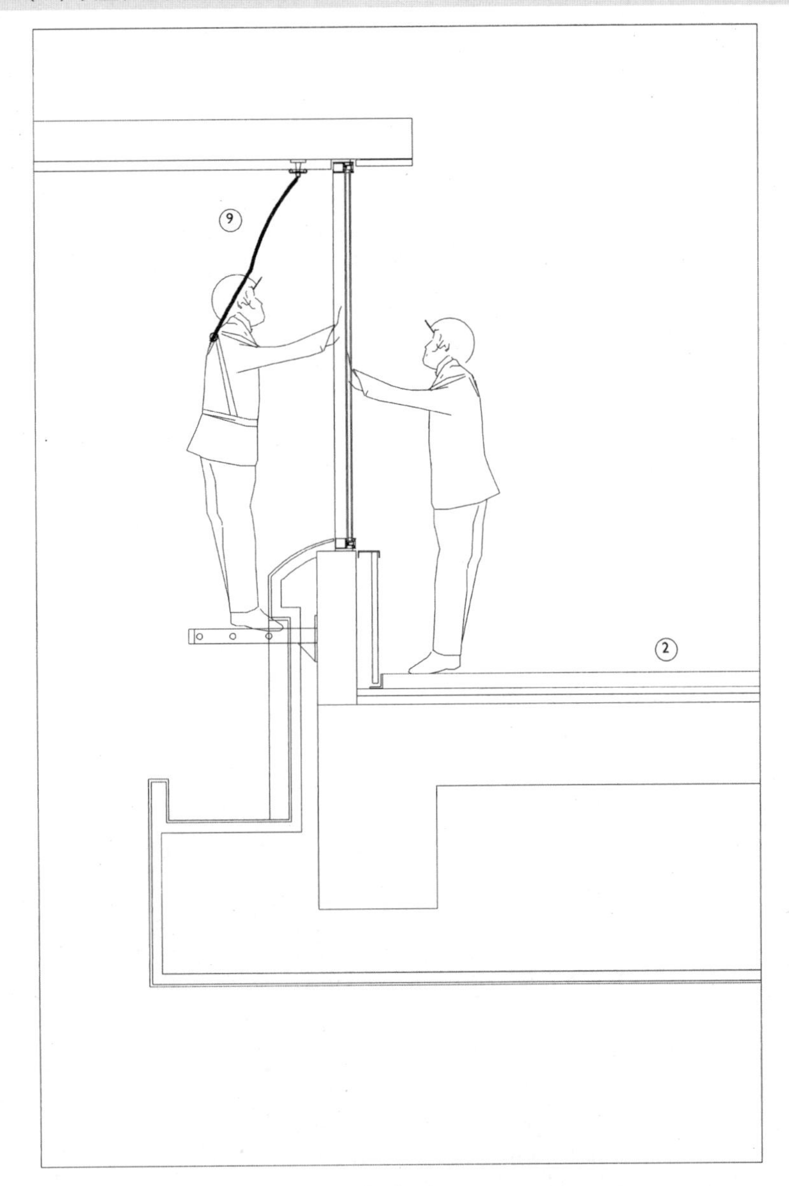

剖面图1：40　在平台上带有安全绳索的清洁作业

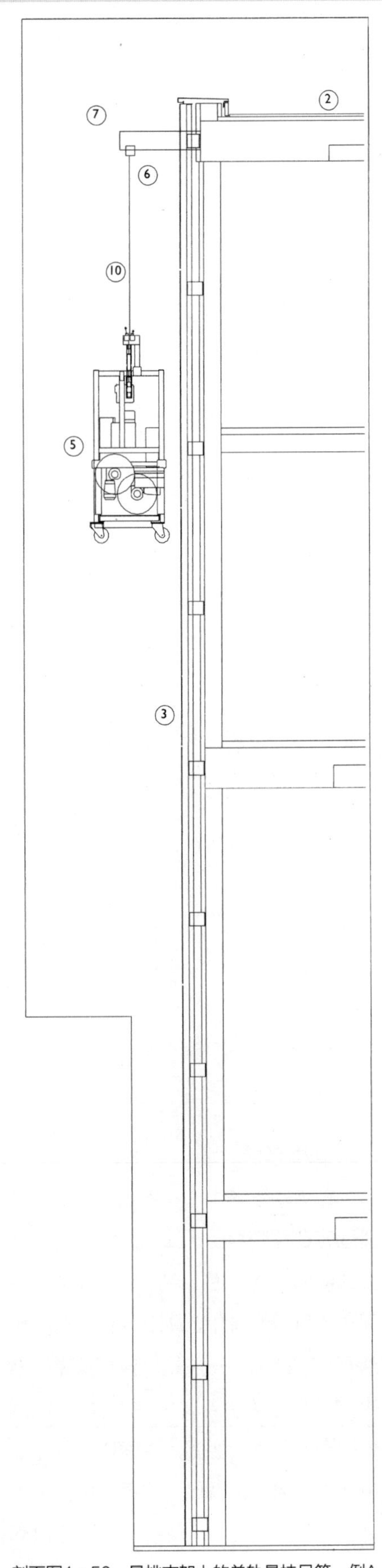

剖面图1：50　悬挑支架上的单轨悬挂吊篮　例A

在使用悬挑支撑臂的地方，这些可以用铸件或者标准结构型钢来满足设计。水平放置的单轨，通常形成一个槽状的断面以便一对轮子能在轨道内侧上行驶。轮子可以通过手动滑动下面的清洁吊篮或者对大的设施使用电力控制。如同吊车系统，缆绳是同在单轨里移动的滑轮连接的。缆绳下降与墙底的清洁吊篮相接。当每一条竖直的墙面清洁完毕后，吊篮通常在屋面高度且刚好在单轨下面的位置时，沿着立面移动。手工操作时，如果有人在屋面协助的话，吊篮能够在墙底移动。单轨以一种视觉上很低调的方式成为一种永久固定的清洁系统。

当单轨挂在阳台底或板底的时候，单轨可以通过在其两侧包裹板材的方式隐蔽。从下面只能看到一条连续的槽。单轨和邻近的板之间留20mm的缝，预留单轨在使用时自身的位移。接缝或者保持开敞，或者用弹性材料密封，一般用三元乙丙卷材。

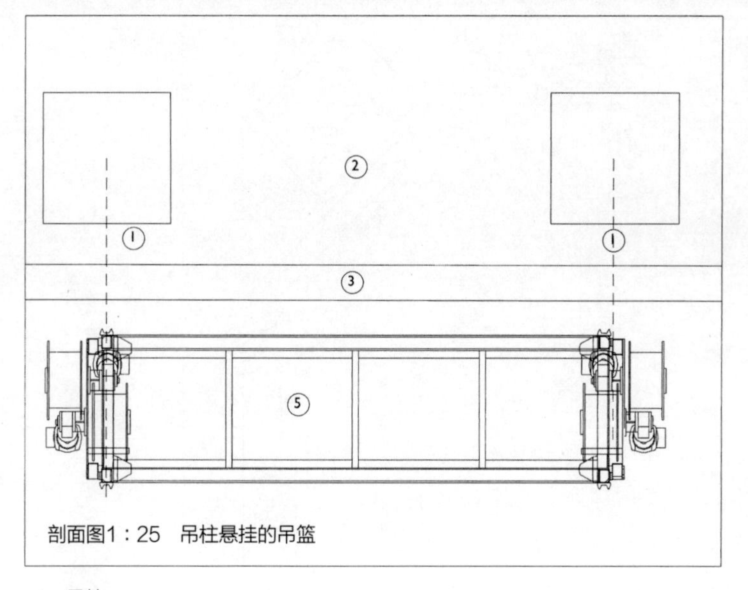

剖面图1：25　吊柱悬挂的吊篮

1. 吊柱
2. 屋面面层
3. 立面
4. 遮阳板
5. 吊篮
6. 单轨
7. 支架支撑的单轨
8. 梁支撑的单轨
9. 安全绳索
10. 钢索

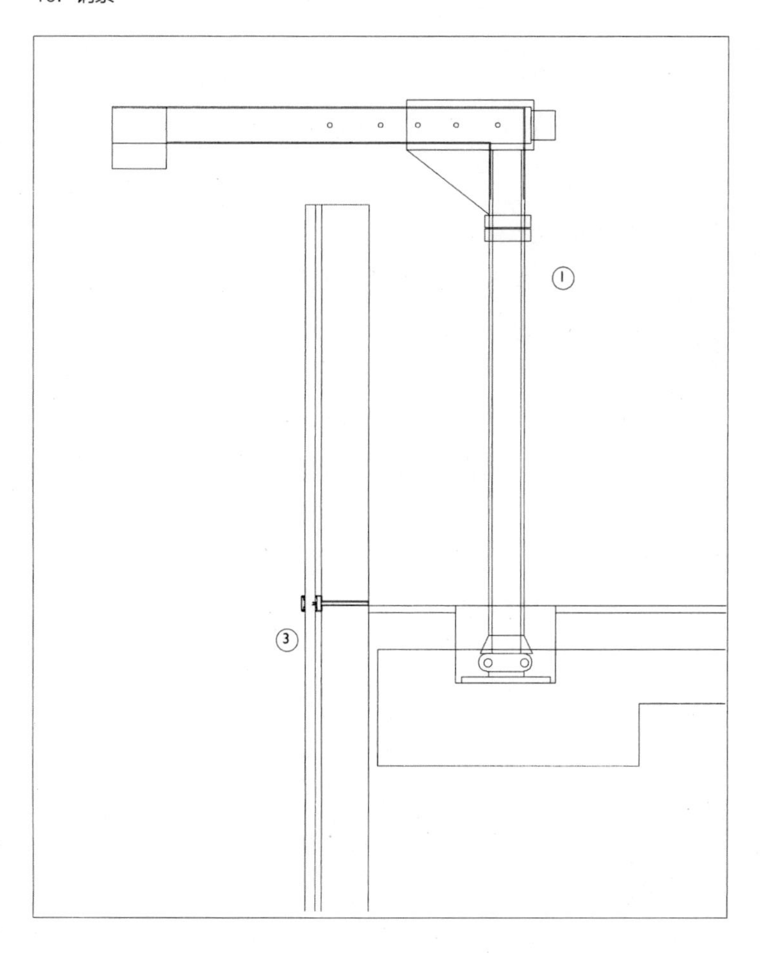

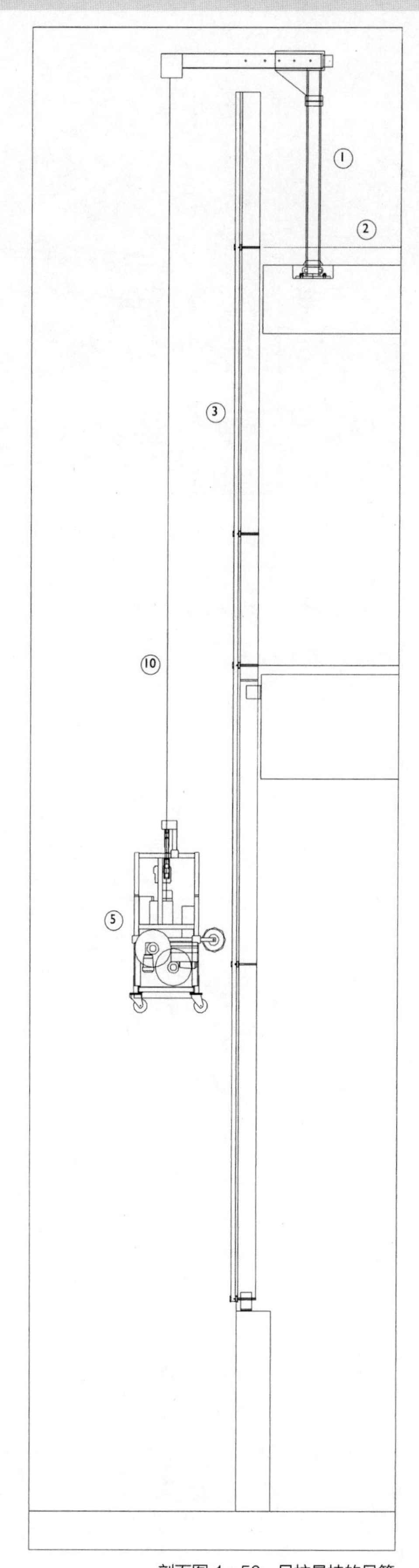

剖面图 1：50　吊柱悬挂的吊篮

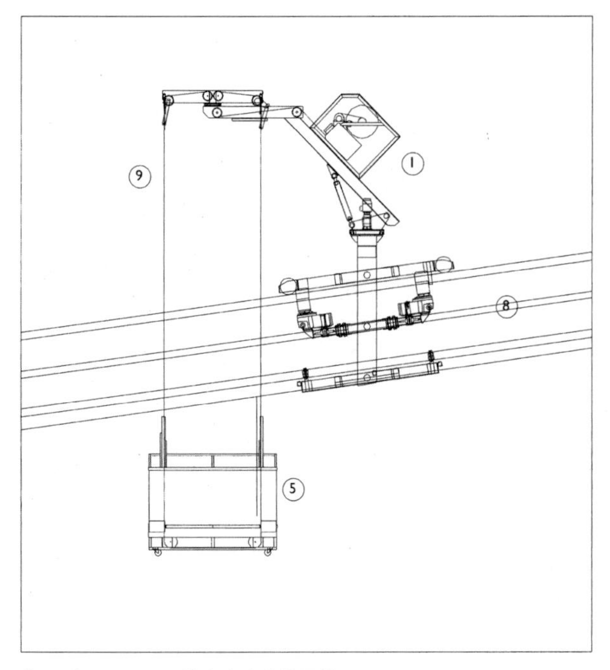

立面图1：100　悬挂在台车上的吊篮

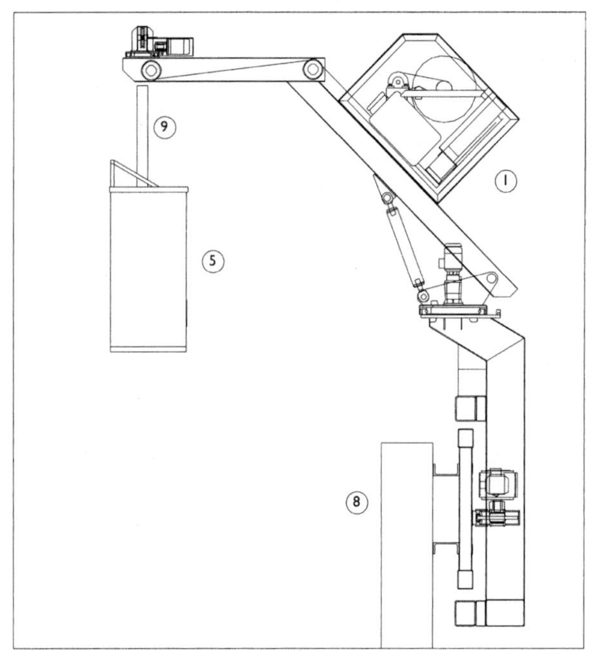

剖面图1：50　垂直轨道上的台车

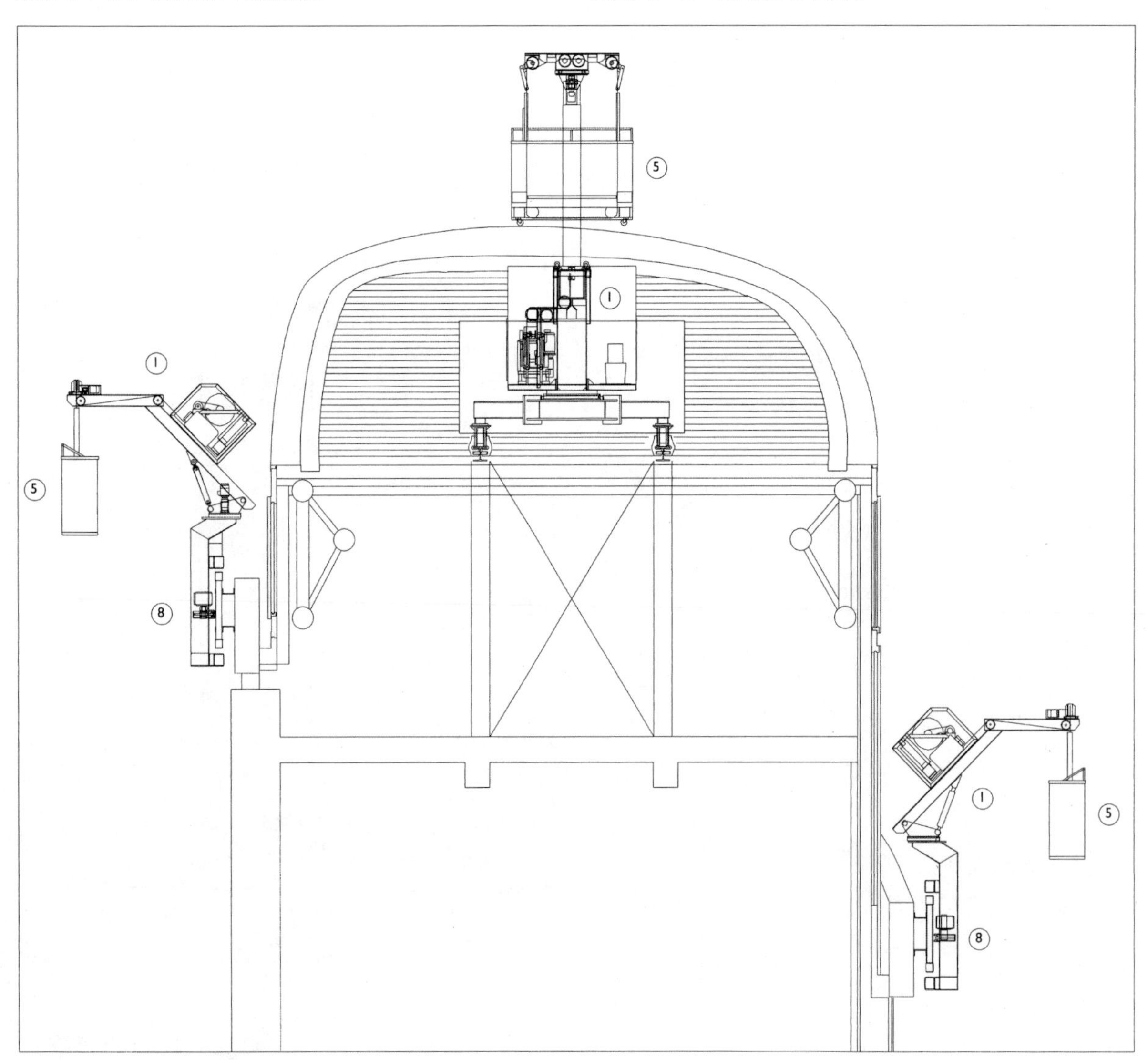

立面图1：100　悬挂在台车上的吊篮

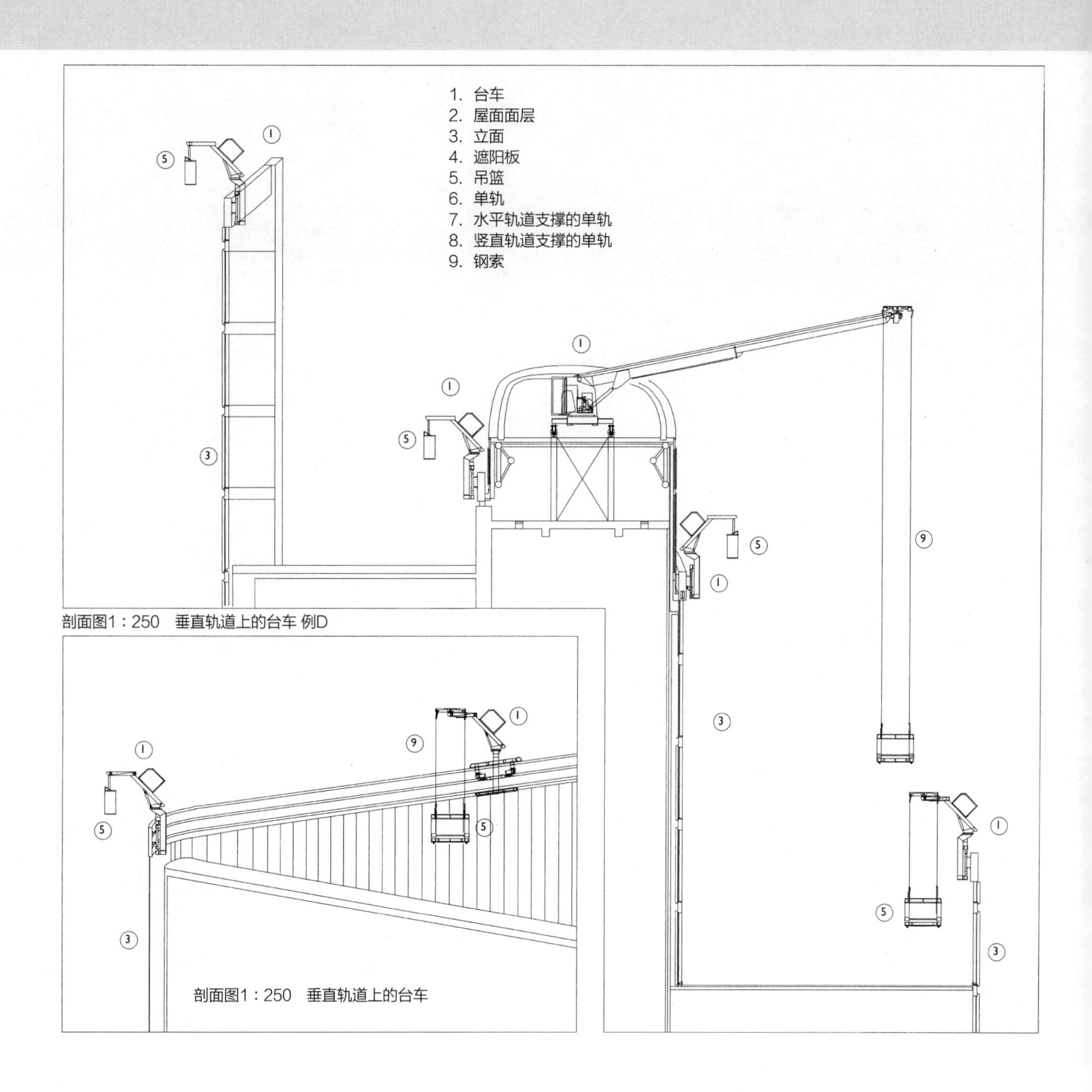

剖面图1：250　垂直轨道上的台车 例D

剖面图1：250　垂直轨道上的台车

台车系统

立面需要从坡屋面或者有台阶状高差的屋面上清洁时，水平单轨系统就变得不太实用了。吊车系统在坡屋面上通常也难以操作。而台车系统更适合从坡屋面上清洁立面，也适合立面有复杂几何造型的情况。台车下面有轮子，同一条通长的轨道固定，轨道可以在台车下面，固定在屋面上（例C），或者竖直放置（例D）。台车上通常都会有伸出屋面边缘的起重臂，在臂端安装缆绳支撑清洁吊篮。起重臂有时是可伸缩的（液压驱动），目的是能到达墙面或者墙面前的遮阳板之类的构件。起重臂通常通过提升或降低的方式使吊篮靠近或离开墙面，将其落到屋面层位置。台车自身装备有电动机，能够提供动力，使设备沿轨道运动、移动起重臂，并且提升或降低吊篮。台车通常在吊篮内控制，使它能够在竖直和水平方向都能移动。

这种系统因为轨道或专用路线，还有台车的缘故，通常不适用于上人屋面。由于台车是在远处控制，屋面的安全需要重点考虑。在屋面需要上人的情况下，轨道安装在屋面上，但它们突出的外观可能会妨碍这种系统的应用。从下面能看到台车时，通常将台车隐蔽在

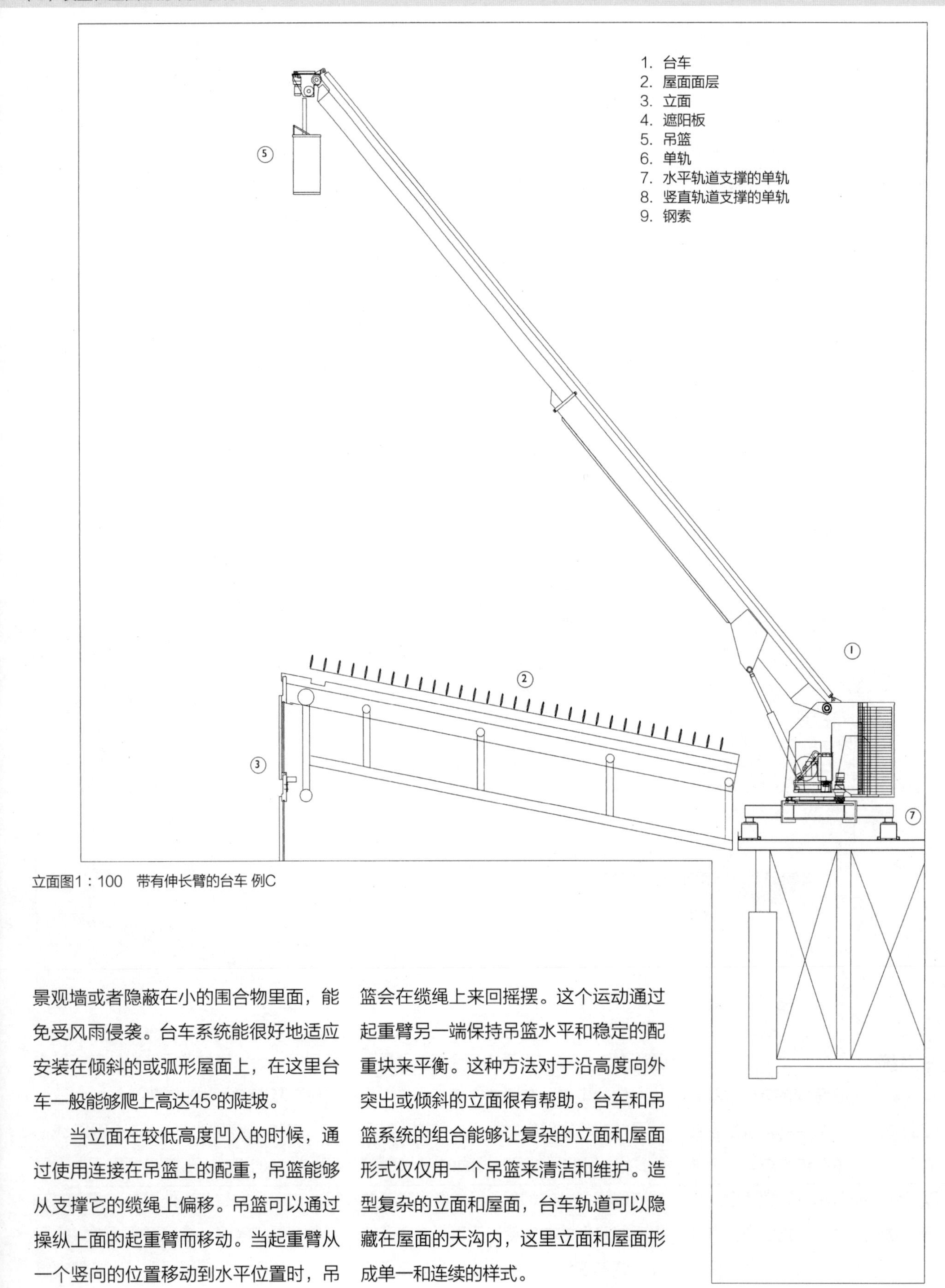

立面图1：100　带有伸长臂的台车 例C

景观墙或者隐蔽在小的围合物里面，能免受风雨侵袭。台车系统能很好地适应安装在倾斜的或弧形屋面上，在这里台车一般能够爬上高达45°的陡坡。

当立面在较低高度凹入的时候，通过使用连接在吊篮上的配重，吊篮能够从支撑它的缆绳上偏移。吊篮可以通过操纵上面的起重臂而移动。当起重臂从一个竖向的位置移动到水平位置时，吊篮会在缆绳上来回摇摆。这个运动通过起重臂另一端保持吊篮水平和稳定的配重块来平衡。这种方法对于沿高度向外突出或倾斜的立面很有帮助。台车和吊篮系统的组合能够让复杂的立面和屋面形式仅仅用一个吊篮来清洁和维护。造型复杂的立面和屋面，台车轨道可以隐藏在屋面的天沟内，这里立面和屋面形成单一和连续的样式。

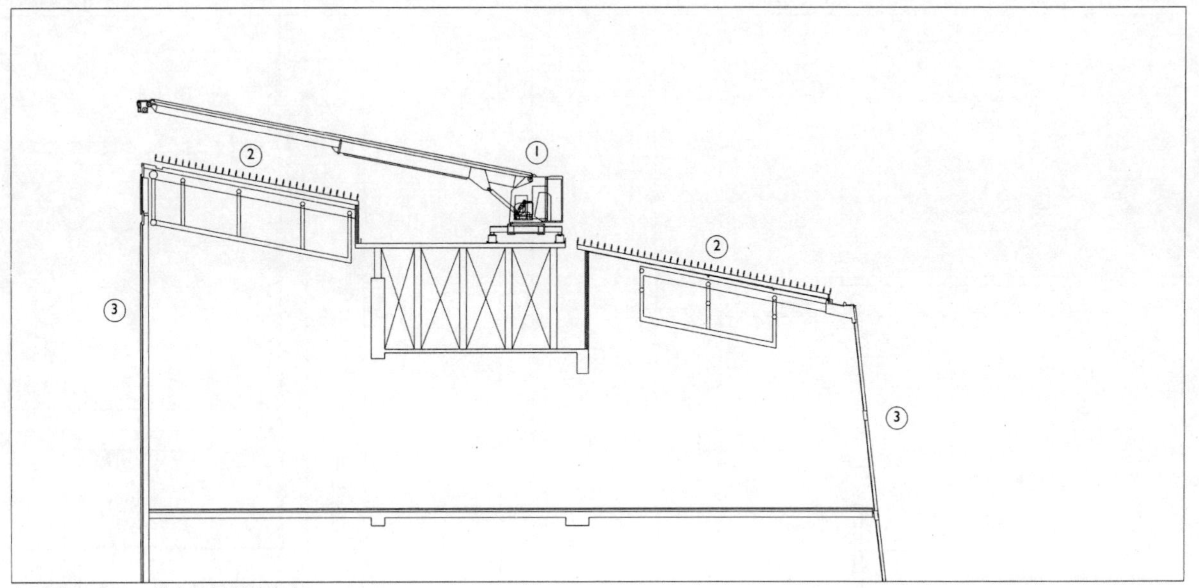

立面图1：250　带有伸长臂的台车

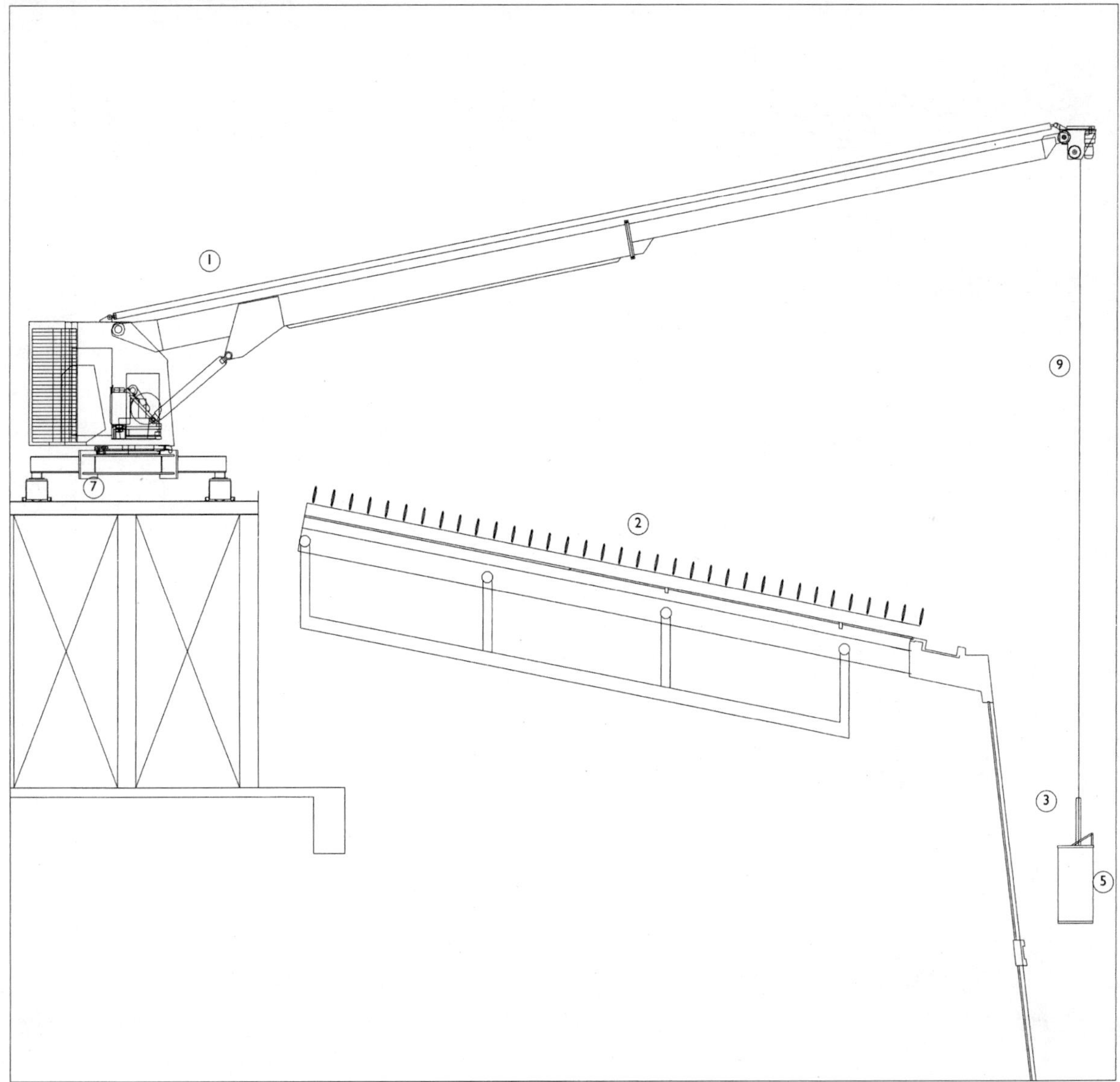

立面图1：100　带有伸长臂的台车

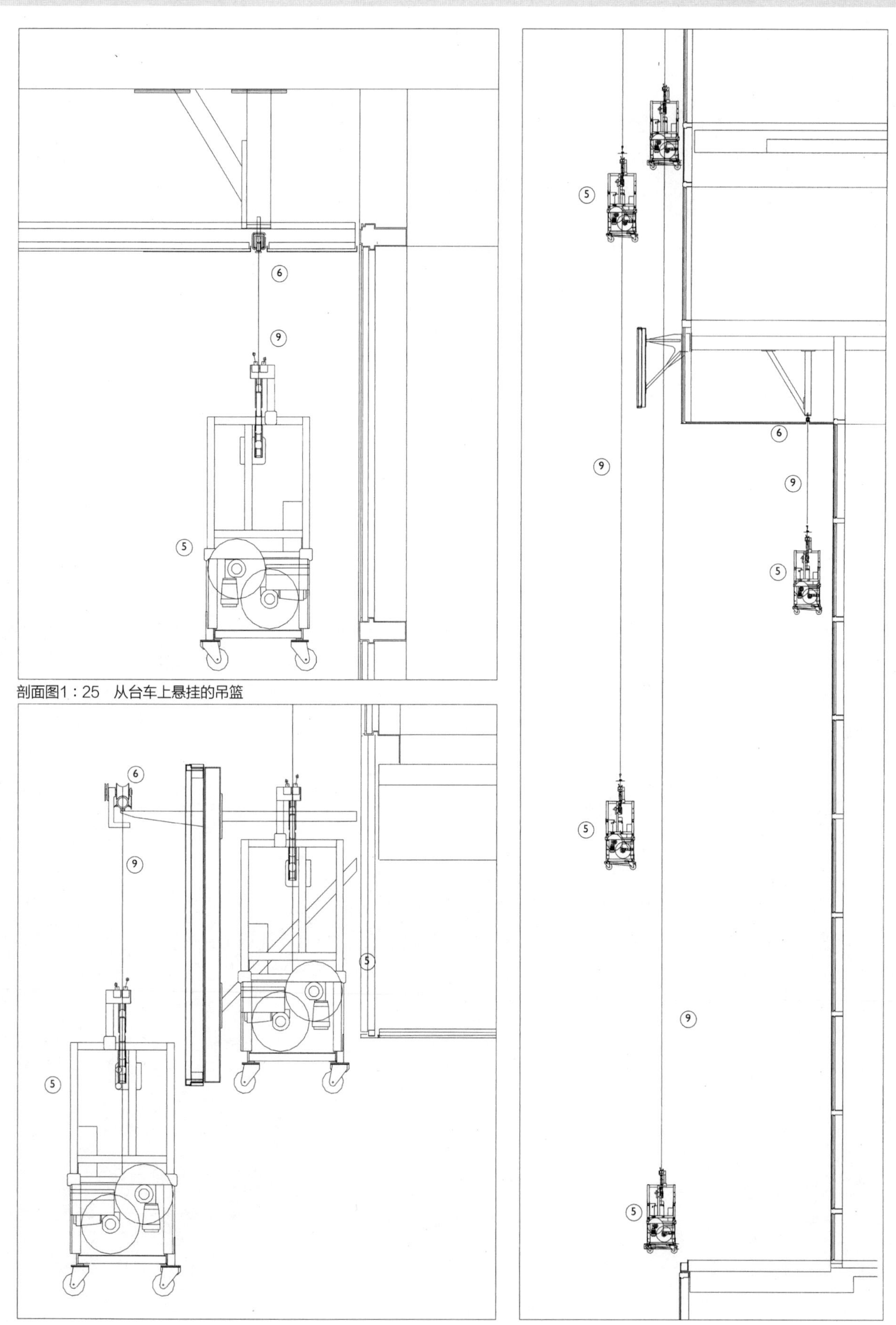

剖面图1：25　从台车上悬挂的吊篮

剖面图1：25　从单轨上悬挂的吊篮

剖面图 1：100　从台车和单轨上悬挂的吊篮

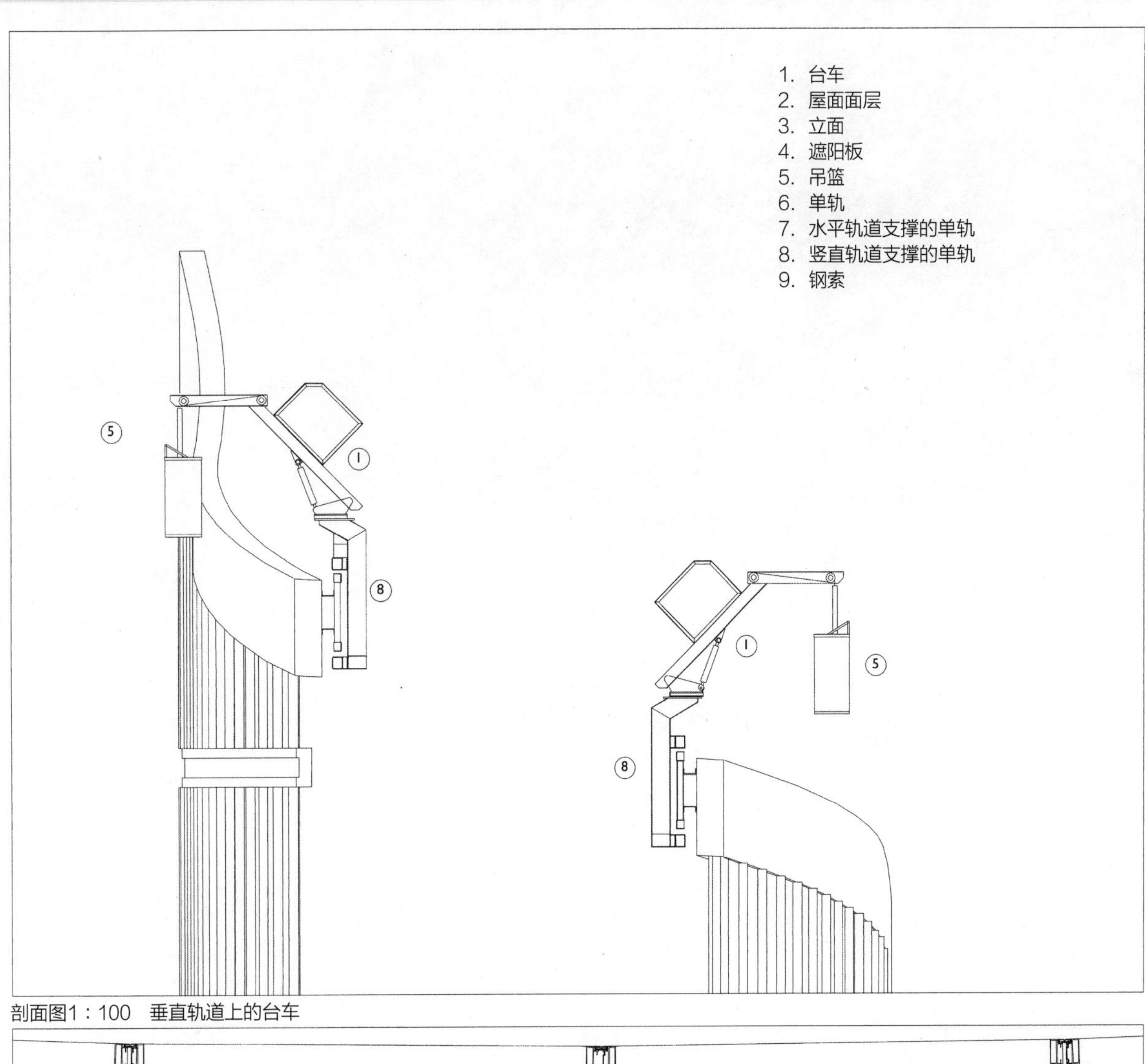

剖面图1：100　垂直轨道上的台车

平面图1：25　台车上悬挂的吊篮

金属屋面

（1）金属直立锁缝系统

- 现场加工的方法
- 预制的方法
- 密封和通风屋面
- 屋面洞口
- 屋脊和天沟
- 屋檐和女儿墙

（2）压型金属板系统

- 作为底板的压型金属板
- 压型金属屋面板材
- 密封和通风方法
- 双层金属板构造
- 屋脊
- 洞口
- 屋檐和女儿墙
- 屋脊和天沟

（3）复合板系统

- 单层复合板
- 双层复合板
- 屋脊
- 山墙封檐
- 屋檐
- 女儿墙和天沟

（4）遮雨板

- 板材布置
- 女儿墙
- 单坡屋脊和山墙封檐
- 屋面造型
- 屋面底板

（5）金属天篷

- 螺栓固定的板材
- 金属百叶天篷
- 电控百叶

3D剖面图 木结构上的金属压型屋面

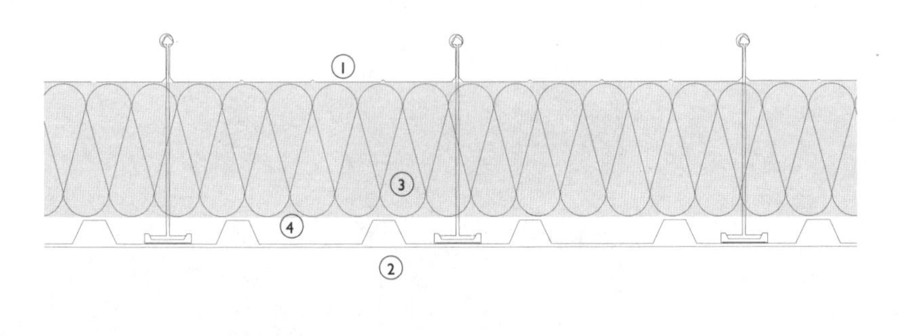

纵剖面图1：10 典型隔声层屋面组合

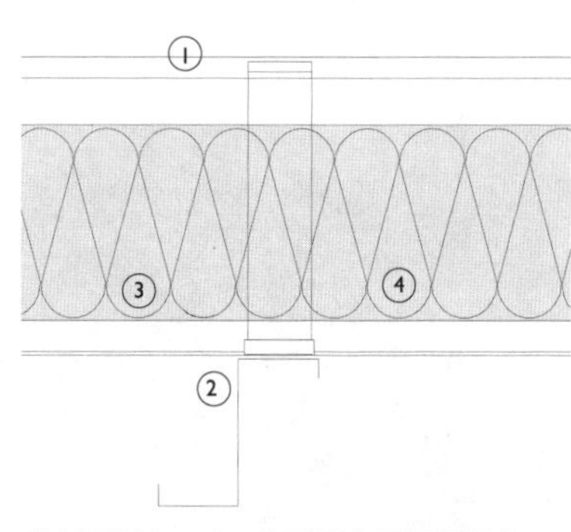

纵剖面图1：10 典型隔声层屋面组合

直立锁缝屋面日益广泛地应用于工业和商业建筑，此类建筑因为视觉原因要求坡度较低并隐蔽安装构件，比压型金属板更受欢迎。这是因为直立锁缝屋面既经济又有简洁、连续的接缝，使之常常同下面的建筑立面一起成为建筑设计的视觉要素。直立锁缝相对于压型金属板的主要优势在于工程的内外表面几乎都没有安装构件穿过。很少可见的安装构件使屋面在视觉上看起来较简洁。直立锁缝允许这种技术应用到坡度非常低的屋面上。形成直立锁缝屋面的传统办法是将板材放在木质垫层上，将金属板的长边向上折起形成直立锁缝的接头。然而，这种方法正逐渐让位于预制系统，就是将板材用轧制机械在工厂或现场折叠成特定的轮廓，然后将板材用使用夹子的安装系统固定，而不再使用垫层。两种方式在本节都会讨论。

现场加工的方法

这种安装方法很适合小型或者形态复杂的屋面。在这上面的应用使得预制的方法变得既不必要也不经济，因为现场仍然要做特殊的连接和边缘处理，耗费时间太多。预制构件中单一的板型和角型支撑夹在这种情况下太不灵活。

这种传统的形成直立锁缝的方法中，木板或者胶合板用来形成连续的垫板或者支撑面。直立锁缝由沿屋面坡度放置的中距450—600mm的木条形成，其断面为直线或曲线，宽度同所用金属板材。板材沿屋面从高到低放置，侧边折叠成一定形状放在木板条上。各板的侧条相互搭接，形成连续密封的表面。直立锁缝的接缝就是通过将金属板材（的边）折叠在一起形成密封效果。因为屋面板有效地形成了一系列相连的“天沟”，因此在天沟之间的直立锁缝构造比在天沟上流淌的雨水要高。防止雨水渗入接缝有两个办法：密封接缝或者使其与空气相通。在密封的直立锁缝中，接缝处的边被压紧密实，如同在传统的铅或铜屋面中的做法，将相邻板材边缘折叠形成细缝，或者在圆形断面的木棍上折叠成型。在通风的接缝中，要在折弯板材之间形成小的空隙允许空气穿过但能阻止雨水。

板材安装在木条上有两种方法：使用夹子，这个办法可以避免穿透金属板材；或者使用穿透板材一侧的机械固定

3D剖视图　典型屋面组合

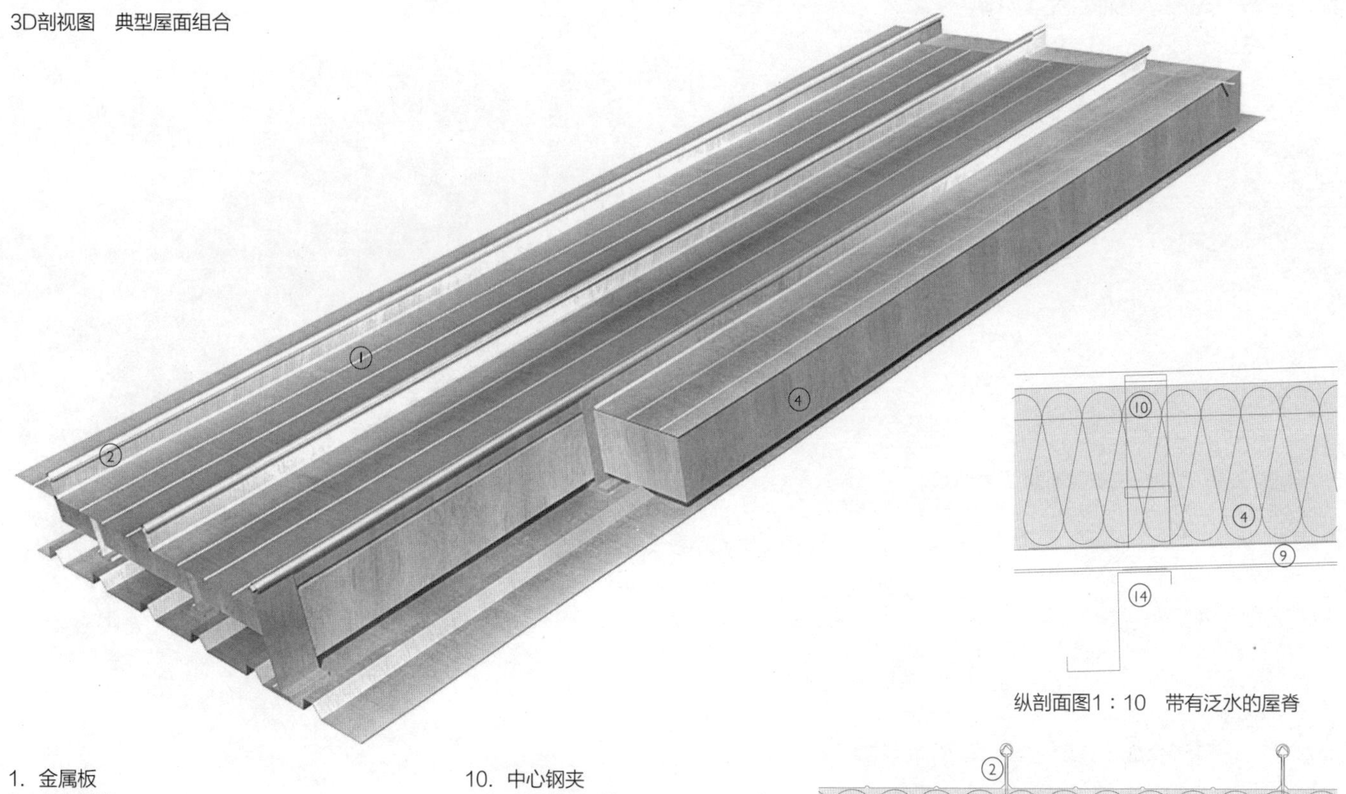

1. 金属板
2. 直立锁缝
3. 透气卷材
4. 保温层
5. 底层：典型贴胶木板的木材/金属横梁
6. 隔汽层
7. 按需设置干作业墙或干燥衬板
8. 外直立锁缝薄板
9. 内衬薄板
10. 中心钢夹
11. 弯折金属天沟
12. 弯檐薄板
13. 外墙
14. 结构骨架
15. 外板固定托架
16. 采光顶
17. 金属防水板
18. 屋脊板

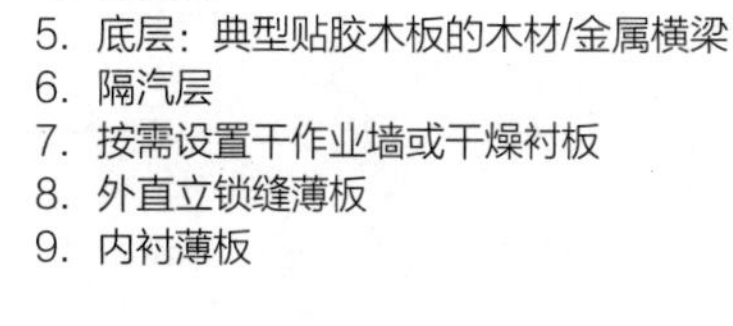

纵剖面图1：10　带有泛水的屋脊

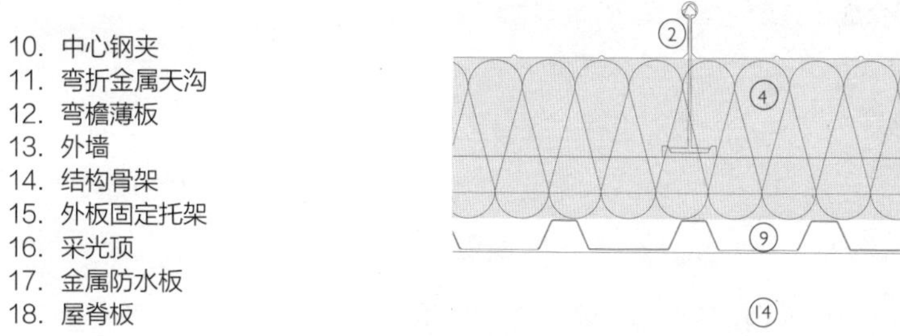

纵剖面图1：10　带隐蔽泛水屋脊

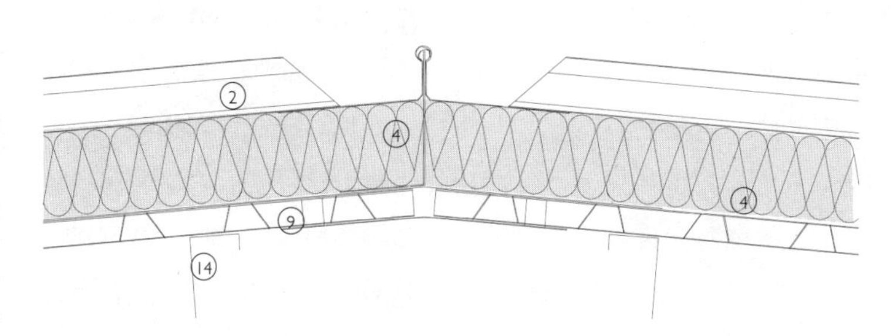

纵剖面图1：10　带隐蔽泛水屋脊

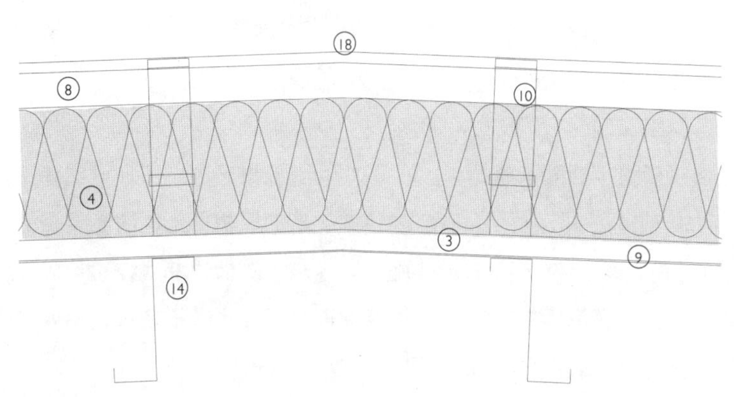

纵剖面图1：10　带泛水屋脊

3D剖视图　典型屋面组合

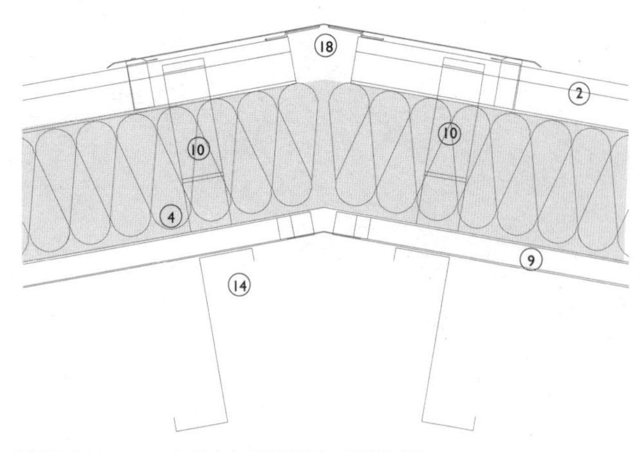

纵剖面图1：10　金属直立锁缝屋面，屋脊细部

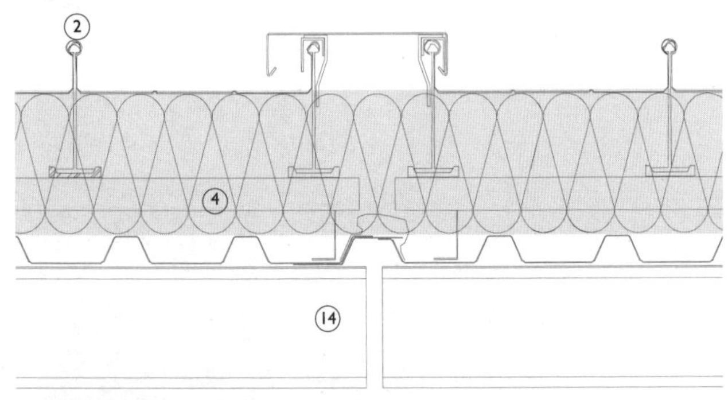

纵剖面图1：10　金属直立锁缝平屋面

3D视图　金属直立锁缝坡屋面组合

方法。固定是在有邻近板材搭接的一侧进行，这样可以防止雨水透过安装孔形成的空隙。木材垫层正逐步被压型金属板取代，后者比胶合板更适合塑造大跨度空间，有助于减少支撑结构的造价。木材垫层，一般是用胶合板和木板，需要每隔400—600mm的距离做支撑。压型金属板材正越来越广泛地用作垫层，因为它的底面无须再做装修。这在使用吸声吊顶的地方特别有用，底板可以使用底面喷漆的穿孔板。

预制的方法

预制直立锁缝屋面通常是在由钢筋混凝土或压型金属制成的结构板上做保温层，外层（上面）是由安装在结构板上的支架支撑的板材。另一种构造做法是将支撑外层面板的支架安装在一系列金属檩条上。金属衬板安装在檩条的下面以支撑檩条间的保温层。隔汽层设置在保温层和金属衬板之间（在冬天温度高的一侧）。在炎热且潮湿的国家，在保温层上面还需再加一层隔汽层，因为在这里缝隙结露在内外侧都能发生。

上述两种构造方式允许屋面的坡度都可以做到1°，这个数值是已经考虑了结构位移会进一步减小设计值后得出的。金属板材可以做到长达40m，但公路运输会很困难，长板材（比拖车还长）的公路运输在大多数国家需要做特殊安排。对大型工程来说，长板材可以通过现场使用滚压机来实现，它能形成任意长度的直立锁缝板材，断面则是每卷金属卷材出厂时决定的。

支架通常是T形的，用自攻螺钉安装在屋面板或者檩条上。通常用挤压铝型材做成，这样既能提供足够厚的截面来形成稳固的连接，也能提供足够精确的截面尺寸使要安装的直立锁缝构件保持固定位置。金属板在折形托盘内成型，托盘再同支架固定。最后将直立锁缝接头卷曲形成密封，通常使用“拉链”工具，在其沿接缝位置移动的过程中将接缝密封。这种安装方法做出的接缝平滑笔直，但是使用较长的金属板做屋面会产生表面不平的情况，就是说金属面的局部由于不均匀热膨胀看起来如同有褶皱一样。通常，热膨胀都能通过允许金属板长边在支撑的夹子上滑动来调节，金属沿长边上只在一些部位固定。

直立锁缝板材通过施工现场或者工厂内轻微的弯曲板材能形成缓和平滑的曲面。半径较小的板材曲线在工厂内用机械弯曲形成。尖锐的折角通过将两块板材沿交线焊接形成。

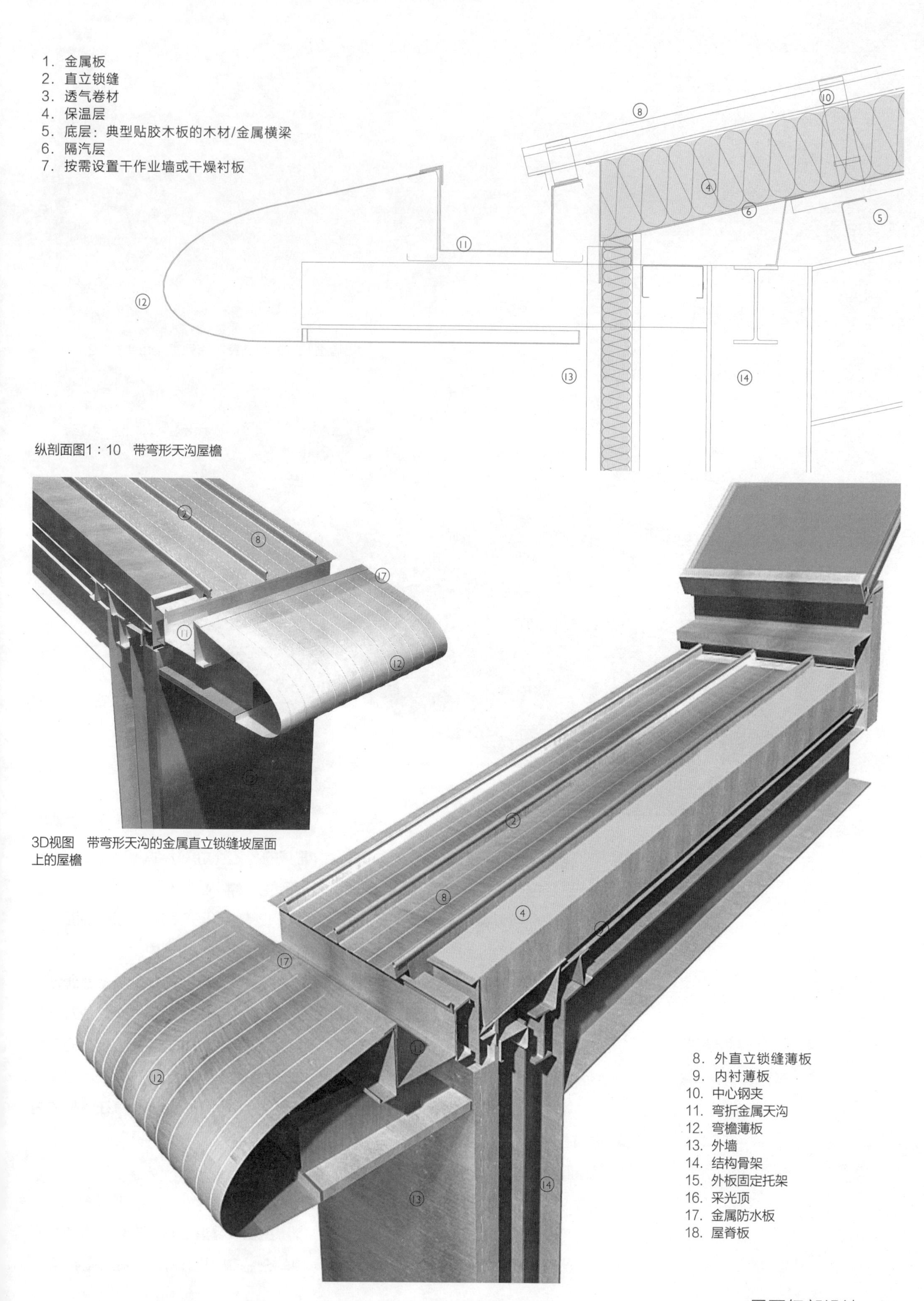

纵剖面图1：10　带弯形天沟屋檐

3D视图　带弯形天沟的金属直立锁缝坡屋面上的屋檐

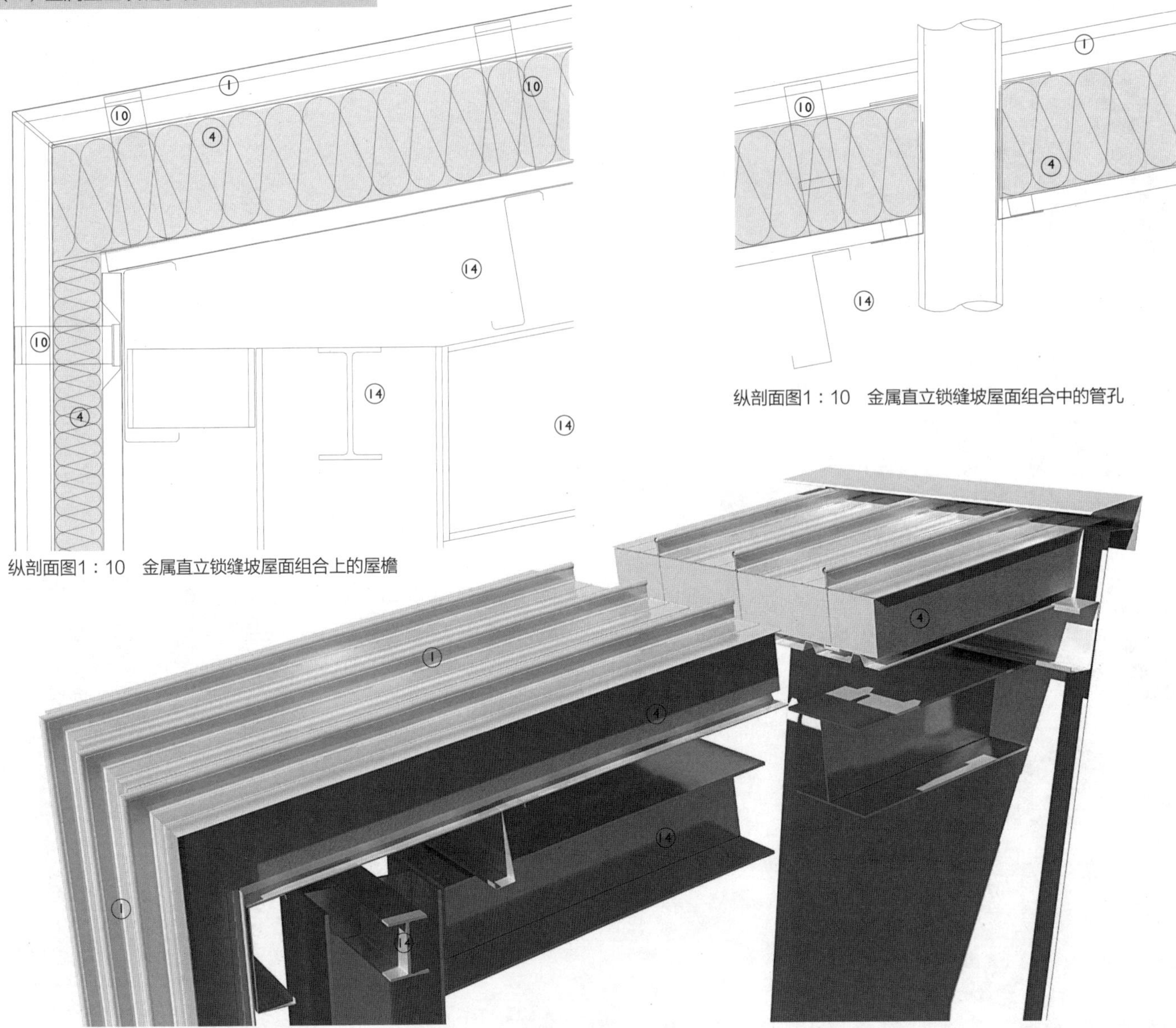

纵剖面图1：10　金属直立锁缝坡屋面组合中的管孔

纵剖面图1：10　金属直立锁缝坡屋面组合上的屋檐

3D视图　金属直立锁缝单坡屋面组合

1. 金属板
2. 直立锁缝
3. 透气卷材
4. 保温层
5. 底层：典型贴胶木板的木材/金属横梁
6. 隔汽层
7. 按需设置干作业墙或干燥衬板
8. 外直立锁缝薄板
9. 内衬薄板
10. 中心钢夹
11. 弯折金属天沟
12. 弯檐薄板
13. 外墙
14. 结构骨架
15. 外板固定托架
16. 采光顶
17. 金属防水板
18. 屋脊板

密封和通风屋面

选择密封还是通风屋面构造既取决于所选用的金属板材，也取决于其下面的构造特点。如果金属板下的保温层与之有一定距离的话，采用通风屋面是必要的，如在密封顶棚上面水平放置保温层的坡屋面。当屋面外部有复杂几何造型时，通风屋面也是适用的。这允许将保温层在下面水平放置，同时屋面形式可以不受整个屋面构造必须采用同一几何形式的限制。通风屋面在屋脊、天沟和四周檐沟部位都有缝隙，以使空气能穿过保证屋面内的干燥。密封屋面在直立锁缝接头处使用密封条，保证其气密性和防水性。在构造内部形成的潮气通过屋脊和屋檐的缝隙以被动通风的方式释放。

与其他金属不同，锌板的底面需要通风来避免屋面构造内部积聚的潮气的腐蚀。锌板屋面的通风传统上都通过使用开缝接头的木板提供，但这种方法在大规模使用上正被安装在垫板上的塑料做的编织垫取代，当在下面使用连续的垫层材料时，可以允许空气在锌板的内表面流动。

屋面洞口

直立锁缝屋面作采光顶的方法有两种：在洞口周围形成压制金属材料做

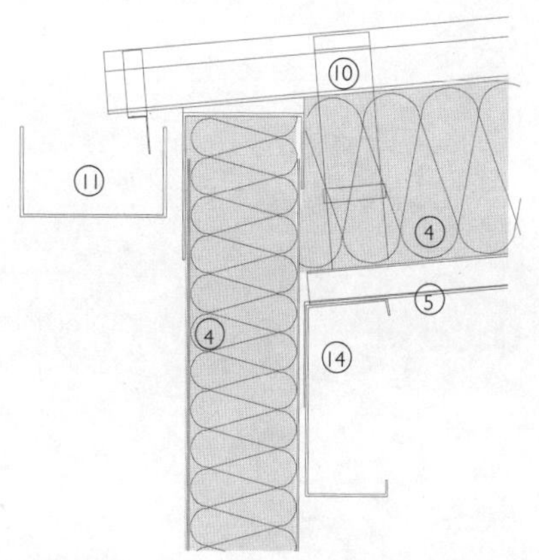

纵剖面图1：10　金属直立锁缝坡屋面组合上的屋檐与天沟

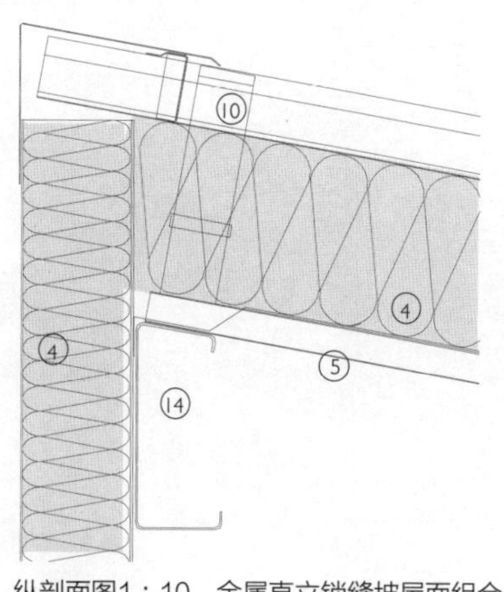

纵剖面图1：10　金属直立锁缝坡屋面组合上的屋檐与天沟

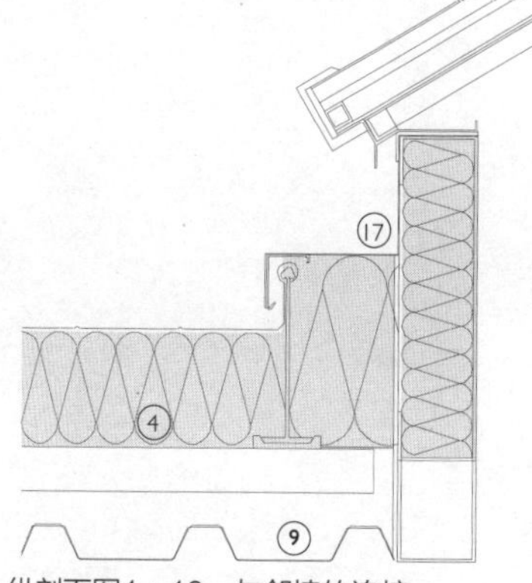

纵剖面图1：10　与邻墙的连接

3D剖视图　典型屋面组合

3D视图　与邻墙连接的金属屋面

的上翻梁，因此采光顶可以高出屋面150mm；或者使采光顶与屋面面层齐平，沿着天窗的边缘做沟槽。第二种方法形成了光滑、连续的屋面而不需要让天窗看起来像突出的盒子。如果将采光顶安装到洞口里，其四周需要布置金属防水板，其顶边搭接在直立锁缝屋面板材的下面，底边搭接在屋面板上面，其余两侧，防水板同相邻的与屋面坡度同向的接缝一道形成直立锁缝。穿过直立锁缝屋面的小尺寸管子使用简化的防水板。形成的上翻梁作为突出屋面的管材周围的围合边缘，通常需要与管子焊接的防水板在上翻梁上方弯折覆盖防止雨水穿过接头。防水板的底部同屋面金属板通常用硅胶粘结密封。直立锁缝在遇到防水板的基座处中止，并在穿管处的上部和下部围合。

屋脊和天沟

屋脊有很多形成的方法。在某场合，一张经折弯或弯曲成弧形的金属板放在两块屋面板相交而形成的缺口上。直立锁缝的顶部和底部形成的空隙用一张成型的金属填充片或条来封闭。在另一场合，形成的尖锐的屋脊作为直立锁缝接头，与屋脊相交的缝被中止以免使用从下面能看到的笨重的填充片。屋脊

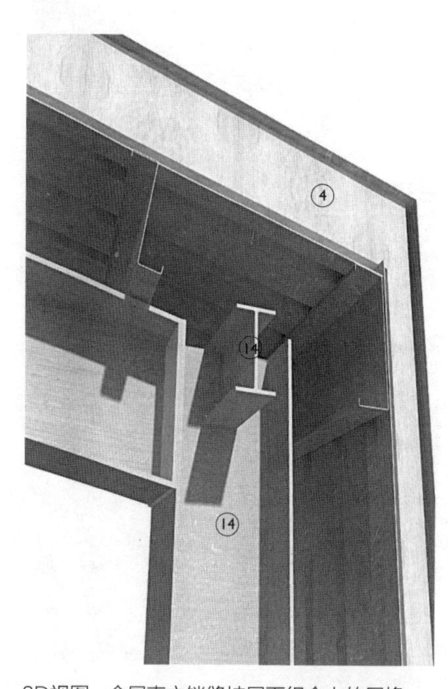

3D视图　金属直立锁缝坡屋面组合上的屋檐

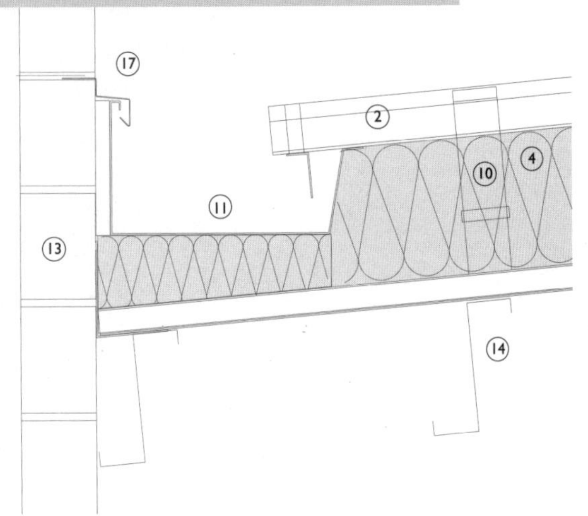

纵剖面图1：10　与邻墙连接的天沟

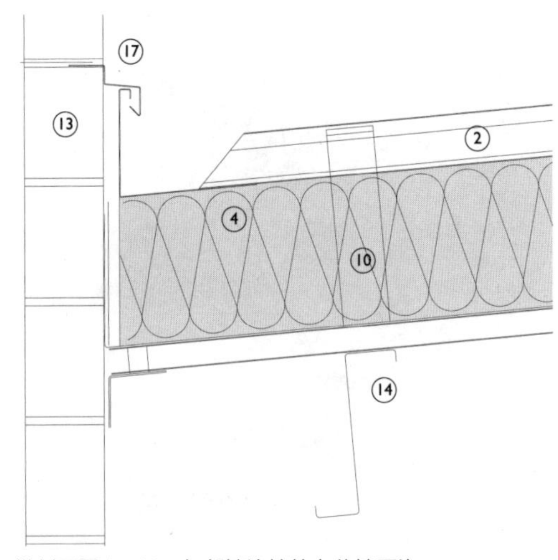

纵剖面图1：10　与邻墙连接的女儿墙天沟

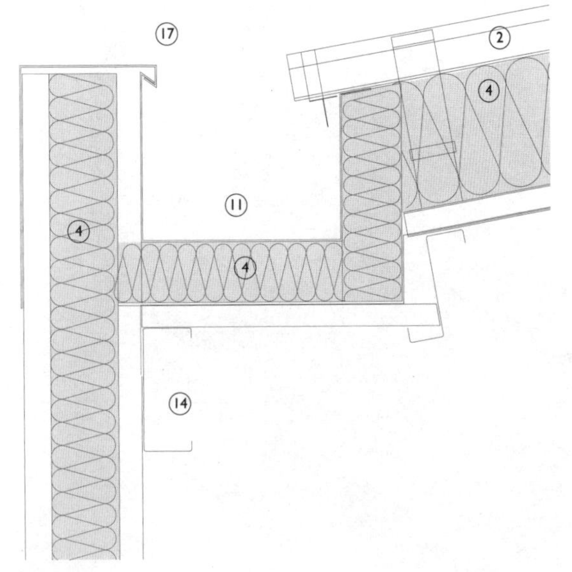

纵剖面图1：10　天沟细部

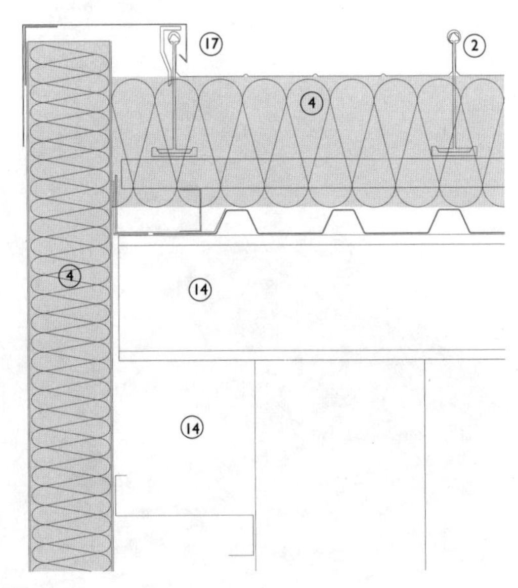

纵剖面图1：10　女儿墙

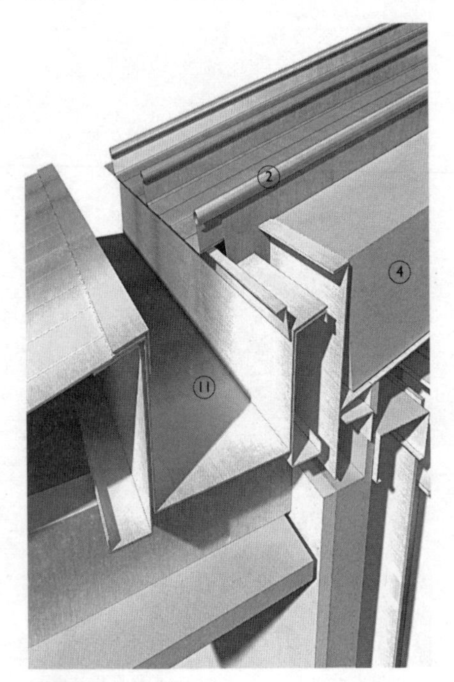

3D视图　天沟细部

被处理成一个缓和的折形，材料上没有任何中断。虽然这看起来可能是形成的最简洁明了的屋脊，但为了形成一条笔直的屋脊线，屋脊板的排列跟前两种场合一样重要。阳光照射在屋脊上形成的阴影能显示出屋脊线的任何起伏不平。

天沟是通过将两块直立锁缝屋面的板材底部搭接在一个经弯折形成排水沟的金属托盘上做成的。排水沟通常同两块板材长度方向的接头处焊接来避免排水沟漏水。由于排水沟的原因，屋面厚度降低，下面的保温层就常常比相邻区域要薄。效果降低的保温层可以通过在此区域使用性能更好的保温材料，或者如果可能的话，加深此区域屋面结构以允许能增加此处的保温层厚度。如果屋面是通风的，在排水沟沟沿顶和直立锁缝屋面底所形成的空隙能允许空气在屋面闷顶流动，而不需要使用从下面能看到的安装在屋面外表的通气缝。

屋檐和女儿墙

屋檐的构造方式与天沟相似，将排水沟设置在屋面的边缘。天沟逐渐融

1. 金属板
2. 直立锁缝
3. 透气卷材
4. 保温层
5. 底层：典型贴胶木板的木材/金属横梁
6. 隔汽层
7. 按需设置干作业墙或干燥衬板
8. 外直立锁缝薄板
9. 内衬薄板
10. 中心钢夹
11. 弯折金属天沟
12. 弯檐薄板
13. 外墙
14. 结构骨架
15. 外板固定托架
16. 采光顶
17. 金属防水板
18. 屋脊板

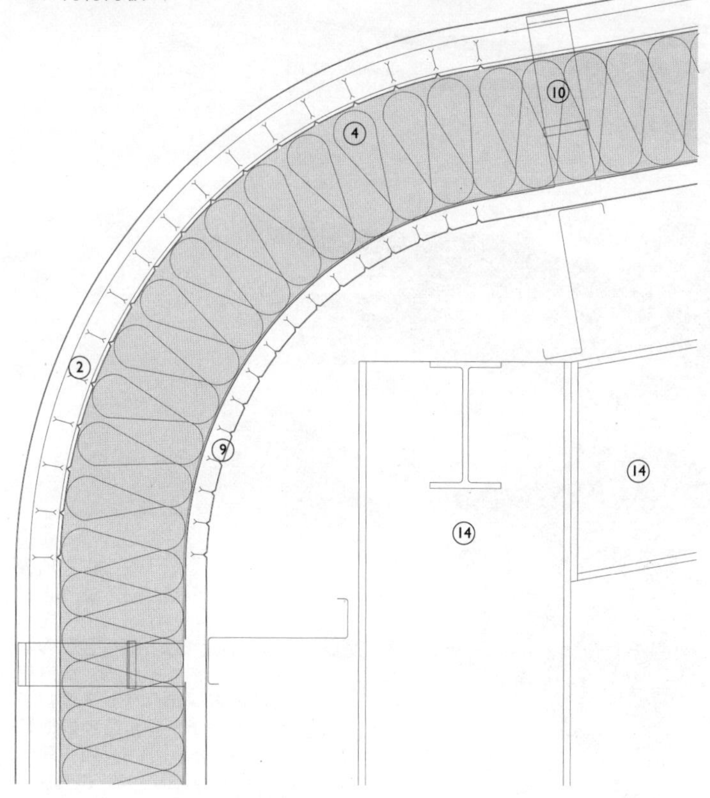

纵剖面图1：10　金属直立锁缝曲屋面组合上的屋檐

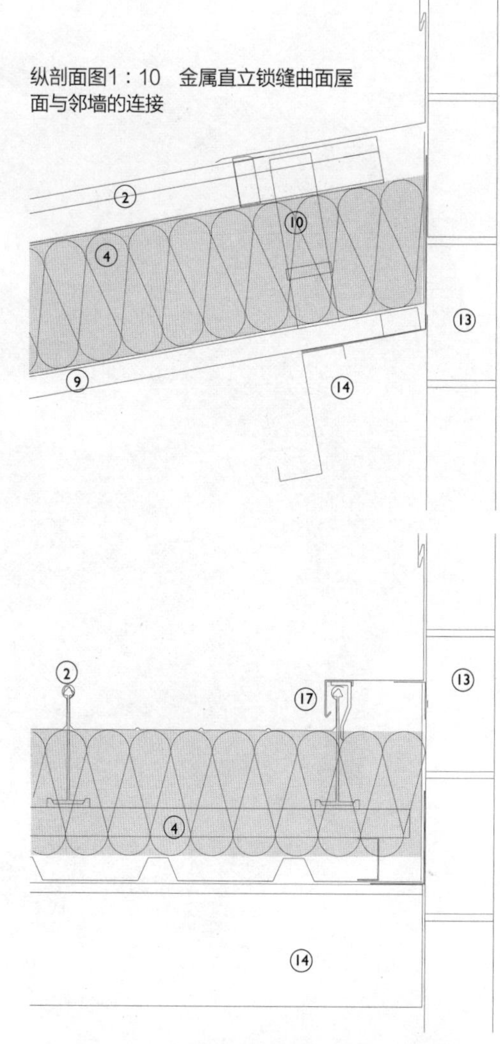

纵剖面图1：10　金属直立锁缝曲面屋面与邻墙的连接

纵剖面图1：10　金属直立锁缝屋面与邻墙的连接

入屋面造型中，以避免由于天沟与屋面轮廓不连续造成视觉的不美观。当使用额外的封口片时，如圆角断面的，金属板通常设计成排水的和与外界通风的，防水一直沿外墙做到直立锁缝屋面的底部。

女儿墙的形成是将排水沟靠近外墙的一侧向上延伸到女儿墙压顶结束，在此处用橡胶做的密封材料粘结到外墙顶上。女儿墙压顶作为防水盖板和阻挡雨水的第二道防线固定在上述密封材料上。

3D视图　金属直立锁缝弯曲屋面组合

金属屋面

（1）金属直立锁缝系统

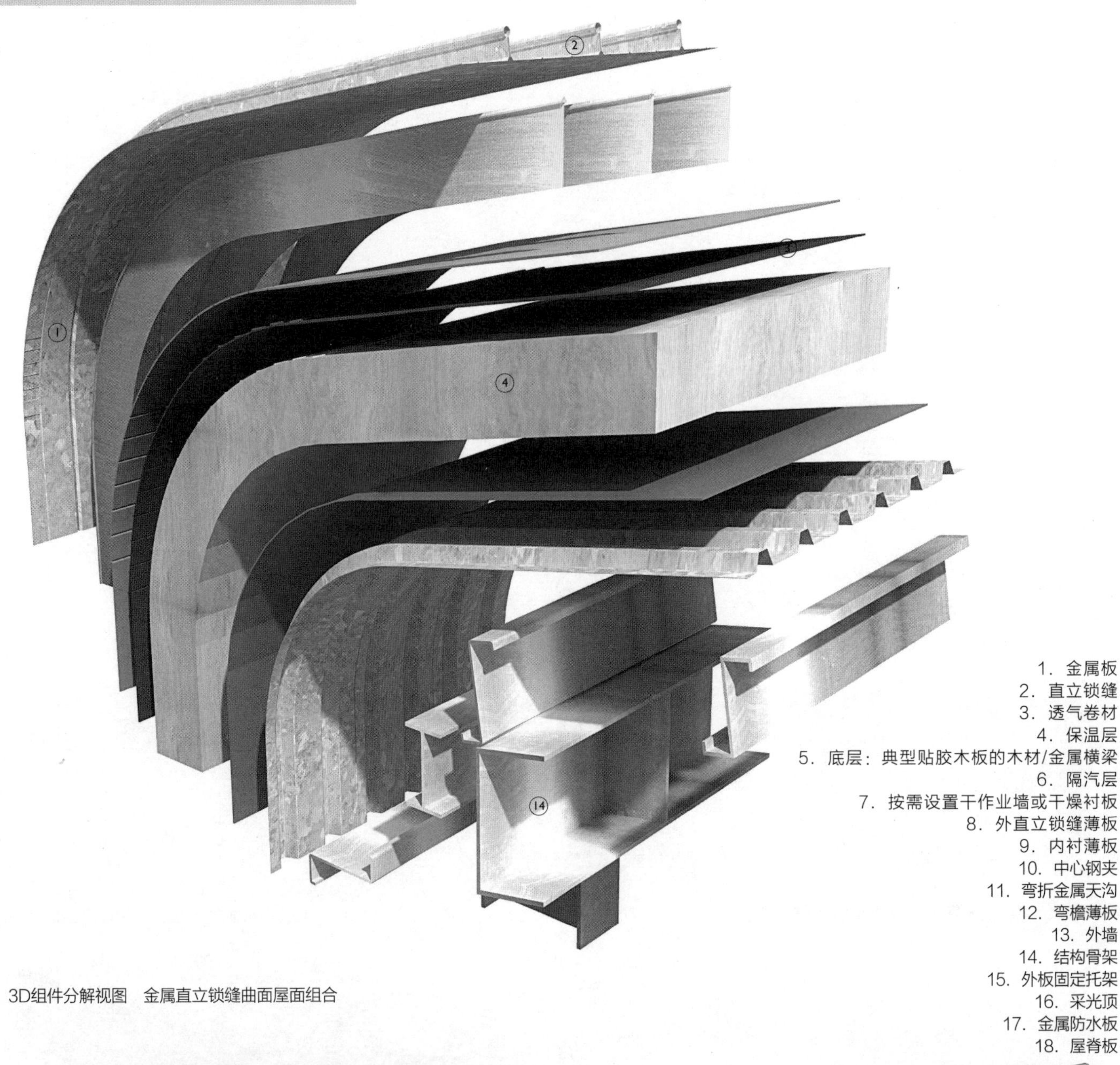

1. 金属板
2. 直立锁缝
3. 透气卷材
4. 保温层
5. 底层：典型贴胶木板的木材/金属横梁
6. 隔汽层
7. 按需设置干作业墙或干燥衬板
8. 外直立锁缝薄板
9. 内衬薄板
10. 中心钢夹
11. 弯折金属天沟
12. 弯檐薄板
13. 外墙
14. 结构骨架
15. 外板固定托架
16. 采光顶
17. 金属防水板
18. 屋脊板

3D组件分解视图　金属直立锁缝曲面屋面组合

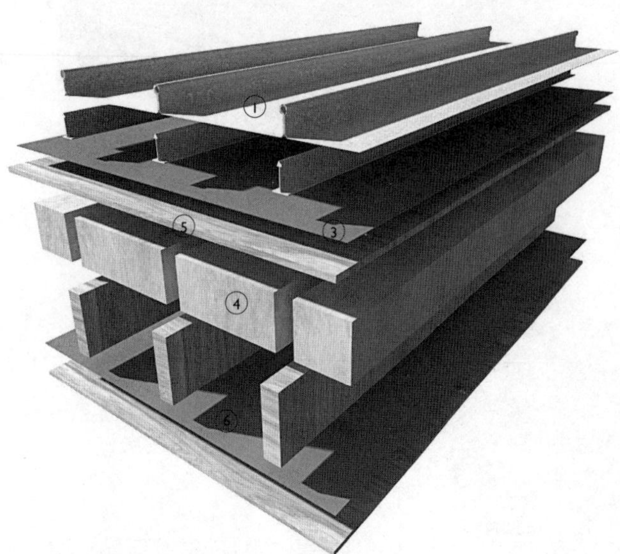

3D组件分解视图　带木构架的金属直立锁缝屋面组合

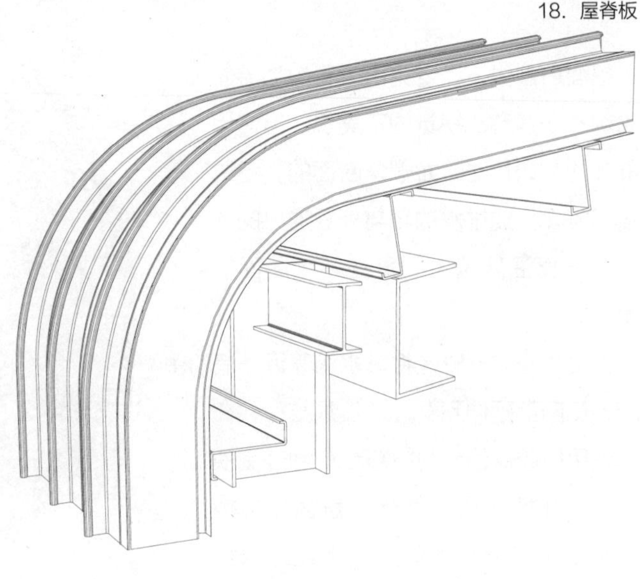

3D视图　金属直立锁缝曲面屋面组合

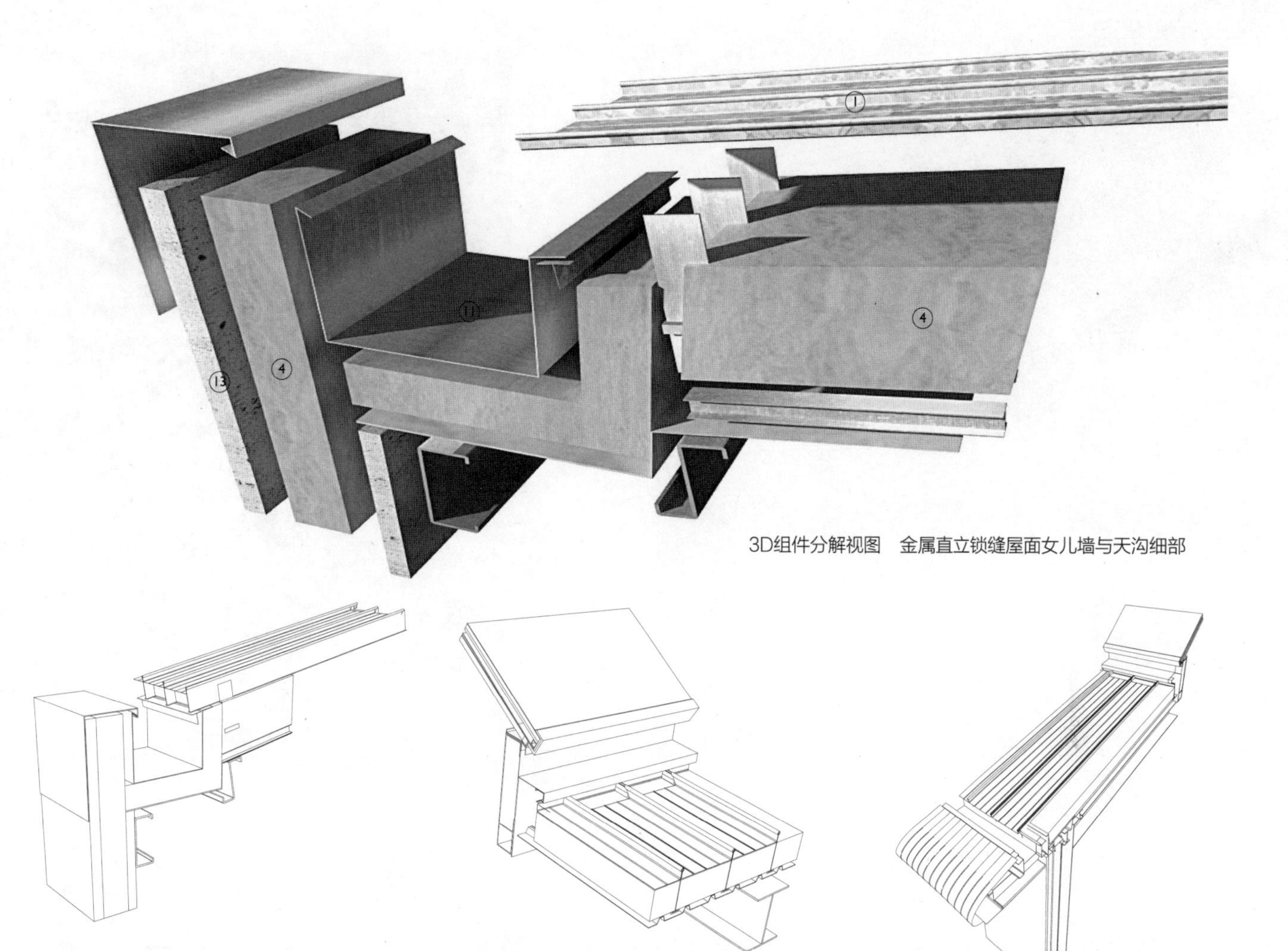

3D组件分解视图　金属直立锁缝屋面女儿墙与天沟细部

3D视图　金属直立锁缝屋面女儿墙与天沟细部

3D视图　金属直立锁缝屋面女儿墙与天沟细部

3D视图　金属直立锁缝屋面女儿墙与天沟细部

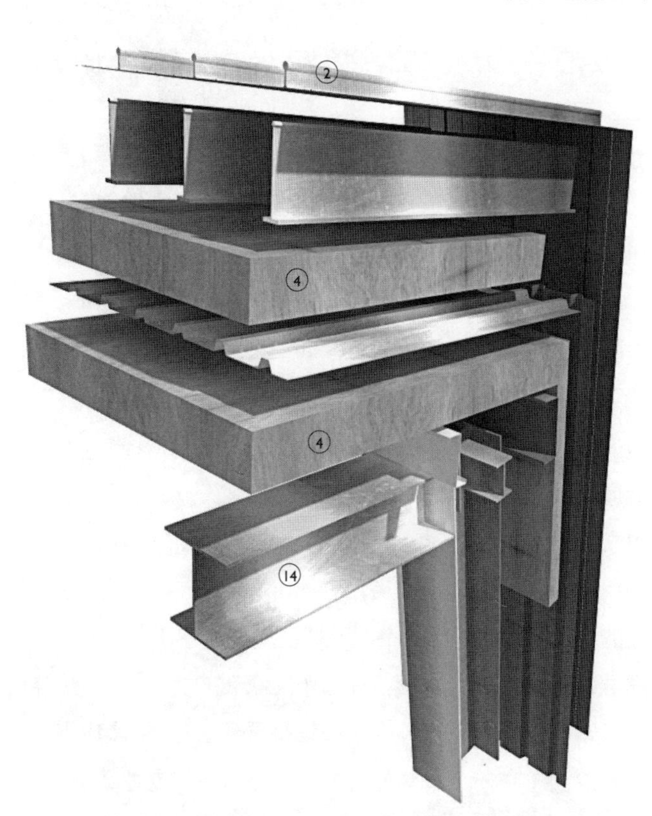

3D组件分解视图　曲面屋顶金属直立锁缝屋面女儿墙与天沟细部

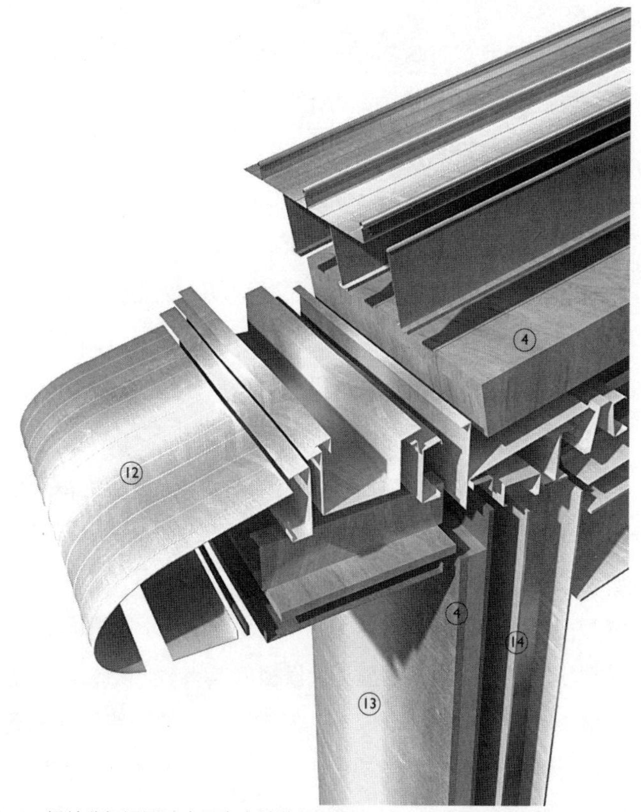

3D组件分解视图　金属直立锁缝屋面组合

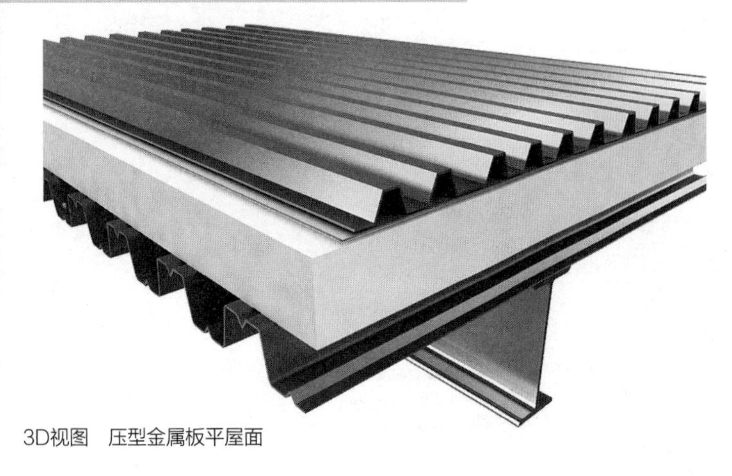

3D视图　压型金属板平屋面

3D视图　压型金属板平屋面

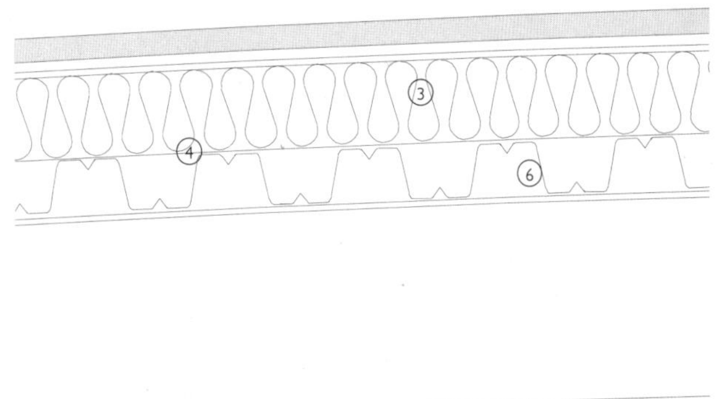

纵剖面图1：10　典型压型金属板屋面构造

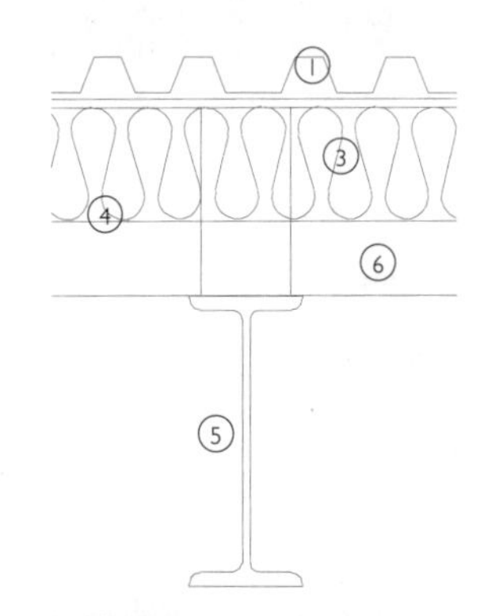

纵剖面图1：10　典型压型金属板屋面构造

压型金属板相对于其余金属屋面类型的主要优势在于其经济跨可达3.5m。这种材料的自支撑性，同其生产时喷涂的耐候性的涂层一道，使之既能用于上面安置不同金属面层的垫层，也能当作独立的结构和防水材料。有突出很高的折形直立锁缝屋面，适合长且直或轻微弯曲的跨度，而压型金属板屋面既可以安置在支撑结构上也能用于形成复杂几何造型。这种既能当结构板又能当防水层的灵活性在内部装修设计成不同材料如干墙（dry lining，同dry wall，指使用石膏板条的墙，不用水泥砂浆——译者注）或装饰板的场合具有优势。近年来，因为视觉原因，屋面坡度大幅度减小，变得尽量平整。大多数压型金属板放置成最小4°的坡度。根据屋面几何造型，直立锁缝屋面可以减小至1°。

当用作垫板时，压型金属板能够被切割形成复杂的几何形态，通常由钢结构骨架支撑形成三维造型。一般使用的是总厚度50mm的压型板，但用于跨度为3.5—6.0m时，截面厚度会变厚，厚度可达200mm。当填充混凝土时，较厚的板材也用在复合屋面板中。如果用型钢的话，要用0.7mm厚的板材做外表皮；用铝型材的话，则用0.9mm厚的板材。型钢经过镀锌和涂膜处理；而铝型材则经过打磨或涂膜处理。

作为底板的压型金属板

当压型金属板作为屋面板而非一道屋面时，由于在需要轻质屋面的场合选择了金属屋面，因此其上的构造常使用轻质材料。使用的轻质面层比较有代表性的有另外一道压型金属板，直立锁缝金属板（前面已经介绍），膜材料（主要是合成橡胶）和轻质种植屋面。屋面做法中一般都有的一层是置于压型金属板上的闭孔保温层，材料足够坚硬以便放在压型金属板上，当人走在上面时不会产生形变，否则的话会牵动卷材上的接头。一道单层卷材铺设在保温层上，通常是合成橡胶卷材，可以暴露在阳光下而不会受损。有时候在卷材上会放一层薄薄的光滑鹅卵石来防止太阳照射，允许上人维修而不会穿透卷材。闭孔的保温层可以保证工程中产生的潮气不会被吸收，否则会导致其毁坏。

压型金属屋面板材

当用作面层材料时，称为“屋面面板”，压型金属板能够提供连续的防水层，具有单向弯曲的能力。这种材料的一个局限就是天窗顶开洞，边缘以及同其他材料的连接难以轻易地结合到板的断面形状里。甚至简单的直线洞口都

3D视图　压型金属板平屋面构造

3D视图　天沟细部

3D视图　压型金属板平屋面构造

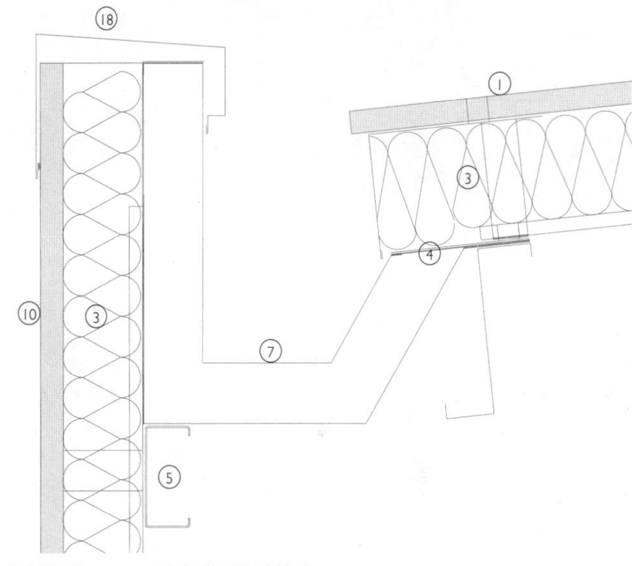

纵剖面图1：10　隐蔽式天沟联结处

1. 外层压型金属板
2. 内衬薄板
3. 纤维填料保温层
4. 隔汽层
5. 檩条或结构桁条
6. 压型金属结构板
7. 弯折金属天沟
8. 弯折金属滴水
9. 金属竖向板
10. 外墙
11. 外板固定托架
12. 弯檐薄板
13. 结构骨架
14. 屋脊板
15. 金属防水板
16. 采光顶
17. 管道或穿墙管
18. 女儿墙泛水
19. 透气垫片

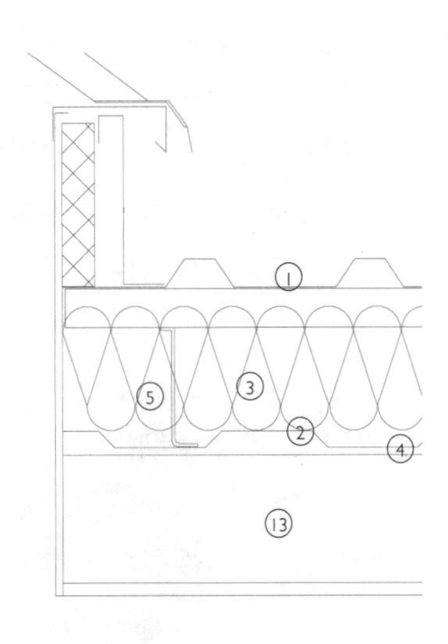

纵剖面图1：10　带女儿墙的压型金属板屋面

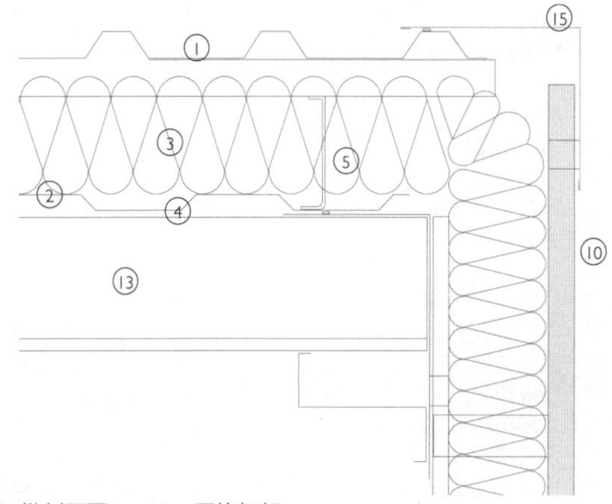

纵剖面图1：10　屋檐细部

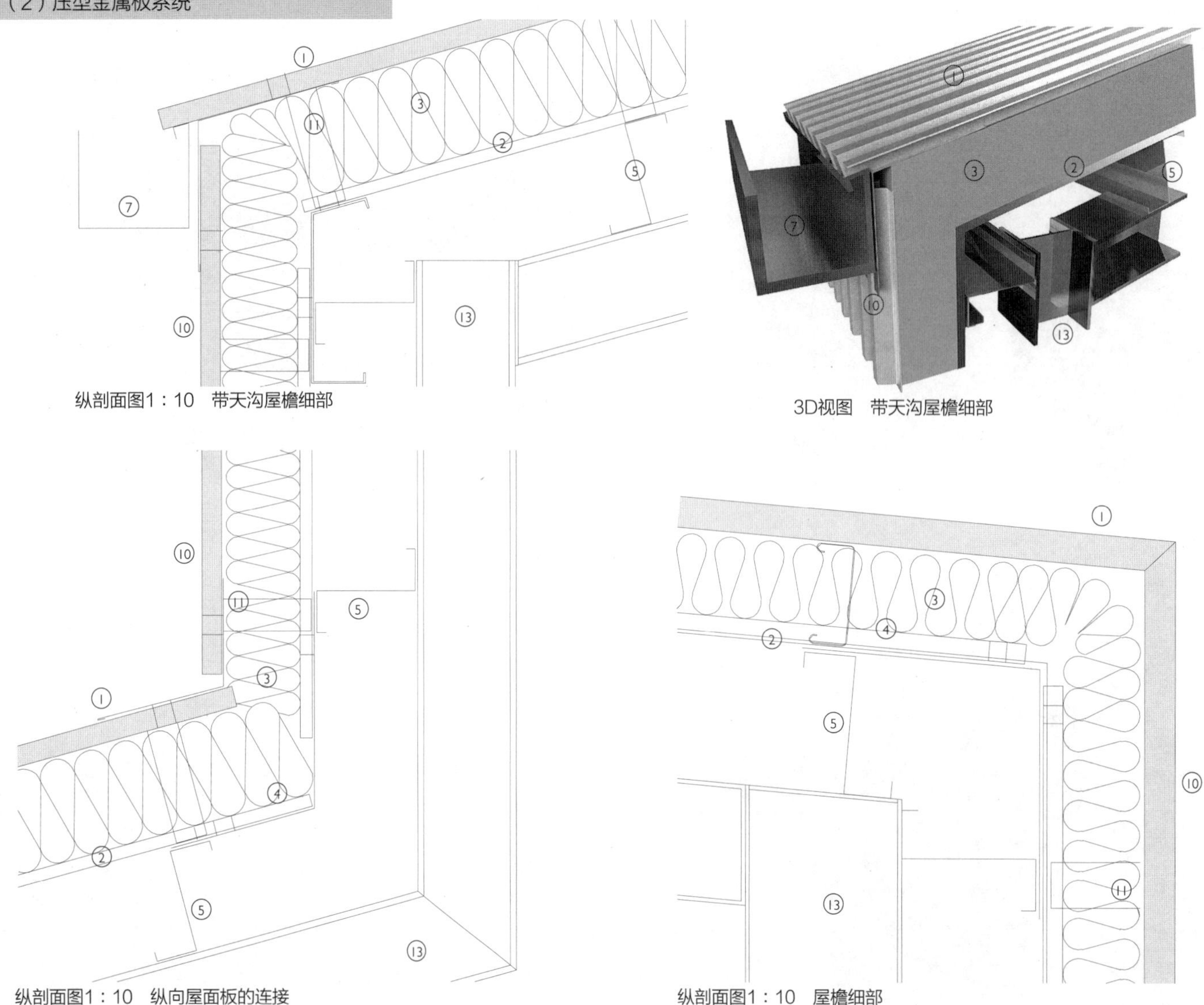

纵剖面图1：10　带天沟屋檐细部

3D视图　带天沟屋檐细部

纵剖面图1：10　纵向屋面板的连接

纵剖面图1：10　屋檐细部

1. 外层压型金属板
2. 内衬薄板
3. 纤维填料保温层
4. 隔汽层
5. 檩条或结构桁条
6. 压型金属结构板
7. 弯折金属天沟
8. 弯折金属滴水
9. 金属竖向板
10. 外墙
11. 外板固定托架
12. 弯檐薄板
13. 结构骨架
14. 屋脊板
15. 金属防水板
16. 采光顶
17. 管道或穿墙管
18. 女儿墙泛水
19. 透气垫片

很少有标准的型材来封堵平整的防水板同压型金属板的断面的凹凸所形成的空隙。然而，此种材料的一个主要的优点是能轻易弯曲，下面的支撑结构只需要不多的构件随着弯曲，而大多数构件都保持平直。当用作屋面面板时，材料四边搭接如同直立锁缝屋面一样。四个边的搭接面足够长以防止接头的毛细作用。这种简单接头的系统提供了大面积的安装简易的可靠又具防风雨性能的屋面。

密封和通风方法

同直立锁缝屋面一样，压型金属板屋面也分密封和通风两种构造。通风构造主要用于使用木支撑结构的情况，是为了防止闷顶里的潮气被阻塞在构造中而引起木头腐烂。这点会在“木质屋面”一章中做进一步探讨。本章中以下部分讨论的是采用密封压型金属板屋面的应用。

在密封屋面中，保温材料通常填充内外壁之间的空间，但在屋脊和屋檐处常会装通风口使空气沿压型板凸起部位流通，有助于保持保温层完全干燥。

因为内部面板在屋面下提供了硬质表面，因此要使用穿孔板来提高吸声效果。声音允许部分被保温层吸收。这有

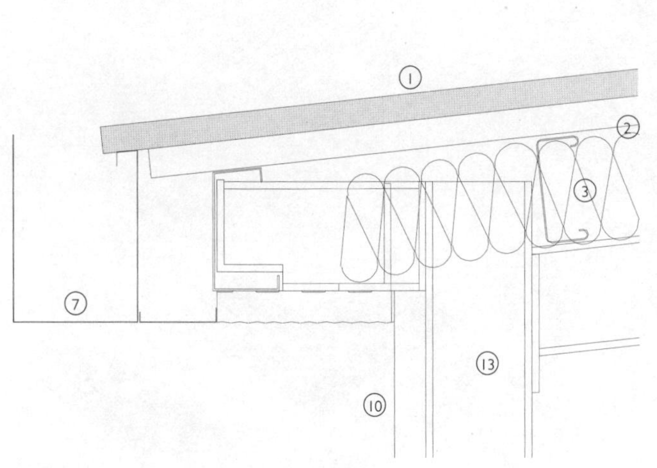

纵剖面图1：10　带部分隐蔽天沟的屋檐

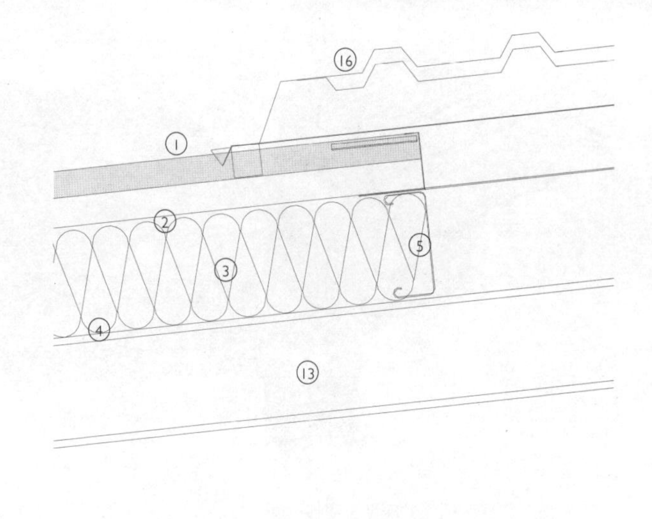

纵剖面图1：10　压型金属板与采光顶的联结

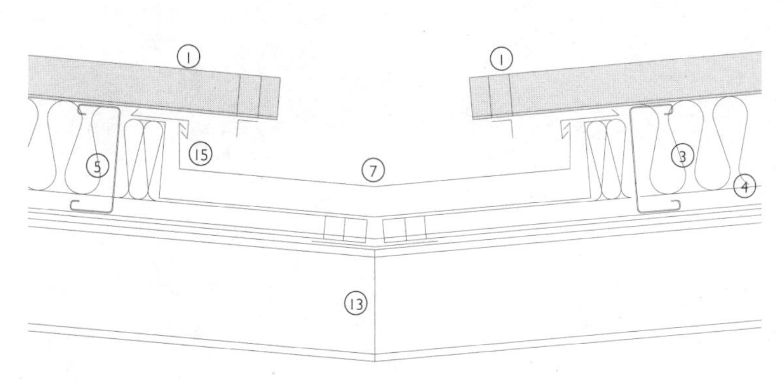

纵剖面图1：10　天沟

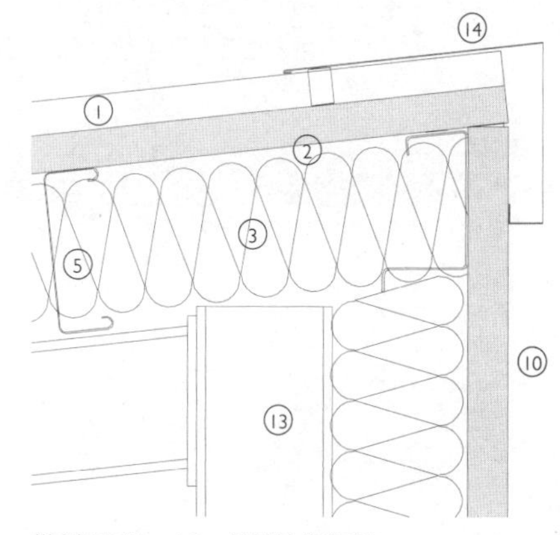

纵剖面图1：10　单坡边缘细部

助于减少混响时间，特别是在噪声较多的室内环境中。隔汽层设置在保温层和下面的隔声板之间。

双层金属板构造

压型金属板屋面能够在屋面构造中隐蔽支撑结构。这给屋面内表面带来光滑的效果。外层金属板支撑在金属屋檩上，支撑隔热层的内层金属衬板则固定在它们的下表面。檩条通常是用Z形断面的厚1.5mm的镀锌钢板制作，用尼龙套或垫圈在檩条与内外金属板之间起到隔热作用，还需用垫子来密封外层屋面板的螺栓固定件。最近几年，Z形断面已经发展成一系列的断面形式。板材用的自攻螺钉不仅要将板子固定到支撑结构上，自身也要求有防风雨能力。隔汽层安装在保温层温度较高一侧，位于下面的垫板和保温层之间。

这种构造方式同复合板不同，后者由外表皮、矿物纤维保温层和内装饰板组合成一个板，安装在从下面可见的支撑结构上。这个支撑结构可以暴露在外，也可用一层装饰板包裹隐蔽起来。

3D视图　单坡屋面镶边细部

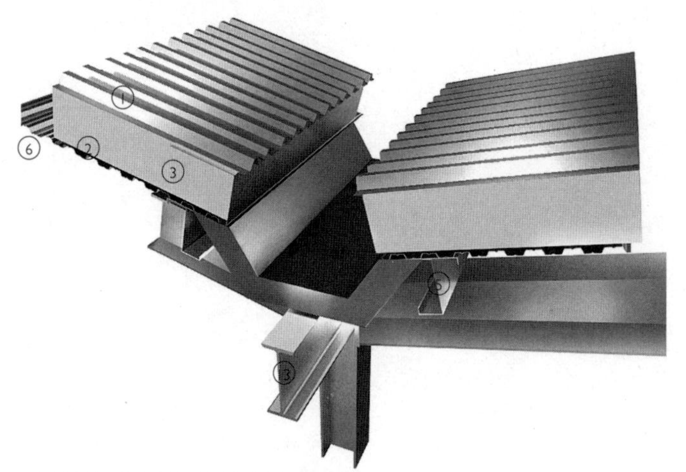

3D视图　带天沟细部的压型金属板屋面

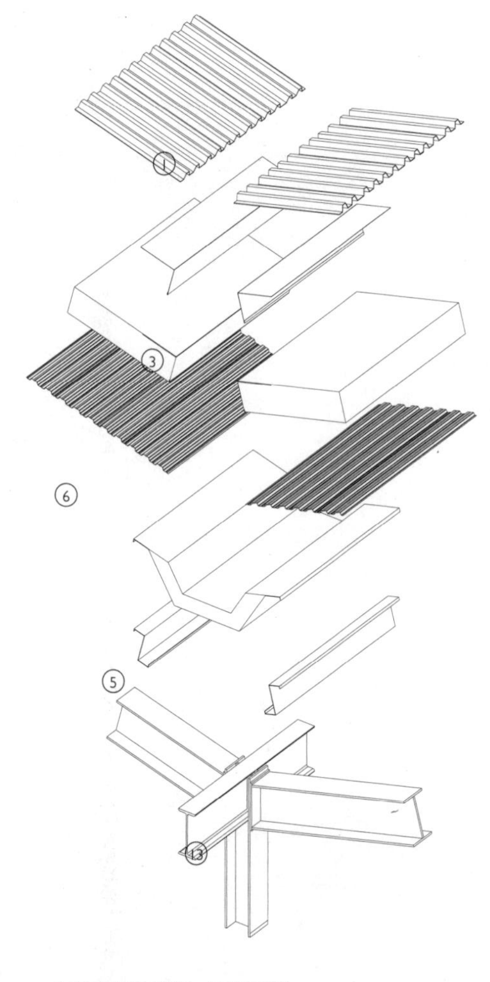

组件分解轴测图　天沟细部

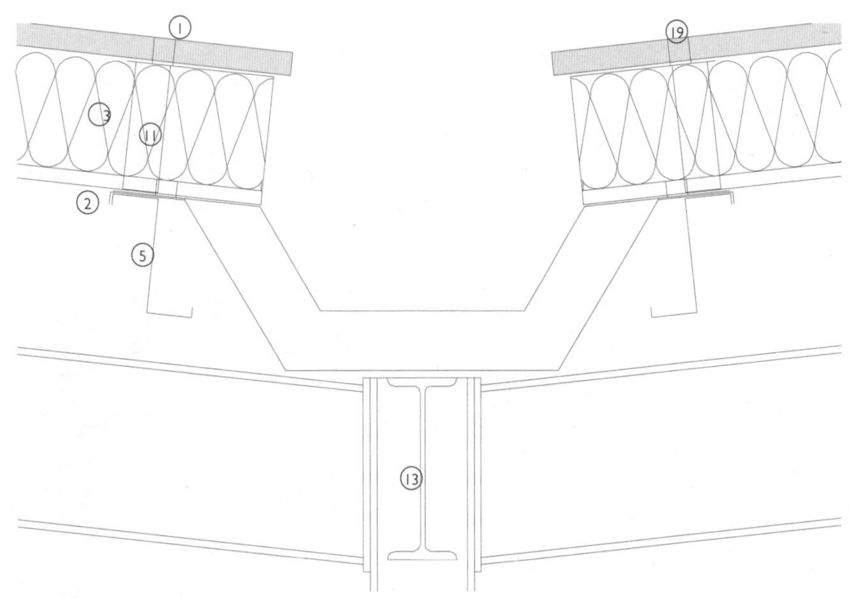

纵剖面图1：10　预制装配的天沟

1. 外层压型金属板
2. 内衬薄板
3. 纤维填料保温层
4. 隔汽层
5. 檩条或结构桁条
6. 压型金属结构板
7. 弯折金属天沟
8. 弯折金属滴水
9. 金属竖向板
10. 外墙
11. 外板固定托架
12. 弯檐薄板
13. 结构骨架
14. 屋脊板
15. 金属防水板
16. 采光顶
17. 管道或穿墙管
18. 女儿墙泛水
19. 透气垫片

压型金属板上下两边的搭接用丁基密封胶条密封。正常情况用两道，一道在外层板之间的搭接边缘上，另一道在内层板之间的搭接面较高一侧的边缘上。外层的密封条用来防止毛细作用将雨水吸入板之间，另一道密封条则是充当隔汽层，防止构造中的潮气在接头处产生冷凝水。将板材固定的自攻螺钉将两个密封的表面夹住。板材搭接的宽度通常为150mm，而板材侧边的搭接则将两块板的“波峰”重叠，在其中间位置用丁基密封胶带密封。同直立锁缝屋面一样，为了达到0.25 W/（m^2 · K）的U值保温层，其厚度一般为150—200mm。

屋脊

双坡屋面板相交处的屋脊使用经弯折的金属板来形成连续的屋脊板。这些板子被折出一条直线或者加工成曲线。下面的空隙用保温材料填充。

封口板用于密封压型板与上面覆盖的屋脊盖板形成的缺口。在坡屋面与邻近墙体相交处，屋面与墙体之间的盖板沿墙上翻且与墙固定。从墙体伸出的防水板置于屋面与墙体的盖板上，以导引

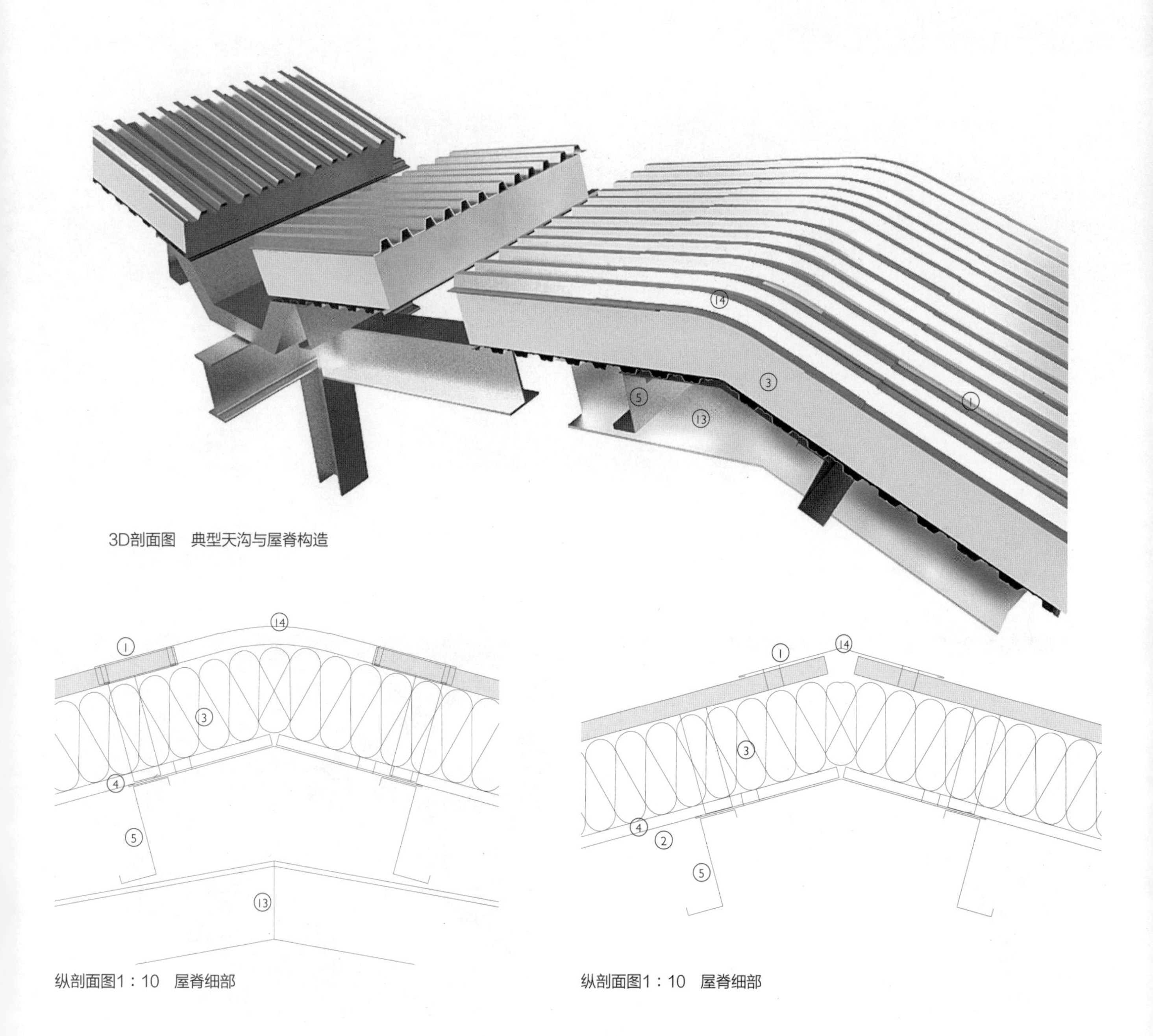

3D剖面图　典型天沟与屋脊构造

纵剖面图1：10　屋脊细部

纵剖面图1：10　屋脊细部

雨水流到屋面上。

洞口

同直立锁缝屋面安装采光顶一样，在采光顶的边缘也需要设置排水沟，雨水沿排水沟流到采光顶两侧。天沟可以在金属板前形成，采用女儿墙的细部构造，或者让金属板离采光顶的距离足够近，两者之间仅留50mm的间隙，来隐蔽天沟。采光顶较小时天沟可以隐蔽起来，因为需引流的雨水很少，尺寸不必太大。采光顶侧边和底边都有防水板从采光顶上搭接到相邻的屋面板上。

通过屋面的小管子和管子的穿透处用防水板密封，通常焊接形成一个围绕管子的上翻的金属圈，并与屋面板固定。同直立锁缝屋面一样，需要用泛水焊接或粘结到管子的上部，泛水搭接到防水板上，以阻止雨水沿管子流到屋面。

屋檐和女儿墙

女儿墙的形成：在压型金属板的底部做一个天沟，然后将天沟一侧延伸到女儿墙压顶的位置并与之形成搭接。天沟由单张经弯折的金属板形成，以避免漏水，并搭接在密封天沟和压顶的竖向

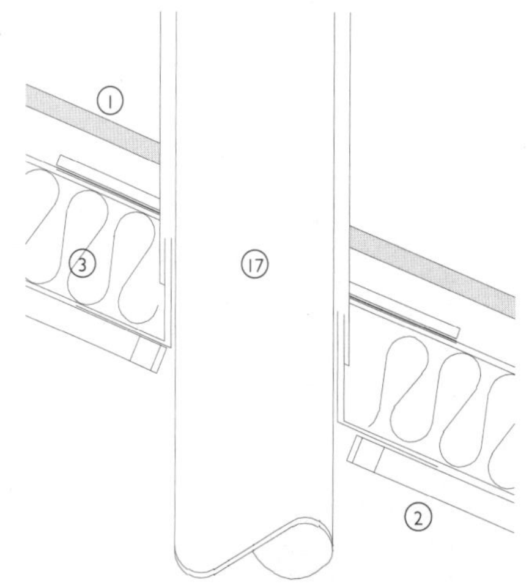

纵剖面图1：10　屋面穿墙管

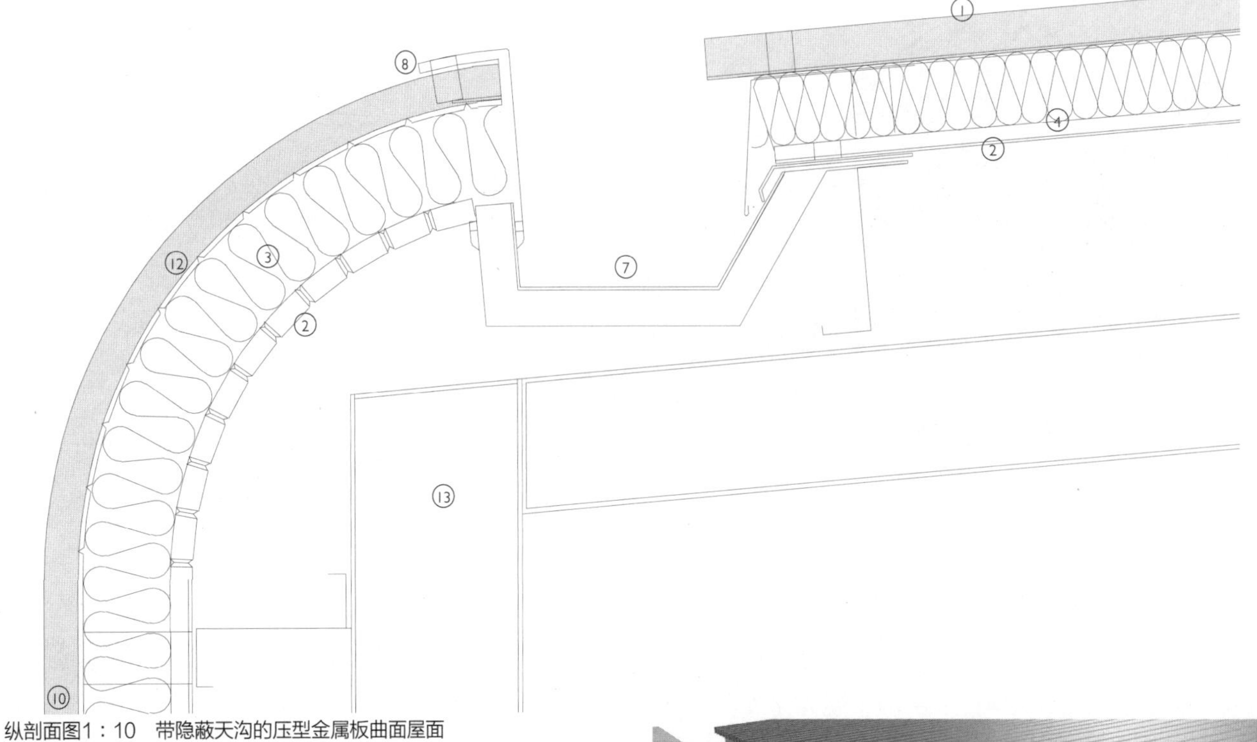

纵剖面图1：10　带隐蔽天沟的压型金属板曲面屋面

3D视图　带天沟的压型金属板曲面屋面

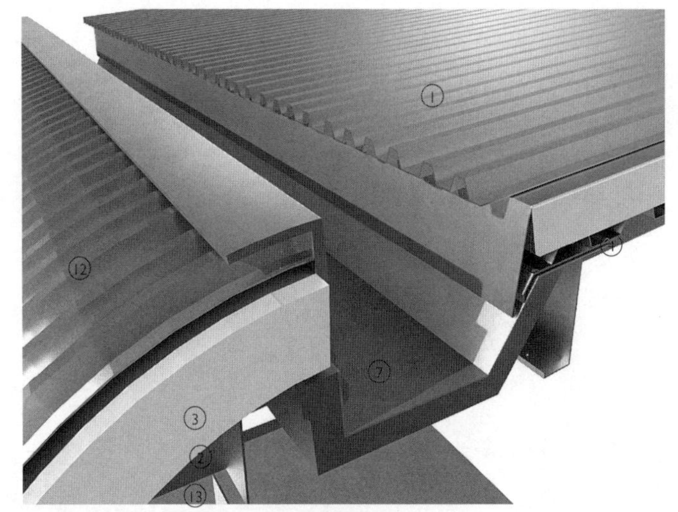

3D细部视图　带天沟的压型金属板曲面屋面

1. 外层压型金属板
2. 内衬薄板
3. 纤维填料保温层
4. 隔汽层
5. 檩条或结构桁条
6. 压型金属结构板
7. 弯折金属天沟
8. 弯折金属滴水
9. 金属竖向板
10. 外墙
11. 外板固定托架
12. 弯檐薄板
13. 结构骨架
14. 屋脊板
15. 金属防水板
16. 采光顶
17. 管道或穿墙管
18. 女儿墙泛水
19. 透气垫片

板下面。以压型金属板制作的女儿墙常用于外墙材料不同的情况下，女儿墙能在二者之间形成视觉上的遮挡。然而，很多压型金属屋面被用来与同样材料的外墙的连接，使用隐蔽的天沟，使墙与屋面形成整体。生产商在压型金属板材上提供标准的不同半径的弧形金属片来形成屋面轻微弯曲或者很尖锐的收边，上述构件同下面的压型金属板外墙通过搭接的方式连为一体。檐口的有尖锐边缘的金属片也作为厂家专有系统的一部分生产。这些（构件）通过将两块压型金属板焊接在一起形成不同的连续平滑的转角来形成不同的角度。为了获得独特的效果，弧形板通过沿压型金属板的竖直边弯曲获得，但现在更多使用连续平滑的造型。

屋脊和天沟

屋脊和天沟的做法与前文所述直立锁缝屋面相同。但是（屋脊处）直立锁缝可以被去除来形成平坦的屋脊而无突

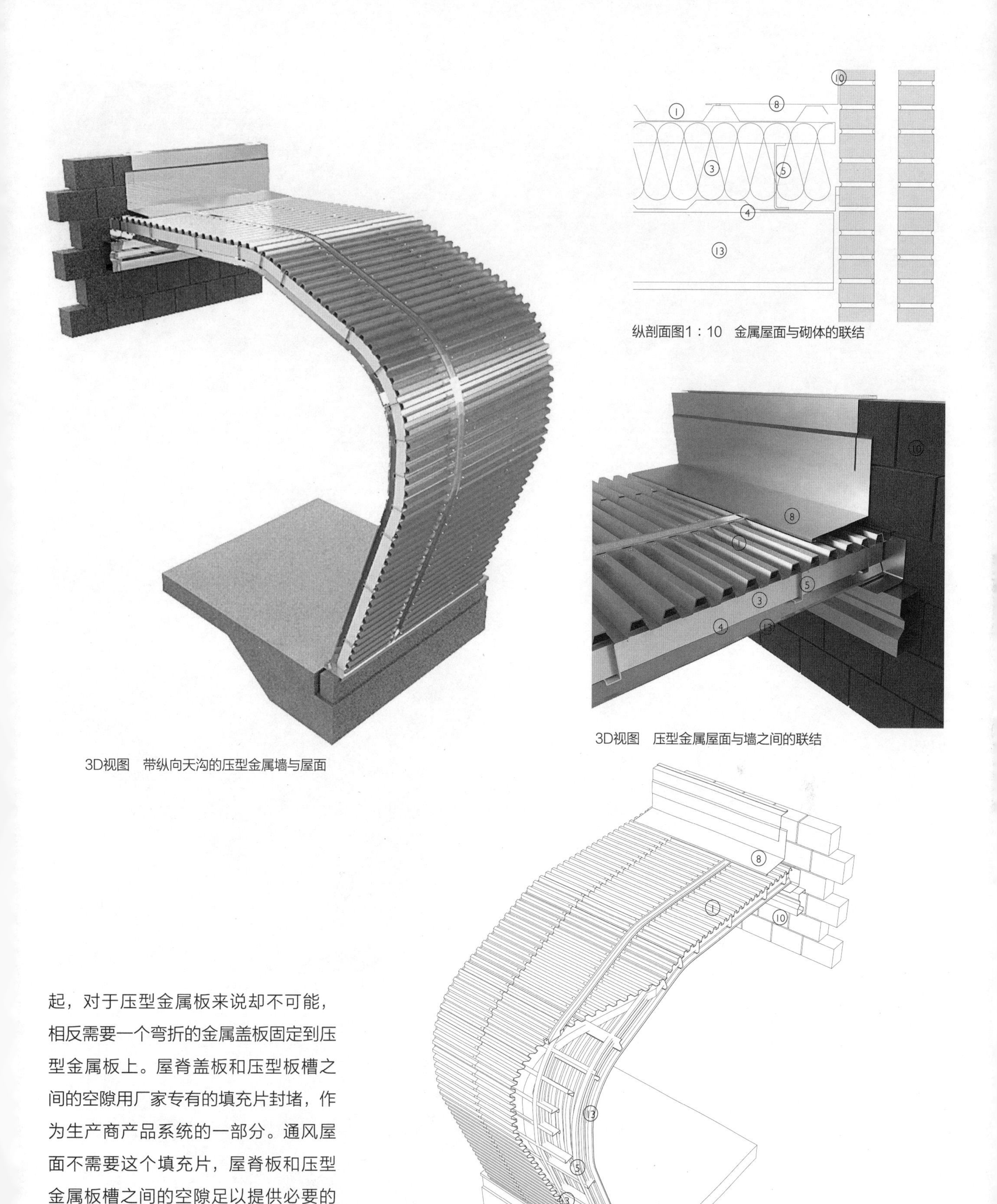

纵剖面图1：10　金属屋面与砌体的联结

3D视图　压型金属屋面与墙之间的联结

3D视图　带纵向天沟的压型金属墙与屋面

3D剖视图　带纵向天沟的压型金属屋面

起，对于压型金属板来说却不可能，相反需要一个弯折的金属盖板固定到压型金属板上。屋脊盖板和压型板槽之间的空隙用厂家专有的填充片封堵，作为生产商产品系统的一部分。通风屋面不需要这个填充片，屋脊板和压型金属板槽之间的空隙足以提供必要的通风。

天沟的形成与前文所述的直立锁缝屋面相似，都是将天沟和屋面板下表面之间的空隙作为通风用途。

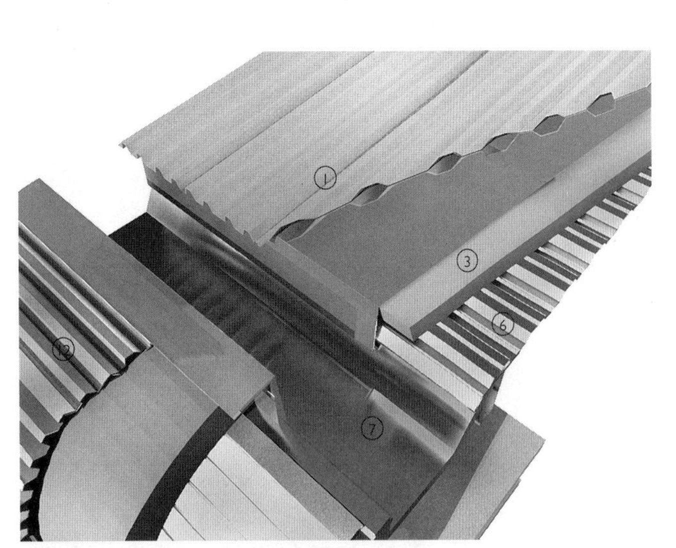

3D剖视图　带天沟的压型金属板屋面

3D视图　压型金属板屋面构造

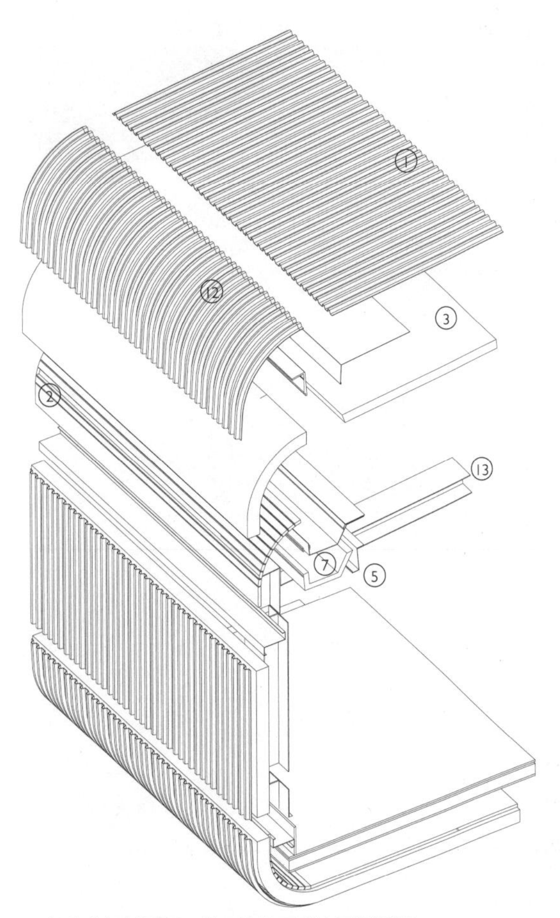

组件分解轴测图　带天沟的压型金属板屋面

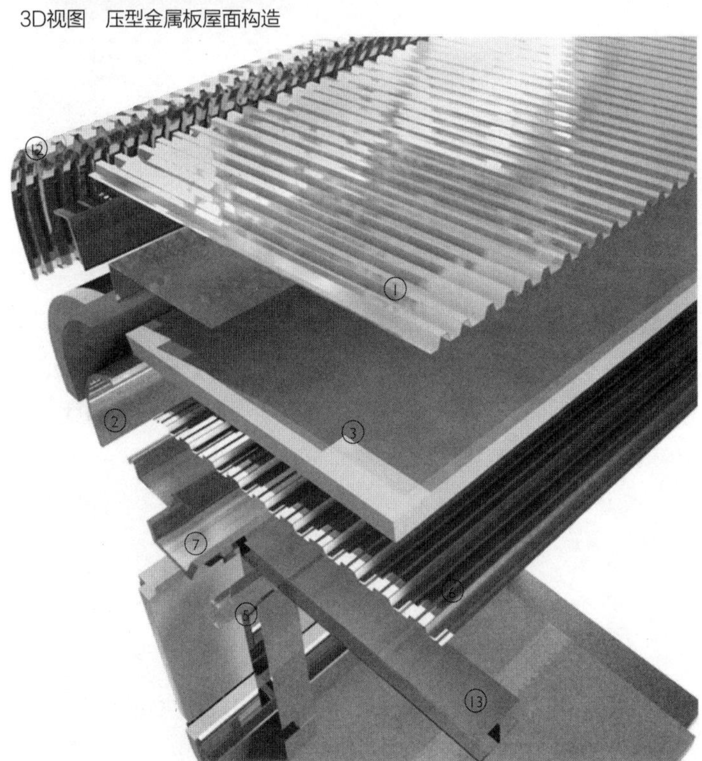

3D组件分解视图　带天沟的压型金属板屋面

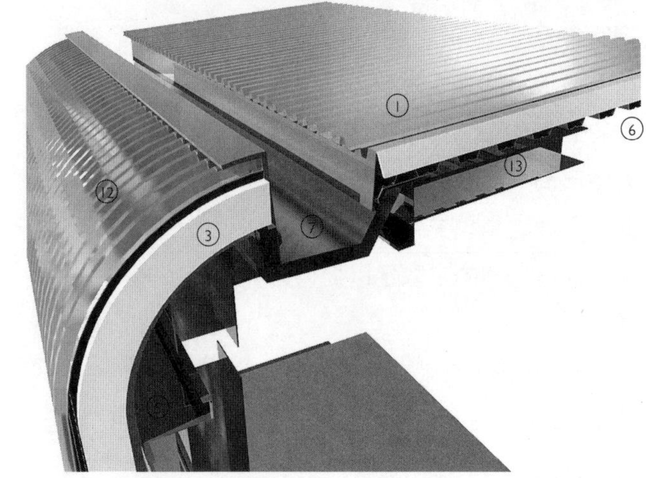

3D视图　带天沟的压型金属板屋面

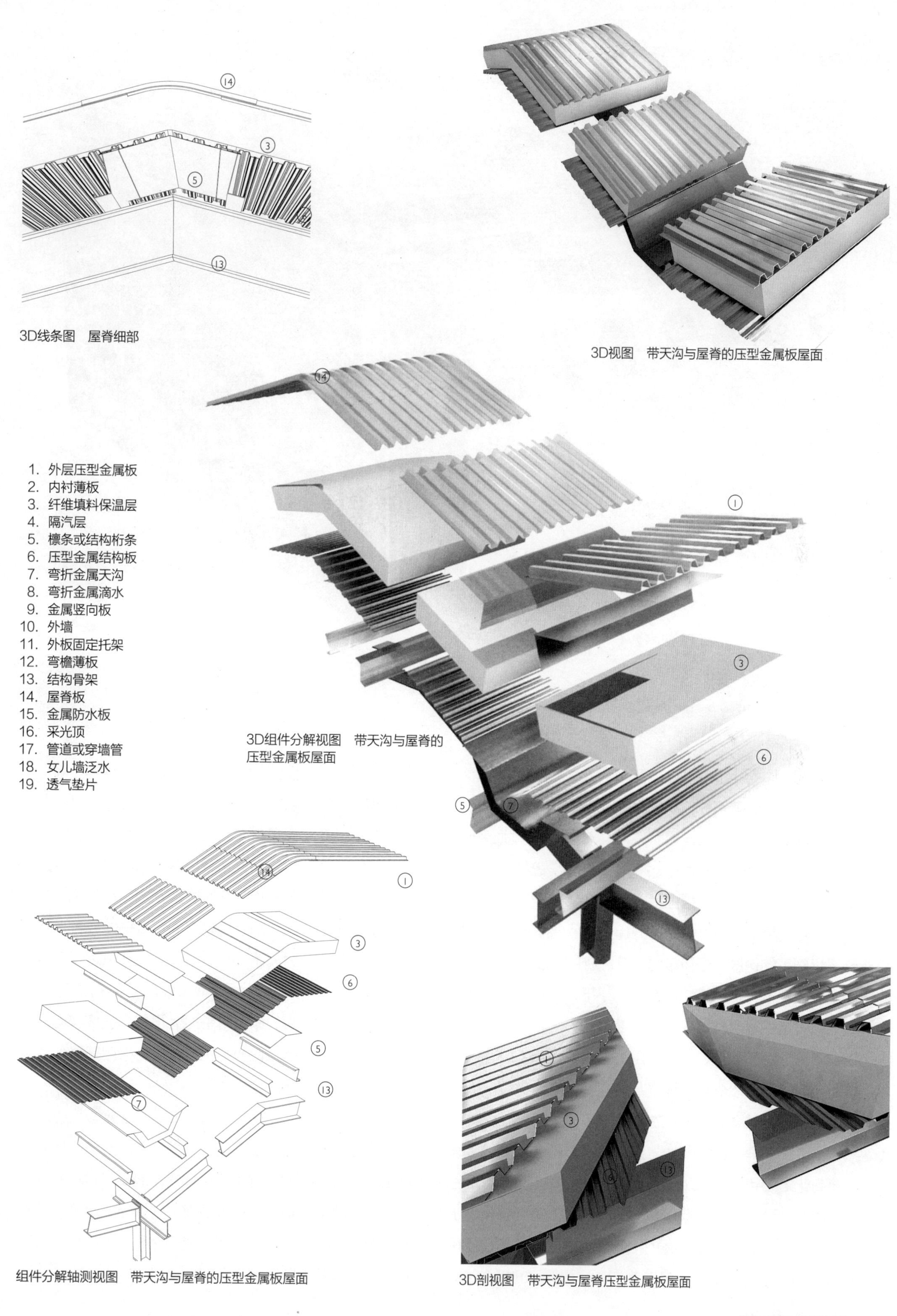

3D线条图　屋脊细部

3D视图　带天沟与屋脊的压型金属板屋面

1. 外层压型金属板
2. 内衬薄板
3. 纤维填料保温层
4. 隔汽层
5. 檩条或结构桁条
6. 压型金属结构板
7. 弯折金属天沟
8. 弯折金属滴水
9. 金属竖向板
10. 外墙
11. 外板固定托架
12. 弯檐薄板
13. 结构骨架
14. 屋脊板
15. 金属防水板
16. 采光顶
17. 管道或穿墙管
18. 女儿墙泛水
19. 透气垫片

3D组件分解视图　带天沟与屋脊的压型金属板屋面

组件分解轴测视图　带天沟与屋脊的压型金属板屋面

3D剖视图　带天沟与屋脊压型金属板屋面

3D视图　女儿墙边缘与复合板屋面组合

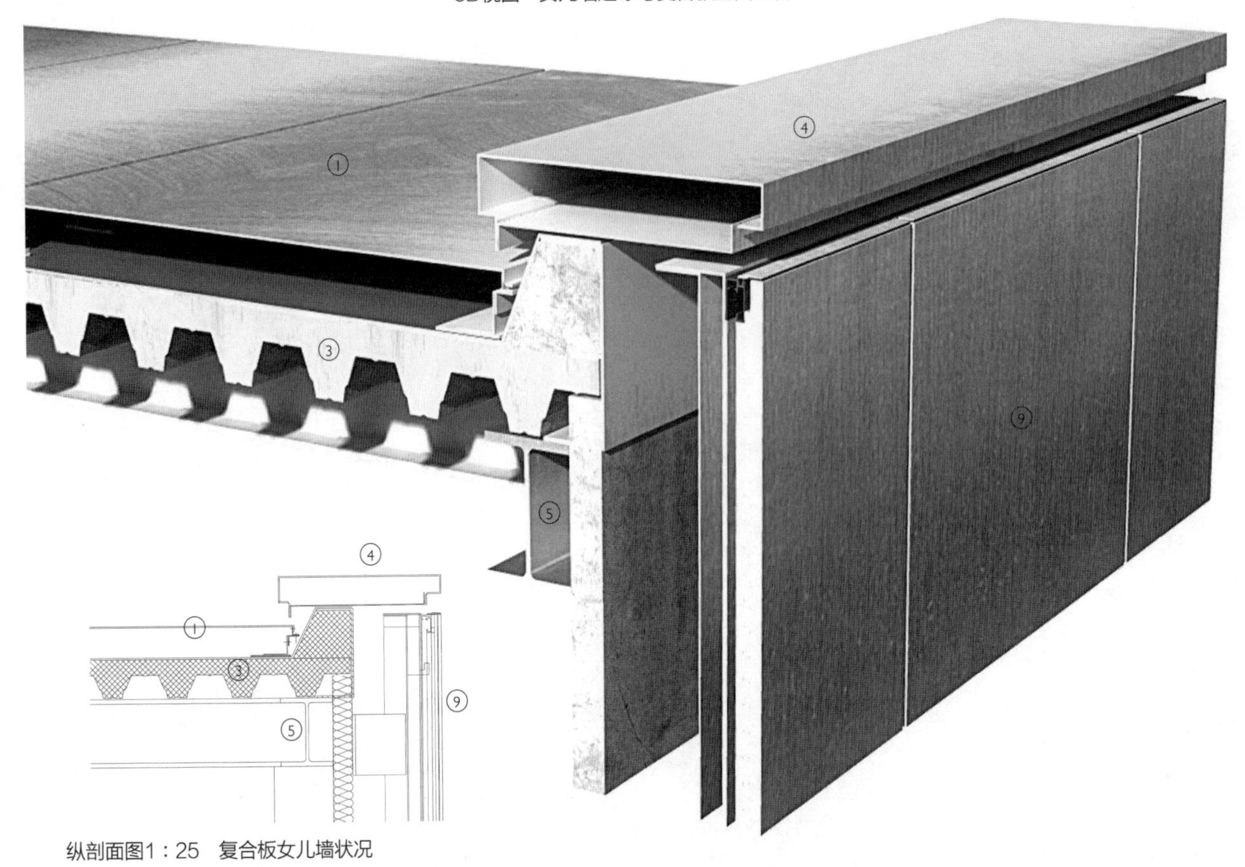

纵剖面图1：25　复合板女儿墙状况

用于屋面复合板有两种：双壁和单壁板。前者是由压型金属板演化而来，其中外壁、保温层和内壁组成一整块板。用于坡屋面，外观与压型金属板非常相似。但它们相对于压型金属板的优势在于现场施工的速度，但通常比对等的压型金属板要贵一点。第二种板材，单壁板，由发泡保温层粘结于压型金属板上组成。保温层面朝上，上面放置防水层，通常是一层防水卷材。根据几何形态和屋面需要的效果，一般在卷材上用遮雨板或光滑的鹅卵石装饰。

一直商业化应用缓慢的复合板屋面构造中的一项进步是带有整体天沟的真正的互锁板的出现，在这里复合板墙体的构造方法应用于屋面板上，有助于（名义上）在平屋面上的应用。这些板子会有墙面板一样的平滑的面和边，使整个构造既经济又非常优雅。板材之间的连接形成排水沟，从而形成互通的排水管路，也使板材之间的连接变得简洁干净。这一复合板设计的发展还需要在有技术可靠系统的前提下，在商业上具有可行性。

单层复合板

这种类型的板材底板用压型金属板支撑，底板上粘结发泡保温层填补凹凸，形成平滑的上表面。保温层的厚度由U值决定，具体也因厂商而异。复合板的上表面铺设防水卷材，卷材通常是弹性的，这样在板材接缝处不需上翻或设置特别的接头。板之间通常采用侧面对接的方式安装，连接处的缺口用发泡保温材料封堵。防水卷材和下面的保温层之间通常会设置一道隔离层，以允许卷材和下面的复合板之间的变形。

防水卷材之间互相搭接或者上覆同材质附加层，通过胶粘或热熔焊固定到一起。卷材常用轻质鹅卵石作为保护层，以免维护时人员行走损坏表面。为阻挡阳光直射，有时也采用开缝金属板作为保护层。

在屋面脊线或谷线位置，板材之间的连接使用同上面一样的方法，板之间的空隙也采用现喷发泡保温材料的方式填充。在屋面坡度转折处的两块板之间接缝处附加一道同材质防水卷材，保证防水效果。

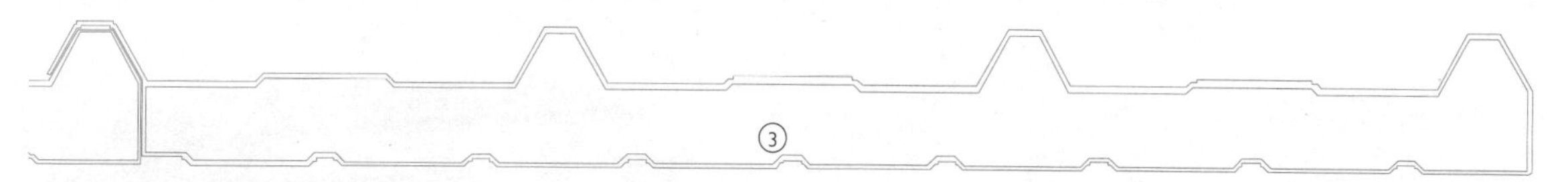

纵剖面图1：5　复合板中板对板联结

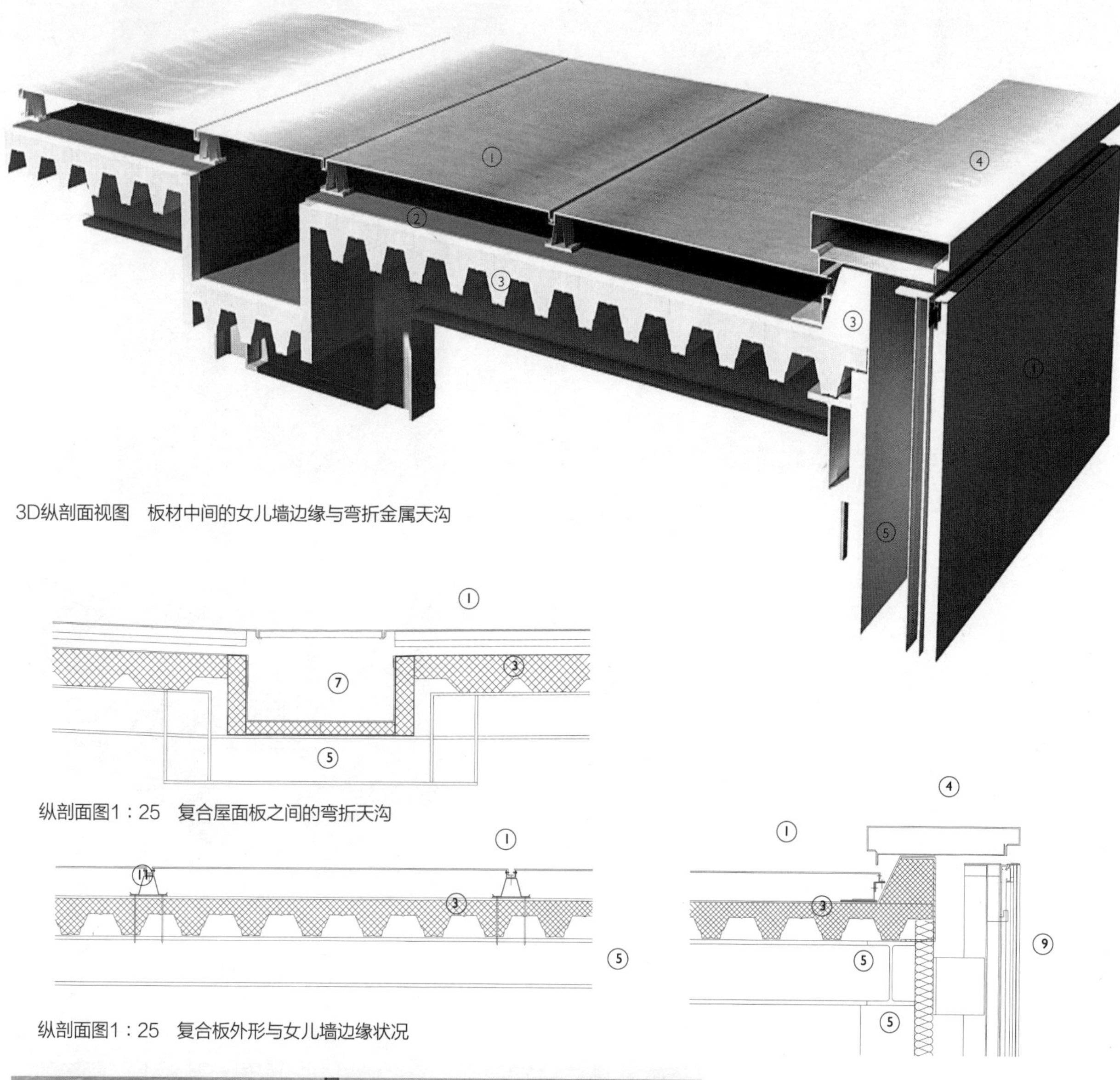

3D纵剖面视图　板材中间的女儿墙边缘与弯折金属天沟

纵剖面图1：25　复合屋面板之间的弯折天沟

纵剖面图1：25　复合板外形与女儿墙边缘状况

3D视图　板联结

1. 金属遮雨板
2. 单层隔板
3. 复合板
4. 弯折金属盖顶
5. 檩条或结构梁
6. 次要檩条
7. 弯折金属天沟
8. 弯折金属滴水
9. 金属竖向板
10. 外墙
11. 外板固定托座
12. 板1
13. 板2

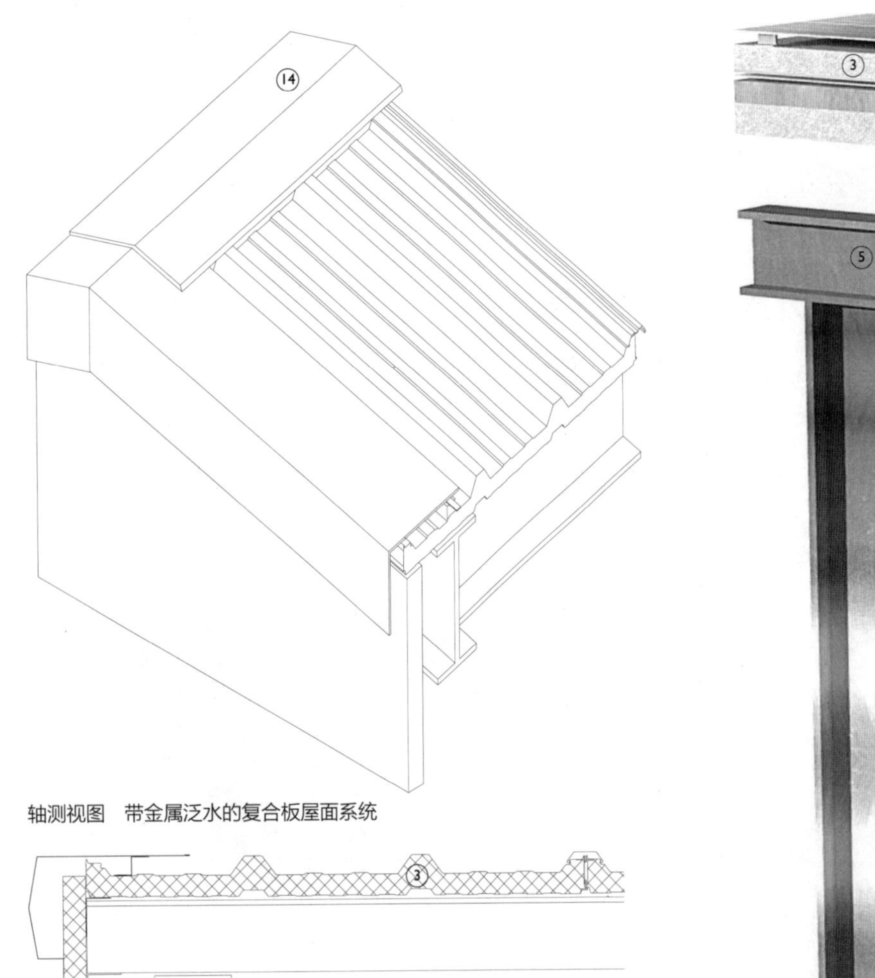

轴测视图　带金属泛水的复合板屋面系统

纵剖面图1：10　带金属泛水的复合板屋面系统

3D视图　在金属遮雨板之下的复合板屋面

1. 金属遮雨板
2. 单层隔板
3. 复合板
4. 弯折金属盖顶
5. 檩条或结构梁
6. 次要檩条
7. 弯折金属天沟
8. 弯折金属滴水
9. 金属竖向板
10. 外墙
11. 外板固定托座
12. 板1
13. 板2
14. 屋脊板
15. 结构梁
16. 管道或穿墙管

在与女儿墙交接位置，屋面复合板上需要增设与之同材质上翻的保温材料以形成泛水，保温材料外侧固定的金属板与复合板底板或者下面的支撑结构连接。泛水位置增设一道卷材与上翻的保温材料顶部粘结，并且通过机械或粘结的方式与相邻的外墙（复合板或玻璃幕墙）固定。最后在泛水顶部增设金属压顶起到保护作用。

单层复合板适用于复杂的屋面造型，轻质且隔热良好，而无须使用搭接复杂的双层复合板。单层复合板的平滑上表面有利于防水卷材的铺设、加工和密封，使各种构造便于实现，特别是在屋面穿管洞口位置。天沟可以通过复合板搭接在现场快速制成，在板材上表面需要设置一道防水卷材作为防水层。形成排水沟的板材需固定牢靠以减少结构位移，否则会损坏与天沟紧密粘结的卷材。

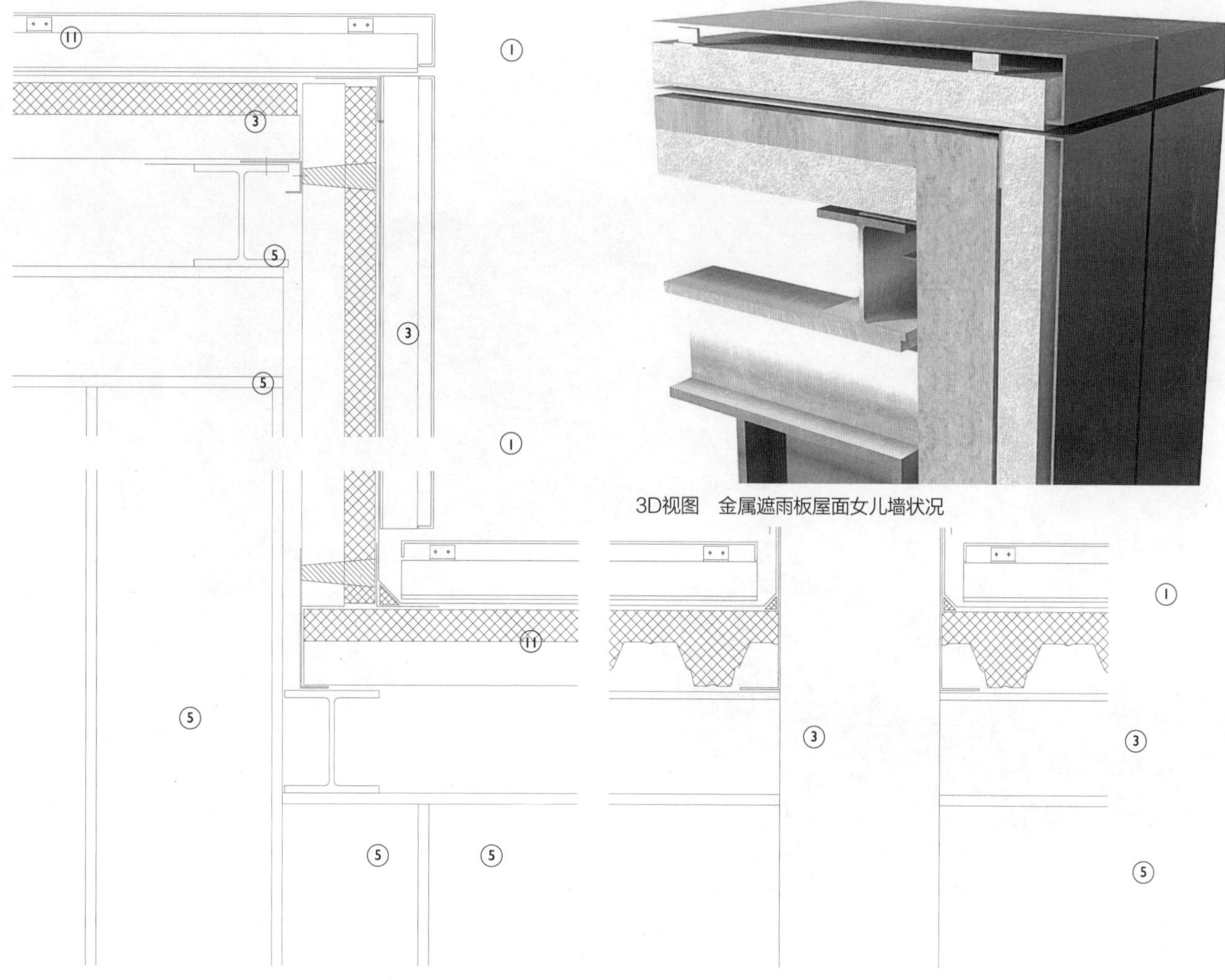

3D视图 金属遮雨板屋面女儿墙状况

纵剖面图1：10 在金属遮雨板之下的复合板屋面系统

双层复合板

这种类型的板材，融合了压型金属板的一些构件，板材之间（长边）有两种连接方式：盖板卡扣式和搭接式。在第一种方式中，采用长边是波峰的板材，板材沿长边对接后，用丁基胶带密闭接缝，然后将金属盖板扣到接缝处波峰侧面，这样雨水就会被导流到两侧的波谷里。采用这种方式，搭接处因为宽，视觉上会比较突出。在第二种方式中，板材一侧的长边会突出一部分，搭接到相邻的板材上。这样的搭接方式使接缝处比较隐蔽，屋面浑然一体。上述板材短边的连接都通过搭接的方式处理，同压型金属板的做法相似。用丁基胶带密闭搭接处的水平接缝，以消除外部雨水的毛细作用，也防止室内的潮气渗透到接缝处。

屋脊

双层复合板屋面屋脊的板缝上方需

3D视图 在金属遮雨板下的复合板屋面

3D视图　带女儿墙泛水的山墙封檐

3D视图　复合板屋面组合与女儿墙边缘状况

安装通长的金属盖板。盖板与屋面接触部分要特殊加工，以便与屋面板的断面贴合。生产商通常将这些特殊构件作为专有系统的一部分。除了这种盖板，还可以采用未经特殊加工的金属平板作为盖板。平板与屋面板之间的缺口用专用堵头封堵，同压型金属屋面的处理方法一样。屋脊盖板可以在现场弯折成与屋面坡度一致或平滑的弧形断面。屋脊板的紧固件难以隐蔽，因此其安装定位的精准、整齐对屋脊的视觉效果至关重要。板材之间的间隙填充矿物纤维或喷射与复合板保温层相同的保温材料，使这个部位达到与板材相同的U值。

屋脊处板材的下表面接缝处也需要用金属板密封，通常将其固定到邻近的屋檩上且与复合板底板密封，以防室内潮气渗入。金属板可以采用平面形式的或者异形的，以便更好地贴合复合板底板的凹凸形状。

山墙封檐

复合板与邻近墙体交接位置用折形金属封檐板封堵。当外墙采用金属复合板时，先将折形封檐板密封到屋面板的最近的“波峰”上，再同墙面板密封。或者，使用Z断面的封堵片固定且密封到压型金属板上，防水板安置在封堵片转角处。外墙是玻璃幕墙时，封檐板需要固定在最顶端的横框上。如同屋脊一样，屋面板和墙体之间的空隙使用保温材料填充，内侧安装弯折金属片作为保温材料与建筑内部的隔汽层。

如果封檐挑出外墙，下方的闷顶可以做成密封或通风的形式。如果是密封的，那出挑的屋檐采取相同的细部构造方法。如果是通风的，封檐板的收边密封到屋面板的侧边，墙体同复合板屋面的底面密封以取得连续的耐候性，保温层也没有中断。

女儿墙高出屋面时，充当泛水的金属板被安装在女儿墙后面或者顶部来防止热桥的产生，底部经过弯折与复合板屋面密封，方法同屋檐一样。这个位置的室内交接处使用弯折的金属片再进行封堵作为隔汽层。

屋檐

屋檐位置设置天沟，置于屋面复合板下，与压型金属板屋檐构造相似。天沟侧壁弯折，与屋面板底密封。天沟是由固定在主结构上的支架支撑其底部，或者由固定在屋面波峰上的悬臂构件支

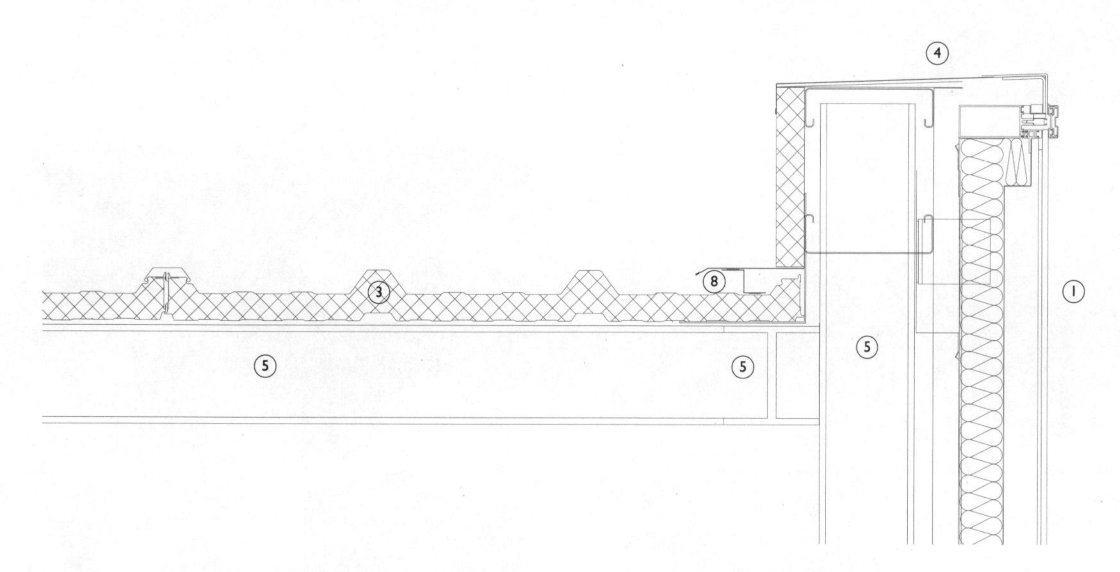

纵剖面图1：10　复合板外形与女儿墙边缘状况

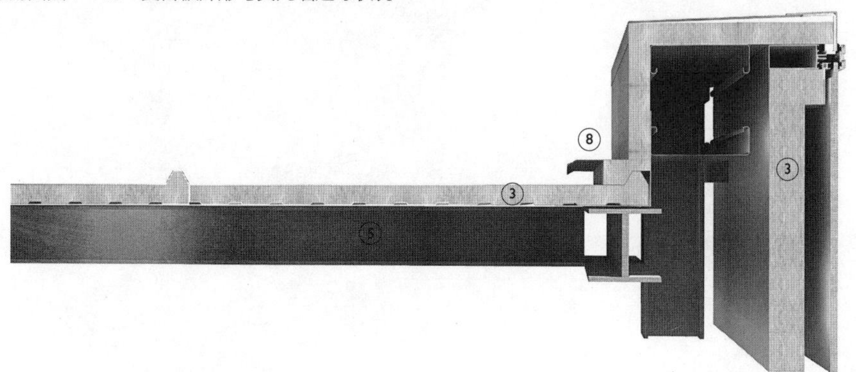

3D视图　复合板屋面组合与女儿墙边缘状况

1. 金属遮雨板
2. 单层隔板
3. 复合板
4. 弯折金属盖顶
5. 檩条或结构梁
6. 次要檩条
7. 弯折金属天沟
8. 弯折金属滴水
9. 金属竖向板
10. 外墙
11. 外板固定托座
12. 板1
13. 板2
14. 屋脊板
15. 结构梁
16. 管道或穿墙管

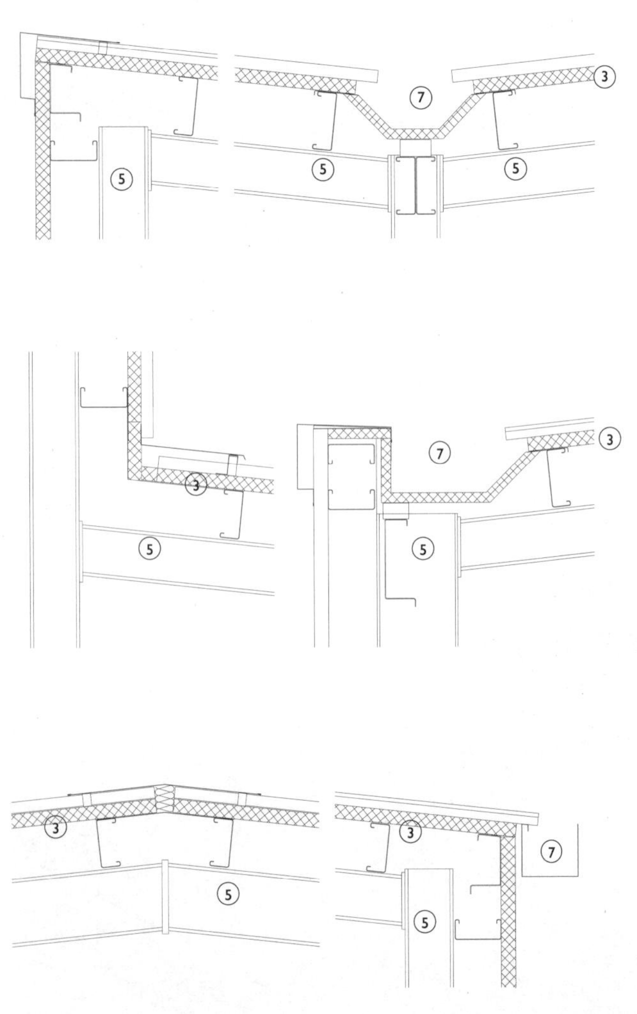

纵剖面图1：10　以复合屋面板做的各种天沟外形

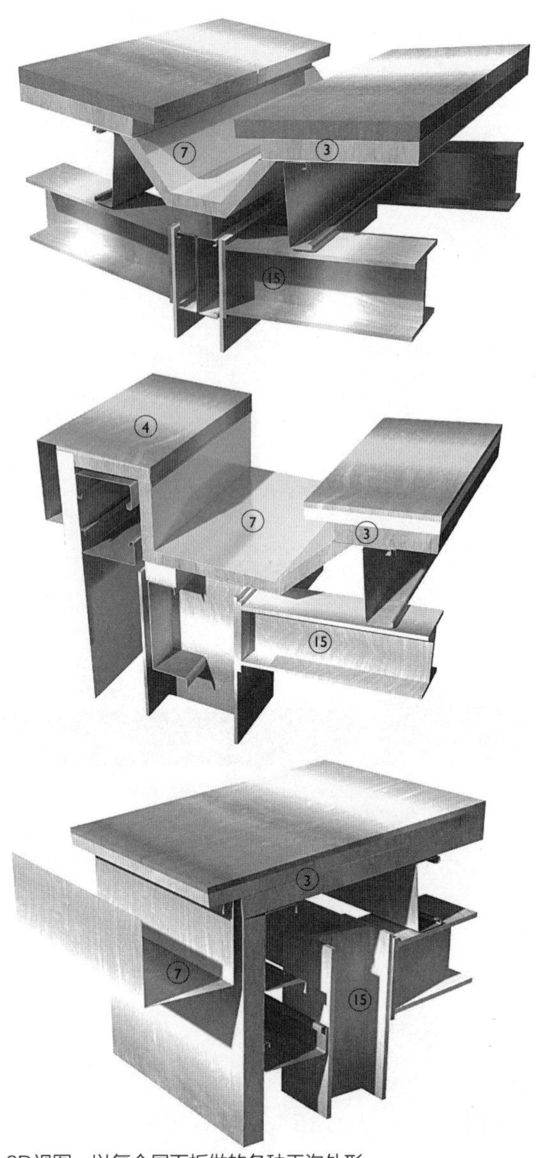

3D视图　以复合屋面板做的各种天沟外形

3D视图　复合板屋面组合的天沟外形

撑其顶部。后者不需要穿透墙体，降低外围护结构漏水风险。

女儿墙和天沟

不同于檐沟，女儿墙处的天沟作为围护结构的一部分是需要做保温的。天沟通常是预制的，作为复合板屋面系统的一部分。因为复合板系统较其他金属屋面的优势在于现场快速施工。如果天沟安装比屋面板还慢的话，这一优势就会丧失。天沟的断面形状，要满足从屋面板到相邻女儿墙保温层的连续性。接缝位置需要使用密封材料，防止排水口被堵，天沟充满的水从顶部透入建筑。

天沟处的构造方法类似；屋面板和预制天沟之间的密封牢靠，在排水口被堵的情况下是非常重要的。

女儿墙顶安装金属压顶，形成墙体连续的防水效果。压顶顶部通常向内找坡（向天沟）以防上面的灰尘被雨水冲刷污染外立面。压顶通常用0.7mm厚的钢板或3mm厚的铝板制作，空腔内紧贴保温材料，以防止产生热桥。

3D视图　布置于复合板之内、埋于遮雨板之下的天沟细部

1. 金属遮雨板
2. 单层隔板
3. 复合板
4. 弯折金属盖顶
5. 檩条或结构梁
6. 次要檩条
7. 弯折金属天沟
8. 弯折金属滴水
9. 金属竖向板
10. 外墙
11. 外板固定托座
12. 板1
13. 板2
14. 屋脊板
15. 结构梁
16. 管道或穿墙管

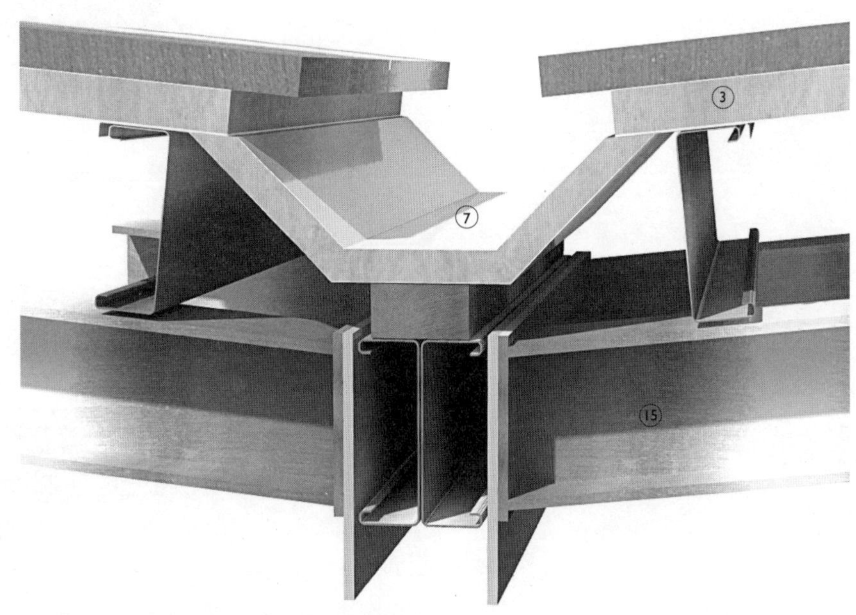

3D视图　处于复合板屋面组合中心的天沟细部

金属屋面
（3）复合板系统

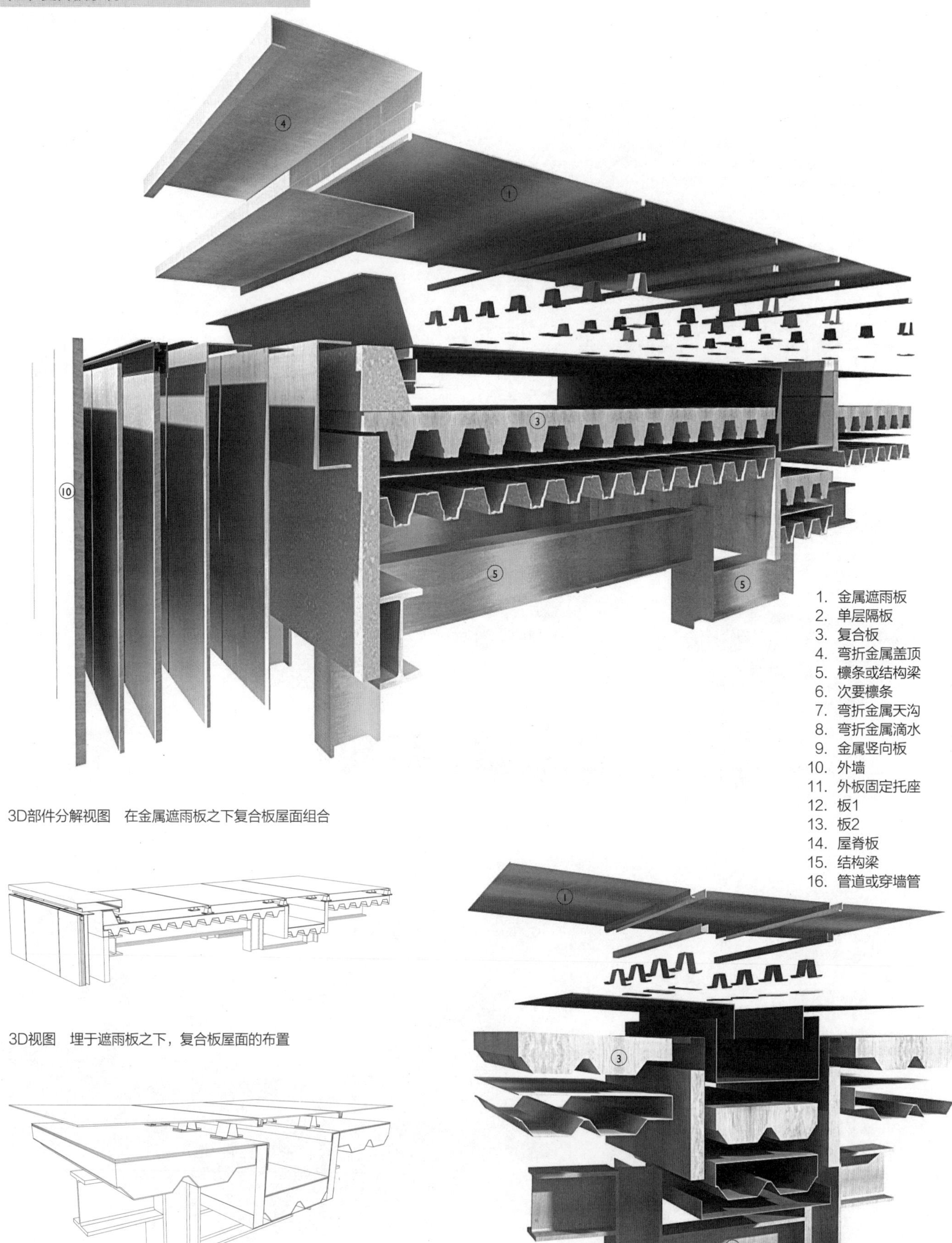

3D部件分解视图　在金属遮雨板之下复合板屋面组合

3D视图　埋于遮雨板之下，复合板屋面的布置

3D视图　布置于复合板之内，埋于遮雨板之下的天沟细部

3D部件分解视图　布置于复合板之内，埋于遮雨板之下的天沟细部

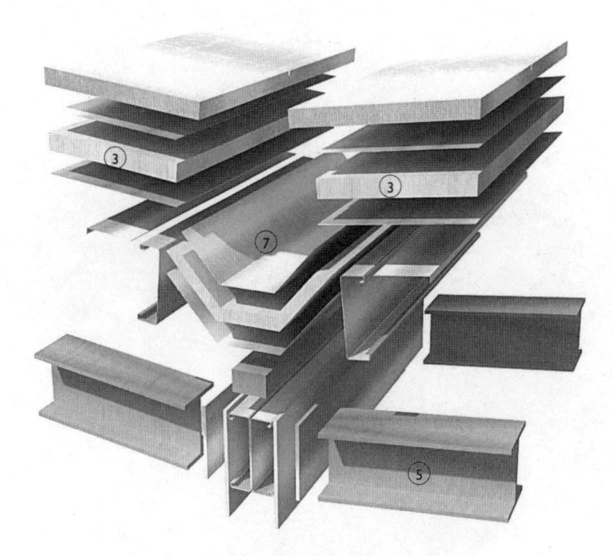

3D组件分解视图　处于复合板屋面组合中心天沟细部

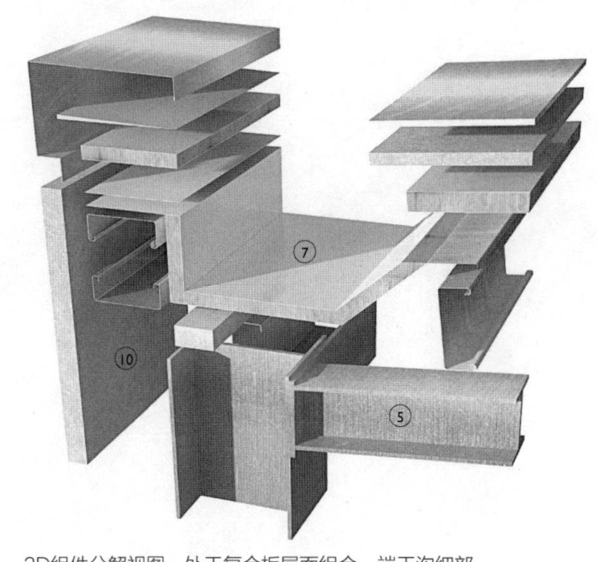

3D组件分解视图　处于复合板屋面组合一端天沟细部

3D组件分解视图　布置于复合板之内，埋于遮雨板之下的天沟细部

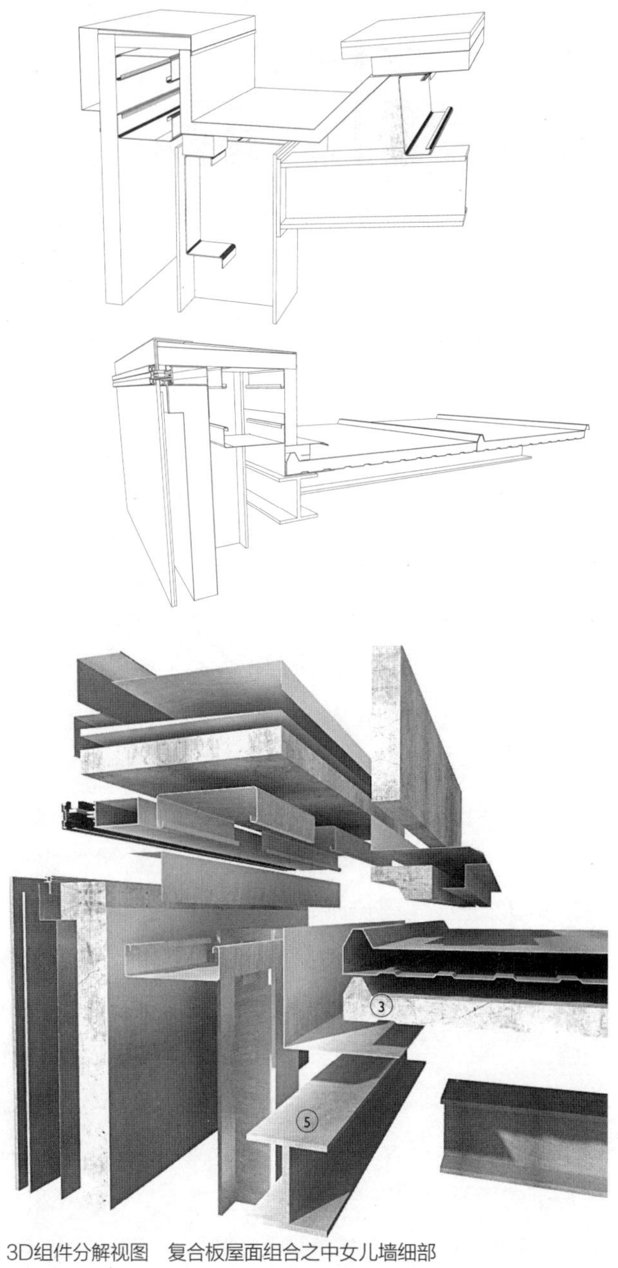

3D组件分解视图　复合板屋面组合之中女儿墙细部

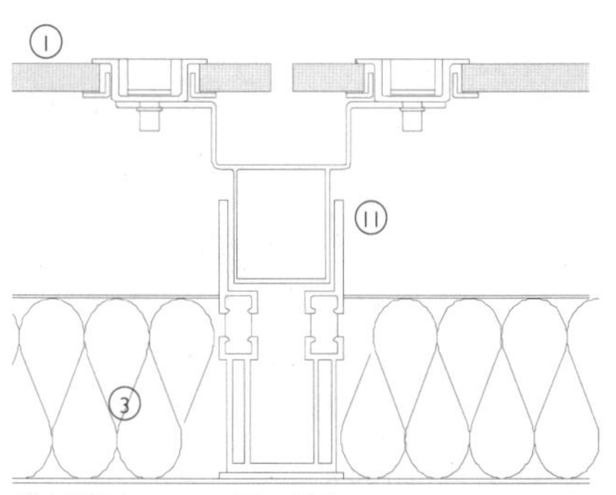

纵剖面图1：10　屋面组合

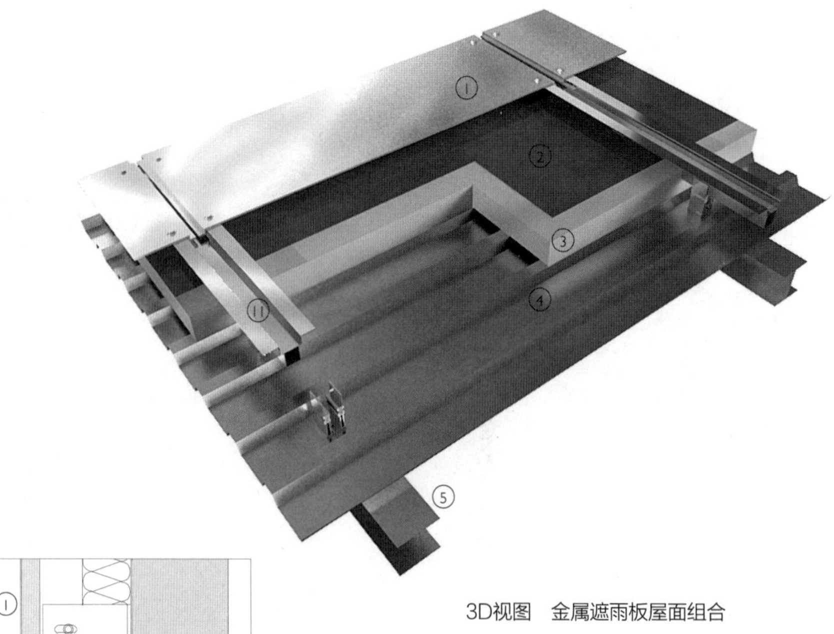

3D视图　金属遮雨板屋面组合

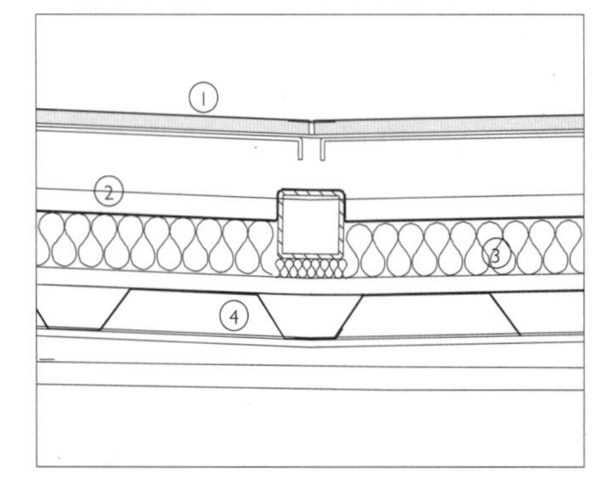

纵剖面图1：10　金属板之间的结合

纵剖面图1：10　遮雨板覆面典型构造

遮雨板一直用于外墙，加以发展用于屋面构造中还是最近的事。遮雨板在墙身构造中的作用是使大多数风吹来的雨沿其表面流下。金属板之间是开缝的，因此只有少量的雨水能够穿过。雨水在后面的空腔排除，空腔的背面通常用固定在保温轻质的支撑墙上的单层卷材做一道防水层。另一种常用的方法是在钢筋混凝土或混凝土砌块墙体上喷涂一道沥青基涂料。衬墙的外表面通常增设闭孔保温层，与遮雨板之间形成空腔。

相比较之下，用于屋面的金属遮雨板同用于外墙有很大的不同。首先，落在板上的雨水通常不是由板自身排除的，除非屋面有较陡的坡度或者是弧形断面。雨水仍然落到下面的防水层上，如同没有遮雨板一样。遮雨板的主要作用是为防水层提供遮阳（热辐射和紫外线辐射）和防止强烈风吹雨的冲击。轻盈的遮雨板面层形成同外墙视觉效果一致的整个外表的一部分。虽然光滑的鹅卵石也可以保护防水层，但却明显不适合倾斜或曲面屋面。金属遮雨板很适合这类屋面，成为视觉设计的一部分。采用遮雨板面层后，屋面可以使用传统的很显眼的构件，如天沟、女儿墙或者屋脊，因为这些构件都能隐蔽在遮雨板光滑、连续的表面下，屋面可以呈现外墙的特点并成为独立的“脸面”。

虽然遮雨板多用金属制成，但金属和塑料组成的复合板的应用也越来越受到欢迎，因为上人维护时板材不易凹陷。使用这种板材可以避免因平时维护造成的凹陷或凹坑形成的凹凸不平。这种板材是由两层铝板同中间的塑料板粘结而成。金属遮雨板的尺寸比起材料自身的限制更大程度上受维护上人的所需宽度所限定。金属板的最大尺寸是宽1200mm或1500mm，长度视出厂时所卷成的卷决定。复合板的尺寸通常是1000—1200mm宽，2400—3000mm长，由生产商决定。实际应用上，如果没有支撑框架来提高强度的话，板材可能只有大约600mm宽。带框架的板材能达到上述的最大尺寸，但是必须小心避免在屋面使用年限内在板材上产生会暴露框架的污迹或凹陷现象。

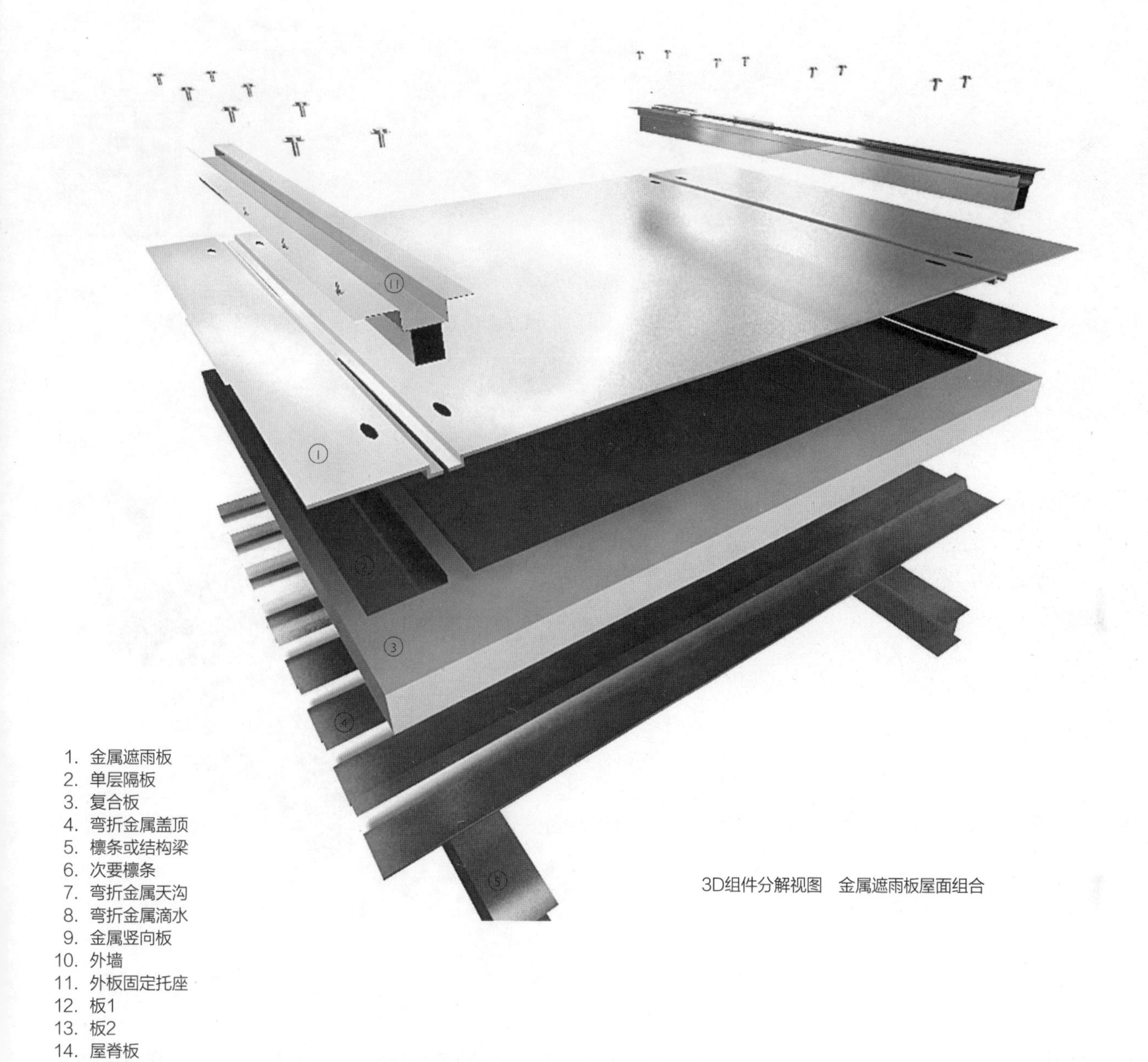

1. 金属遮雨板
2. 单层隔板
3. 复合板
4. 弯折金属盖顶
5. 檩条或结构梁
6. 次要檩条
7. 弯折金属天沟
8. 弯折金属滴水
9. 金属竖向板
10. 外墙
11. 外板固定托座
12. 板1
13. 板2
14. 屋脊板
15. 结构梁
16. 管道或穿墙管

3D组件分解视图　金属遮雨板屋面组合

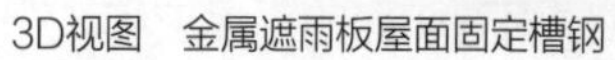
3D视图　金属遮雨板屋面固定槽钢

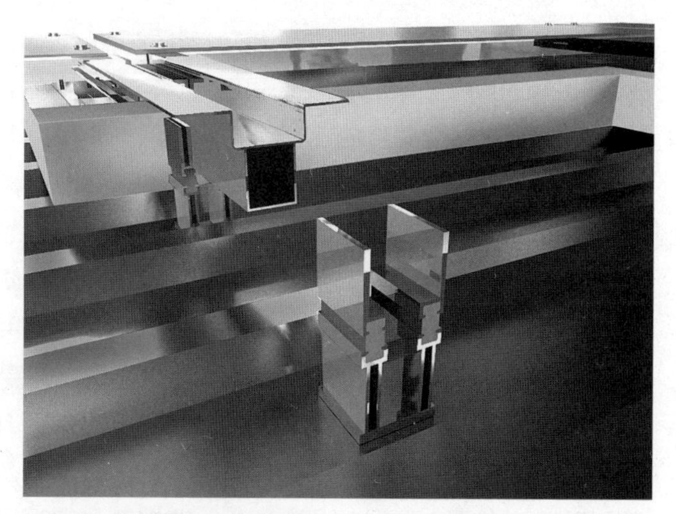

3D视图　金属遮雨板屋面支撑系统

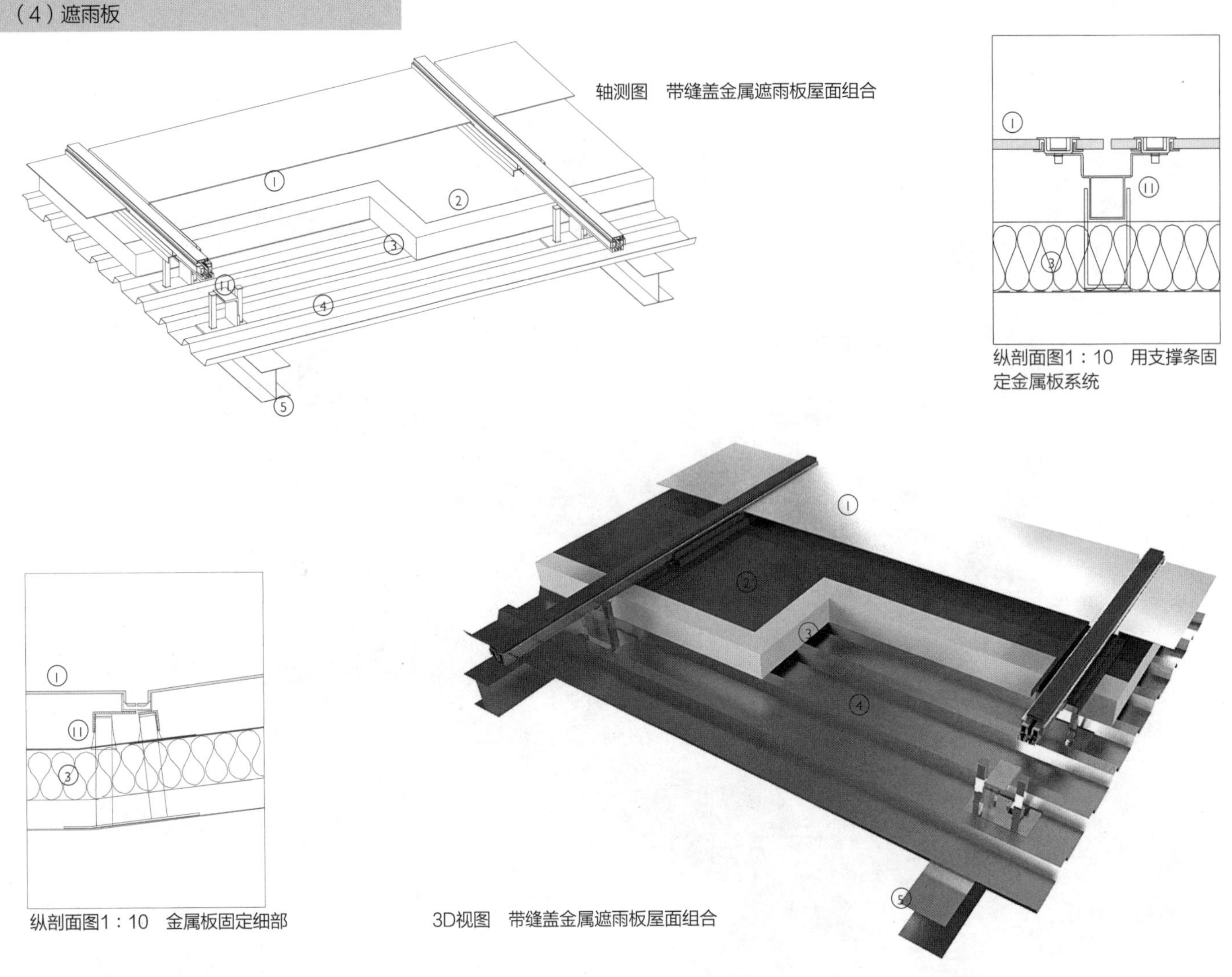

轴测图　带缝盖金属遮雨板屋面组合

纵剖面图1：10　用支撑条固定金属板系统

纵剖面图1：10　金属板固定细部

3D视图　带缝盖金属遮雨板屋面组合

板材布置

遮雨板屋面典型的安装方法有两种：平接和搭接。搭接是将板的底边搭在另一块板的顶边上，两侧的接头采用开缝式。平接的板材安装在Z形断面檩条上，檩条同防水卷材的上表面粘结以防止机械安装时穿孔造成的渗水风险；或者与防水卷材上的支座固定。支座上通常覆盖防水卷材来减少安装时穿孔的数量。遮雨板再通过支架用螺栓固定到Z形断面檩条上，用支架可以防止当有视觉要求时，在远处看到螺栓固定件。不同于墙面的构造，屋面的遮雨板不能用干挂的方式安装。为了维护方便且容易拆卸，板材角部常用螺栓固定。隐蔽紧固件的形式难以供应，虽然可能再过10年，对这种屋面的需求增加时可能会出现。

板材制作时将四边向下弯折成托盘形状，再将四边继续向外弯折形成一条边。四角钻孔以便安装螺栓。将板材突出的边缘粘结或用铆钉固定到下面的支架上，再用螺栓穿过板材边缘的孔固定到支撑轨上或Z形断面檩条上。螺栓固定件视觉上隐蔽，而且保证每块屋面板都能在不影响邻近板材的前提下拆除。

另一种板材安装方法是在板材的每个角上用螺栓固定到支撑轨上。螺栓帽很难喷涂成与板材一样的颜色，即使能，由于后期维护而移动板材也会形成划痕。螺栓保持自有颜色，从整体看时，会有特殊的效果。埋头螺栓在视觉上看起来最不唐突。

女儿墙

女儿墙附近的遮雨板的优点是天沟和泛水构件可以隐藏在板下。同样，屋檐、单坡屋脊和山墙封檐位置的板材都可以实现从屋面到墙面的平滑连续。女

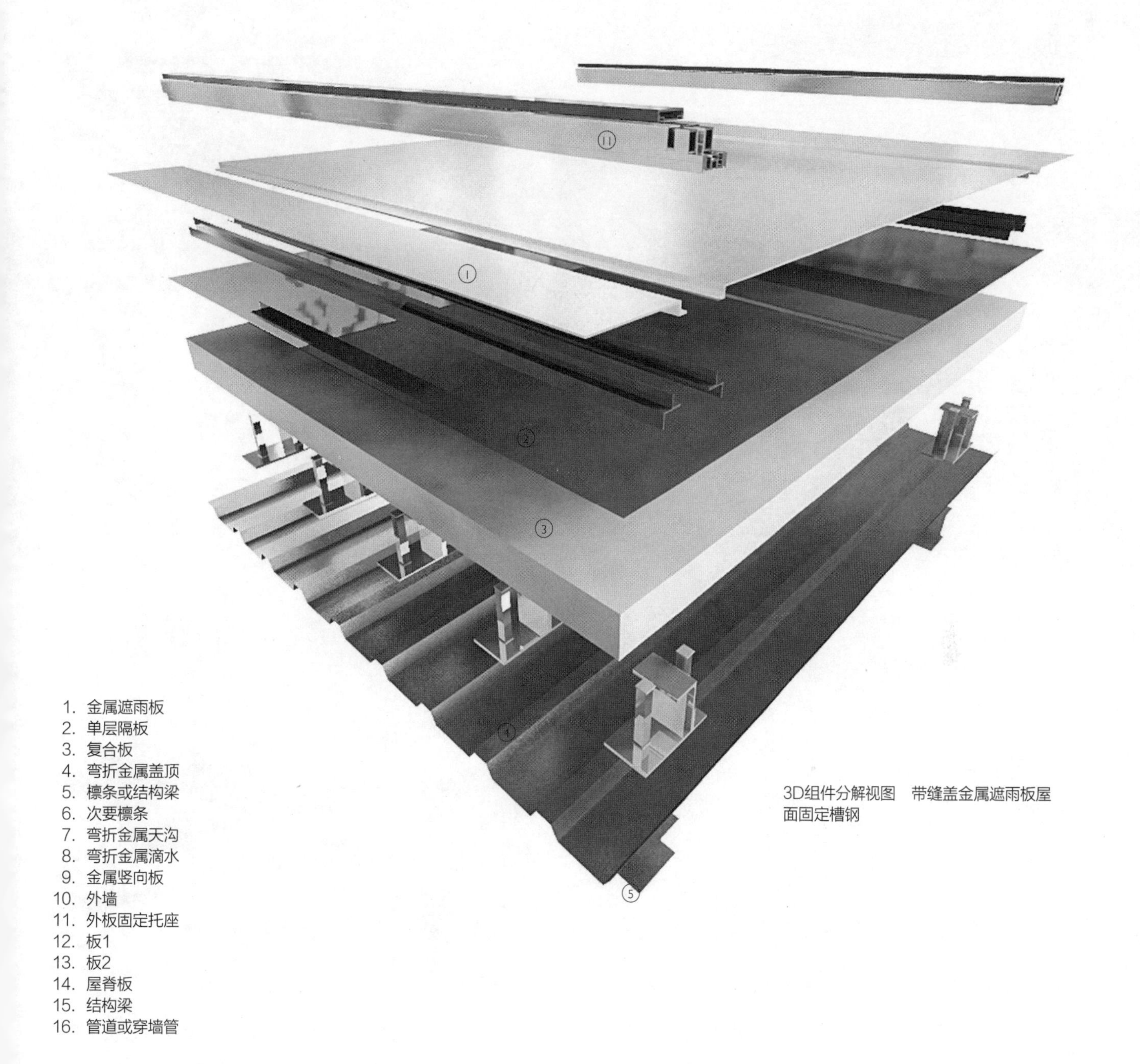

1. 金属遮雨板
2. 单层隔板
3. 复合板
4. 弯折金属盖顶
5. 檩条或结构梁
6. 次要檩条
7. 弯折金属天沟
8. 弯折金属滴水
9. 金属竖向板
10. 外墙
11. 外板固定托座
12. 板1
13. 板2
14. 屋脊板
15. 结构梁
16. 管道或穿墙管

3D组件分解视图　带缝盖金属遮雨板屋面固定槽钢

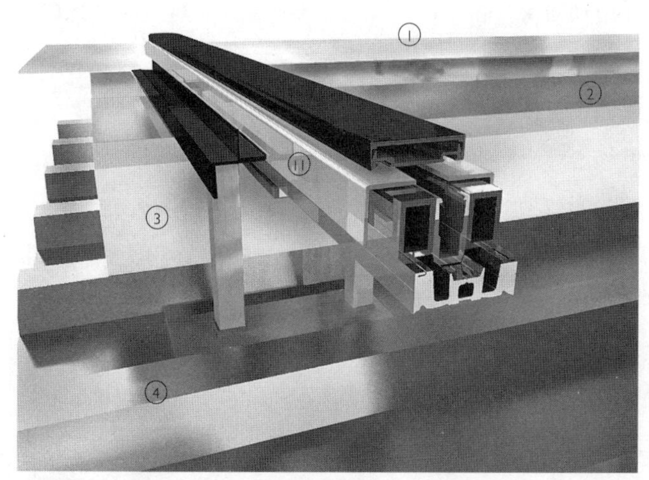

3D视图　带缝盖金属遮雨板屋面固定槽钢

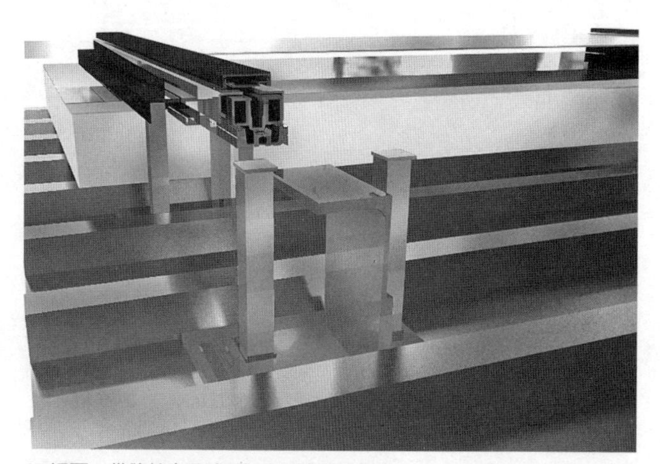

3D视图　带缝盖金属遮雨板屋面支撑系统

3D视图　带隐蔽式女儿墙天沟的金属遮雨板屋面

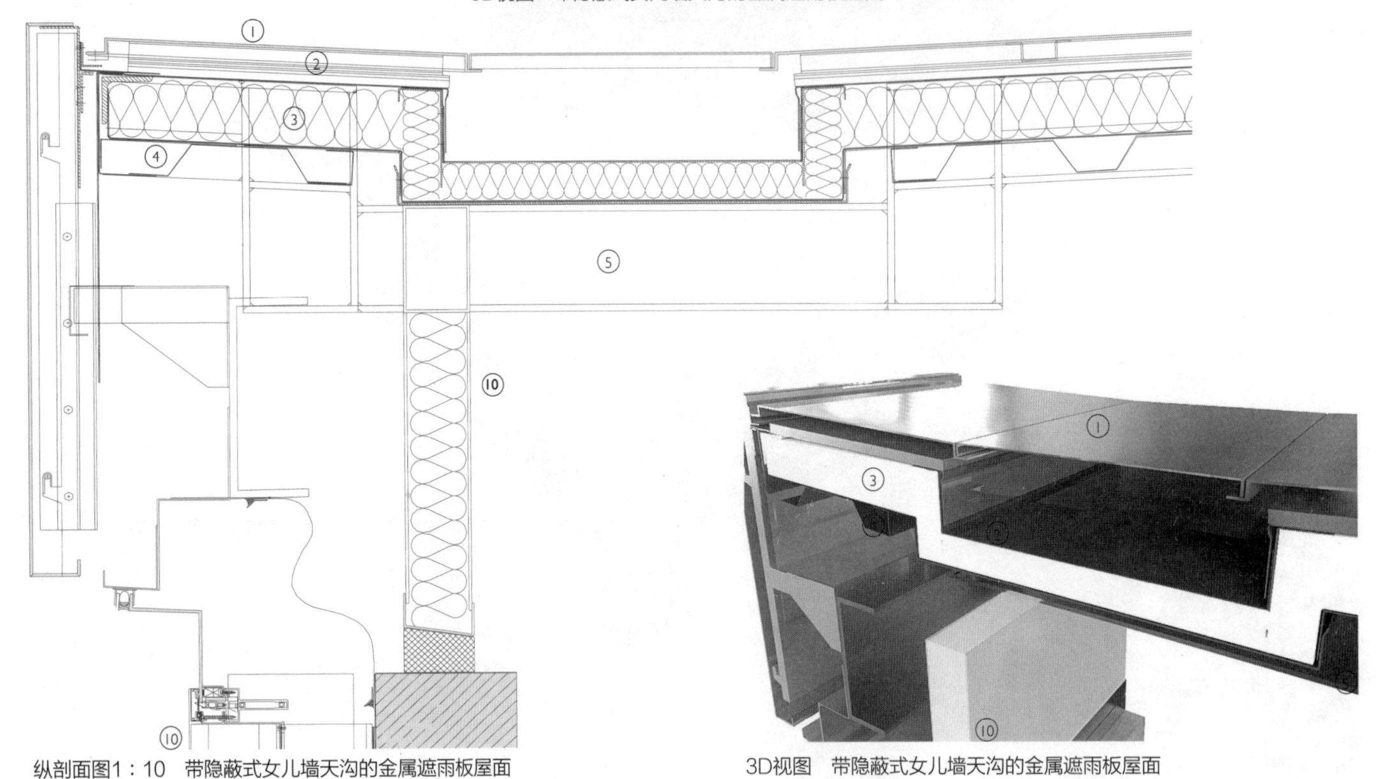

纵剖面图1：10　带隐蔽式女儿墙天沟的金属遮雨板屋面

3D视图　带隐蔽式女儿墙天沟的金属遮雨板屋面

1. 金属遮雨板
2. 单层隔板
3. 复合板
4. 弯折金属盖顶
5. 檩条或结构梁
6. 次要檩条
7. 弯折金属天沟
8. 弯折金属滴水
9. 金属竖向板
10. 外墙
11. 外板固定托座
12. 板1
13. 板2
14. 屋脊板
15. 结构梁
16. 管道或穿墙管

儿墙处的天沟通过下凹提供必要的泛水高度。为了外观的连续性，女儿墙压顶也使用同屋面其余部分相同的遮雨板。屋面的防水层密封到墙体构造或者屋面板侧面上。

屋面的侧边安装竖向遮雨板作为女儿墙面。不同于压型金属板或复合板女儿墙，为了隐蔽泛水，竖向的遮雨板可以一直延伸到墙体顶部。在其余金属屋面类型中，女儿墙的压顶突出，会产生在视觉上能看到的一条窄边。在遮雨板屋面中，下面的墙体密封到屋面板底，因此这条窄边可以隐蔽。

女儿墙处的天沟顶可以安装穿孔或带槽的金属盖板，材料和装饰同相邻的遮雨板。因为雨水从板缝流淌到屋面防水卷材上，所以没有必要使天沟开敞，如同在其余屋面系统一样。防水卷材上的雨水排到天沟里，天沟盖板下的雨水通过槽或孔排除。

单坡屋脊和山墙封檐

在这些类型的屋脊构造中，需要将防水卷材收头密封到屋面板的侧面，与下面的外墙连续起来，实现围合的防水效果。屋面边缘的遮雨板直接同侧墙板相连。当弧形板在结构上独立于下面外墙时，屋面板可以在正常结构荷载下

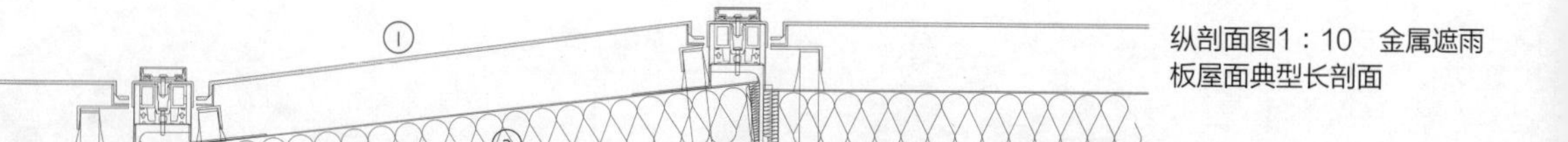

纵剖面图1：10　金属遮雨板屋面典型长剖面

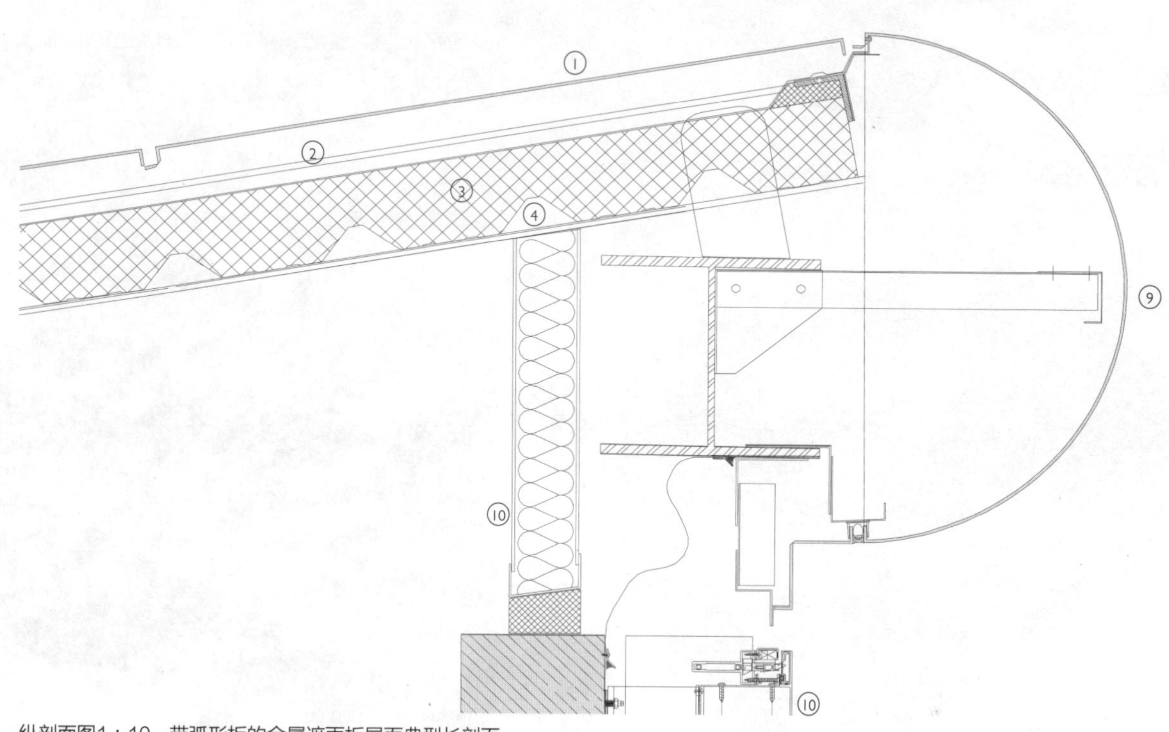

纵剖面图1：10　带弧形板的金属遮雨板屋面典型长剖面

有形变和位移而不影响下面的墙体。如果墙体和屋面固定在一起的话，墙体会同屋面一起形变，可能会达到对位移要求严格的幕墙难以承受的程度。屋面允许的结构位移大于幕墙，这是应注意的细节。

外墙和屋面底面的密封是由两层三元乙丙（EPDM）板和中间有弹性的保温层组成的复合板完成的。也可以使用折形金属板，但在纵向（沿屋面长度方向）不如EPDM板柔性大。

山墙封檐同单坡屋脊相似，不同之处在于山墙封檐需要在屋面边缘上翻，防止雨水溢出屋面。如果山墙封檐顶是平的并且雨水量不大的话，上翻可以比较低矮。如果屋面雨水量会很大的话，屋面可以倾斜一点角度来避免出现上翻高于遮雨板的情况。另一种方法是在山墙封檐内侧设置天沟，这样在不使上翻变得影响视觉的前提下增加了其内侧泛水高度，也不会影响遮雨板的视觉形象。

屋面造型

遮雨板的优点之一是能用单一的平面板材组合形成复杂的几何造型。因为板材不要求防水，所以板缝不需特殊构造，否则对造型复杂的屋面来说昂贵且难以处理。平板可以安装组合成沿一个

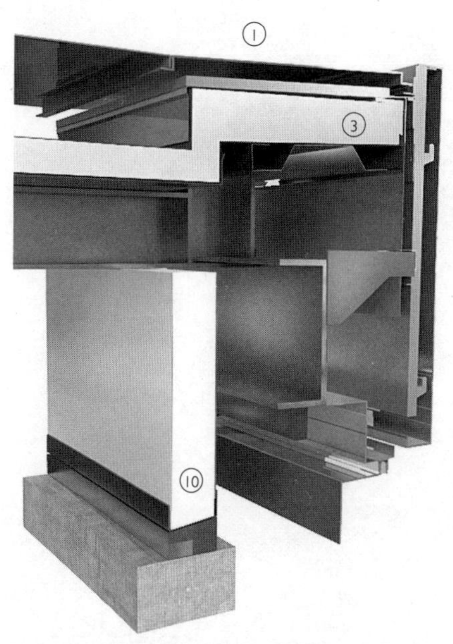

3D视图　带隐蔽式女儿墙天沟的金属遮雨板屋面

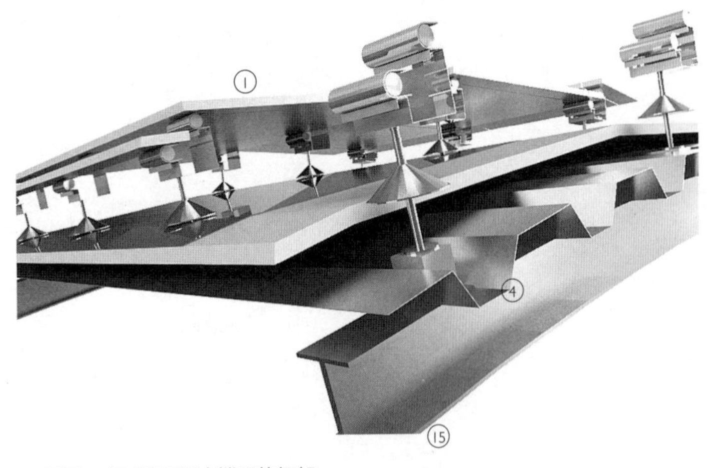

3D视图　金属遮雨板支撑系统细部

纵剖面图1：25　金属遮雨板由板到板排水的典型剖面

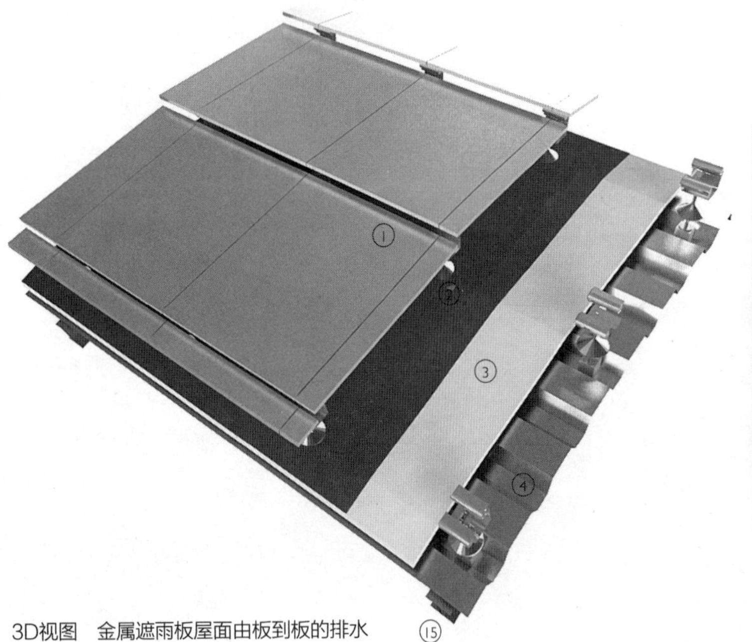

3D视图　金属遮雨板屋面由板到板的排水

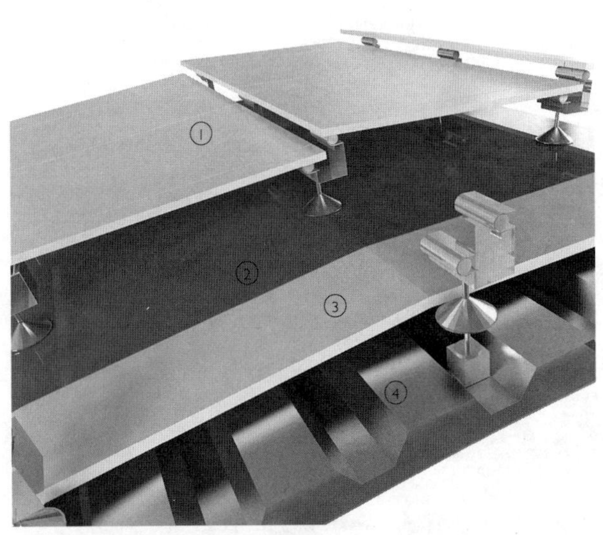

3D视图　金属遮雨板支撑系统细部

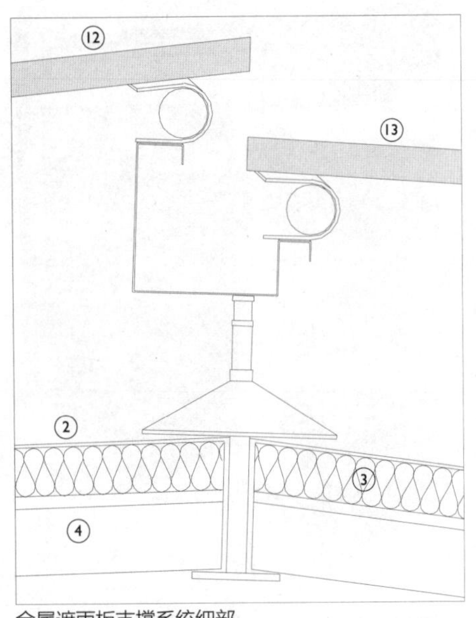

金属遮雨板支撑系统细部

或两个方向弯曲的曲面。为了创造真正的曲面屋面效果，板材越来越多地被加工成双向弯曲。另一种方法，板子水平放置，但每块板置于不同角度，形成组合的多面体屋面。

虽然图示的例子使用的是轻质屋面构造来利用金属遮雨板的轻质的特点，事实上，从钢筋混凝土屋面到木屋面，任何相匹配的屋面板，都可以作为金属遮雨板的基层。

尽管遮雨板一般都设置在防水层上方100mm的位置，但也可以将间距增加至1000mm，以容纳机械设备和建筑内通风系统的风口。这样设备免受风吹日晒等气候影响，还能遮挡视线，从而对屋面产生相当大的视觉影响。遮雨板离屋面1000mm时，需要安装在次结构上如冷弯型钢或铝合金挤压型材做成的支撑骨架上。骨架底部安装在支座或Z形断面檩条上，与面层厚度较小的遮雨板的安装方式相同。

屋面底板

金属遮雨板既可局部用作挑檐的吊

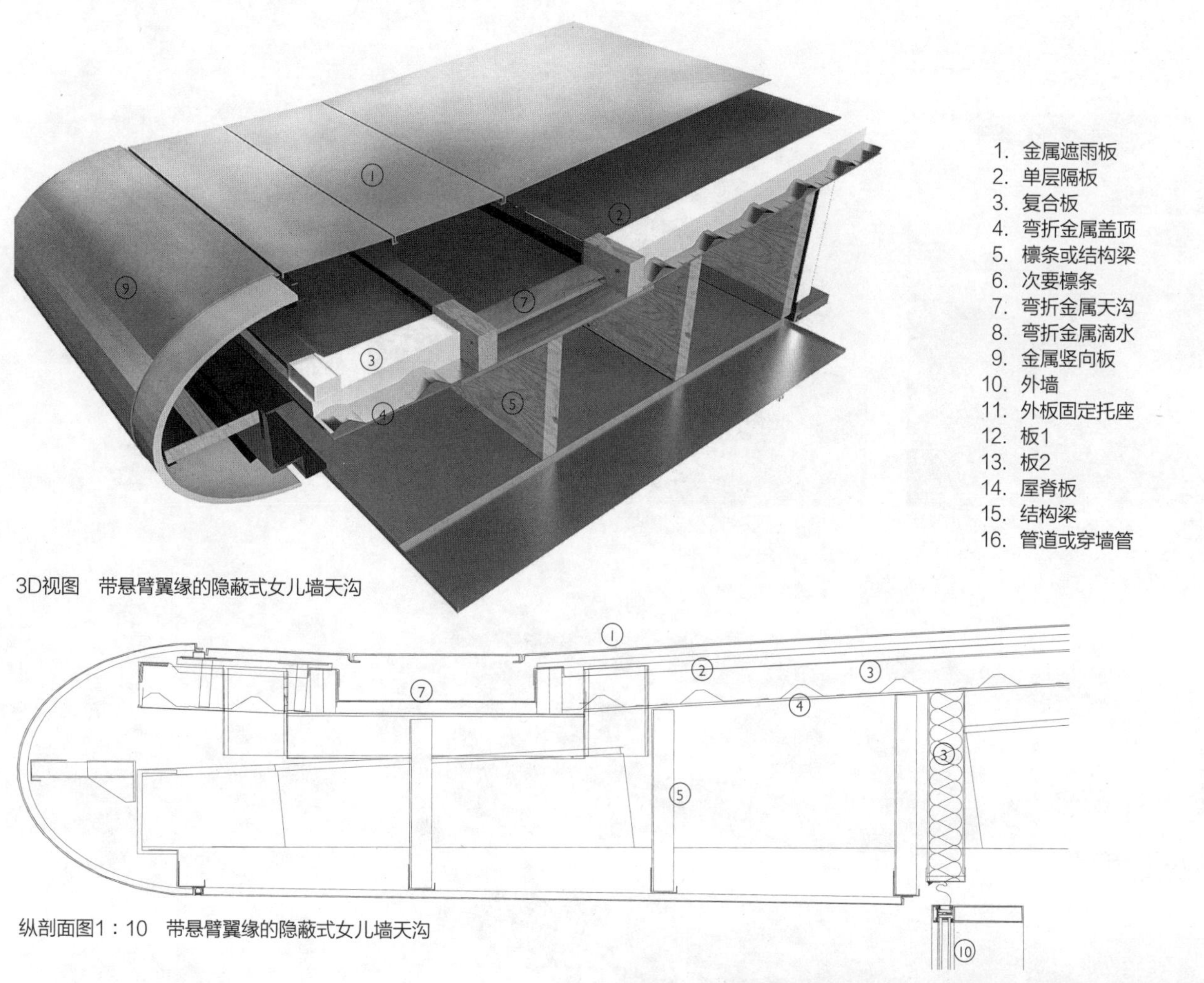

3D视图　带悬臂翼缘的隐蔽式女儿墙天沟

纵剖面图1：10　带悬臂翼缘的隐蔽式女儿墙天沟

3D视图　天沟细部

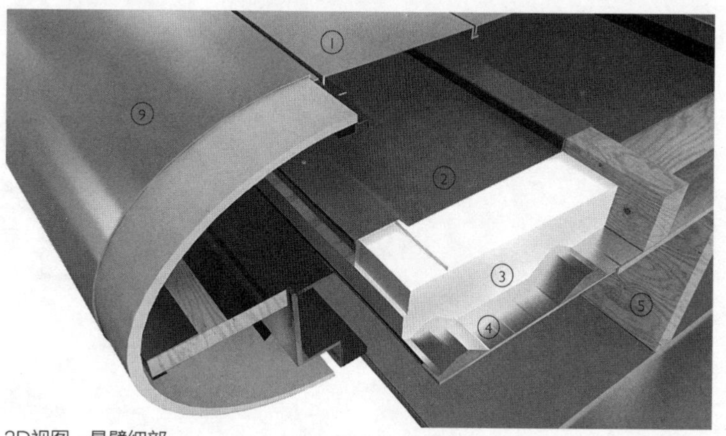

3D视图　悬臂细部

顶，也可以用作屋面下的整个吊顶。（金属遮雨板）当同穿孔板、槽形板或百叶组合使用时，屋面可以成为一个独特的视觉整体。这种效果的取得不需要昂贵的结构或防水层，因为防水层被遮雨板遮挡，对防水材料的选择仅需要考虑性能就可以了。屋面和吊顶的板材易于拆卸，便于维护，对于复杂几何造型的屋面来说经济且易于使用。复合板和金属板涂层的颜色种类在过去10年大量增加，使这种屋面形式以后会有更大发展。

金属屋面
（4）遮雨板

1. 金属遮雨板
2. 单层隔板
3. 复合板
4. 弯折金属盖顶
5. 檩条或结构梁
6. 次要檩条
7. 弯折金属天沟
8. 弯折金属滴水
9. 金属竖向板
10. 外墙
11. 外板固定托座
12. 板1
13. 板2
14. 屋脊板
15. 结构梁
16. 管道或穿墙管

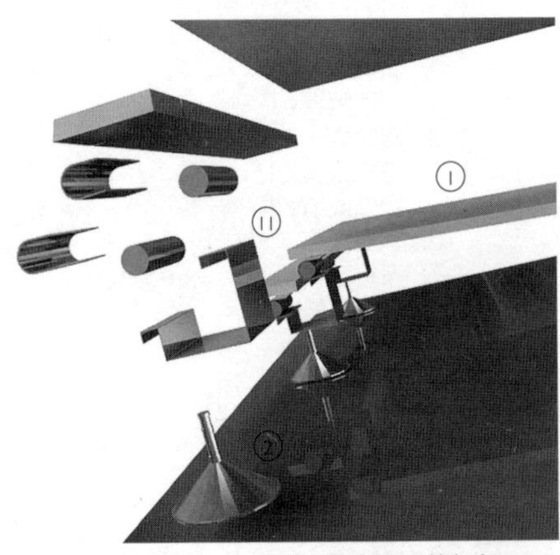

3D组件分解视图　金属遮雨板支撑系统细部

3D视图　金属遮雨板支撑系统细部

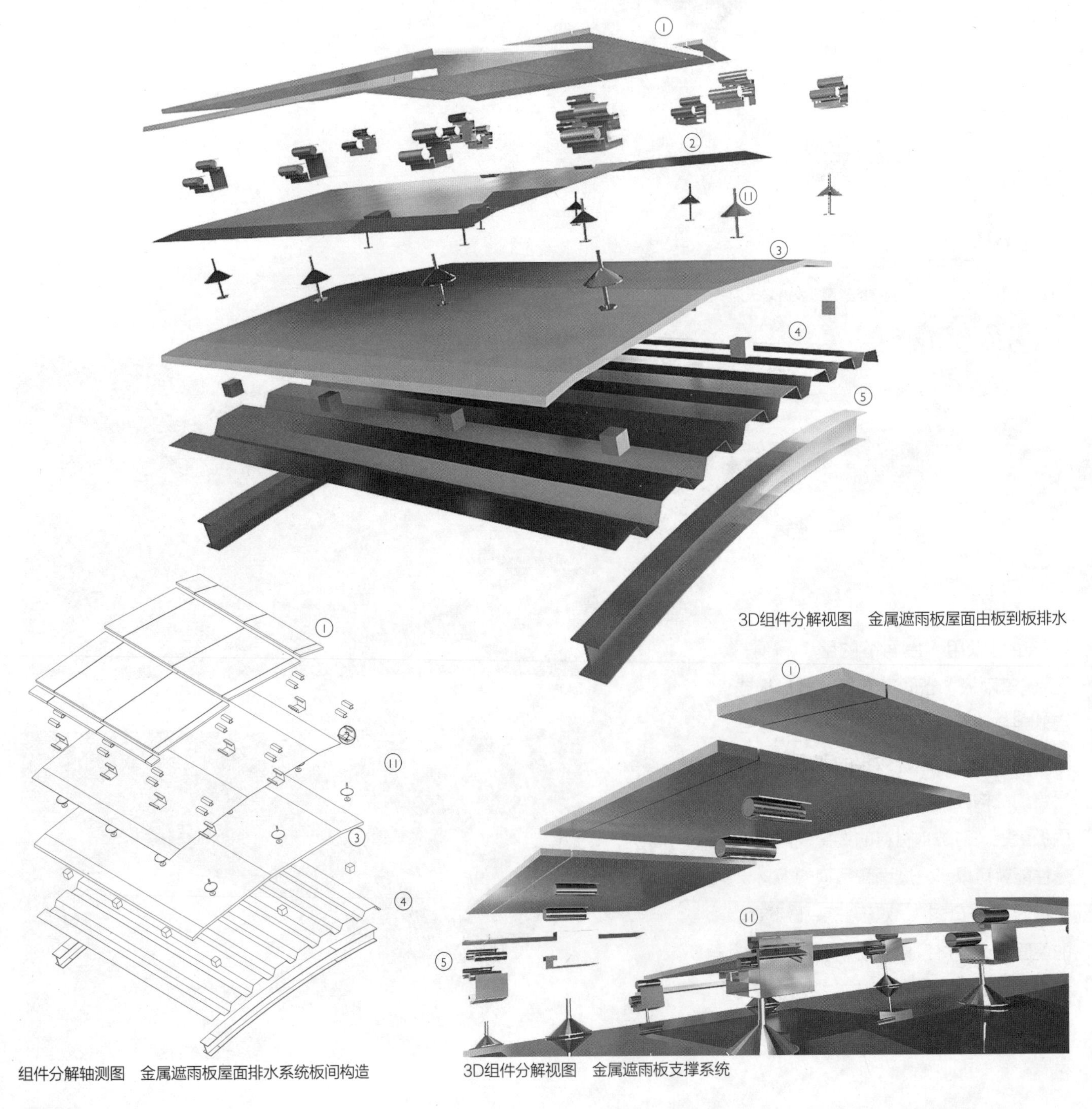

3D组件分解视图　金属遮雨板屋面由板到板排水

组件分解轴测图　金属遮雨板屋面排水系统板间构造

3D组件分解视图　金属遮雨板支撑系统

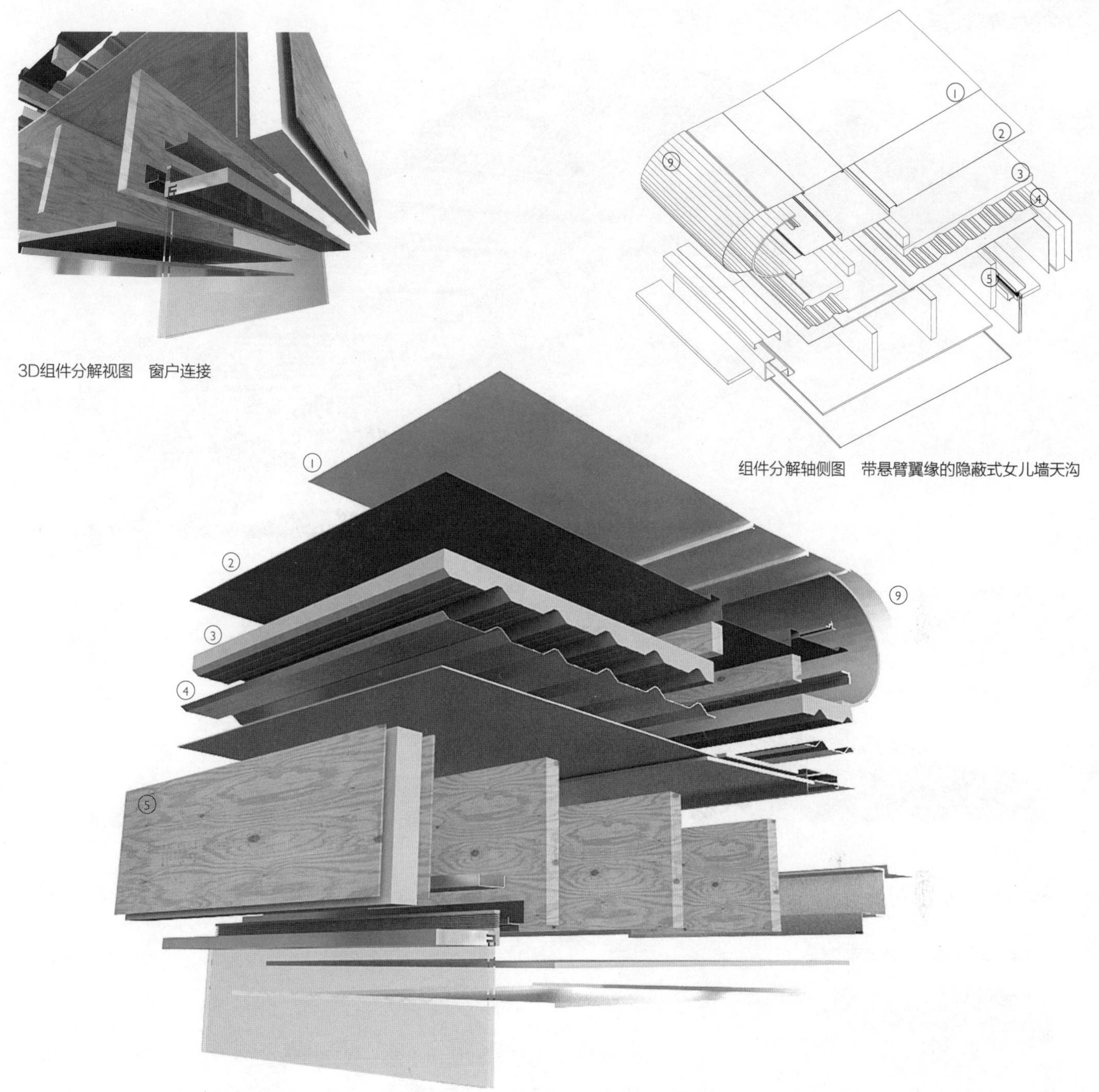

3D组件分解视图　窗户连接

组件分解轴侧图　带悬臂翼缘的隐蔽式女儿墙天沟

3D组件分解视图　带悬臂翼缘的隐蔽式女儿墙天沟

3D组件分解视图　隐蔽式天沟细部

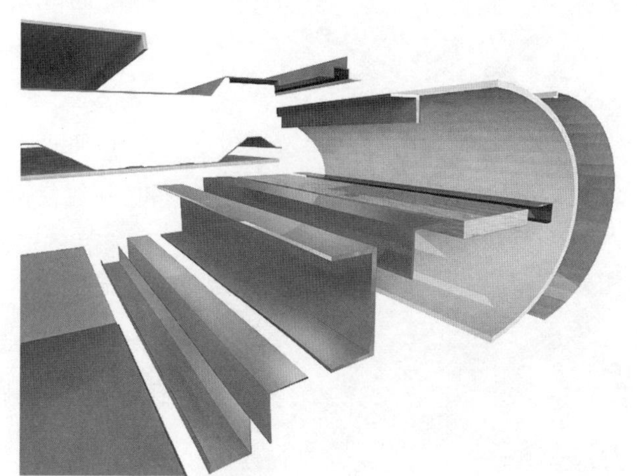

3D组件分解视图　悬臂翼缘细部

3D视图　金属百叶天篷与支撑

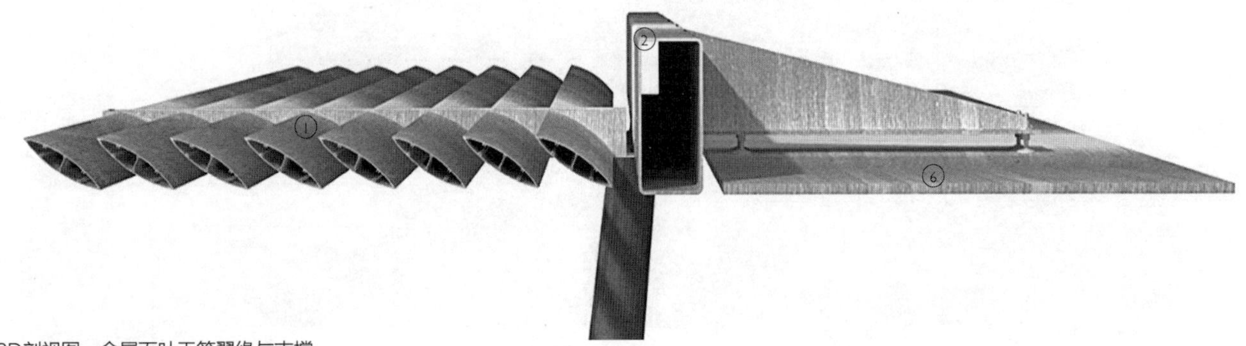

3D剖视图　金属百叶天篷翼缘与支撑

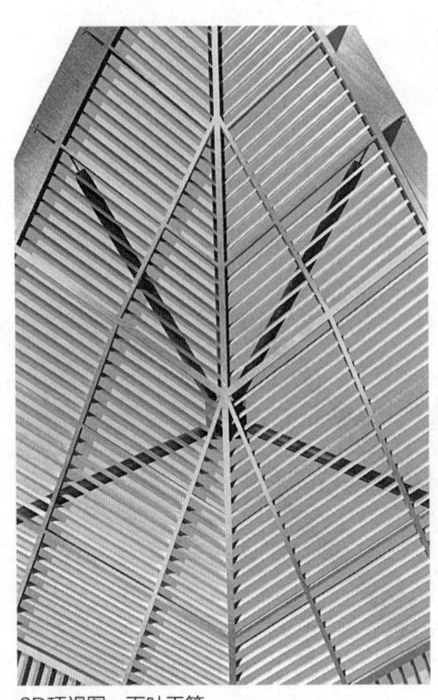

3D顶视图　百叶天篷

金属屋面板的所有技术都适用于金属天篷：直立锁缝、压型金属板、复合板和下面有防水层的遮雨板。然而，金属天篷优先选用的技术通常不是这些，而是适应于有复杂造型的小规模构造方式。这种技术使用带翻边的金属板，板间的接缝使用硅胶密封。每块可以弯折成不同的形态一起形成复杂的几何造型。现在逐渐倾向于使用更大尺寸的板子，甚至整个造型都用钢板制作，这是在模仿玻璃钢板和帐篷结构的形态，不过用的是金属板特有的更可靠的面层。同其他天篷类型一样，金属天篷也应该是完全防水的。这里的范例都遵循这一原则。

金属天篷通常充当玻璃幕墙的雨棚。位于斜玻璃幕墙中间高度的金属天篷，可以形成入口的一部分或者作为立面的遮阳构件。天篷密封的弧形外表面是由多块金属板经过弯折组成，每张板在边缘经翻边成盒状（加强刚度）。翻边作为硅胶密封材料粘结的基面。另一种连接板材的方法是用铆钉铆接，两块板之间接缝很细。这个做法是通过将平面板对接且将两边铆到一起，或者将板材的边向下弯折，从底面铆接。在某些

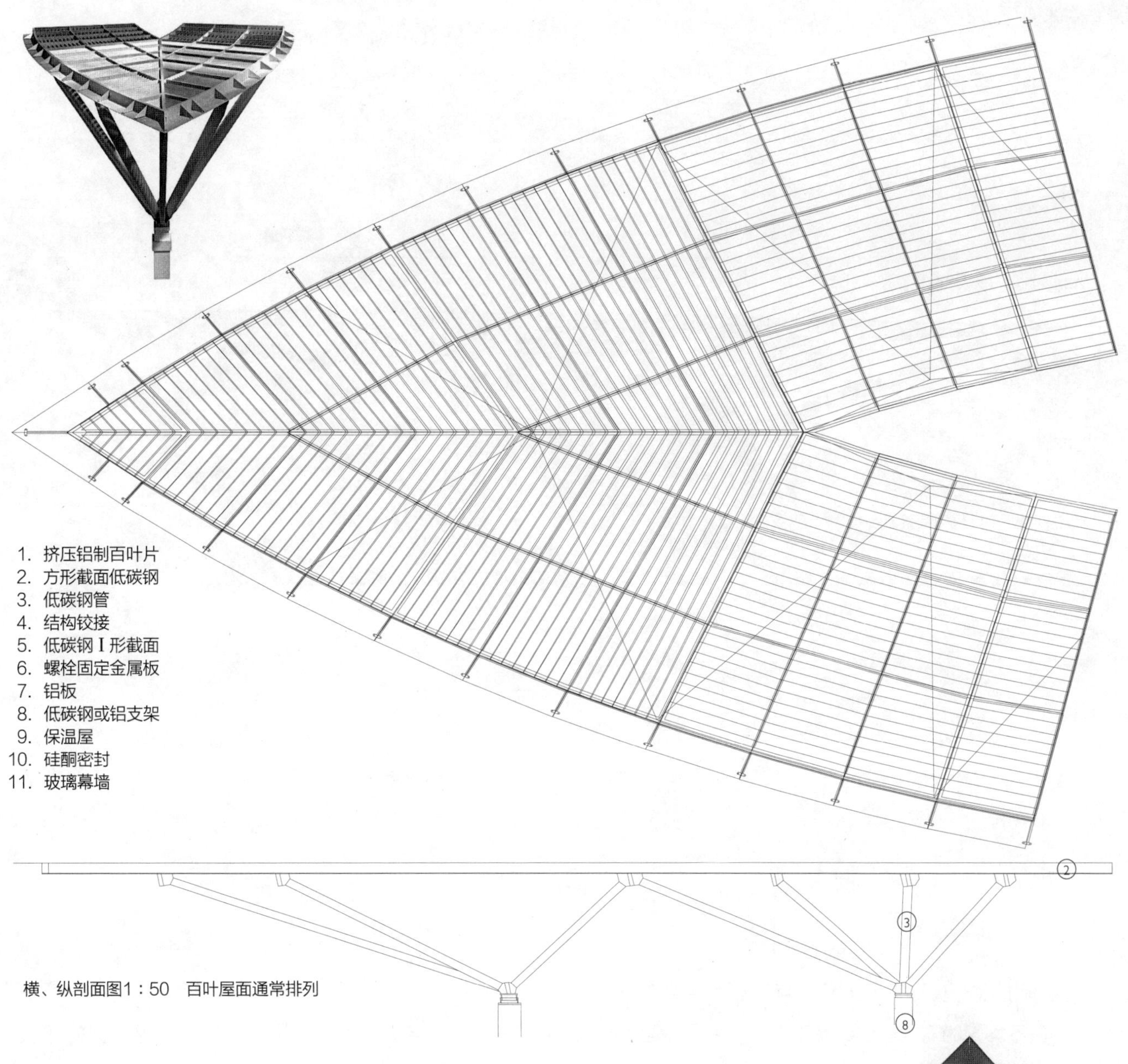

横、纵剖面图1：50　百叶屋面通常排列

场合，板子的边上用沉头铆钉将其固定。为实现密闭效果，可在板材下面设置一层弹性聚合物板，也可以在两板之间设置片状的相似材料。在实际应用中，上述两种方式都难以达到高标准的密封效果。取而代之的做法是在板材间使用大约10mm宽的硅胶。这种做法的密封效果可靠，能够长时间保持耐候性。

支撑结构材质为低碳钢或铝型材。铝型材因其耐久性被优先选用，而低碳钢因其刚度更大也有其不可替代性。低碳钢的表面处理包括镀锌、上漆，或者两种都用，而铝型材可以不做处理、电镀或者铬化处理（类似阳极氧化处理），根据具体情况而定。用1200mm×2400mm金属板制成的大板边缘附近会产生轻微的凹凸不平。这会产生特有的柔和边缘效果，但看起来平滑一致，通常作为外形的一部分在视觉上可以接受。如果使用更厚的板子，造价会增加，将板子做成表面光滑的冲压板的难度也会增加。铝板通常涂上聚偏氟乙烯（PVDF）或者聚酯粉末，而钢板则通常只涂聚酯粉末。在板上使用阳极氧化铝膜作为涂层近年来越来越常

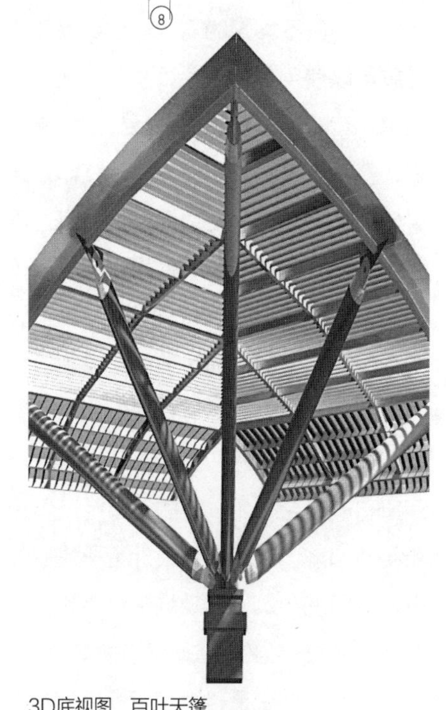

3D底视图　百叶天篷

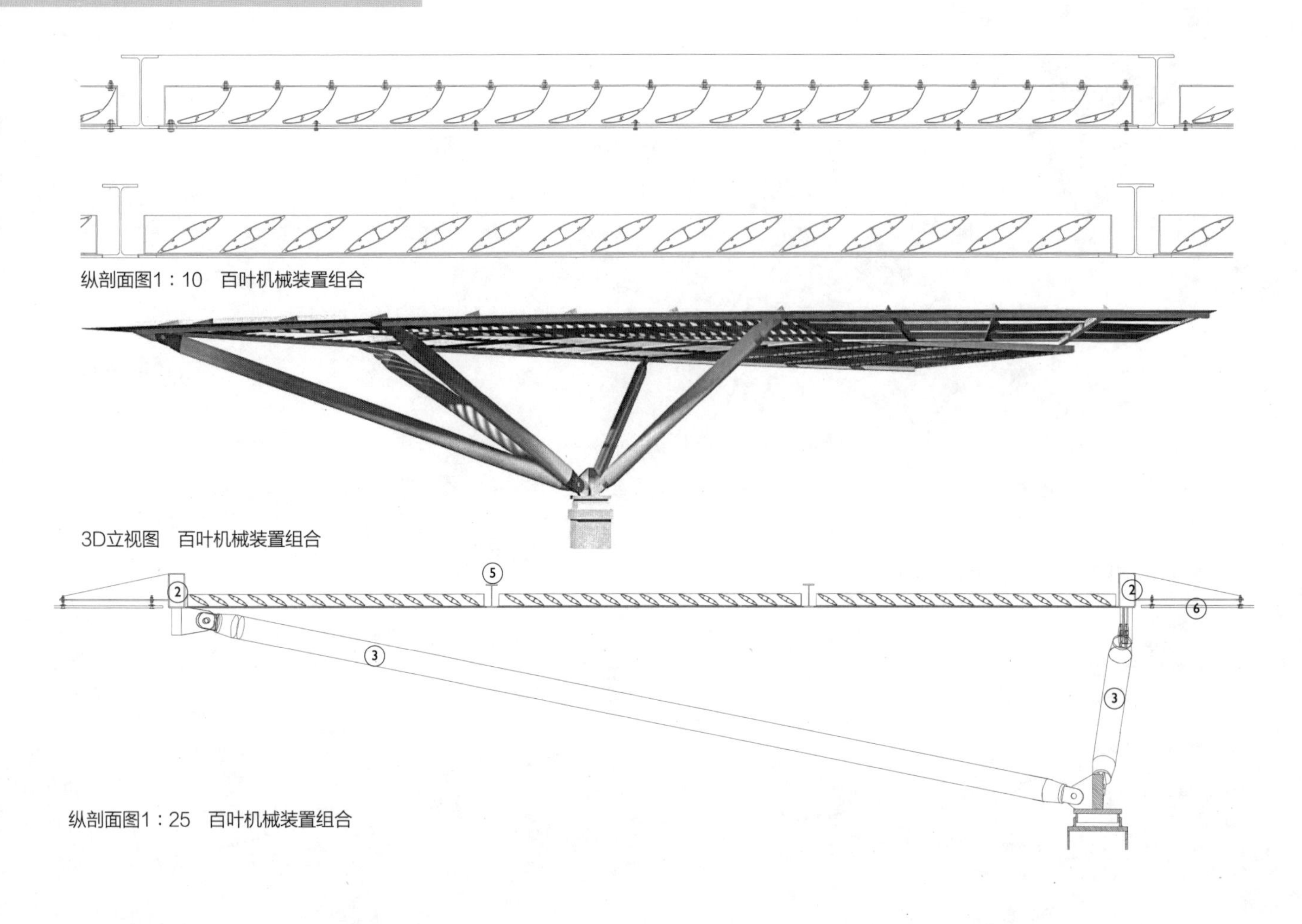

纵剖面图1：10　百叶机械装置组合

3D立视图　百叶机械装置组合

纵剖面图1：25　百叶机械装置组合

见，是因为耐久性更好，直到最近几年才出现颜色不均匀的情况。密封接缝的硅胶可以使用多种单色，从白，到灰，到黑。有的银灰色同银色板材搭配得很好，整个天篷同一颜色，因此整体效果更好，特别是当板材之间是凹缝时。用硅胶的平头接缝能给天篷提供浑然一体的效果，比起金属看起来更像混凝土做的。这种效果可以通过清晰整洁的板材布置得到减弱。

在一套金属板的组合中，可以使用所有的组合技术。板的边缘经过焊接和平滑磨削，整块板都喷涂上一致的颜色。使用沉头螺栓和现场喷涂使其颜色与板材颜色一致的做法增强了整体效果。

通常的做法是，为了天篷与上部的玻璃幕墙之间实现密封，要将构成天沟的金属板延伸入玻璃幕墙的底部横梁里与幕墙形成连续的密封效果。天篷里的保温层与断桥横梁相接，这样就与上面的中空玻璃形成一体的保温效果。墙内侧天篷顶部的金属板弯折到幕墙底部横梁下，与玻璃幕墙骨架的内表面搭接。在这里，天篷顶的金属板，而不是天篷外表面防风遮雨的金属板，成为墙内侧的隔汽层。

金属压顶下面的玻璃幕墙的连接要尽可能少地影响天篷的轮廓，当它从外到里穿过的时候。墙体外表面的金属板伸入下面墙体的顶部横梁里。任何吹到接头的过量的雨水都会从横框里的压板和压顶上滴落。流到横框里的少量雨水被里面与空气相通的内部排水系统排除。天篷位于幕墙室内一侧的底板在上弯与横框固定之前，距离玻璃越近越好。

金属天篷板材之间越来越多地使用单一密封材料处理接缝。这种方法使用了点支式玻璃幕墙玻璃板之间粘结硅酮密封胶的规范做法。然而，在使用泡沫衬垫棒来附着从外面施加的硅胶的情况下，现场施工工艺一定要很高才能保证可靠的耐候性。当出现板子卷边或者板子由于自身形状或生产工艺不能达到很强硬度的情况下，就得使用由弹性或热塑性防水卷材组成第二道防线。防水卷材的顶边和底边分别固定在上面和下面的玻璃幕墙

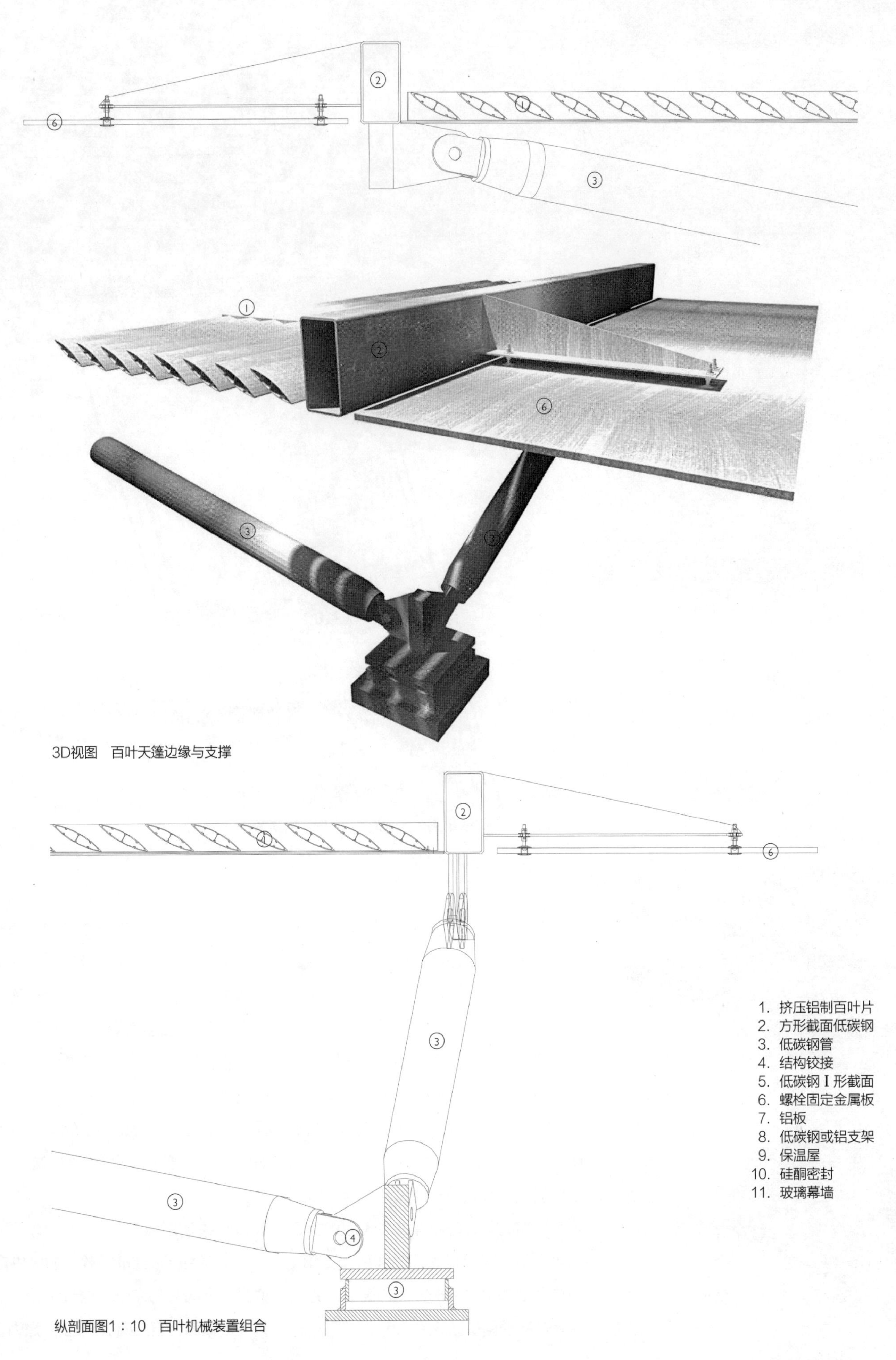

3D视图　百叶天篷边缘与支撑

纵剖面图1：10　百叶机械装置组合

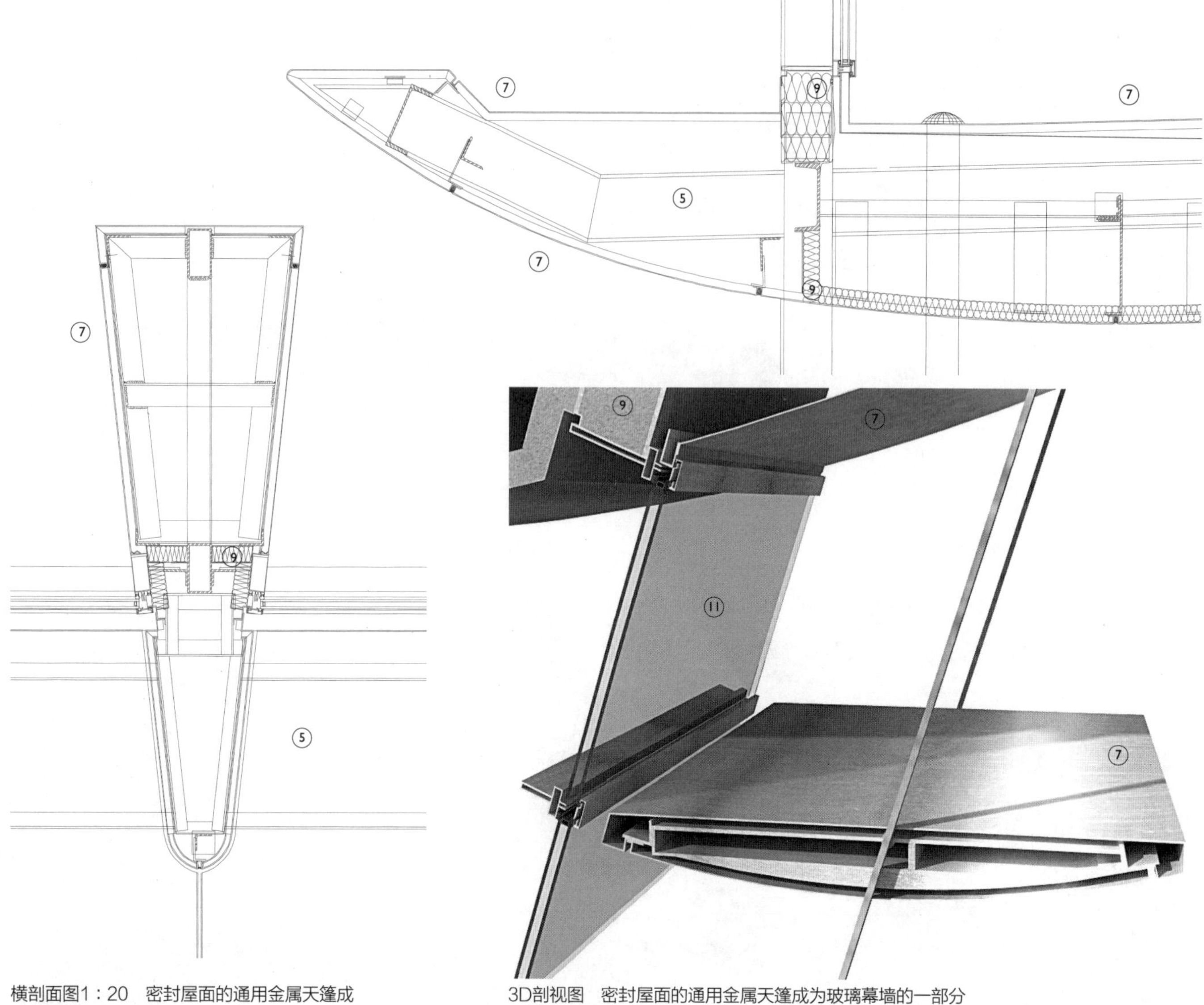

横剖面图1：20　密封屋面的通用金属天篷成为玻璃幕墙的一部分

3D剖视图　密封屋面的通用金属天篷成为玻璃幕墙的一部分

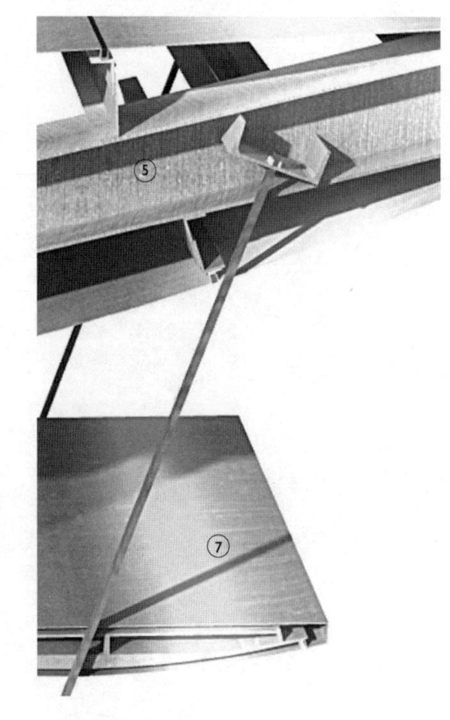

上，少量穿过外层硅胶密封层滴落到卷材上的雨水可以排到外面。

螺栓固定的板材

金属板可以用螺栓固定于天篷边。如最低3mm厚的铝板类型的平板和金属/复合板可以使用螺栓固定玻璃幕墙所用的专利系统的螺栓安装方法。金属板上的扩大孔或长圆孔能保证金属板适应热胀冷缩而不会起翘弯曲。天沟和水落口可以用金属片制成。雨水落水口可以做成同相邻金属板一样的饰面，以免削弱天篷的整体视觉效果。

天篷可以成为玻璃幕墙的一部分，并且有隔热保温效果。保温材料通常沿天篷的轮廓设置在内侧来保持天篷内空腔同建筑内的温度大体一致。另一种方法是在被隔断的上下玻璃幕墙间的直线距离上设置保温层，这样天篷结构和里面的空腔成为室外部分，保持与室外一致的温度。通常选用前一种做法。

金属百叶天篷

金属百叶形式的天篷，能提供遮阳效果，但同时允许光线透过天篷。百叶片一般倾斜竖直方向45°设置，是为了阻

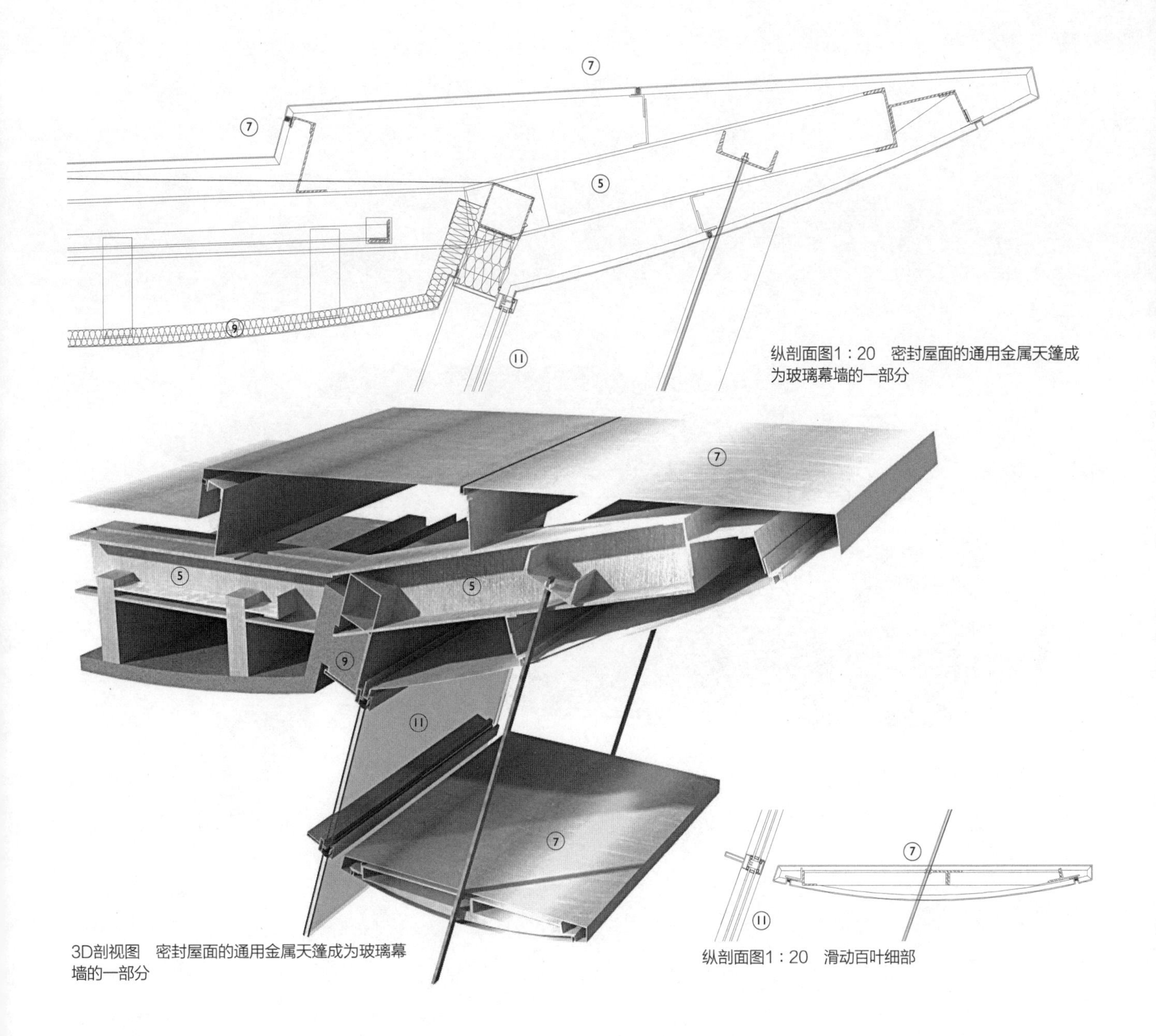

纵剖面图1：20　密封屋面的通用金属天篷成为玻璃幕墙的一部分

3D剖视图　密封屋面的通用金属天篷成为玻璃幕墙的一部分

纵剖面图1：20　滑动百叶细部

挡太阳的直射，但允许光线反射到天篷下面。百叶断面是通过折叠的铝片或低碳钢片制成的，但刚度和稳定性有限，需要在长度方向上设置约束来保持笔直。更大的刚度常用椭圆断面的挤压铝型材提供，主要因为其反射日光的能力，同时能显示其立体造型，增强表现效果。断面可以是半椭圆形，也可以是完整的椭圆形。水平无倾角的百叶布置从下面看缺乏活力。通常出于视觉原因，挤压铝型材需要安装端部封口件，可以用沉头螺栓钉入型材的侧壁或者焊接后打磨表面。挤压铝型材在与封口件相接的地方预留螺栓接口。铝合金型材的长度可以做到6000mm，在断面中心支撑以适合结构厚度。一个厚75—100mm的椭圆断面的型材跨度可达1500mm，厚250mm的型材跨度可达2500mm，具体根据设计风速和相关荷载而定。当在端部固定时，紧固件可以全部隐蔽起来。

在某些场合，天篷的骨架由低碳方钢组成，支撑在下方的圆管钢结构上。方钢以螺栓相连形成平面的框架，再与工厂预制的百叶在现场固定。钢管型材与框架之间通过销轴铰接。圆钢的两端各焊接两块钢板作为副耳板，天篷骨架

1. 挤压铝制百叶片
2. 方形截面低碳钢
3. 低碳钢管
4. 结构铰接
5. 低碳钢 I 形截面
6. 螺栓固定金属板
7. 铝板
8. 低碳钢或铝支架
9. 保温屋
10. 硅酮密封
11. 玻璃幕墙

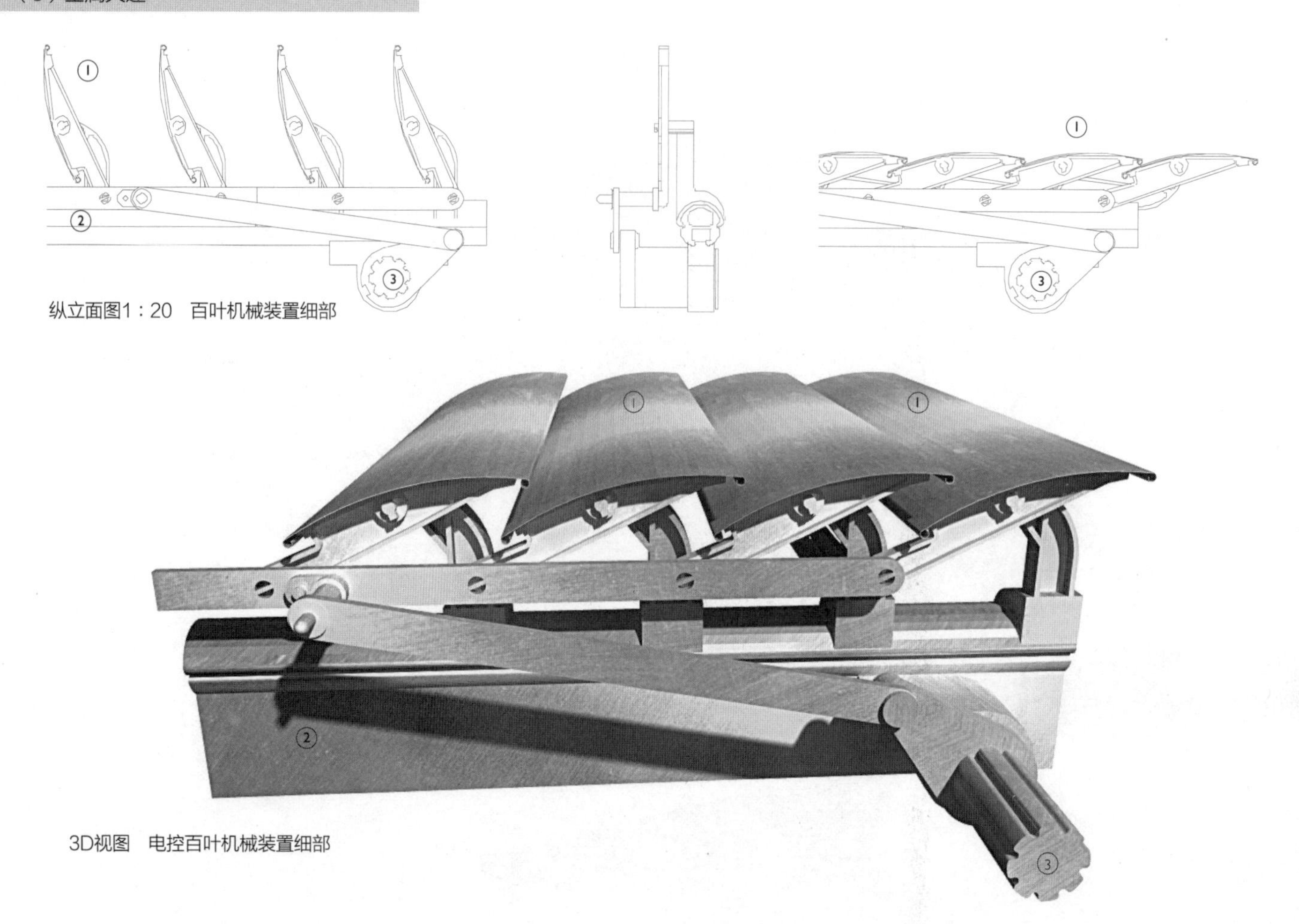

纵立面图1：20　百叶机械装置细部

3D视图　电控百叶机械装置细部

的底部和天篷下的基座各焊接上一块钢板作为主耳板。圆钢的副耳板和支撑基座的主耳板之间通过端面式或沉头式螺栓形成干净利索的连接。圆管的端部是锥形的，是这种类型的钢结构构造的典型特点。铝合金百叶支架焊在天篷骨架的工字钢下翼缘上。铝合金百叶与其支架之间使用沉头螺栓连接，其间放置尼龙垫片来允许热胀冷缩引起的相对位移。

电控百叶

百叶天篷也用于水平或倾斜的玻璃屋面上，当45°角设置时可以遮挡90%的太阳辐射热。在通常的专利系统中，百叶叶片的宽度在75—100mm之间，300mm宽的叶片可以通过铝型材整体挤压而成。活动件的连接处使用尼龙而非金属材质的套管和垫圈，是为了避免以后还需要不时地添加润滑剂。百叶可以做成穿孔的或不穿孔的，穿孔率从大约10%到最大50%，50%的穿孔率加工起来比较困难。

百叶两端的一角用钢销固定在可滑动的铝合金滑杆上，两端的断面中心则通过支架与天篷骨架固定。当铝合金滑杆活动的时候，铝百叶也随之活动，一起开闭。滑杆安装在I形截面的骨架上。电机提供动力给传动轴，当它转动时，滑杆随传动装置的转动而移动。

75—100mm厚百叶的最大的长度通常可以做到6000mm左右，间隔1000—1500mm需要支撑。滑杆一般可支撑长达6000mm的百叶，平面上以6000mm×6000mm的范围作为一个单元。供百叶固定的天篷骨架中的100mm高的工字钢根据下面玻璃屋面的设计在支撑点间的跨度可达1000—1500mm。百叶和下面玻璃屋面之间需预留足够的距离，以便于二者的清洁维护。

3D视图 电控百叶的叶片开闭自如

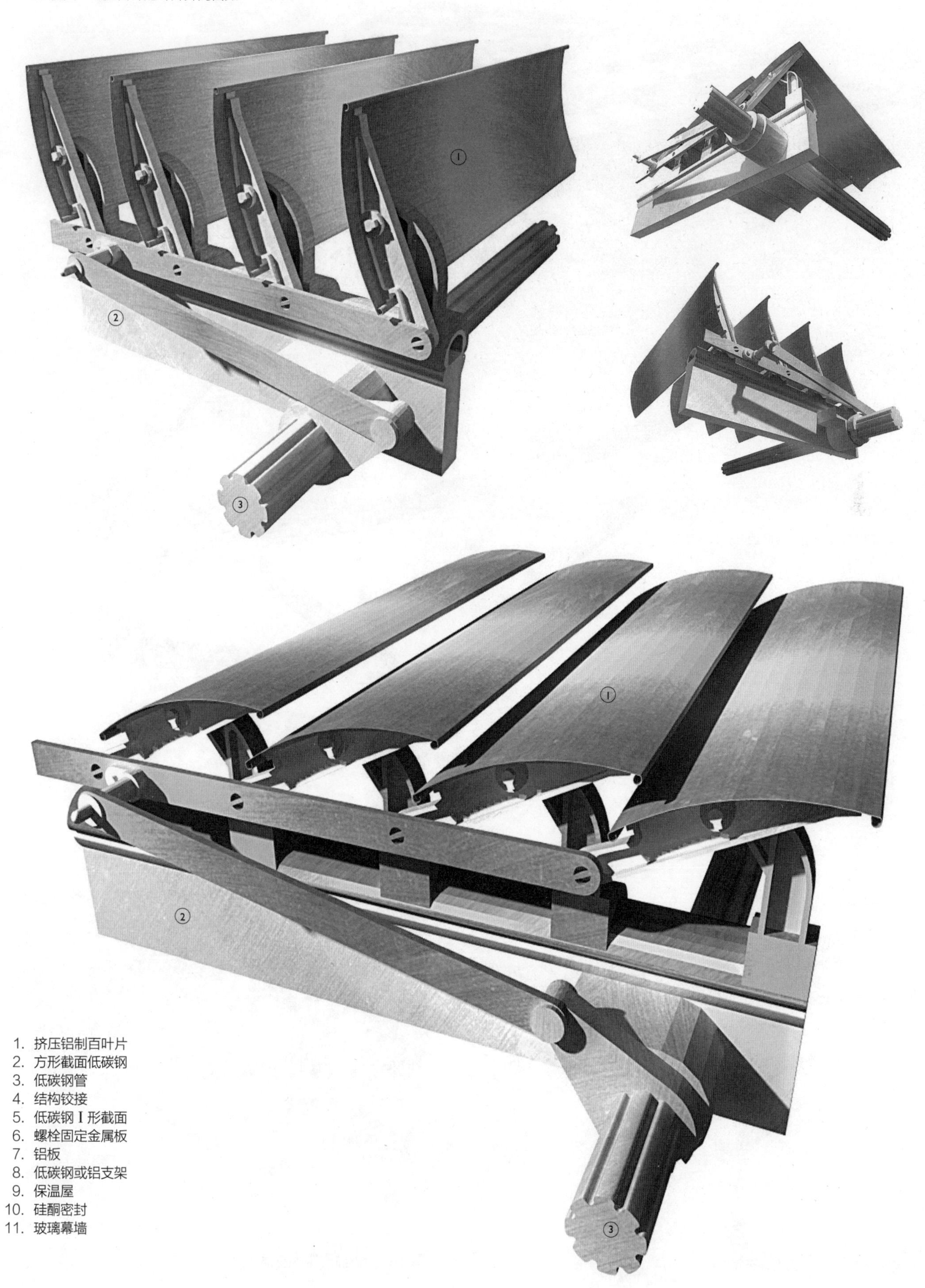

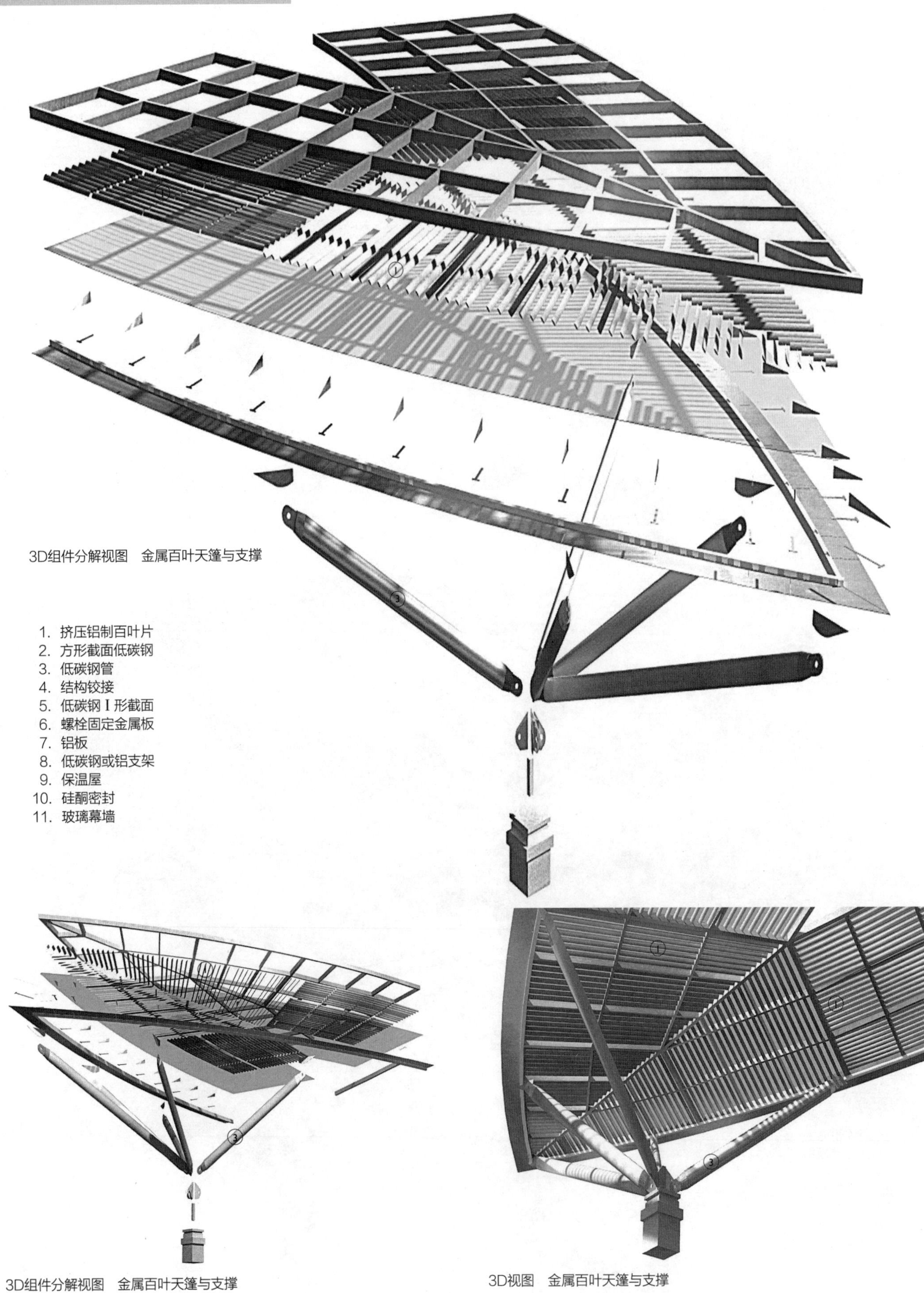

3D组件分解视图　金属百叶天篷与支撑

1. 挤压铝制百叶片
2. 方形截面低碳钢
3. 低碳钢管
4. 结构铰接
5. 低碳钢 I 形截面
6. 螺栓固定金属板
7. 铝板
8. 低碳钢或铝支架
9. 保温层
10. 硅酮密封
11. 玻璃幕墙

3D组件分解视图　金属百叶天篷与支撑

3D视图　金属百叶天篷与支撑

3D组件分解视图　玻璃幕墙正面的金属天篷

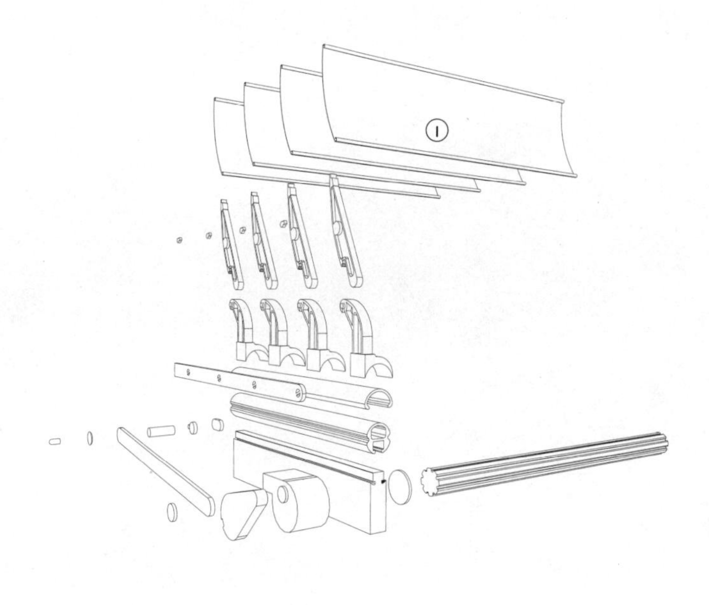

3D组件分解视图　电动百叶机械装置

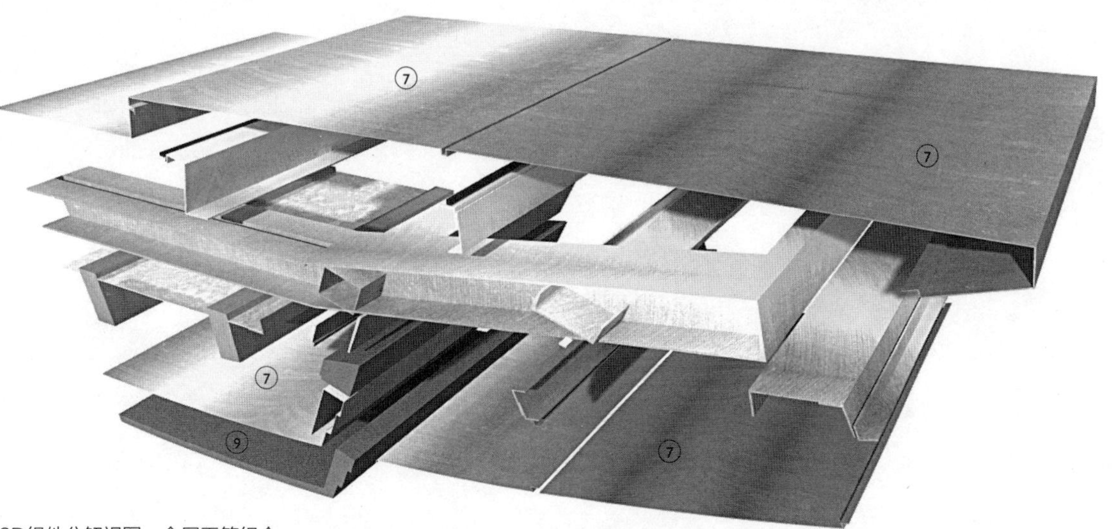

3D组件分解视图　金属天篷组合

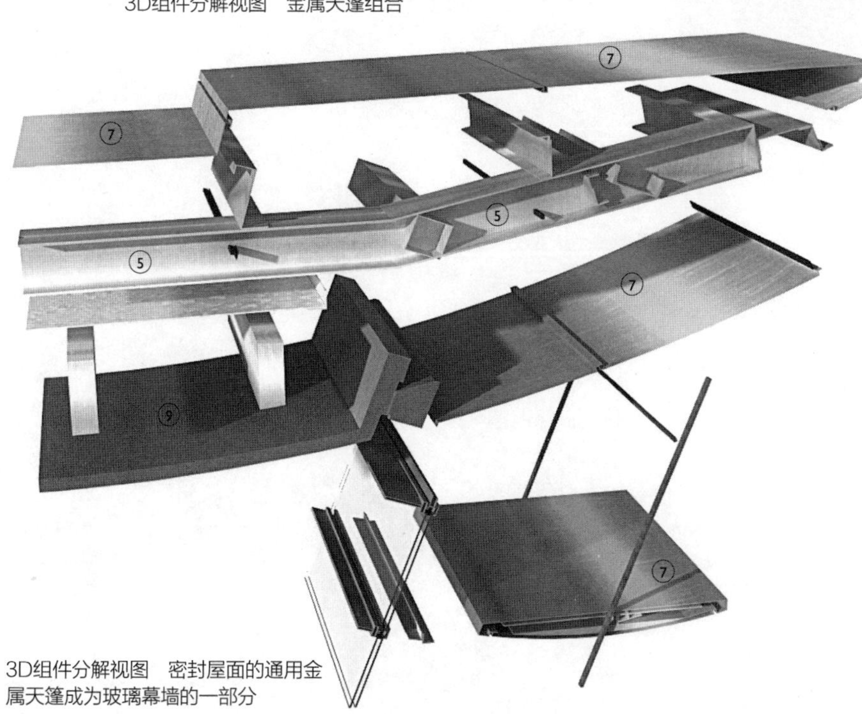

3D组件分解视图　密封屋面的通用金属天篷成为玻璃幕墙的一部分

3D组件分解视图　密封屋面的通用金属天篷成为玻璃幕墙的一部分

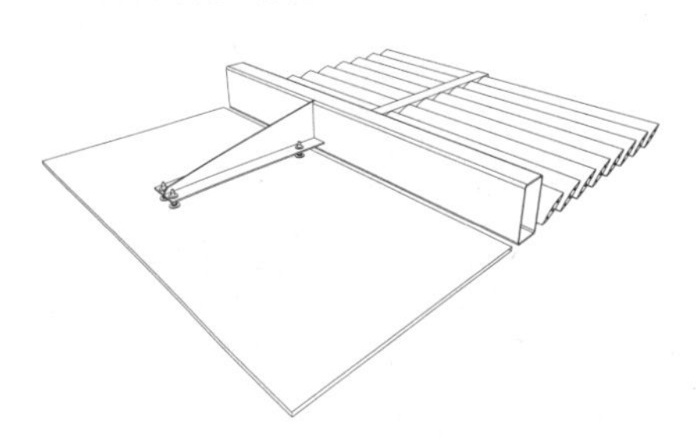

3D组件分解视图　天篷固定方法

玻璃屋面

（1）温室玻璃镶嵌和压盖玻璃系统

温室玻璃镶嵌
现代玻璃屋面
压盖系统

（2）硅胶密封玻璃系统和采光顶

硅胶密封玻璃系统
连接
压盖型材的使用
采光顶

（3）螺栓固定玻璃系统：小型采光顶

通用结构支撑方法
支架
螺栓固定件
螺栓固定件的排布
玻璃板

（4）螺栓固定玻璃系统：大型采光顶

玻璃屋面基础
外折和内折
小型采光顶
大型采光顶

（5）胶粘玻璃采光顶

通用锥形采光顶
通用矩形采光顶
通用单坡采光顶
玻璃屋面板

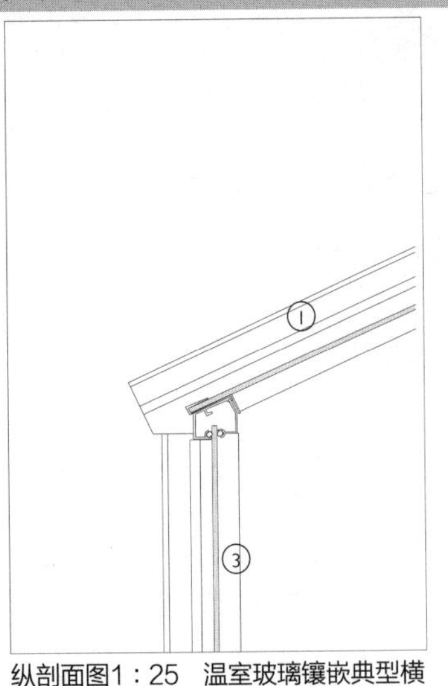

纵剖面图1：25　温室玻璃镶嵌典型横剖面

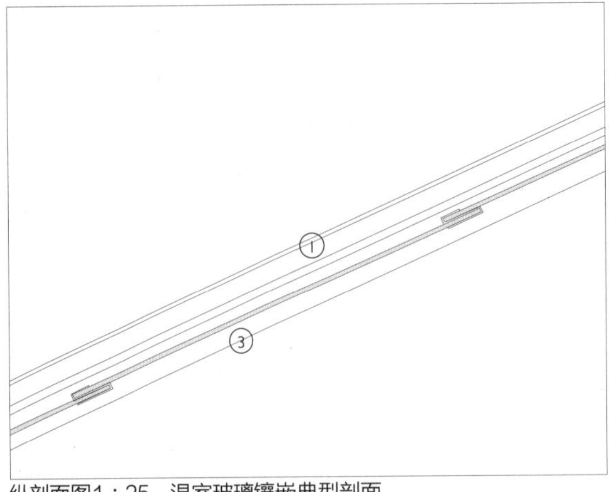

纵剖面图1：25　温室玻璃镶嵌典型剖面

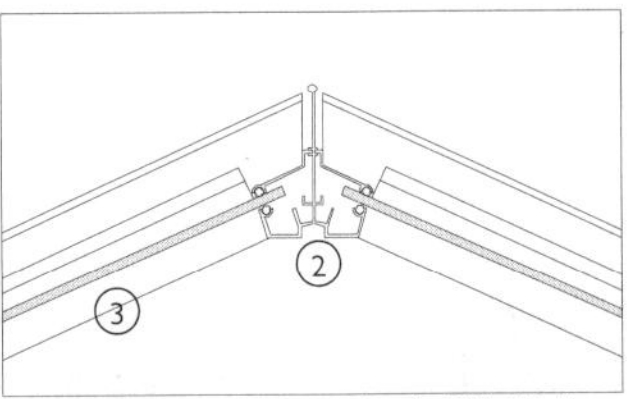

纵剖面图1：25　温室玻璃镶嵌典型屋脊剖面

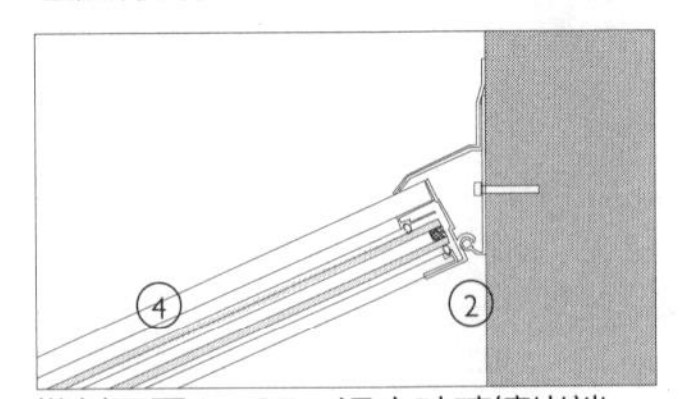

纵剖面图1：25　温室玻璃镶嵌端接面

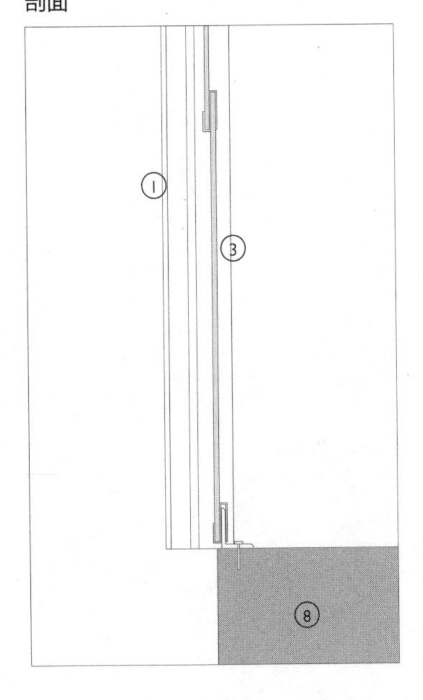

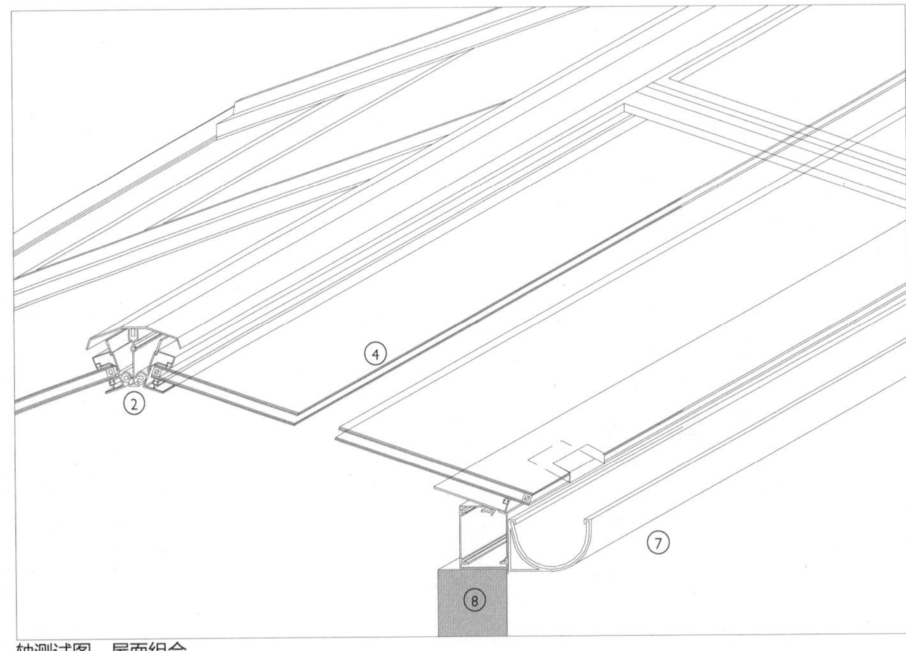

轴测试图　屋面组合

3D视图　温室玻璃镶嵌屋脊细部

温室玻璃镶嵌

在过去20年中，玻璃屋面采用外幕墙的构造作为可靠的搭建方式，取代从早期花房、温室演绎而来的系统。传统花房使用薄壁钢型材或铸铁型材等竖向构件来支撑玻璃板形成坡屋面。雨水需要顺坡流下而不能被玻璃框阻挡，因此屋面采用玻璃板搭接的方式。玻璃的搭接处习惯上不设密封材料，沿坡度方向的玻璃框中距600mm左右以便采用尽量薄的玻璃板，板厚一般控制在4—6mm。雨水因为毛细作用渗入玻璃的搭接位置，引起漏水、产生污迹。然而，完全密封对花房来说并不是需要优先考虑的问题，上述传统的构造方法简洁而经济，能很好地满足使用要求。

玻璃可以用于坡屋面，也可以用于竖直墙体作为传统温室的维护结构。对于大型温室来说，还需增设铝合金或钢结构框来支撑玻璃。用于支撑玻璃屋面的一种典型的结构系统是轻质金属桁架，桁架安装在矩形截面的钢或铝合金柱子上，柱子本身也用来支撑玻璃幕墙。桁架一般中距3000mm，用来支撑玻璃的檩条按中距600mm置于桁架之间。

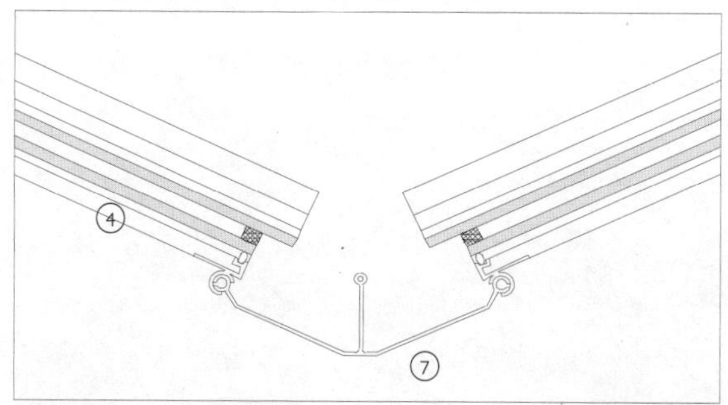

纵剖面图1：10　天沟细部

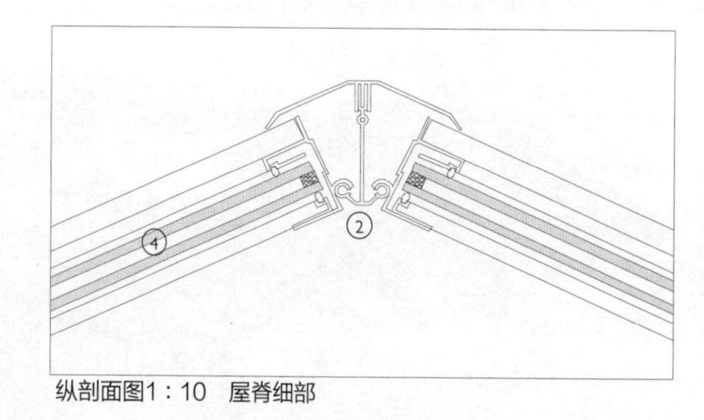

纵剖面图1：10　屋脊细部

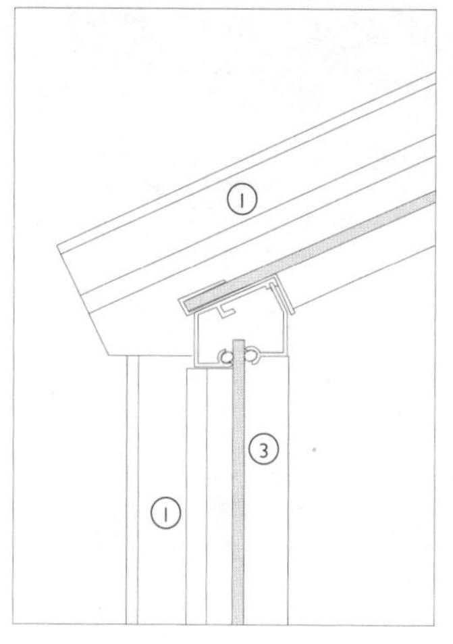

3D视图　温室玻璃镶嵌屋面

3D视图　温室玻璃镶嵌屋面

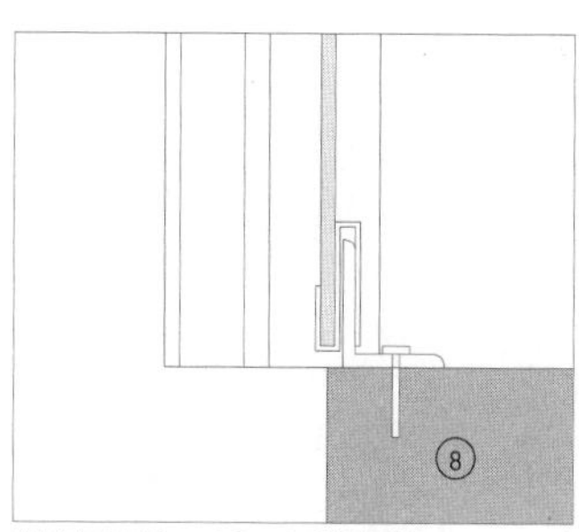

纵剖面图1：10　屋檐细部

温室细部

1. 挤压铝制玻璃窗棂
2. 挤压铝断面
3. 单层玻璃板
4. 双层玻璃板
5. 盖帽上铝夹
6. 聚碳酸酯板
7. 铝制排水沟
8. 混凝土基础

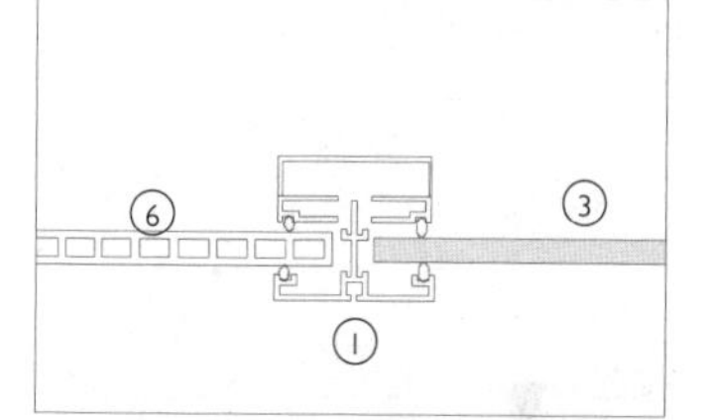

横剖面图1：5　玻璃连接聚碳酸酯板

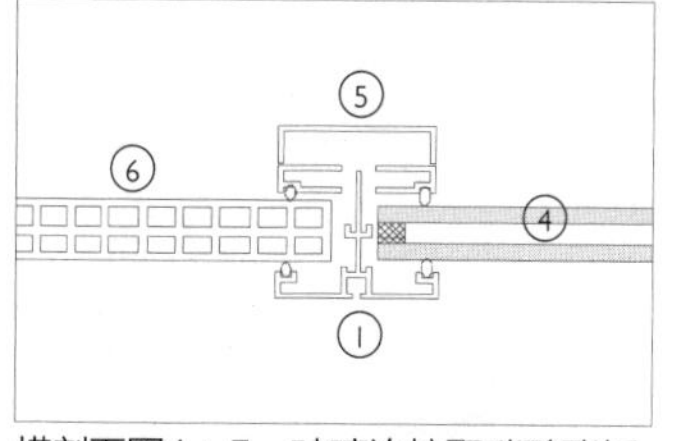

横剖面图1：5　玻璃连接聚碳酸酯板

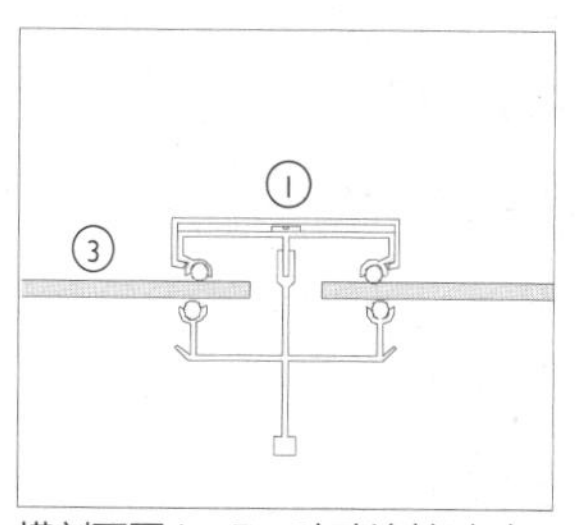

横剖面图1：5　玻璃连接玻璃

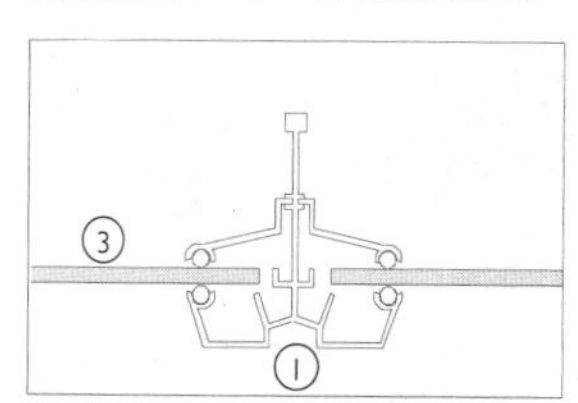

横剖面图1：5　温室玻璃镶嵌

这种系统仍用于农业用途的温室，但保温隔热效果较差，因为其目的是吸收而不是阻挡太阳辐射热。单层玻璃的使用，没有热阻隔和高空气渗透率（根据玻璃幕墙标准），用于农业用途非常理想，用于普通建筑却不合格。然而，温室玻璃的概念现在已经进步发展成现代建筑使用的高保温性、高气密性和水密性的玻璃屋面系统。

在现代玻璃屋面中保留的温室玻璃系统的一个重要组件就是玻璃框，相当于幕墙中的竖框。温室的玻璃框下面有一个冷凝水槽能排除透过外密封层的雨水。冷凝水导流槽也能排除建筑内的潮气在骨架内冷却生成的冷凝水。冷凝水导流槽在边上可以是开口或封闭的。当代温室玻璃系统的框料不需隔热，因此由非断热挤压铝型材制成，但里面带有冷凝水导流槽防止冷凝水滴落到下面。

搭接的玻璃板接头可以用透明密封材料如硅胶密封，也可以用通长的铝合金压条。有些温室仍然在使用不做密封处理的玻璃搭接，很经济，但气密性不好，适合某些农业用途。

温室在屋檐和屋脊处通风，而通风量更精确的控制则依赖于开启扇。单层

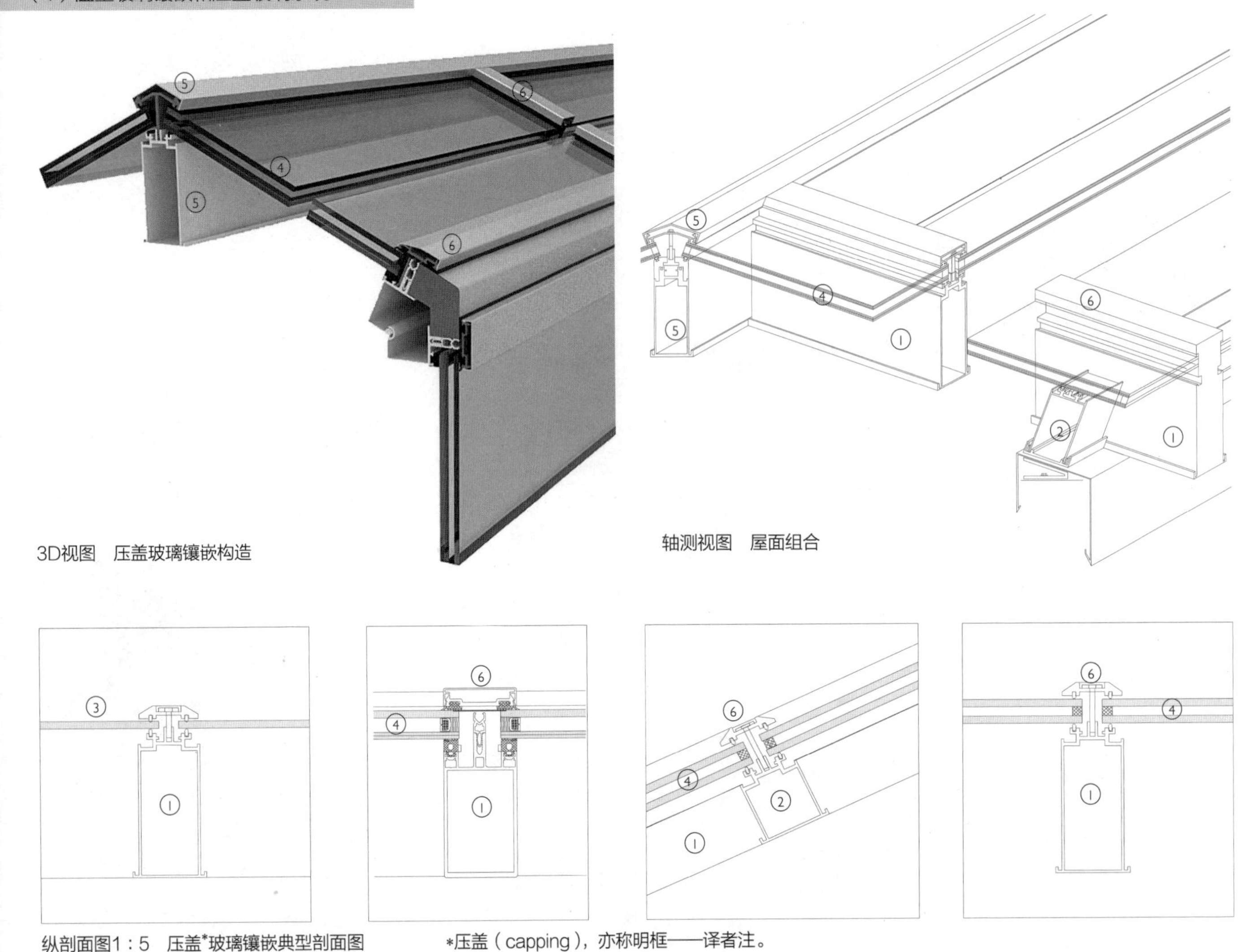

3D视图　压盖玻璃镶嵌构造

轴测视图　屋面组合

纵剖面图1：5　压盖*玻璃镶嵌典型剖面图

*压盖(capping)，亦称明框——译者注。

压盖玻璃镶嵌细部

1. 挤压铝合金玻璃框
2. 横梁
3. 单层玻璃板
4. 双屋玻璃板
5. 屋脊压条
6. 压力板与压盖
7. 保温天沟
8. 保温泛水板
9. 采光顶
10. 保温层
11. 压型金属防水板
12. 混凝土基础
13. 压型金属镶边

玻璃板沿坡度方向的两边通过铝合金压条固定在玻璃框上。铝合金型材与玻璃之间通过固定在铝合金玻璃框上的橡胶密封条隔开，与玻璃板压紧作为缓冲，同时隔绝水和空气。框料强度和刚度由中心的扁钢决定。不同于幕墙的结构竖框位于玻璃内侧，压力板在外侧。温室的玻璃在框的任一侧只有铝合金压条，给予它更大的自由度在玻璃的内侧或外侧伸展。橡胶密封材料做得足够厚、足够柔软，以便玻璃板底可以搭接在下面的玻璃板的顶上。温室玻璃系统也可以安装双层玻璃。这样做的主要原因是可以更好地控制农业建筑内部的温度。框料仍然不需要做断热处理，但需要在屋脊和屋檐位置设置大量通风槽来促进自然对流通风。采用双层玻璃带来的重量增加，必须用更粗的杆件支撑，但系统的本质没有改变。扣紧或拧紧的玻璃压条断面通常呈阶梯状，以适应双层玻璃增加的厚度，而水平接缝上的铝合金压条的作用是将搭接的玻璃固定就位。这些水平接缝通常以硅胶密封提高气密性。温室也可以使用聚碳酸酯板和多层

3D视图　上翻女儿墙压盖玻璃镶嵌联结

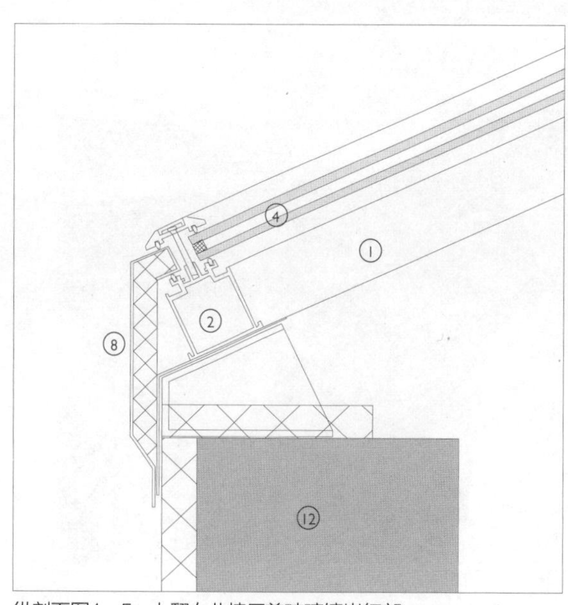

纵剖面图1：5　上翻女儿墙压盖玻璃镶嵌细部

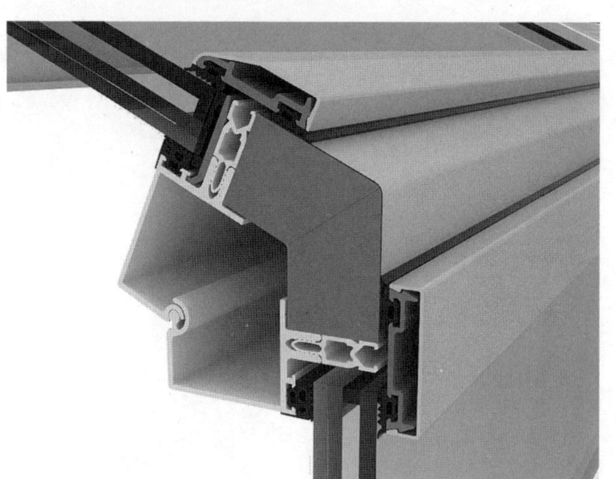
3D视图　压盖玻璃镶嵌屋檐细部

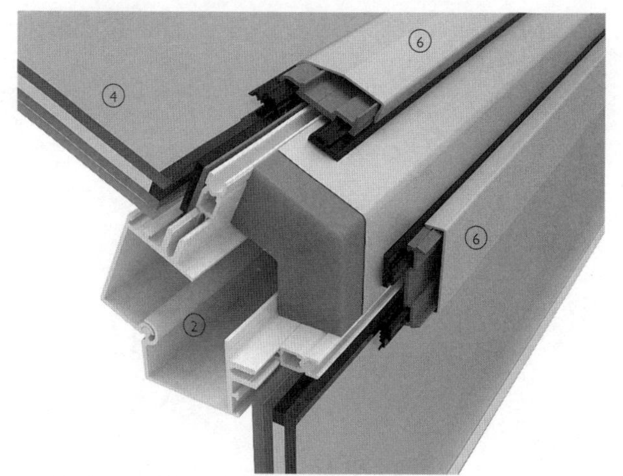

3D剖视图　压盖玻璃镶嵌屋檐细部

板类型。用双层材料做成的板厚为24—32mm；与双层玻璃相似，使用的铝型材也相同。

屋脊是由特殊的挤压铝型材制成的，其固定玻璃的压条同与之相交的玻璃框上的压条是一样的。因为每种屋脊铝型材都只对应一个屋面坡度，厂家生产有限的几种型材，比较典型的有22°、30° 和45°。型材中的冷凝水可以流到与之相交的玻璃框里，沿着屋面坡度再流到檐口处，或者通过调整屋脊型材水平位置使水通过其两端排出。

天沟的构造是将成品天沟固定到在下面与之相连接的方管上。屋檐位置的玻璃挑出屋面边缘，让雨水流到天沟里。在地面高度，玻璃通常搭在带面层做法的混凝土地面上。在没有符合条件的地面的情况下，如在很多农业用途温室中，砖砌体或砌块墙体就作为上面玻璃的底座，否则玻璃极易损坏。

在不同坡度屋面相交而成的天沟也是固定在铝型材上。在型材上会增加一道上翻铝材以增加刚度。其他屋面系统中的天沟通常有保温隔热要求，保温层

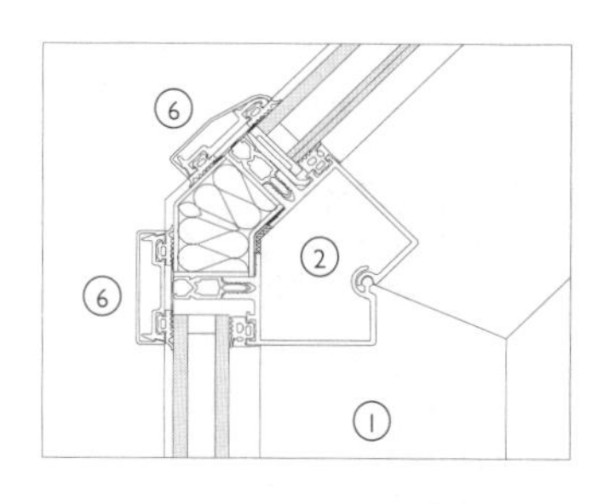

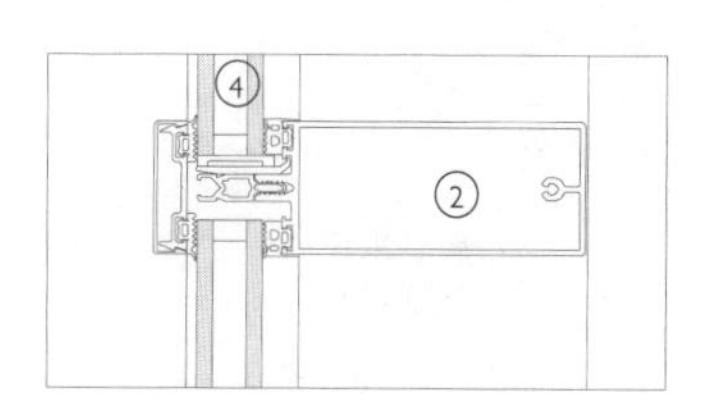

纵剖面图1：5　带玻璃与玻璃弯折的压盖玻璃镶嵌屋檐

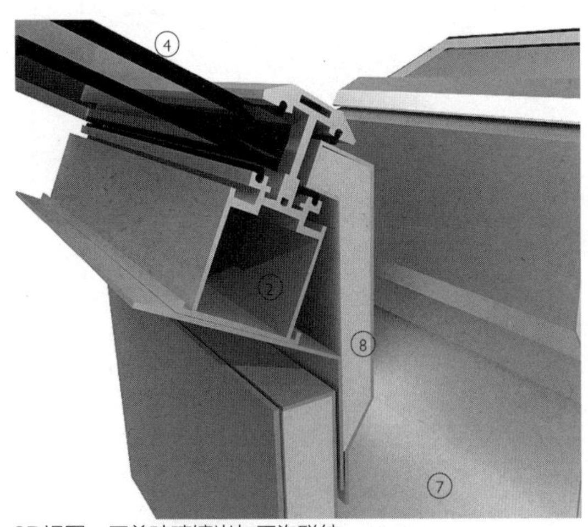

3D视图　压盖玻璃镶嵌与天沟联结

3D视图　压盖玻璃镶嵌与天沟联结

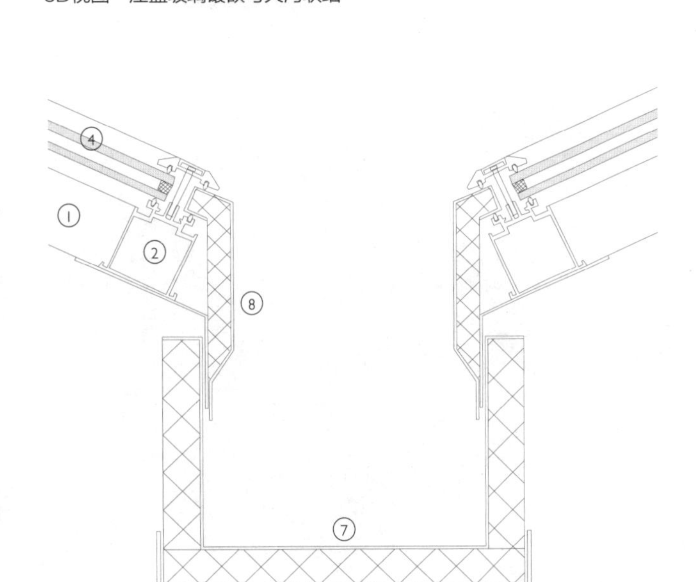

纵剖面图1：5　带天沟的压盖玻璃镶嵌

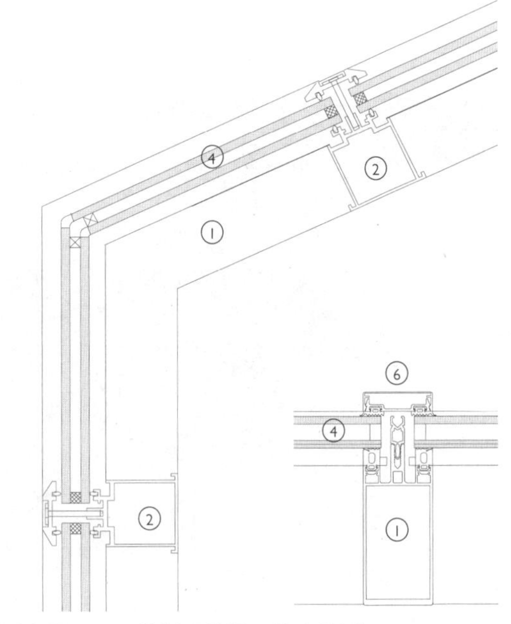

纵剖面图1：5　带弯折型材的压盖玻璃镶嵌

压盖玻璃镶嵌细部

1. 挤压铝合金玻璃框
2. 横梁
3. 单层玻璃板
4. 双屋玻璃板
5. 屋脊压条
6. 压力板与压盖
7. 保温天沟
8. 保温泛水板
9. 采光顶
10. 保温层
11. 压型金属防水板
12. 混凝土基础
13. 压型金属镶边

的厚度及其内衬，可以提高刚度。温室没有保温隔热材料，天沟里的上翻或下翻构件同样可以起到提高刚度的作用，以承受充满天沟的雨水的荷载。

虽然在大多数普通建筑工程中不是很实用，但温室玻璃技术对于读者还是有用的，原因有二：有助于理解玻璃屋面如何从这种简单且大量生产的系统演变的；在以下两种场合这种技术还有用武之地，如需要尽量减少组件和总配件量，或者安装大块玻璃但不需保温隔热性能的场合。

现代玻璃屋面

玻璃屋面系统采用温室屋面的构造原则，但也融合了玻璃幕墙的做法。屋面由断热构件和双层玻璃板组成，并含有排水和通风系统。在压盖系统中使用压力板而不是压条将玻璃固定。插槽板用在使用硅酮结构胶的隐框幕墙中提供平头接缝，这种方式将在下一节讨论，本节的主题在于压力板，或称之为压盖系统。

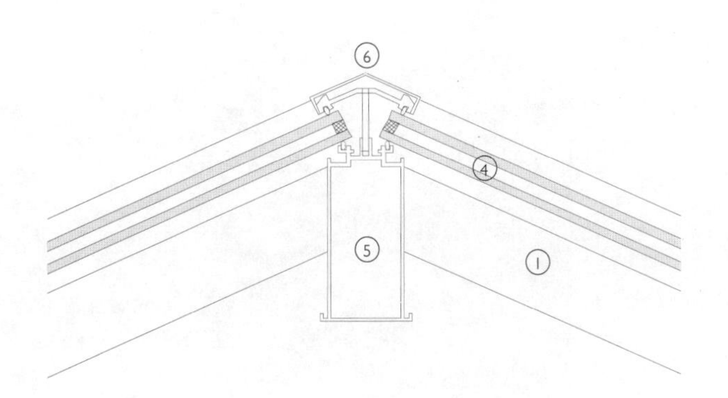

纵剖面图1：5　压盖玻璃镶嵌，屋脊

3D视图　压盖玻璃镶嵌，屋脊细部

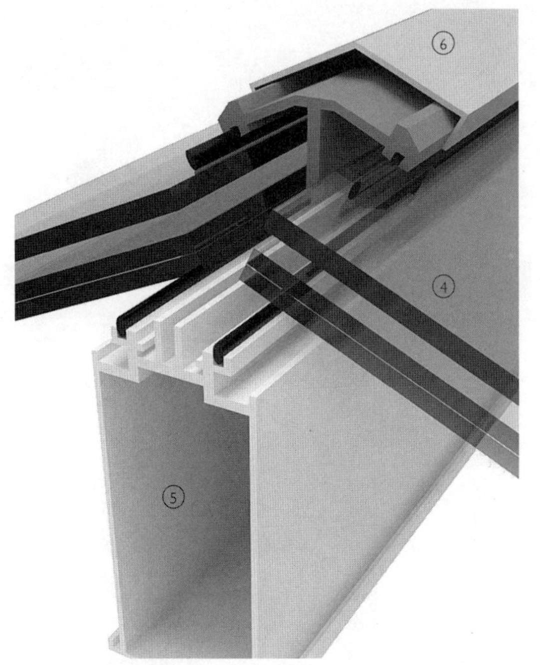

3D剖视图　压盖玻璃镶嵌，屋脊细部

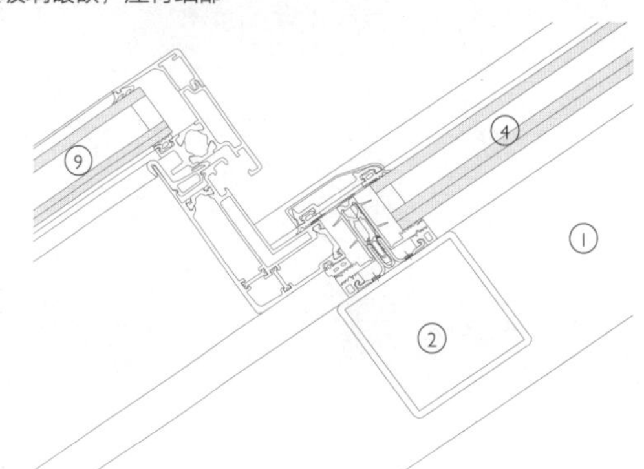

纵剖面图1：5　压盖玻璃镶嵌与采光顶联结

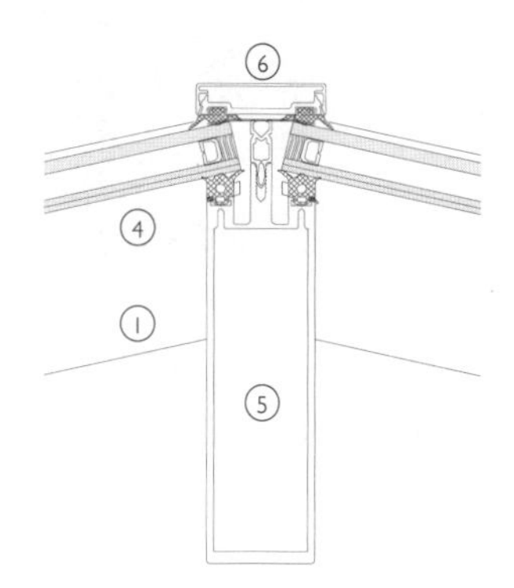

纵剖面图1：5　压盖玻璃镶嵌与采光顶联结

压盖系统

压盖系统的骨架是由现场安装成方格状的龙骨组成，相当于玻璃幕墙中的竖框和横框。幕墙底部的铝型材，有可能额外增设冷凝水槽。冷凝水槽也可以紧贴玻璃底设置。玻璃放在与框料固定的橡胶气密材料上，再用通长的挤压铝压板固定。条状三元乙丙橡胶型材放置在压力板和玻璃之间，提供防风雨的密封。如同玻璃幕墙，框料内也有排水、透气或保持内外压力平衡的构造。突破密封材料渗入的水会滴落到框内的槽道里，然后排到屋面最低位置如檐口。在未设置檐口的较小规模的屋面上，在屋面坡度由倾斜变为竖直的交界处，雨水允许沿竖直面流到屋面基础。在屋面坡度改变的位置，框料的排水构造是连续的，将雨水在墙体的基底处排出，基底有可能是屋面层的钢筋混凝土板。

沿屋面坡度方向的玻璃框固定住玻璃板的顶边和底边，玻璃板水平接缝位置需要解决雨水流过时的防水问题。有的系统在这个位置使用错台的做法，而不使用压力板以免阻碍水流。还有的系

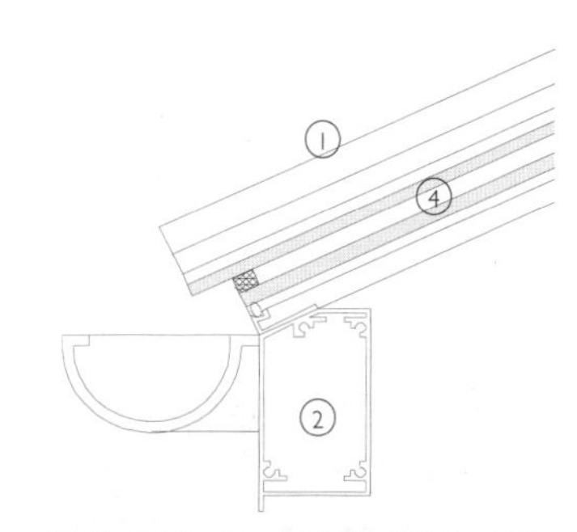

纵剖面图1：5　压盖玻璃镶嵌，檐沟

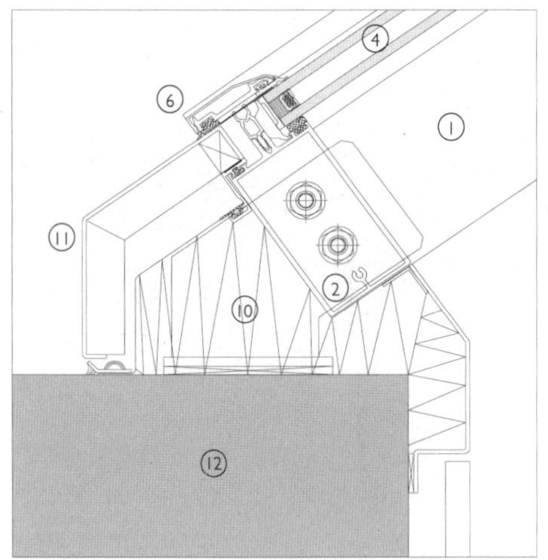

纵剖面图1:5　压盖玻璃镶嵌，女儿墙泛水

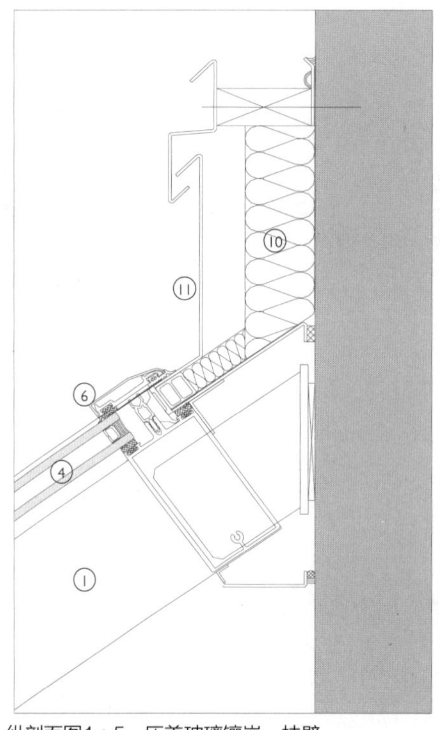

纵剖面图1:5　压盖玻璃镶嵌，扶壁

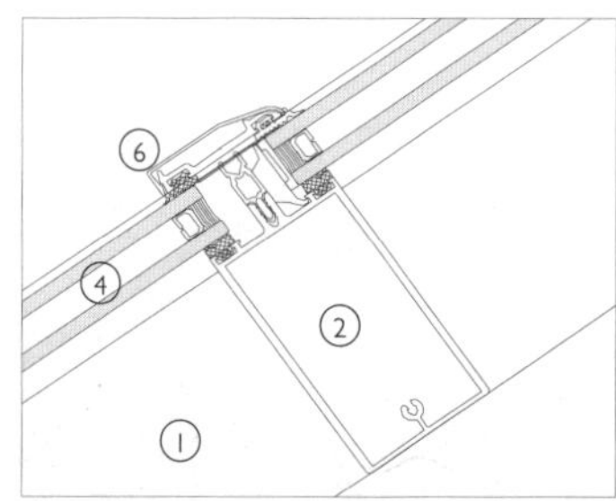

纵剖面图1:5　压盖玻璃镶嵌，典型纵剖面

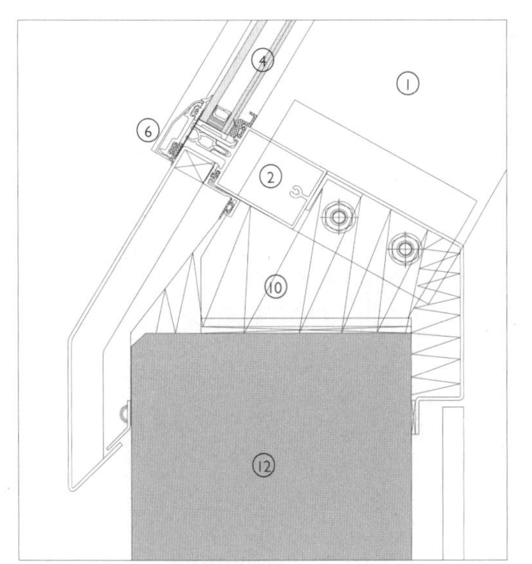

纵剖面图1:5　压盖玻璃镶嵌，女儿墙泛水

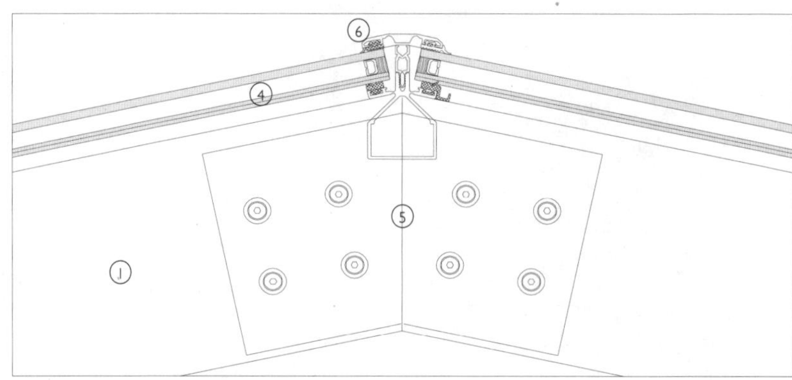

纵剖面图1:5　压盖玻璃镶嵌，屋脊

压盖玻璃镶嵌细部

1. 挤压铝合金玻璃框
2. 横梁
3. 单层玻璃板
4. 双屋玻璃板
5. 屋脊压条
6. 压力板与压盖
7. 保温天沟
8. 保温泛水板
9. 采光顶
10. 保温层
11. 压型金属防水板
12. 混凝土基础
13. 压型金属镶边

统使用有斜角边缘的压力板和压盖，便于雨水流过。少量滞留在顶边的雨水，很快被风吹走或者蒸发。任何透过密封层的水流都会被玻璃框内的排水系统排除。

屋脊，与玻璃框一样，遵循花房玻璃系统的主要构造原则。其断面常采用矩形或者选用玻璃框断面，但高度通常都要加大，因为屋脊要承担更大的结构荷载。与屋脊构件相交的玻璃框顶部留有开口，以便通风和排水内腔排除其中雨水。特制的V形通长压力板固定屋脊处的玻璃板，再用相似形状的压盖覆盖在上面。压盖不是玻璃屋面必不可少的构件，如同在玻璃幕墙中一样，它们的作用是隐蔽排水槽和螺栓安装件，以取得与玻璃框一致的视觉效果。

天沟和檐沟处的玻璃粘结，与温室系统的相比有很大差异。天沟不是搭在

3D视图　压盖玻璃镶嵌，屋脊细部

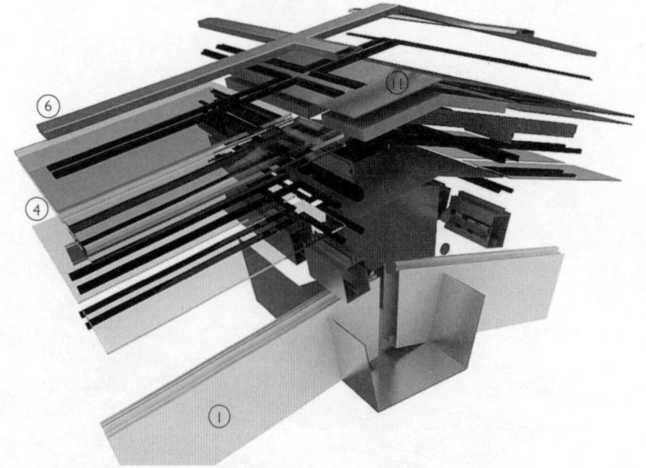

3D组件分解视图　压盖玻璃镶嵌，屋脊细部

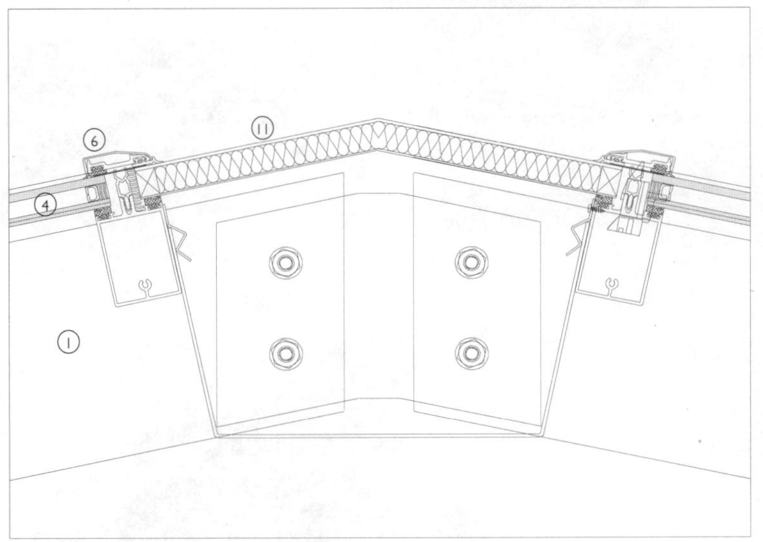

纵剖面图1：5　压盖玻璃镶嵌，屋脊

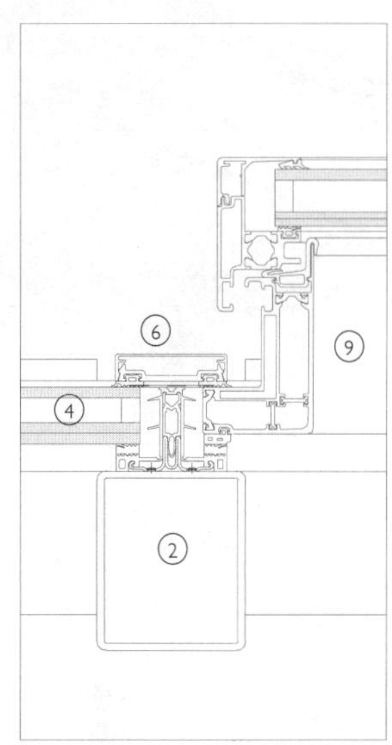

纵剖面图1：5　压盖玻璃镶嵌与采光顶联结

玻璃板的下面，而是将沟沿（或者防水板）嵌入玻璃横框的侧边。天沟附加保温材料，以维持屋面整体保温隔热效果，防止热桥产生。如果便于天沟安装，屋面与天沟之间使用了泛水板，则在防水板与保温天沟之间附加两层柔性卷材密封。密封材料要求完全防水，以防止当落水口堵塞的时候，雨水充满天沟，可能引起渗水。

泛水板通常是带保温层的，这样做是为了同相邻的屋面保温层连为一体，防止出现热桥。在泛水板和排水沟处终结的玻璃框将内部的水流释放到此处。流入排水腔内的水也排到泛水板的外（上）表面上。

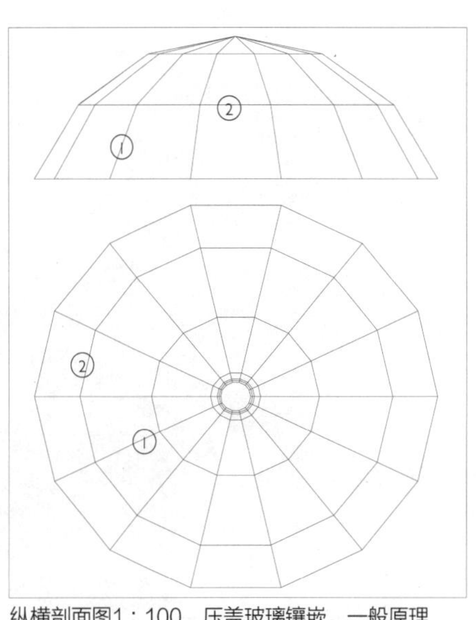

纵横剖面图1：100　压盖玻璃镶嵌，一般原理

玻璃屋面

(1)温室玻璃镶嵌和压盖玻璃系统

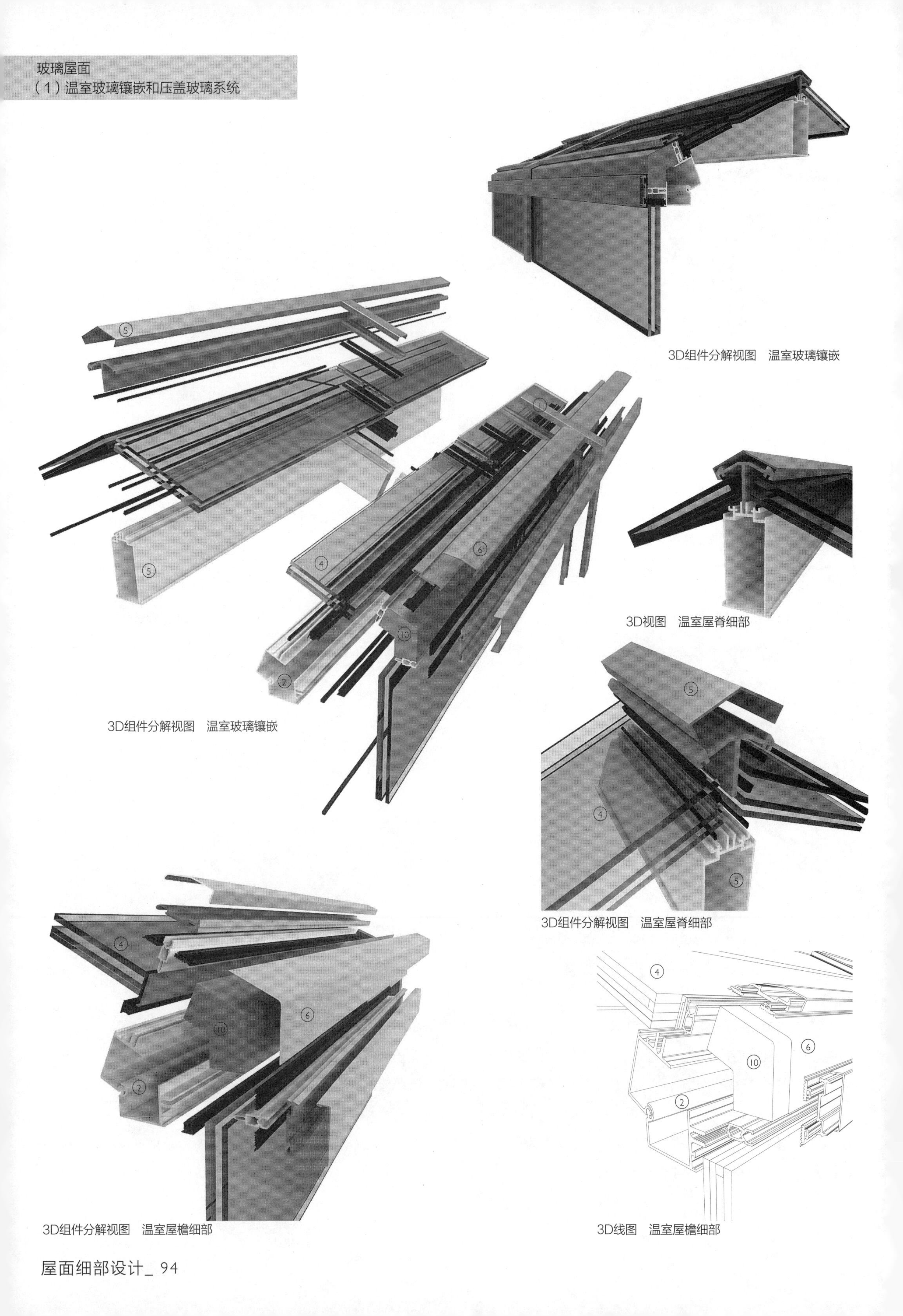

3D组件分解视图　温室玻璃镶嵌

3D组件分解视图　温室玻璃镶嵌

3D视图　温室屋脊细部

3D组件分解视图　温室屋脊细部

3D组件分解视图　温室屋檐细部

3D线图　温室屋檐细部

压盖玻璃镶嵌细部

1. 挤压铝合金玻璃框
2. 横梁
3. 单层玻璃板
4. 双层玻璃板
5. 屋脊压条
6. 压力板与压盖
7. 保温天沟
8. 保温泛水板
9. 采光顶
10. 保温层
11. 压型金属防水板
12. 混凝土基础
13. 压型金属镶边

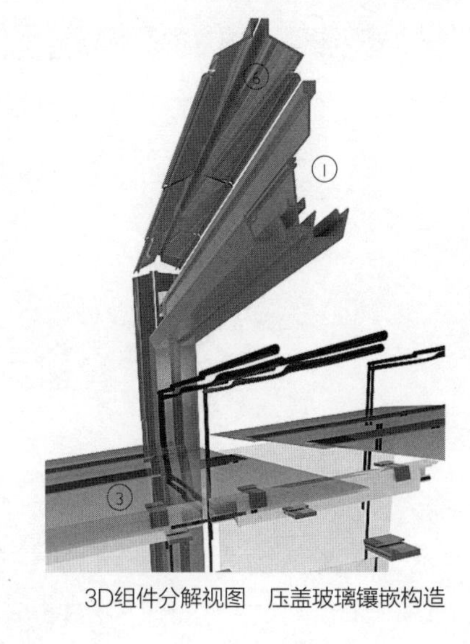

3D组件分解视图　压盖玻璃镶嵌构造

3D组件分解视图　压盖玻璃镶嵌构造

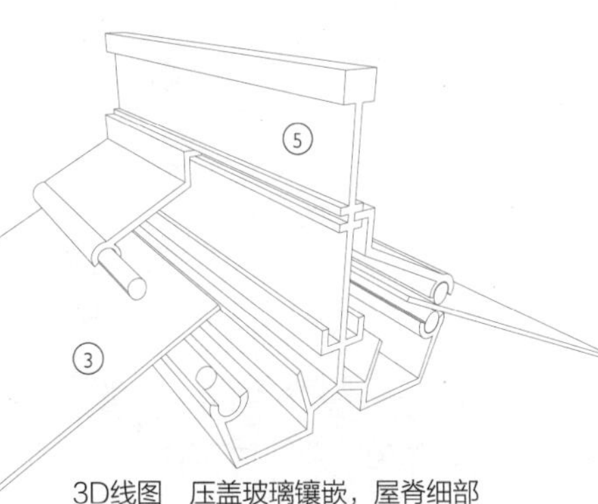

3D线图　压盖玻璃镶嵌，屋脊细部

3D组件分解视图　压盖玻璃镶嵌构造

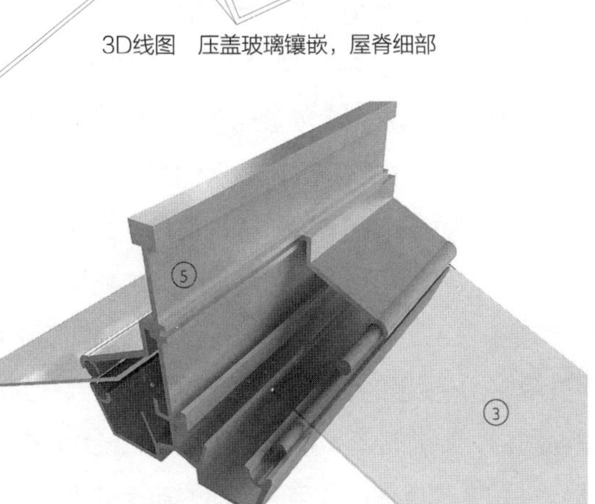

3D视图　压盖玻璃镶嵌，屋脊细部

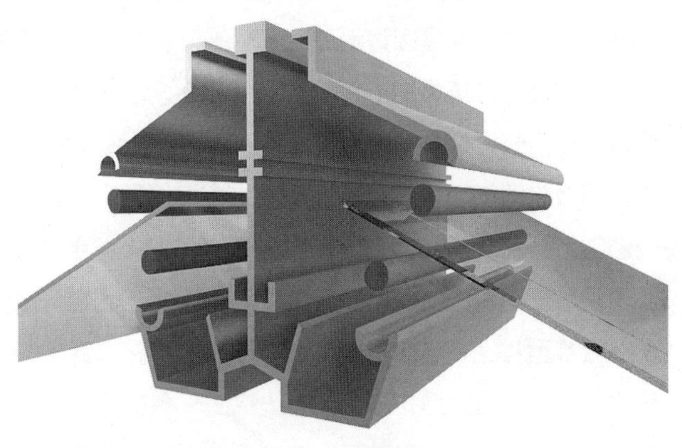

3D组件分解视图　压盖玻璃镶嵌，屋脊细部

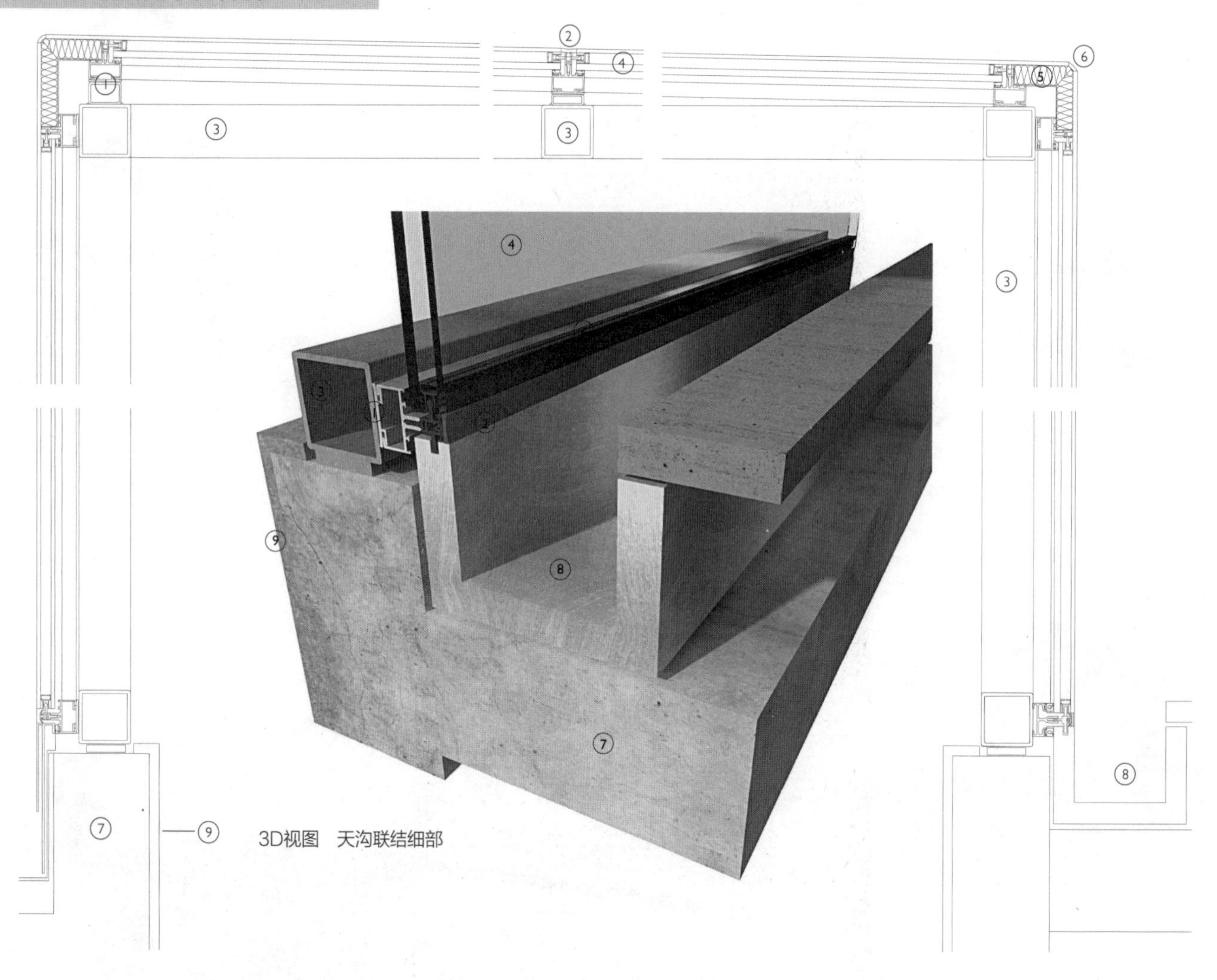

纵剖面图1：10　采光顶典型细部

硅胶密封玻璃系统

压盖系统，如前文所述，适合坡屋面，而用于坡度为3°—5°之间的平屋面并不可靠。这主要是因为沿坡度流淌的雨水会被高出玻璃板的水平框料阻隔。玻璃平屋面光滑、连续的效果通过在两块玻璃板之间施加与玻璃表面齐平的硅胶密封材料实现。玻璃是用最外层玻璃板内侧的压力板夹住固定。压力板固定在铝合金型材上，与双层玻璃四周形成整体。挤压铝合金型材要比玻璃边缘凹入一点，通常是同两块玻璃板粘结在一起，在垫片后面将板的边缘密封。相邻的垫片将玻璃保持在固定的距离，里面有干燥剂吸收板间残留的潮气。凹入的铝合金型材同每块玻璃板粘结，也作为两块玻璃板组合的边缘的密封，如同在常规的双层玻璃窗中一样。然后将压力板固定在邻接的玻璃板的边缘处的凹槽内，再用中距300mm的自攻螺栓与玻璃框固定。玻璃板之间的空隙用硅胶密封，缝宽一般为15—20mm，里面的衬条或者衬棒作为硅胶密封层的支撑。

在某些场合，为了将玻璃框与钢结构支撑骨架直接固定，将玻璃框上的矩形结构构件或肋片去除。这里所示的是矩形的中空型材。另一种做法，是使用全铝合金的玻璃框。如同压盖系统一样，少量穿过密封层的雨水，从玻璃下面框料的冷凝水槽内排除。在实践中，硅胶密封层非常可靠，但也随现场施工工艺而不同，因此冷凝水通道实际上可能用不到，但可以作为支撑内部气封的附加腔室。不像压盖系统，硅胶密封的玻璃框可以用于屋面的各个坡度上，因为玻璃框不会阻挡水流。

纵剖面图1：25　典型组合

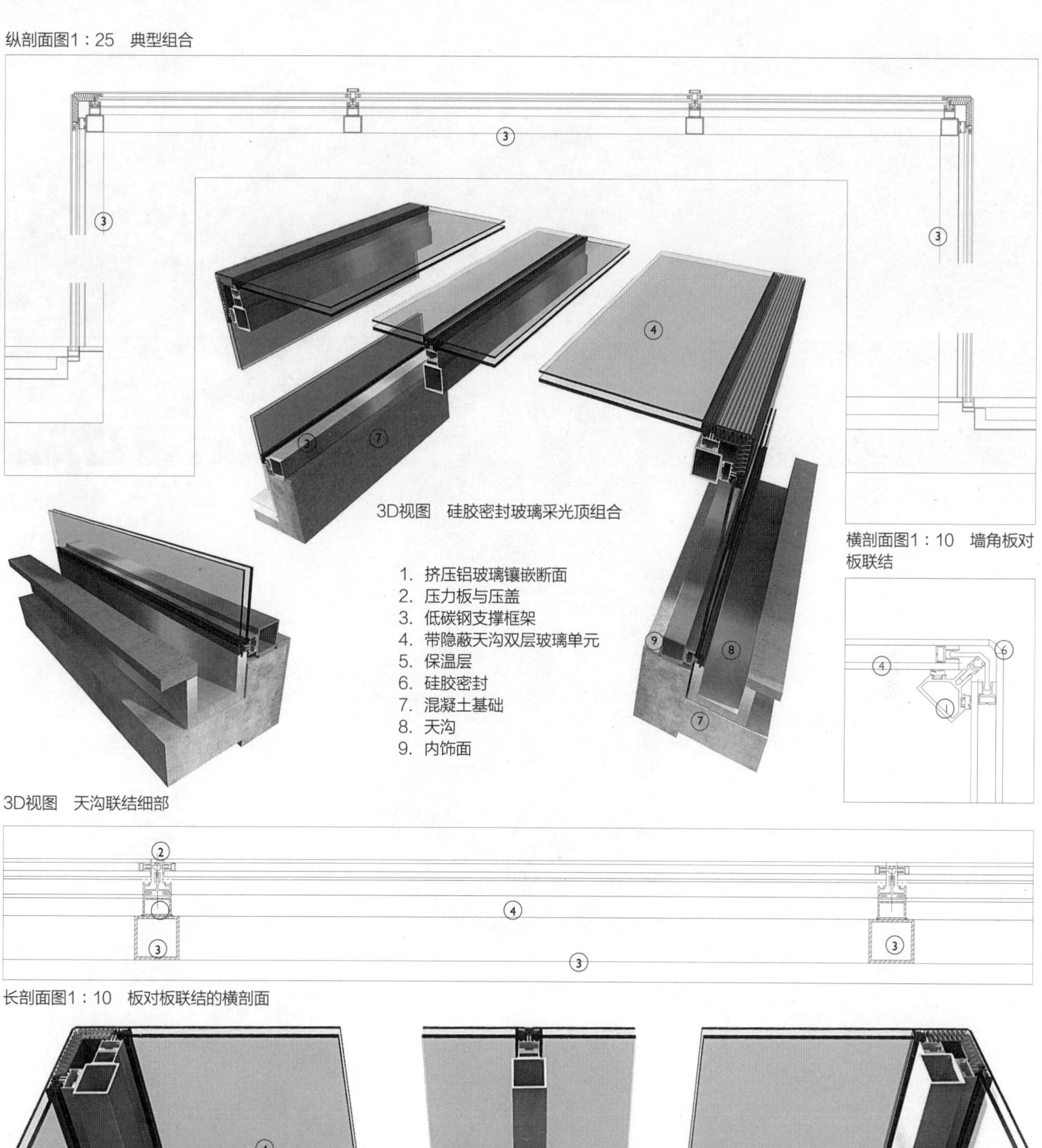

3D视图　硅胶密封玻璃采光顶组合

1. 挤压铝玻璃镶嵌断面
2. 压力板与压盖
3. 低碳钢支撑框架
4. 带隐蔽天沟双层玻璃单元
5. 保温层
6. 硅胶密封
7. 混凝土基础
8. 天沟
9. 内饰面

横剖面图1：10　墙角板对板联结

3D视图　天沟联结细部

长剖面图1：10　板对板联结的横剖面

3D视图　水平板对板联结点

3D视图　无压盖板对板联结细部

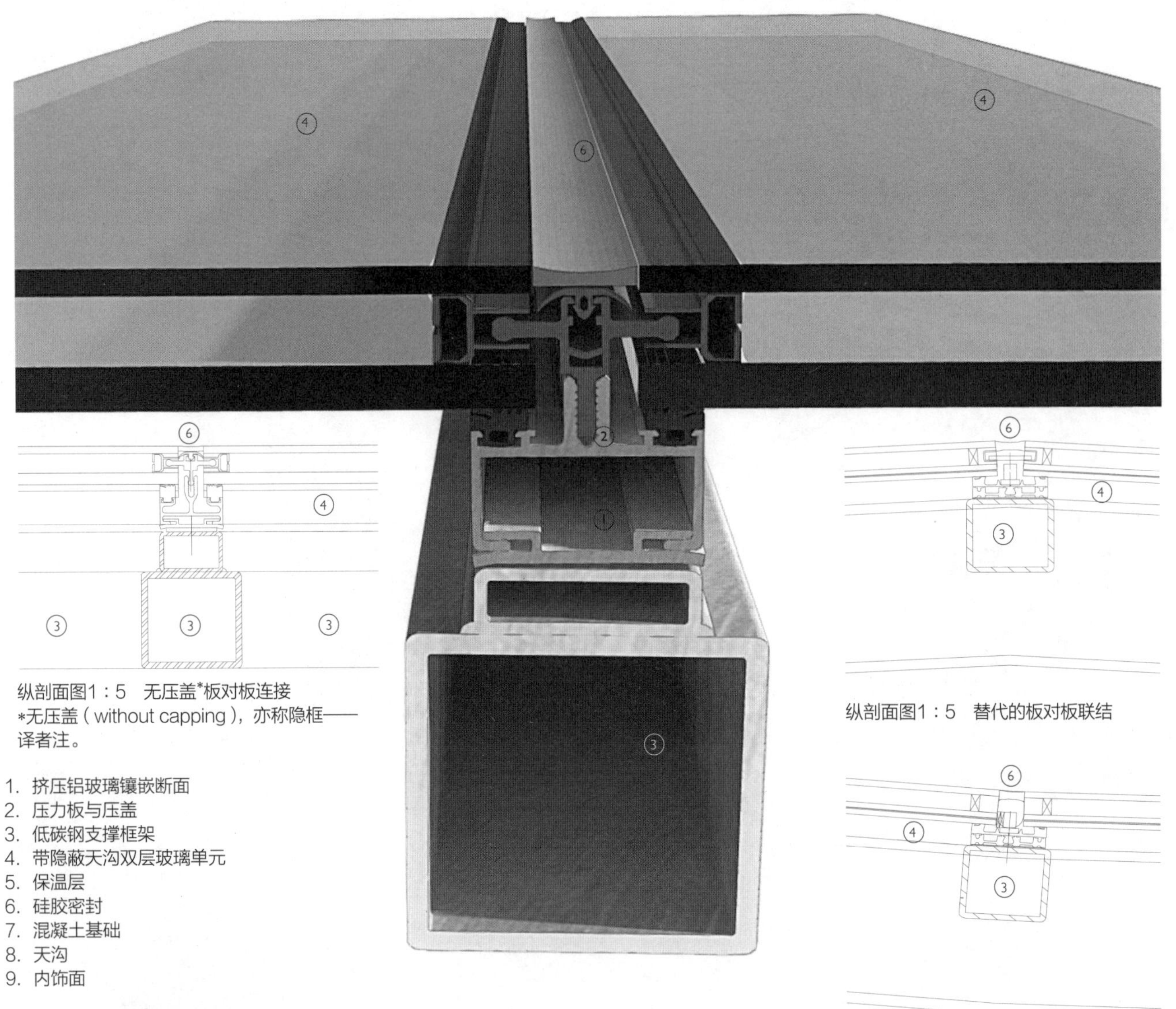

纵剖面图1：5　无压盖*板对板连接
*无压盖（without capping），亦称隐框——译者注。

纵剖面图1：5　替代的板对板联结

1. 挤压铝玻璃镶嵌断面
2. 压力板与压盖
3. 低碳钢支撑框架
4. 带隐蔽天沟双层玻璃单元
5. 保温层
6. 硅胶密封
7. 混凝土基础
8. 天沟
9. 内饰面

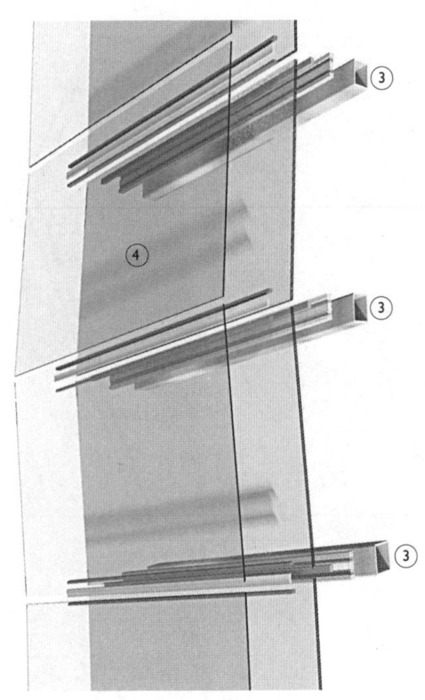

3D组件分解视图　板对板联结

连接

因为硅胶密封系统的优点在于能形成连续的屋面，上面没有玻璃框打断，雨水沿完全密封的玻璃表面流淌而无须导流到天沟里，屋脊和天沟只需屋面转折形成，无须额外构造。压力板可以在工厂加工弯折成需要的角度，而构成屋脊的框料同用于屋面其余部位的框料一样，只是固定内侧三元乙丙胶条的固定件的角度有所调整。屋面檐口位置通过幕墙转折而成，雨水通常从屋面流到天沟里，天沟安装在屋面下或者在下面玻璃幕墙的基座位置。这一系统的好处是采用与玻璃幕墙相同的系统并与玻璃幕墙形成连续性，转折处的气密性和水密性也不会降低。作为采光屋面一部分的侧墙通常都不会太高。从屋面被雨冲刷下来的灰尘沿墙直接流下，而不再设天沟接走。玻璃屋面通常需要定期清洁，保持外表干净。

屋面转折处可以用一个特殊截面形式的框料，也可以用两个框料相交。位于玻璃板内侧的压力板弯折形成所需要的角度，玻璃板之间打硅胶形成平滑的斜面。硅胶极少用于锐角，因为在没有额外的金属角嵌入硅胶的情况下，交

3D视图 典型墙角联结

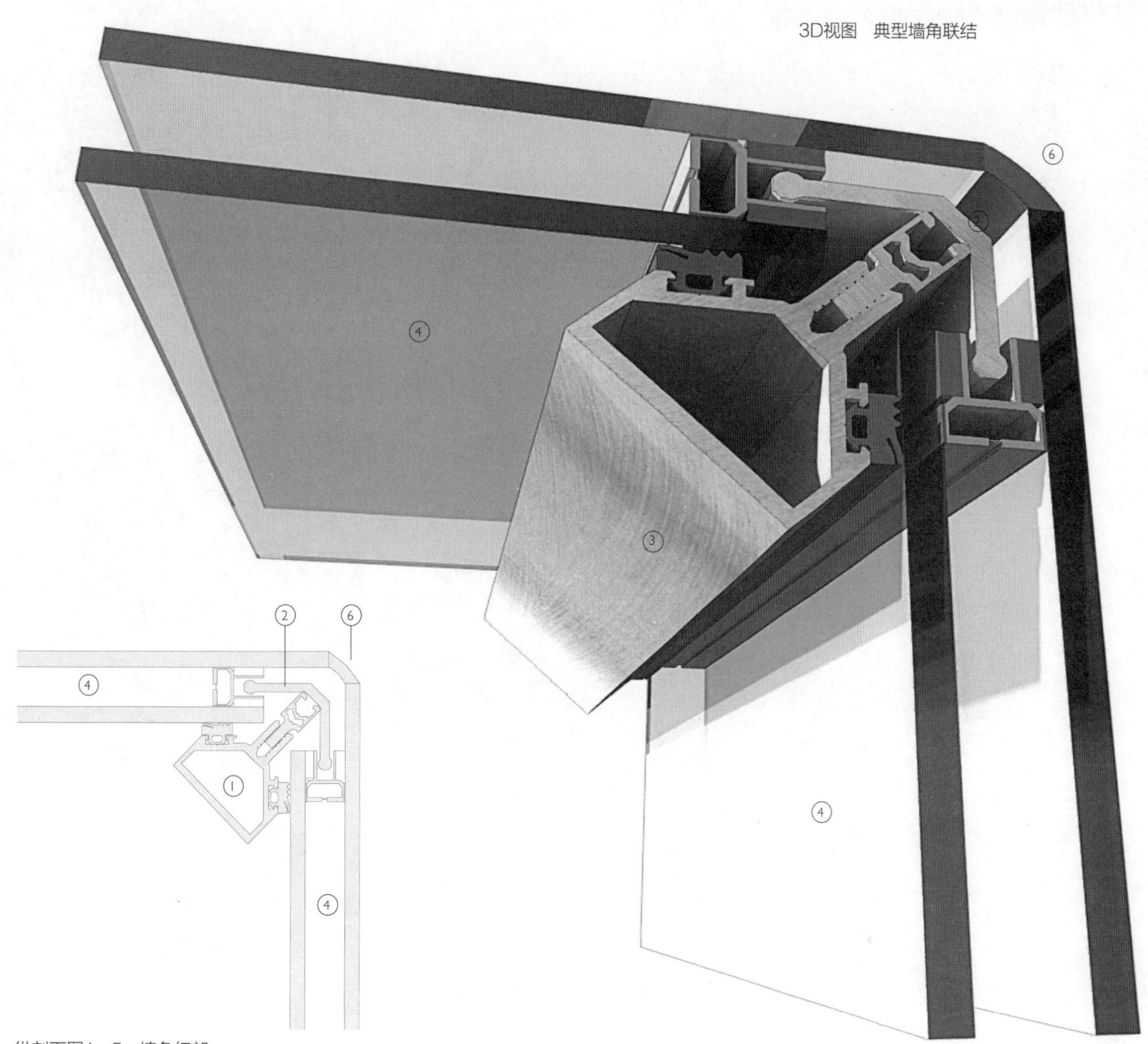

纵剖面图1：5 墙角细部

角处很难形成直线。另一种办法，需要将双层玻璃的交角部位涂膜或者“不透明化”来防止后面的框架从玻璃外被看到。这通常需要将转角处玻璃做特殊处理，最外层玻璃延伸相交，内层的玻璃则在竖框处结束，双层玻璃板之间内凹的角铝与邻近的框料粘结。玻璃板的固定也一样，用压力板固定，外层玻璃则挑出在交角处与另一块玻璃相交。保温材料与出挑的外层玻璃粘结，与整体的保温层保持连续，防止热桥出现。保温材料的内侧安装隔汽层，一般是3mm厚的铝板。玻璃的不透明化是通过在玻璃的内表面丝网印刷的方式实现的。黑色是常用的颜色，但为了同硅胶密封层搭配，其他颜色和样式也越来越多地应用到玻璃生产中。

需要天沟时，将带保温层的天沟固定到金属框上。预制的天沟用于建筑室内时，从下面能看到其底部。天沟顶沿双层玻璃内表面的边线与系统成为一体。天沟出于结构上的原因，需要同玻璃骨架脱开时，就需要使用泛水板，将其安装在金属框上，但与天沟不固定。天沟与玻璃框之间采用弹性三元乙丙垫片保证连续的密封效果。

3D视图 窗与墙联结

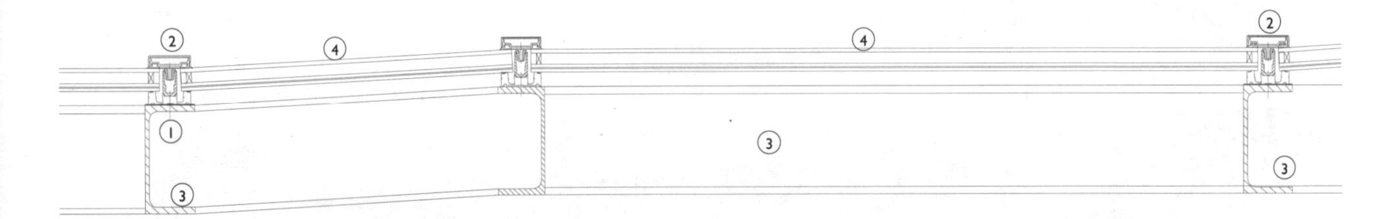

纵剖面图1：10　采光顶屋脊

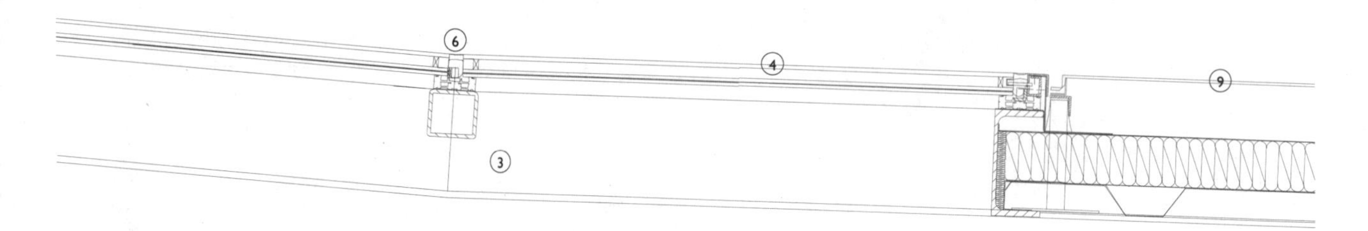

横剖面图1：10　采光顶屋脊

横剖面图1：10　不透明屋面与两采光顶联结

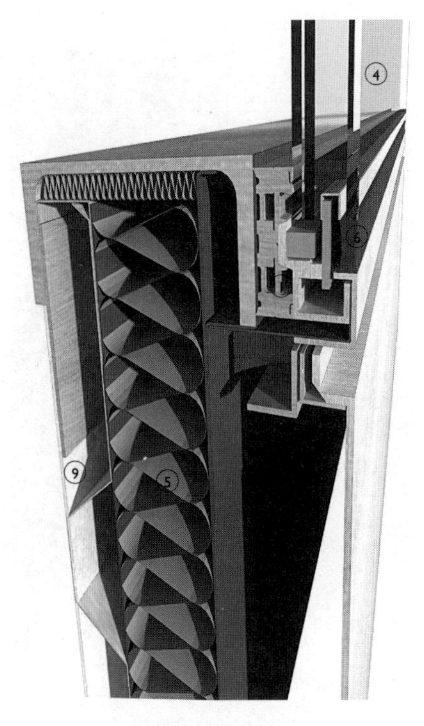

玻璃采光顶的竖向玻璃侧墙与钢筋混凝土屋面板的交接处理，可以使用金属U形槽，或者上翻的混凝土台和泛水板。使用U形槽时，双层玻璃板固定在挤压铝、不锈钢或者着色的低碳钢制作的型材上。玻璃平放在金属垫片（短的金属片）上，再用硅胶密封。U形槽的好处是可以同室内装修后的水平面齐平，隐蔽安装节点。另一种方法，玻璃可以在金属横框上收头，再安装铝合金泛水板与横框固定。与U形槽相比，泛水板更容易安装到横框上。竖向金属框（竖龙骨）安装到与上翻混凝土台固定的支架上。混凝土台带有外保温和一层防水卷材。金属泛水板沿着混凝土台向下延伸保护节点。同排水沟一样，三元乙丙卷材从水平玻璃框向下延伸并与屋面卷材粘结。需要核对屋面卷材材质同三元乙丙的兼容性，但在实践中很少有什么困难。

压盖型材的使用

硅胶密封的玻璃系统相对于整体粘结的玻璃系统（下节会讨论）的优势在于能与压盖玻璃系统混合应用的能力。因为两种系统都有排水和通风（内外压

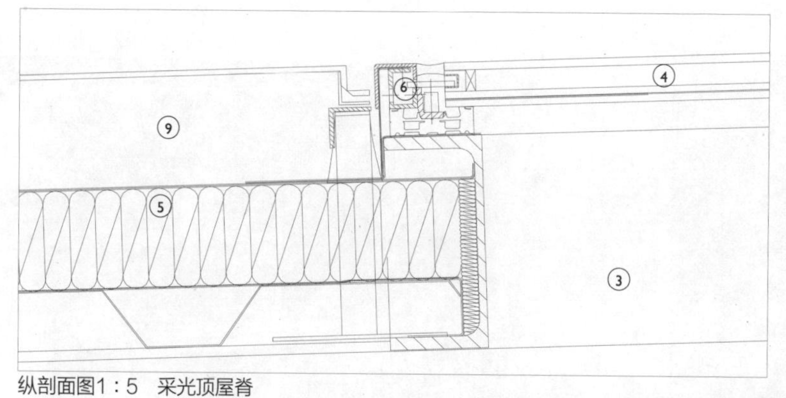

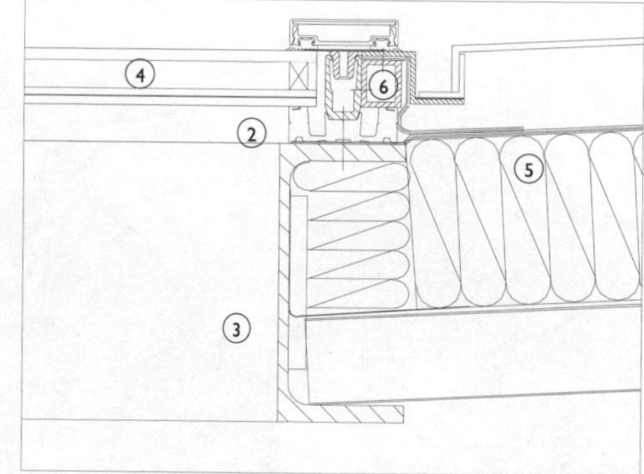

纵剖面图1：5　采光顶屋脊

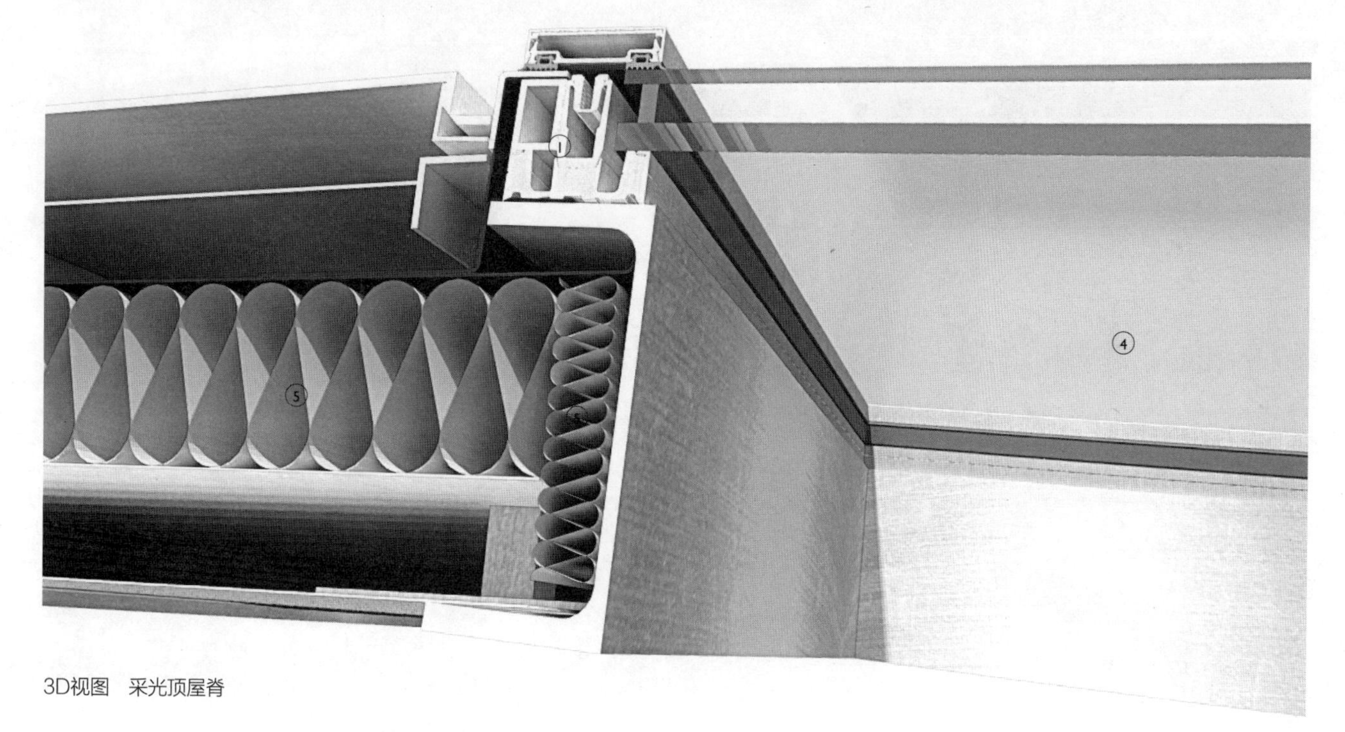

3D视图　采光顶屋脊

力平衡）构造，在硅胶接缝和压盖型材的混合系统中使用相同框料即可。虽然这种混合是出于视觉原因，但也考虑到同周围不同材料屋面连接的简易性，还有同一屋面（带排水和通风）中金属板和玻璃板的结合。

压盖型材最常用于竖框沿屋面坡度放置的场合，硅胶密封的系统则用于水平接缝构造，使雨水流过而不受突出构件的阻挡。硅胶密封系统中的交接部位，如屋面屋檐和屋脊，构造方法是一样的，而压盖系统则需要在屋面弯折处沿着折线使用斜向拼接且密封的压力板。丁基合成橡胶胶带作为弯折处附加的一道密封，设置在压力板和外层的三元乙丙垫层之间。盖板也做成斜接的，形成干净整洁的外观。

混合玻璃系统中的内排水方式也是一样的，透过硅胶密封层的雨水先流入内部冷凝水管道，再流入压盖系统的型材中，最后再流到屋面基础位置。冷凝水通道和内部的空气密封层也可以不用挤压铝型材而采用三元乙丙挤压形成，但后面需要有支撑结构。这种情况下，固定玻璃的压力板需要用自攻螺钉与后面的支撑结构固定。也可以使用中空

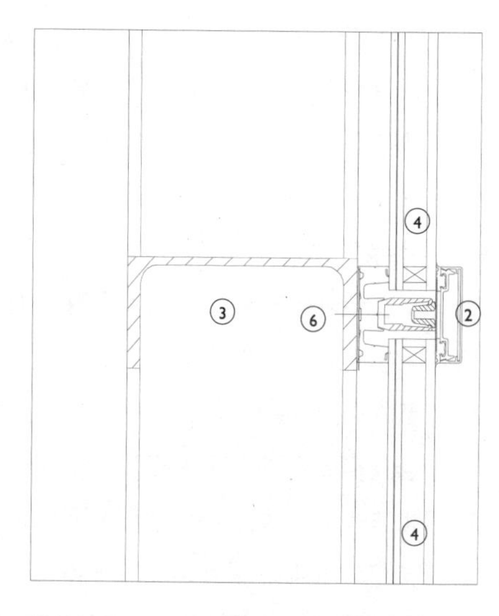

纵剖面图1：5　带压盖的水平板对板的联结

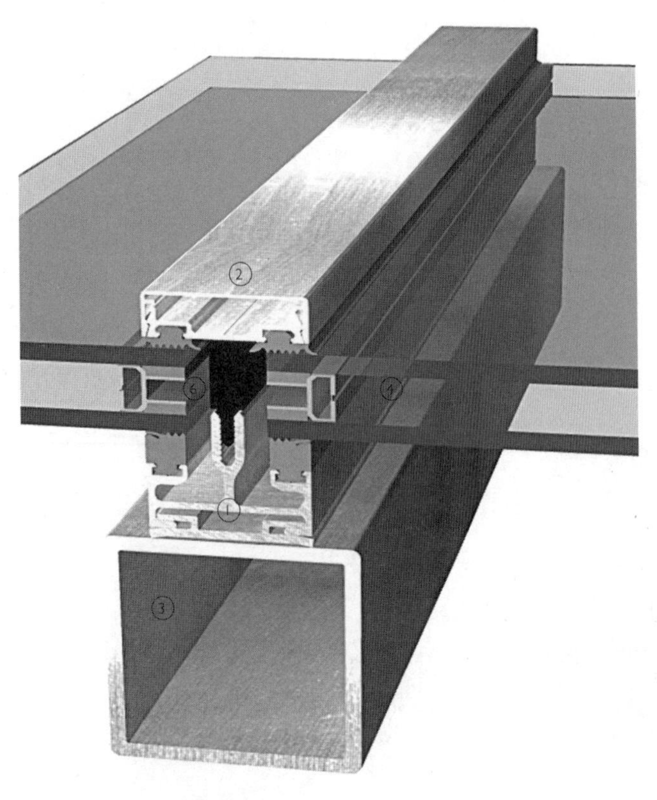

3D视图　带压盖的板对板的联结

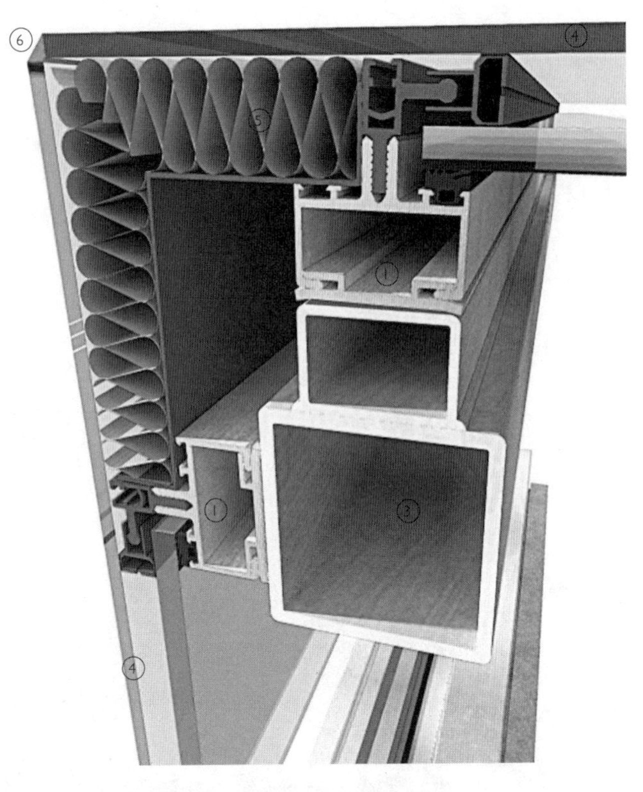

3D拐角细剖视图　用不透明玻璃包盖绝缘拐角

方管。三元乙丙垫层与支撑钢结构的组合，是替代挤压铝型材的另一种方法，通常适用于安装更大尺寸的玻璃板，这种情况下如果用挤压铝型材做的肋或方管型材在视觉上看会太厚或太宽。

采光顶

压盖和硅胶密封玻璃两种系统的组合应用于采光顶。传统上，采光顶安装在高于周围屋面的上翻梁上。同一屋面上数量众多的这种单个采光顶组合在一起不如连续玻璃顶看起来优雅。近年来情况随着单层卷材和遮雨板与压盖和硅胶密封玻璃系统的结合发生了改变。单层卷材屋面通过将卷材夹到玻璃系统中而使两种屋面形成密封。金属遮雨板完全独立于采光顶，位于卷材上部保护卷材并与邻近的采光顶形成连续的平面。

采光顶的边由压盖型材组成，而采光顶里的接缝，使用硅胶密封材料以便雨水流到采光顶的边缘底部。采光顶最底边是硅胶密封的，防水板上带有滴水槽，将雨水从边缘排除。单层卷材塞到防水板下面，与采光顶上的压力板夹紧。采光顶的顶边（与屋面坡度平行）有压盖型材，以便雨水排到采光顶侧边。所有型材中的冷凝水槽都位于同一高度，保证任何透过外密封层的雨水通过一系列连通的管道排至采光顶底边，最后排到邻近卷材上。可开启的采光顶，如在前一节所示的压盖系统中所述，使用附加骨架时，可以与其他系统混合使用。

1. 挤压铝玻璃镶嵌断面
2. 压力板与压盖
3. 低碳钢支架
4. 带隐蔽天沟双层玻璃单元
5. 保温层
6. 硅胶密封
7. 混凝土基础
8. 天沟
9. 内饰面

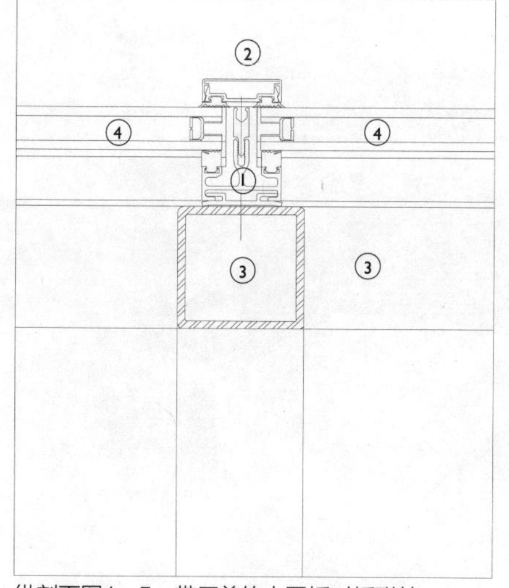

纵剖面图1：5　带压盖的水平板对板联结

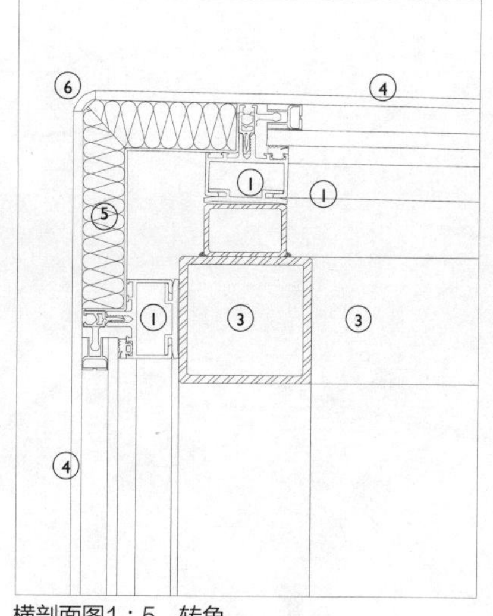

横剖面图1：5　转角

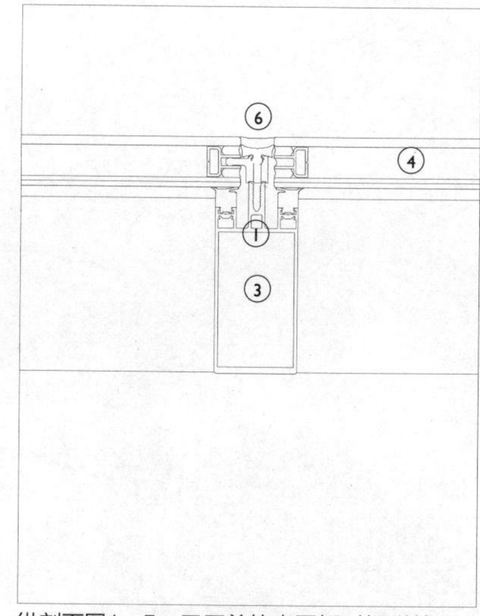

纵剖面图1：5　无压盖的水平板对板联结

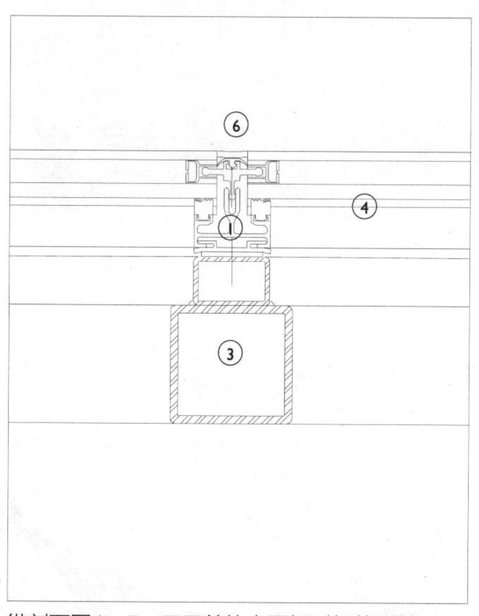

纵剖面图1：5　无压盖的水平板对板的联结

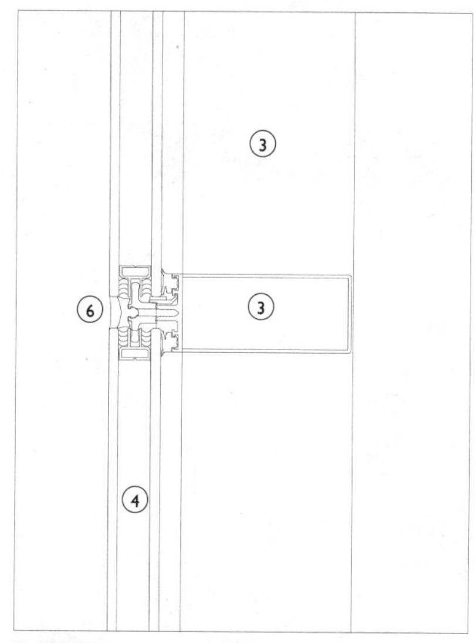

纵剖面图1：5　无压盖的竖直板对板联结点

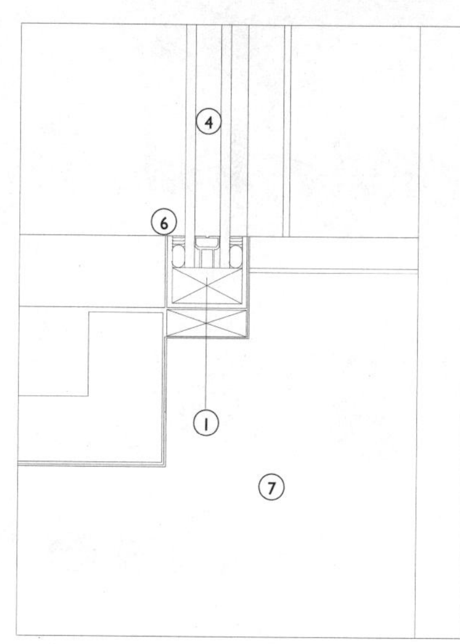

纵剖面图1：5　与邻接屋面联结细部G

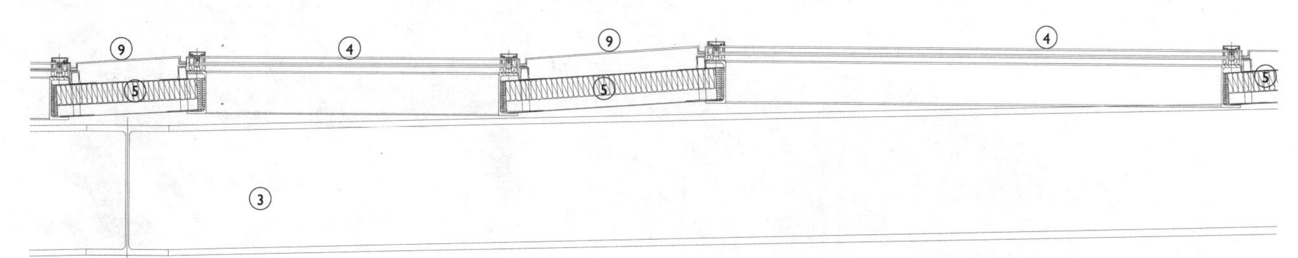

典型横剖面图1：25　压盖玻璃系统

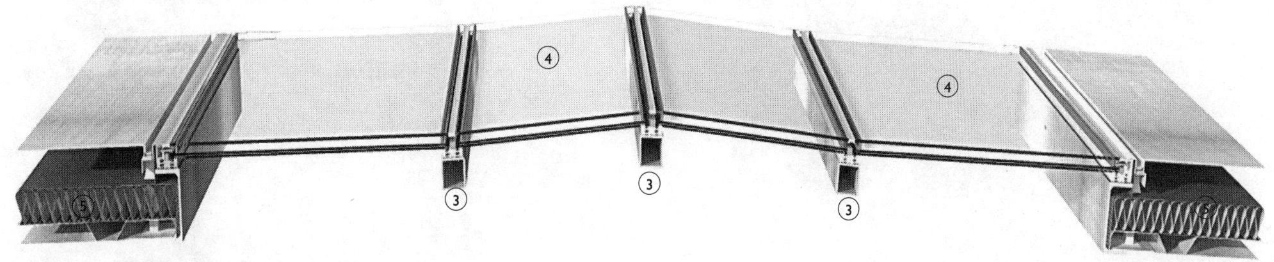

3D视图　压盖玻璃系统，典型横剖面

3D组件分解视图　典型采光顶组合

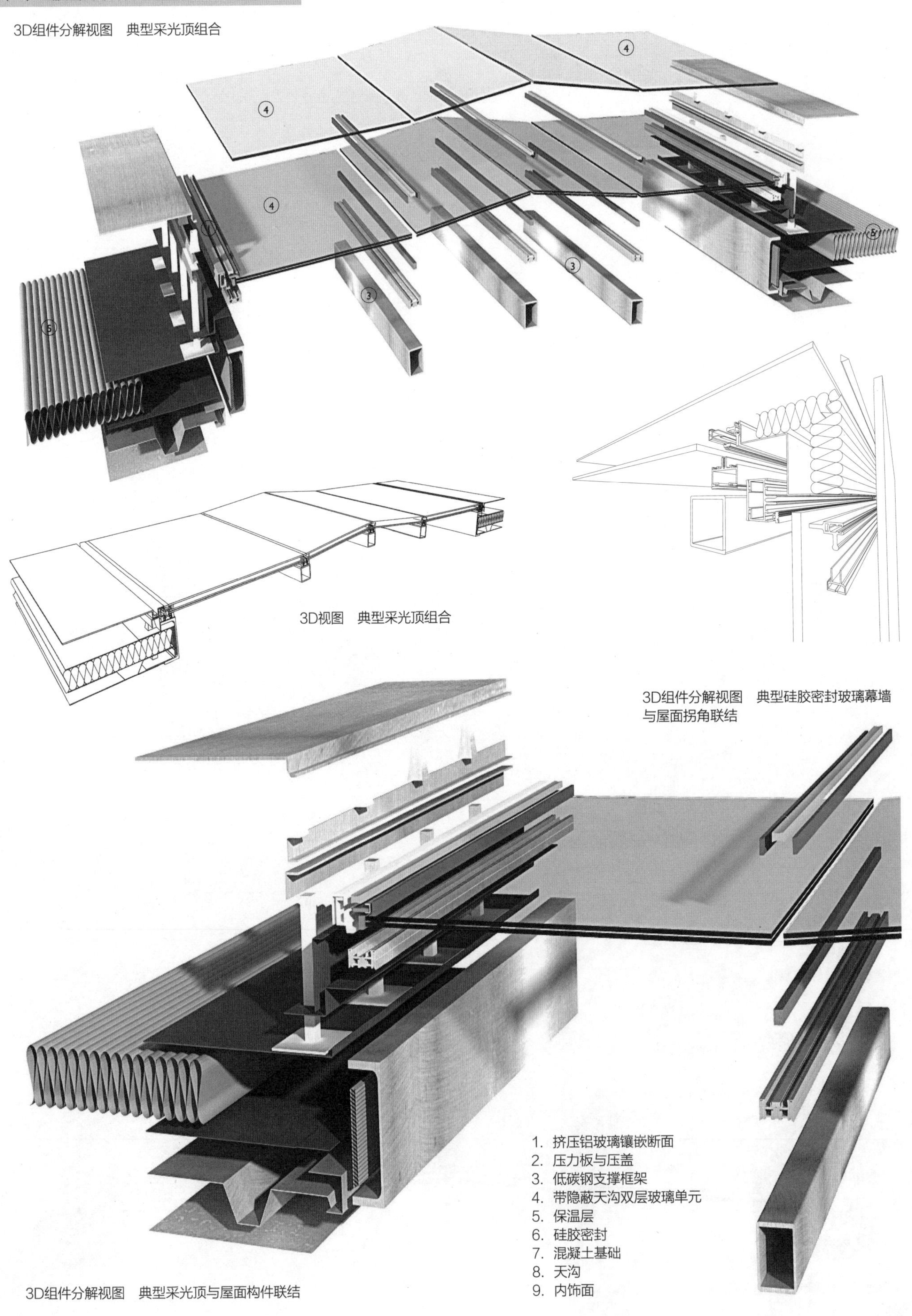

3D视图　典型采光顶组合

3D组件分解视图　典型硅胶密封玻璃幕墙与屋面拐角联结

1. 挤压铝玻璃镶嵌断面
2. 压力板与压盖
3. 低碳钢支撑框架
4. 带隐蔽天沟双层玻璃单元
5. 保温层
6. 硅胶密封
7. 混凝土基础
8. 天沟
9. 内饰面

3D组件分解视图　典型采光顶与屋面构件联结

3D组件分解视图　硅胶密封玻璃天沟

3D组件分解视图　压盖玻璃系统板与板联结

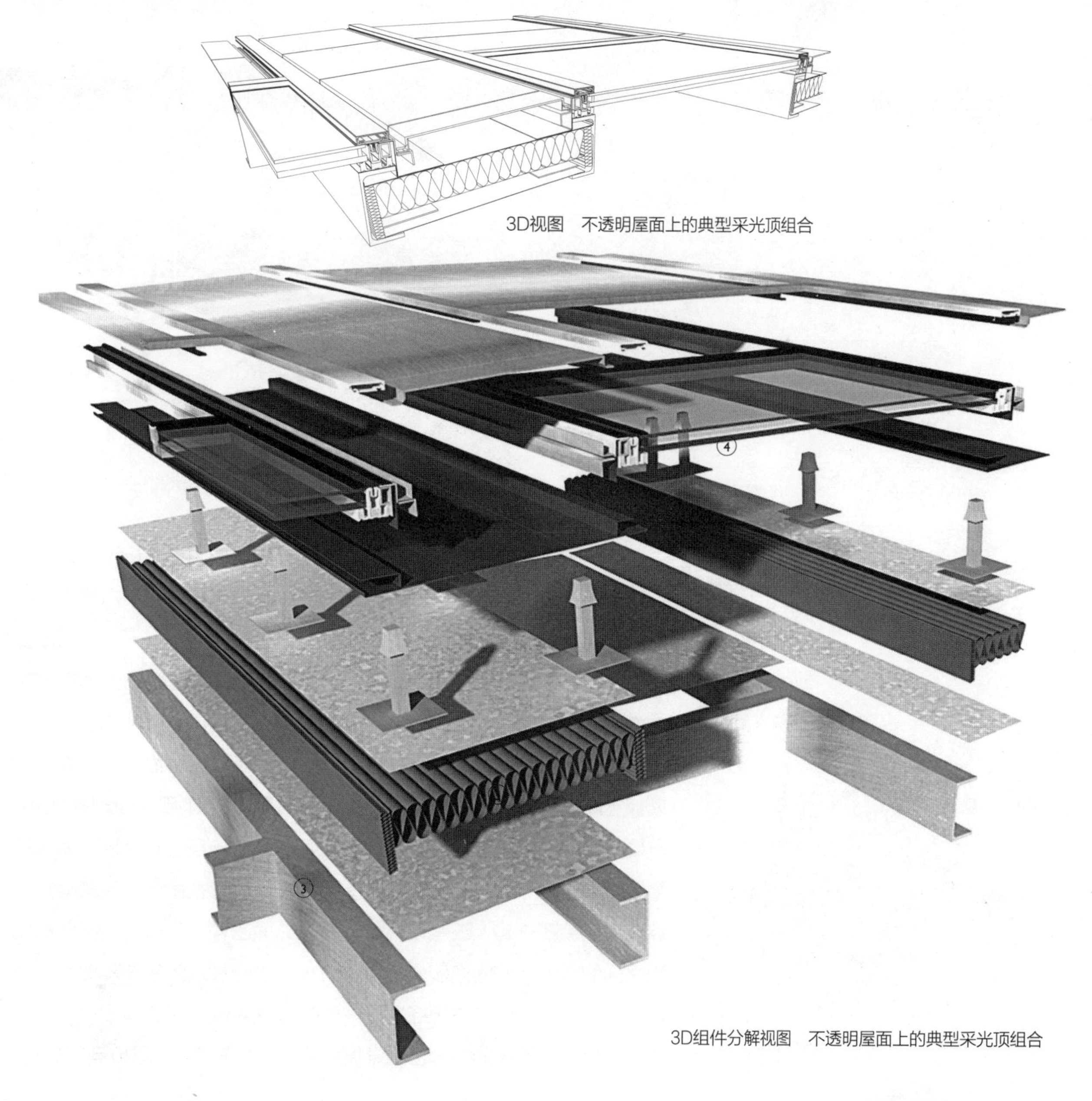

3D视图　不透明屋面上的典型采光顶组合

3D组件分解视图　不透明屋面上的典型采光顶组合

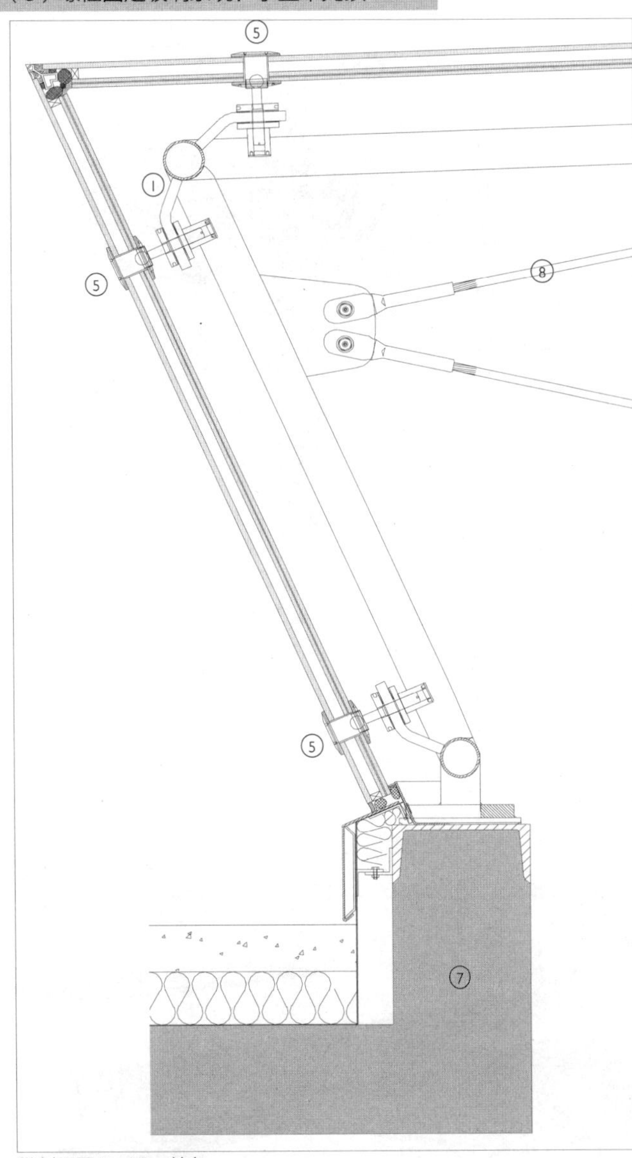

纵剖面图1：10　转角

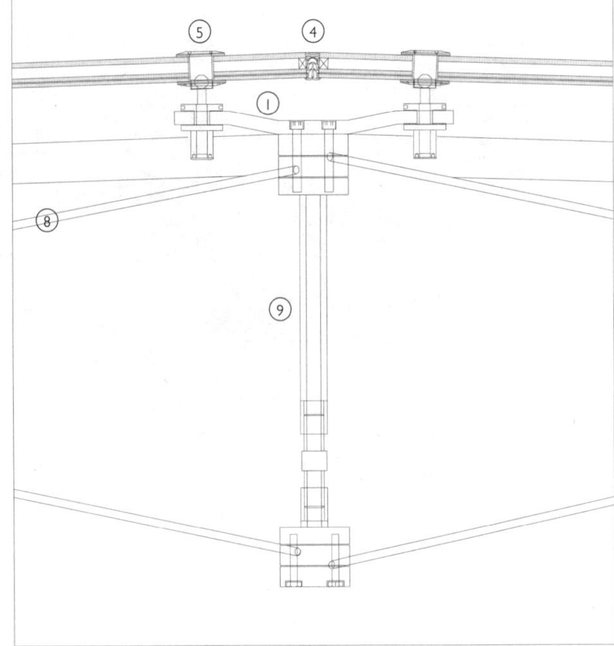

横剖面图1：10　水平板与板联结

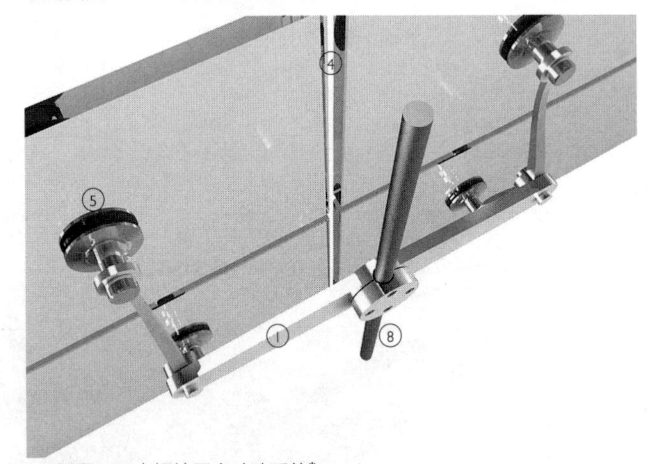

3D视图　双点螺栓固定玻璃系统*

*螺栓固定玻璃系统亦称点支式玻璃系统——译者注。

1. 低碳钢连接件
2. 低碳钢支撑框架
3. 双层玻璃板
4. 硅胶密封
5. 螺栓固定
6. 支撑支架
7. 混凝土基础
8. 不锈钢缆
9. 低碳钢张拉杆
10. 低碳钢板
11. 邻接外墙

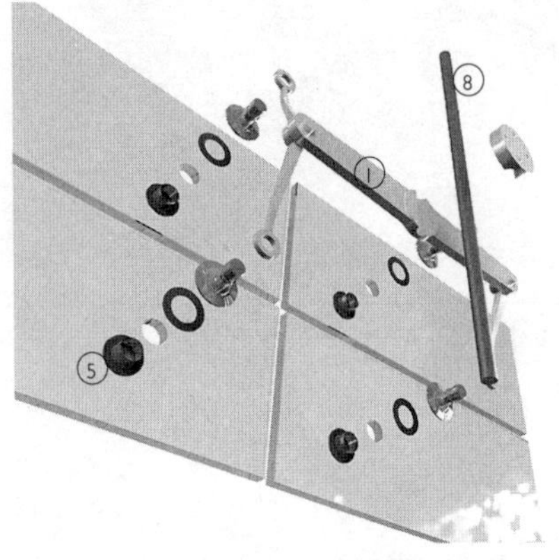

3D组件分解视图　双点螺栓固定玻璃系统

用于屋面的这种玻璃装配方法来源于玻璃幕墙的相关技术。在玻璃幕墙中，玻璃是用经过特殊设计的螺栓在点上固定而不是用框来固定其周边。用于立面工程的螺栓固定玻璃系统是20世纪60年代夹固板玻璃技术的发展，玻璃板之间通过低碳钢支架栓接在一起。玻璃肋代替铝合金竖框，用于加强玻璃幕墙。通过螺栓L形夹固板将玻璃肋和玻璃板连接在一起，还有玻璃与墙顶部和底部的支撑结构的连接也是相同的方法。虽然这种安装方法历经发展并仍在使用，但无框玻璃的概念已经发展到将双层玻璃板直接用锚栓固定到支撑结构上的水平，而不需要夹固板。这进一步提升了无框玻璃安装系统的本质概念：提供比有框系统更大的视觉透明度。

无框玻璃系统的夹固板的装配方式不常用于屋面，因为玻璃肋在这里要起到梁的作用，而玻璃梁用在采光顶的话，一旦出现裂缝或受破坏的情况，替换就会很困难。这就限制了玻璃梁在屋面工程上的应用。与此形成对比，螺栓固定玻璃系统在商业和公共建筑屋面上越来越受青睐。

在20世纪90年代早期，人们对玻

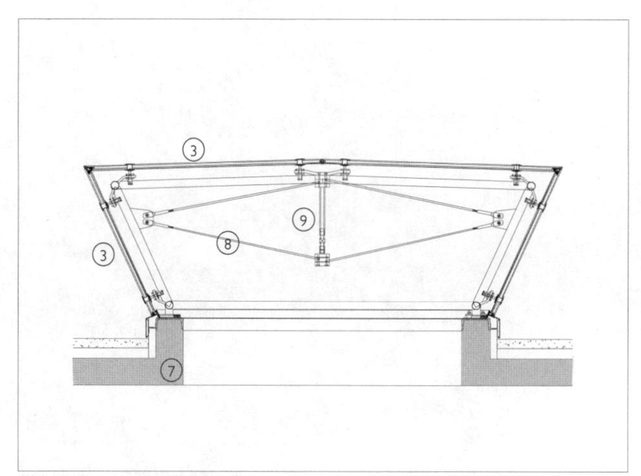

纵剖面图1：50　典型组合

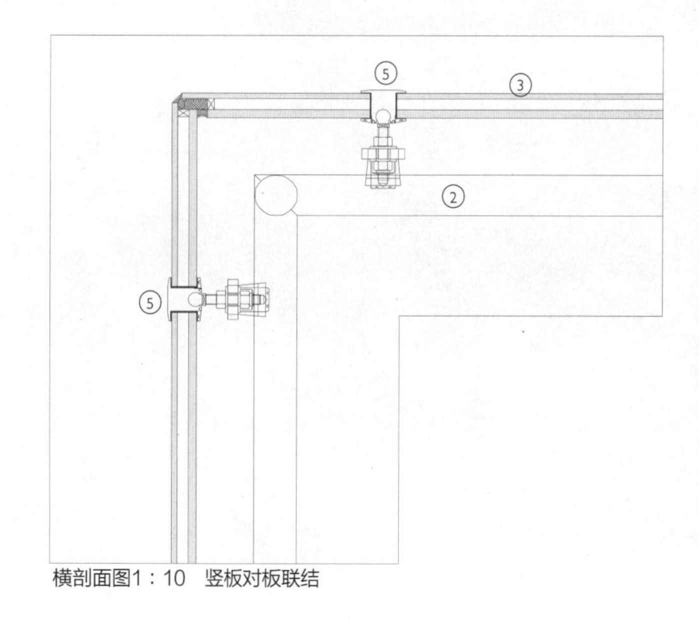

横剖面图1：10　竖板对板联结

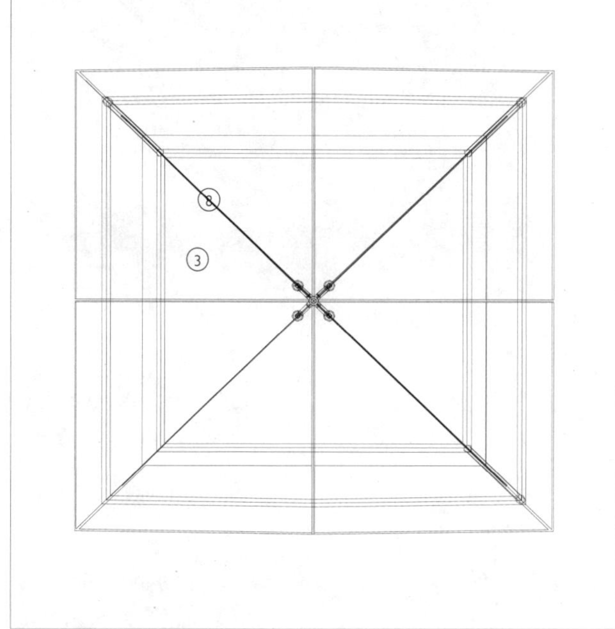

横剖面图1：50　典型组合

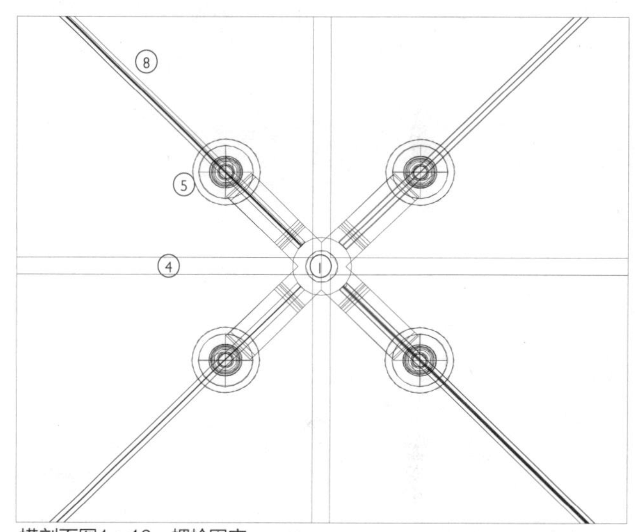

横剖面图1：10　螺栓固定

璃板之间的硅胶密封层的可靠性心存疑虑，但通过对实验室测试和硅胶连接所需工艺更深入的了解，消除了这些疑虑。在幕墙系统中，制造商会提供如索桁架支撑结构等专利系统，而屋面玻璃系统则常常需要单独设计。

通用结构支撑方法

玻璃幕墙的结构通常采用顶部悬挂或底部支撑的方式，而玻璃屋面的支撑结构为桁架、钢型材或檩条。对平屋面（名义上的）而言，起支撑作用的梁的最常见的排列方式有两种。每个玻璃板缝的下面设置一道支撑梁，因此螺栓固定件（亦称驳接件）通过一个短支架（亦称驳接爪）在梁的两侧与玻璃固定。或者，通过将梁设置在三片玻璃板最中间的位置，支架从梁上悬挑来支撑板的边缘和与之相邻的板的一边，这样只需要一半数量的梁来支撑同样的三片玻璃。这种方式获得比第一种更大的视觉透明度，但支架尺寸更大，实践中同增加的透明效果相比较，尺寸加大对透明效果的削减微不足道。

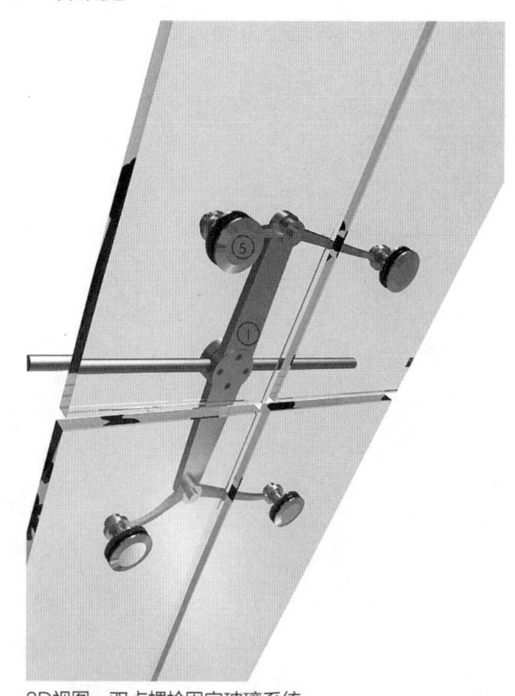

3D视图　双点螺栓固定玻璃系统

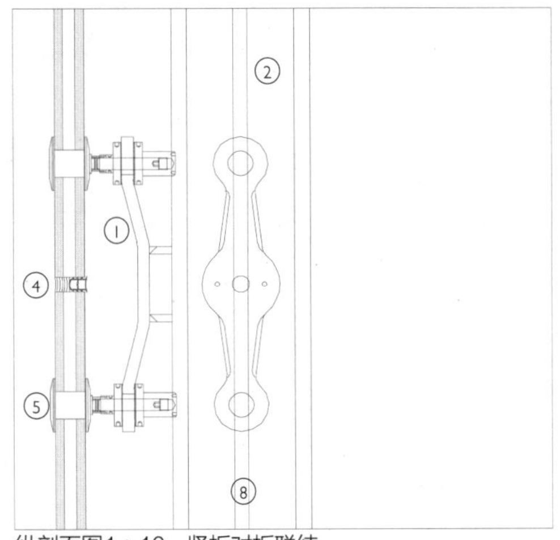

纵剖面图1：10　竖板对板联结

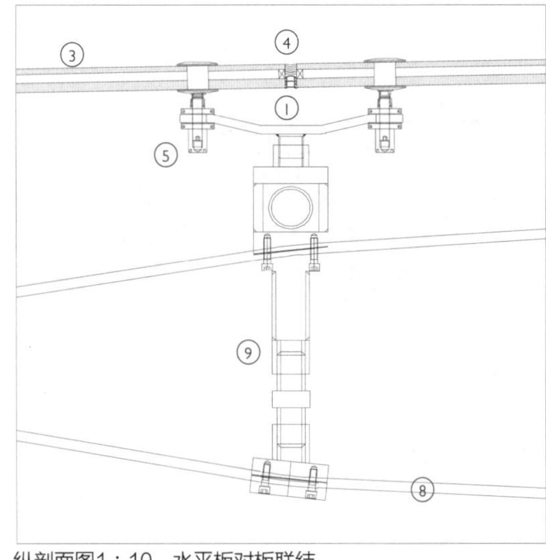

纵剖面图1：10　水平板对板联结

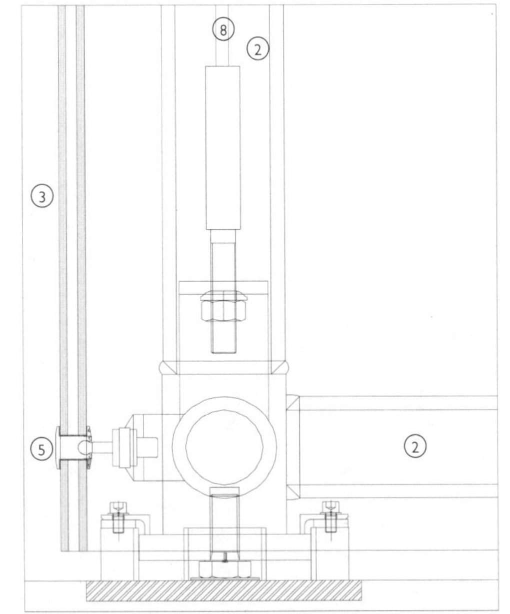

纵剖面图1：10　与邻接屋面联结

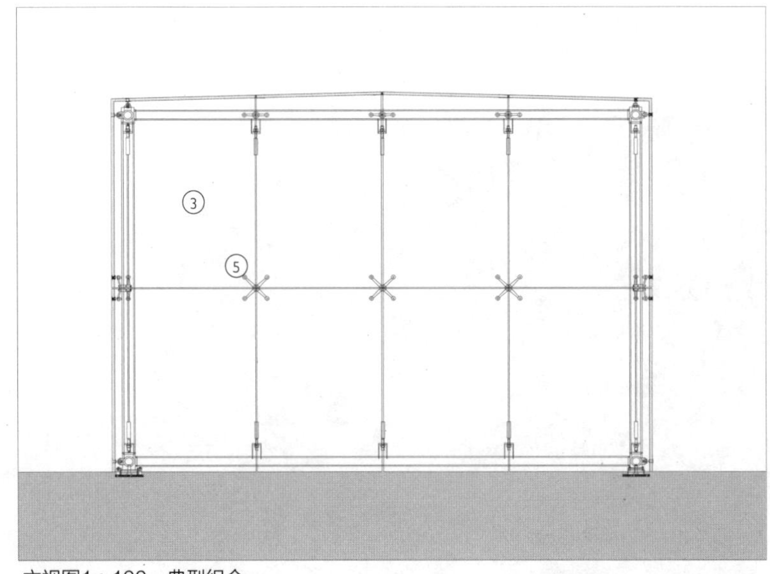

立视图1：100　典型组合

1. 低碳钢连接件
2. 低碳钢支撑框架
3. 双层玻璃板
4. 硅胶密封
5. 螺栓固定
6. 支撑支架
7. 混凝土基础
8. 不锈钢缆
9. 低碳钢张拉杆
10. 低碳钢板
11. 邻接外墙

图解中所示的单管型材只适合较短的跨度，如在屋面天窗处，大跨度的屋面要求梁高更高，通常形成开敞的桁架，旨在从倾斜视角看能保持通透的感觉。三角形桁架，给玻璃提供结构和支撑作用，但在视觉上显得沉重。索桁架通常更受青睐，但需要沿屋面边缘设一道圈梁，形成一个受拉的支撑结构，如同网球拍一样。索桁架，一直处于受拉状态，需要一个同等的受压周边结构将荷载传递到结构主体上。

支架

所有这些支撑结构都需要支架以便螺栓固定件连接。在将支架固定到梁上的情况下，低碳钢支架可以焊接钢管的每一边。因为支架是焊接的，支撑结构和玻璃板安装的偏差在螺栓固定件和支架连接位置调整时完成。支架上设置槽形或扩大孔，用支撑玻璃的螺栓固定件固定。螺栓固定件可以在支架上偏心布置，每两个螺栓固定件之间相对位置可以不同。当从下面看时，效果会比较奇怪，但这却是最经济的方法之一。槽

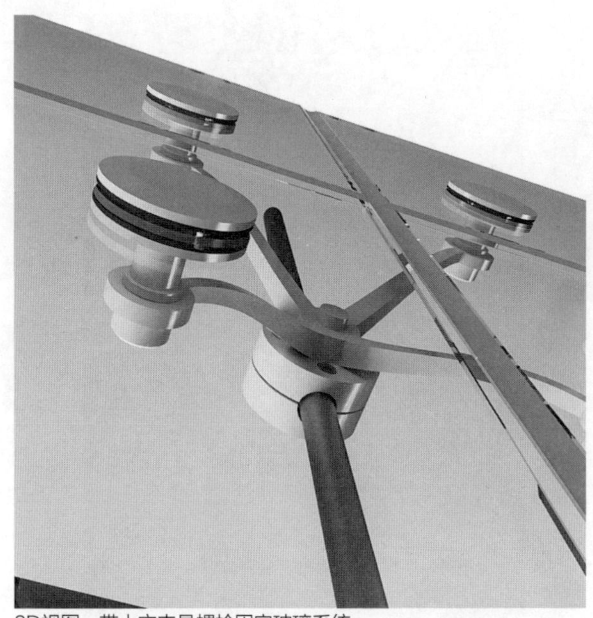

3D视图　带十字夹具螺栓固定玻璃系统

3D组件分解视图　带十字夹具螺栓固定玻璃系统

3D视图　带十字夹具螺栓固定玻璃系统

3D视图　带十字夹具螺栓固定玻璃系统

状支架焊接到梁的顶部，再用螺栓将通常用低碳钢板制作的支架固定到槽状支架上。支架上扩大的孔用于偏差的调整。支撑玻璃的螺栓固定件安装在支架的两端。平的支架可以被铸件替代，通常是低碳钢或者铝合金材质。铸件由昂贵的模具制造，因此要大量生产才会经济。偏差的调整方法同上面槽状支架。梁可以换成索桁架，将低碳钢板或铸件制作的支架钳到钢索上。在这里偏差可以在两个位置调整：支架和螺栓固定件连接处，还有支架和钢索夹具连接处。当然，在这些类型上还会演绎出很多变化，但这些是最常用的支撑方式。

螺栓固定件

这种玻璃安装系统最重要的部件是不锈钢螺栓固定件，螺栓固定件是由多个构件组合而成。穿过玻璃的部位在玻璃的两侧有圆盘夹住玻璃或双层玻璃板，或者放置成一定角度在双层玻璃的厚度内形成沉头装置。沉头安装的配件同玻璃外表面齐平。经过抛光的不锈钢面层主要用于外表面，是因为易于清洁

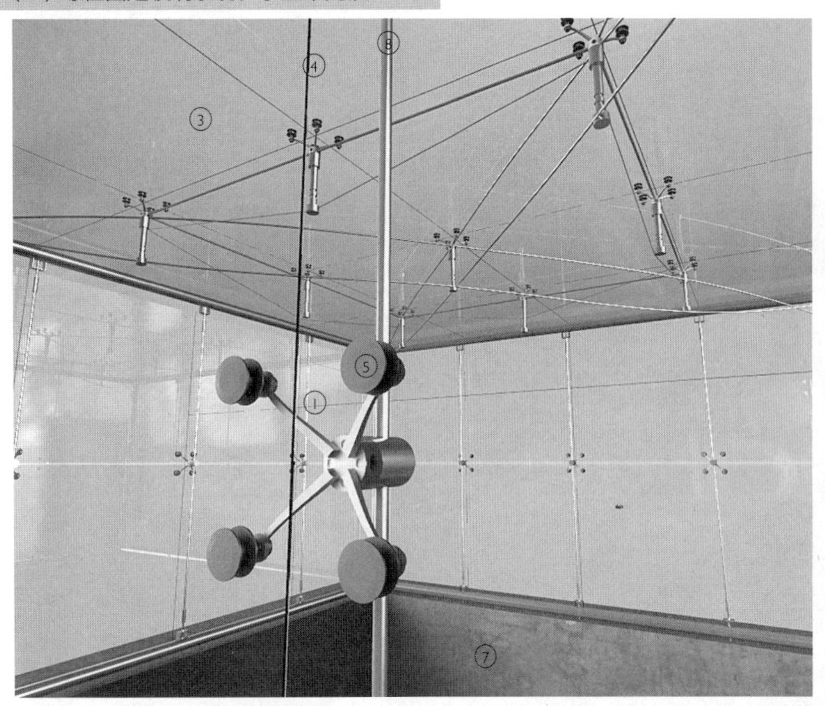

3D视图　小型玻璃采光顶的螺栓固定

3D视图　螺栓固定的低碳钢支架

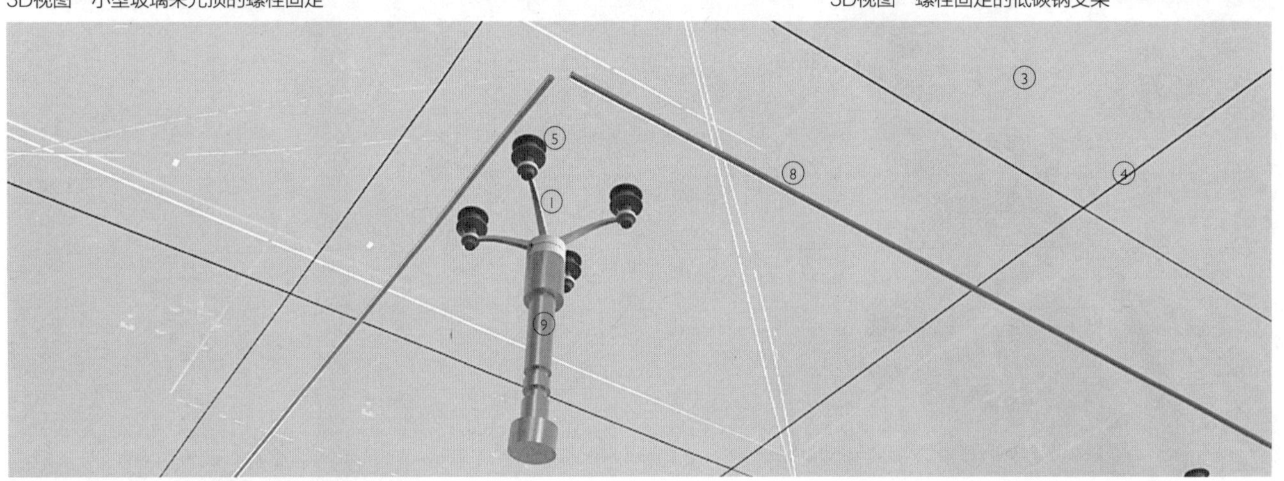

3D组件分解视图　小型玻璃采光顶的螺栓固定

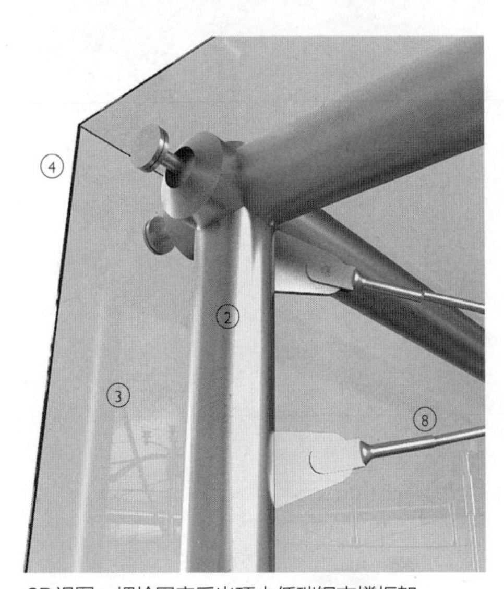

3D视图　螺栓固定采光顶中低碳钢支撑框架

和维护。面固定类型的构件是当前最常用的安装方式，内侧的圆盘拧在螺纹柄（螺纹柄是外部圆盘的一部分）上，直到紧贴玻璃的内表面。螺纹柄能绕其与双层玻璃内表面接触的滚珠轴承转动。这允许双层玻璃板在风荷载和结构位移作用下可最大旋转12°。这种转动接头对于避免满风荷载下的过大应力很重要，否则会导致玻璃破损。然后用螺纹柄将整套螺栓固定装置同带有螺纹盘或螺母的支架夹住。柄上的螺纹可以暴露在外，也可以使用螺纹套和堵头件加以修饰。这种螺栓类型的应用不需考虑屋面的方向，平、坡屋面都可使用。

螺栓固定件的排布

支架的布置根据螺栓固定件的位置确定。矩形双层玻璃板的支撑梁沿其长边布置。螺栓固定件的位置通过离开玻璃板边一定距离减小板跨从而减小玻璃厚度，降低造价，特别是考虑到玻璃的价格随着厚度的增加而增长更多（玻璃厚度和价格之间的关系

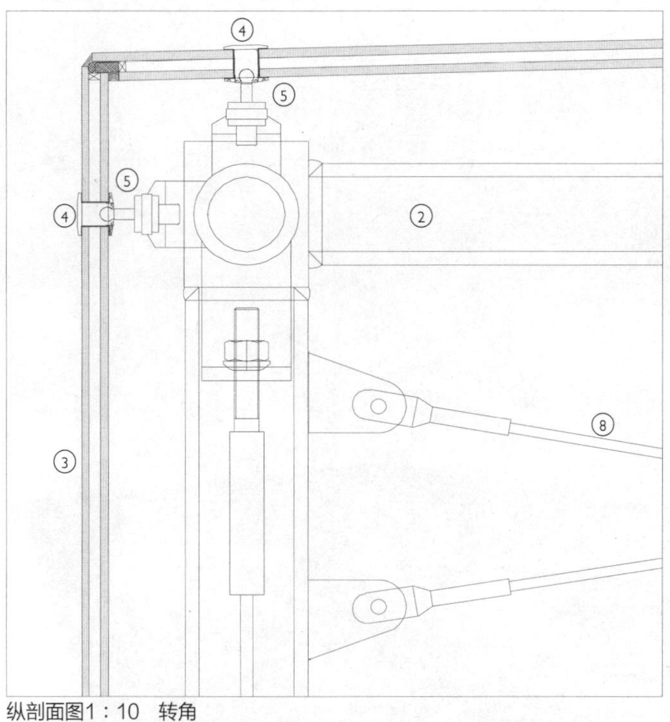

纵剖面图1：10　转角

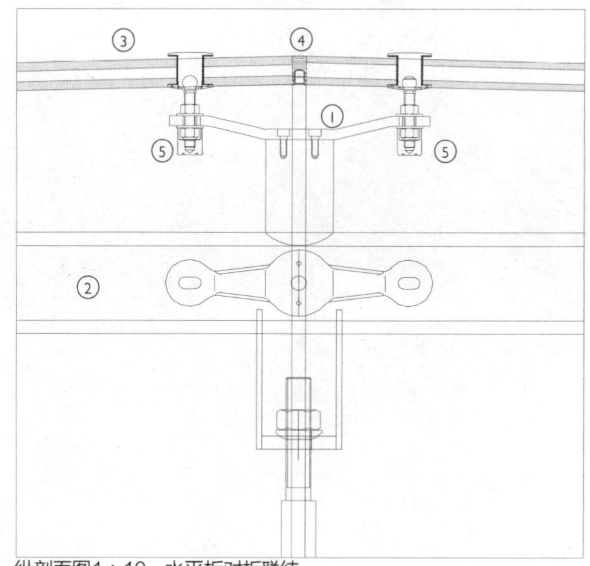

纵剖面图1：10　水平板对板联结

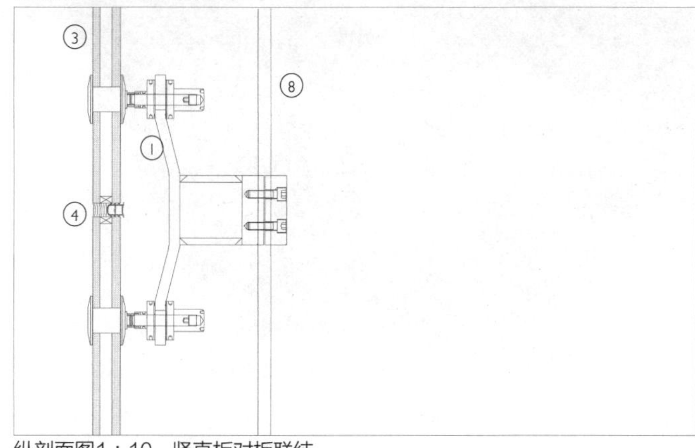

纵剖面图1：10　竖直板对板联结

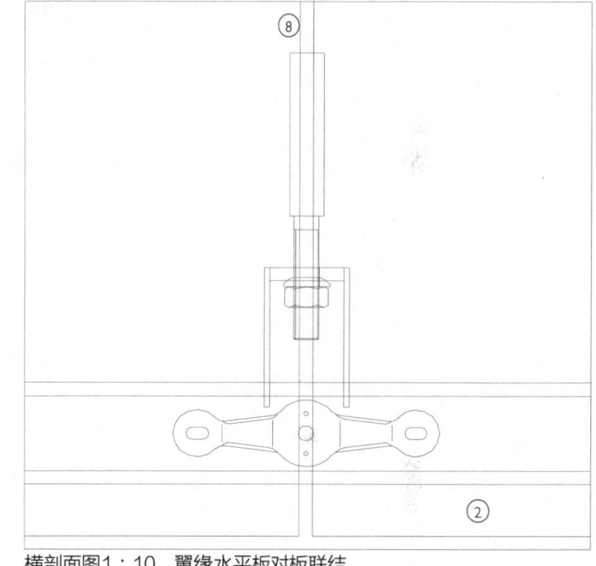

横剖面图1：10　翼缘水平板对板联结

非线性）。

玻璃上的螺栓固定件与各边等距，十字形的支架解决四块玻璃的固定。支架将玻璃的荷载传递到梁的一个点上。在十字形支架的底部通常需要设置加强肋。这些都可以单独焊接和磨削，但通常将其做成铸件更加经济，外表更精致。低碳钢支架需要涂漆，不锈钢的可以抛光或者打磨以得到想要的视觉效果。

玻璃板

同其他类型的玻璃屋面一样，双层玻璃板的内侧玻璃通常使用夹胶玻璃制成。在双层玻璃板破损时，内侧的夹层玻璃保持完好，而外侧的半钢化或全钢化玻璃的碎片落到受破坏但完整的内侧玻璃板上。玻璃板安装并且调整位置，保证各板之间间距相等。约20mm的接缝宽度是应对结构位移和玻璃板尺寸的细微差别的最通常的宽度（在立面上），但20—28mm的接缝宽度也可以使用。不同于压盖屋面玻璃系统，这里的整个双层玻璃板从内外侧都能看到，其边缘也不是放在能遮蔽有任何尺寸变化的玻

1. 低碳钢连接件
2. 低碳钢支撑框架
3. 双层玻璃板
4. 硅胶密封
5. 螺栓固定
6. 支撑支架
7. 混凝土基础
8. 不锈钢缆
9. 低碳钢张拉杆
10. 低碳钢板
11. 邻接外墙

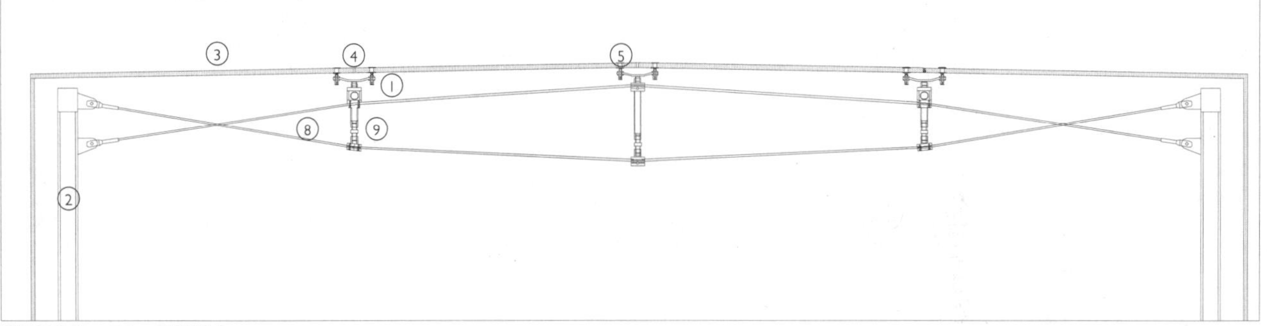

纵剖面图1：50　典型组合

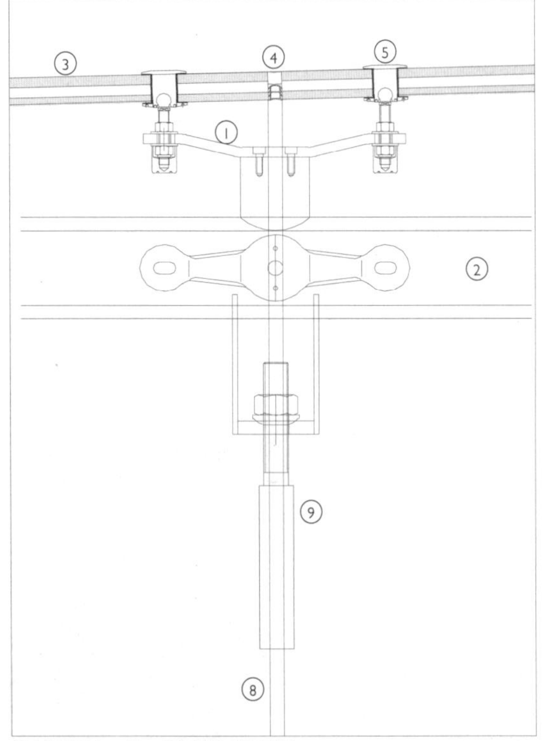

纵剖面图1：10　竖直板对板联结

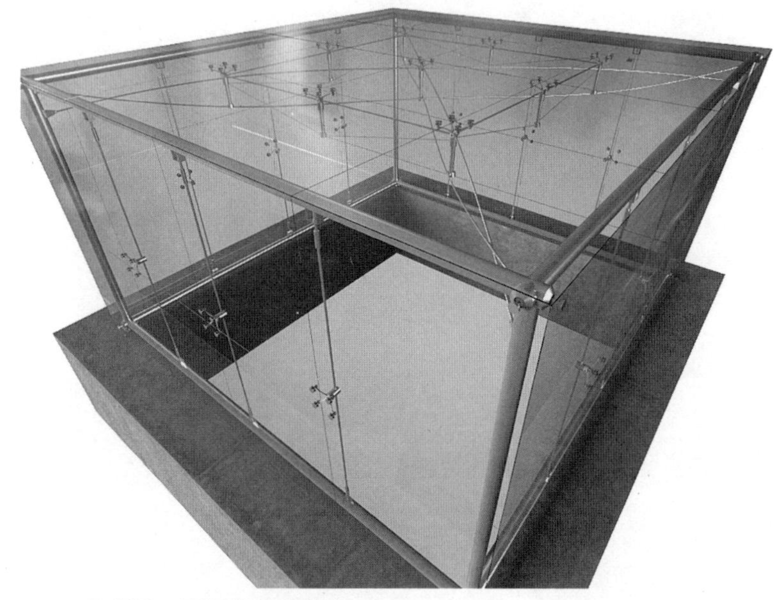
3D视图　小型采光顶屋面组合

3D细部视图　典型屋面组合

璃板的压力板的后面。达到约28mm的接缝宽度，被认为接近在常规双层玻璃板间的硅胶密封保持粘结力的最大宽度，用于支架从屋面内侧穿透最外层密封层，支架用于支撑外部的遮阳和围护设备。这些支架通常采用平板的形式，焊接到内部支撑结构上，从接缝处伸出。尽管伸出的平板四周附加封套能够给硅胶和支架间提供防水效果，但在实践中发现，如果密封的施工工艺比较高的话，也能保持性能良好。

双层玻璃板之间的密封同时也作为外层的硅胶密封层，里面使用挤压三元乙丙作为衬垫，衬垫在每侧都有突出的片来形成“枞树”断面，防止渗入外层密封层的水进入内表面的密封层。三元乙丙衬垫也当作内侧的气封，为屋面内侧提供干净笔直的直线效果。

在生产双层玻璃板过程中，间隔条和玻璃之间的丁基密封层产生轻微的起伏，当高于间隔条表面时，眼睛能看得到。双层玻璃板边缘的不平坦的表面可以通过使用边缘“烧结”，或者烘干丝网印刷的方式使边缘成黑色，能保证玻璃板的边缘有干净的黑边。这是极近距离能看得到的采光顶的主要部位。

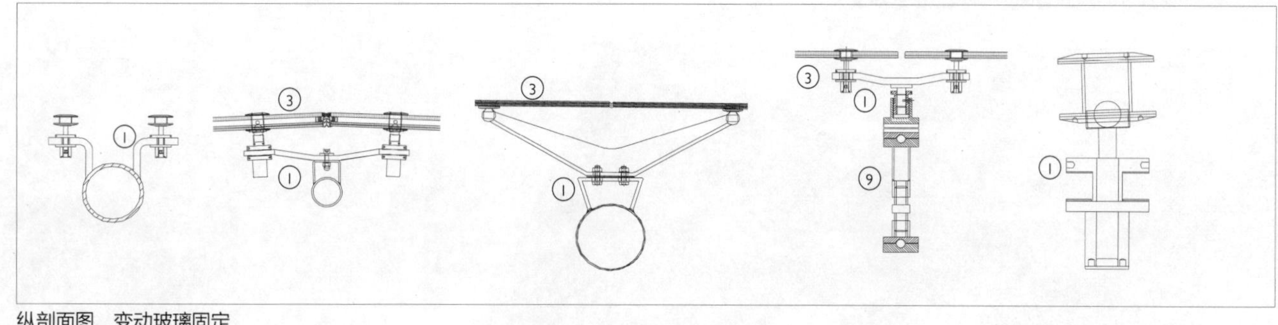

纵剖面图　变动玻璃固定

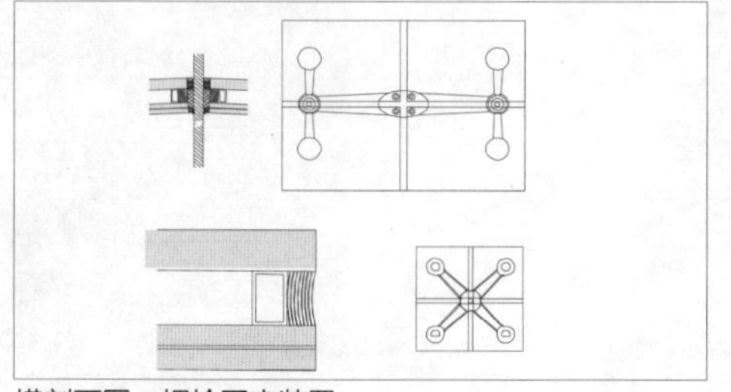
横剖面图　螺栓固定装置

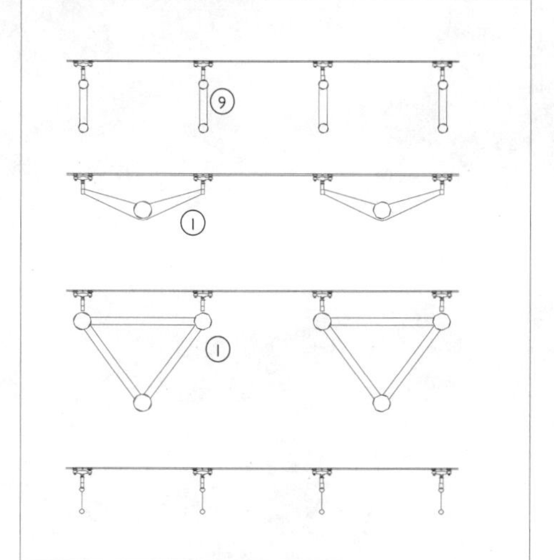

纵剖面图　螺栓固定装置

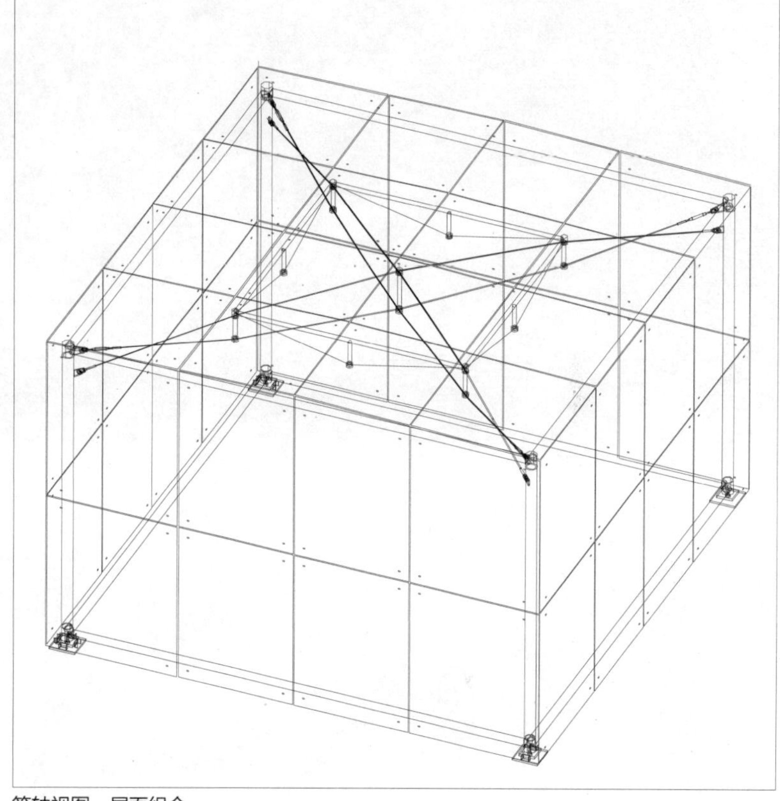
等轴视图　屋面组合

双层玻璃板上的用于固定螺栓的孔，要比安装其中的金属套管直径大10mm。套管要与玻璃密封来保持双层玻璃内部空腔的密封性。在里面填充氩气（用于提高保温隔热效果）时，这种做法尤其重要。

玻璃自身的钻孔在生产过程中已经普遍采用，浮法玻璃和夹层玻璃在热处理使之半钢化（热增强）或者全钢化之前就钻孔。使用镀膜玻璃的情况下，如日光控制涂膜或者低辐射（low-e）涂层，钻孔是在热处理之后进行的。

1. 低碳钢连接件
2. 低碳钢支撑框架
3. 双层玻璃板
4. 硅胶密封
5. 螺栓固定
6. 支撑支架
7. 混凝土基础
8. 不锈钢缆
9. 低碳钢张拉杆
10. 低碳钢板
11. 邻接外墙

3D细部视图　典型屋面组合

（3）螺栓固定玻璃系统：小型采光顶

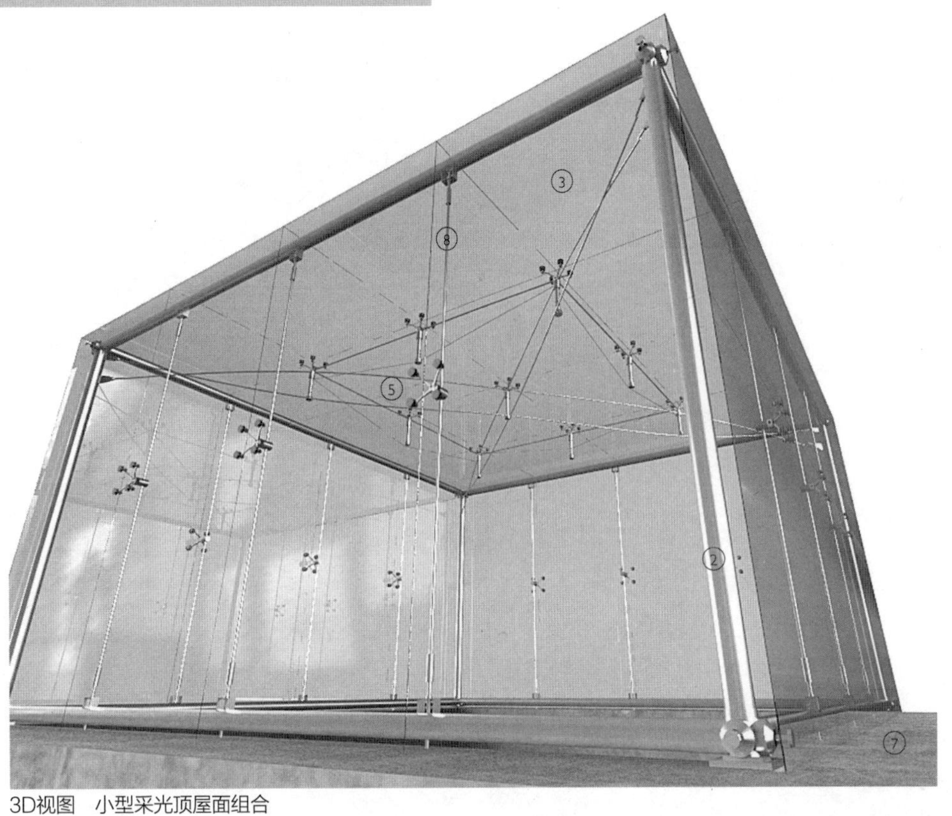

3D视图　小型采光顶屋面组合

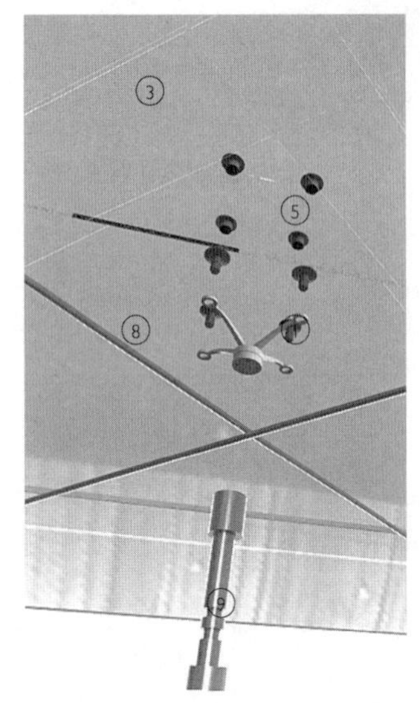

3D组件分解细部视图　螺栓固定玻璃系统联结

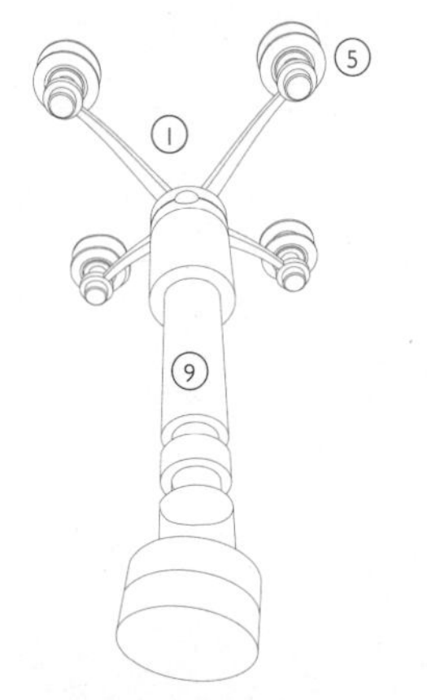

3D线图　螺栓固定

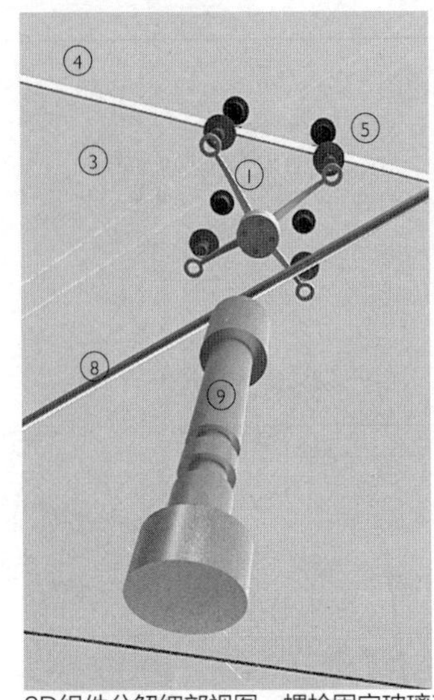

3D组件分解细部视图　螺栓固定玻璃系统联结

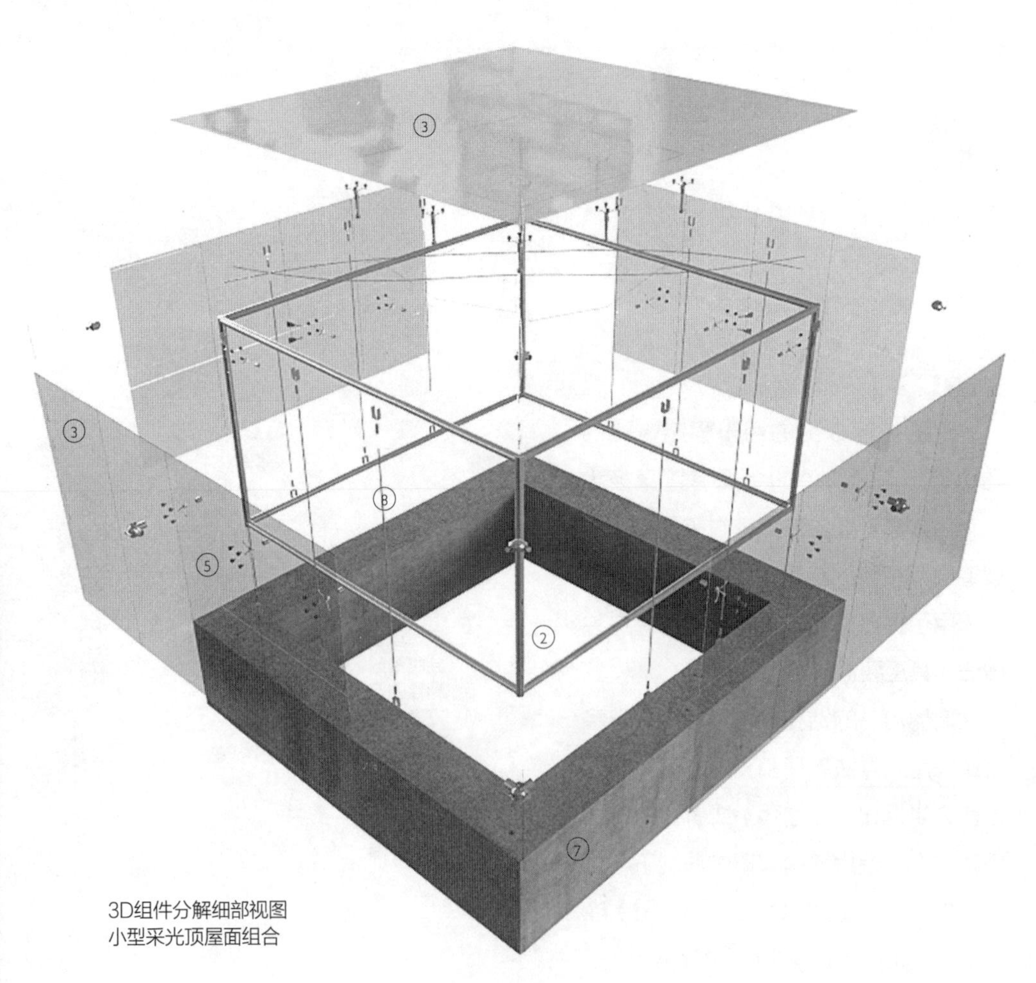

3D组件分解细部视图
小型采光顶屋面组合

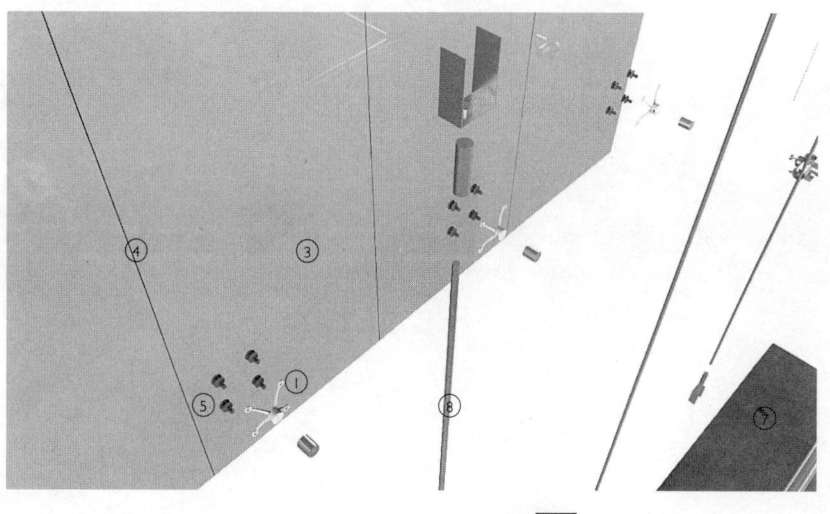

3D组件分解细部视图　螺栓固定玻璃系统采光顶墙组合

1. 低碳钢连接件
2. 低碳钢支撑框架
3. 双层玻璃板
4. 硅胶密封
5. 螺栓固定
6. 支撑支架
7. 混凝土基础
8. 不锈钢缆
9. 低碳钢张拉杆
10. 低碳钢板
11. 邻接外墙

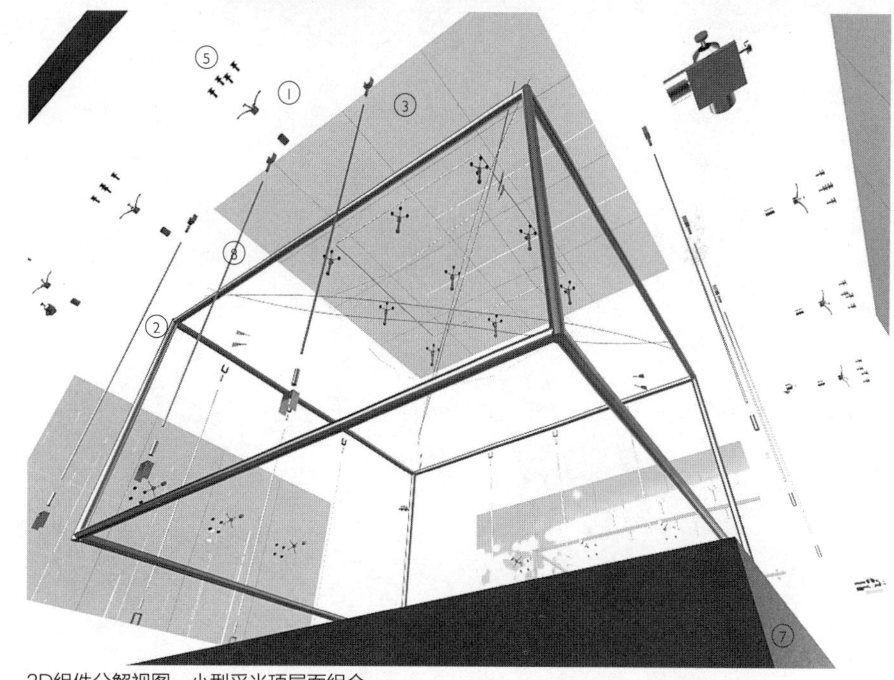

3D组件分解视图　小型采光顶屋面组合

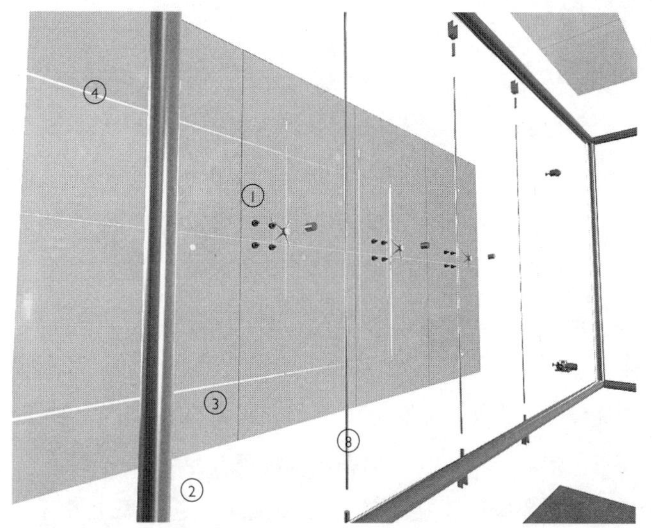

3D组件分解视图　螺栓固定玻璃系统采光顶墙组合

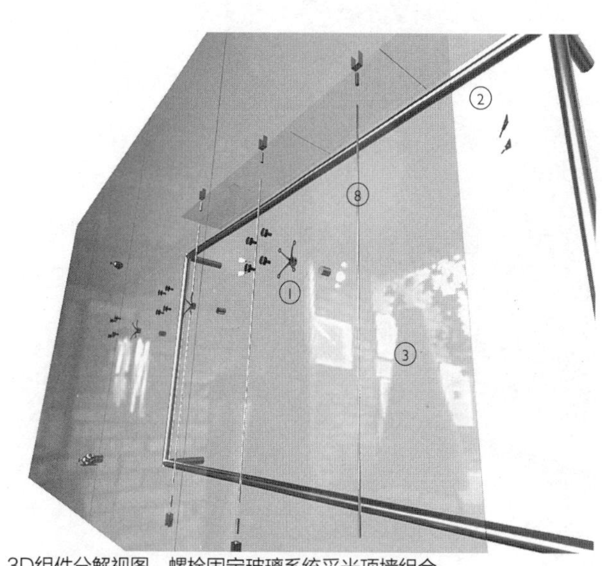

3D组件分解视图　螺栓固定玻璃系统采光顶墙组合

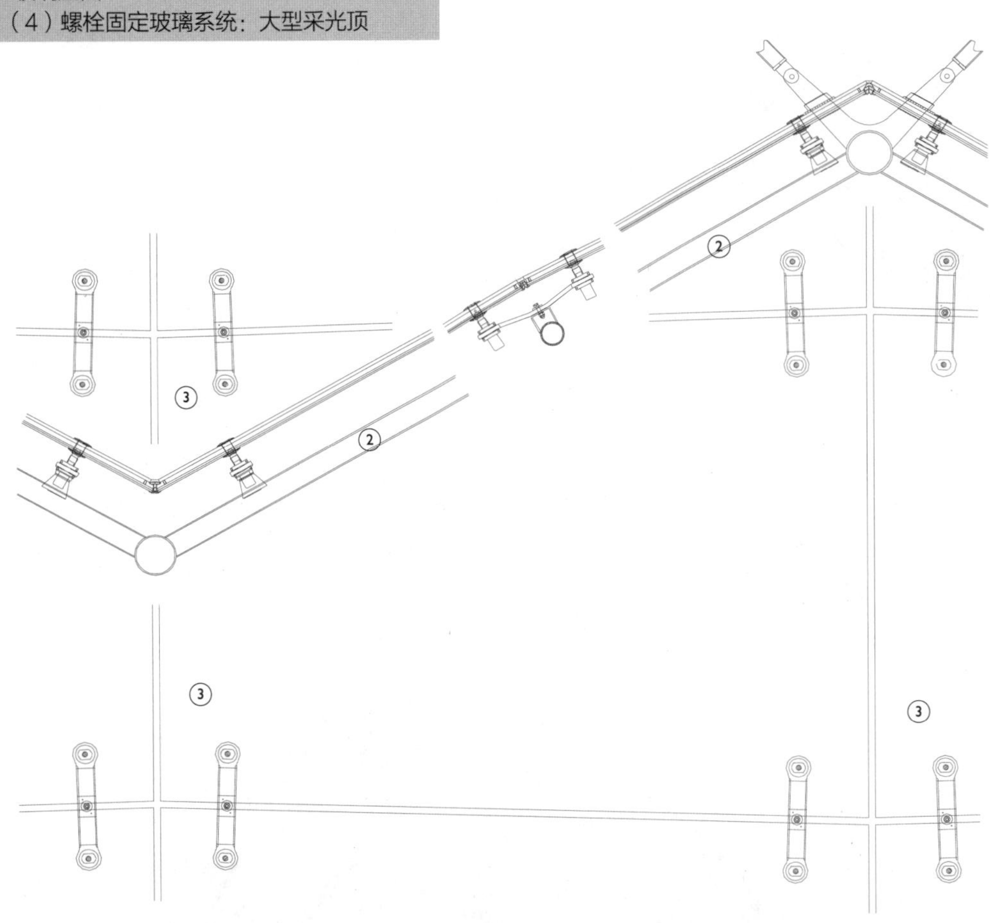

纵剖面图1：25　典型组合

纵剖面图1：25　板对板联结

纵剖面图1：10　典型组合

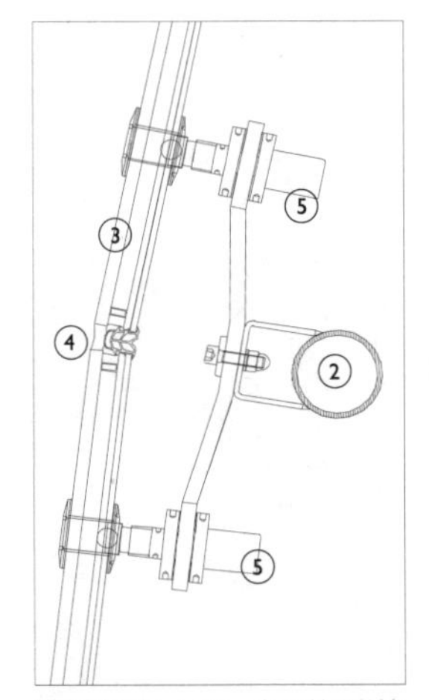

纵剖面图1：10　板对板联结

3D视图　内折式玻璃坡屋面组合

前面章节所述的通用支撑结构适合一系列的单一屋面，不论是平屋面还是坡屋面。由众多小单元组成或者弯曲形成的复杂几何形态的支撑结构需要不同的方法。比起通过优化支撑构件的位置来取得更大通透性，这些结构将更多地受创建形式的约束。用于形成拱或弧形表面结构的厚度要做得尽量薄，视觉上成功的类型是使用“梯形”形态的构件，形成一个“面”的结构。选用圆形空心或者矩形型材是因为不论站在地面何处观察屋面结构，总能保持视觉的一致性。梯形构造方法实际上是由两个空腹桁架连接而成的，将短横梁与纵梁焊接起来。如果结构的局部或整体需要额外的刚度，一般附加交叉斜撑解决。提高结构的稳定性一般要通过弯折、弯曲或者使用肋梁支撑达到。这样做避免了加大结构厚度而明显削减视觉的通透性。

“梯形”构造之间通过焊接或螺栓固定在一起形成完整的结构。如果是焊接，就将内套管嵌入连接的各段之间，接头的边缘焊接到一起，喷上油漆。另一种安装方法是将各段用螺栓连接起来。这种方法避免螺栓暴露，只在连接处留下可见的极细接缝，尽量少地暴露

3D细部视图　用金属结构框架支撑的螺栓固定双层玻璃坡屋面

3D视图　玻璃坡屋面通用组合

横剖面图1：10　与邻墙联结

接头，避免了焊接形成环状焊迹。这种接头的安装比起使用焊接更快，还有另外的好处，如果需要的话，钢构件在工厂里即可完成喷涂。在这种方法中，低碳钢板焊接到所连接的管子的每一端。在中空钢型材壁上切割长方形的孔，大到能够把手伸过去。从长方形的孔到空心型材内表面，将螺栓从端面板穿过，以将两块钢型材固定到一起。然后薄金属板通过粘结或螺栓固定到周围金属壁上，将预留孔封盖。

梯形构造的结构形式通常要对应玻璃板的布置，因为玻璃板的角部安装到支撑结构上，结构与玻璃接缝越近越好（在立面上）。在其他案例中，结构与玻璃上的接缝在一条直线上。在某些场合，玻璃上的螺栓固定件固定到管状的支撑结构上，支撑结构上的低碳钢支架固定到主管上。螺栓固定件与玻璃边缘的距离要做出优化，使玻璃的厚度最经济。螺栓固定件设置在两个水平“梯形”构造之间的适度的位置。这可以与双层玻璃板之间的接缝或者要固定一个大玻璃板的额外的螺栓固定件位置相对应。V形的低碳钢支架与支架成90°放置。不锈钢螺栓固定件在立面上与邻近的支架对齐。

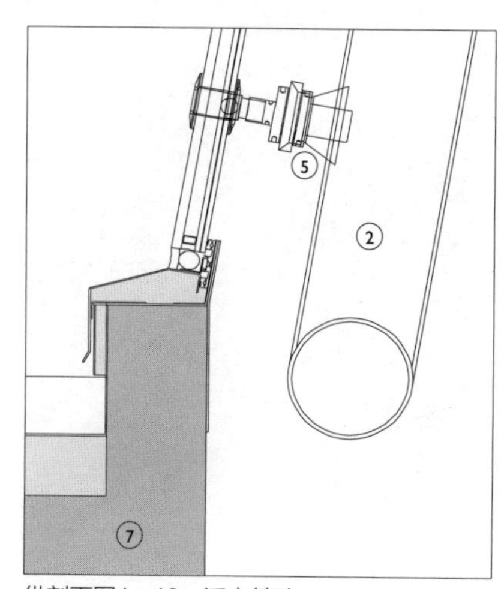

纵剖面图1：10　泛水基础

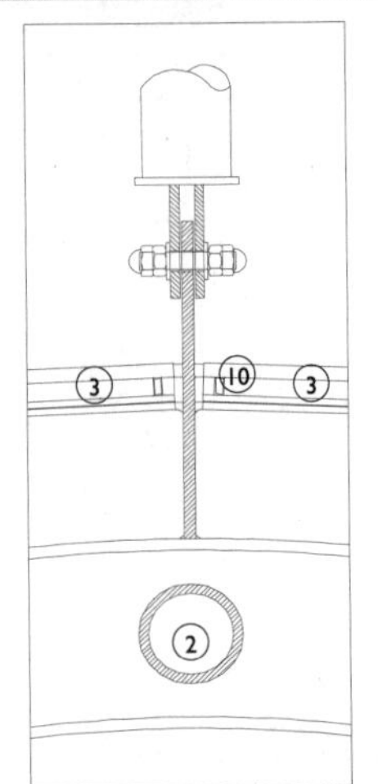

1. 低碳钢连接件
2. 低碳钢支撑框架
3. 双层玻璃板
4. 硅胶密封
5. 螺栓固定
6. 支撑支架
7. 混凝土基础
8. 不锈钢缆
9. 低碳钢张拉杆
10. 低碳钢板
11. 邻接外墙

横剖面图1：10　贯穿玻璃的插入板联结

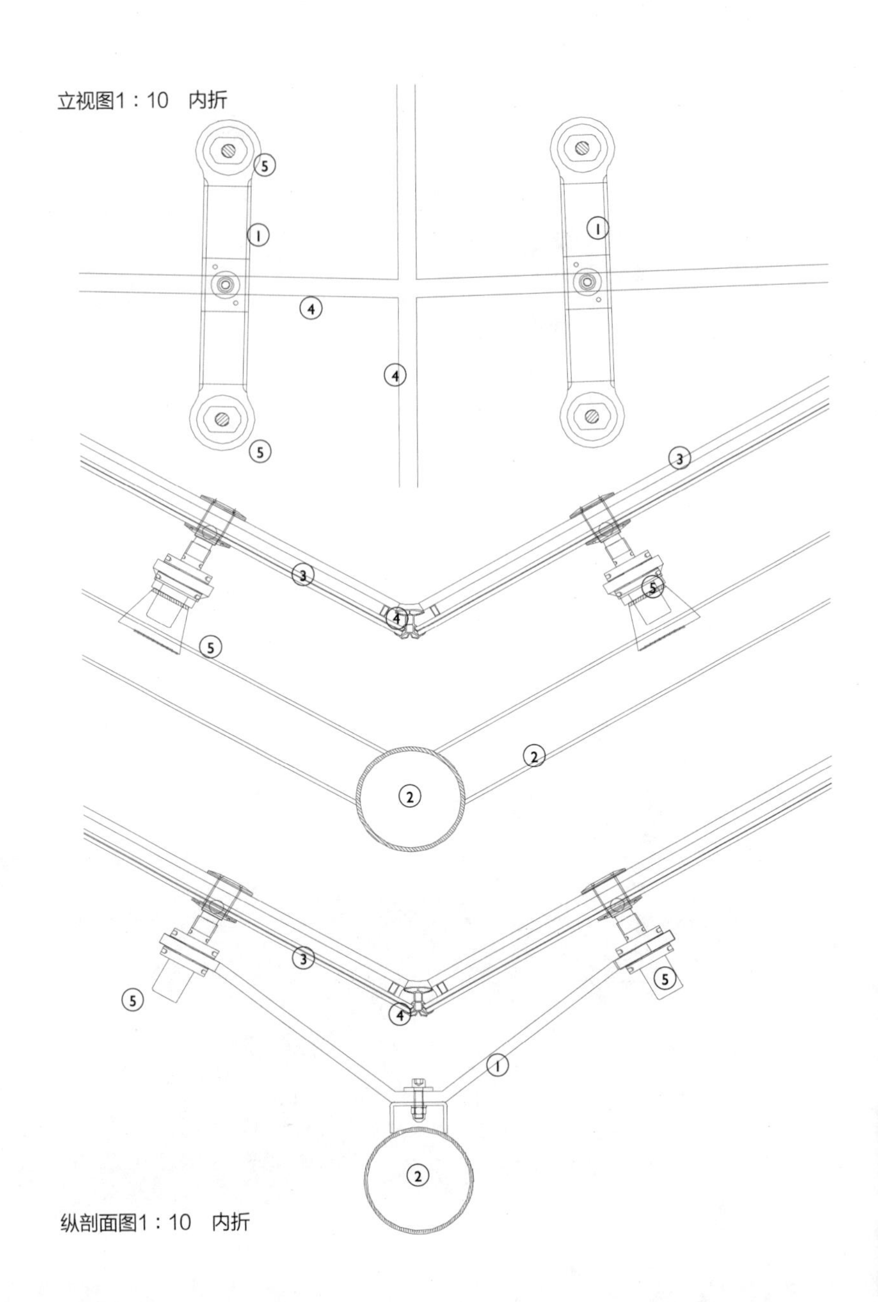

纵剖面图1：10　内折

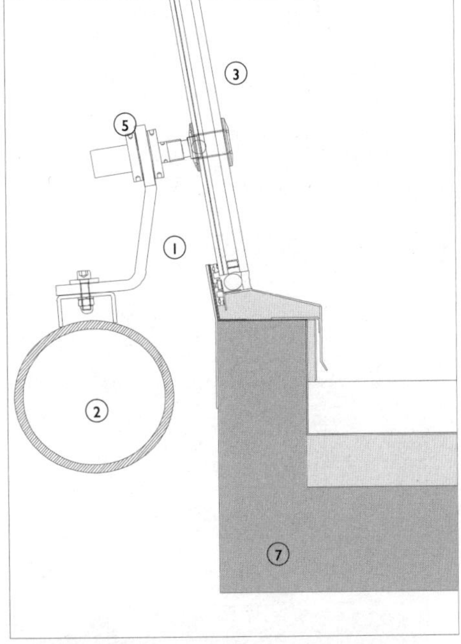

纵剖面图1：10　泛水基础

3D视图　螺栓固定玻璃屋面组合底面

玻璃屋面基础

螺栓固定玻璃屋面或采光顶通常固定在周边钢筋混凝土平板上。玻璃屋面底边与邻近平板或者女儿墙连接的重要特点是非机械的，因为玻璃板的螺栓固定位置距底边有一定距离，玻璃的边缘是从其固定处挑出来的。邻近的平板或者外墙（不同材料）与之相接处的处理只是两道硅胶或者是三元乙丙密封层。在某些场合，缓坡玻璃屋面与周围平板上的钢筋混凝土上翻梁相接。支撑钢结构固定到混凝土平板边上，围绕开口形成连续的圈梁以传递玻璃屋面的荷载。屋面底部的玻璃板边缘是从螺栓固定位置挑出来的，与下面的铝合金防水板密封到一起。附加的防水板，与防水卷材连为一体，固定在玻璃的内表面。这个弯折的铝合金片用硅胶粘结到玻璃板的底边，它可以通过内装修或者涂层遮盖，通常使用PVDF（聚偏氟乙烯）或者聚酯纤维漆处理。铝合金防水板粘结到延伸至上翻梁顶的防水卷材上。这种组合提供了上面提到的防水板之外内部的第二道防线。外面的防水板安置在玻璃的外表面上，边缘折叠以便同玻璃用硅胶密封起来，通常是20mm宽，与玻

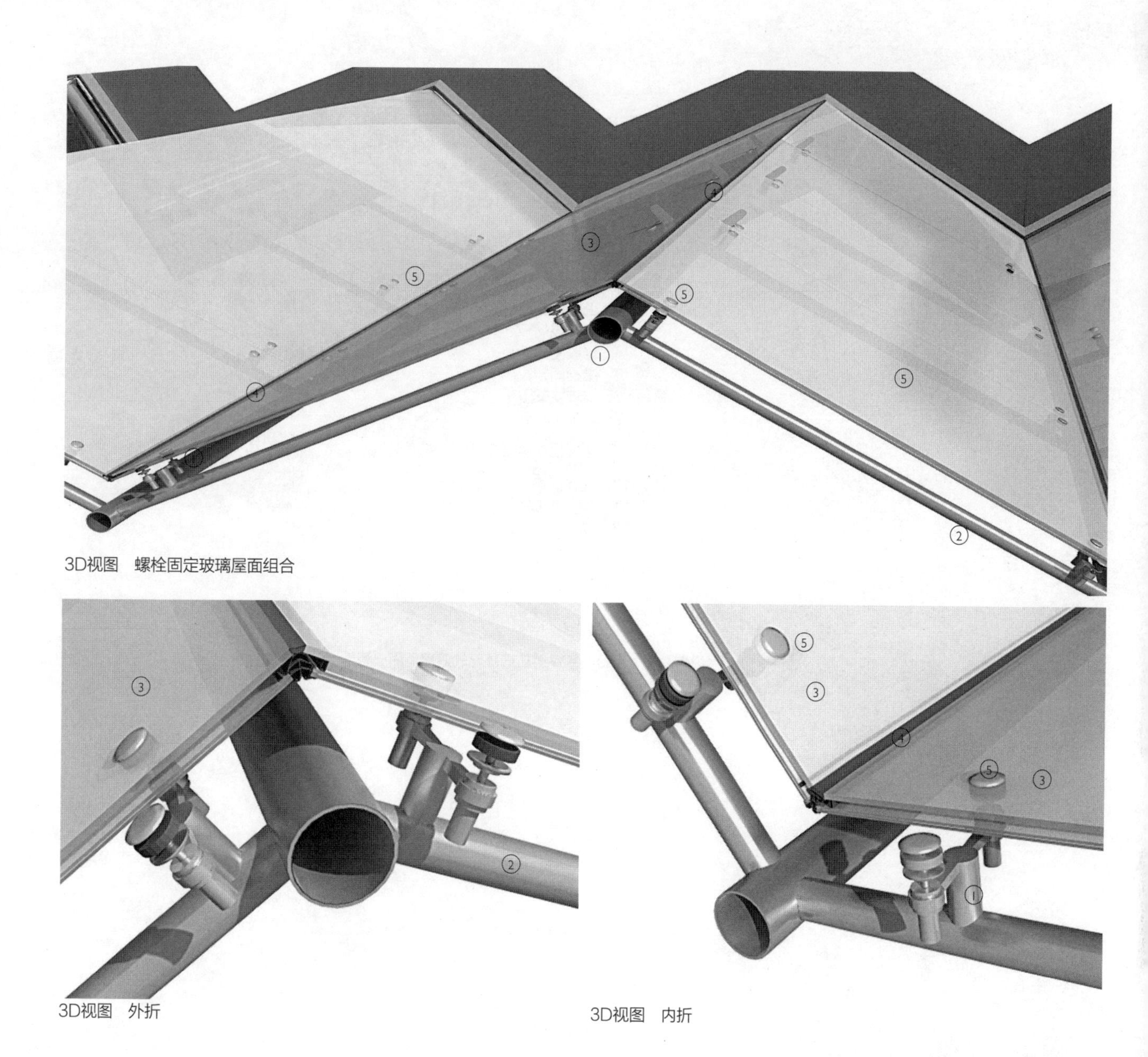

3D视图　螺栓固定玻璃屋面组合

3D视图　外折

3D视图　内折

璃板之间密封层的宽度一致。任何穿过外侧密封层的雨水都会从内部的金属防水板排除到防水卷材上。两层防水板之间的空隙用闭孔保温材料填充，有时候也用注射泡沫来将空腔完全填充。在某些情况下，使用的是全金属的上翻防水板；而在另外一些场合，上翻构件被可上人的木质屋面板遮挡。

外折和内折

螺栓固定玻璃屋面通过屋面的外凸和内凹分别形成了屋脊和天沟。接缝的处理与其他接缝一样，都是用硅胶做外部密封层，内部则用挤压三元乙丙板或者气封。双层玻璃的边缘处内外玻璃伸出长度出现错台，保证形成的接缝与邻近接缝一样宽。玻璃屋面外凸的弯折处，外层玻璃要比内层外伸一些，以保持接缝在玻璃的厚度内宽度不变；而另一方面，屋面有内凹的折，内层的叠合玻璃比外层的要多伸出一点，以取得与外凸折一样的效果。内外接缝的宽度要同相邻部位的接缝宽度一样，以便使用同样尺寸的挤压三元乙丙垫层作为内部密封层。

屋面边与不同材料外墙连接处的做

3D视图　螺栓固定系统

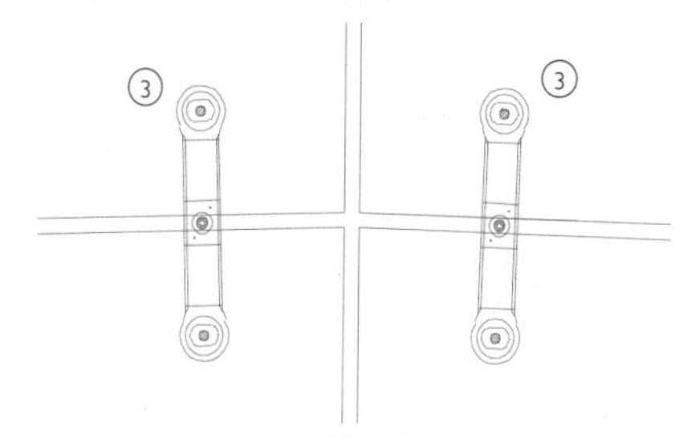

横剖面图1：25　典型夹具组合

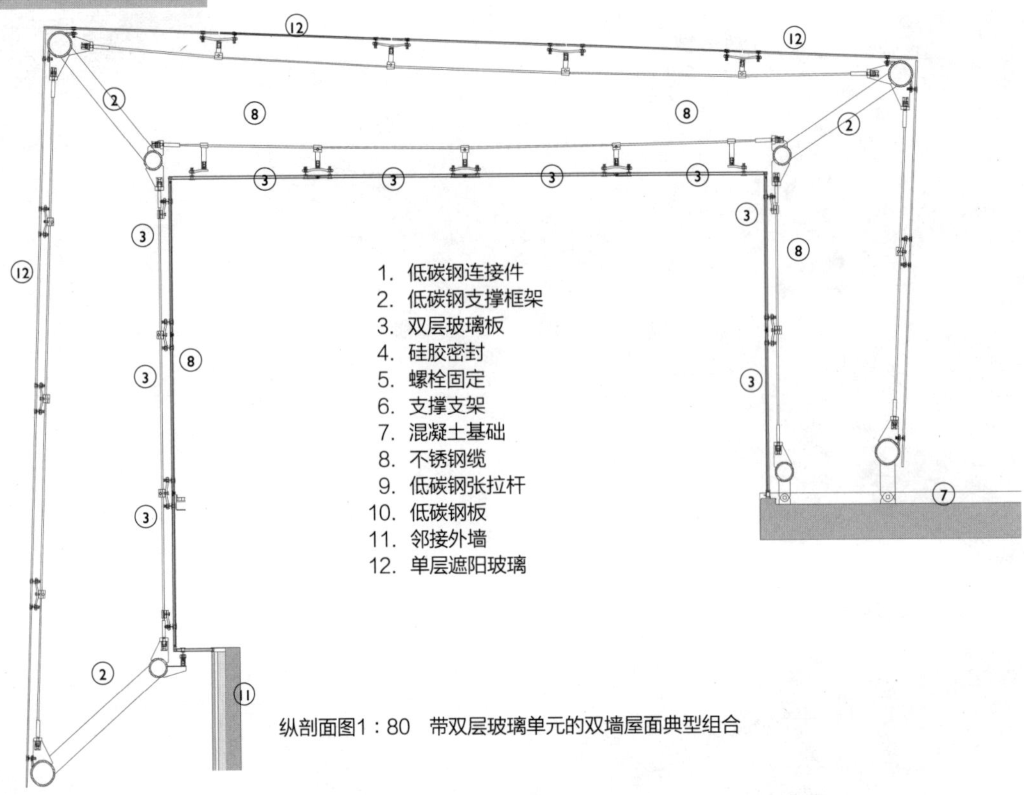

纵剖面图1：80　带双层玻璃单元的双墙屋面典型组合

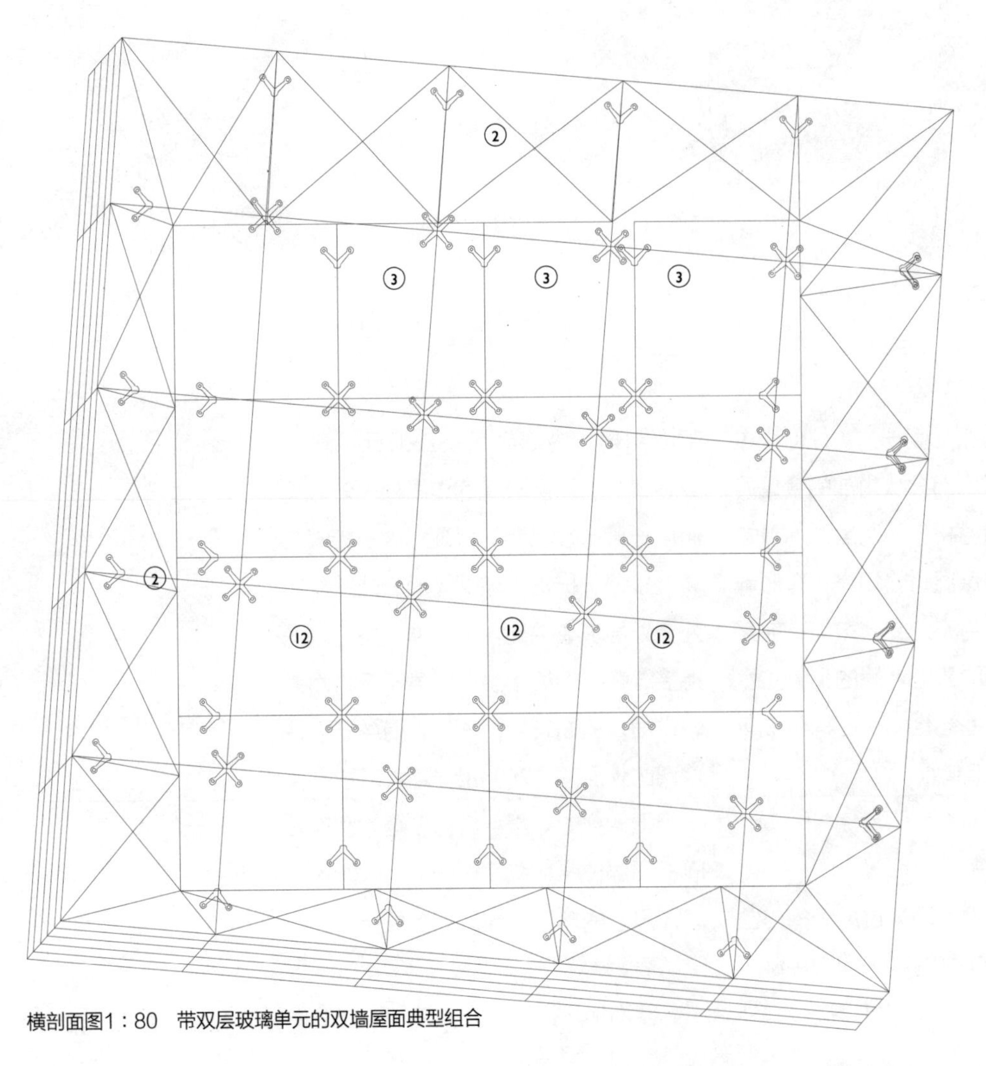

横剖面图1：80　带双层玻璃单元的双墙屋面典型组合

3D视图　带双层玻璃单元的双墙屋面，钢托架系统与遮阳玻璃

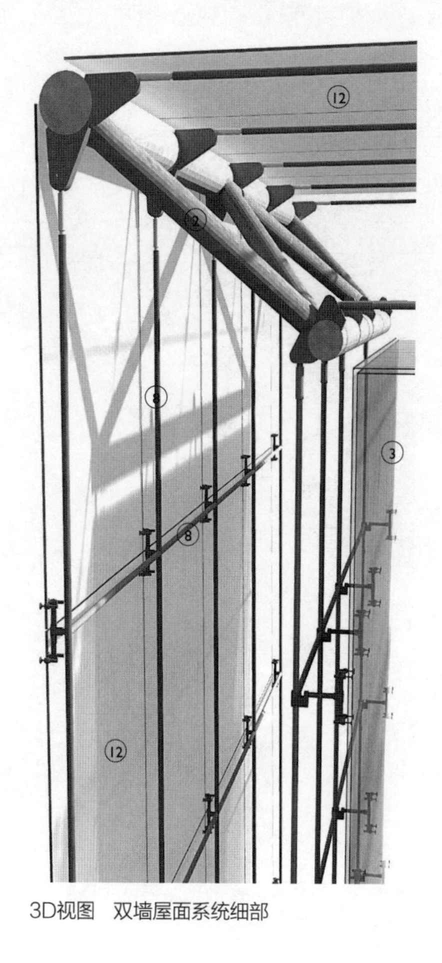

3D视图　双墙屋面系统细部

法，同屋面基座处泛水的做法相同，屋面的边缘从屋面到外墙，其接缝都可以保持连续。在某些场合，隔热的铝合金封口件粘结到双层玻璃板边，并与邻近的墙体密封。例如，屋面可能与金属遮雨板墙体，或者与干挂板材外墙相接。

固定外部遮阳的构件和绳降法清洁用绳索的支架有时候设计成穿过玻璃间的接缝式样的。这种方法在前一节中已经讲过。当这些支架出现在双层玻璃板外部和内部的转角处时，支架要避免穿透转角处的接缝，这样做是为了避免支架与在同一个地方交汇的接缝的四角的复杂连接。这既难以密封，也难以从室内看到平滑、连续的外观。

小型采光顶

小型采光顶与大型玻璃屋面相比很重要的一个特点是与周围构件和其他材料有更多交界。采光顶使用与排水沟组合的螺栓装配件时，玻璃与邻近构造密封。有些场合，最外侧防水通过在玻璃和屋面板之间设置另一种板形成。第二道内部的密封层用金属板形成。U形金属槽也可以用于密封空隙（如前章所述），但必须与三元乙丙条之类的弹性密封材料连接，以便螺栓固定的玻璃能够不受连接处的其他材料的影响而独立移动。这种应用的前提是结构位移很小。

在小型采光顶中，支撑结构在视觉上做得很轻盈，目的是为了最大配合螺栓固定玻璃系统的效果。不锈钢绳索常被用来提高其通透性。通常平面尺寸为3500mm×3500mm的小型采光顶采用低碳钢管支撑结构。采光顶的顶部需要四块玻璃板满足跨度要求。采光顶中部的螺栓固定件由两个沿洞口对角线放置的索桁架在相交处支撑。四个螺栓固定件固定在十字形支架上，支架依次用螺栓固定到夹具上，夹具再用螺栓固定到支撑绳索上。竖直的低碳钢杆形成桁架的竖杆。不使用钢管横跨采光顶提高了其通透性。外部的交角由双层玻璃板边缘处的玻璃改变挑出长度形成错台实现，目的是保持屋面采光顶接缝宽度一致。玻璃后的可见的硅胶可以用黑颜色的丝网印刷或者“烧结”隐蔽。尽管由螺栓固定屋顶的双层玻璃板交汇处的外部和内部转角有较宽的可见的线，玻璃的连续性和其反射效果使后面烧结和硅胶密封层的痕迹不那么明显。

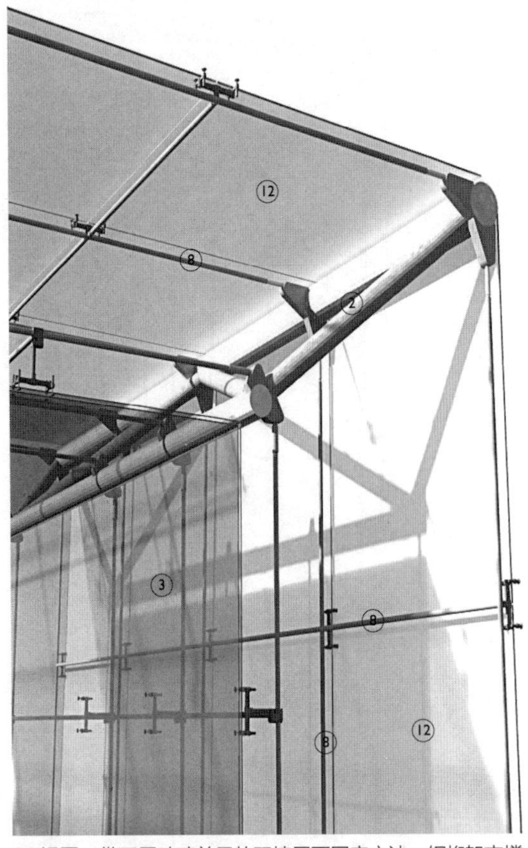

3D视图　带双层玻璃单元的双墙屋面固定方法，钢桁架支撑系统与遮阳玻璃

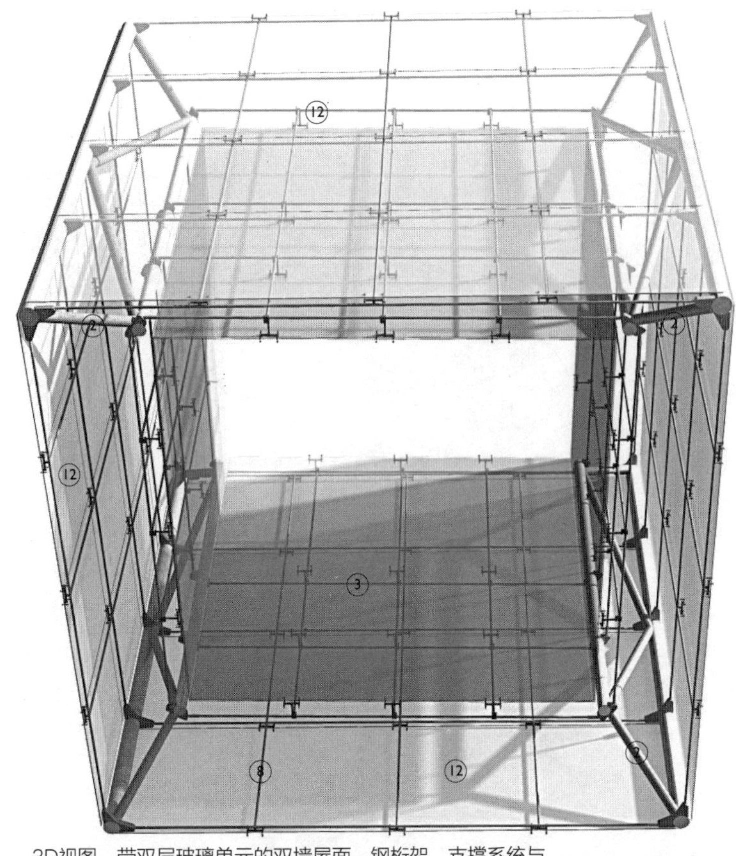

3D视图　带双层玻璃单元的双墙屋面、钢桁架、支撑系统与遮阳玻璃的总视图

大型采光顶

对于高约5.0m、宽8.0m的较大型采光顶，通常采用轻质中空的低碳钢型材和不锈钢索。这个尺度的采光顶水平玻璃的尺寸约为2000mm×2000mm，竖直放置的尺寸则为约2000mm×2500mm。形成采光顶边缘的矩形钢框架，能够支撑竖直和水平跨度的不锈钢索，不锈钢索上可以安置螺栓固定件和十字形支架。十字形支架固定到夹具上，夹具则用锚栓固定到钢索上。当玻璃接缝位于钢管结构正前方时，螺栓固定件直接安装到槽形支架上，后者焊接到起支撑作用的主钢管上。这种尺寸采光顶的螺栓固定件的误差调整都是在螺栓固定件与支架的连接处进行的。水平放置的玻璃板可以在角部用紧贴接缝下的钢管网格，或者索桁架进行支撑，后者比起全钢管支撑的做法能提供更大的通透性。桁架结构的主不锈钢索沿对角线布置，与中心的竖直钢管柱相交，这一点与前一节所述的小型采光顶一样。增加的跨度通过使用一套与对角线成45°（与玻璃成直角）放置的辅助索桁架达到。辅助桁架提高了主桁架的刚度，还为所有螺栓固定件提供了安装位置。这种中型通用采光顶的构造方法也可以用于一系列总尺寸相似的单体工程中。

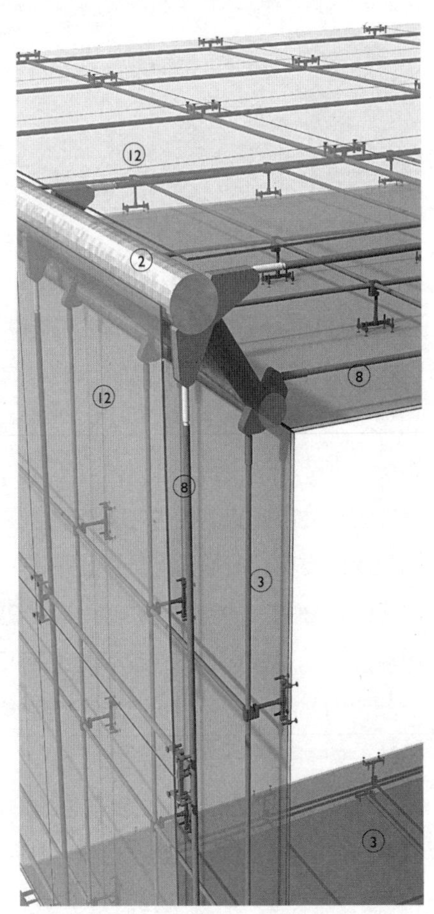

3D细部视图　带双层玻璃单元的双墙屋面的固定方法

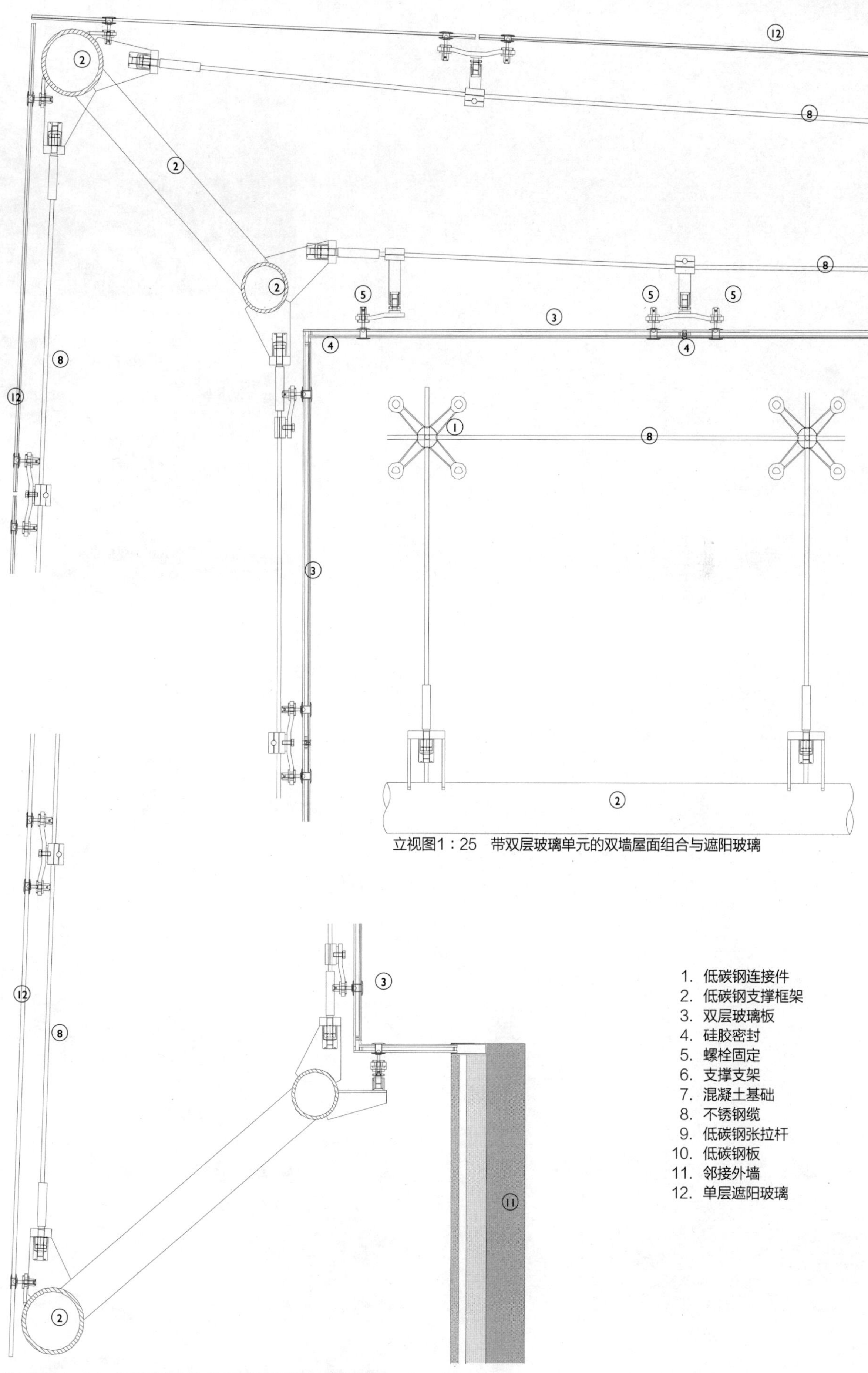

立视图1：25　带双层玻璃单元的双墙屋面组合与遮阳玻璃

纵剖面图1：25　带双层玻璃单元的双墙屋面组合与遮阳玻璃

（4）螺栓固定玻璃系统：大型采光顶

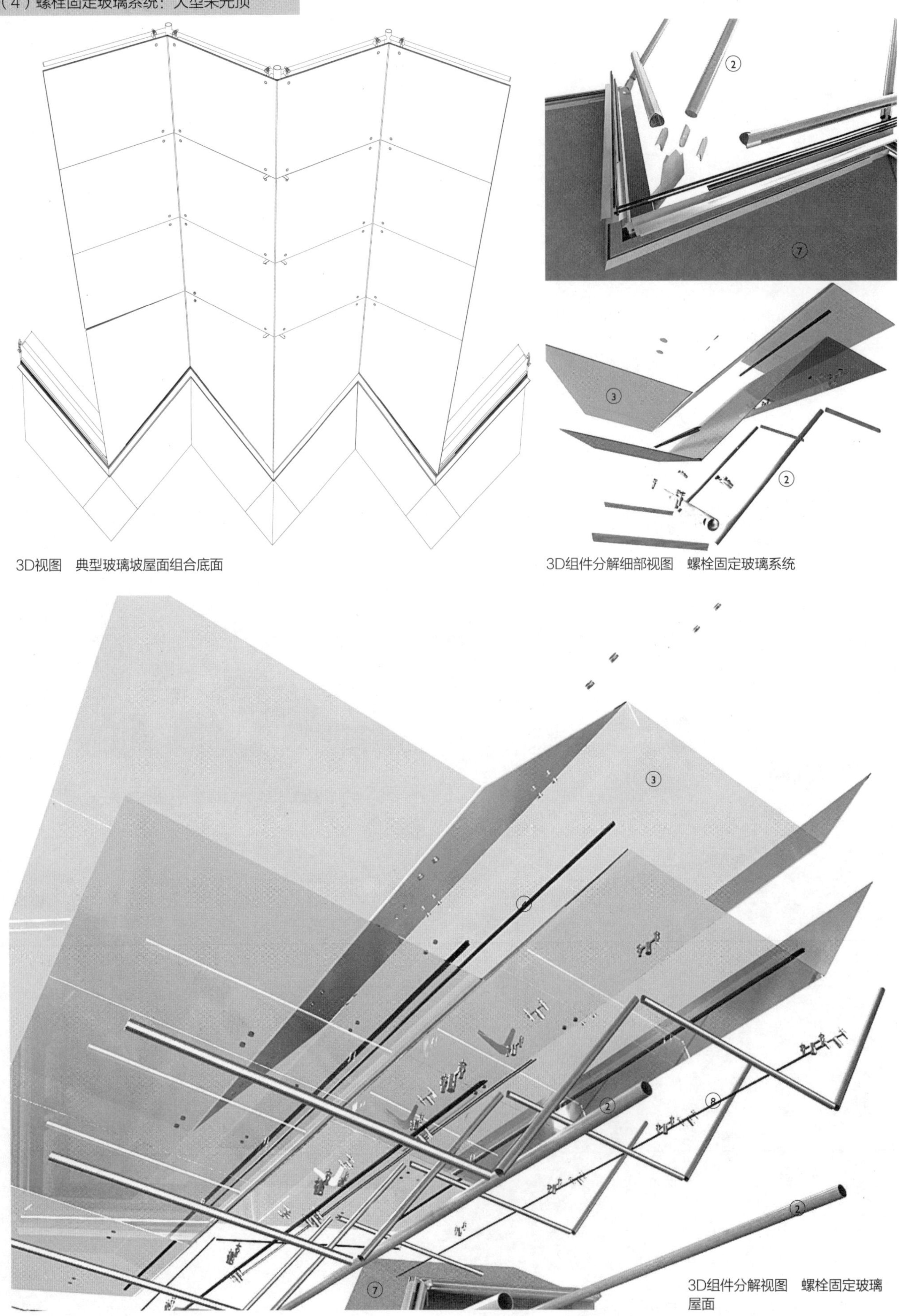

3D视图　典型玻璃坡屋面组合底面

3D组件分解细部视图　螺栓固定玻璃系统

3D组件分解视图　螺栓固定玻璃屋面

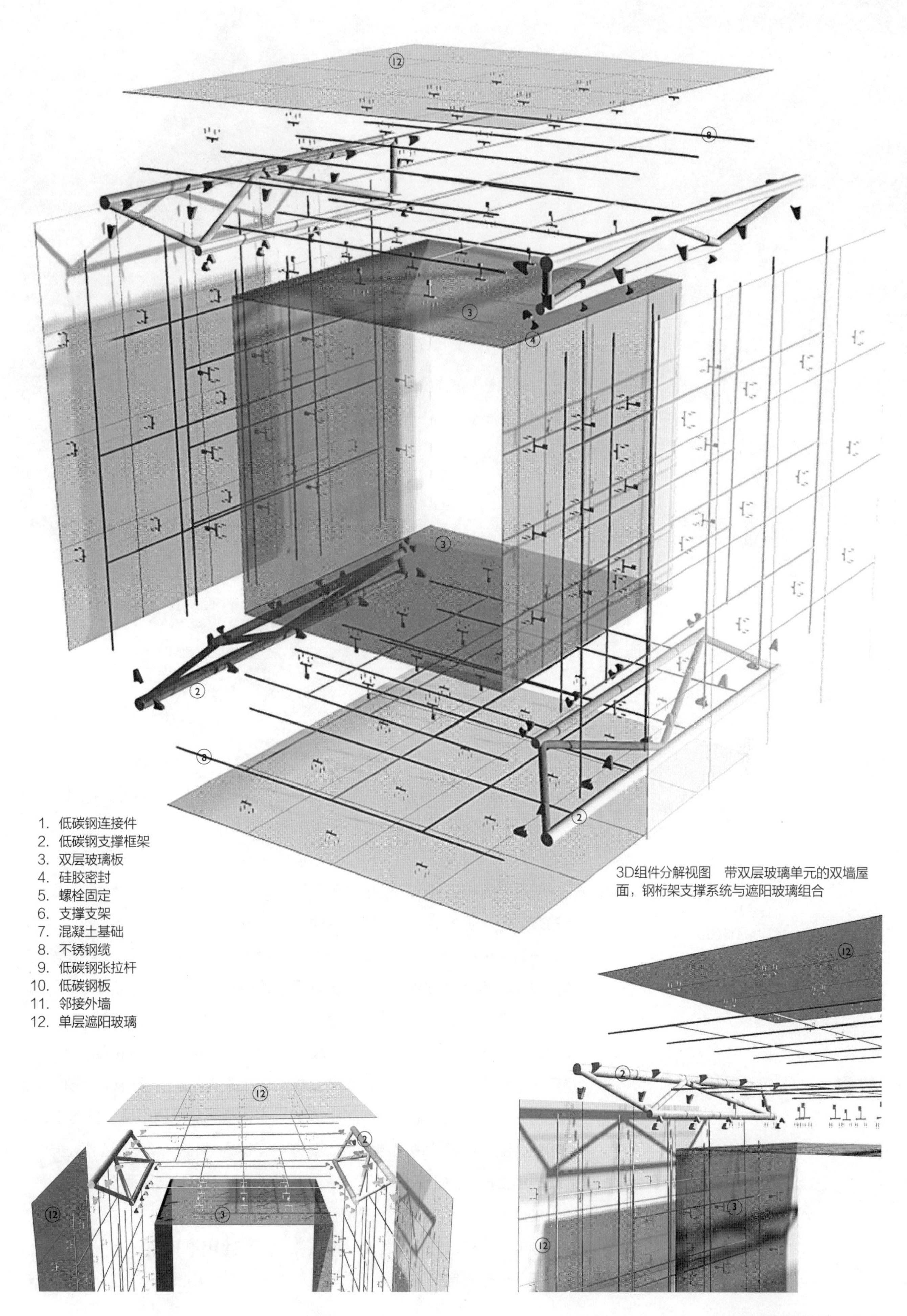

3D组件分解视图　带双层玻璃单元的双墙屋面，钢桁架支撑系统与遮阳玻璃组合

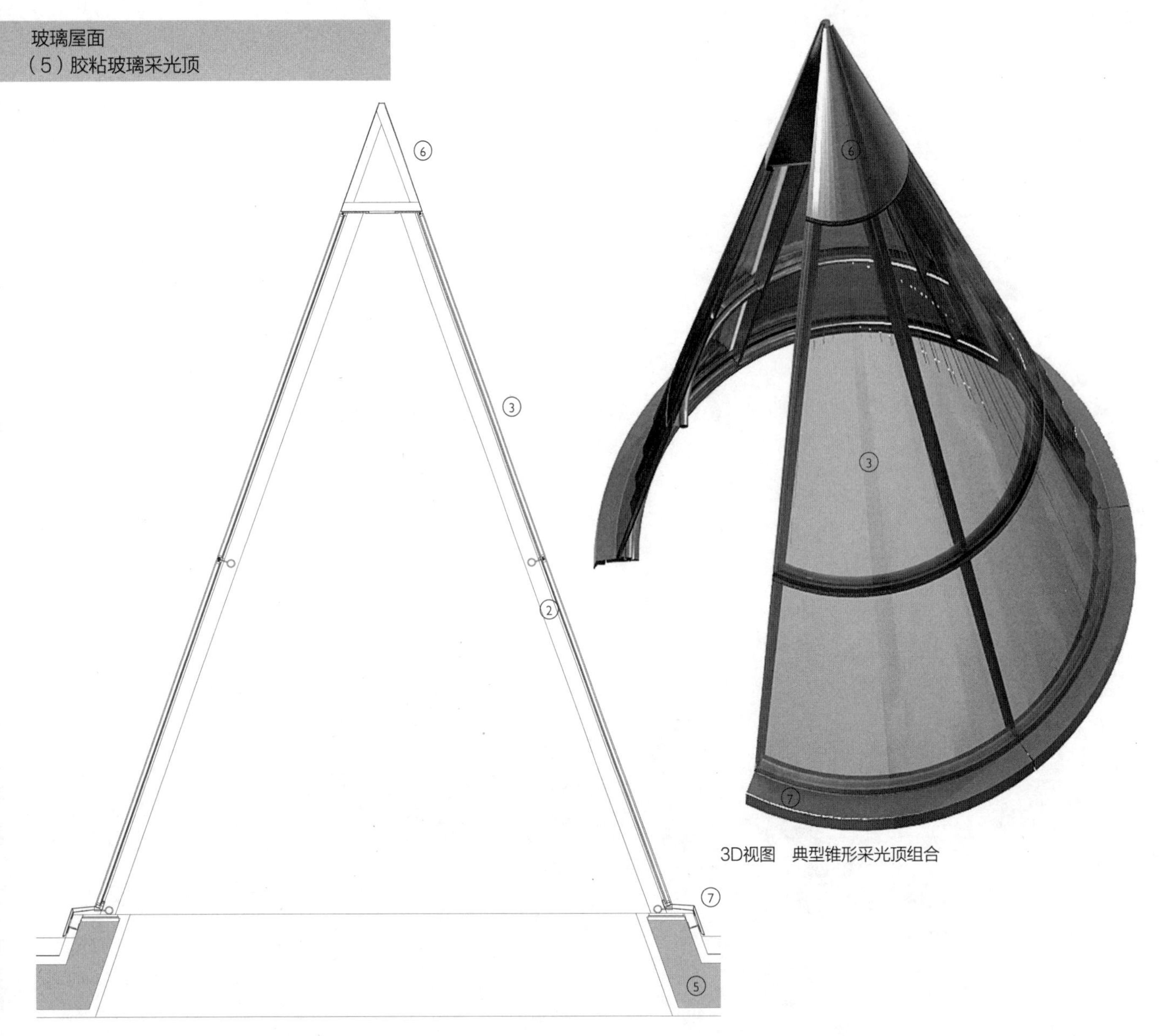

3D视图　典型锥形采光顶组合

纵剖面图1：25　一般锥形采光顶典型组合

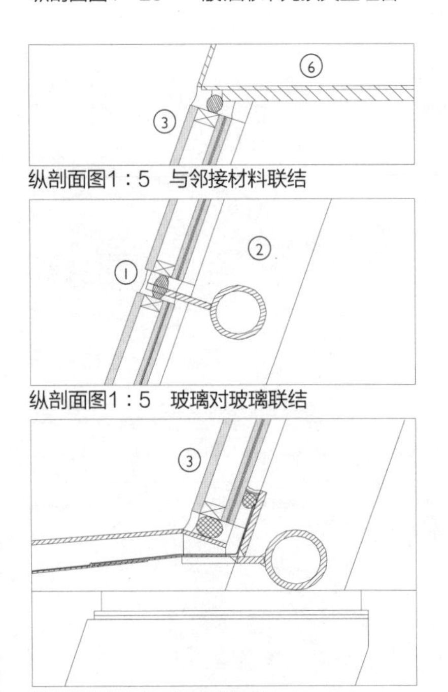

纵剖面图1：5　与邻接材料联结

纵剖面图1：5　玻璃对玻璃联结

纵剖面图1：5　与泛水联结

使用硅胶将玻璃粘结到铝合金框架上的方法可用于玻璃幕墙，玻璃立面平滑而没有可见的盖板。硅胶密封的采光顶的使用（在前面的章节有叙述）可以发展成全粘结结构，而不需压力板机械固定。在硅胶粘结的采光顶中，玻璃是用胶粘到支撑框架上的。胶本身也成为外密封层。这项技术对小型采光顶是有用的，因为如果这种场合采用扣板的话，极难生产；对上人采光顶也是有用的，在这里采光顶就是室外的楼板。

本节中将通过四个案例来认识这种采光顶。一般圆锥采光顶的弧形双层玻璃板是粘结到铝合金框架上的。硅胶粘结避免了扣板的使用，而如果使用的话，需要做成竖向和横向都是弯曲的，这极难生产。一般矩形采光顶无须额外结构支撑，而由玻璃提供自身的支撑。单坡玻璃板与框架粘结，可以形成一个小采光顶。夹胶玻璃板可作为上人屋面。跟建筑内的玻璃楼板类似，玻璃屋面板也要能够承受上到屋面人员的重量，并且具有防风雨性能。

通用锥形采光顶

在通用圆锥采光顶构造中，轻型钢

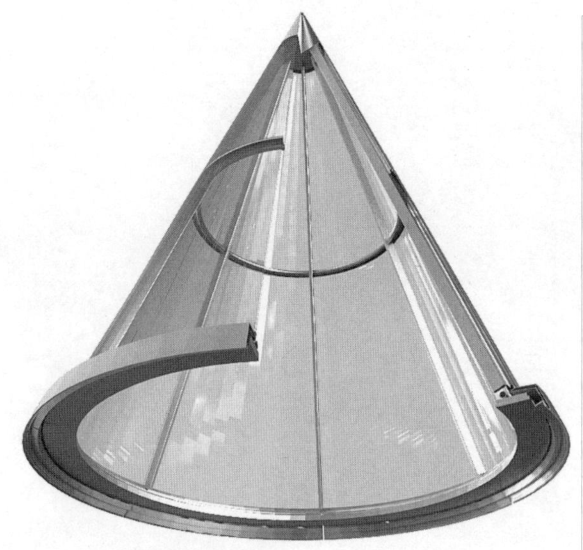

3D视图　地下典型锥形采光顶组合

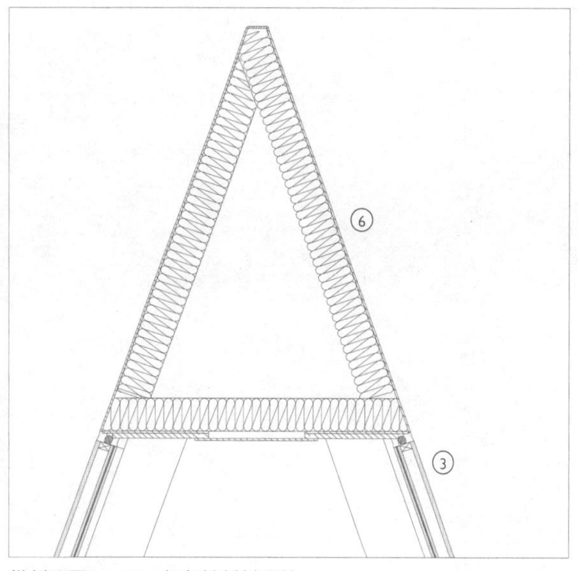

纵剖面图1：10　与邻接材料联结

1. 硅胶粘结
2. 低碳钢支撑框架
3. 单层玻璃镶嵌的夹层玻璃板
4. 硅胶密封
5. 混凝土基础
6. 隔热金属板
7. 弯折金属防水板
8. 钢筋混凝土支撑框架

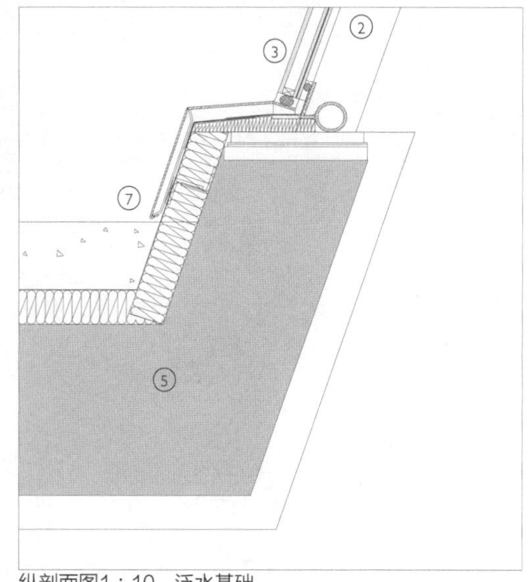
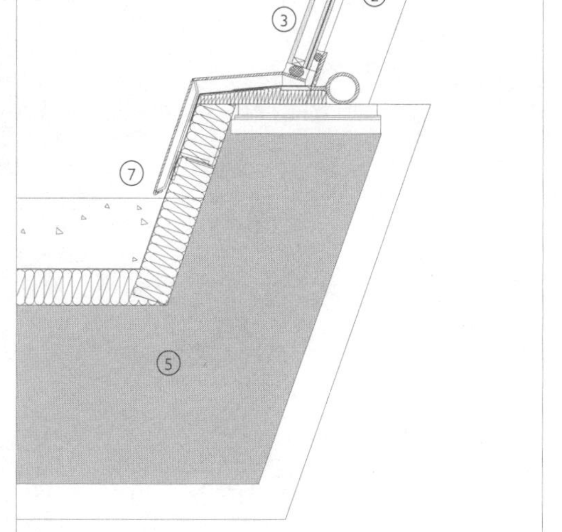

纵剖面图1：10　泛水基础

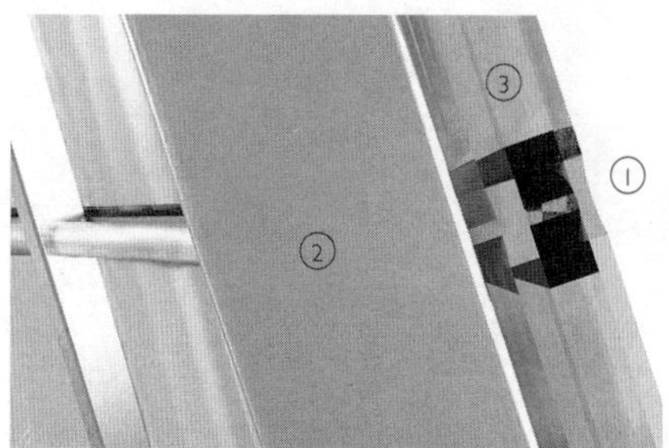

3D细部视图　锥形采光顶玻璃对玻璃联结

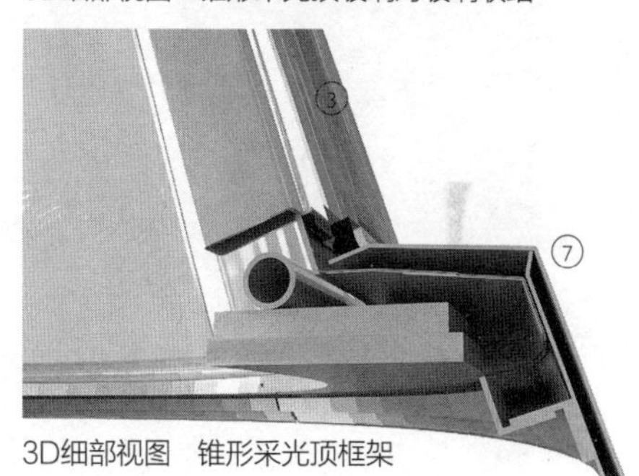

3D细部视图　锥形采光顶框架

框架用于支撑采光顶上的双层玻璃板。结构框架由竖向放置的方管组成，水平环状的薄壁管材将其固定。玻璃板支撑在与水平管材焊接的扁钢上。玻璃与固定在扁钢上的垫块对齐，接缝处用硅胶密封。在基座处，扁钢外伸，在上翻梁上形成防水板。如果排水口堵塞发生雨水淤积，还可附加一道内侧的金属板上翻，再用硅胶密封。周围屋面板上的防水卷材沿上翻梁继续向上延伸，与支撑玻璃的扁钢基座粘结。这样提供了从玻璃到屋面防水卷材的完全密封，金属防水板给密封处提供保护，同时还能隐蔽防水卷材上面的闭孔保温材料。

采光顶的尖是用金属板来形成的。玻璃几乎可以一直延伸到顶部，然后上面用一个很小的尖头金属顶封盖。这个例子旨在说明玻璃是如何与上面另一种材料密封的。金属顶盖在其与双层玻璃板的连接处向内弯折，弯折处的边缘用硅胶密封。而玻璃则被连接到位于金属顶盖下面的另一块扁钢上，这给玻璃板提供了横向支撑，也充当内部密封层的作用。金属顶盖一般是用一整块铝合金板或者不锈钢焊接并磨削而成，内部用现喷泡沫或者矿纤维保温层来提供连续的保温效果。

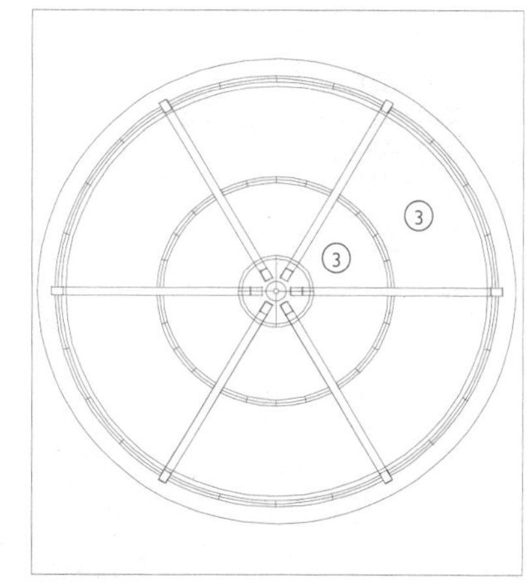

总平面图

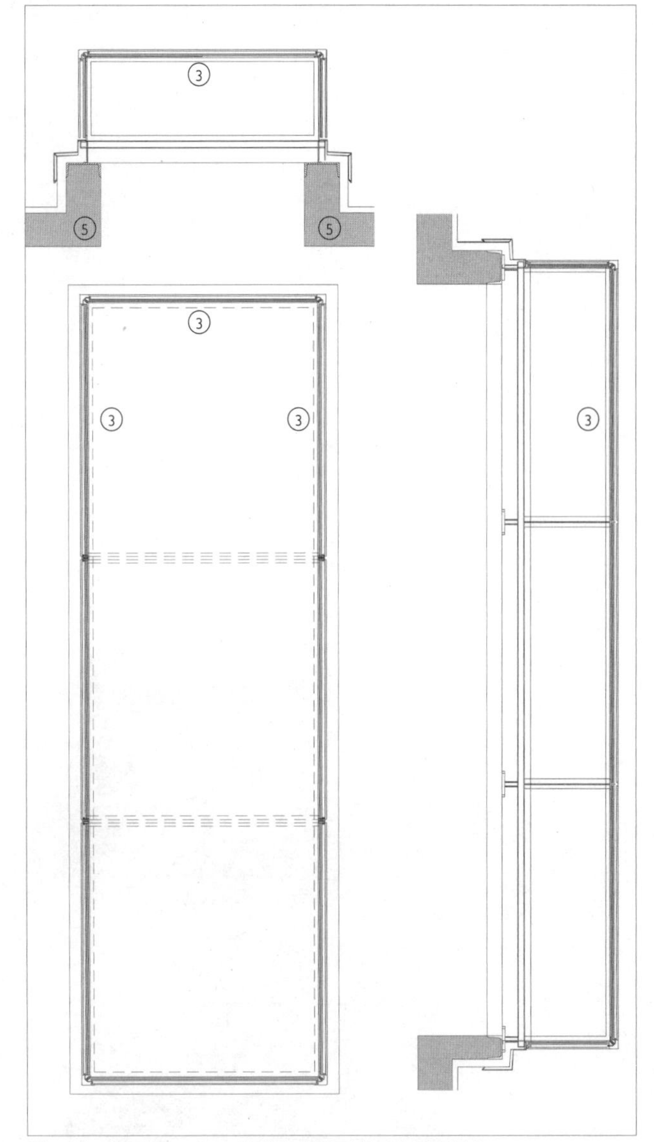

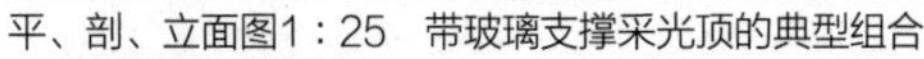
平、剖、立面图1：25　带玻璃支撑采光顶的典型组合

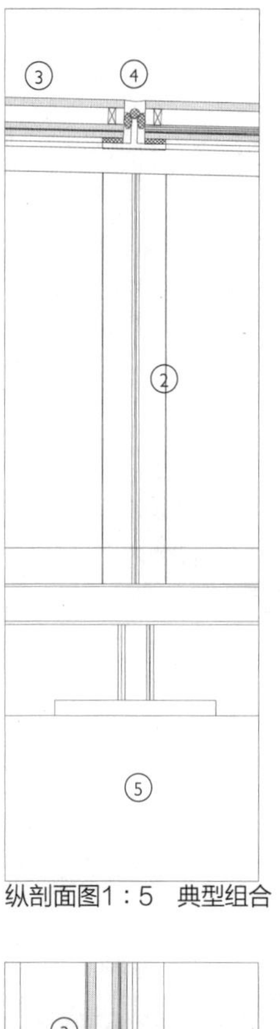

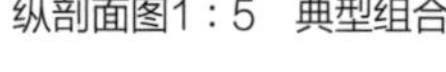
纵剖面图1：5　典型组合

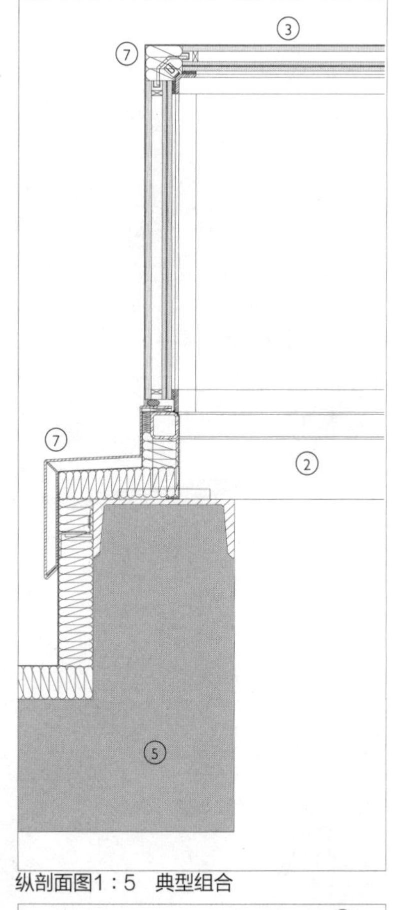

纵剖面图1：5　典型组合

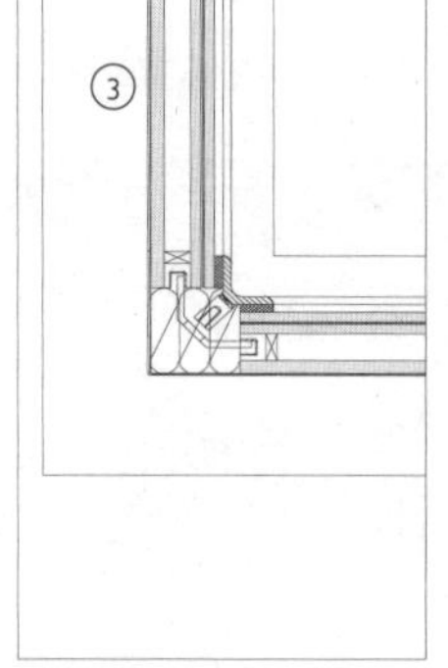

横剖面图1：5　典型组合

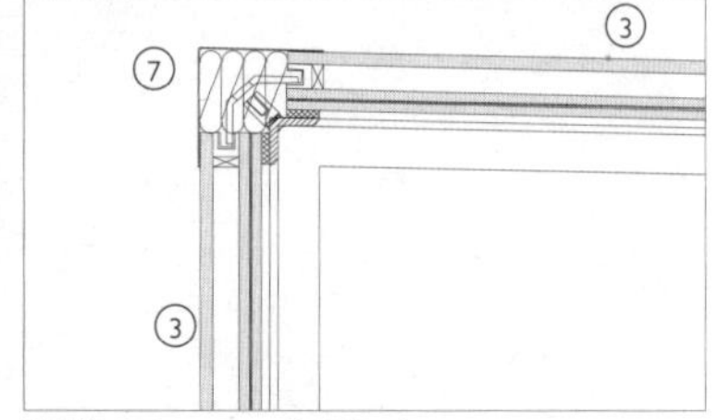

横剖面图1：5　典型组合

1. 硅胶粘结
2. 低碳钢支撑框架
3. 单层玻璃镶嵌的夹层玻璃板
4. 硅胶密封
5. 混凝土基础
6. 隔热金属板
7. 弯折金属防水板
8. 钢筋混凝土支撑框架

硅胶粘结在这个采光顶中的使用避免了使用视觉上突兀的螺栓固定件，使采光顶的形状能够在视觉上更清晰。在一些国家，还需要在玻璃外侧的转角部位使用夹具固定，但这种额外的安全措施取决于具体的采光顶的设计和当地的建筑标准。

通用矩形采光顶

通用矩形采光顶可以无须框架支撑。机械约束由采光顶转角处的夹具提供。转角处的双层玻璃板的侧边带有凹槽，便于与夹具连接。还有一种做法是将金属夹具安装到转角处的玻璃外表。这样做避免了使用特殊加工制作的转角片，但却会暴露安装件。采光顶适中的尺寸允许水平设置的玻璃横跨两边而不需要额外的支撑。采光顶的转角由固定玻璃的压力板来提高刚度。双层玻璃板在侧边形成了特殊形状的凹槽，与压力板连接。转角接头处，外表的弯折铝合金片与邻近的玻璃板的表面以硅胶粘结，或者弯折成90°粘结到玻璃板的侧面。水平玻璃板之间的接缝由硅胶密封，玻璃内侧的角铝作为第二道密封层。

在采光顶的基座处，玻璃板固定在

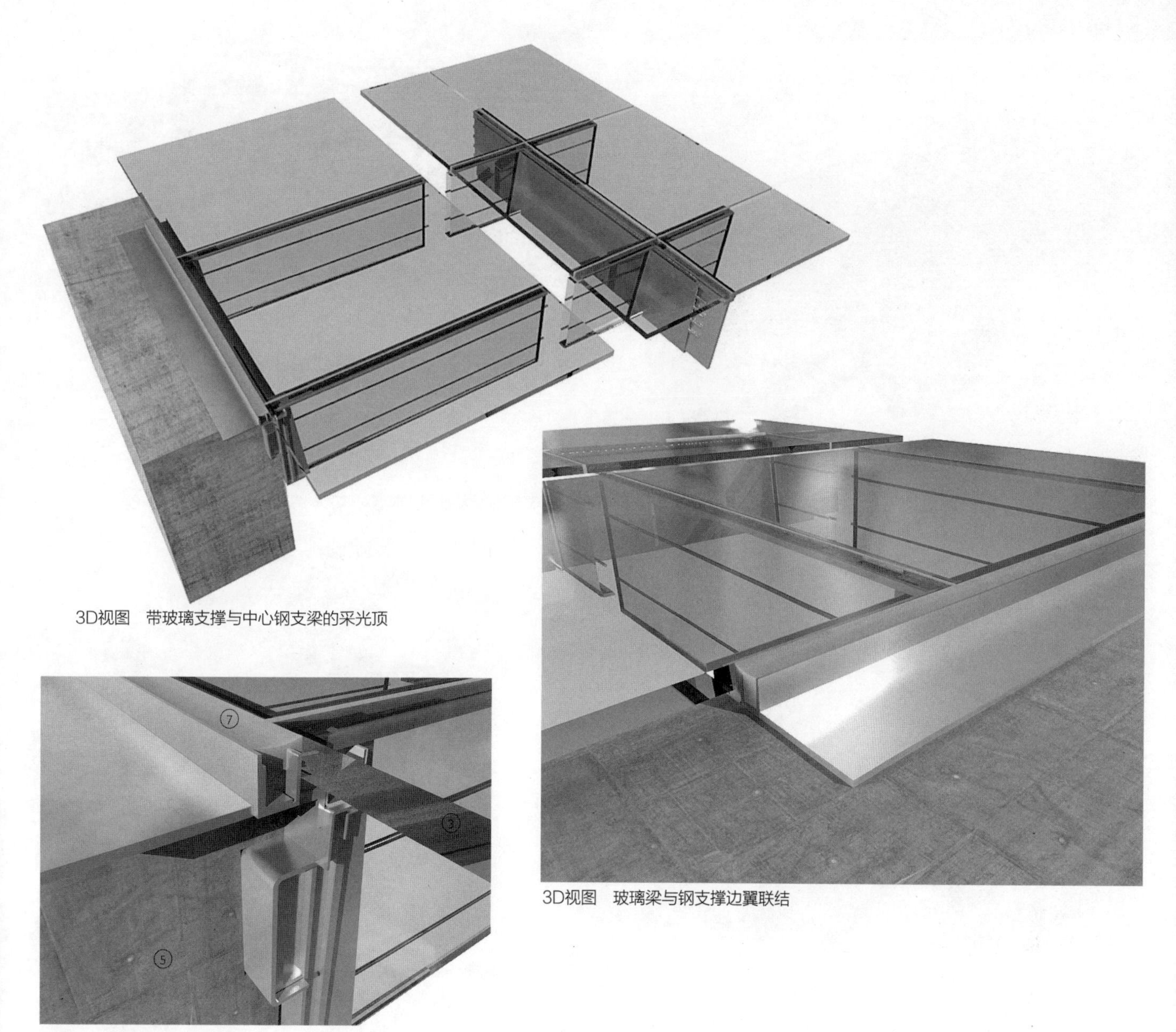

3D视图　带玻璃支撑与中心钢支梁的采光顶

3D视图　玻璃梁与钢支撑边翼联结

3D细部　玻璃梁与混凝土墙联结

铝合金或者低碳钢型材上，后者固定在支座上，到达泛水板所需要的高度。这些金属支座固定在相邻的屋面板上。相邻屋面防水卷材沿着上翻梁和弯折的铝合金板内表面延伸，形成完整的防风雨的密封层。闭孔保温层位于防水卷材外，最外侧的铝合金防水板用于保护防水卷材和保温层。保温材料与中空玻璃交圈形成连续的保温层，目的是防止热桥在温带气候条件下在室内生成冷凝水。尽管保温层在这种情况不易安装，但保温层的连续性对于避免热桥的产生至关重要。

双层玻璃板底部的内表面与内部的如角铝之类的金属角形构件粘结。玻璃的外表面与下面的金属防水板用硅胶粘结。任何穿过外部密封层的雨水都会被排到下面屋面卷材的外表上。

小型采光顶可以用上翻构件做泛水，上翻梁与玻璃的面积相比会显得大。在可见度较高或者上人屋面，可以通过两种方式避免这种情况：将采光顶安置在上翻梁的外侧边缘来形成泛水与采光顶平整的视觉效果，或者在周围增加一层通常是开缝的混凝土或木板之类的铺装来遮挡上翻梁。

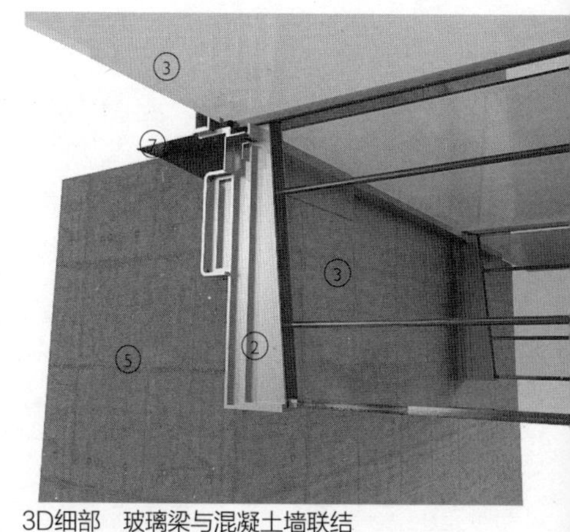

3D细部　玻璃梁与混凝土墙联结

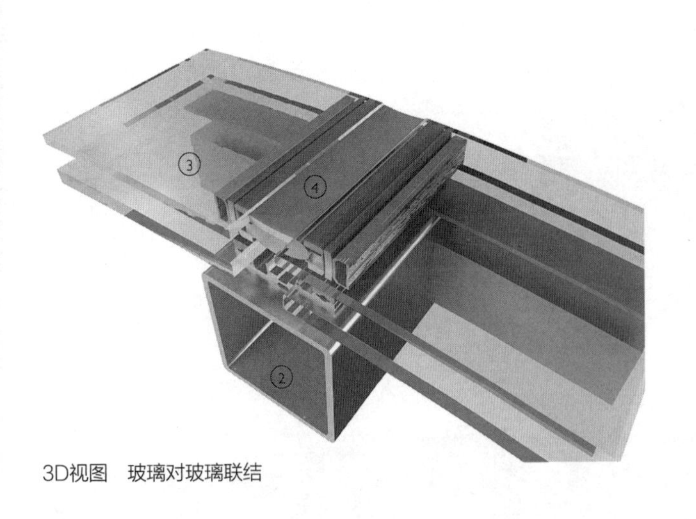

3D视图　玻璃对玻璃联结

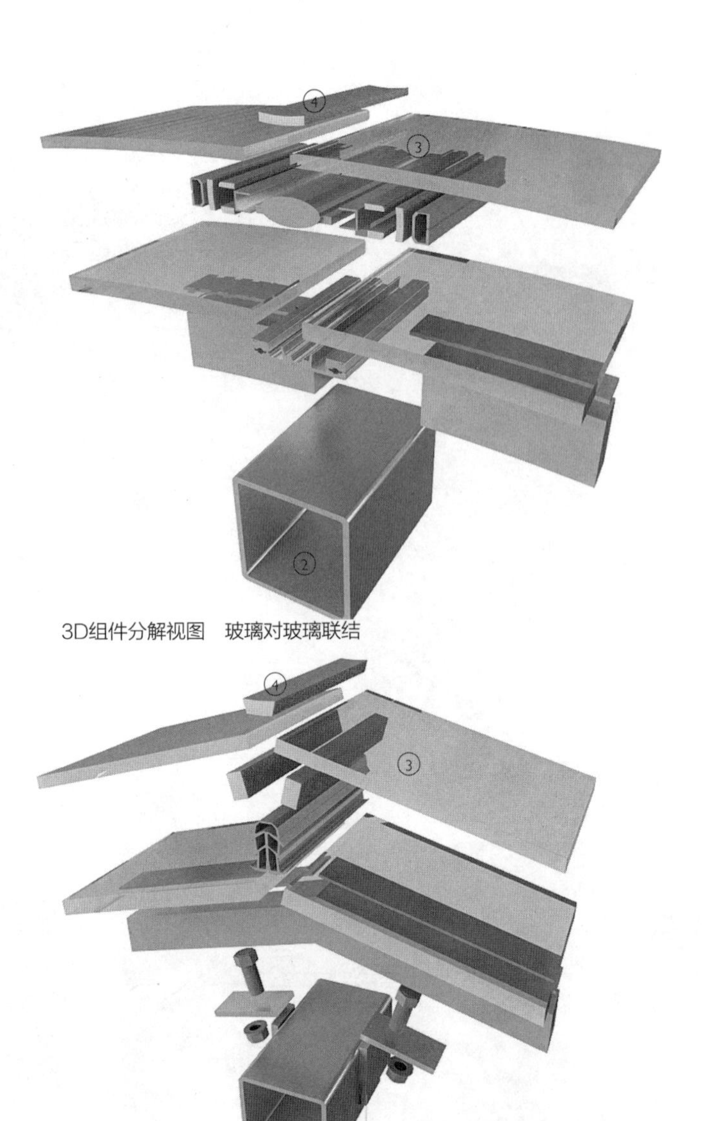

3D组件分解视图　玻璃对玻璃联结

3D组件分解视图　玻璃对玻璃联结

3D视图　玻璃对玻璃联结

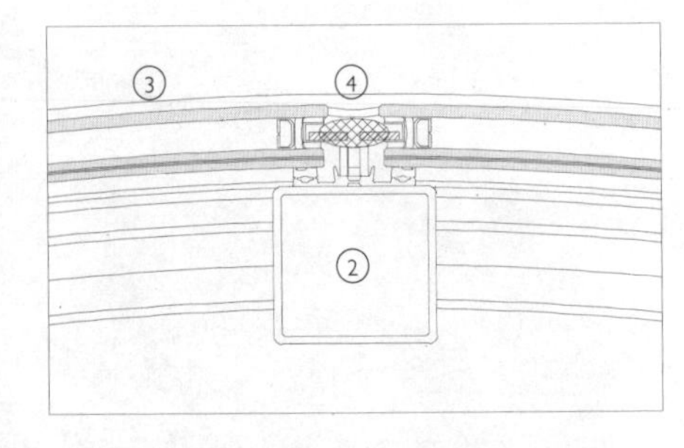

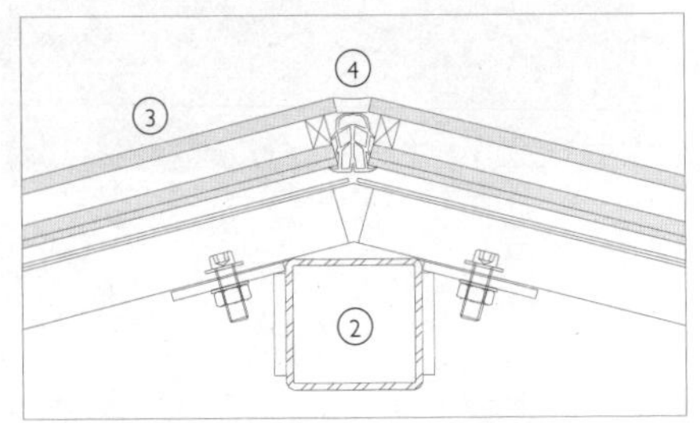

横剖面图1：5　玻璃对玻璃联结

通用单坡采光顶

单坡采光顶展示了视觉上简洁的屋面开天窗的方法。这个圆形采光顶是用固定在Z形支架上的铝合金圆环组成，Z形支架固定到下面的混凝土上翻梁上。竖向扁钢用螺钉拧到Z形支架上，与圆环的连接用硅胶密封。圆形双层玻璃板安装进圆环内，放置在带有垫块的硅胶层上，以便平坦放置。玻璃和圆环之间的接头用附着在聚合物衬棒上的硅胶密封。周围的防水材料搭接到圆环竖边上，使采光顶周围的密封连续。金属板作为玻璃四周硅胶密封层的封边。防水卷材上的闭孔保温层延伸到硅胶密封层位置，使外部保温层保持连续。

玻璃屋面板

采光顶作为上人平屋面的应用已有10年历史。玻璃先前仅用作室内的走道和踏步，现在正以专利系统的形式被用作室外防水屋面板。屋面板使用的是单层玻璃，因为双层玻璃板会在其边缘附近吸收太阳辐射而难以使用。具体原因是玻璃暴露在外，但底部有支撑，热进得来却出不去。当使用黑边“烧结”时，情况会变得很困难。不过，双层玻

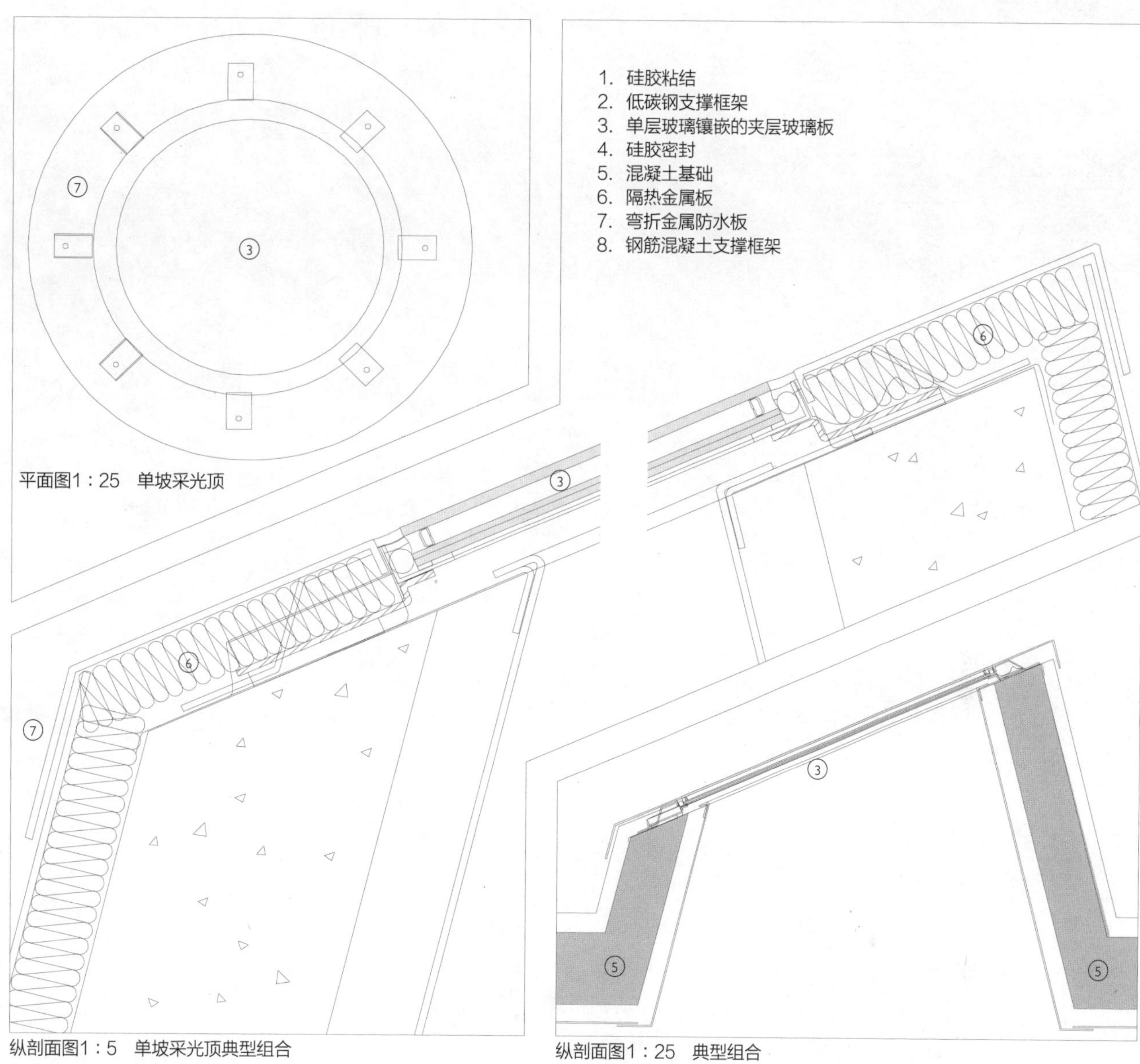

平面图1：25　单坡采光顶

纵剖面图1：5　单坡采光顶典型组合

纵剖面图1：25　典型组合

璃屋面板还在发展，在未来的10年中一定会变得更加普遍。

这里使用的是夹胶玻璃，同其他采光顶一样，既用来防止坠物撞击而穿过玻璃，也用来阻止上层破碎的玻璃坠入下面的空间。玻璃底边粘结到角铝上。金属框和玻璃顶之间的空隙用另一种类型的硅胶密封。玻璃的下方附加冷凝水槽，排除从硅胶密封层或者损坏的接头渗过来的雨水。

这里的细部展示了钢梁和玻璃梁支撑玻璃板的方法。支撑结构中间有一道玻璃梁，跨度6000mm。梁高约600mm，根据具体设计而变化。玻璃梁由三层玻璃组成，每层19mm厚，叠合在一起。当一层玻璃破碎时，其余两层会承担全部荷载，避免梁失去作用。梁的总厚度约为60mm，这为顶部相接的两块玻璃板提供了足够的支撑。每块玻璃的搭接宽度约20—25mm，玻璃板间的接缝宽度约15—20mm，以满足具体的设计。当用钢板作梁来替代夹胶玻璃时，将扁钢焊接到梁顶形成T形断面，给玻璃屋面以足够的搭接宽度。玻璃梁的端部由低碳钢或者铝合金制作的金属“套靴”支撑。不锈钢用于需要

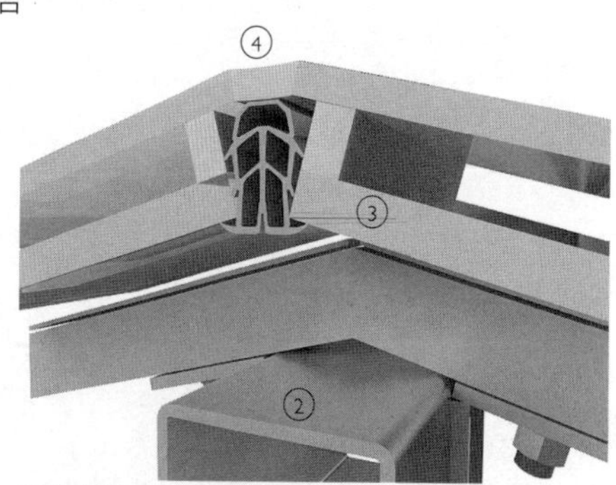

3D细部视图　玻璃对玻璃联结

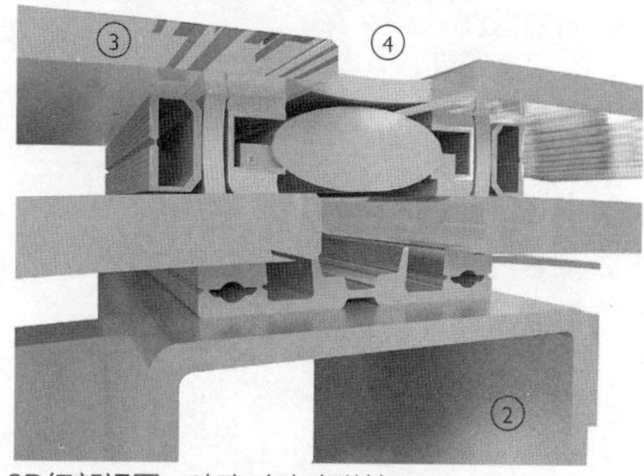

3D细部视图　玻璃对玻璃联结

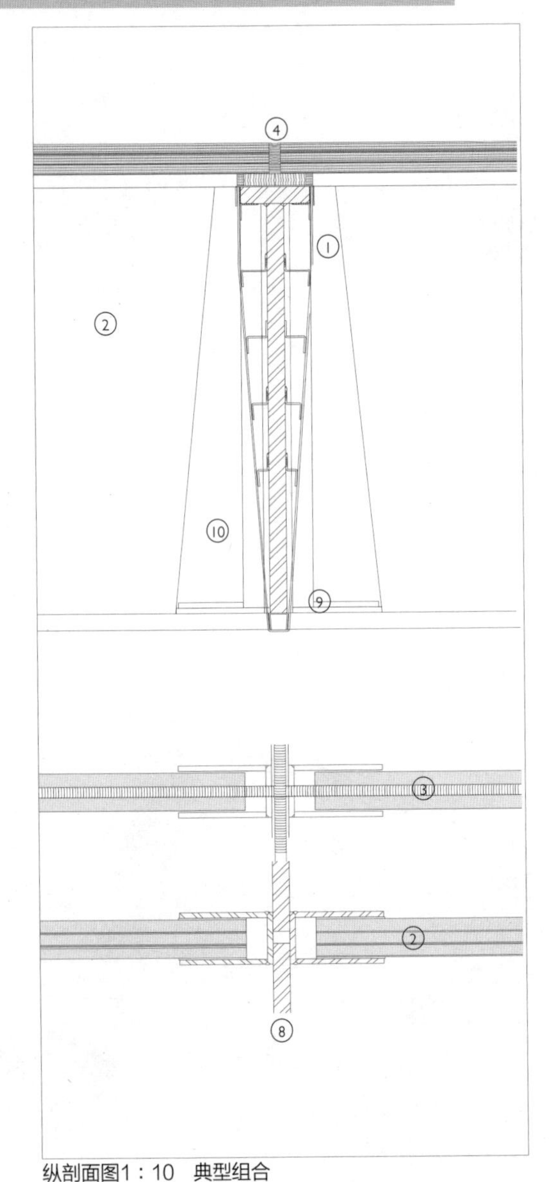

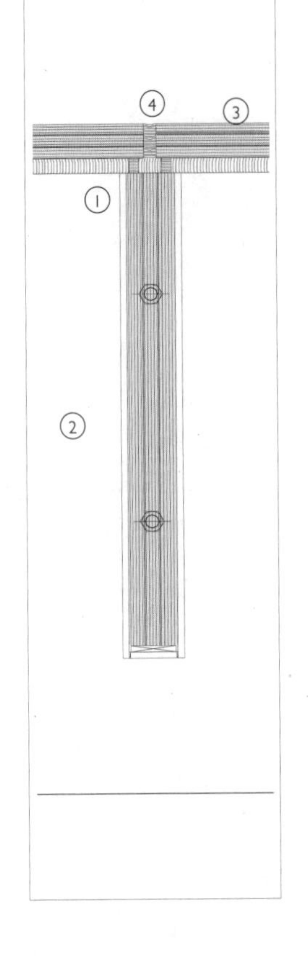

纵剖面图1：10　典型组合

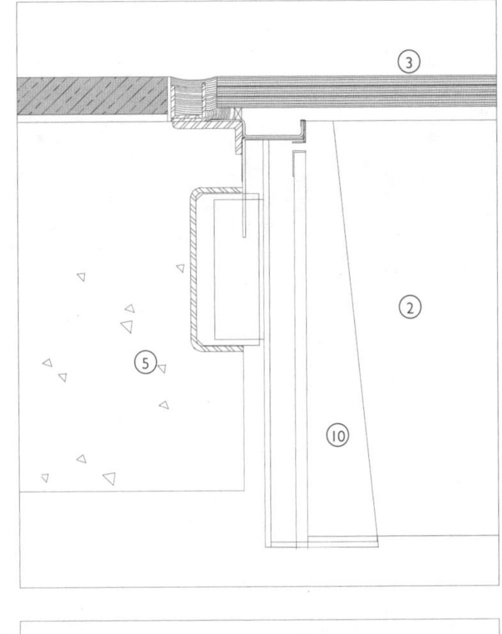

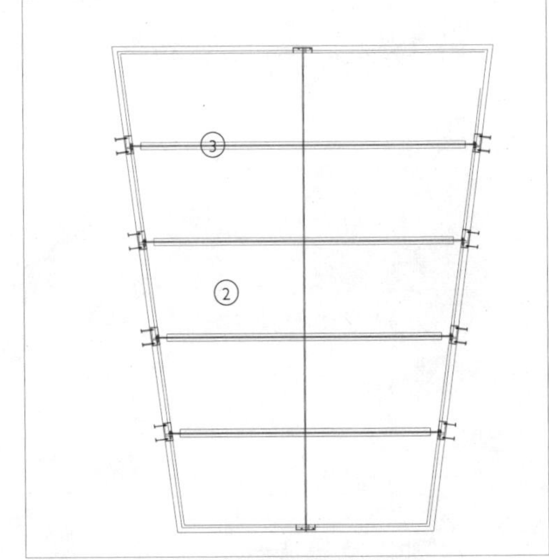

总平面图　可步行的多层玻璃屋面典型组合

玻璃板细部

1. 硅胶粘结
2. 结构玻璃梁
3. 单层玻璃镶嵌的夹层玻璃
4. 硅胶密封
5. 混凝土基础
6. 隔热金属板
7. 弯折金属防水板
8. 作为替代支撑的低碳钢板梁
9. 弯折铝饰面
10. 铝合金支垫

重点防止腐蚀的位置。金属“套靴”用螺栓固定到支撑结构上或者混凝土楼板上。玻璃屋面板和邻近屋面面层之间的空隙用硅胶密封。

玻璃屋面板所用玻璃的常用尺寸从1000mm×1000mm到1500mm×1500mm。板的尺寸和玻璃的总厚度都是决定玻璃屋面板刚度和竖向挠度的因素。夹胶玻璃的竖向挠度的范围一般是0.2—2.0mm，具体数据取决于单体设计。刚才提到的玻璃尺寸范围内有代表性的夹胶玻璃的组合如下所示。为表述简明，玻璃之间的胶层厚度被忽略：

15mm+12mm+12mm=39mm厚；

15mm+15mm+12mm=42mm厚；

15mm+15mm+15mm=45mm厚。

在玻璃梁的连接处，次梁与主梁的固定，可以参照木楼板构造的方式用低碳钢“套靴”，也可以参照钢骨架楼板构造的方式用低碳钢的夹具。两种方法都需要在至少其中一个梁上钻孔，将金属组件用螺栓

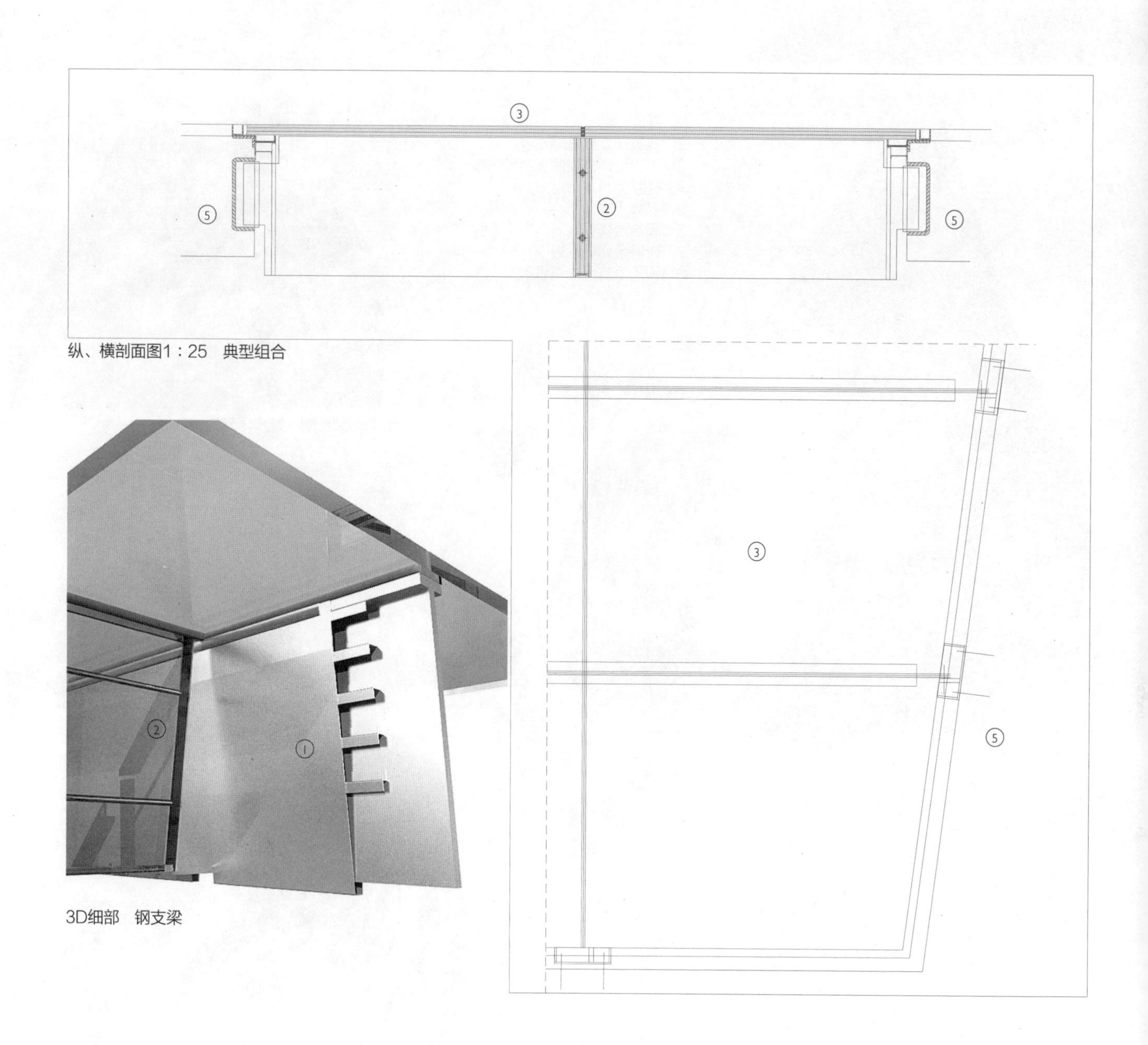

纵、横剖面图1：25　典型组合

3D细部　钢支梁

固定到梁上。当将玻璃梁与钢梁用螺栓连接时，金属“套靴”的做法与前面是一样的。在玻璃上钻孔是广泛应用的技术，主要用于螺栓固定的玻璃系统。

玻璃屋面板通常以增加一层面层的做法来增加摩擦力，起到防滑作用。有时候在玻璃表面添加金刚砂也是这个原因。另一种方法是在玻璃表面“烧结”或者丝网印刷，这样做另外的好处是能降低透明度。

3D细部　钢支梁

温室细部

1. 硅胶粘结
2. 低碳钢支撑框架
3. 单层玻璃镶嵌的夹层玻璃板
4. 硅胶密封
5. 混凝土基础
6. 隔热金属板
7. 弯折金属防水板
8. 钢筋混凝土支撑框架

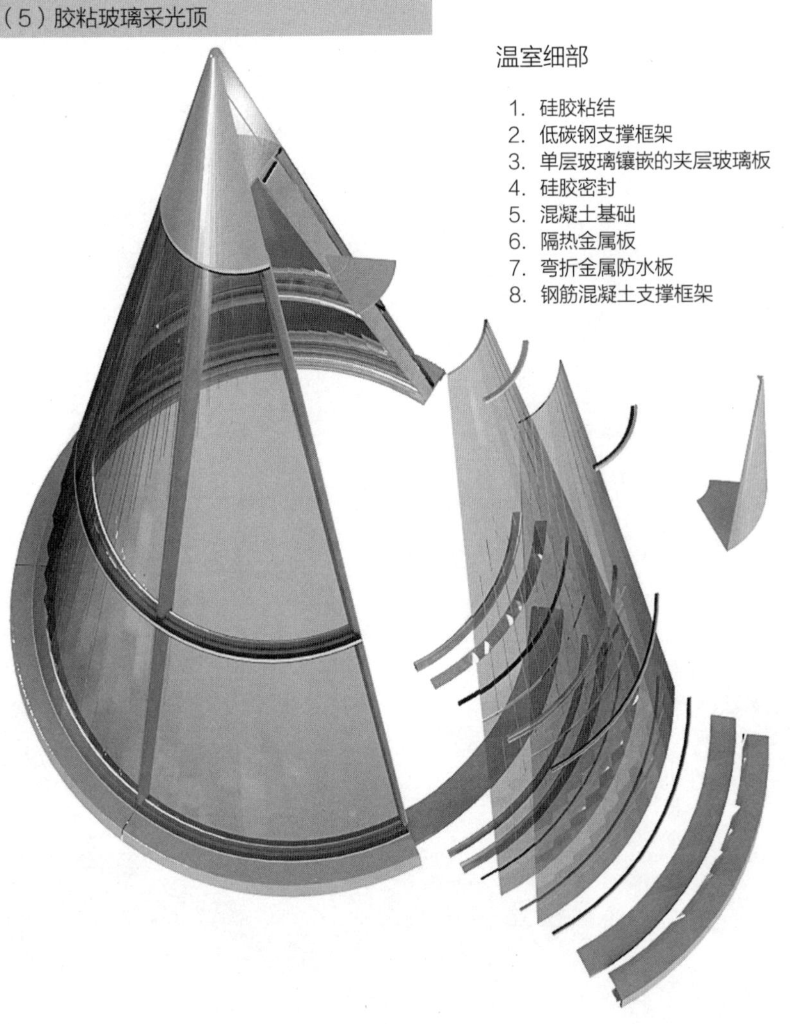

3D细部视图　锥形采光顶组合顶点

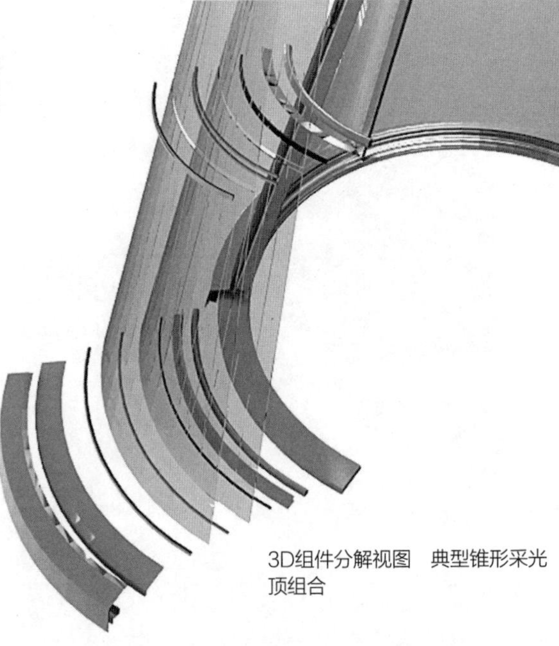

3D组件分解视图　典型锥形采光顶组合

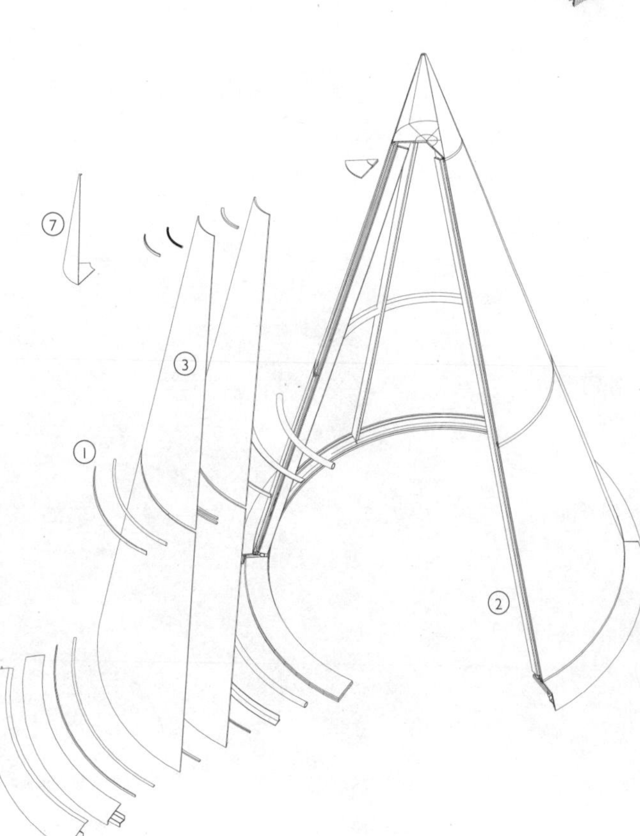

组件分解轴测视图　典型锥形采光顶组合

3D细部组件分解视图　在一个锥形采光顶上的玻璃对玻璃联结

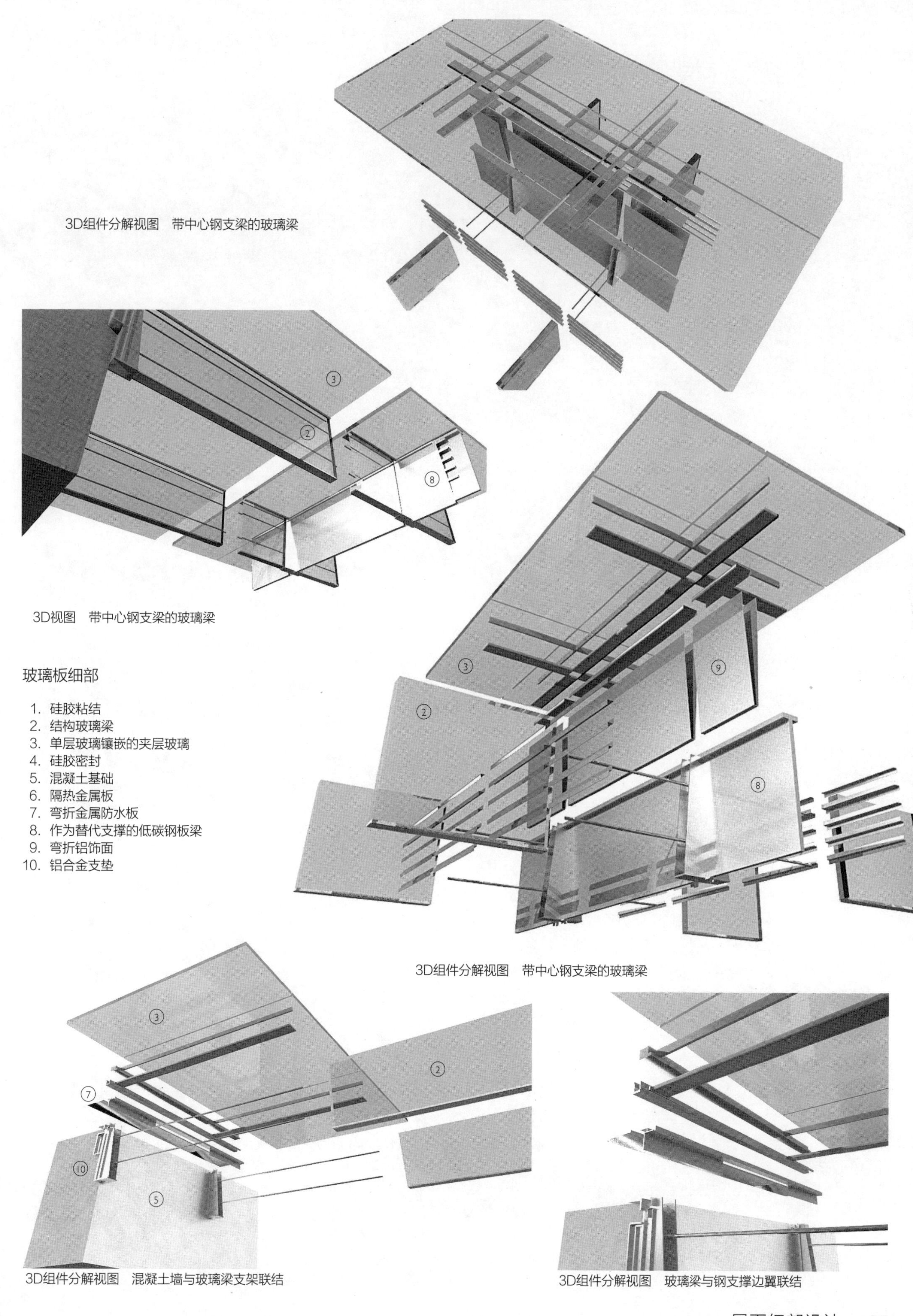

3D组件分解视图　带中心钢支梁的玻璃梁

3D视图　带中心钢支梁的玻璃梁

玻璃板细部

1. 硅胶粘结
2. 结构玻璃梁
3. 单层玻璃镶嵌的夹层玻璃
4. 硅胶密封
5. 混凝土基础
6. 隔热金属板
7. 弯折金属防水板
8. 作为替代支撑的低碳钢板梁
9. 弯折铝饰面
10. 铝合金支垫

3D组件分解视图　带中心钢支梁的玻璃梁

3D组件分解视图　混凝土墙与玻璃梁支架联结

3D组件分解视图　玻璃梁与钢支撑边翼联结

混凝土屋面

（1）隐蔽卷材

- 材料
- 变形缝
- 女儿墙泛水
- 栏杆和底座
- 水落口
- 穿管

（2）外露卷材

- 聚合物卷材
- PVC卷材
- FPO（TPO）卷材
- 机械固定的方式
- 粘结固定的方式
- 女儿墙和泛水
- 铺砌石块屋面

（3）种植屋面

- 系统设计
- 种植屋面的组成
- 土壤厚度
- 溢水口
- 屋面连接处
- 水落口
- 露台花池

3D视图　带隐蔽卷材的混凝土屋面

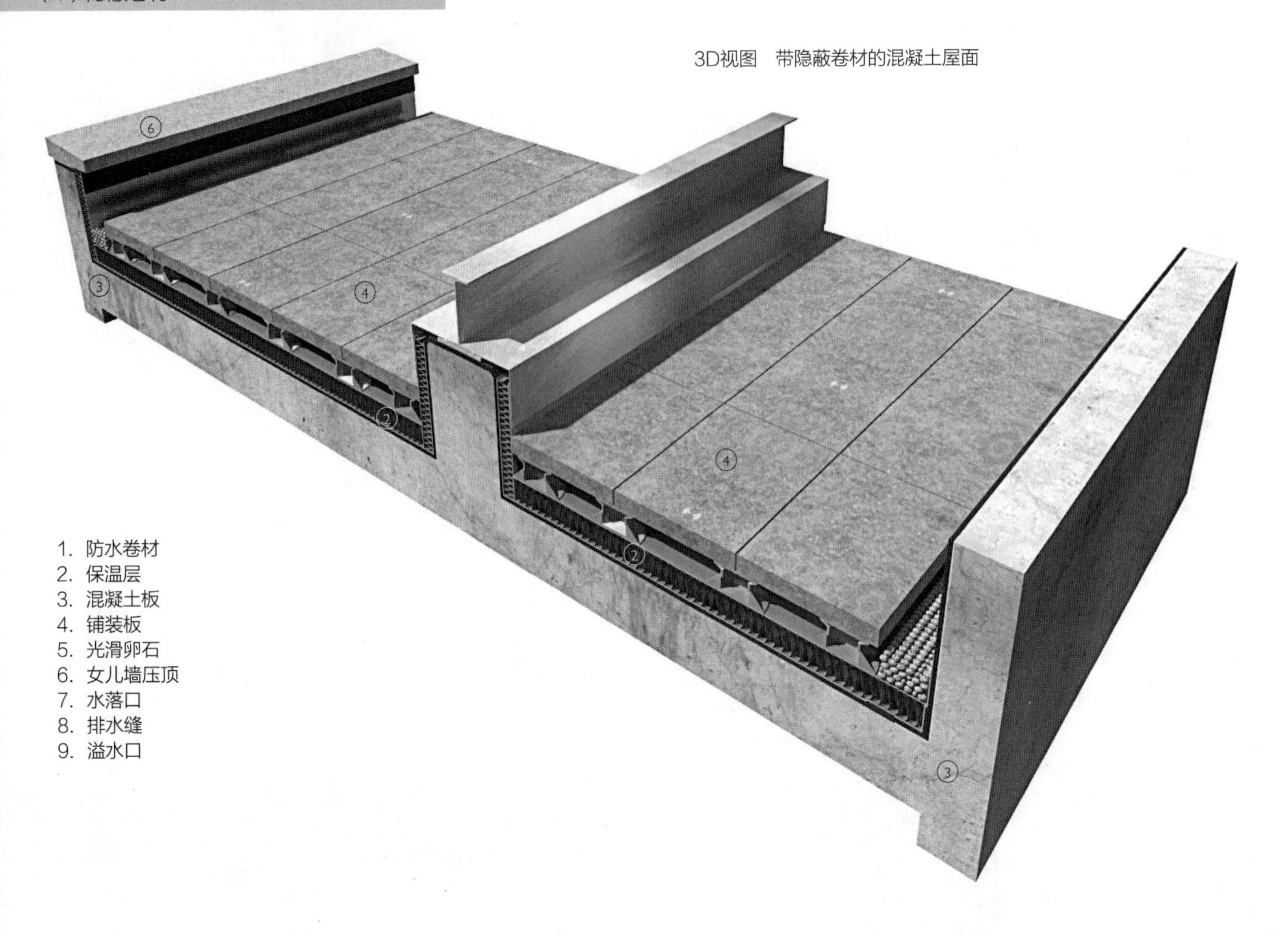

1. 防水卷材
2. 保温层
3. 混凝土板
4. 铺装板
5. 光滑卵石
6. 女儿墙压顶
7. 水落口
8. 排水缝
9. 溢水口

材料

沥青传统上一直被用作防水材料，施工时将液态的热沥青铺到混凝土屋面板上，冷却时硬化，形成不透水卷材。日照下会变软，因为这个原因，为了降低材料表面温度，卷材上通常覆盖鹅卵石或铺装，这些材料与卷材之间通常一般会做保温层。传统的沥青屋面通常使用两层卷材，总厚度约为25mm。不适合直角弯折是限制沥青应用的一个因素。当材料从水平屋面转到竖直女儿墙时，可以先弯折成两个45°角。

隐蔽在屋面面层下的沥青基卷材是沥青和合成橡胶的混合体，以获得更大的弹性和强度，从而提高材料尺寸稳定性和抗拉强度。强度的增加使材料能够弯折90°，应用起来更加容易，不需两次导角。

制造商在过去20年里，付出了很大的努力用热塑性材料和人造橡胶混合将沥青卷材做得更薄，在提高强度和弹性的基础上节省材料，使价格更具竞争力。现代复合卷材取代了较厚的双层卷材，施工中加热在液态形式下铺设，但用夹在卷材间的人造橡胶提高强度。一般使用两道卷材，每道3mm厚，中间是加强层。这样沥青能够适应在连接处的轻微错动以及锐角折弯。诸如天沟和上翻梁等相对薄弱的位置还需在外侧增加一道保护层。

隐蔽卷材的屋面越来越多地采用平铺不起坡的做法，这一点不像外露卷材需要轻微的坡度。部分原因是沥青与混凝土的粘结要比薄水泥砂浆层更加可靠；另一部分原因是如果在大面积的平屋面上找坡的话，在屋面高差变化的地方会遇到困难，难于排净雨水。当屋面面层是密封的情况时，更传统的方法是在屋顶上铺设找平层和厚厚的沥青卷材，例如密封接缝的铺装。

一般泛水的完工早于屋面主要部分的防水工程，目的是为了外墙的竣工。当一个区域完成后，屋面板做防水和面层，将平屋面的区域与已经完成的泛水粘结连续起来。这样的工序避免了施工过程中对卷材的额外保护措施，否则它在建筑竣工之前都伴随着损坏的危险。

隐蔽卷材屋面一般都是倒置式的，覆盖保温层的铺装可采用开缝或闭缝设计。在开缝的类型中，卷材与混凝土板粘结，闭孔硬质保温材料铺在卷材上，最上面做保护层。聚酯纤维过滤板放在上面，顶上铺装或者施布光滑鹅卵石，以固定保温层，同时也便于行走。鹅卵

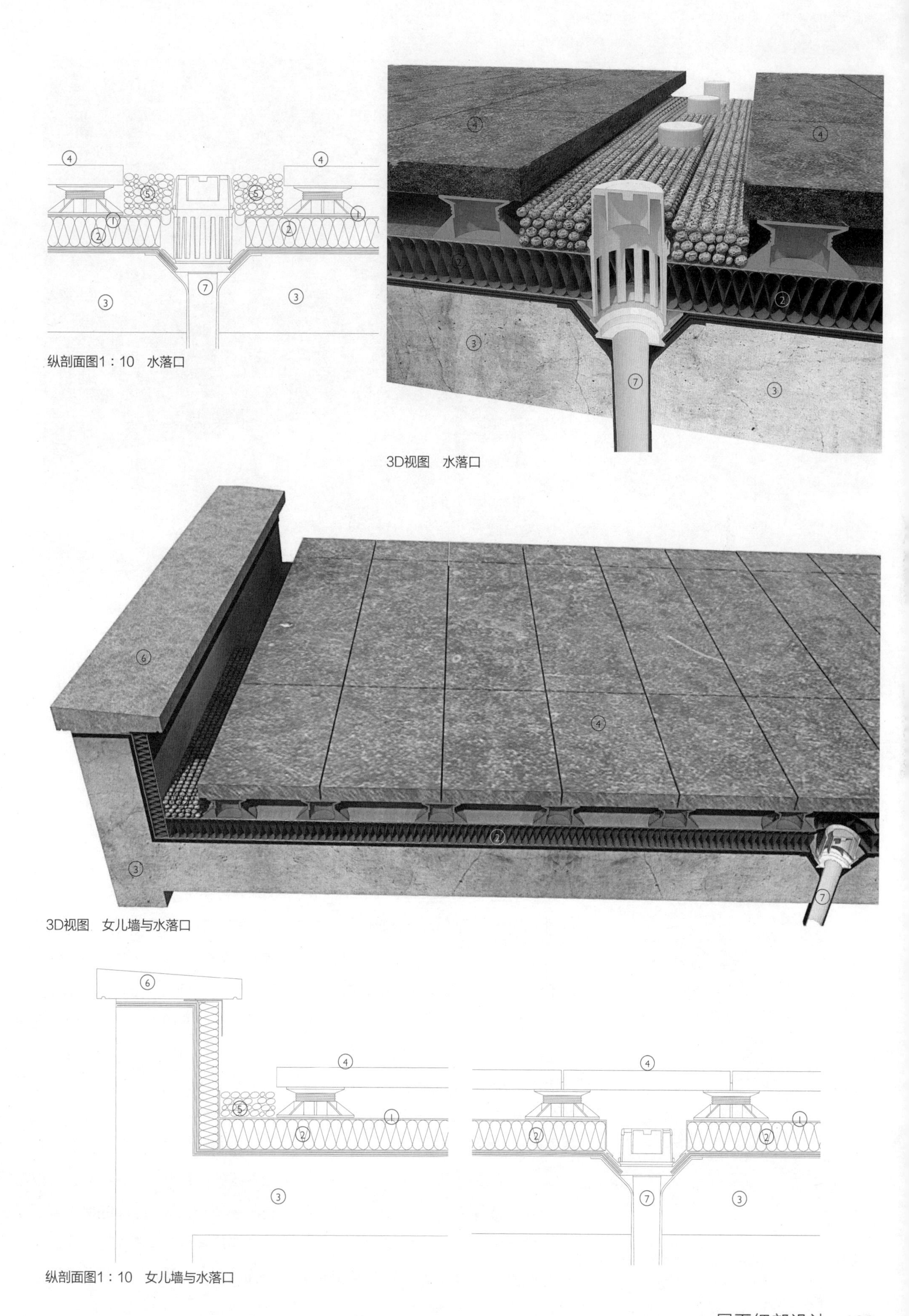

纵剖面图1：10　水落口

3D视图　水落口

3D视图　女儿墙与水落口

纵剖面图1：10　女儿墙与水落口

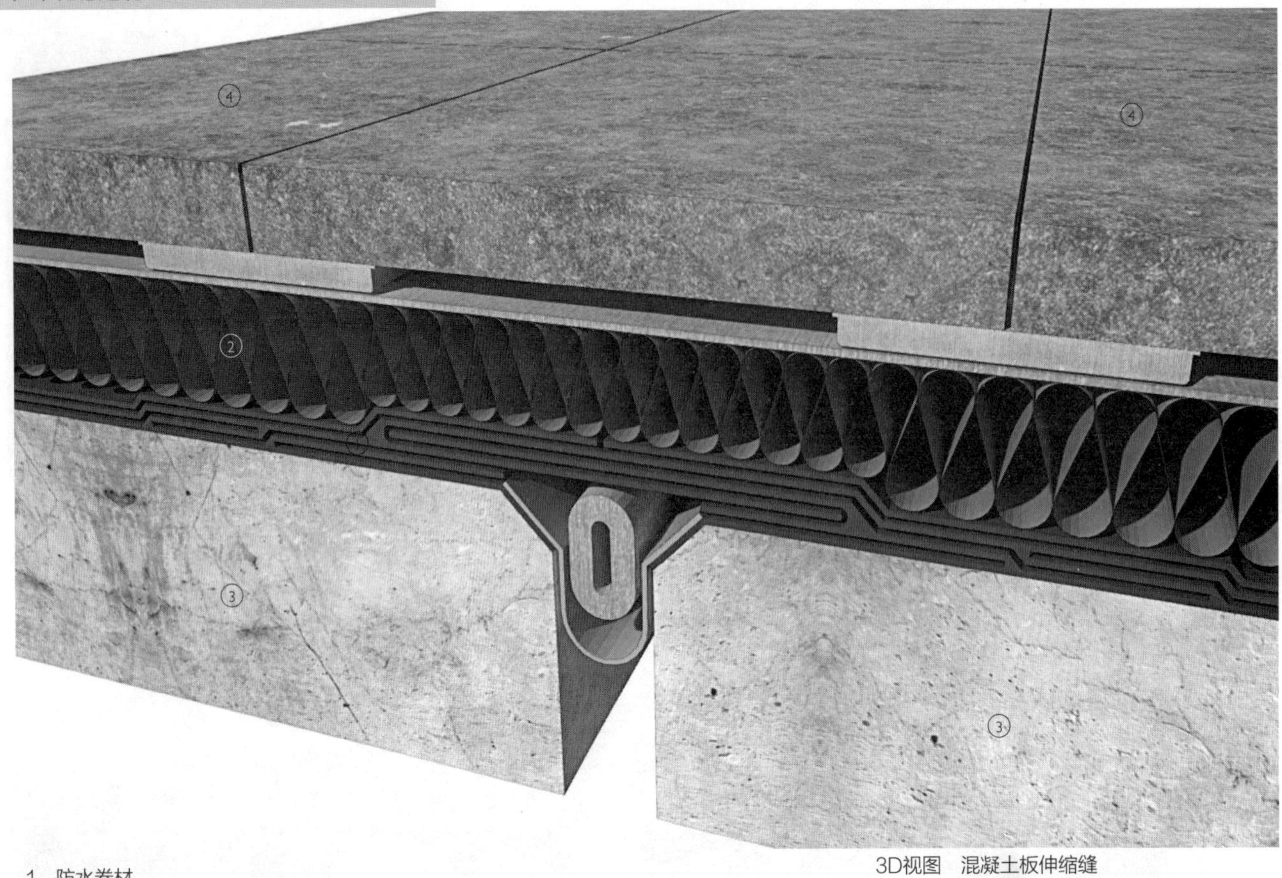

3D视图　混凝土板伸缩缝

1. 防水卷材
2. 保温层
3. 混凝土板
4. 铺装板
5. 光滑卵石
6. 女儿墙压顶
7. 水落口
8. 排水缝
9. 溢水口

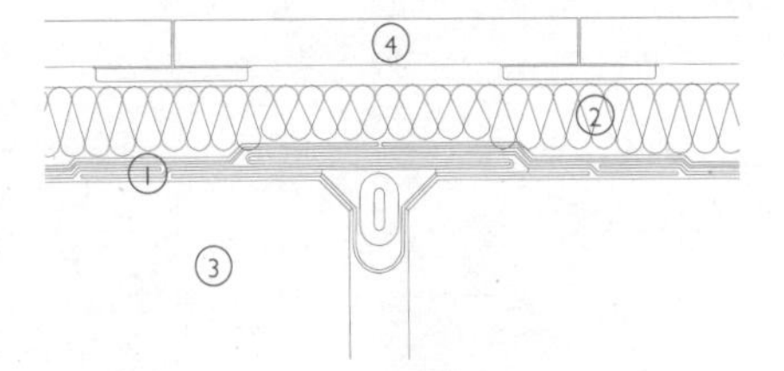

纵剖面图1：10　混凝土板伸缩缝

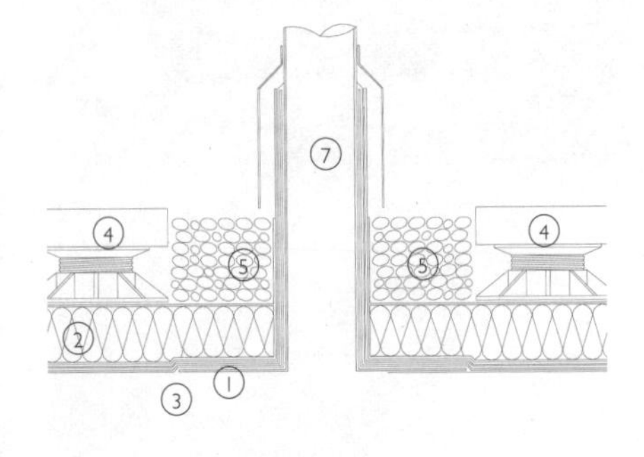

纵剖面图1：10　水落口细部

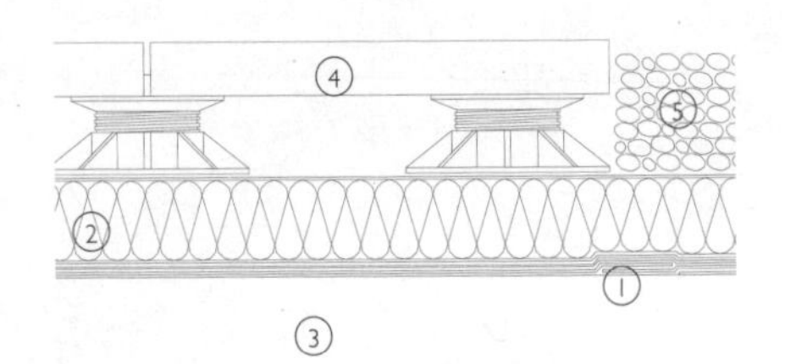

纵剖面图1：10　保温层细部

石的直径为20—40mm，铺装的尺寸约为600mmX600mm，厚30—40mm。在接缝密封的构造中，沥青卷材和保护层在上面有排水层，上面放置65mm的水泥砂浆，通常配筋或者做得足够厚来防止水泥砂浆层和上面密封的铺装产生龟裂。铺装板粘结到水泥砂浆层上，接缝处做灌浆处理。

变形缝

隐蔽的防水卷材的主要好处是它能够跨越钢筋混凝土板的变形缝和伸缩缝，其构造做法简单可靠，不需要通过屋面上翻做连接。钢筋混凝土板间10—50mm宽的伸缩缝的防水做法是将防水卷材在缝两边断掉，在变形缝内装入橡胶卷材，与两边防水卷材连接形成密封效果。因为变形缝随结构的位移而变化，橡胶卷材允许做小幅度的伸展。变形缝用附加的卷材保护和加强，卷材可以是平的，只与一边粘结；也可以弯折成S形，通过上面附加的保护层固定。卷材与加强层之间的空隙，用泡沫衬杆填充，如同在螺栓固定玻璃幕墙中的变

3D细部　屋面女儿墙

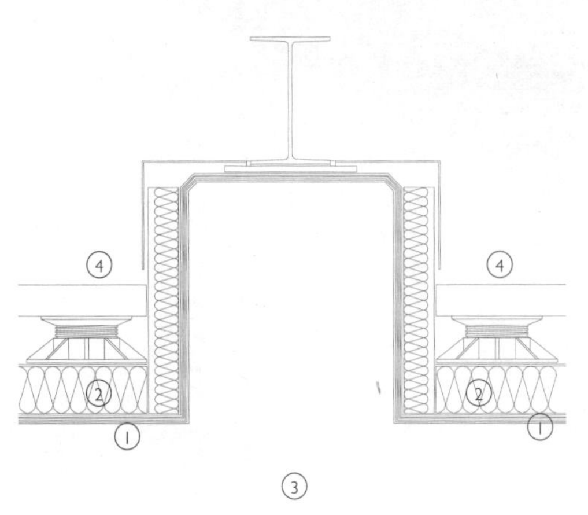

纵剖面图1：10　混凝土泛水

3D视图　混凝土泛水

形缝一样。起加强作用的是同样的沥青或橡胶材料。

变形缝顶的表层做法尽量与周围屋面齐平，不影响雨水自由排除。加强卷材有时向下弯入空隙中，用泡沫衬杆与下面的卷材分开。缝内渗入的雨水难以排除，除非采取措施能够流入水落口里。

混凝土屋面板和墙体之间的连接处的处理方法与上面类似，卷材深入墙和屋面之间的空隙处，再沿墙上翻。卷材的加强做法也类似，具体是用橡胶卷材弯折90°，而不是像传统的沥青基卷材一样要做弯折两次45°角。

金属制的成品伸缩缝构件通常同密封屋面装修一道，形成外装修的一部分。在本例中，将卷材与金属伸缩缝构件粘结。伸缩缝构件安装在卷材的外侧。泡沫材料做的衬杆安装在下沉的卷材的顶上，上面再施加兼容性的密封胶层，保证任何透过变形缝的雨水会排到变形缝的侧边。防水卷材跨过变形缝向上继续延伸，形成完整的密封效果。

混凝土板之间的缝隙，如预制混凝土板，结构位移很小，也采用橡胶条密

3D视图　混凝土泛水

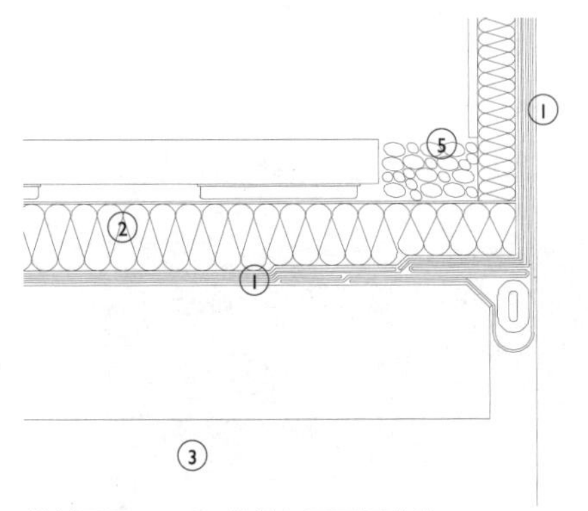

纵剖面图1：10　外墙与屋面板联结

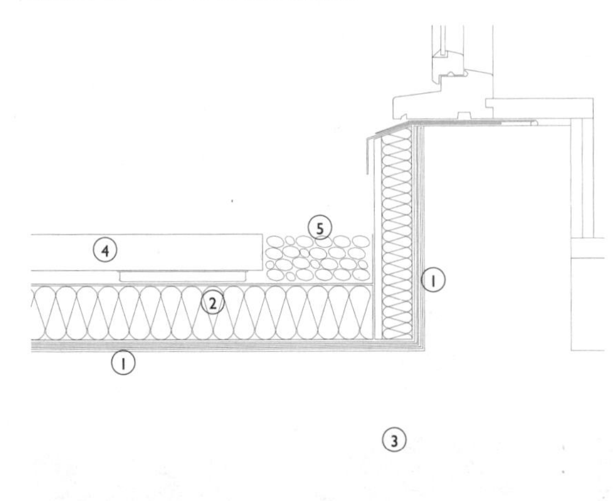

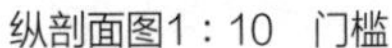

纵剖面图1：10　门槛

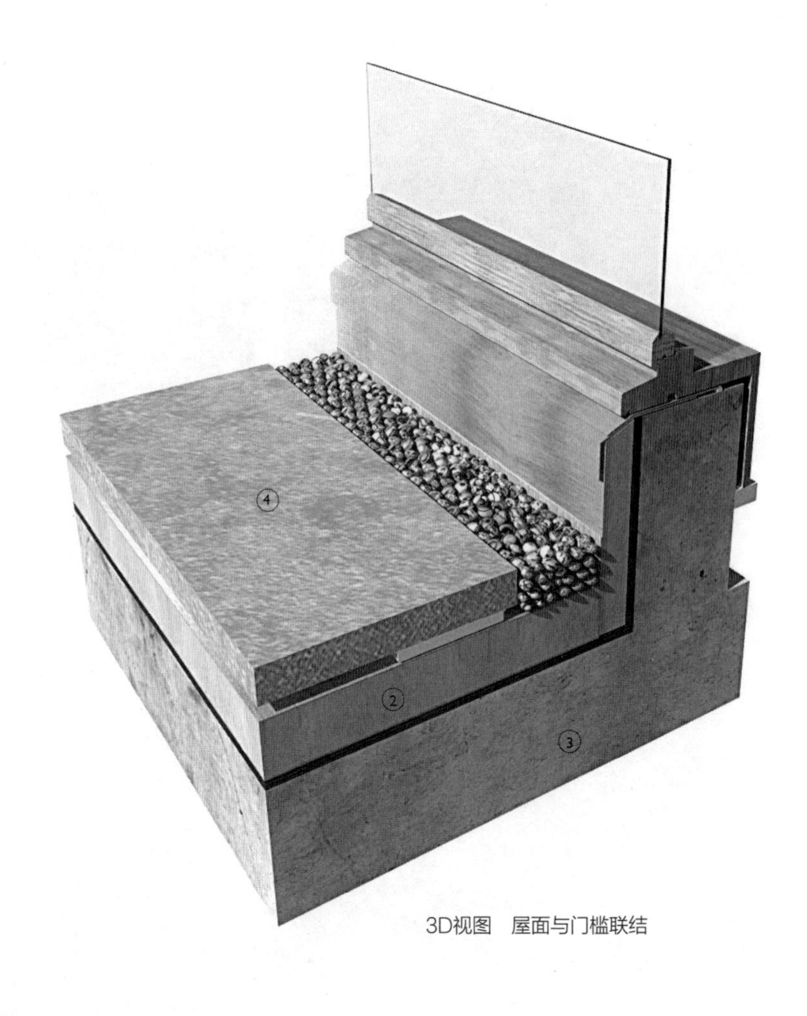

3D视图　屋面与门槛联结

闭。卷材在橡胶条上形成通长的搭接接头，在建造过程中有可能出现损坏的位置，要使用泡沫塑料衬杆。

女儿墙泛水

女儿墙泛水处的一个重要的要求是保护防水卷材免受日晒影响，因此保温层安装到女儿墙内表面，即使这对到建筑的热传递没有直接的好处。卷材弯折90°，如图所示，但有些制造商对此有要求，需要将一次最大弯折角度限制到45°。在90°弯折处附加一道加强卷材。

低矮的女儿墙用混凝土或者石材做压顶。防水卷材沿女儿墙上翻，收头置于压顶下，确保卷材在墙与屋面连接处形成连续的防水层。再附加一道金属防水板盖在金属箔贴面的保温层顶上，保护保温层与金属箔贴面之间的连接处。在有些情况下，采用的是不嵌缝的铺装，雨水在防水卷材上排除。为了便于雨水从女儿墙压顶上排下来，在墙根部设置了一条卵石带。这样的做法使雨水从女儿墙内侧流下，再经过卵石渗到下面的卷材上，避免了接近女儿墙处的铺装被弄脏。在其他情况下，铺装一直延续到上翻的门槛处。因为外门的门槛起到了门洞底封口的作用，防水层就在洞口的边缘处停止。从这两个细部做法中可以发现，防水卷材的结束位置随具体情况不同而不同。

栏杆和底座

栏杆竖向构件固定到防水层上的底板上。栏杆的底板用螺栓透过防水卷材固定到下面的混凝土板上。如果卷材上设置了保护层，则在底板范围取消以达到更可靠的密封效果。将带保护层的附加卷材置于底板上，也可以将人造橡胶的密封材料粘结到底板的顶上，为螺栓固定底板而穿透屋面的位置提供第二道防水。散放在保温层上面的聚酯纤维过

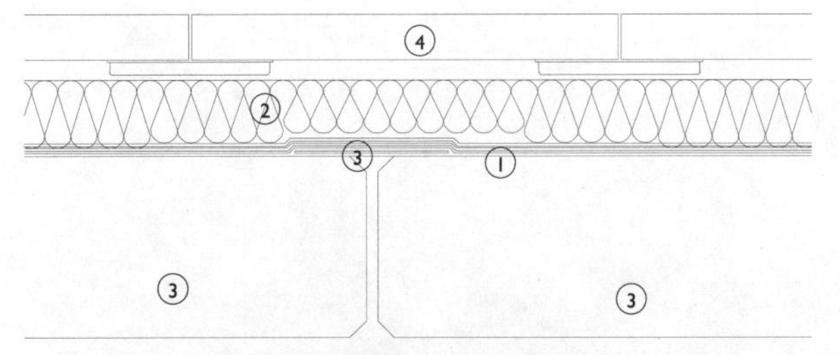

纵剖面图1：10　混凝土板伸缩缝

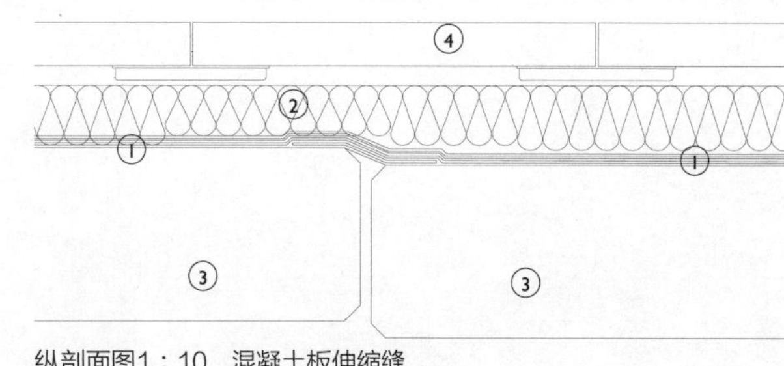

纵剖面图1：10　混凝土板伸缩缝

3D视图　密合的混凝土板伸缩缝

3D视图　开放的混凝土板伸缩缝

3D剖视图　外墙与带溢水口屋面联结

1. 防水卷材
2. 保温层
3. 混凝土板
4. 铺装板
5. 光滑卵石
6. 女儿墙压顶
7. 水落口
8. 排水缝
9. 溢水口
10. 按需弯折加固
11. 专用伸缩缝
12. 栏杆
13. 管件或预留孔
14. 滤板

纵剖面图1：10　外墙与带溢水口的屋面联结

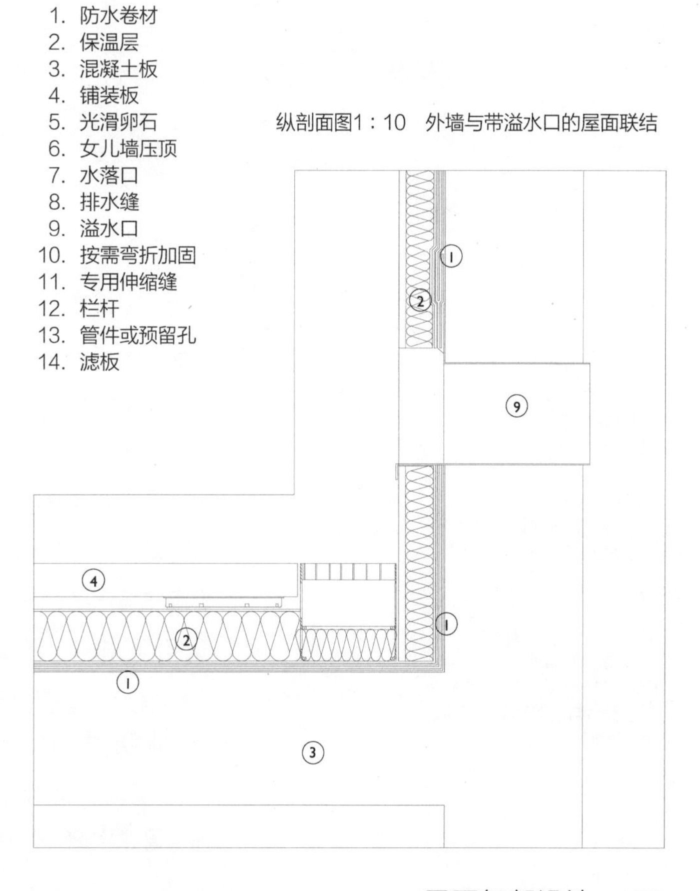

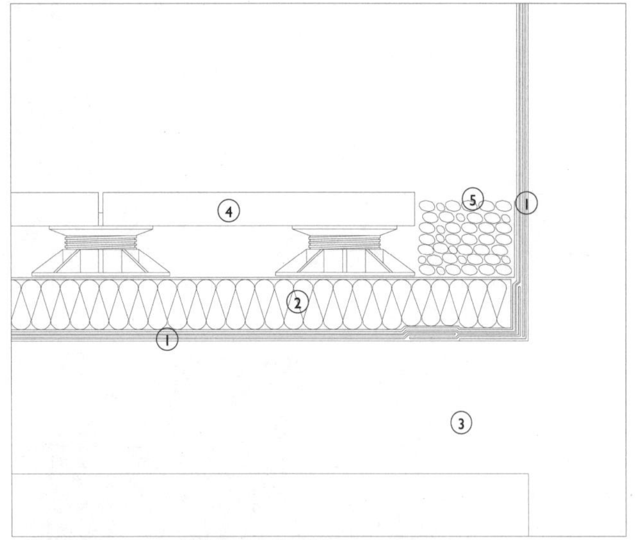

纵剖面图1：10　外墙与屋面板联结

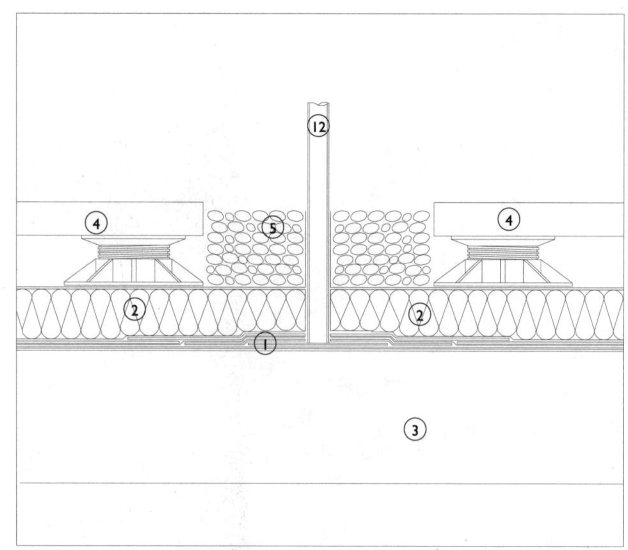

纵剖面图1：10　栏杆基底

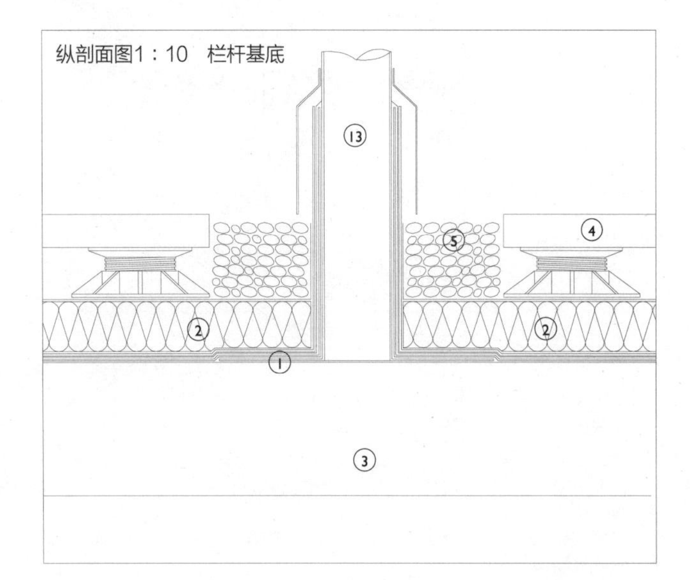
纵剖面图1：10　栏杆基底

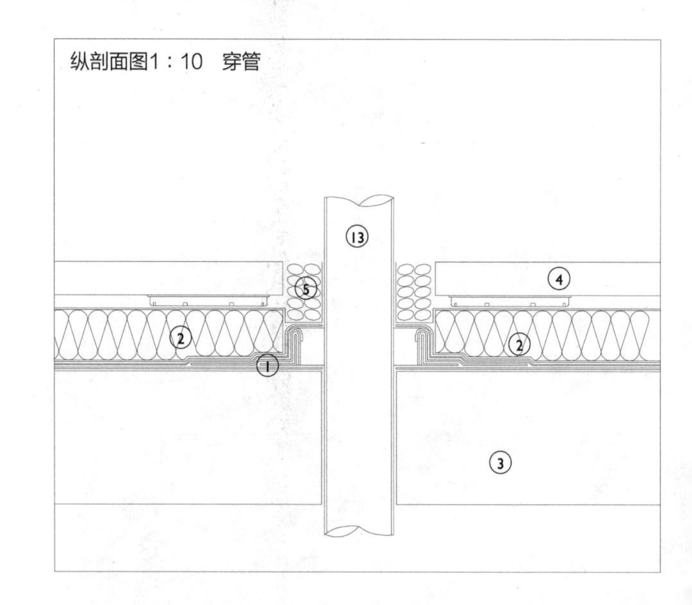
纵剖面图1：10　穿管

1. 防水卷材
2. 保温层
3. 混凝土板
4. 铺装板
5. 光滑卵石
6. 女儿墙压顶
7. 水落口
8. 排水缝
9. 溢水口
10. 按需弯折加固
11. 专用伸缩缝
12. 栏杆
13. 管件或预留孔
14. 滤板

滤板，将在铺装下面的栏杆裹住。

为屋面上机械设备提供支撑的矮柱形式的基座的防水做法与女儿墙类似。卷材从屋面90°上翻覆盖整个基座。有些构造含有工字钢轨道，用来支撑空调机组或者清洁用的吊篮台车。保温层需覆盖整个基座，防止屋面产生热桥。

水落口

水落口可以安装在与防水卷材齐平的位置，也有的水落口在嵌缝的铺装和防水卷材的高度都能排水。水落口下半部分可以固定到混凝土板上，将防水卷材从屋面延伸至水落口顶，上半部分用螺栓固定到已经安装的部分上并密封。土工网封在水落口上，防止尘土和碎片冲刷到排水系统中。水落口的安装采用相同的方法，但顶盖位置更低，因为雨水只是从顶盖的边缘排入，而不是整个高度范围都能吸收雨水。过滤板也可以向下塞到水落口的边缘。因为其隐蔽的位置，水落口需要打开铺装进行例行的

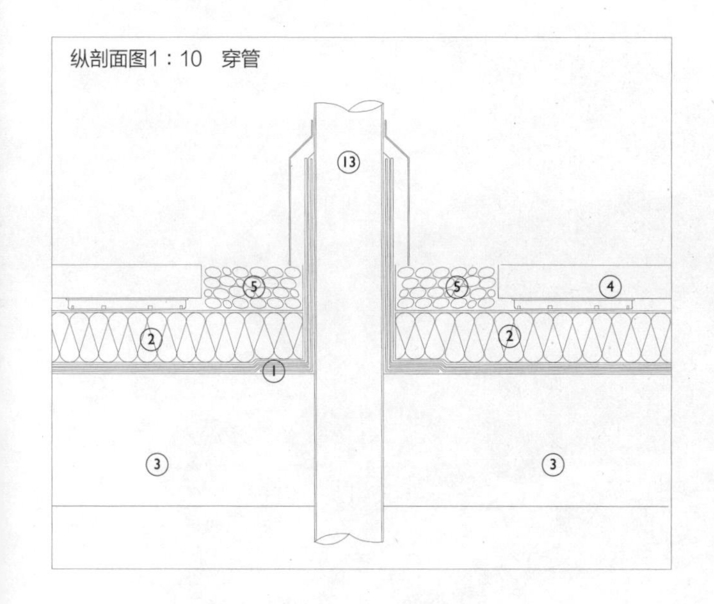

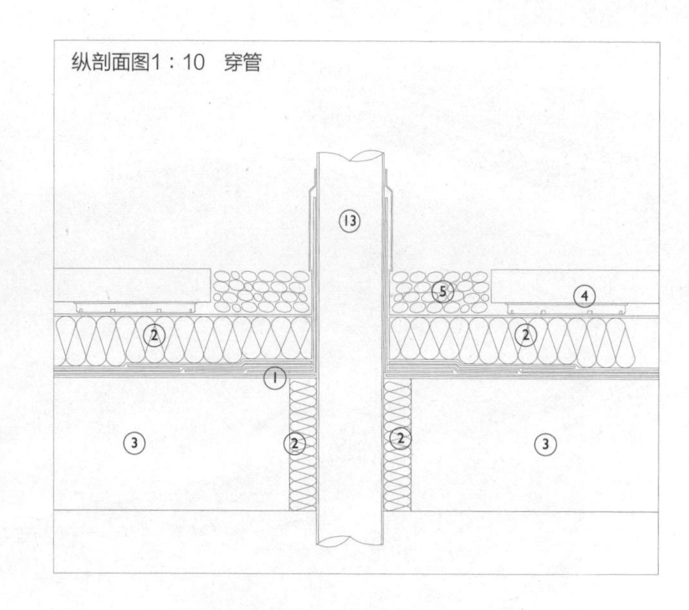

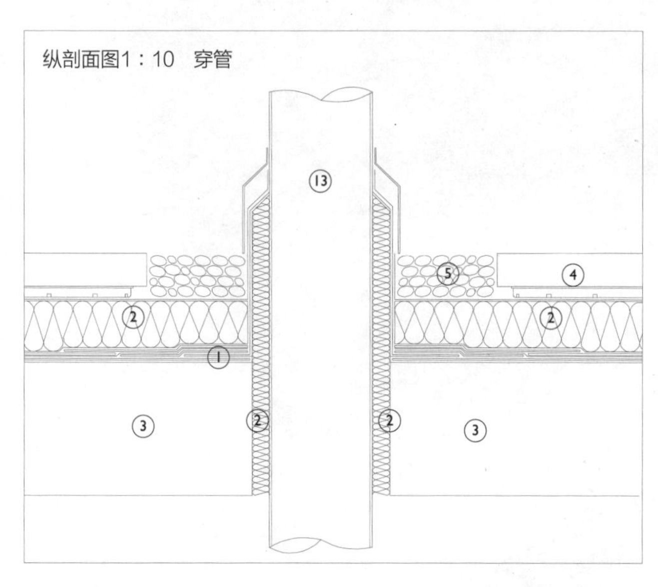

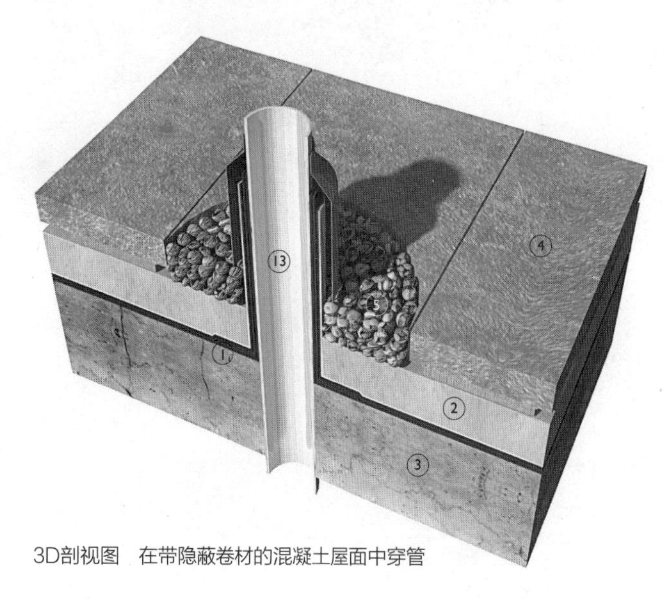

3D剖视图　在带隐蔽卷材的混凝土屋面中穿管

检查，除掉可能在水落口和邻近的保温层之间聚集的杂物。

水落口越来越多地外置在立面上或者外墙的空腔里，后者可以隐蔽女儿墙上不美观的洞口。双向水落口分两部分安装。图中所示的女儿墙和铺装边缘之间的25mm的空隙用于将雨水排到水落口。

穿管

穿管处的密封做法是在开口处上翻做泛水或者在管子周围设置金属套管，类似前面说的栏杆的细部做法。在混凝土上翻梁的位置，金属防水板焊接或机械固定到管子上。金属套管穿过卷材用螺栓固定，再将起加强作用的橡胶圆盘粘到底板的顶上。管子安装在套管里，与其顶部的张力夹密封。管子的防水细部做法允许管子既有保温效果又独立于封闭且密封的套管。

3D剖视图　在带隐蔽卷材的混凝土屋面中穿管

3D组件分解视图　带隐蔽卷材的一般屋面

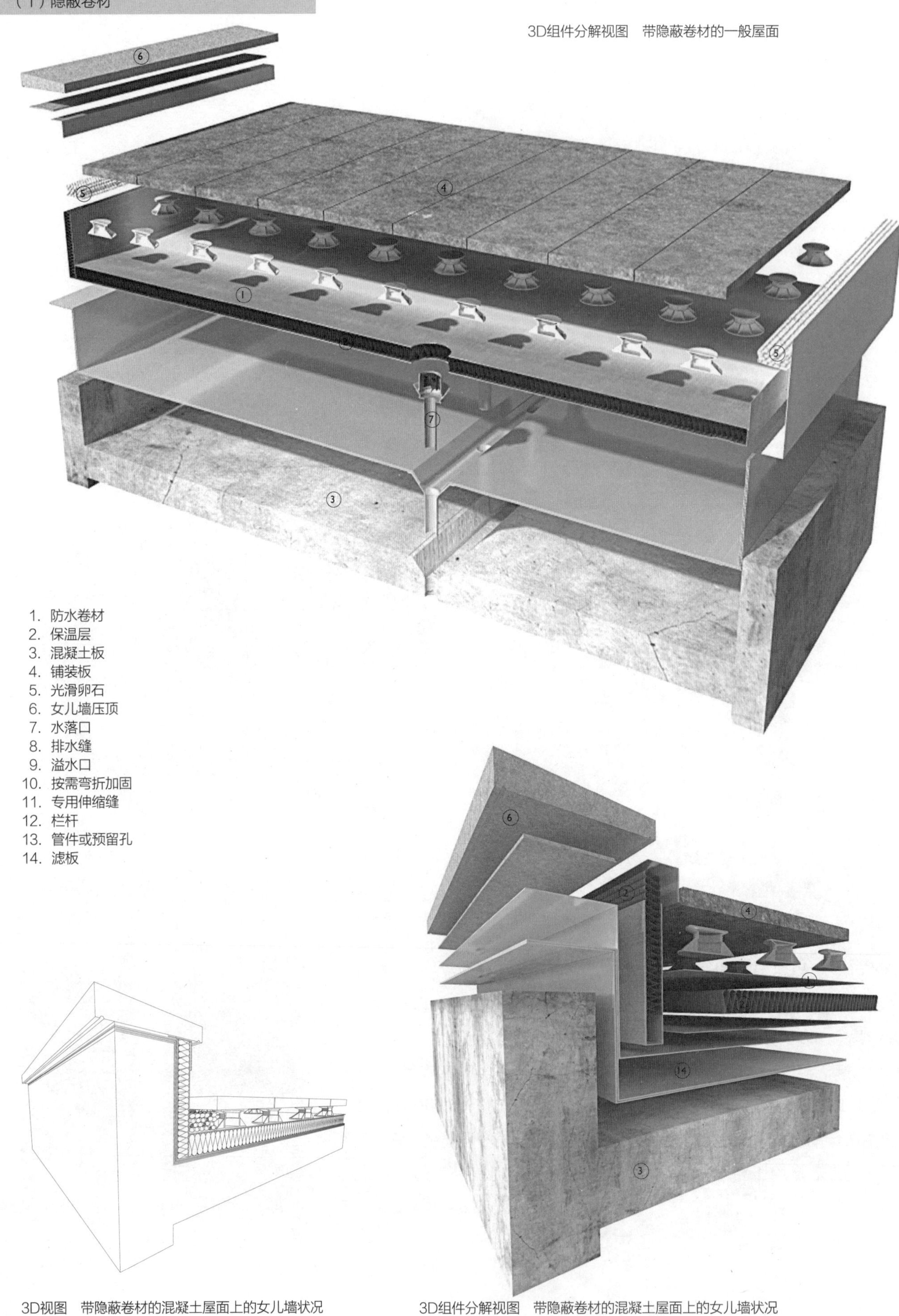

1. 防水卷材
2. 保温层
3. 混凝土板
4. 铺装板
5. 光滑卵石
6. 女儿墙压顶
7. 水落口
8. 排水缝
9. 溢水口
10. 按需弯折加固
11. 专用伸缩缝
12. 栏杆
13. 管件或预留孔
14. 滤板

3D视图　带隐蔽卷材的混凝土屋面上的女儿墙状况

3D组件分解视图　带隐蔽卷材的混凝土屋面上的女儿墙状况

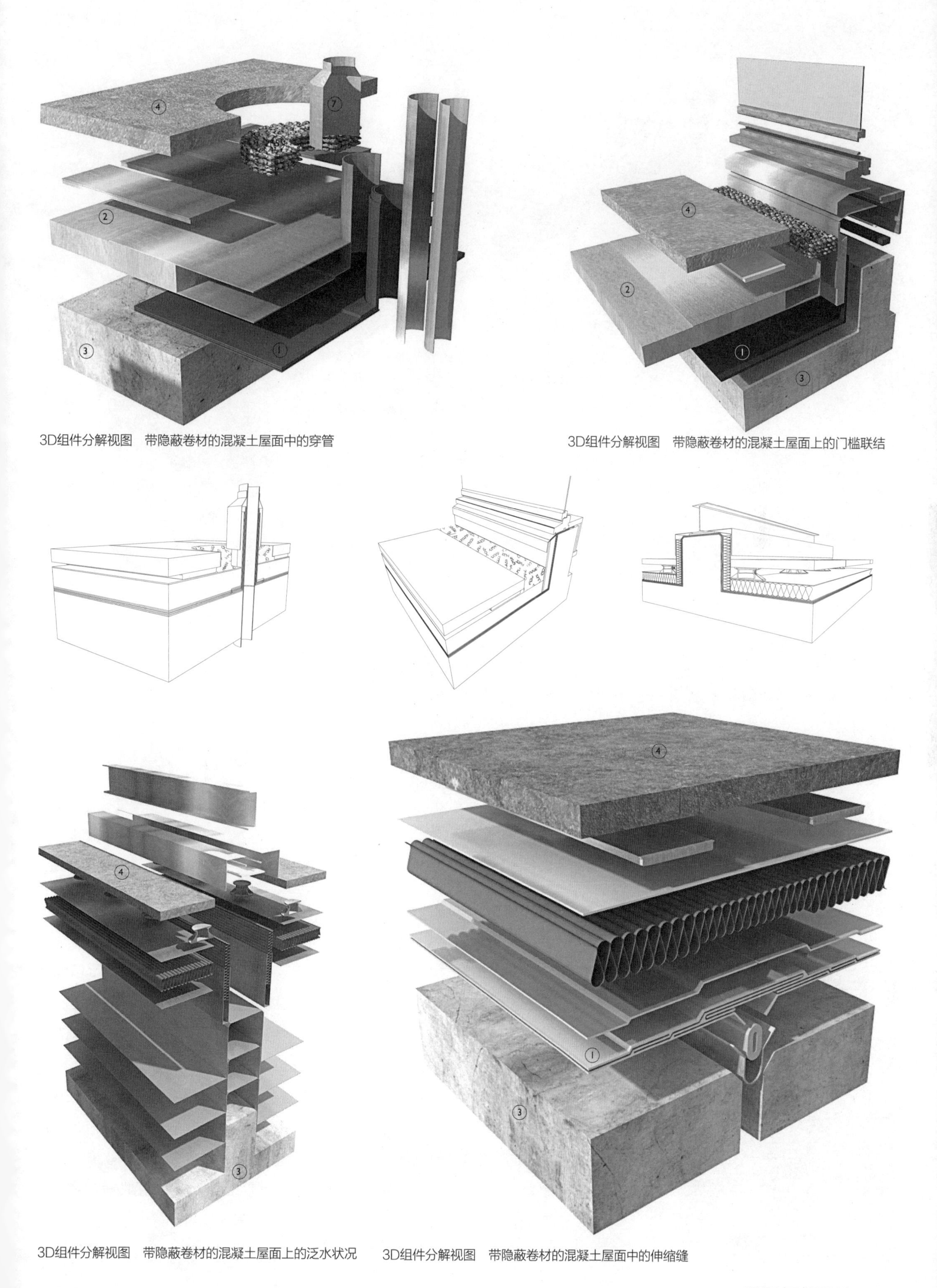

3D组件分解视图　带隐蔽卷材的混凝土屋面中的穿管

3D组件分解视图　带隐蔽卷材的混凝土屋面上的门槛联结

3D组件分解视图　带隐蔽卷材的混凝土屋面上的泛水状况

3D组件分解视图　带隐蔽卷材的混凝土屋面中的伸缩缝

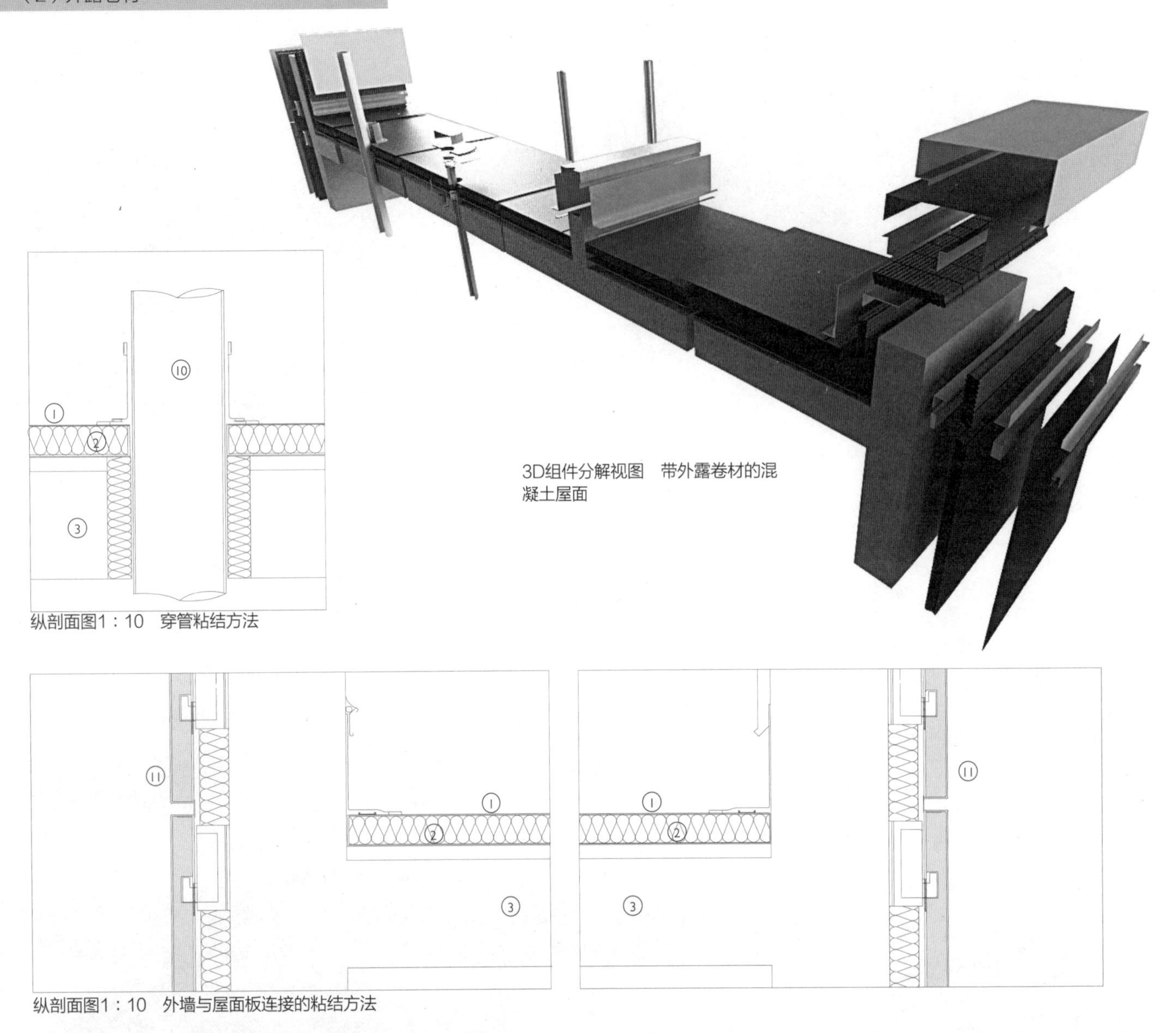

3D组件分解视图　带外露卷材的混凝土屋面

纵剖面图1：10　穿管粘结方法

纵剖面图1：10　外墙与屋面板连接的粘结方法

3D视图　外墙与屋面板联结

暴露在外的卷材过去一直用于平屋面，不会有碍下面人的观瞻，但这几年有所变化，因为现在的卷材表面更加光滑和均匀。因其较轻，常用于轻质屋面，如压型金属板屋面和木屋面。本节讨论的是其在混凝土屋面上的应用，不过相同的防水构造也可用于其他材料的屋面。

30年前用于混凝土屋面的外露卷材普遍由沥青或沥青基材料制作。这种材料的寿命为10—15年，之后需要被替换掉。在实际中，因为更换整个屋面的防水层太麻烦了，只是在有渗水的地方打上补丁。沥青屋面材料的损坏一般是由于卷材弹性太差，不能适应温度、结构位移变化和建筑物的变形。尽管混凝土屋面板与其他材料相比不太受温度影响，但屋面和墙面或屋面和采光顶的交界处，都有可能对卷材造成损坏，因为卷材在不同构件接缝处是连续的。屋面板和相邻构件之间的结构位移有时候会导致屋面卷材被撕裂，使雨水渗入。这些材料的弱点通过添加牺牲层部分得到克服。尽管这样做的好处能减少人行走维护时将卷材划破的风险，但这种方法

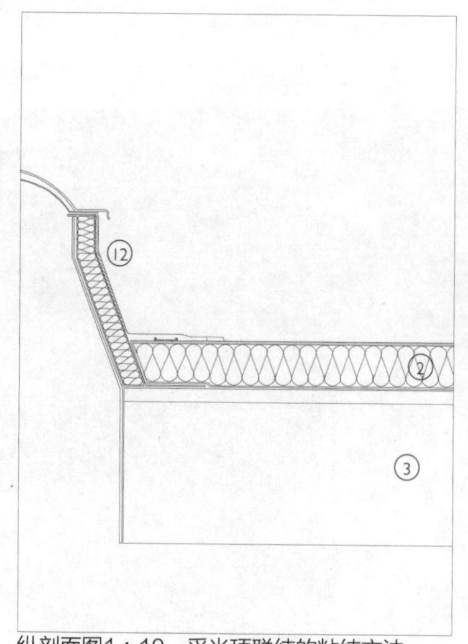

纵剖面图1：10　采光顶联结的粘结方法

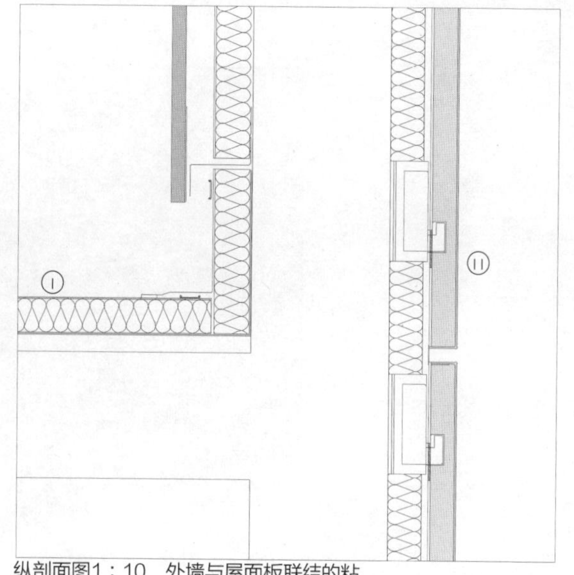

纵剖面图1：10　外墙与屋面板联结的粘结方法

1. 防水卷材
2. 保温层
3. 混凝土板
4. 铺装板
5. 光滑卵石
6. 女儿墙压顶
7. 水落口
8. 排水缝
9. 溢水口
10. 管件或预留孔
11. 外墙
12. 采光顶

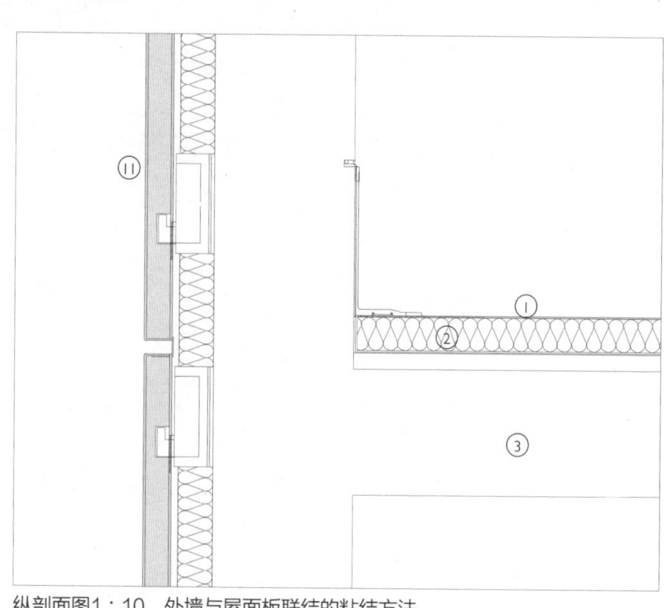

纵剖面图1：10　外墙与屋面板联结的粘结方法

3D视图　外墙与屋面板联结

并没有本质上增加卷材的强度，损坏还是像以前一样发生。

聚合物卷材的引入提供了更经济的防水材料，而且比以前的沥青材料有更好的弹性。聚合物卷材在20世纪六七十年代引入，在八九十年代开始广泛应用。新材料增加的弹性充分考虑了相邻组件和配件之间更大的位移，使连接处的细部构造更简单可靠。由于这些进步，改性聚合物也应用在老一代的沥青基材料中，增加其弹性，以便与聚合物材料竞争。由于上述原因，现在有很多种类的卷材可以满足不同的预算要求和屋面设计。

聚合物卷材

聚合物基卷材的主要优点是能够切割并能形成复杂的形状，这使它们能够精确成型，有时候在运到现场前在工厂里就预先成型。单层卷材在有大量穿孔的屋面上很实用，比较有代表性的是在商业建筑中，这里的机械通风设备在建筑使用年限内一直都要定期调整或替换。

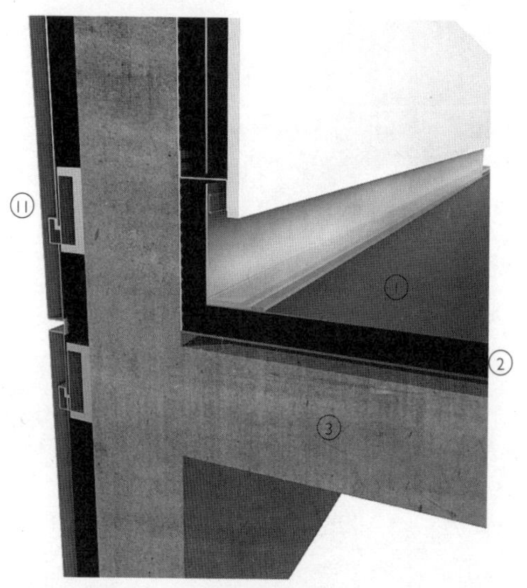

3D细部视图　外墙与屋面板联结

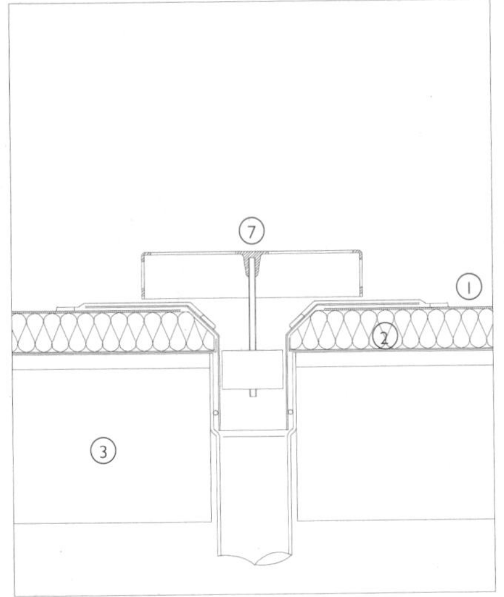

纵剖面图1：10　水落口的粘结方法

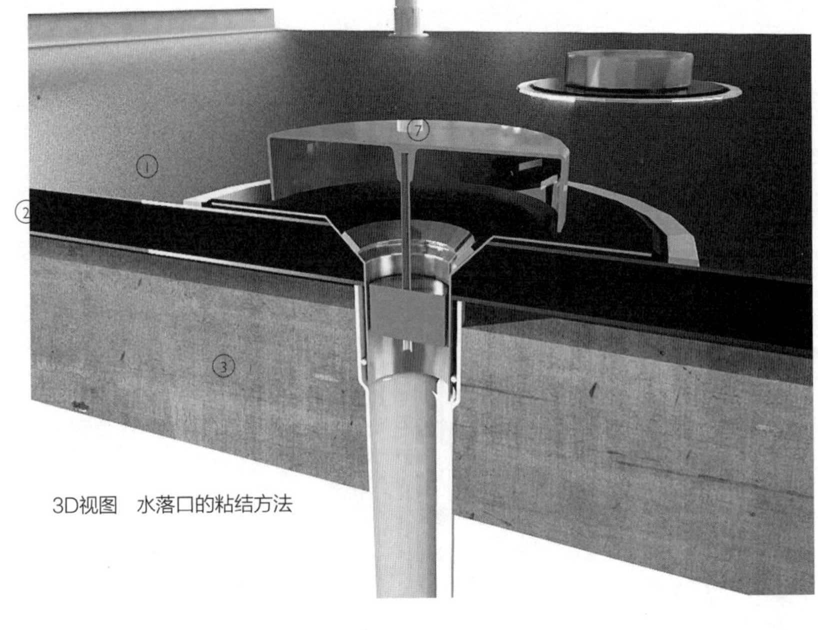

3D视图　水落口的粘结方法

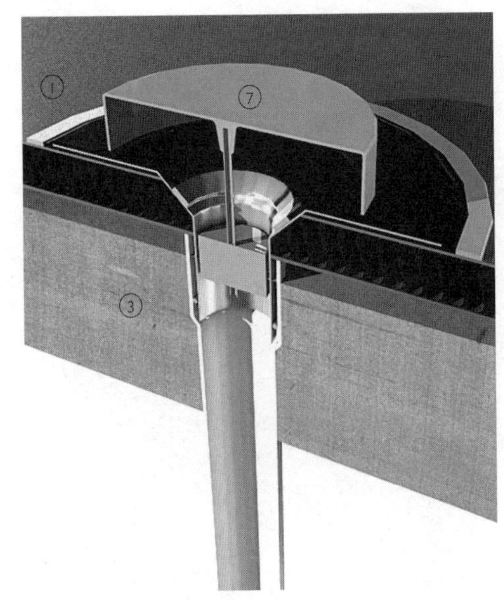

3D视图　水落口的粘结方法

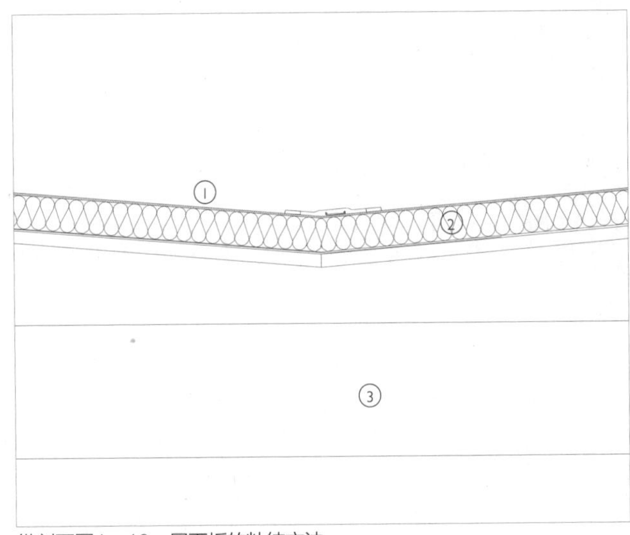

纵剖面图1：10　屋面板的粘结方法

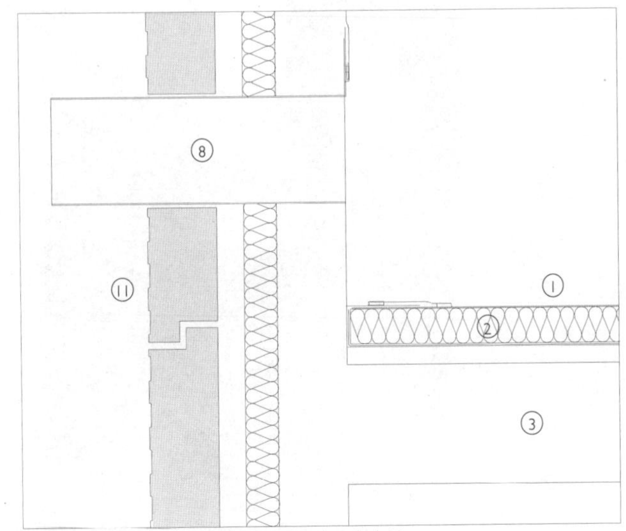

纵剖面图1：10　屋面溢水口的机械固定方法

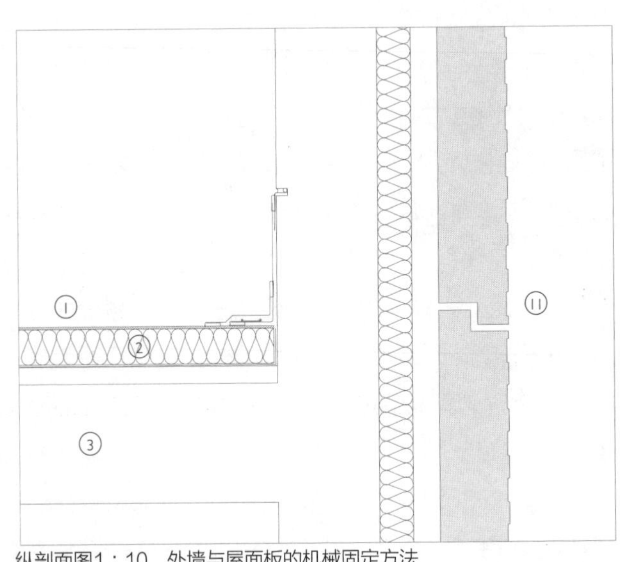

纵剖面图1：10　外墙与屋面板的机械固定方法

1. 防水卷材
2. 保温层
3. 混凝土板
4. 铺装板
5. 光滑卵石
6. 女儿墙压顶
7. 水落口
8. 排水缝
9. 溢水口
10. 管件或预留孔
11. 外墙
12. 采光顶

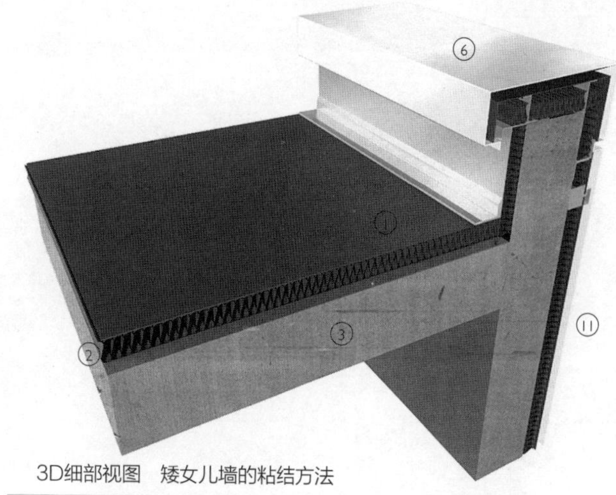

3D细部视图　矮女儿墙的粘结方法

3D视图　矮女儿墙的粘结方法

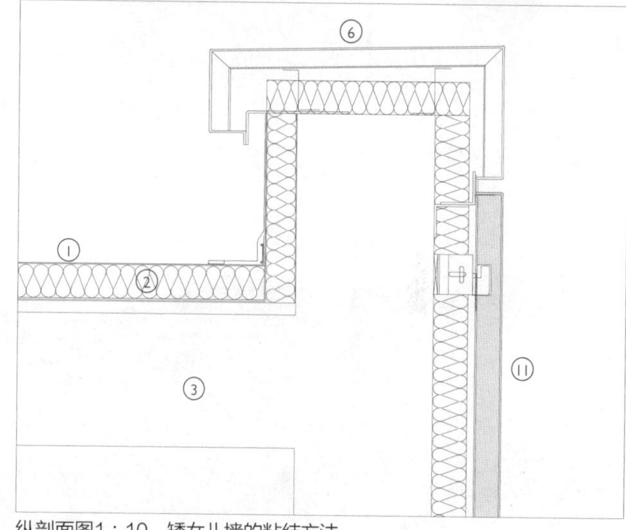

纵剖面图1：10　矮女儿墙的粘结方法

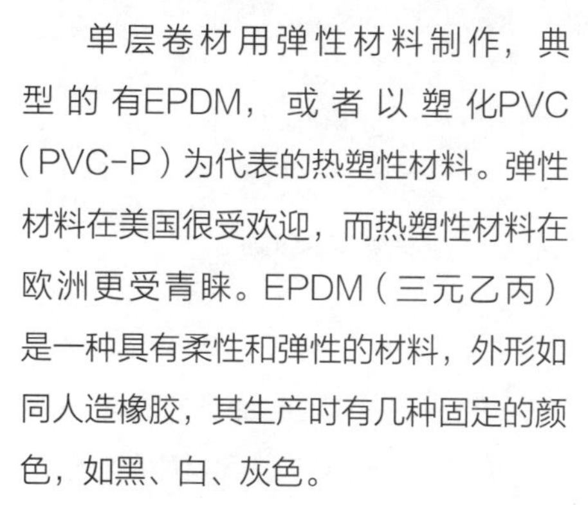

单层卷材用弹性材料制作，典型的有EPDM，或者以塑化PVC（PVC-P）为代表的热塑性材料。弹性材料在美国很受欢迎，而热塑性材料在欧洲更受青睐。EPDM（三元乙丙）是一种具有柔性和弹性的材料，外形如同人造橡胶，其生产时有几种固定的颜色，如黑、白、灰色。

弹性和热塑性材料可以通过机械安装、粘结或者上面放置重物等几种方法铺设在混凝土屋面板上。材料性能的提升使其除了用在混凝土屋面板上之外，在木结构屋面板和压型金属屋面板上也能使用。热塑性和EPDM卷材可以熔接到一起形成连续的防水层。虽然这两种类型材料以前用胶粘结，但现在热风焊接的应用也越来越多，这种方法可以避免使用火焰技术或者胶粘剂粘结的方法造成施工缓慢，而且可能损坏相邻的作业的情况。在热风焊接中，喷出的热空气将材料软化并熔接到一起，可以从一系列手持式，或者全自动工具中选用，具体根据实际情况而定。

PVC卷材

PVC（聚氯乙烯）卷材作为一种轻质和相对经济的材料从20世纪60年代开始使用，近几年应用更加广泛。这种材料的卷材首先在20世纪60年代发明于欧洲，从70年代开始在美国应用。PVC材料通常用玻璃纤维来提高其刚度，使之更容易粘结到底面上。

用于卷材的PVC是塑化的（PVC-P），不用于制作窗框和排水配件的非塑化PVC（PVC-U或uPVC）。PVC-P在室外的常温下是硬质的，加热时变软，使之柔韧并能够互相熔接到一起形成连续的卷材，而不需使用直立锁缝或可见的接缝。PVC-P中的增塑剂和填充料的加入给材料带来更大的柔韧度。材料的收缩性很低，尺寸稳定，不会随着时间的推移产生可见的变形。在全风压下材料也只会产生很小的位移。

卷材用玻璃纤维或聚酯纤维提高强度。这些材料的面层粘结到卷材里。玻璃纤维提供了尺寸上的稳定性，使之粘结到底面上更加稳定。编织的聚酯纤维，本来是用于帐篷结构，可以提供更高的抗拉强度来承受风压。单层卷材的一般构造是在混凝土屋面板上铺隔汽层，上面再放保温层，最顶上是单层卷材。PVC-P卷材厚度通常是1.5—3.0mm，而EPDM卷材厚度通常是1.0—1.5mm。

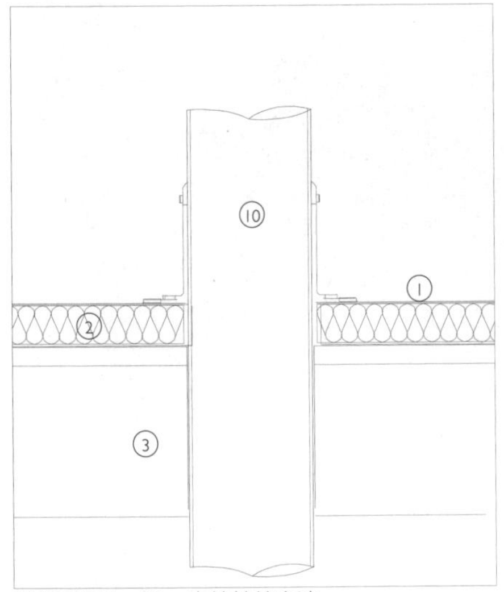

纵剖面图1：10　穿管粘结方法

1. 防水卷材
2. 保温层
3. 混凝土板
4. 铺装板
5. 光滑卵石
6. 女儿墙压顶
7. 水落口
8. 排水缝
9. 溢水口
10. 管件或预留孔
11. 外墙
12. 采光顶

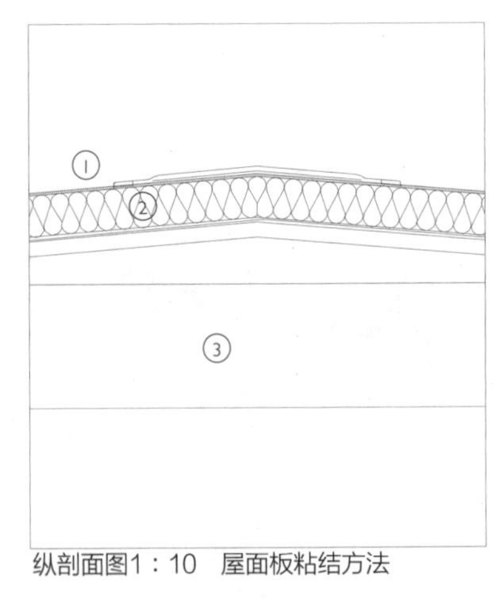

纵剖面图1：10　屋面板粘结方法

3D视图　穿管粘结方法

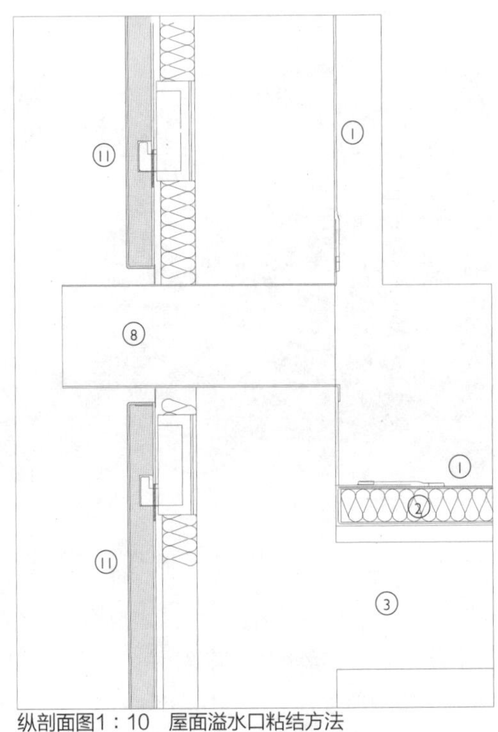

纵剖面图1：10　屋面溢水口粘结方法

3D视图　穿管粘结方法

FPO（TPO）卷材

热塑性塑料卷材的最新发展成果是聚丙烯和聚乙烯材料。它们比PVC-P卷材有更大的柔韧性，但仍然需要用玻璃纤维强化来增加其尺寸的稳定性，需要聚酯纤维来提高其抗拉强度，加入阻燃剂来提高防火性，除了遇火能自己熄灭的PVC- P材料。

机械固定的方式

这种固定方法适应于较高上升风压（负风压）的情况，因为在这种情况下采用粘结的方法会受到卷材与隔汽层（通常是发泡聚苯乙烯材质）粘结力（不足）的限制。隔汽层散放在混凝土板上，保温层透过隔汽层固定到下面的混凝土板上。固定件的间距根据风压而定。在保温层上通常放置一层独立的玻璃纤维板，最上面铺设单层卷材。卷材用压力板作机械固定，与玻璃幕墙固定玻璃的方法相似。螺栓沿压力板长度方向居中，将其固定到下面的结构板上。

卷材也可用点式固定。直径50—75mm的硬质塑料盘用于将屋面层

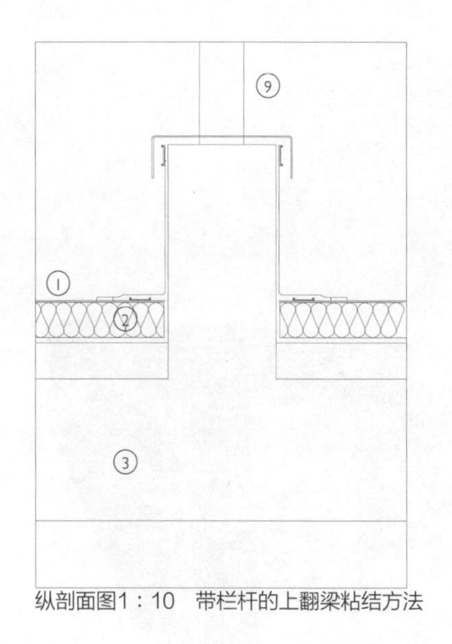

纵剖面图1：10　带栏杆的上翻梁粘结方法

3D视图　带栏杆的上翻梁粘结方法

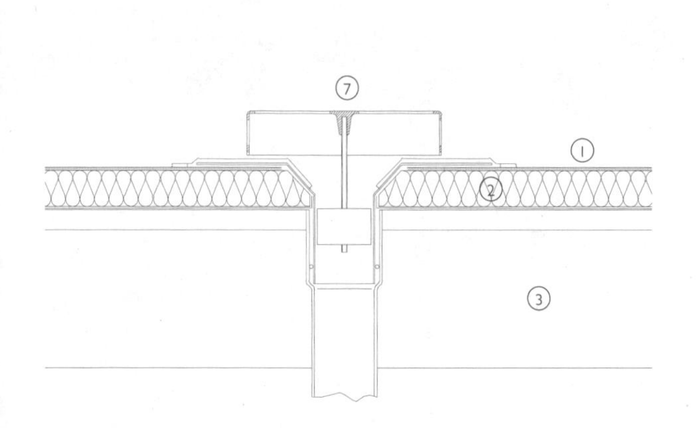

纵剖面图1：10　水落口机械固定方法

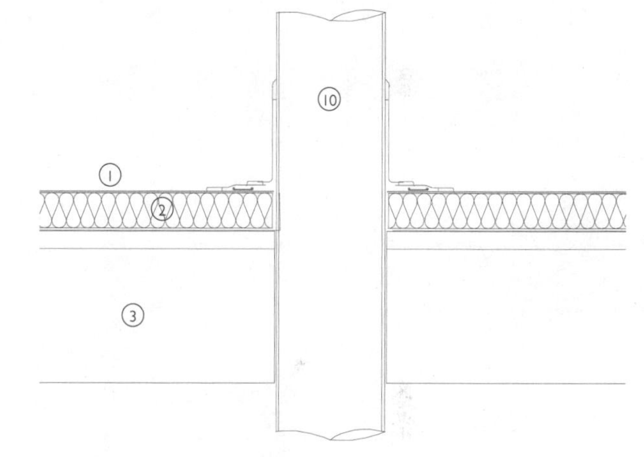

纵剖面图1：10　穿管机械固定方法

固定。在塑料盘中心固定来适应设计风压。闭孔硬质保温层通常由尺寸1200mm×2400mm，厚25—100mm的板材构成。

粘结固定的方式

材料的构造跟机械固定的方法一样。卷材可以直接粘结到混凝土屋面板上形成隐蔽的卷材，也可以成为前面所讨论的外露的构造形式。当直接粘结到混凝土板上时，通常要用油毡垫层来克服底板上的不平，否则卷材可能会被穿透。在外露的卷材构造中，隔汽层通常是沥青材质的。隔汽层的接头是搭接的，以消除水汽从建筑内穿过屋面结构的风险。然后将保温层粘结到隔汽层上。保温层也可以用压力板机械固定到混凝土屋面板上。最后将卷材底面用胶粘剂粘结到保温层上。有的做法仍然采用点粘法，而不是满粘法，但具体还要根据风压和使用的厂方专利系统而定。

粘结的卷材的表面平滑，适合用于屋面能被看到的情况。但应付上升

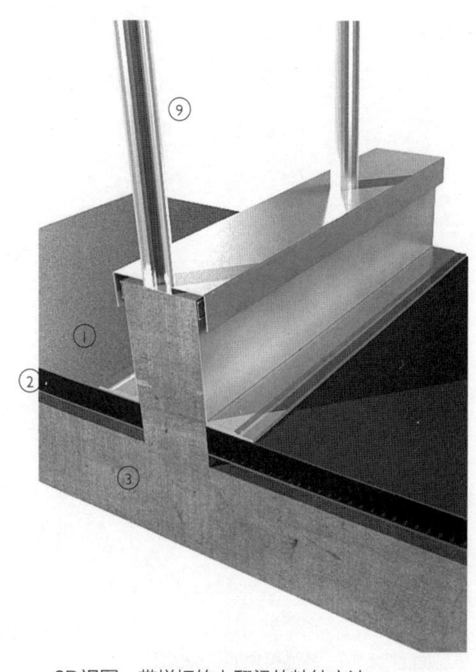

3D视图　带栏杆的上翻梁的粘结方法

1. 防水卷材
2. 保温层
3. 混凝土板
4. 铺装板
5. 光滑卵石
6. 女儿墙压顶
7. 水落口
8. 排水缝
9. 溢水口
10. 管件或预留孔
11. 外墙
12. 采光顶

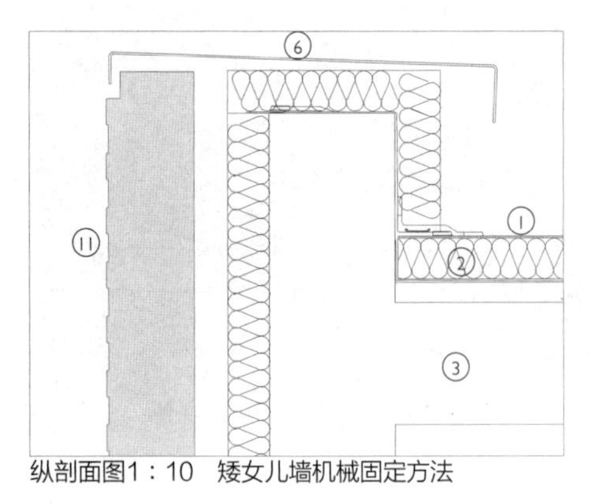

纵剖面图1：10　矮女儿墙机械固定方法

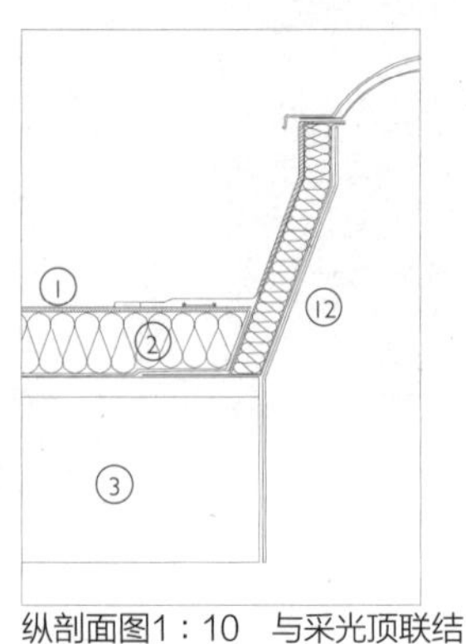

纵剖面图1：10　与采光顶联结的机械固定方法

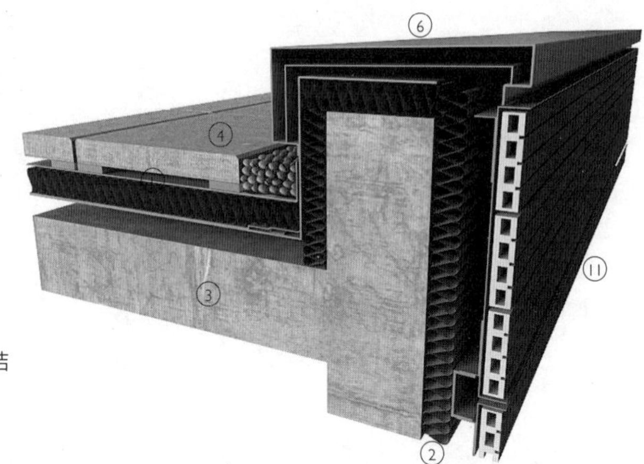

3D视图　带镇重物的外露卷材混凝土屋面上的女儿墙

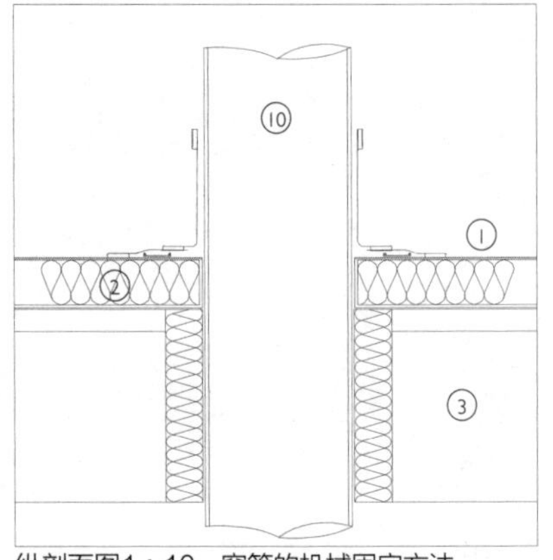

纵剖面图1：10　穿管的机械固定方法

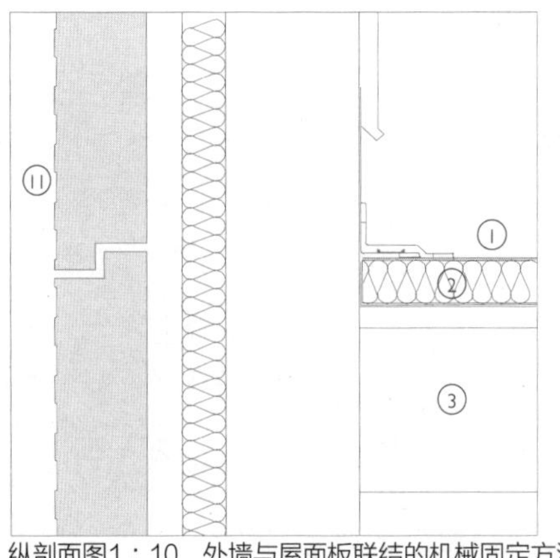

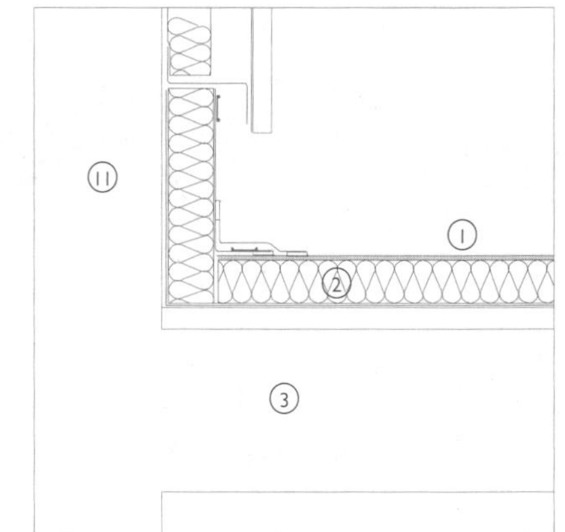

纵剖面图1：10　外墙与屋面板联结的机械固定方法

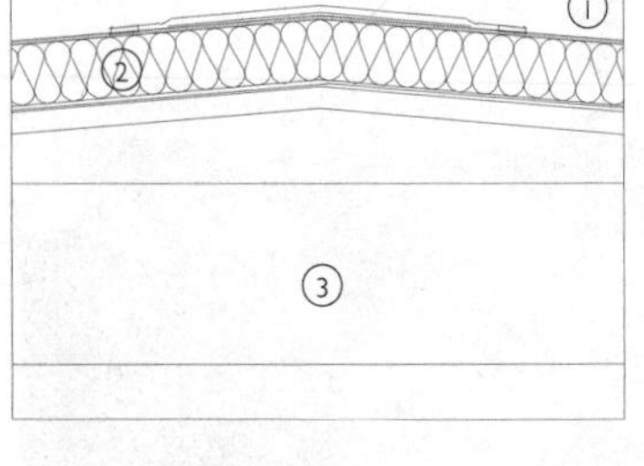

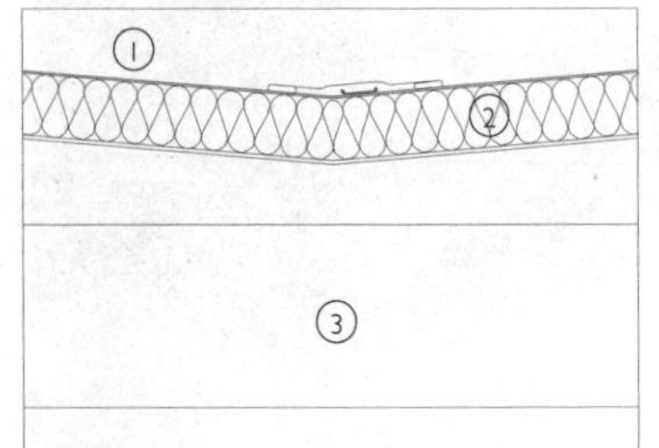

纵剖面图1：10　屋面折角的机械固定方法

的负风压很困难，这是单体设计的问题。这种固定方法在边缘或者开洞位置如采光顶周围仍然需要增加机械固定。

女儿墙和泛水

卷材可以用粘结或机械的方法固定到女儿墙上。在屋面主要区域使用的安装方法，在竖直部位也继续使用。机械安装中，压力板可以固定到竖直面上或者平屋面上。压力板在上翻卷材和屋面的卷材之间形成连接。当上翻高度大于500mm时，上翻高度中间要固定压力板，具体根据使用的材料而定。

铺砌石块屋面

隐蔽卷材在它和保温层上面压有重物而不用机械安装或者粘结的方法。比较有代表性的构造包括熔接形成能连续防水的单层卷材，散放在混凝土屋面板上。屋面板太粗糙的话还要加油毡垫层。保温层散放在卷材上，上面再放置过滤层。最顶上铺设光滑卵石，厚度要能抵抗上升风压，并且满足视觉要求。

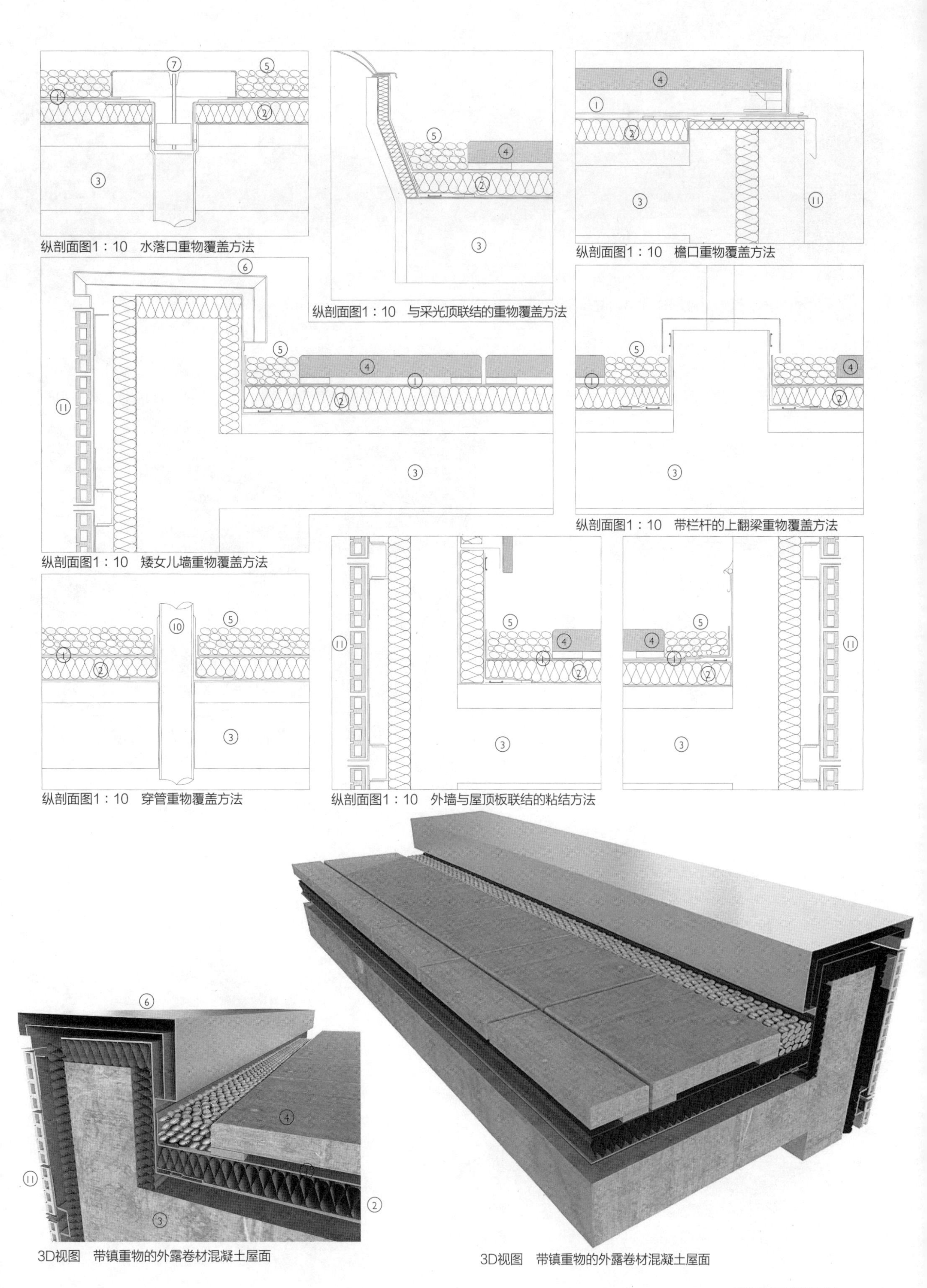

3D视图　带镇重物的外露卷材混凝土屋面

3D视图　带镇重物的外露卷材混凝土屋面

混凝土屋面
（2）外露卷材

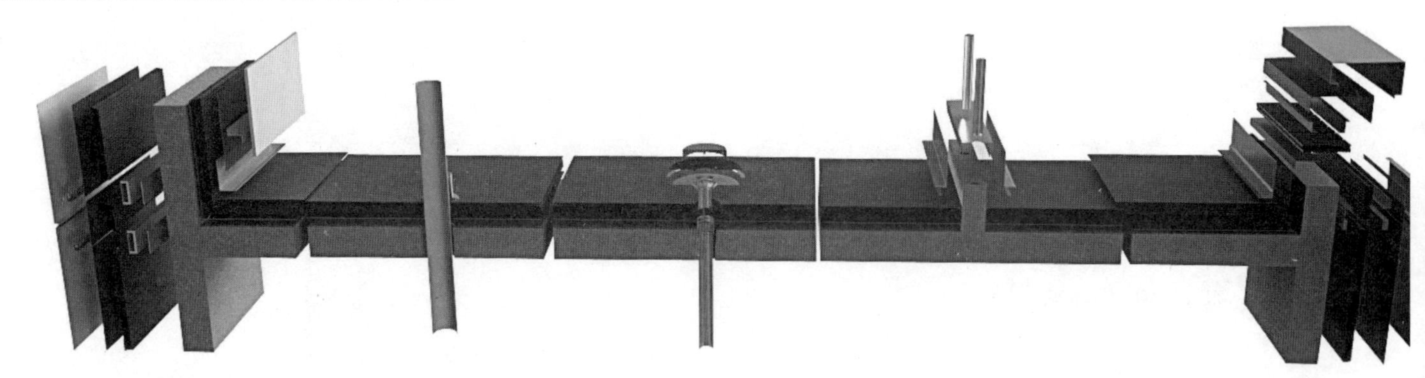

3D组件分解视图　带外露卷材的混凝土屋面

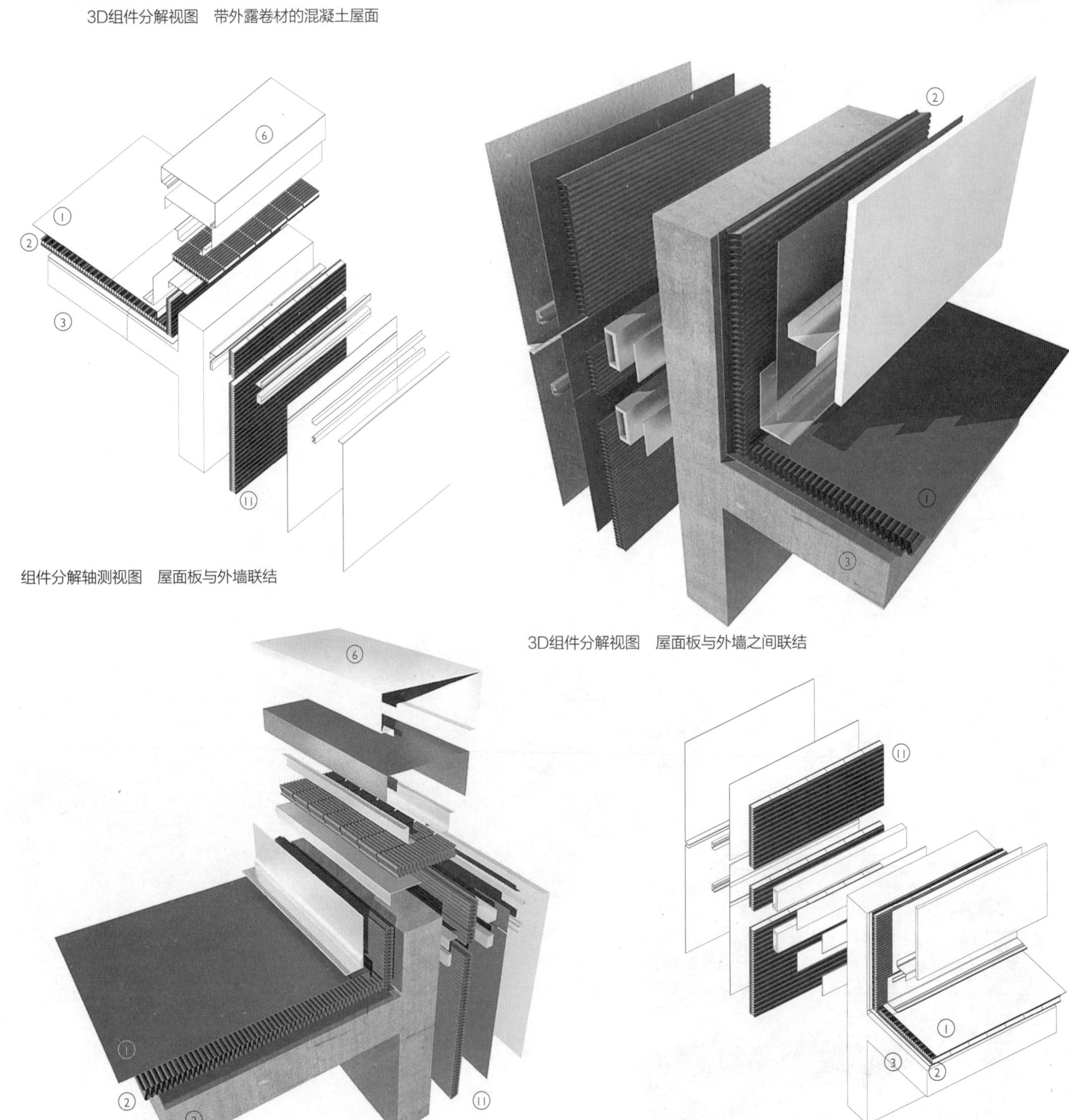

组件分解轴测视图　屋面板与外墙联结

3D组件分解视图　屋面板与外墙之间联结

3D组件分解视图　矮女儿墙

组件分解轴测视图　矮女儿墙

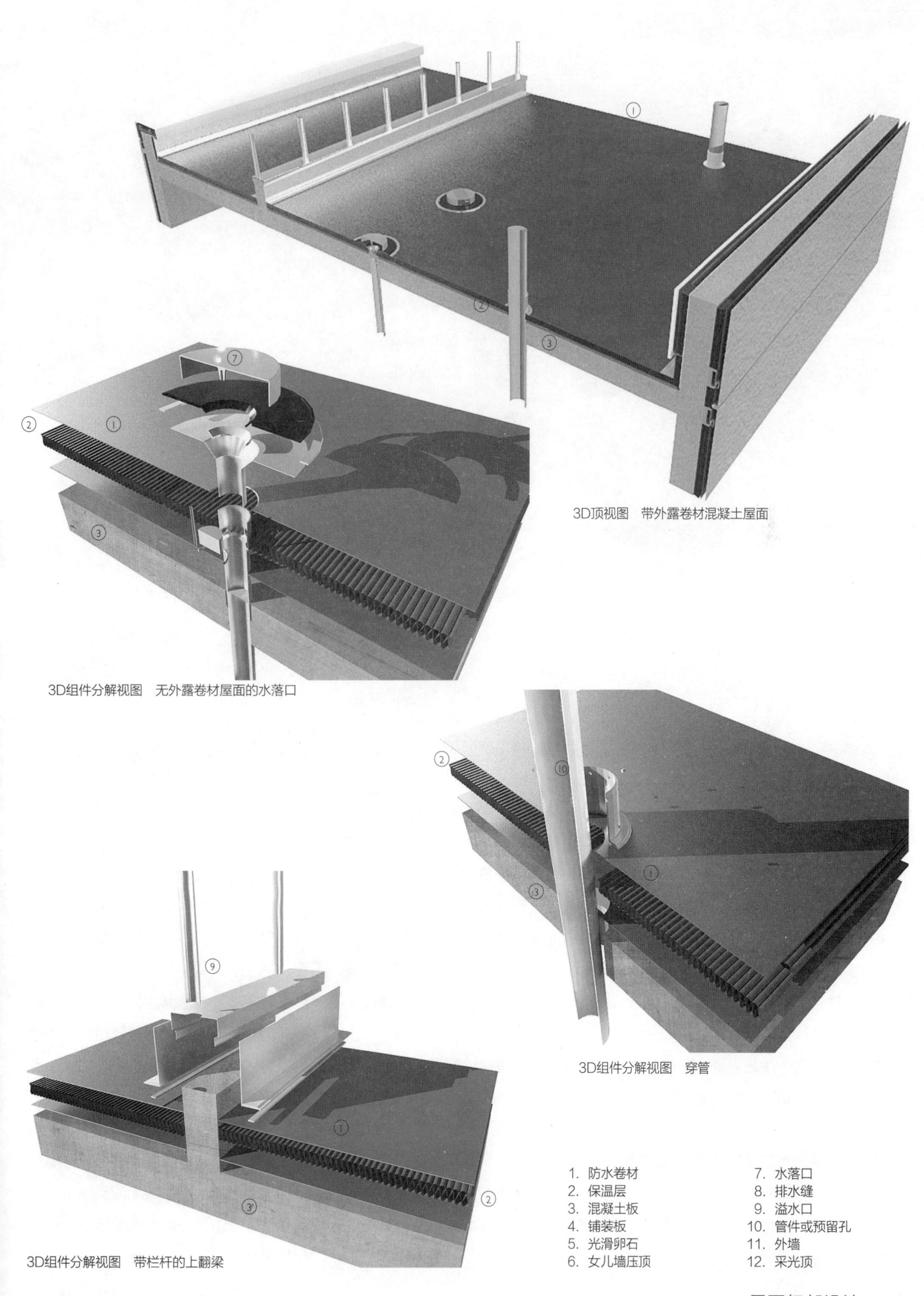

3D顶视图　带外露卷材混凝土屋面

3D组件分解视图　无外露卷材屋面的水落口

3D组件分解视图　穿管

3D组件分解视图　带栏杆的上翻梁

1. 防水卷材
2. 保温层
3. 混凝土板
4. 铺装板
5. 光滑卵石
6. 女儿墙压顶
7. 水落口
8. 排水缝
9. 溢水口
10. 管件或预留孔
11. 外墙
12. 采光顶

3D顶视图　带轻型种植的混凝土屋面

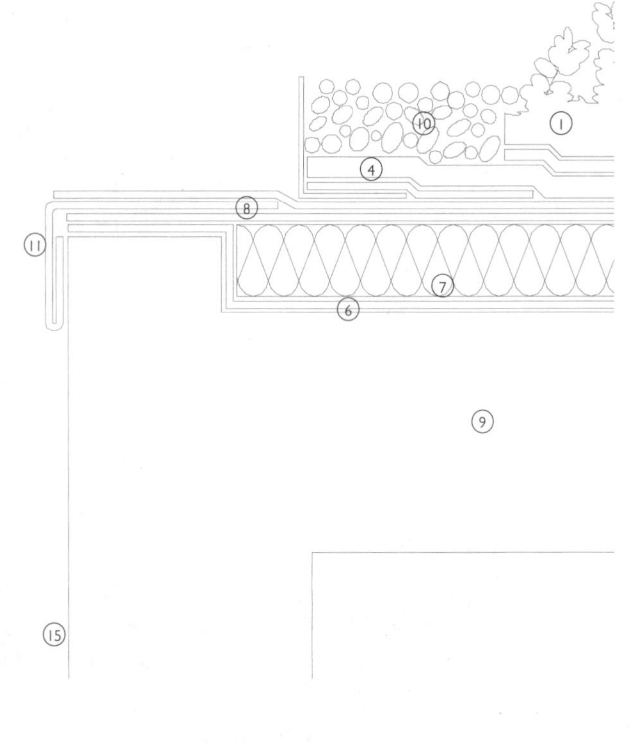

纵剖面图1：5　轻型种植屋面上的女儿墙状况

系统设计

上面有植被的混凝土屋面板可以用隐蔽或外露的卷材做防水，如前一节所述。种植屋面有两种类型：轻型和重型。不同于其他混凝土屋面类型，种植屋面不一定需要做保温，因为通常都是用于停车场之类的地下建筑，与周围地面齐平的绿化屋面。

轻型种植屋面的植物是易存活的，不需或仅需很少的灌溉，在薄层土壤或者有机种植介质中生长。通常不用于上人屋面，但在建筑周围可以观赏。轻型种植屋面的植物或花基本不需要维护，通常不需要灌溉系统定时浇水，基本上靠雨水或在一年中特定时间维护时浇水即可。这些轻质种植屋面尽管一般用压型金属板作为底板，也可用于如薄壳混凝土之类的轻质屋面板。维护通道是由屋面边缘的卵石小路或者单独的铺路板形成，避免踩踏植物。

重型种植屋面可以在混凝土屋面上种植更多种类的植物、灌木和树。根据植物的大小和密度，需要装备自动灌溉系统，通常是由埋在土壤里的管子在一年中特定时间给土壤提供较细的水流。重型种植屋面需要定期维护，铺装小径和草地可以作为通道。

轻型和重型种植屋面在种植介质下都有排水层，来收集雨水并释放给需要的植物。这使得土壤深度要比老式造景方法浅得多，后者是用土壤固住水分。减小的土壤厚度使混凝土屋面不需要因为增加的土壤重量而大幅提高其强度。在排水方面，专利系统的制造商估计50%—90%的雨水会滞留在种植屋面上，但这与当地气候条件和排水设施有相当大的关系。

种植屋面的组成

轻型和重型种植屋面的组成比较类似：顶层是植物，下面是种植介质或土壤。过滤层在其下面，再往下，是排水层和吸潮垫。在这两层的底下，如果需要的话，是保温层。尽管种植屋面本身可以有一定的保温效果，但在实际中会因为土壤有含水量，对其效果有很大影响。根障（root barrier）设置在保温层下保护防水卷材，防水卷材是在最底层并粘结到混凝土屋面板上的。通常当全部构造是一个单独的专利系统的时候，根障有时候粘结到防水卷材上。

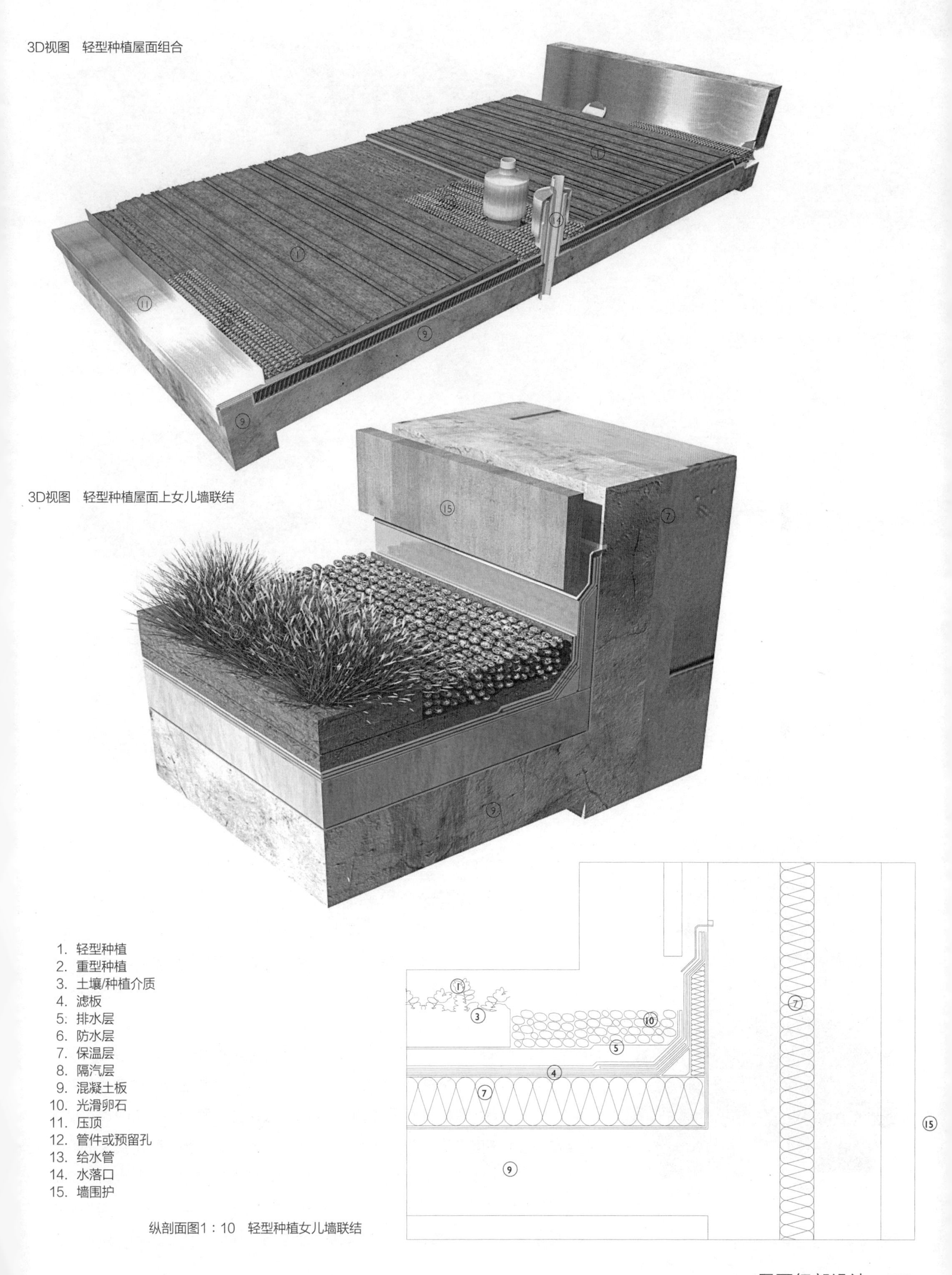
3D视图　轻型种植屋面组合
3D视图　轻型种植屋面上女儿墙联结
1. 轻型种植
2. 重型种植
3. 土壤/种植介质
4. 滤板
5. 排水层
6. 防水层
7. 保温层
8. 隔汽层
9. 混凝土板
10. 光滑卵石
11. 压顶
12. 管件或预留孔
13. 给水管
14. 水落口
15. 墙围护
纵剖面图1：10　轻型种植女儿墙联结

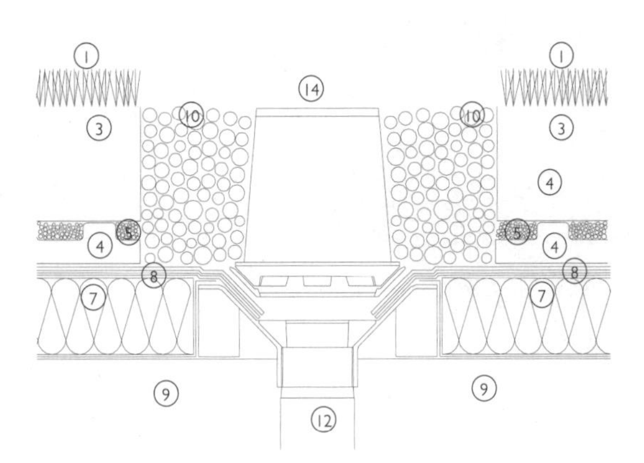

纵剖面图1：10　轻型种植水落口

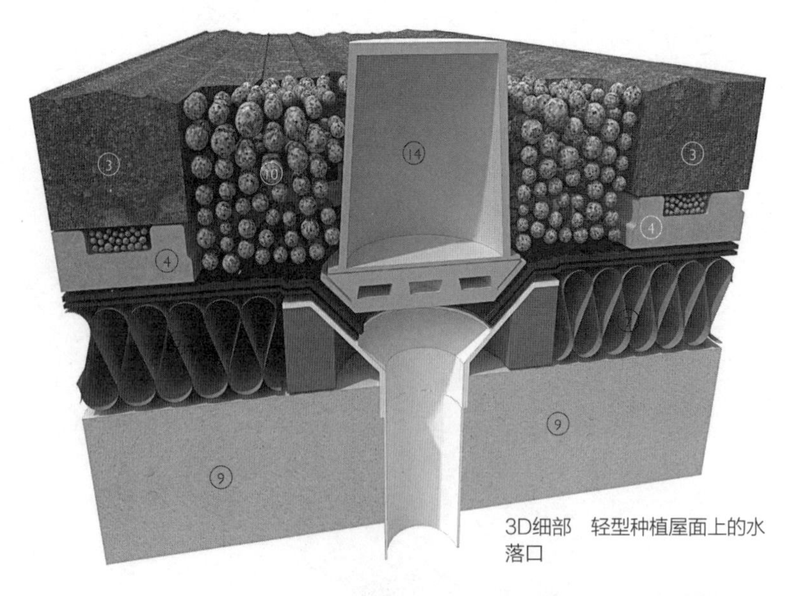

3D细部　轻型种植屋面上的水落口

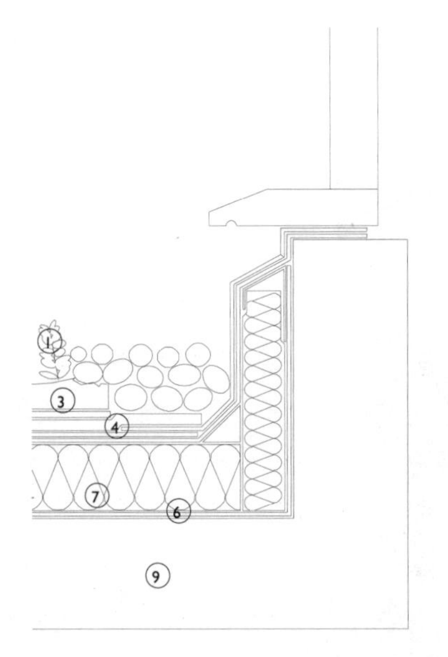

纵剖面图1：10　轻型种植屋面与门槛联结

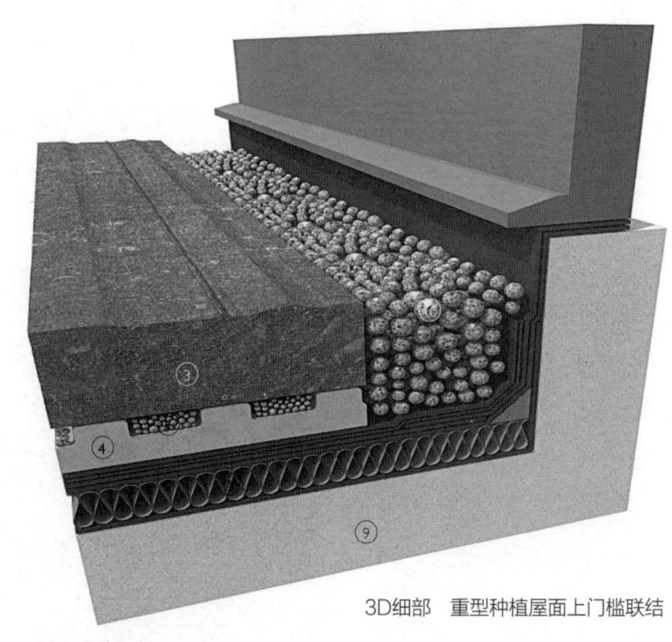

3D细部　重型种植屋面上门槛联结

3D细部　种植屋面上的水落口

稳定和维护植物生长的重要因素是种植介质中养分、含水率、土壤的透气性和排水性。所用的土壤要求重量较轻，但也要与植物所需养分、土壤孔隙率、水汽渗透性（从下面的排水层）和pH值平衡。土壤的成分和深度决定了屋面上能生长的植物的数量。

为了防止有机物和细颗粒的流失，需要在植被的下面安装过滤板。过滤板在植物的侧边上翻到土壤顶高度。

过滤层下面的排水层留住未被植被吸收的水分。水分留在聚苯乙烯制作的鸡蛋架形状托盘的槽里，在这里再将水分返回给植物。这种方法在坡屋面中的表现也令人满意。多余的水通过排水槽之间的缝隙排除。鸡蛋架的形式有助于透气，也允许土壤吸收存储到这里的水分。在干燥的月份，水分湿润土壤到达植物根部。吸潮垫常常放在这一层的下方来吸收从排水槽溢出的水分。垫子是用耐久的纤维做成，吸收潮气和养分，也对下面的根障起到保护作用，但不能用于倒置式屋面。在倒置式屋面中，根障安装

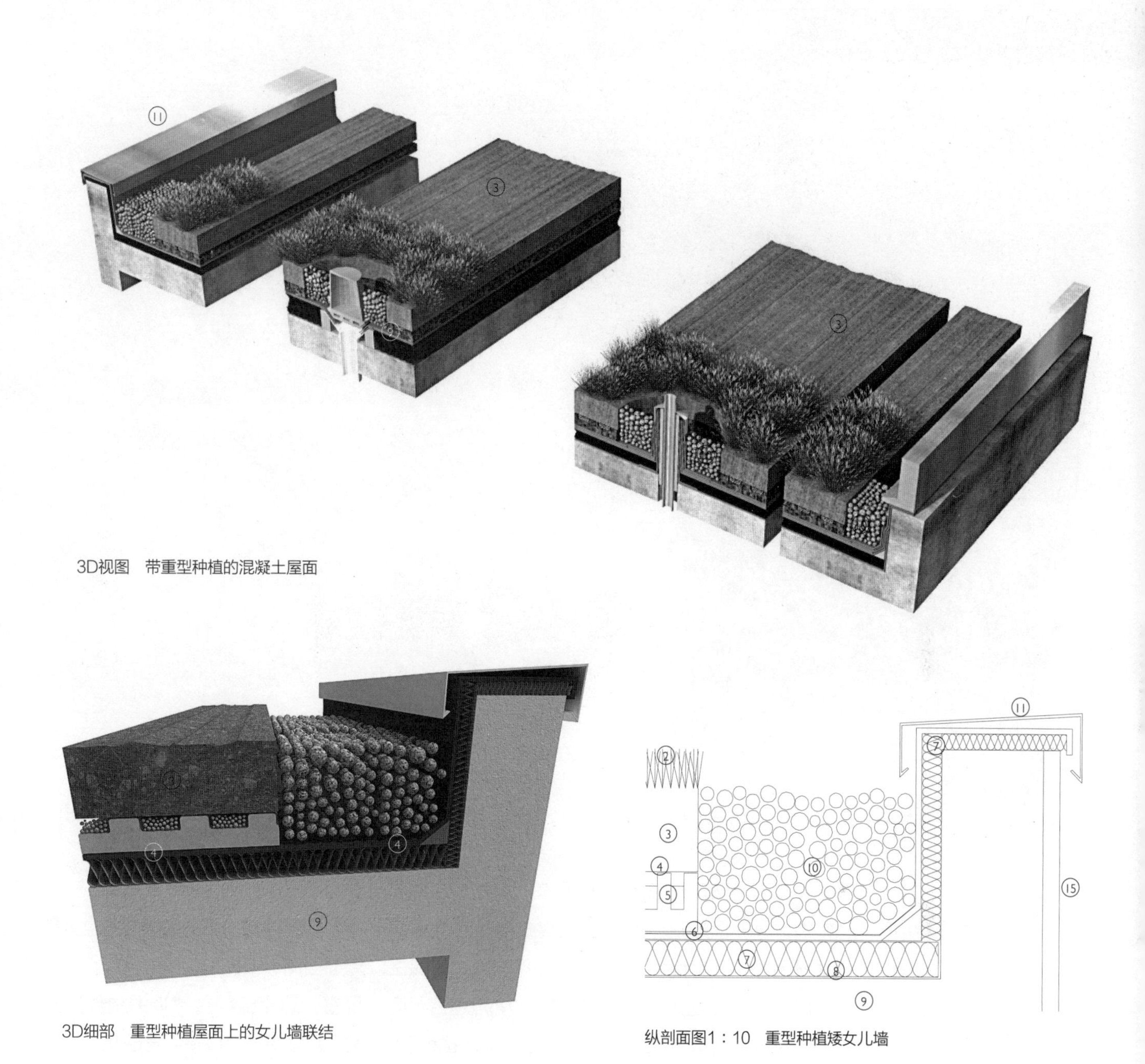

3D视图　带重型种植的混凝土屋面

3D细部　重型种植屋面上的女儿墙联结

纵剖面图1：10　重型种植矮女儿墙

在保温层下面，来保护最下层的防水卷材。这一层的作用是防止植物的根损坏防水层。在保温屋面中，防水卷材安置在保温层的上部。隔汽层安装在保温层和混凝土屋面板之间。在这个构造中，吸潮垫安置在防水卷材和上面的排水层之间。

土壤厚度

轻型种植屋面的土壤厚度为50—150mm，每平方米的重量最少是70kg。水分锁在种植介质和排水层里，在温和气候中很有用。轻型种植屋面可以用在平屋面和坡度为25°—30°的坡屋面上。重型种植屋面有更厚的排水层来储存更多的水。土壤的厚度最少150mm，需要自动灌溉系统为整个屋面的植物提供可靠的供水量。

在倒置式屋面构造中，土壤和植物的重量要保证能抵抗上升的风压和降雨时保温层不会浮起。尽管专利防水厂商通常会考虑受淹时不会影响到防水层，但如果防水层没有适当固定的话，会导致轻质的种植屋面在暴雨时浮起来。

1. 轻型种植
2. 重型种植
3. 土壤/种植介质
4. 滤板
5. 排水层
6. 防水层
7. 保温层
8. 隔汽层
9. 混凝土板
10. 光滑卵石
11. 压顶
12. 管件或预留孔
13. 给水管
14. 水落口
15. 墙围护

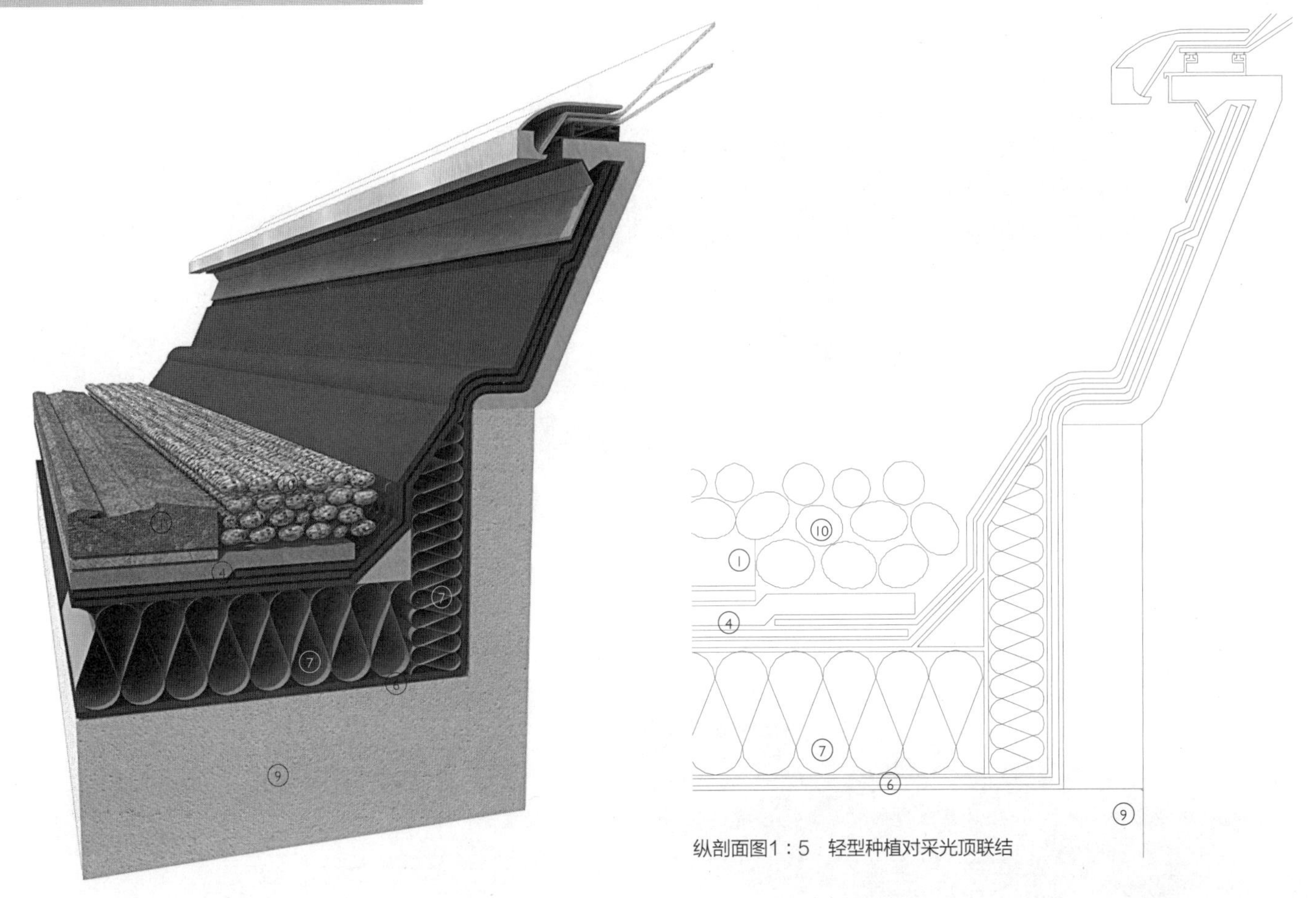

纵剖面图1：5　轻型种植对采光顶联结

溢水口

有灌溉的重型种植屋面通常都配有溢水口，在水落口被堵、降雨量很大或者灌溉控制设备失控的情况下，保证屋面不被淹。溢水口通常设置在高于种植层50—150mm的高度上，防止水的泛滥损坏植物和建筑室内。当屋面有高差时，在最高位置的面层上需要设置一些溢水口，万一水的泛滥导致屋面暂时淹没在水中时，使植物免受损坏。

屋面连接处

在上翻和檐口处，隐蔽和外露的卷材做法遵循前一节所述的构造原则。防水做法要延伸到高于种植层最少150mm的高度，提供从屋面卷材到上翻构件或者邻近墙体防水板的连续的防水效果。女儿墙、门槛、高墙或者采光顶侧墙泛水位置的防水过滤卷材和根障延伸到高于土壤或种植介质顶面150mm的高度处。可见的卷材用保温层遮盖，一般用铺装（与邻近道路相同的铺装）或者金属板取得与女儿墙压顶协调的效果（当压顶是金属材质时）。

屋檐可以通过金属线脚形成，材料通常是3mm厚的弯折铝板或者不锈钢角钢。过滤板在弯角处上弯，避免有机质和细颗粒被水冲到排水层里。防水卷材粘结到弯折金属构件（如角钢）的底部，金属檐口底部与铺装相连。假如卵石没有被压到边缘的风险的话，特别是在维护时，也可以使用光滑的卵石。很多种植屋面上有低矮的女儿墙或者屋檐，因此屋面的景观可以从建筑外欣赏到。屋面还需要安装防坠落设备，如维护人员身上的安全带固定的锚点。低矮女儿墙因为安全原因需要安装栏杆。

限制植物生长范围的措施也应用于屋面四周、上翻构件、穿管和水落口的位置，防止植物对邻近的构件造成损害。具体措施可以使用直径16—32mm的光滑卵石铺装成最小宽度300mm的条带阻隔其生长。

水落口

过滤层包裹在水落口的竖向边缘上。上面的检修盖是为以后维护准备的。卷材是包裹到水落口的底座里，雨水从卷材上直接流入水落口排除。

露台花池

带有自动灌溉和排水设备的花池可以在屋面上与幕墙立面融为一体。在有些应用中，小型花池构成露台的一

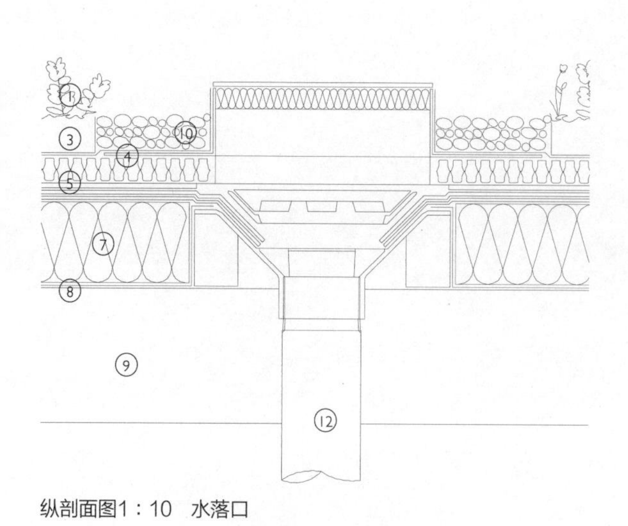

纵剖面图1：10　水落口

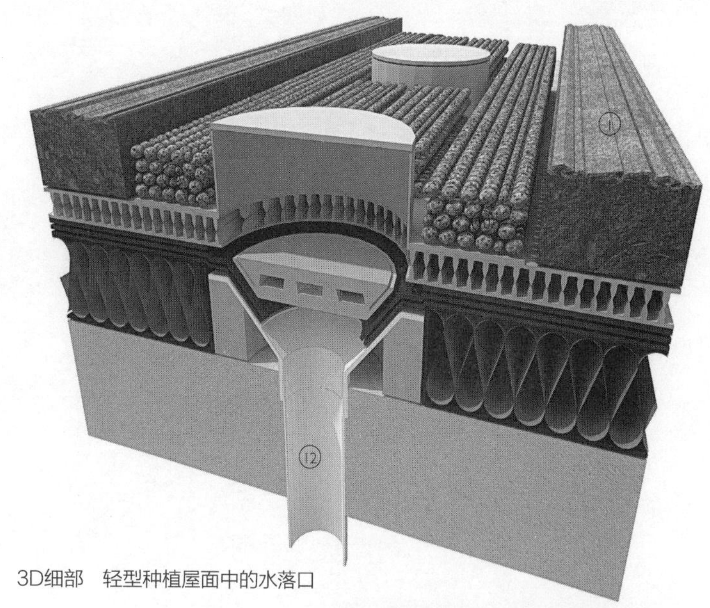

3D细部　轻型种植屋面中的水落口

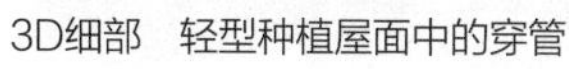
3D细部　轻型种植屋面中的穿管

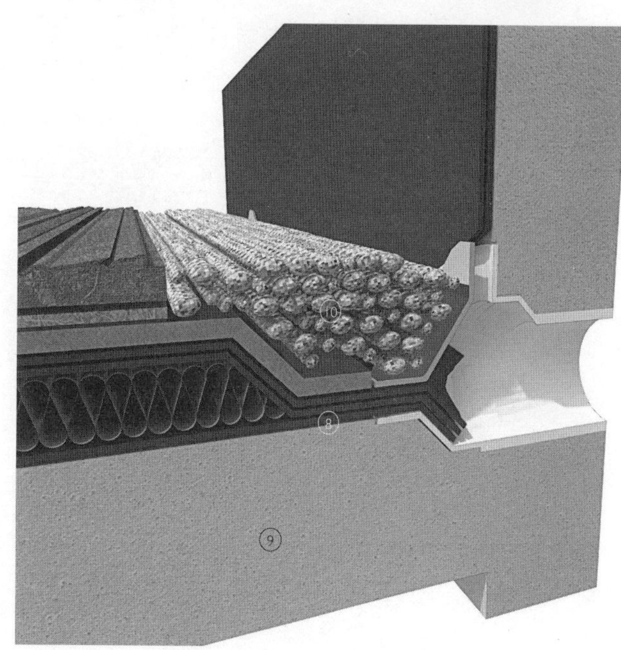

3D细部　轻型种植屋面中的双向水落口

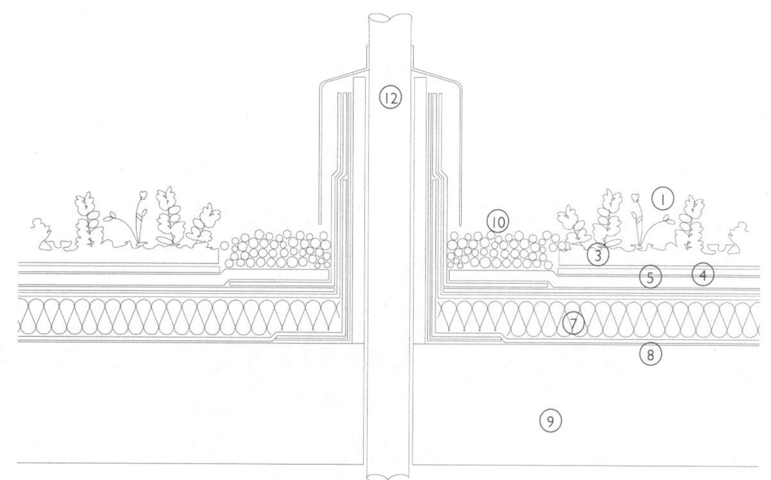

纵剖面图1：10　轻型种植采光顶女儿墙

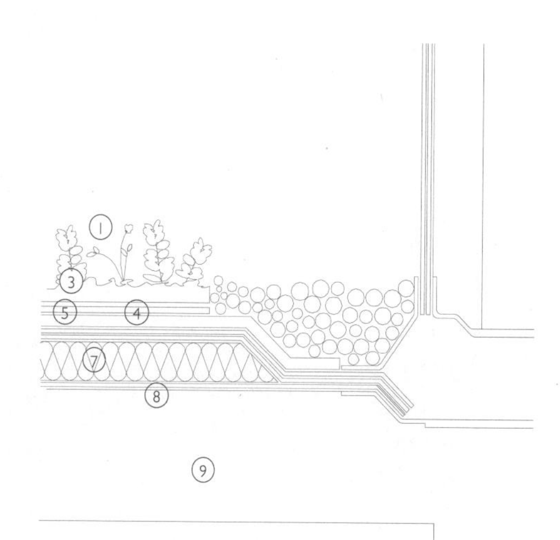

纵剖面图1：10　轻型种植采光顶女儿墙

纵剖面图1：10　重型种植穿管

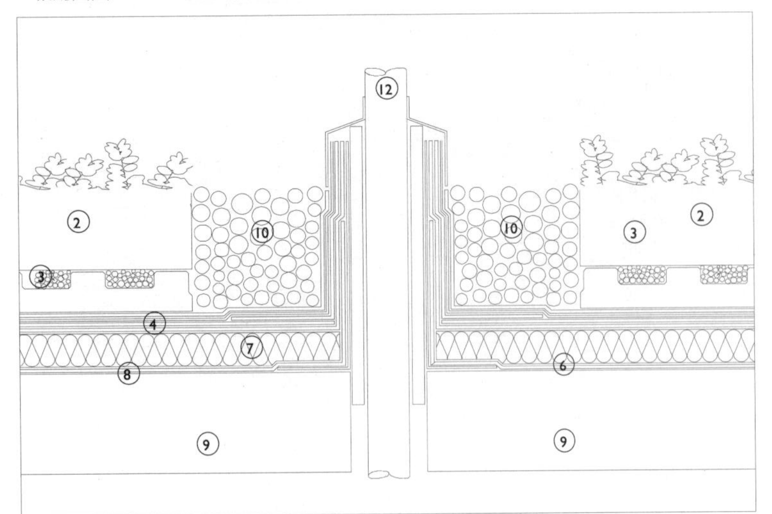

纵剖面图1：10　重型种植，门槛连接，花池边缘

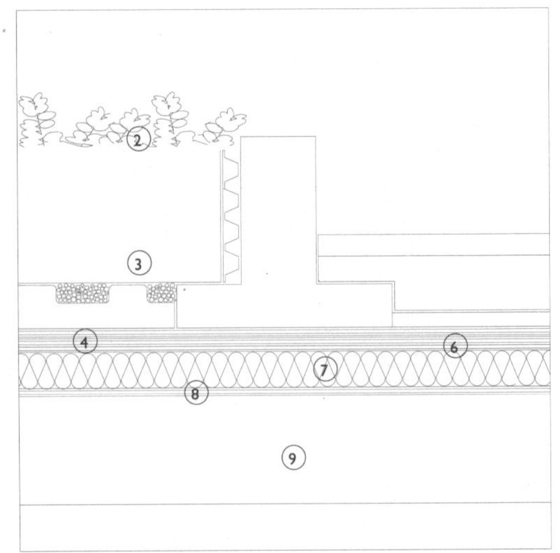

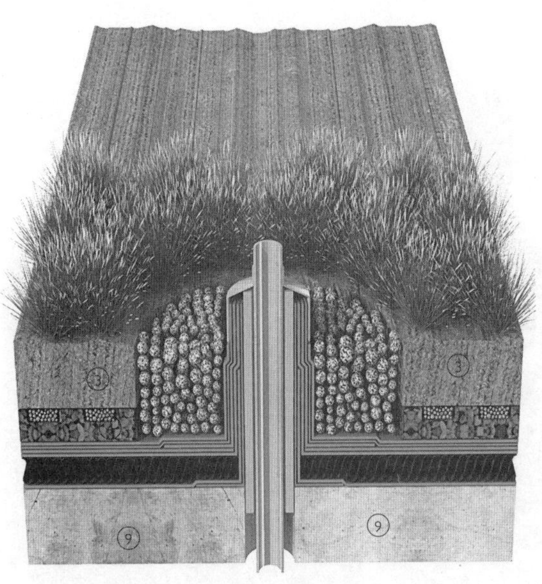

3D细部　重型种植屋面穿管

1. 轻型种植
2. 重型种植
3. 土壤/种植介质
4. 滤板
5. 排水层
6. 防水层
7. 保温层
8. 隔汽层
9. 混凝土板
10. 光滑卵石
11. 压顶
12. 管件或预留孔
13. 给水管
14. 水落口
15. 墙围护
16. GRP花池
17. 玻璃幕墙
18. 玻璃栏杆

部分。花池是密封的，但万一出现渗漏（由于破损）或者水从其边上沿的密封处渗出，水都会被里面的排水水槽排到下面的横管里，通过横管排到外面。内部有排水和通气构造的幕墙系统，允许任何透过花池密封层的水通过它的压力平衡内腔排除。花池后面的玻璃栏杆，表明花池要由吊篮之类的立面清洁设备来维护。在有些应用中，采用的是适合更大植物生长的大尺寸的花池。花池采用与前面相同的排水方式。在所有的花池中，水分一般都是由安装在屋面面层里的小孔径的水管从一端供给。排水管直径一般是50mm，安装在立面板内或者立面外。花池是由玻璃钢（GRP）在模具中加工成的密封的壳体。这种材料非常有弹性，可以用手铸模以满足具体工程的要求。由热塑性塑料制作的花池生产成本更高，需要批量生产才经济。花池安置在幕墙的金属框架上，用硅胶绕其边缘密封。在本例中，金属板安置在花池的顶上，起到遮盖玻璃钢的作用。

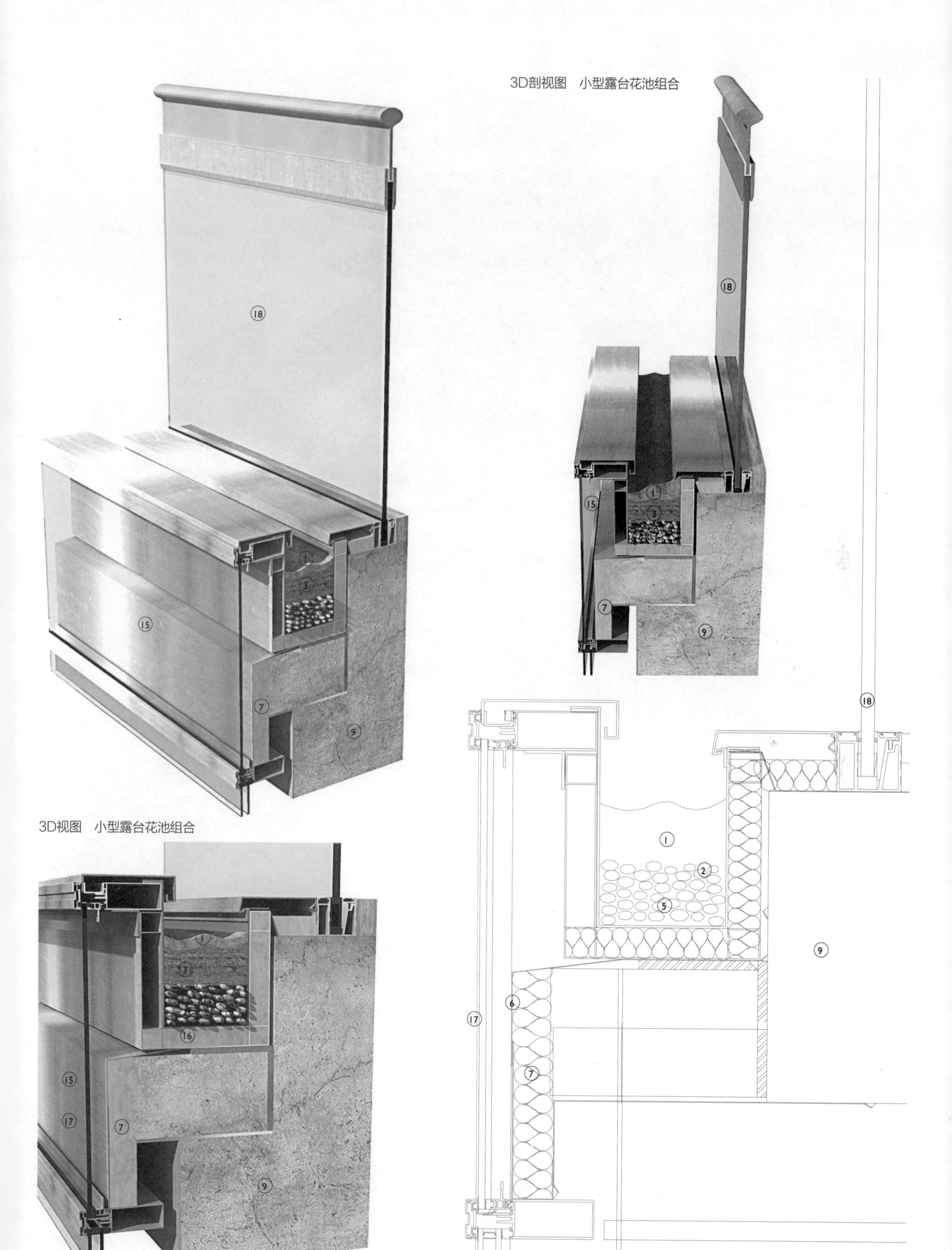

3D剖视图　小型露台花池组合

3D视图　小型露台花池组合

3D细部剖视图　小型露台花池

纵剖面图1：5　小型露台花池

混凝土屋面
（3）种植屋面

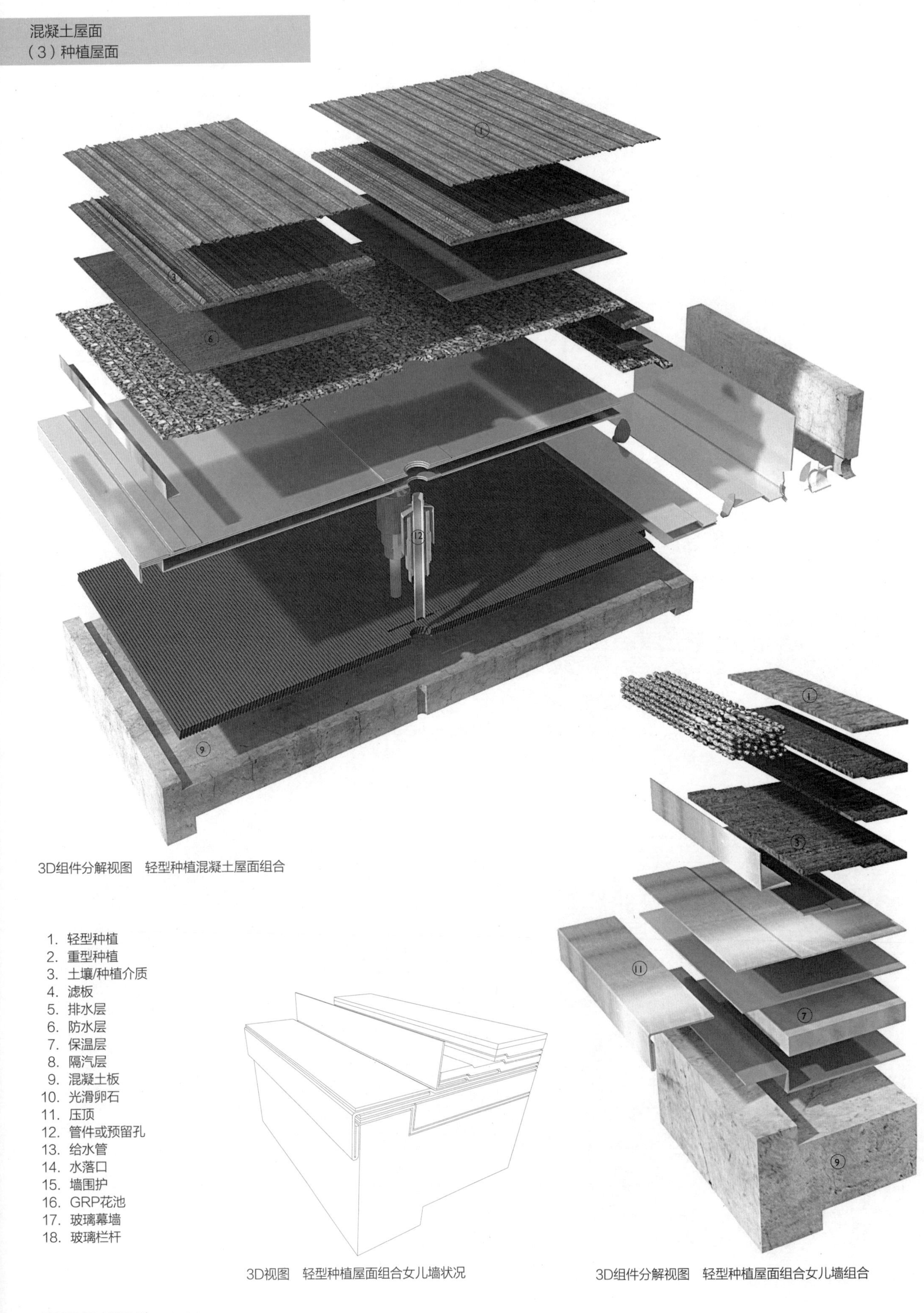

3D组件分解视图　轻型种植混凝土屋面组合

1. 轻型种植
2. 重型种植
3. 土壤/种植介质
4. 滤板
5. 排水层
6. 防水层
7. 保温层
8. 隔汽层
9. 混凝土板
10. 光滑卵石
11. 压顶
12. 管件或预留孔
13. 给水管
14. 水落口
15. 墙围护
16. GRP花池
17. 玻璃幕墙
18. 玻璃栏杆

3D视图　轻型种植屋面组合女儿墙状况

3D组件分解视图　轻型种植屋面组合女儿墙组合

3D组件分解视图　轻型种植屋面组合与女儿墙联结

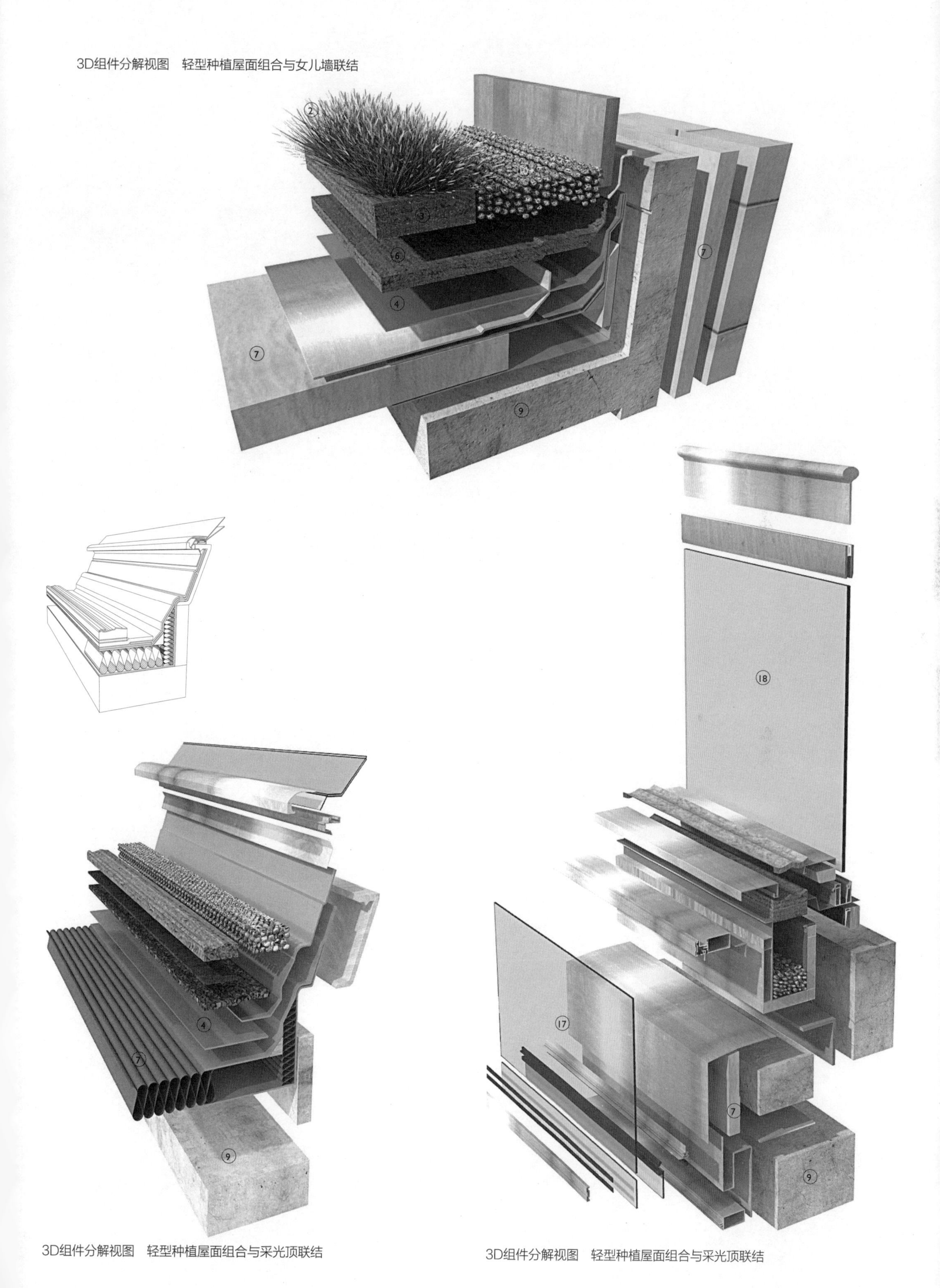

3D组件分解视图　轻型种植屋面组合与采光顶联结

3D组件分解视图　轻型种植屋面组合与采光顶联结

木质屋面

木质屋面
（1）平屋面：沥青卷材

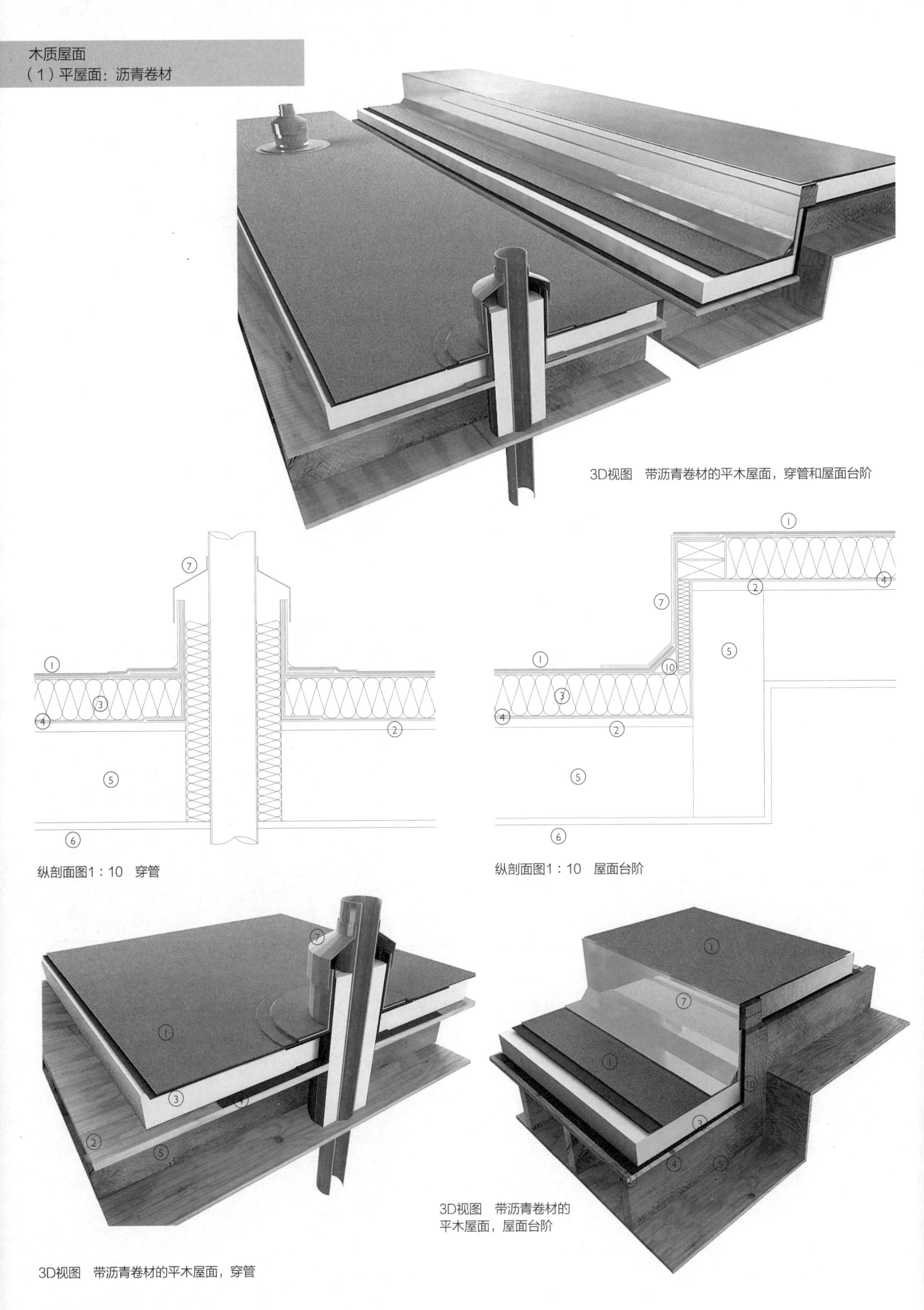

3D视图　带沥青卷材的平木屋面，穿管和屋面台阶

纵剖面图1：10　穿管

纵剖面图1：10　屋面台阶

3D视图　带沥青卷材的平木屋面，屋面台阶

3D视图　带沥青卷材的平木屋面，穿管

1. 沥青卷材
2. 胶合板
3. 刚性保温层
4. 隔汽层
5. 针叶树材托梁
6. 干衬壁/干墙板内面层
7. 金属防水板
8. 木上翻梁
9. 外墙
10. 角嵌条
11. 专用裙板泛水
12. 水落口
13. 铺面粘结沥青卷材

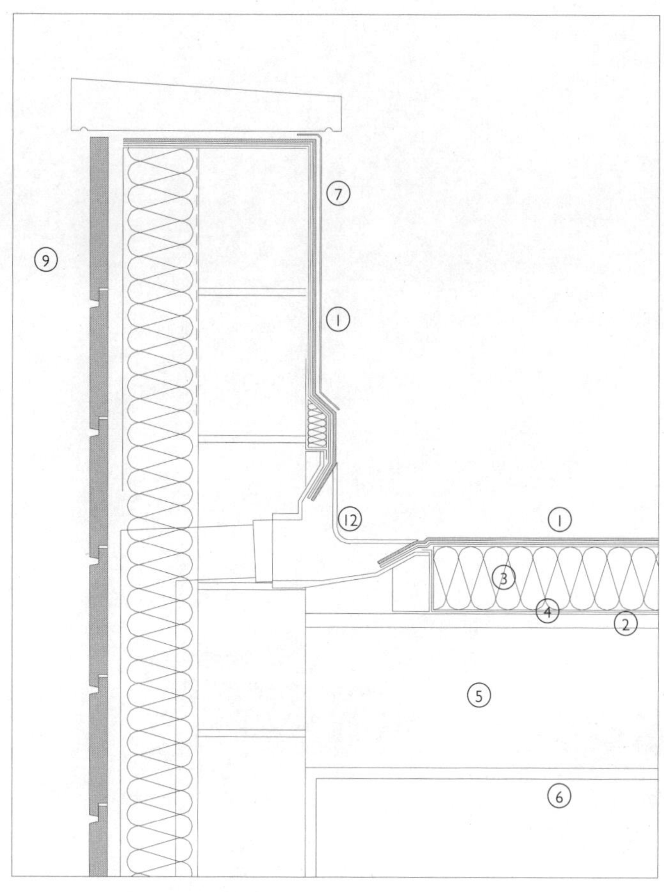

纵剖面图1：10　双向水落口

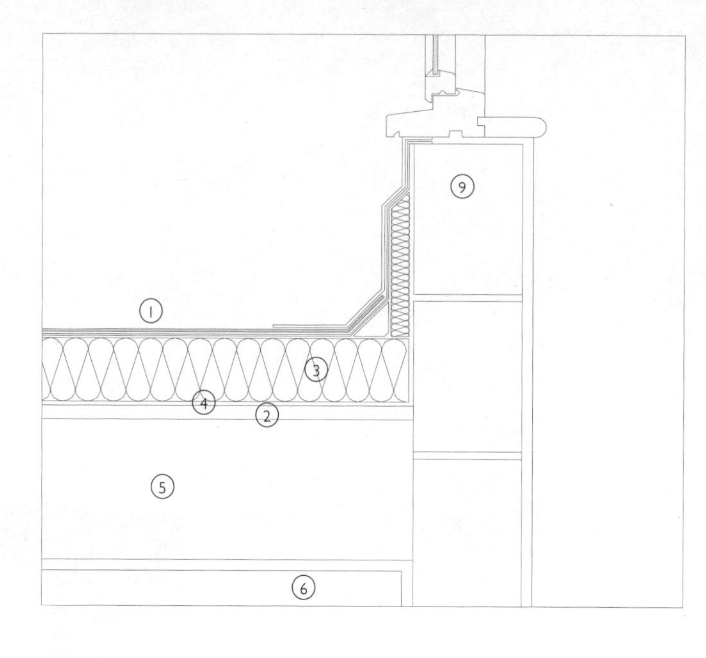

纵剖面图1：10　门槛

这一节探讨沥青卷材组成“热”屋面（即外保温屋面）构造的木质平屋面，这是一种常用的组合。当然也可将其他材料的卷材如人造橡胶和热塑性卷材用于“热”和“冷”屋面构造的木质平屋面上，其应用在“混凝土屋面”一章中的“外露卷材”一节中已经讨论过。那一节的细部构造与木屋面的类似。沥青卷材也可用于倒置式屋面，或者用于“混凝土屋面”一章中所述的隐蔽卷材构造，其中的细部做法类似，但沥青卷材总体上没有那一节所提到的其他卷材结实。用于混凝土屋面的卷材通常都是在其灼热的液态下施工，并且做加强处理来满足结构板的接缝和弯折要求。在这一节中，材料是用于轻质屋面板上的外露卷材。

沥青卷材价格经济，经常用于木质屋面板上，它们的组合为小型工程或者造型复杂的缓坡屋面提供了经济的解决方案，如在居住和学校建筑中。沥青卷材在过去的25年中一直不断发展，柔韧性更高，也变得更轻、更薄，价格也更经济，以便与新兴的人造橡胶和热塑性材料竞争。沥青卷材也可以用于混凝土和金属屋面板，这里的构造方法与用于上述屋面的类似。

材料

沥青卷材是成卷生产的，宽约1m，黑色，通常与SBS（苯乙烯丁二烯共聚物弹性体）聚合物或者TPO（热塑性聚烯烃）聚合物混合。这些聚合物的添加提高了材料的熔点，可以保证较高温度下的稳定性，也能保证较低温度下的柔韧性（通常在温带气候区的冬季），还能提高材料的防火性能。沥青卷材在表面通常都会有一层玻璃纤维的加强层以提高材料尺寸的稳定性和对意外损坏的抵抗能力，中心部分还有一层聚合物加强层，提高其抗拉能力。这些卷材的厚度通常约为4mm，详细尺寸由厂家确定。即使有上述添加剂，沥青基卷材也会受热而缓慢氧化，使材料变得易碎。聚合物添加剂能减轻这种影响，特别是TPO可以帮助延长材料的寿命，目前可达25年左右。TPO改性卷材可以暴露在阳光下，不需要做遮阳，因为材料可以提供比老式卷材更高的抵抗紫外线的能力。SBS改性沥青卷材的上面通常覆盖小石块层或者反光油漆，免受日晒。

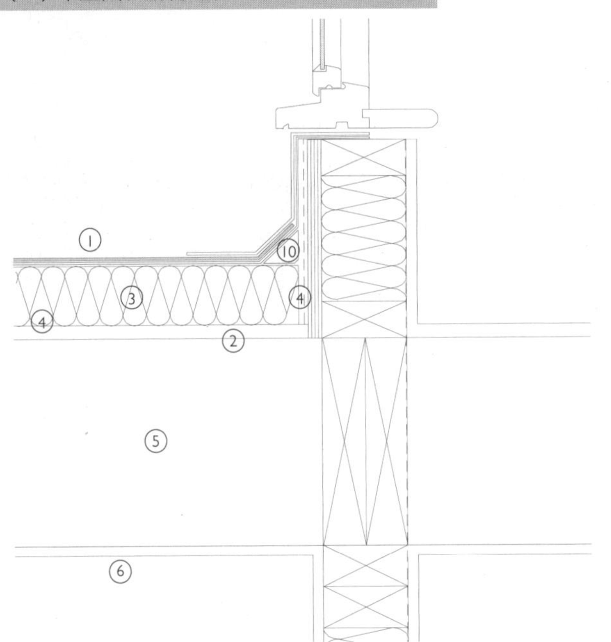

纵剖面图1：10　矮女儿墙

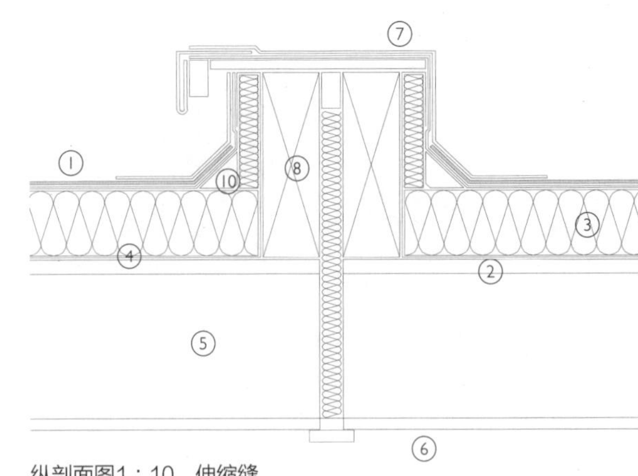
纵剖面图1：10　伸缩缝

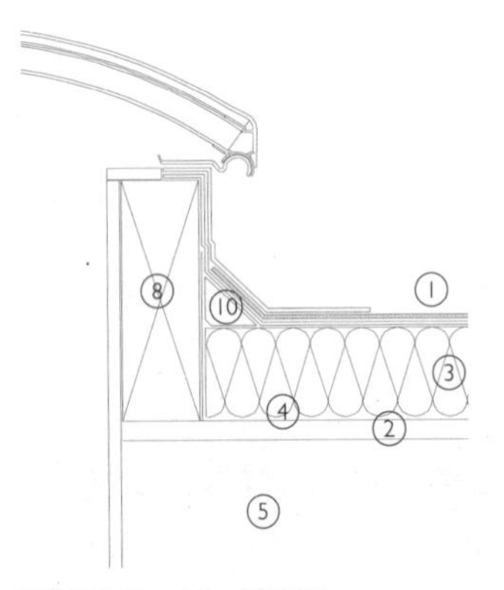
纵剖面图1：10　采光顶

3D视图　带沥青卷材的平屋面，伸缩缝

1. 沥青卷材
2. 胶合板
3. 刚性保温层
4. 隔汽层
5. 针叶树材托梁
6. 干衬壁/干墙板内面层
7. 金属防水板
8. 木上翻梁
9. 外墙
10. 角嵌条
11. 专用裙板泛水
12. 水落口
13. 铺面粘结沥青卷材

屋面构造

当屋面板是胶合板时，板间接缝通常用胶带粘上取得连续光滑的表面效果。使用木板屋面时，上述方法不可行，要用薄沥青卷材铺设在屋面板上，通常是在其黏稠的液态时使用来密封板间接缝。隔汽层作为专利系统的一部分通常也是沥青做的，放置在安装好的木质屋面板上。再将硬质闭孔保温层如聚氨酯用热沥青固定在隔汽层上。散置的穿孔隔离层铺设在保温层上，使保温层和沥青粘结时产生的气体释放出来，然后将沥青卷材通过隔离层的预留孔粘结到保温层上。

日晒防护

对紫外线的防护是由细小的石块层或者用于沥青卷材表面的铝制反光漆提供的。由于提供了额外的防紫外线措施，这些面层有反射热辐射的作用，从而降低屋面的温度。反光漆使屋面看起来有金属的感觉，取代了沥青卷材的黑

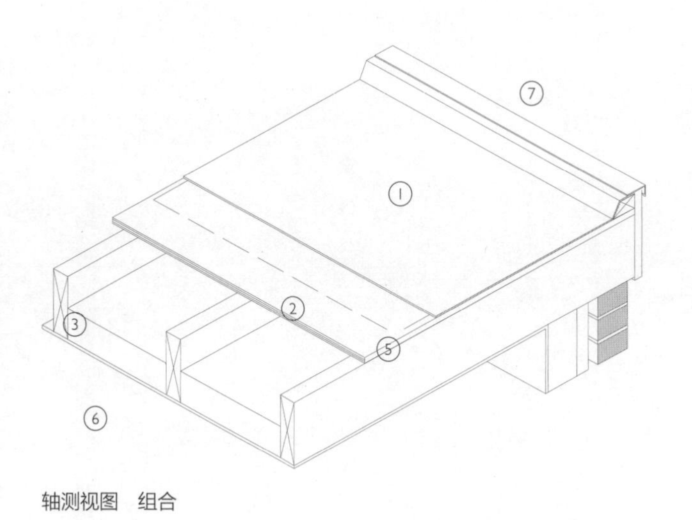

轴测视图　组合

3D视图　带沥青卷材平屋面，女儿墙细部

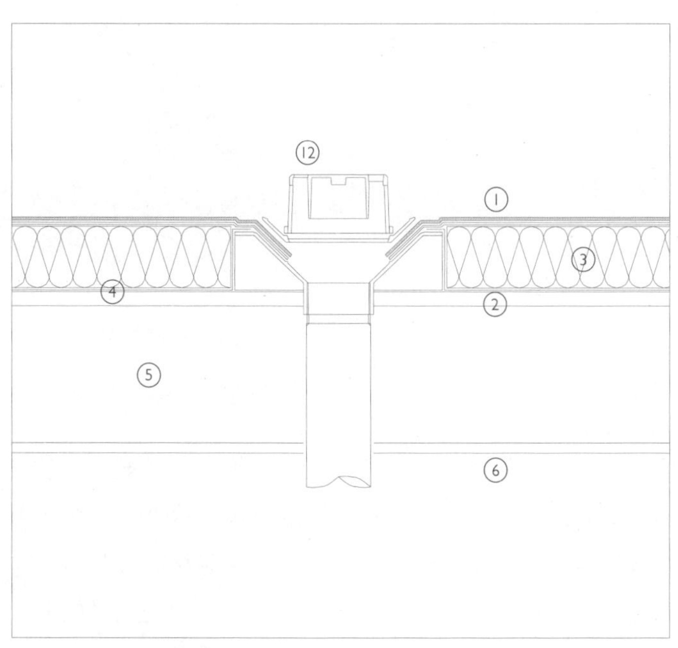

纵剖面图1：10　水落口

纵剖面图1：10
矮女儿墙

色表面。卷材在生产时可以加上防紫外线层作为专利系统的一部分。

安装方法

沥青卷材的安装通常有热熔、粘结和机械三种方法。使用热熔法时，用火焰将卷材下面的粘结层融化，使卷材粘结到底板上。卷材之间搭接宽度100mm，保证水密性。火焰喷枪通常用气体作燃料，气体储存在手持工具内的一个小罐里，或者屋面上大型储气罐里，后者还可以为轮式工具提供气体，使用面更广。

使用粘结方法时，将胶粘剂倾倒、摊开或者喷到底板/结构板上，沥青卷材常温下展开摊到上面。搭接处用胶粘剂密封，但有时用热熔法密封卷材的搭接处，以便于快速安装。如同人工橡胶和热塑性塑料卷材，搭接处和接头处使用热风焊接的技术也正在引进。卷材边缘采用热风工具可以使材料在现场融化、密封在一起。粘结的方式避免了使

3D视图　带沥青卷材的平屋面，女儿墙细部

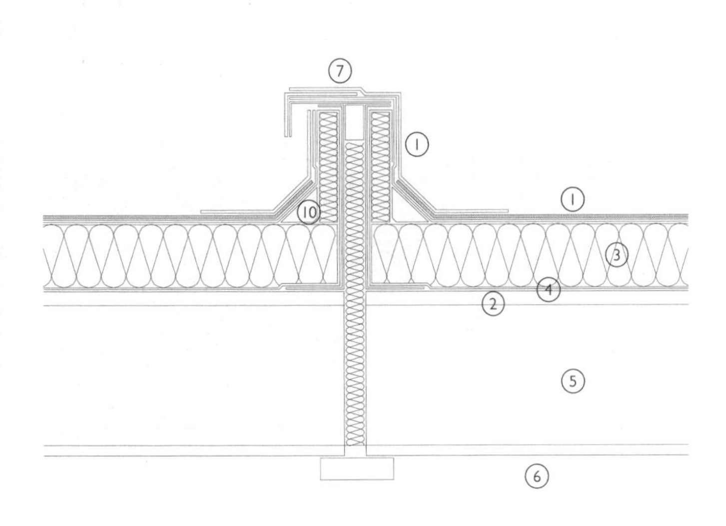

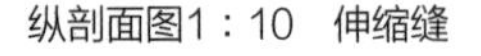
纵剖面图1：10　伸缩缝

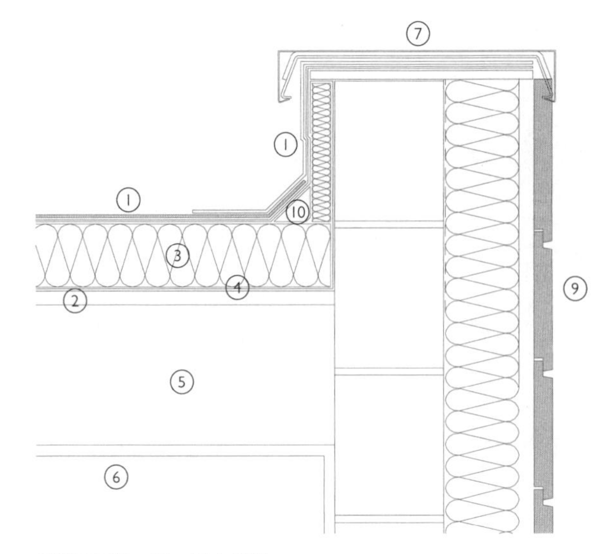

纵剖面图1：10　矮女儿墙

1. 沥青卷材
2. 胶合板
3. 刚性保温层
4. 隔汽层
5. 针叶树材托梁
6. 干衬壁/干墙板内面层
7. 金属防水板
8. 木上翻梁
9. 外墙
10. 角嵌条
11. 专用裙板泛水
12. 水落口
13. 铺面粘结沥青卷材

用火焰，从而避免了损坏邻近的已完工的部分。

使用机械方式固定，就不需要胶粘剂，卷材使用圆盘状固定件透过保温层固定到木质屋面板上。卷材间的搭接宽度约为150mm，通常用热熔法密封。密封的隔汽层，铺设在屋面板或者底板上，上面再安装保温层。保温层机械固定到屋面板上，上面铺设沥青卷材。机械固定件在卷材搭接处穿过保温层固定到下面的屋面板上。机械固定件用条状材料覆盖，搭接处用热熔法密封，然后辊压。

女儿墙泛水

沥青卷材的泛水的做法是将卷材固定到木结构女儿墙的胶合板表面上，或者固定到保温层表面上，具体根据外墙的构造形式而定。当木质屋面板与砖石墙体相交时，且混凝土砌块墙外挂木质遮雨板，沥青基卷材要做上翻。女儿墙较矮时，卷材延伸到顶，置于压顶下。屋面的防水卷材与外墙的防水密封层成为连续的一体，卷材在混凝土砌块外墙的沥青涂料面层处收头。压顶可以由任何不透水且耐用的材料做成。压型金属压顶，向两边伸出，为卷材在弯折处提供保护。较高的女儿墙处的泛水做法是将卷材在高于屋面层150mm处收头。在这之上的墙体防水做法采用不同的方式。一般混凝土墙用沥青漆和外挂板材起到防水效果。卷材的顶部用弯折金属防水板如铝合金做防护，它可以嵌入砖块砌筑时形成的凹槽里，如果是混凝土墙的话，也可以密封到墙上。隔汽层也延续到卷材收头的高度。在有较大结构位移的直角连接处，通常会用两次45°折角来避免卷材90°的弯折。

屋面穿孔和变形缝锁边位置的上翻梁的做法同其他位置的上翻梁，但卷材要延伸到上翻梁顶。在伸缩缝处，卷材与其中一侧不固定，以适应结构的位移。

与瓦屋面的连接

平屋面和挂瓦坡屋面连接处的处理是将基层和卷材延伸高出屋面面层150mm，并在此处附加一道加强层。坡屋面的油毡或者透气卷材（breather membrane，防水透气，可用于两侧潮气的调整——译者注）向下延伸到卷材上面，使防水连为一体。底部顶排的瓦片避开连接处，防止损坏并保证沿瓦片

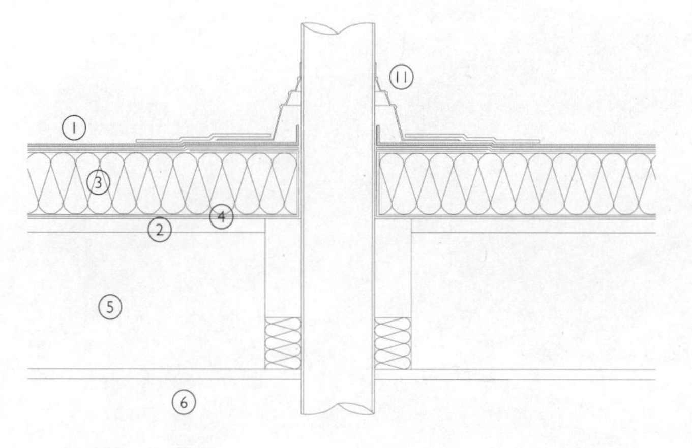

纵剖面图1：10　穿管

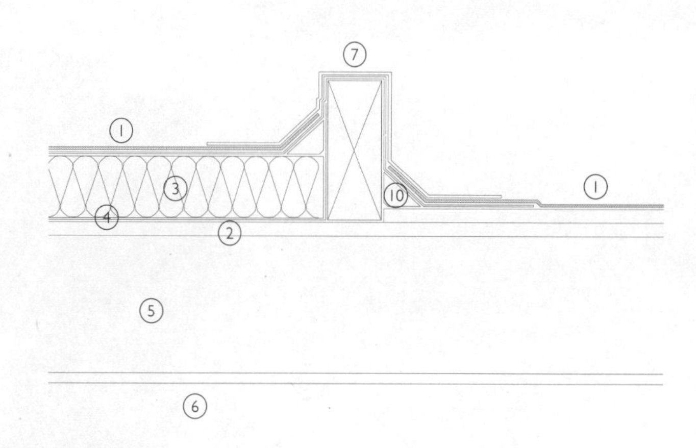

纵剖面图1：10　屋面台阶

3D视图　带沥青卷材平屋面，屋檐细部

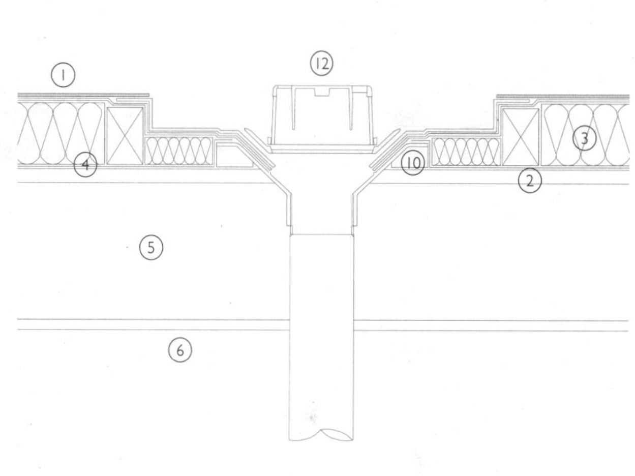

纵剖面图1：10　水落口

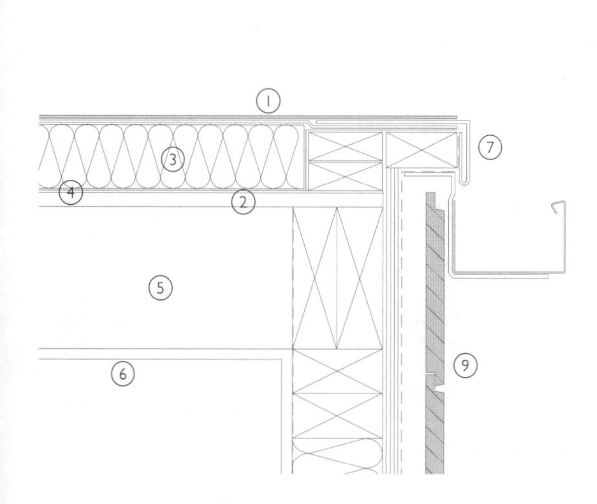

纵剖面图1：10　屋檐

3D视图　带沥青卷材平屋面，屋檐细部

3D视图　带沥青卷材平屋面，矮女儿墙和水落口

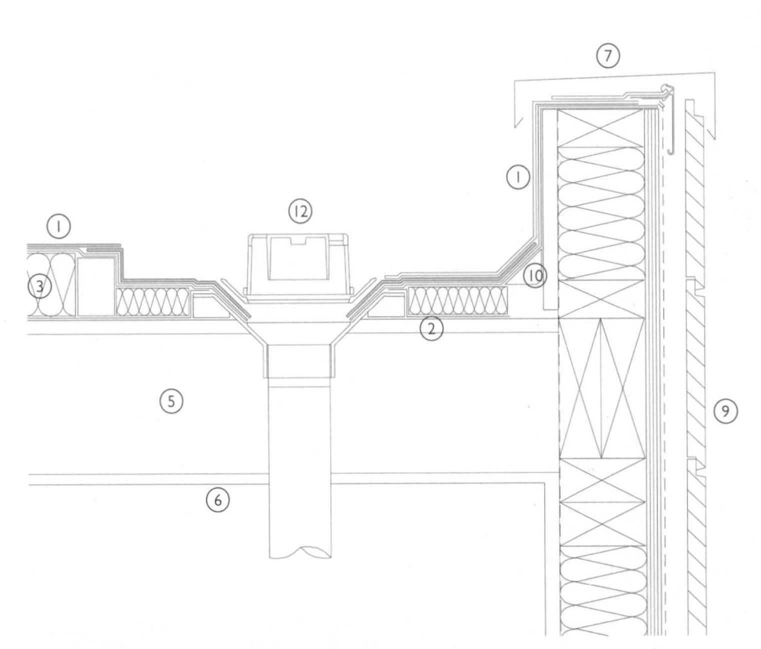

纵剖面图1：10　带水落口的矮女儿墙

3D视图　带沥青卷材平屋面，水落口细部

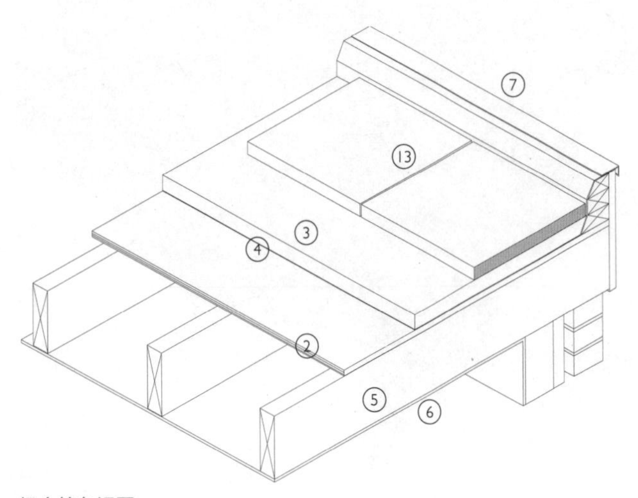

组合等角视图

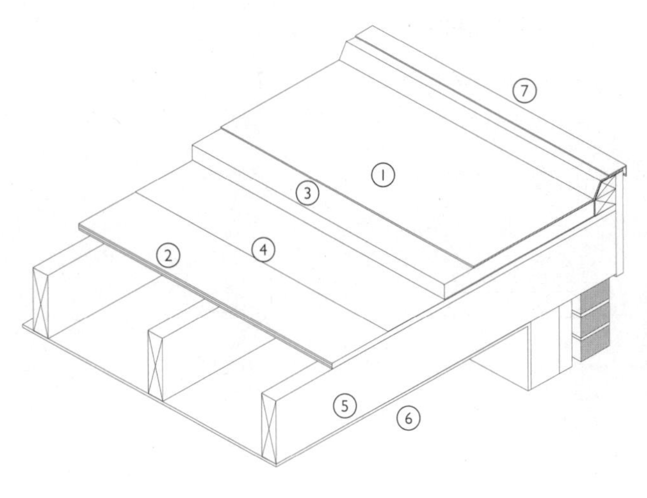

组合等角视图

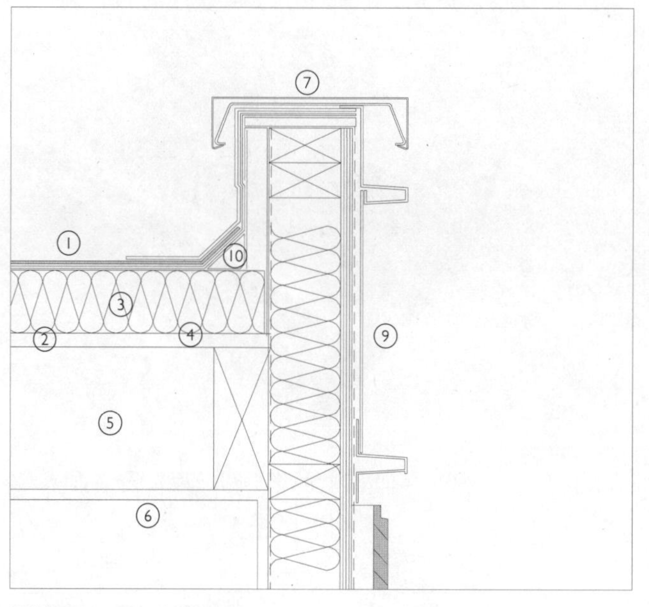

纵剖面图1：10　矮女儿墙

纵剖面图1：10　栏杆

1. 沥青卷材
2. 胶合板
3. 刚性保温层
4. 隔汽层
5. 针叶树材托梁
6. 干衬壁/干墙板内面层
7. 金属防水板
8. 木上翻梁
9. 外墙
10. 角嵌条
11. 专用裙板泛水
12. 水落口
13. 铺面粘结沥青卷材

排下的雨水不会因为毛细作用流到瓦片和屋面卷材之间的空隙里。在坡屋面上面的平屋面区域，沥青基卷材在转角处要弯折形成滴水，因此雨水不会流到屋面里。有时候也会用金属滴水檐在视觉上使屋面具有更清晰的边缘。保温层下的隔汽层向上折因此能够在卷材滴水处收头，从而使隔汽效果连续。金属防水板从隔汽层下延伸搭接在瓦片顶上取得完全的密封效果，保护瓦片下的沥青卷材层。瓦片下的屋面油毡或透气卷材在上面的木屋面板的底部收头。在卷材遇到采光顶上翻梁时，就将沥青卷材延伸到其顶部。如果需要的话，与建筑内的隔汽层，还有保温层下的隔汽层，形成整体的密封效果。采光顶安装在经过密封处理的上翻梁顶，通常是用通长的木格条或金属条密封玻璃与上翻梁之间的间隙。采光顶的边缘通常设置滴水檐，以防止雨水流到上翻梁和采光顶的连接处。

屋檐和山墙封檐

屋檐构造中的板弯折而成滴水的做法与刚才所说的与坡屋面顶部连接处的滴水做法相同。排水沟安装在滴水的内侧，保证屋檐上的雨水都能汇集到天沟里，不会有雨水流到天沟后面和下面的墙面上，否则由屋面冲刷下来的灰尘会在这里形成污渍。保温层下的隔汽层延伸到屋面边缘，以保证屋檐构造中的木材干燥且在下面的闷顶里保持通风。保温层与墙和屋面保持连续，防止热桥降低围护结构的保温隔热效果。

山墙封檐用低矮的上翻构件沿着屋面的坡度形成，防止雨水从屋面的边缘流出。卷材延伸到顶。玻璃钢或者金属装饰构件固定在边缘处作为卷材的收头，同时在外墙面的顶部形成了滴水檐。附加的卷材条搭接在装饰构件上，取得连续的防水效果，也强化了接头构造。隔汽层沿木质上翻构件的侧面上翻，但因为有附加的卷材形成整体的密封，没必要延伸到屋面的边缘。

木质屋面

（1）平屋面：沥青卷材

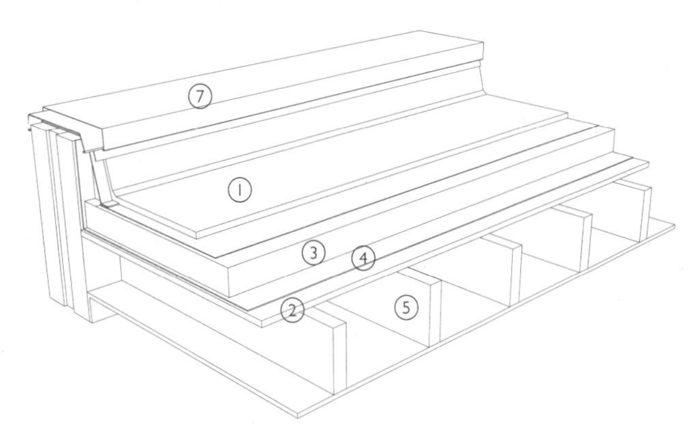

3D线图　屋面结构上带刚性保温层的典型平木屋面构造

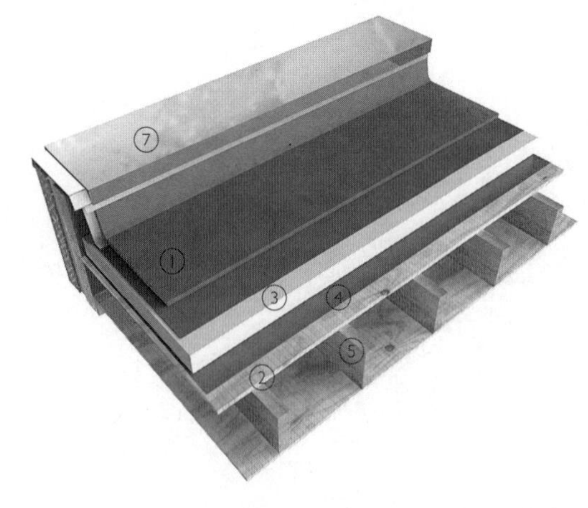

3D视图　屋面结构上带刚性保温层的典型平木屋面构造

1. 沥青卷材
2. 胶合板
3. 刚性保温层
4. 隔汽层
5. 针叶树材托梁
6. 干衬壁/干墙板内面层
7. 金属防水板
8. 木上翻梁
9. 外墙
10. 角嵌条
11. 专用裙板泛水
12. 水落口
13. 铺面粘结沥青卷材

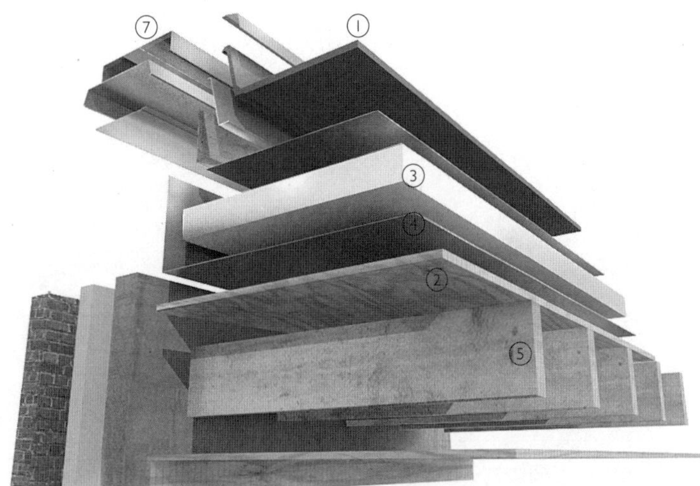

3D组件分解视图　屋面结构上带刚性保温层的典型平木屋面构造

3D组件分解视图　屋面桁条间带保温层的典型平木屋面构造

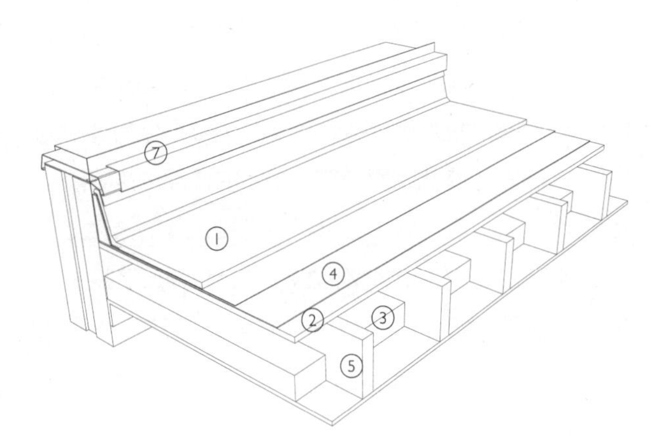

3D线图　屋面桁条间带保温层的典型平木屋面构造

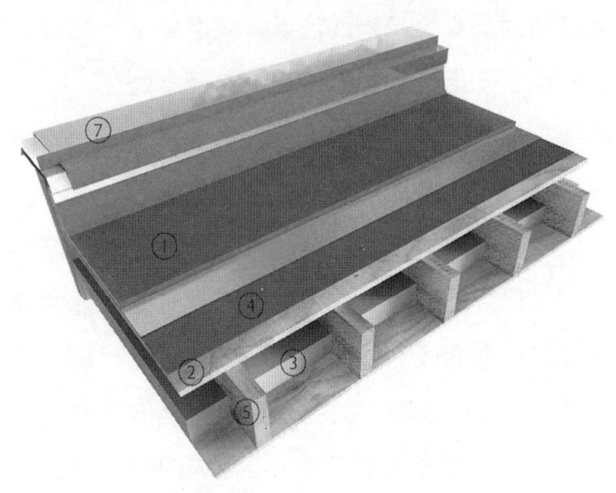

3D视图　屋面桁条间带保温层的典型平木屋面构造

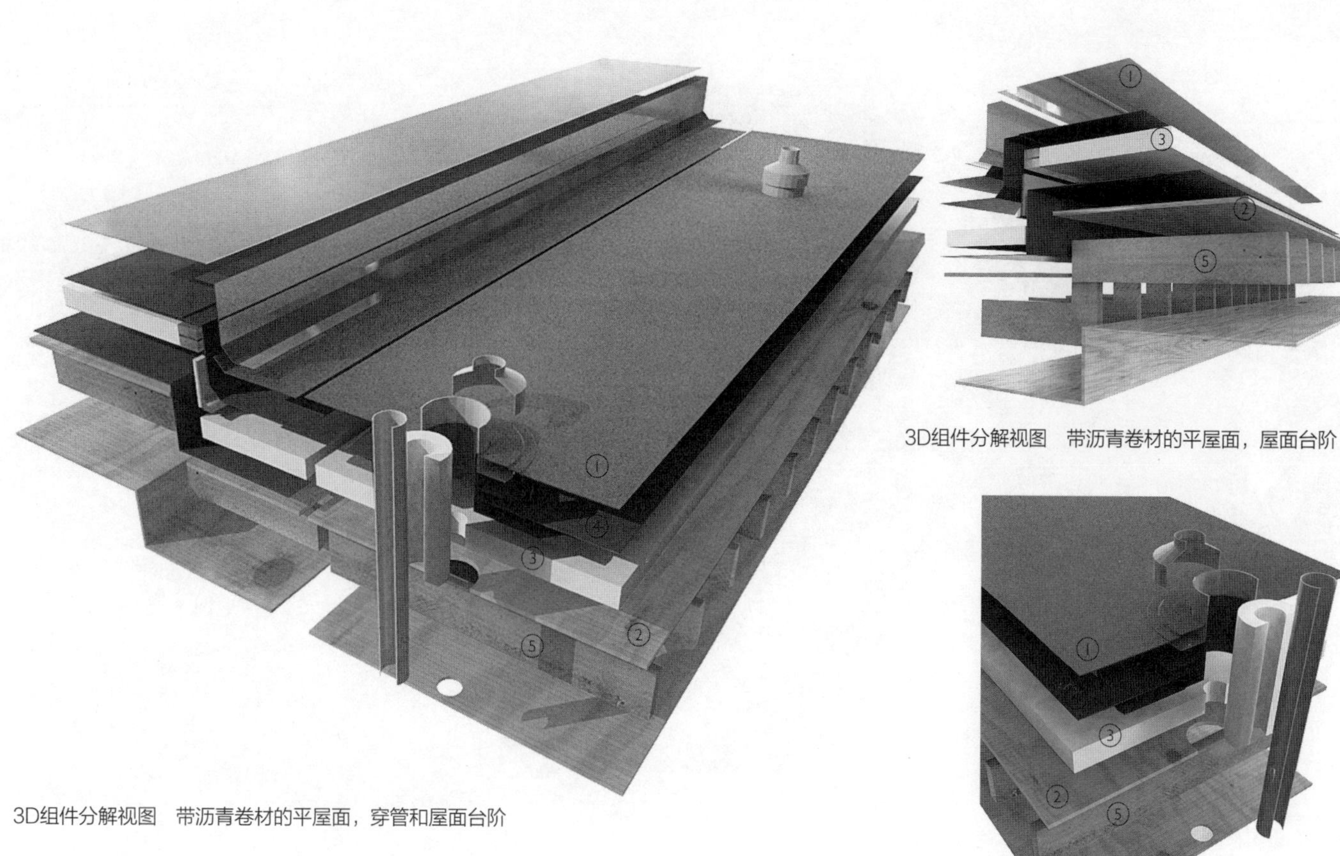

3D组件分解视图　带沥青卷材的平屋面，屋面台阶

3D组件分解视图　带沥青卷材的平屋面，穿管和屋面台阶

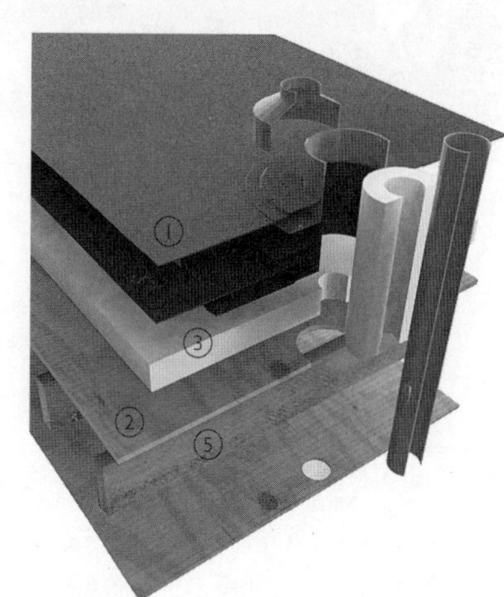

3D组件分解视图　带沥青卷材的平屋面，穿管

3D组件分解视图　带沥青卷材的平屋面的伸缩缝

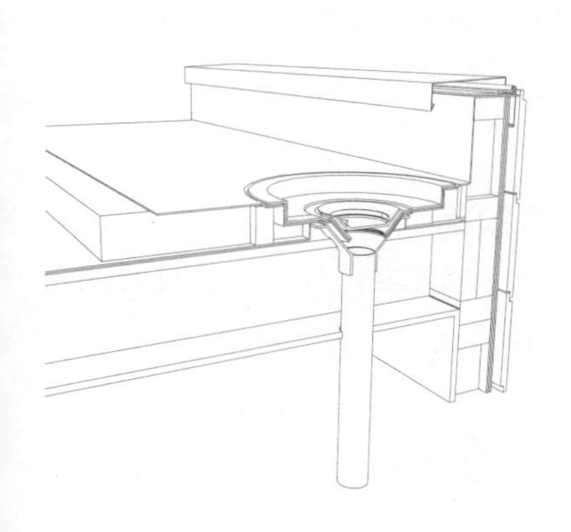

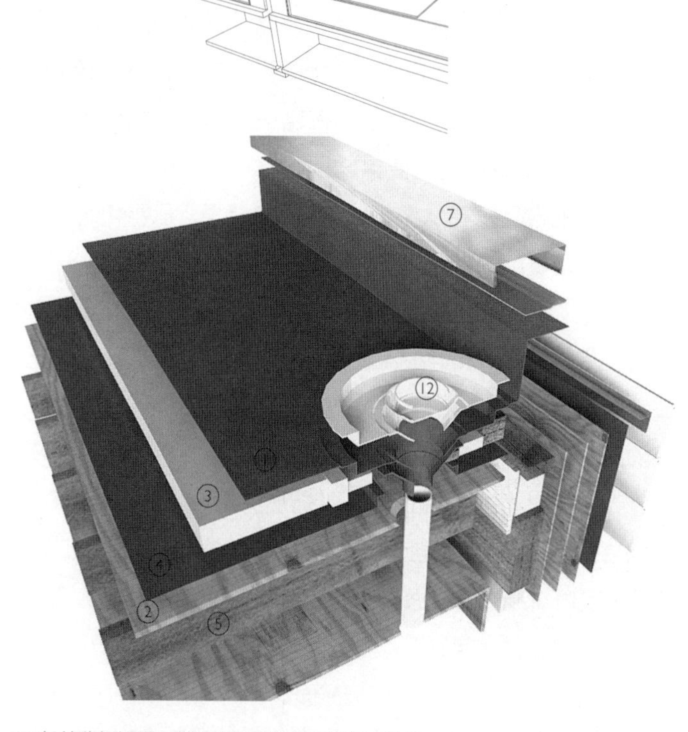

3D组件分解视图　带沥青卷材的平屋面的水落口

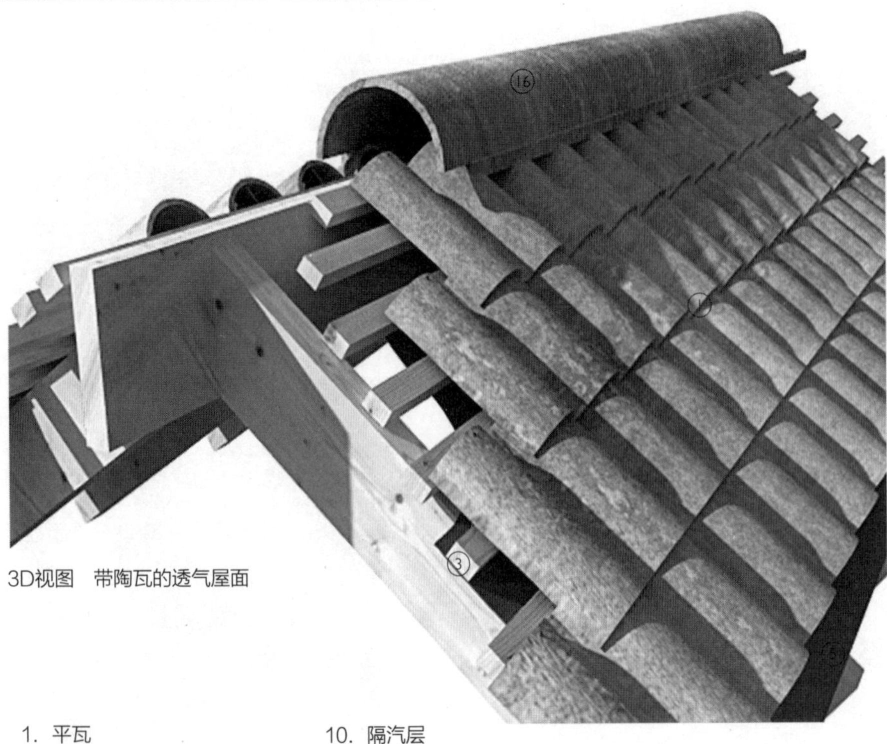

3D视图　带陶瓦的透气屋面

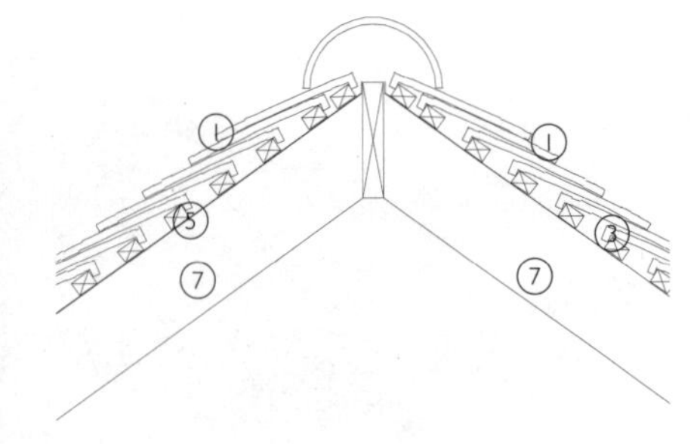

纵剖面图1：20　不透气屋面

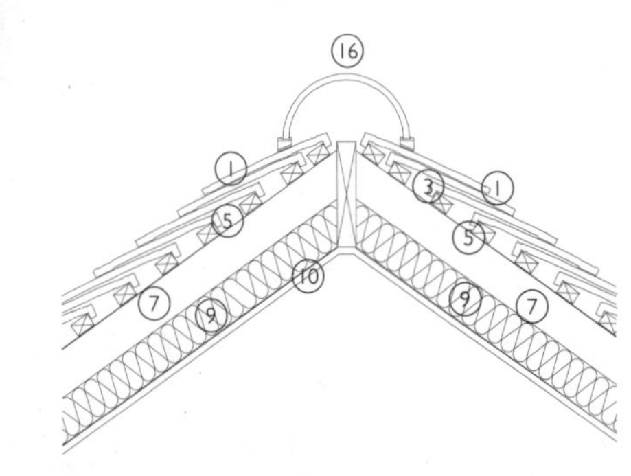

纵剖面图1：20　透气屋面

1. 平瓦
2. 联锁瓦
3. 针叶树材瓦条
4. 针叶树材交叉压条
5. 屋面油毡
6. 天沟
7. 针叶树材椽木
8. 蒸汽渗水卷材
9. 保温层
10. 隔汽层
11. 针叶树材托梁
12. 金属防水板
13. 通风口
14. 封檐板
15. 外墙
16. 屋脊盖板
17. 空心板

屋面用的黏土瓦大多是由黏土或者混凝土制成。黏土瓦这一类型是天然黏土与石英、云母、氧化铁和结晶铝氧化物等添加剂混合而成。黏土瓦在窑里用1100℃的高温灼烧，变得坚固且防潮。平瓦的应用范围从竖直挂瓦到35°坡屋面都可使用。带有凹槽和复杂搭接的联锁瓦可以用于最小22.5°的坡度。混凝土瓦是用骨料和硅酸盐水泥制成，二者的混合物在工厂的温度控制箱里养护而成。其形状和颜色倾向于模仿传统黏土瓦，但它能做成黏土瓦难以达到的大尺寸的联锁瓦。同黏土瓦一样，混凝土平瓦用于35°的坡屋面。混凝土瓦片相对于黏土瓦的优势在于某些混凝土联锁瓦片可以用于低至12.5°的坡屋面。

两种类型瓦片都是固定在水平放置的挂瓦条上，即与坡度垂直的方向。挂瓦条固定在油毡上，后者成为屋面的第二道防水。屋面油毡固定在椽子上或者全木制桁架上。瓦片提供对雨水的第一道防线，还能保护屋面油毡免受风吹雨、日照和偶然的损坏。很多瓦片的轮廓造型都是从过去的瓦片发展而来。黏土瓦和混凝土瓦屋面的设计寿命约为30年，但实际估计能达约100年。

平瓦

平瓦有很多尺寸，最常用的是约260mm×160mm。当竖直悬挂时，其上端搭接宽度为35mm；当放置在35°屋面时，最小搭接宽度是65mm。任意情况下最大的搭接宽度是90mm，因此瓦片总是同其余三块瓦片彼此搭接而成。瓦片的侧边对接在一起，接头处彼此错开，通过将透过外侧瓦片的雨水排到下面瓦片的中部来防止雨水渗透。当使用最大允许的搭接宽度时，瓦片实际可见的最小尺寸是170mm×160mm，看起来近似方形。瓦片用钉子穿过顶部的两个孔固定到下面的挂瓦条上，再用这两块瓦片搭接在上面。瓦片在底部有两个突起，勾住挂瓦条，既能支撑瓦片又能起到对齐的作用。它们需要精确布置，以实现预想的瓦片布置效果。

联锁瓦

黏土瓦或者混凝土联锁瓦片的轮廓和尺寸各异，比较有代表性的是400mm×300mm。这种类型的瓦片有更宽的顶部搭接，约为100mm，来

3D视图　木瓦屋面屋檐以及用于平瓦的与邻墙联结

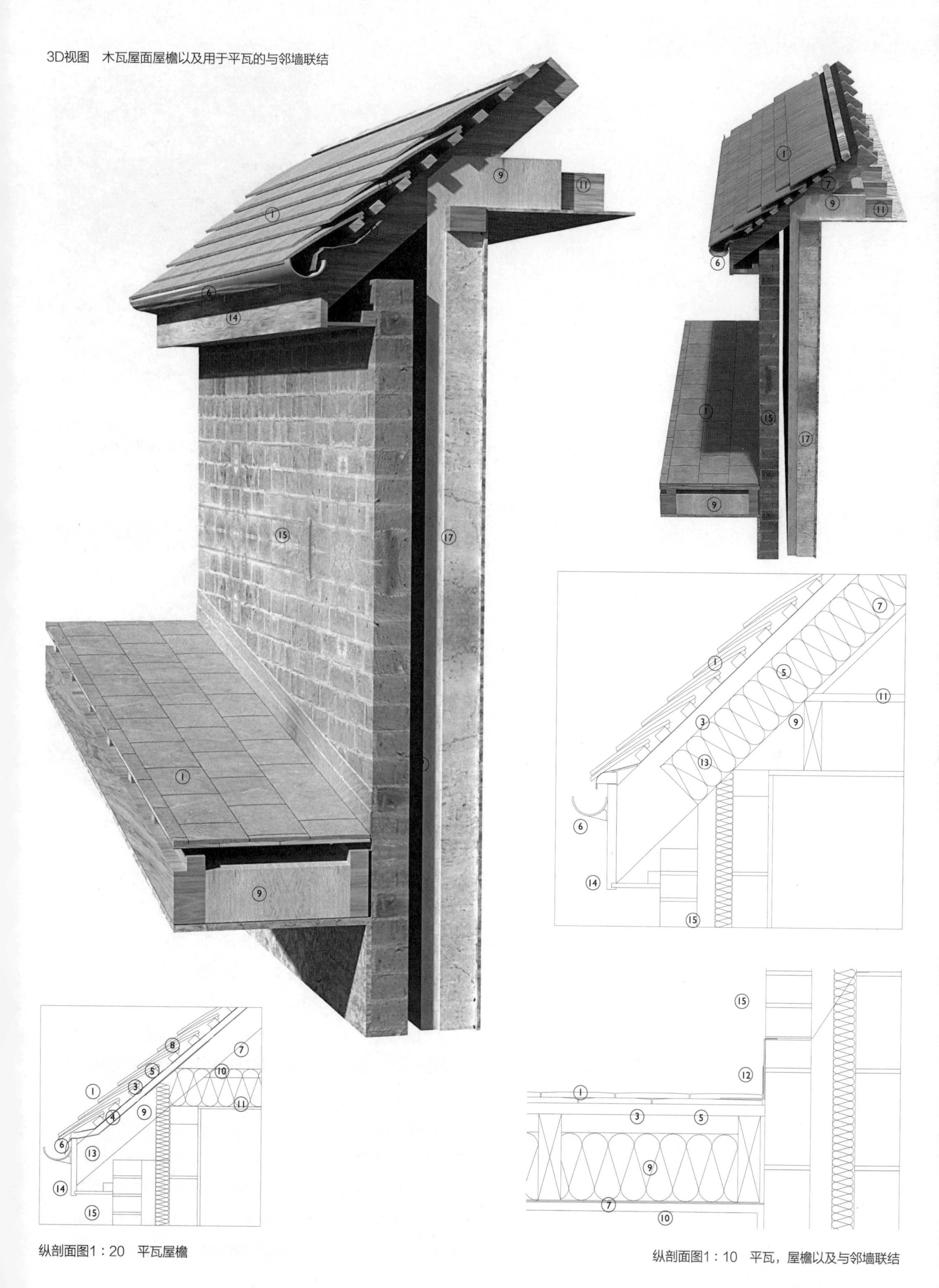

纵剖面图1：20　平瓦屋檐

纵剖面图1：10　平瓦，屋檐以及与邻墙联结

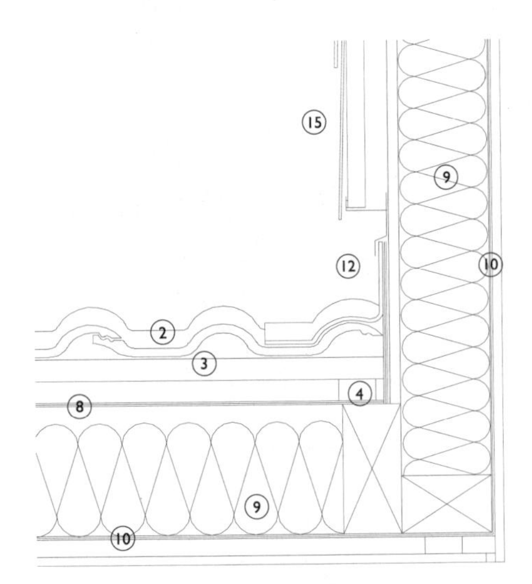

纵剖面图1：10　联锁瓦，与邻墙联结

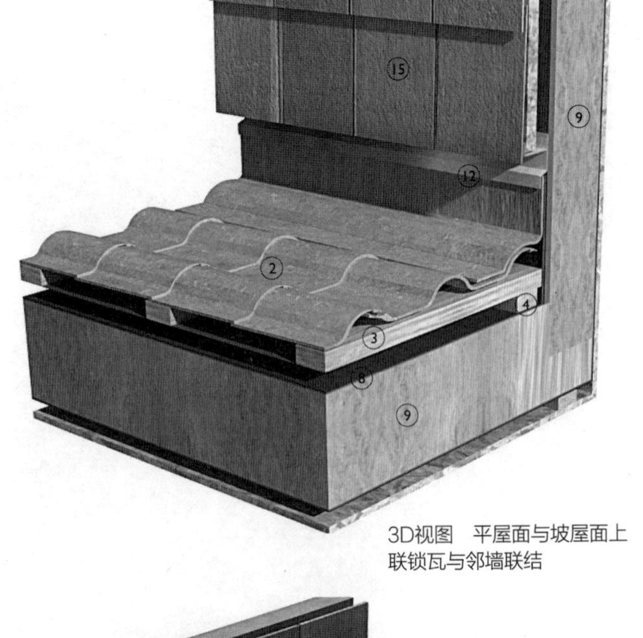

3D视图　平屋面与坡屋面上联锁瓦与邻墙联结

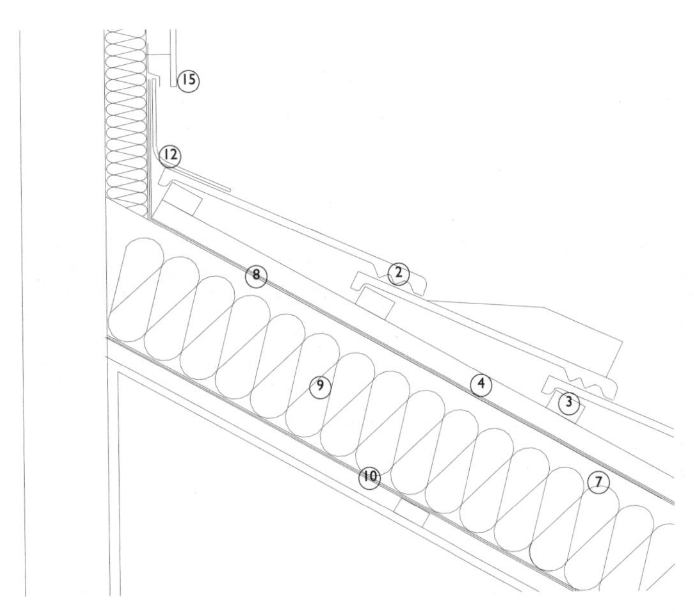

纵剖面图1：10　联锁瓦，与邻墙联结

1. 平瓦
2. 联锁瓦
3. 针叶树材瓦条
4. 针叶树材交叉压条
5. 屋面油毡
6. 天沟
7. 针叶树材椽木
8. 蒸汽渗水卷材
9. 保温层
10. 隔汽层
11. 针叶树材托梁
12. 金属防水板
13. 通风口
14. 封檐板
15. 外墙
16. 屋脊盖板
17. 空气板

适应顶部瓦片底面的凹槽。这些凹槽起到滴水槽的作用，防止雨水通过毛细作用渗入屋面。瓦片在侧边也有搭接。搭接在上面的瓦片的侧底面也采用了凹槽的形式。雨水通过这些凹槽排到下面瓦片的中部，以收集瓦片四周的雨水。瓦片的联锁，同凹槽的使用一起，避免了如平瓦一样总是需要三块瓦片搭接在一起。因为瓦片只在边缘搭接，瓦片不需多层叠加，只需要一块瓦的厚度，所有由于风压透过接头的雨水被排到屋面油毡，从而到达屋面底部。典型的100mm的顶部搭接和30mm的侧边搭接使瓦片可见部分的尺寸是300mm×270mm，同平瓦一样，看起来都是方形的。当使用传统设计的圆形或者波浪形状时，不易觉察是方的，但使用现代平面设计时，看起来却很明显。同平瓦一样，联锁类型的瓦片在底板有突起挂在挂瓦条上，并用比平瓦上大得多的钉子固定。

通风

同平屋面一样，坡屋面也有“冷”、“热”构造之分。在“冷”屋面中，水平接缝要做保温，闷顶是通风的，保证

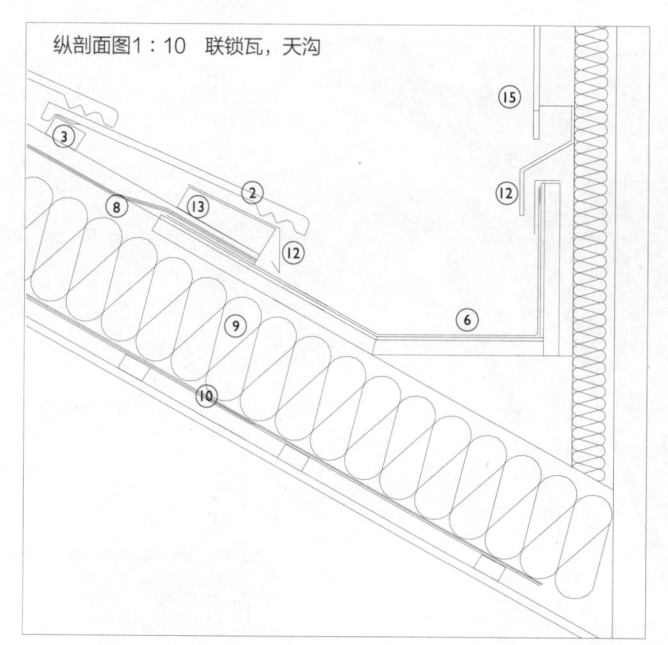

纵剖面图1：10　联锁瓦，天沟

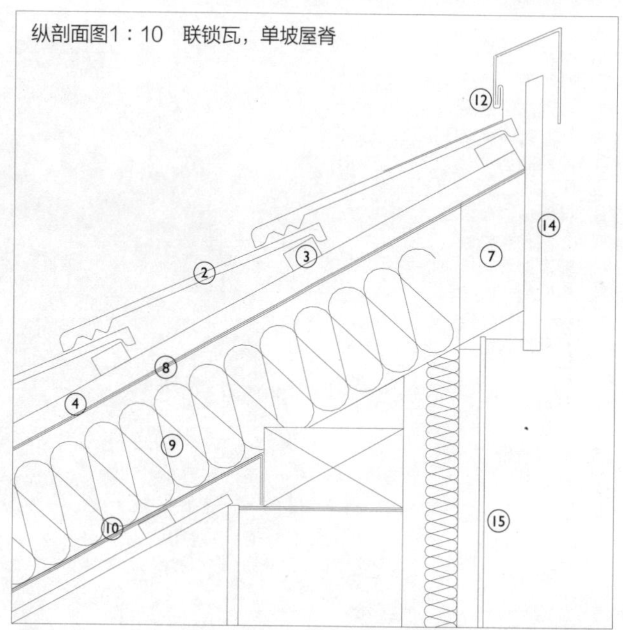

纵剖面图1：10　联锁瓦，单坡屋脊

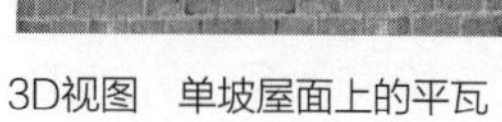
3D视图　单坡屋面上的平瓦

3D视图　单坡屋面上的平瓦

其中生成的冷凝水都能散去，避免对木头和保温层造成腐蚀。近年来，使用可透过潮气的卷材或者“呼吸”卷材（也可称为透气卷材——译者注）作为瓦片垫层替代防水油毡变得越来越普遍。这样做可以避免闷顶设置通风措施，因为如果设置的话，闷顶在温带地区的冬季会变得非常潮湿。在其中生成的任何潮气都能通过“呼吸”卷材排出，但实际中顶棚需要完全密封防止潮气从室内进入屋面内。在保温层和装饰石膏板之间设隔汽层已经成为标准做法，在所有屋面工程中，隔汽层在屋面开口、管道周围及其自身的边缘处必须做到完全密封才能起到作用。在实际中，即使使用“呼吸”卷材作为瓦片的衬底，多数“冷”屋面仍然在屋脊和檐口处做通风构造。这些方法也同样适用于单坡屋面和分隔的屋面空间。

在“热”屋面中，斜置的椽子表面也要做保温，目的是让屋面的内部空间可供利用。如同“冷”屋面，隔汽层设置在保温层和石膏板之间。可透过潮气的“呼吸”卷材置于椽子的外表面上

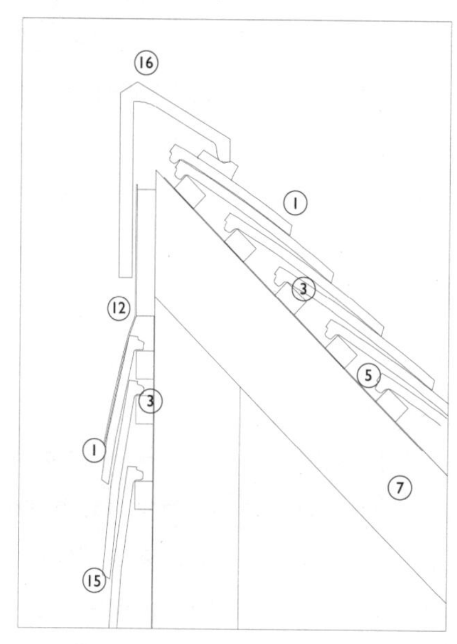

纵剖面图1：10　单坡屋脊，平瓦

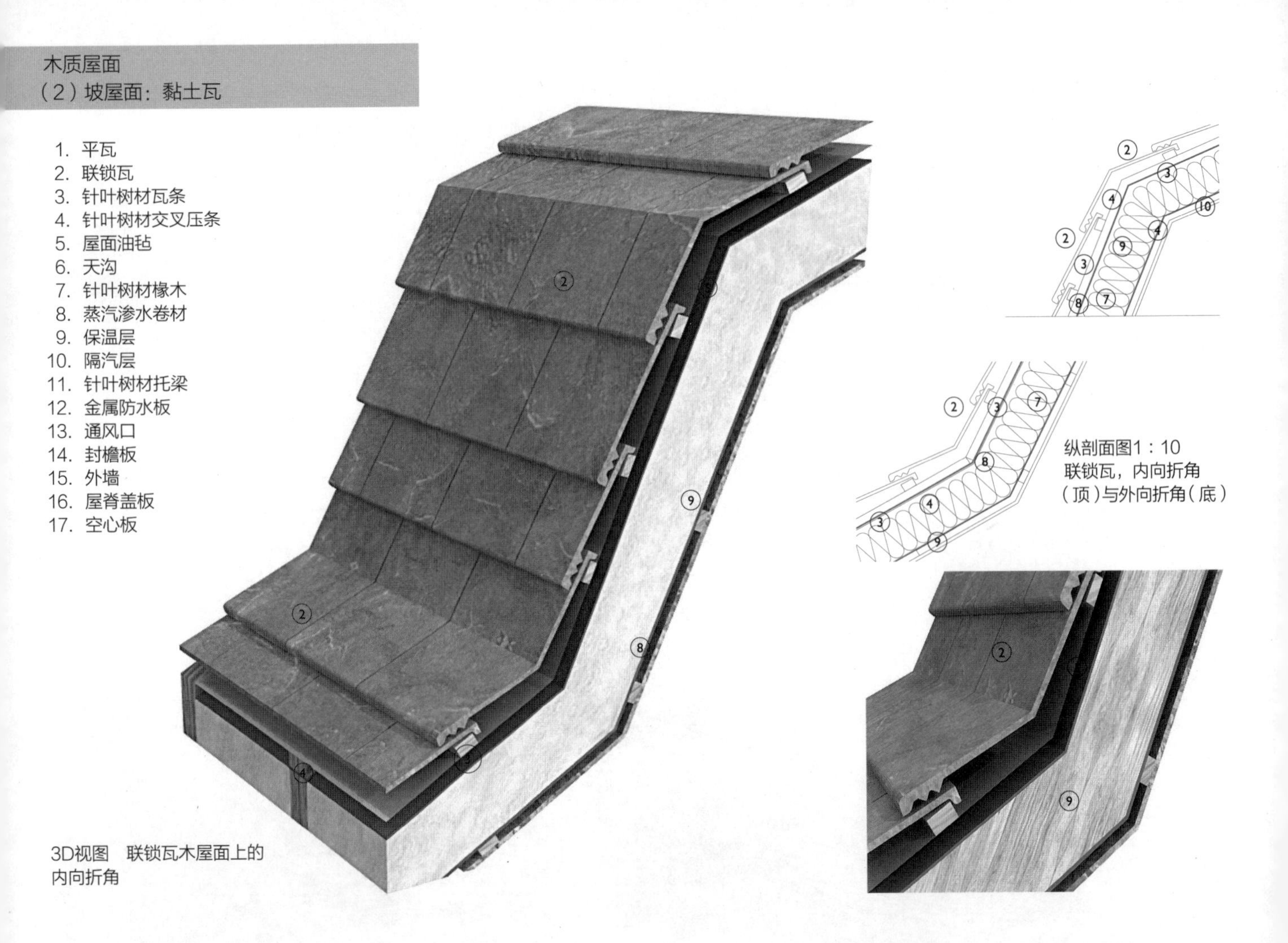

3D视图　联锁瓦木屋面上的内向折角

纵剖面图1：10
联锁瓦，内向折角（顶）与外向折角（底）

作为瓦片的垫层。如果保温层完全填充了椽子之间的空间，那“呼吸”卷材的作用就是让构造中的潮气散去。如果保温层没有填充椽子之间的空间，而且是紧贴内部石膏板设置，则保温层和“呼吸”卷材之间的空间在屋脊和檐口处要有通风措施。在使用“呼吸”卷材的地方，卷材外表和瓦片之间的空隙要从25mm增加到50mm，以便空隙内的空气更自由地流通，使潮气易于散去。增大的空隙是由挂瓦条下增设的顺水条形成，顺水条透过卷材固定到椽子上。

屋檐

平瓦和联锁瓦屋面在其底部都是用天沟收头。为了保持瓦片一直到天沟不变的坡度，底排的挂瓦条要固定在称为“三角木”的楔形木材上。这使垫层能与底部瓦片的底面相交，将瓦上的雨水和沿垫层向下流动的潮气排到天沟里。一般用PVC-U做的通气口，安装在底部瓦片之间，使“冷”屋面中的闷顶或者“热”屋面中的垫层和瓦片之间的空腔通风。

在“冷”屋面中，专利通风口安装在垫层下。新鲜的空气通过通风口进入到闷顶里，而不会对顶棚高度处的保温层造成影响，此处的保温层是同墙体连为一体的。在“热”屋面中，通风口安装在底部瓦片和油毡衬层之间，将空气引入瓦片和“呼吸”卷材之间的空隙。保温层或者延续到封檐板处，再向后水平延伸与墙体的保温层连为一体，或者墙体的保温层竖直向上延伸直到与屋面的保温层相遇为止。在后一种做法中，使用的是“冷”屋面的构造，在封檐板和屋檐吊顶之间的空间需要通风，目的是为了防止不流动的潮湿空气损坏木结构。

屋脊

在需要将屋脊部位密封的情况下，可以将脊瓦坐在水泥砂浆上，或者需要快速安装时，用金属螺栓（一般是不锈钢材质）固定。对于需要通风的屋脊，会安装专有的一般用PVC-U制作的带槽孔的固定件，用于对“热”屋面构造中的衬层和瓦片之间的挂瓦条或顺水条形成的空腔，或者对“冷”屋面构造中的闷顶进行通风。如果挂瓦条间的空腔是通风的，在屋脊处的空腔则是密封的。空气允许穿过屋脊瓦底部和紧贴其下的屋面瓦片之间的缺口，缺口是由PVC-U通风口形成的。屋脊瓦机械固定到屋脊挂瓦条上，挂瓦条与其下面竖直方向的顺水条用通常是不锈钢材质的金属夹具固定。在“冷”屋面中的整个屋面空间都是有通风口与外界通风时，在屋脊处的卷材上留有约10mm的缺口。卷材

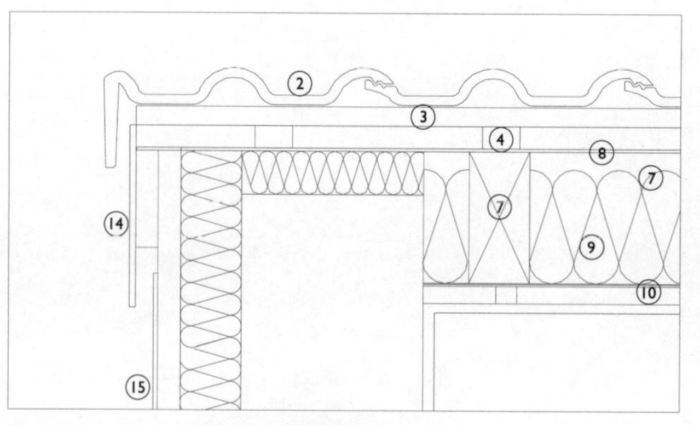

纵剖面图1：10　联锁瓦，山墙封檐

3D视图　联锁瓦屋面上的山墙封檐细部

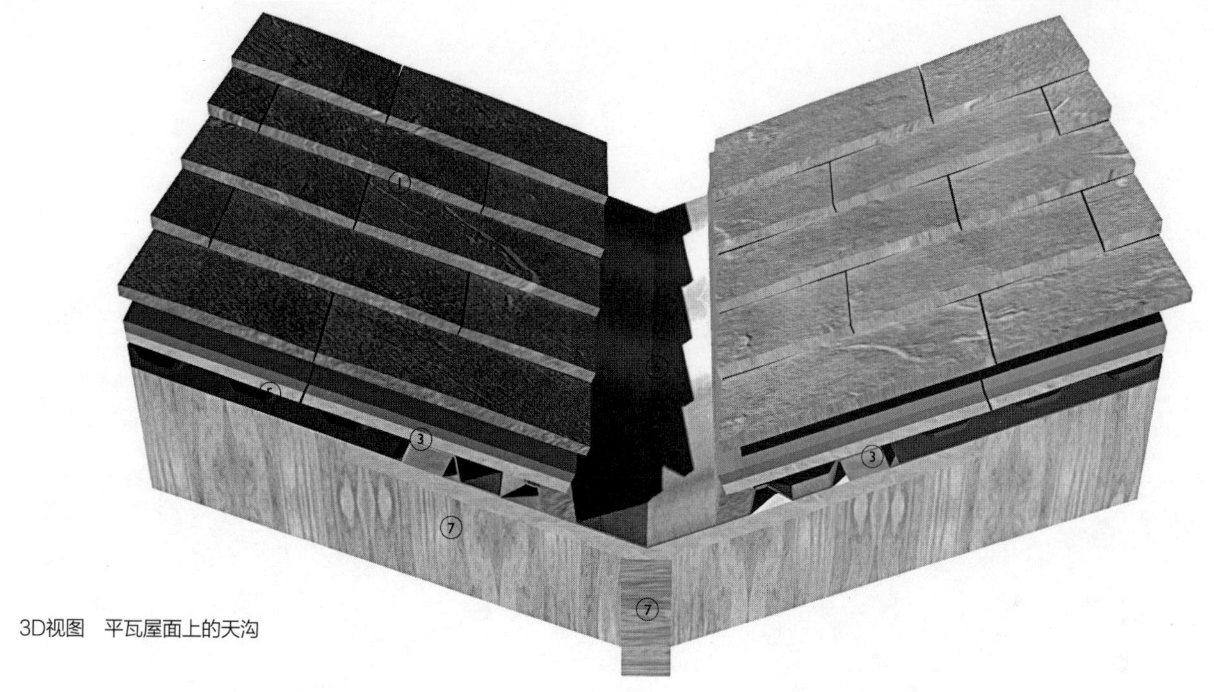

3D视图　平瓦屋面上的天沟

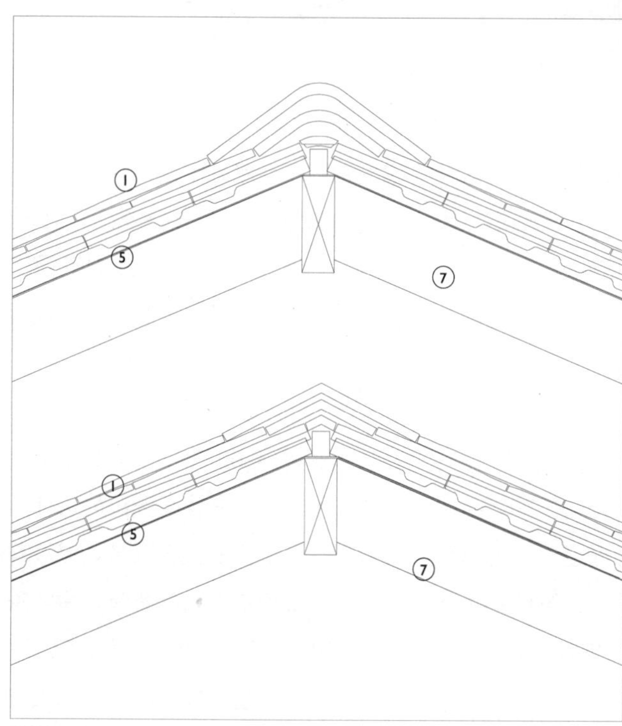

纵剖面图1：10　平瓦，屋脊

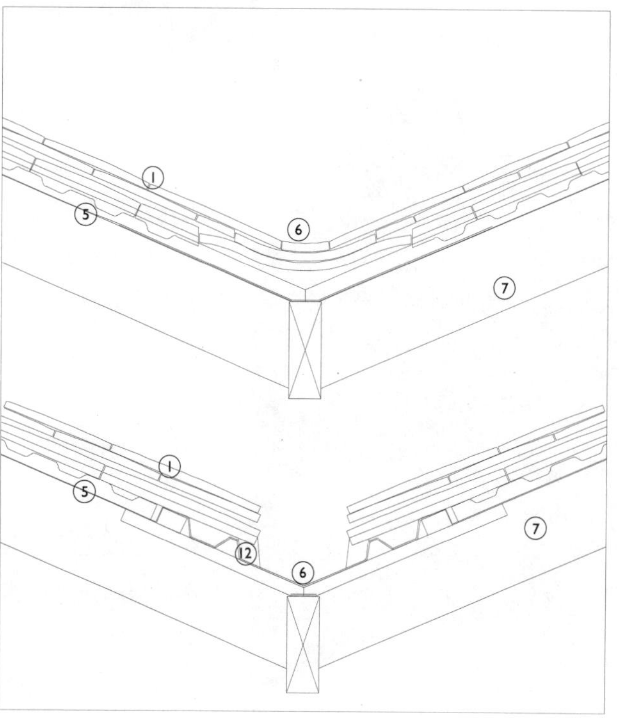

纵剖面图1：10　平瓦，天沟

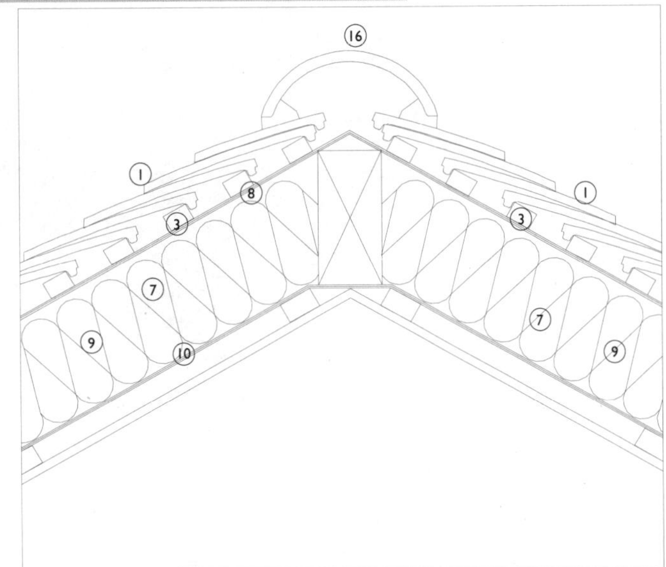

纵剖面图1：10　平瓦，屋脊

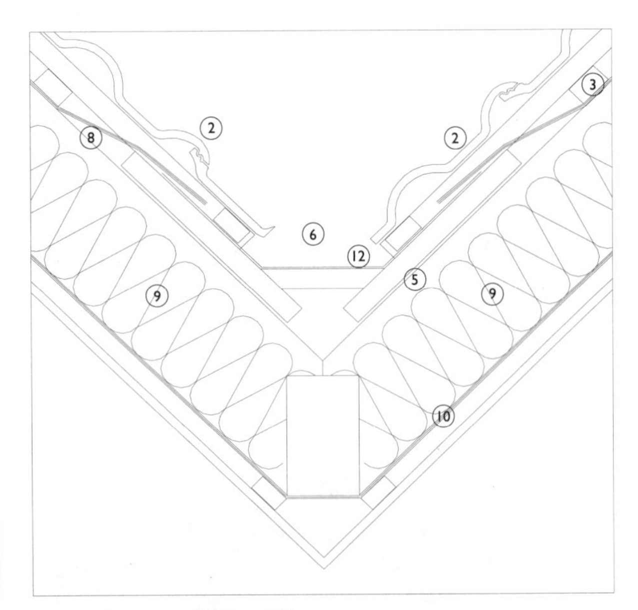

纵剖面图1：10　联锁瓦，天沟

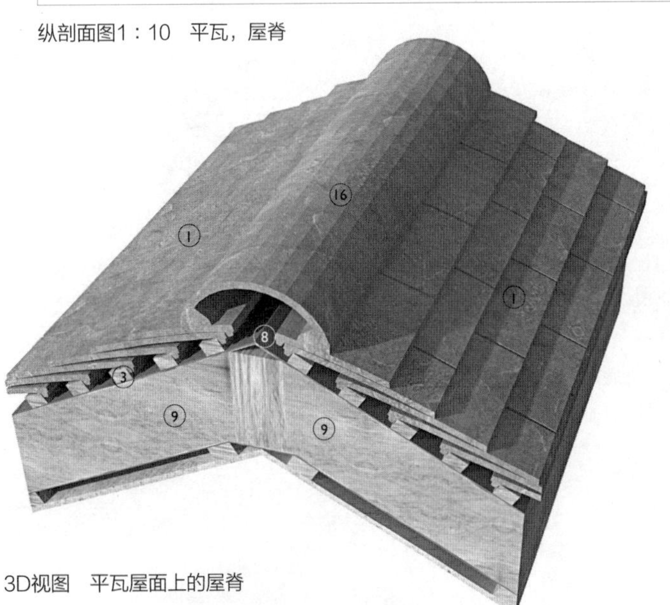

3D视图　平瓦屋面上的屋脊

3D视图　联锁瓦屋面上的天沟

3D细部视图　平瓦屋面上的屋脊

沿着顶部一排的挂瓦条的侧边上翻来保证雨水不会被风吹到挂瓦条形成的空腔里，而流入屋面下面的空间里。“热”屋面中的屋脊瓦片固定方法也是一样的，在屋脊瓦片下面安装PVC-U通气管。

山墙封檐

山墙封檐或山墙端部位置的瓦片底和封檐板之间用水泥砂浆密封。通常用不锈钢制作的金属夹具，起到约束固定屋面周边瓦片的作用。专利系统中的联锁瓦片在山墙封檐处通常都会有特殊的瓦片，这种瓦片有垂直的侧面。山墙封檐瓦片夹在一起来固定以抵抗风压。由木质封檐板和下面的屋檐吊顶之间的空腔通常都做成通风的，以保持干燥。像在屋檐处的通风口，安装有防鸟网或防虫网，防止动物在里面做巢。

角梁和天沟

平瓦屋面在角梁和天沟处会使用特殊弯折形状的脊瓦或将瓦片切割成斜面转角。特殊弯折形状的脊瓦，是厂家瓦片系统的一部分，但通常只适合平面90°转角，并且只是特定的屋面坡度。屋面上更复杂的转角要用切割的瓦片在

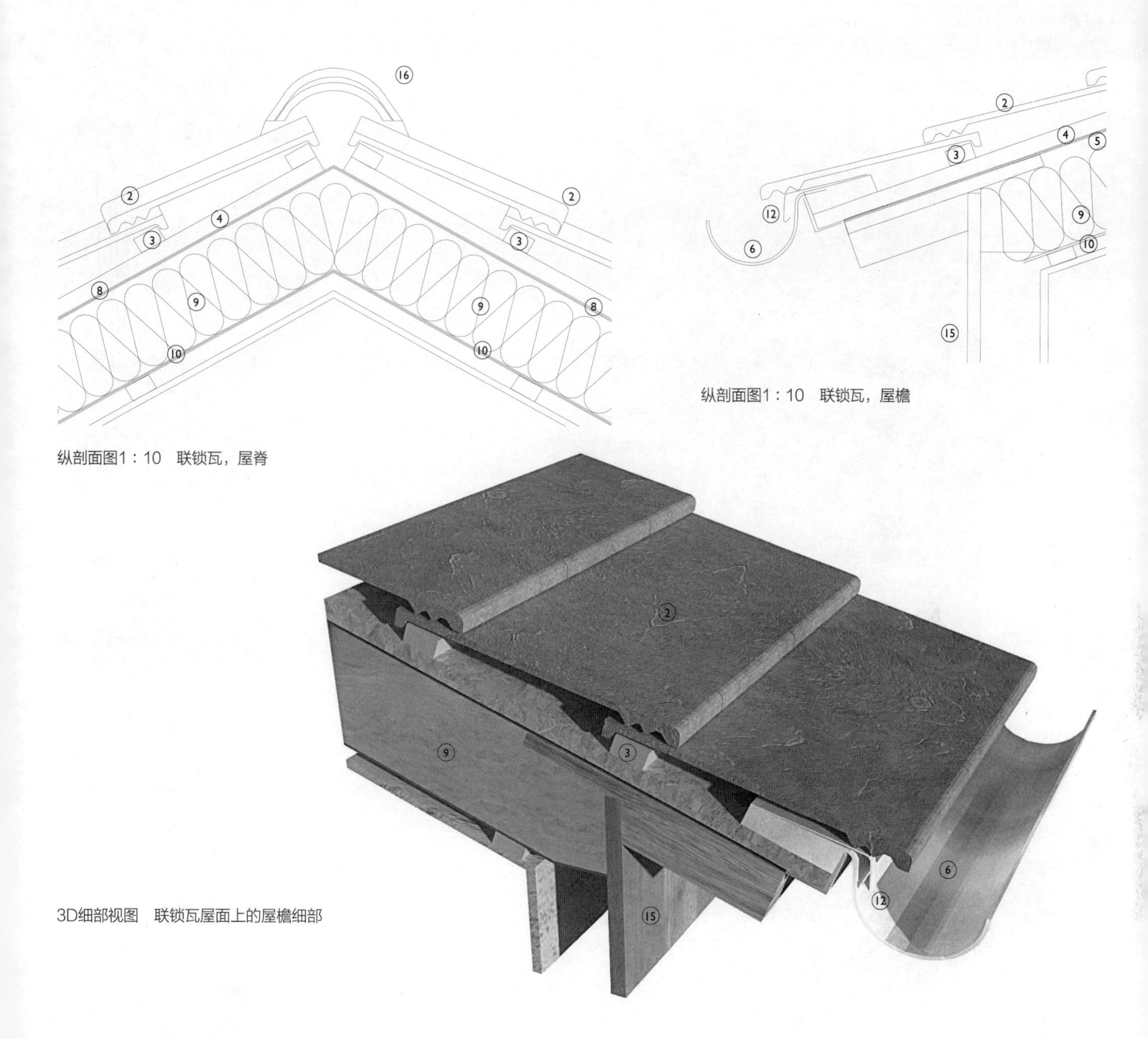

纵剖面图1：10　联锁瓦，屋檐

纵剖面图1：10　联锁瓦，屋脊

3D细部视图　联锁瓦屋面上的屋檐细部

折线上相交形成开口接缝，下面再用金属防水板封闭。联锁瓦屋脊与双坡屋脊的处理方法是一样的，以适应所用瓦片的独特形状。

天沟的处理也采用一样的方法，也是使用折形瓦或者斜接瓦。如果天沟会聚集大量雨水，就需要使用金属或玻璃钢天沟。排水沟的边折到邻近挂瓦条上并与下面的油毡垫层连续。排水沟通常放置在椽子之间的木板或胶合板上。在天沟下有时会附加一层垫层作为防范天沟折角和连接处雨水渗透的第二道防线。

扶墙

在瓦屋面与竖直墙体相交的位置，厂家专利系统中的通风口用夹具夹到顶部的瓦片上。墙体和顶部瓦片之间的空腔保留，以便于空气自由流动；而通风口和墙体之间的空隙要用金属防水板封堵，金属防水板采用粘结或者机械的方式固定到墙体上，并在PVC-U通风口上弯折。侧面的连接不需要通风，金属防水板折到顶部瓦片下的空隙里，或者形成联锁瓦片的坡度。

1. 平瓦
2. 联锁瓦
3. 针叶树材瓦条
4. 针叶树材交叉压条
5. 屋面油毡
6. 天沟
7. 针叶树材椽木
8. 蒸汽渗水卷材
9. 保温层
10. 隔汽层
11. 针叶树材托梁
12. 金属防水板
13. 通风口
14. 封檐板
15. 外墙
16. 屋脊盖板
17. 空心板

3D组件分解视图　木瓦屋面屋檐以及用于平瓦的支座

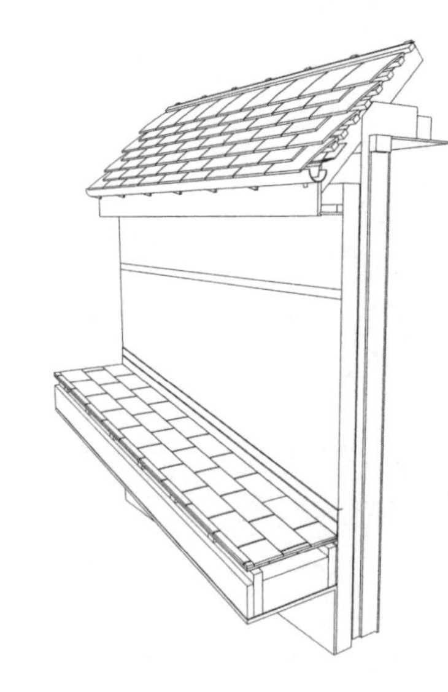

1. 平瓦
2. 联锁瓦
3. 针叶树材瓦条
4. 针叶树材交叉压条
5. 屋面油毡
6. 天沟
7. 针叶树材椽木
8. 蒸汽渗水卷材
9. 保温层
10. 隔汽层
11. 针叶树材托梁
12. 金属防水板
13. 通风口
14. 封檐板
15. 外墙
16. 屋脊盖板

3D组件分解视图　瓦屋顶与支座状况

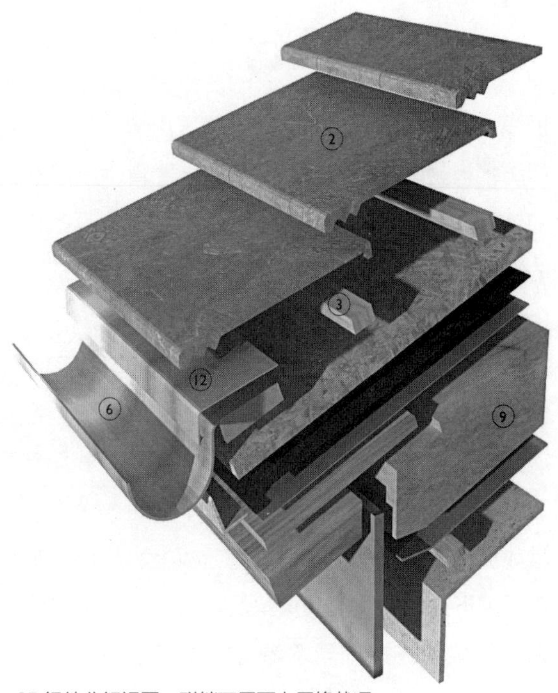

3D组件分解视图　联锁瓦屋面上屋檐状况

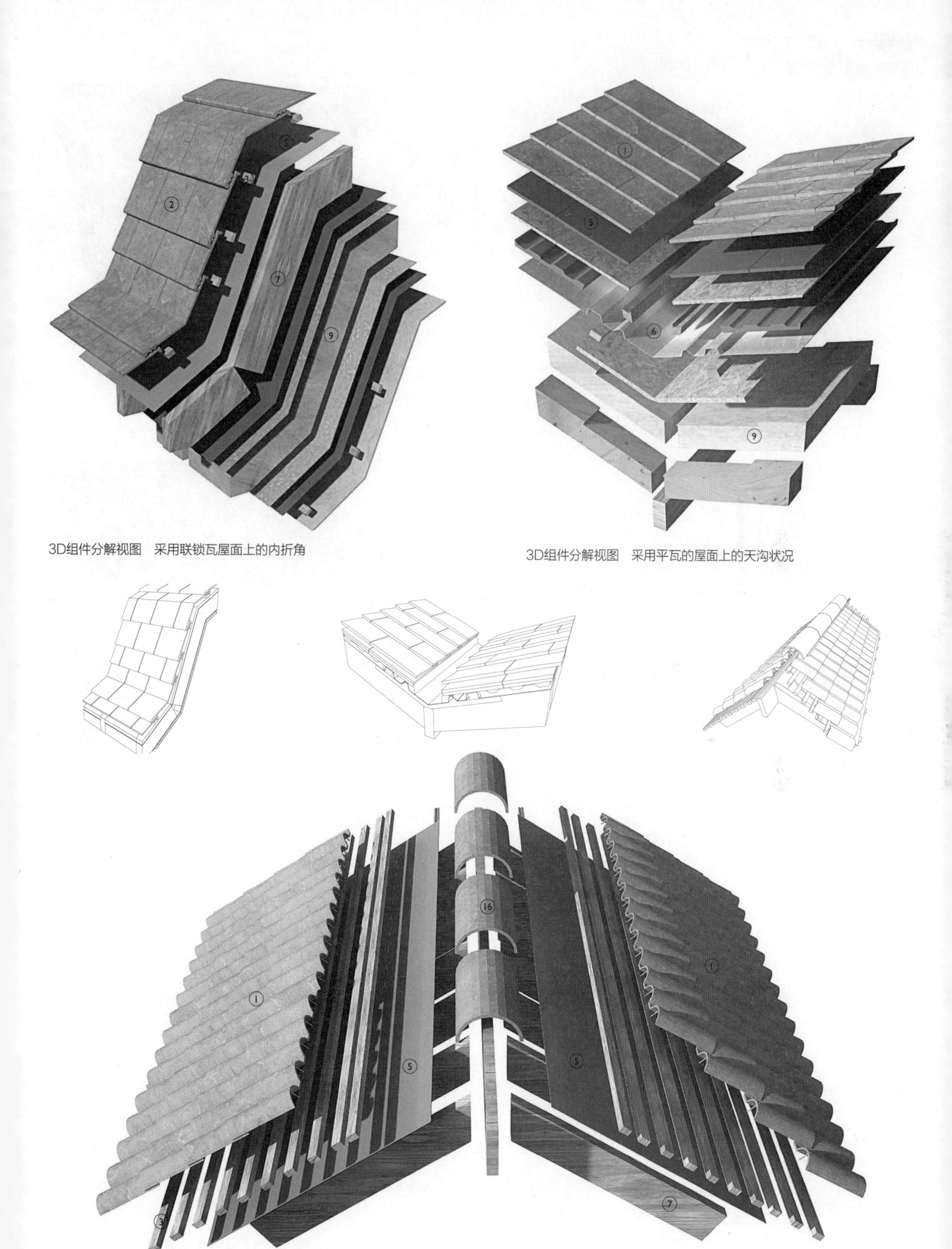

3D组件分解视图　采用联锁瓦屋面上的内折角

3D组件分解视图　采用平瓦的屋面上的天沟状况

3D组件分解视图　采用弯曲陶瓦屋面状况

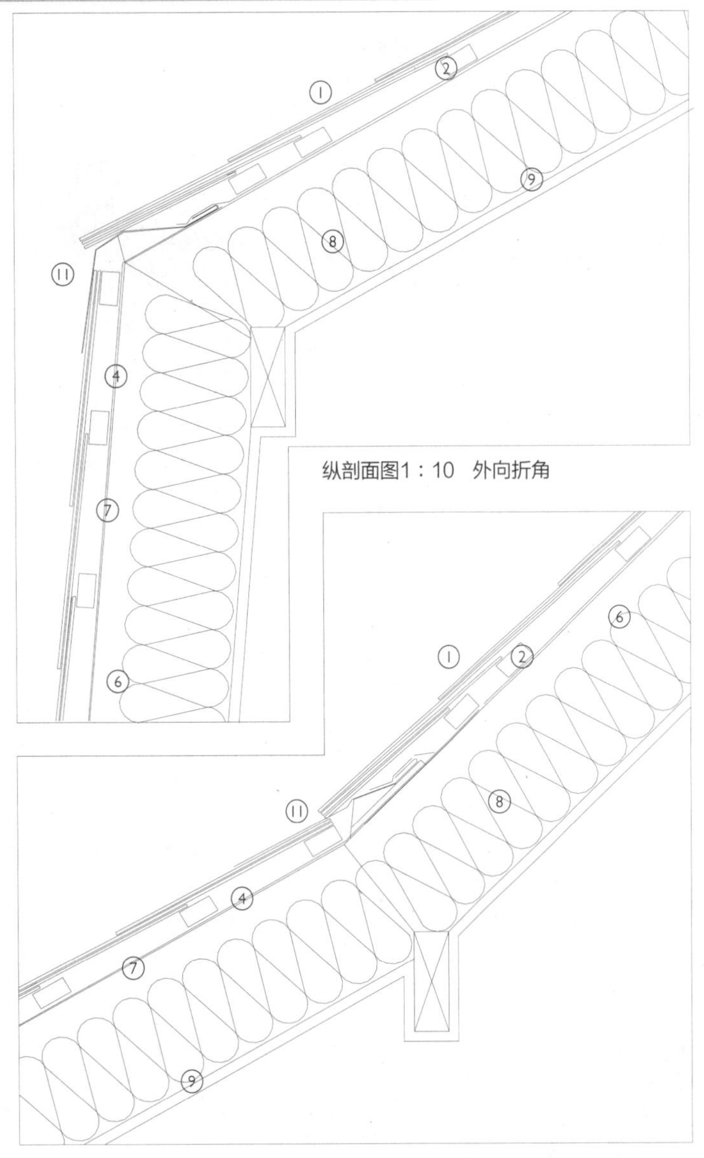

纵剖面图1：10　外向折角

纵剖面图1：10　内向折角

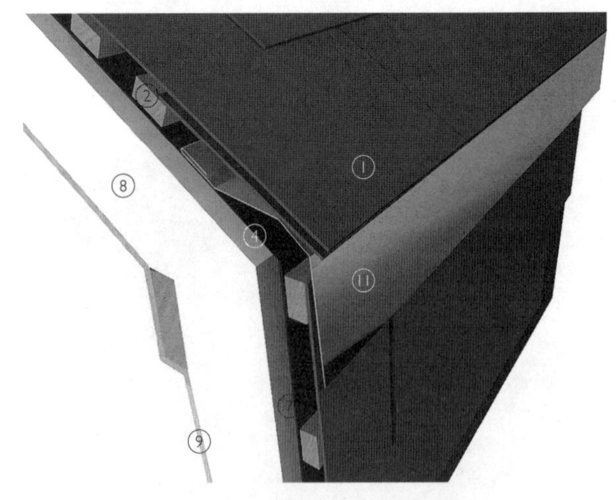

3D视图　带屋面石板瓦的木坡屋面构造外向折角细部

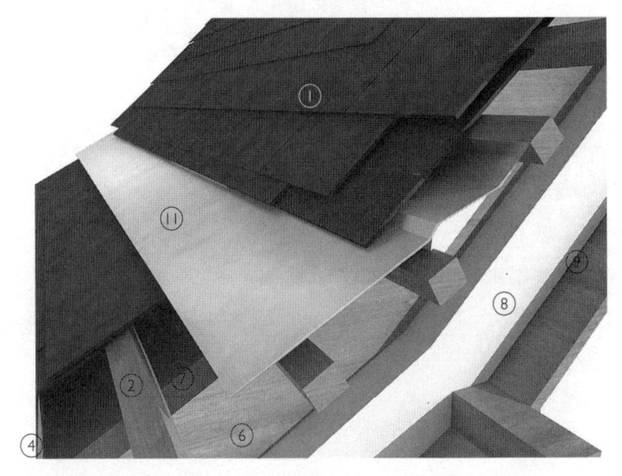

3D视图　带屋面石板瓦的木坡屋面构造内向折角

1. 石板瓦
2. 针叶树材瓦条
3. 针叶树材交叉压条
4. 屋面油毡
5. 天沟
6. 针叶树材椽下
7. 蒸汽渗水卷材
8. 保温层
9. 隔汽层
10. 针叶树材托梁
11. 金属防水板
12. 通风口
13. 封檐板
14. 外墙
15. 屋脊盖板
16. 柔性管

石板瓦是用石材重新加工或者纤维水泥做成，模仿天然石材的外观。所有石板瓦的尺寸都与黏土瓦类似，约为450mm×350mm，但也有多种尺寸，从600mm×300mm到400mm×200mm，具体由厂商决定。天然石板瓦作为平板建材，其固定方法与前面一节提到的黏土瓦一样。再生（reconstituted）石板瓦一般是由50%—60%的回收瓦片与树脂和玻璃纤维加强层混合压制成型。断面一般做成联锁形式，以提高其防雨渗透的效果。纤维水泥瓦用于模仿天然石板瓦，而造价更低廉。

所有的这些瓦片类型都适用于从90°竖直悬挂到22.5°的坡屋面。所有的瓦片都需要端部搭接（上一节讨论过），宽度从60mm到约120mm，具体由坡度决定。天然石板瓦和纤维水泥石板瓦的放置都要保持最小两层瓦片的搭接厚度，以满足防水要求。再生石板瓦的断面做成联锁形式，防止雨水通过毛细作用渗入。这种接头方式允许单层使用，不需要采用刚才提到的搭接做法。

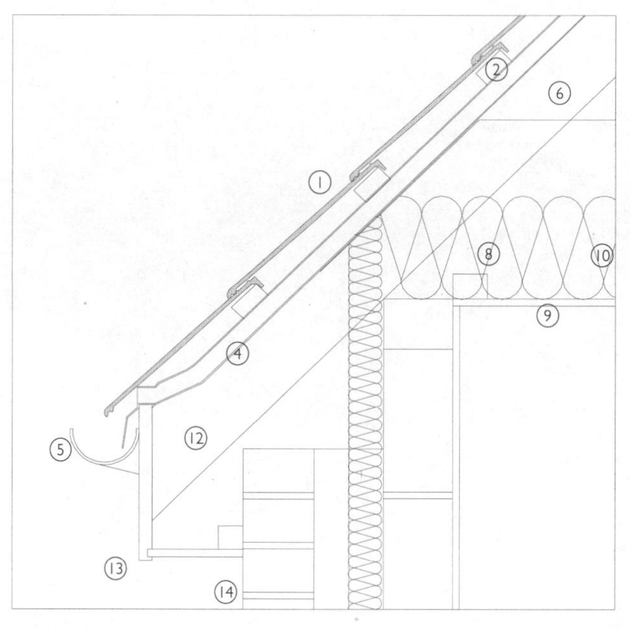

纵剖面图1：10　屋檐

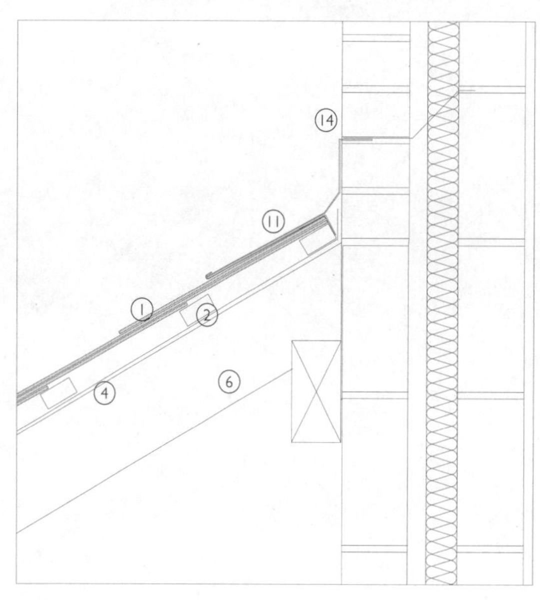

纵剖面图1：10　扶墙

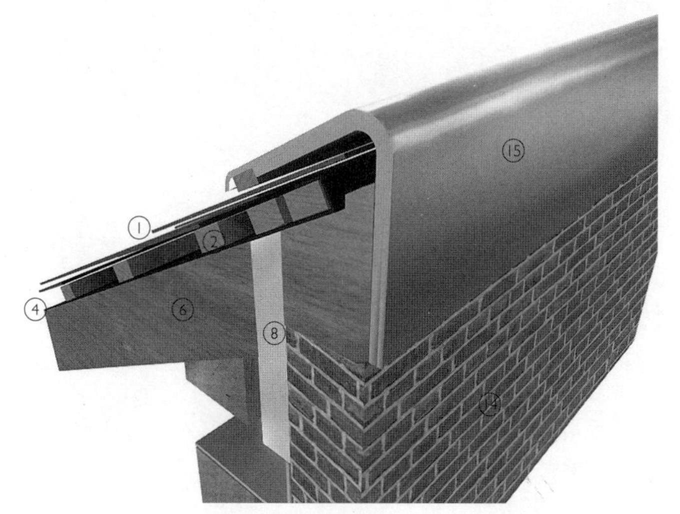

3D视图　带屋面石板瓦的单坡木屋面构造

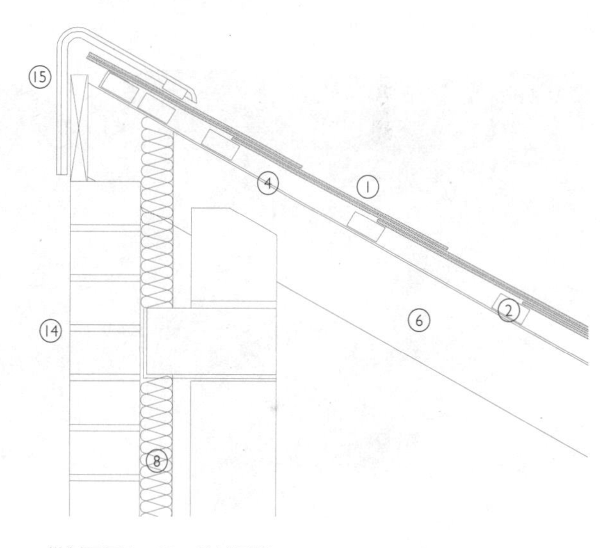

纵剖面图1：10　单坡屋脊

天然石板瓦根据材料厚度现场分成至少三组，厚度的不同是加工时造成的。安装时，任意一排瓦片的厚度应该相似。最厚的瓦片用在底部，最薄的用在顶部，中间的位置是从下往上递减的关系。纤维水泥瓦片的厚度一致，不需要现场分类。

石板瓦屋面通风措施遵循前一节黏土瓦屋面的做法，“冷”、“热”屋面的构造细部做法一样。屋檐、屋脊、山墙封檐和天沟处的排水、通风和保温的做法也与黏土瓦屋面一样。

屋面折角

屋面坡度的转折形成了折线，在这里要将瓦片的顶部搭接宽度减到最小。当屋面坡度的变化形成了内凹的弯折，此处上面的瓦片对接到下面的瓦片上。金属防水板设置在上面的瓦片下，且搭接在下面瓦片的外表面上导引雨水沿坡度流下，而不会流到下面的防水层上。外凸的弯折的做法是将上面的瓦片向外稍微伸出形成滴水檐，保证雨水不会流到下面的防水板上。防水板的定位与内凹的弯折是一样的。

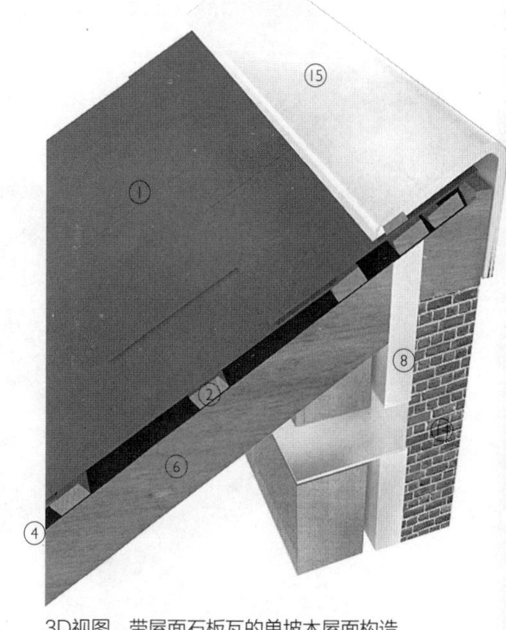

3D视图　带屋面石板瓦的单坡木屋面构造

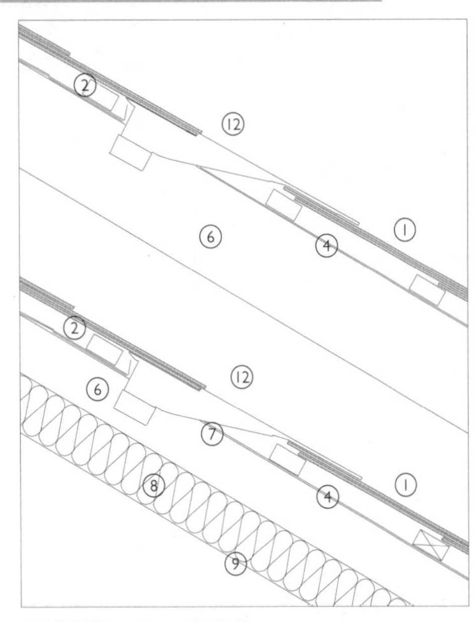

纵剖面图1：10　山墙封檐

纵剖面图1：10　屋脊

3D视图　带屋面石板瓦的木坡屋面构造，天沟细部

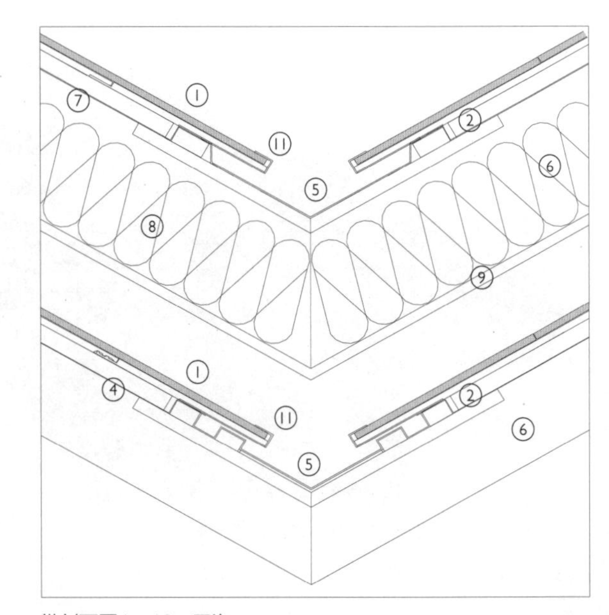

纵剖面图1：10　天沟

3D视图　带屋面石板瓦的木坡屋面构造，天沟细部

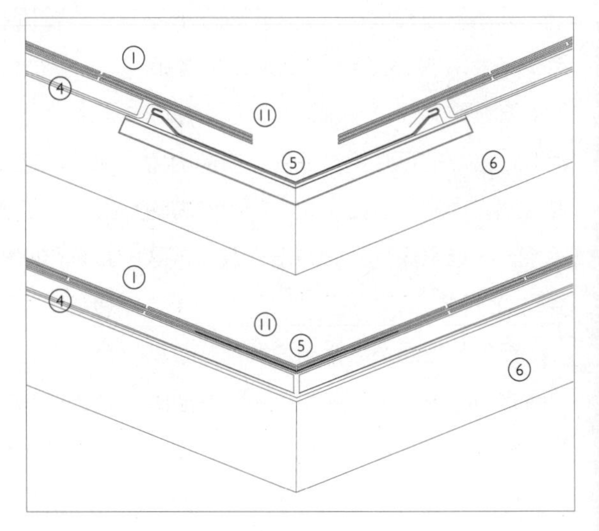

纵剖面图1：10　天沟

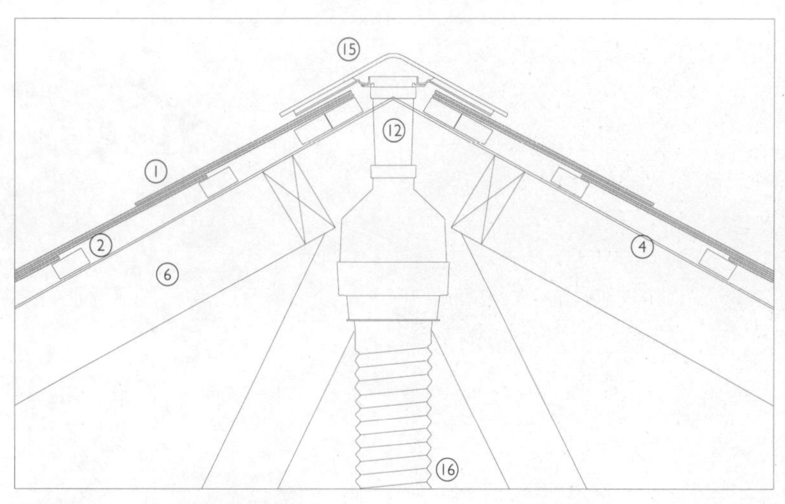

纵剖面图1：10　带排气装置的屋脊

1. 石板瓦
2. 针叶树材瓦条
3. 针叶树材交叉压条
4. 屋面油毡
5. 天沟
6. 针叶树材椽下
7. 蒸汽渗水卷材
8. 保温层
9. 隔汽层
10. 针叶树材托梁
11. 金属防水板
12. 通风口
13. 封檐板
14. 外墙
15. 屋脊盖板
16. 柔性管

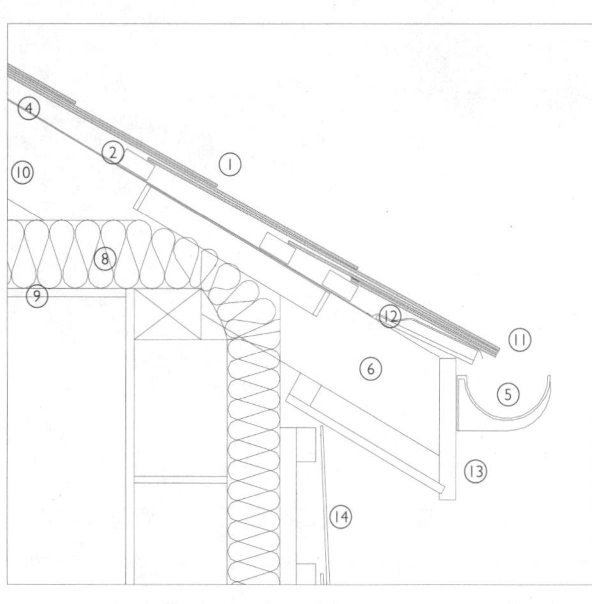

纵剖面图1：10　屋檐

3D视图　带屋面石板瓦的木坡屋面构造，檐沟

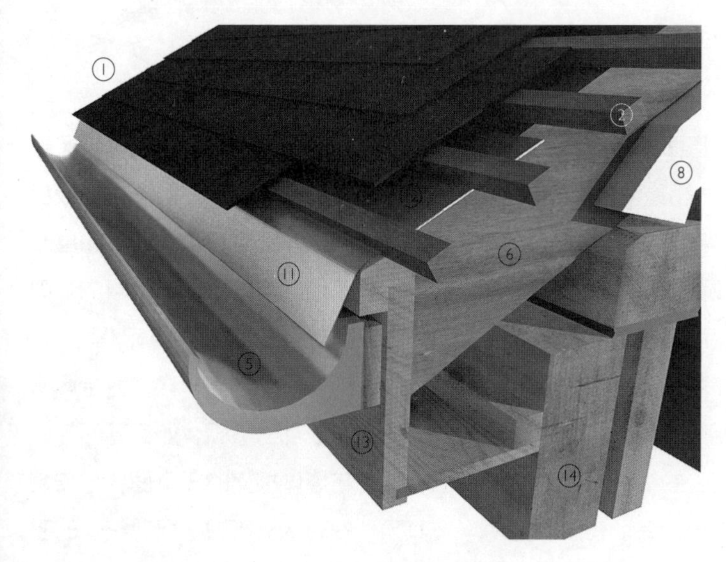

3D视图　带屋面石板瓦的木坡屋面构造，檐沟

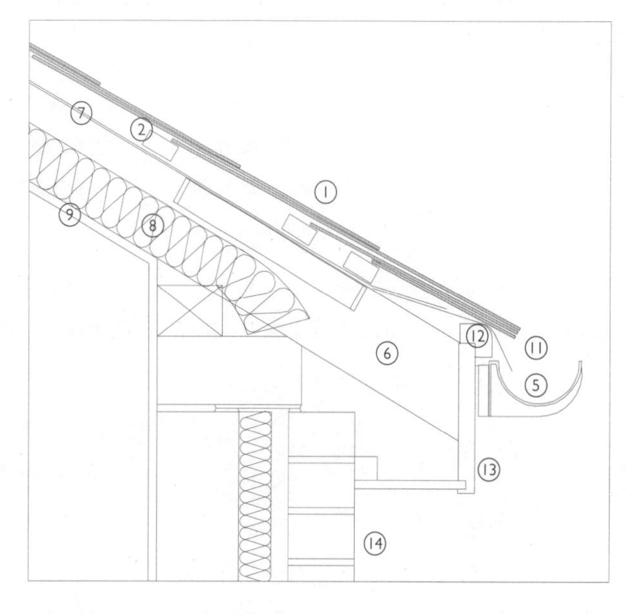

纵剖面图1：10　屋檐

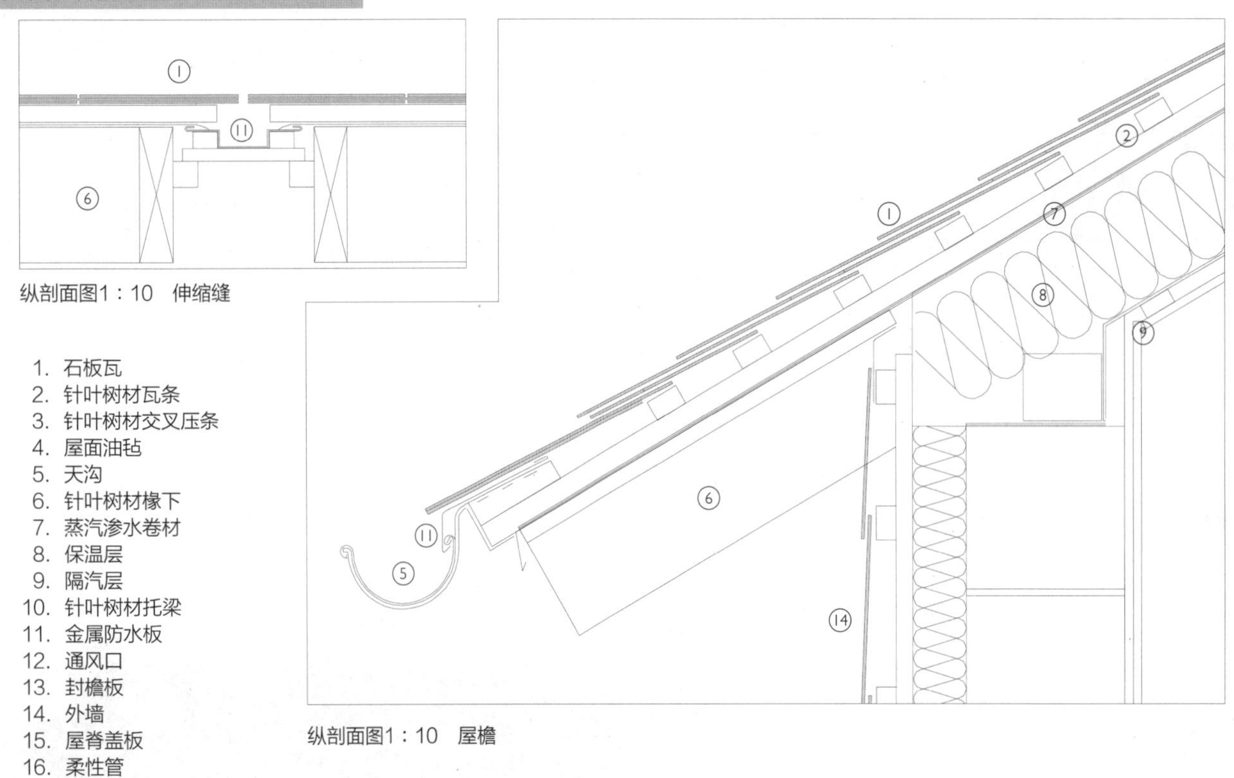

纵剖面图1：10　伸缩缝

1. 石板瓦
2. 针叶树材瓦条
3. 针叶树材交叉压条
4. 屋面油毡
5. 天沟
6. 针叶树材椽下
7. 蒸汽渗水卷材
8. 保温层
9. 隔汽层
10. 针叶树材托梁
11. 金属防水板
12. 通风口
13. 封檐板
14. 外墙
15. 屋脊盖板
16. 柔性管

纵剖面图1：10　屋檐

通风口

机械通风管的出风口与屋脊和坡屋面上其他区域的通风口融合，无须突出屋面。屋脊上的通风口与前面章节所描述的用于瓦屋面屋脊通风的通风口相似。柔性管的顶部安装有通常用PVC-U做成的连接器，作为专利系统的一部分。连接器在屋面通风口底部是闭合的，在穿透防水层处是密封的，以防雨水渗入屋面。安装到坡屋面里的通风设备，也可以用柔性管以相同的方式与之连接。

单坡屋脊

如同普通屋脊，单坡屋脊也是用特殊形状的屋脊石板瓦或者黏土瓦盖在顶部，以机械的方式与下面的木结构固定，屋脊可以做成通风的，也可以与坡屋面上的石板瓦和竖直面上的木板形成封闭空间。

老虎窗

挂在老虎窗竖直面或者两侧上的石板瓦的支撑结构一般是木框架的，在“热”屋面构造中将保温材料置于木质竖框之间。水平放置的软木条固定在竖向的木条上，后者固定在防水层或者透气卷材上。竖框使潮气能自由地沿卷材向下流动，还能促进石板瓦后面空间的自然通风。老虎窗上的缓坡屋面的边上有伸出瓦片的封檐板，保证在老虎窗两侧的顶部保持通风。空气也被允许进入墙底部的木条空腔里。在竖向悬挂的石板瓦的转角处，石板瓦通过对接形成向内和向外的转角，在里面安装金属防水板以确保转角处的防风雨性能。

扶墙

坡屋面一侧与墙的邻接和单坡屋脊的做法是将防水板固定在第一排石板瓦的顶部，与墙体密封，覆盖在墙和屋面的连接处。如果墙体是砖石材料的，则将防水板塞在两皮砖之间的缝隙里。

天沟的处理跟上面一样，将金属槽弯折放在石板瓦的下面，如瓦屋面的做法。天沟与墙体相交的竖直面，与安装在其顶上的防水板密封，取得统一的密封效果。

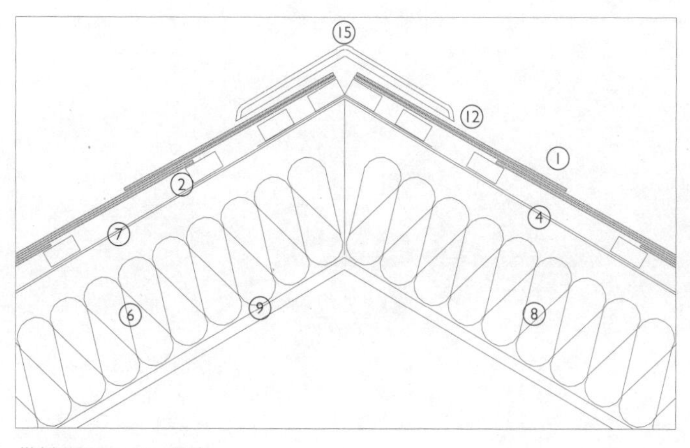

纵剖面图1：10　屋脊

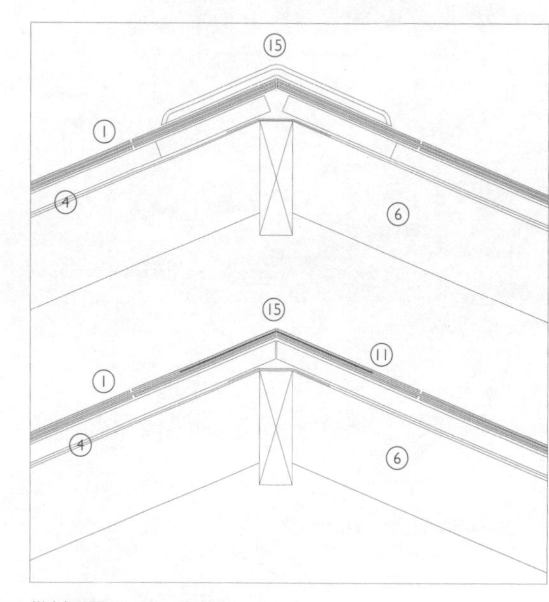

纵剖面图1：10　屋脊

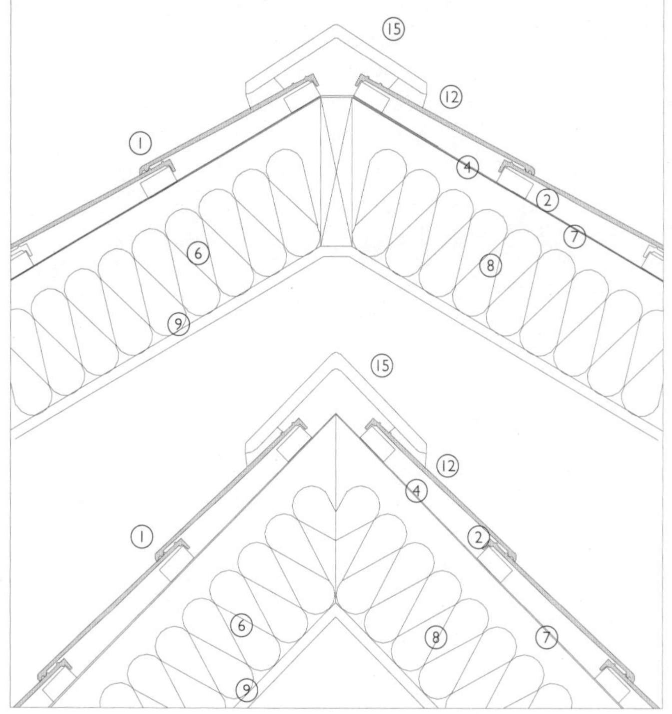

纵剖面图1：10　屋脊

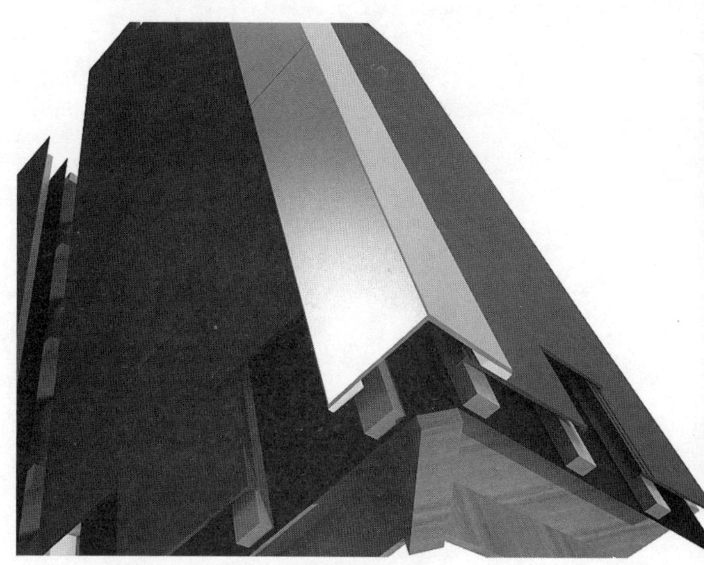

3D视图　带屋面石板瓦的木坡屋面构造，屋脊细部

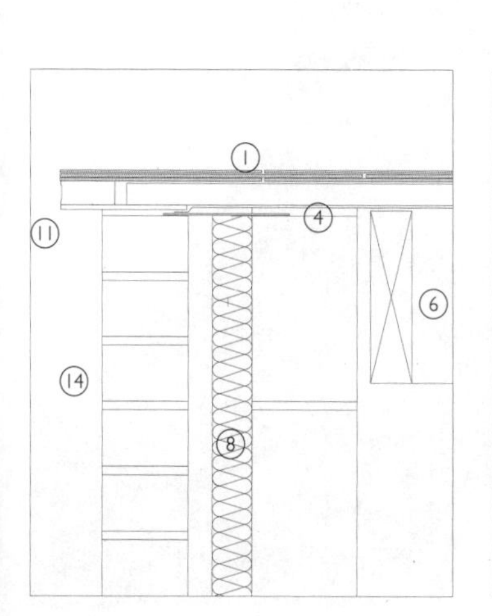

纵剖面图1：10　通风口

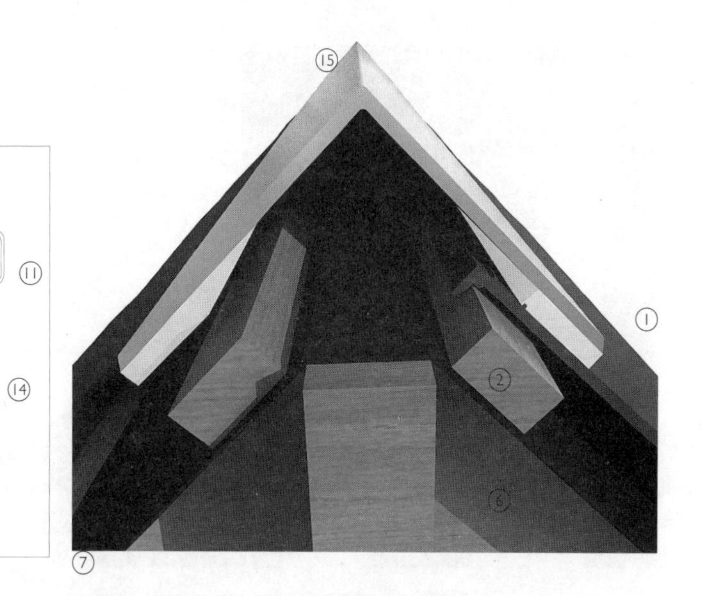

3D视图　带屋面石板瓦的木坡屋面构造，屋脊细部

木质屋面
（3）坡屋面：石板瓦

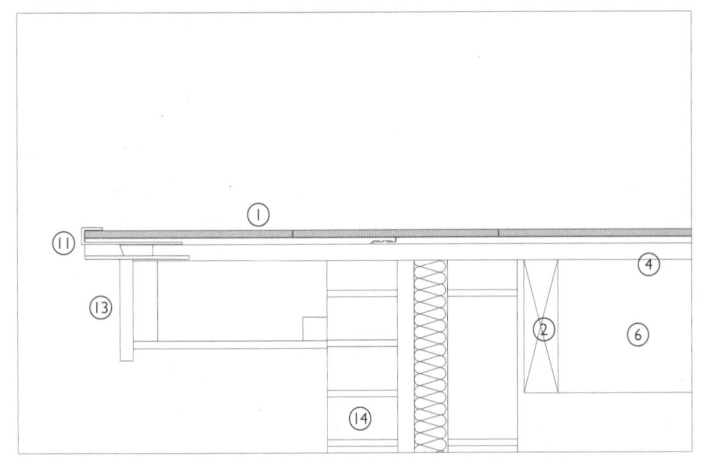

纵剖面图1：10　山墙封檐

纵剖面图1：10　扶墙

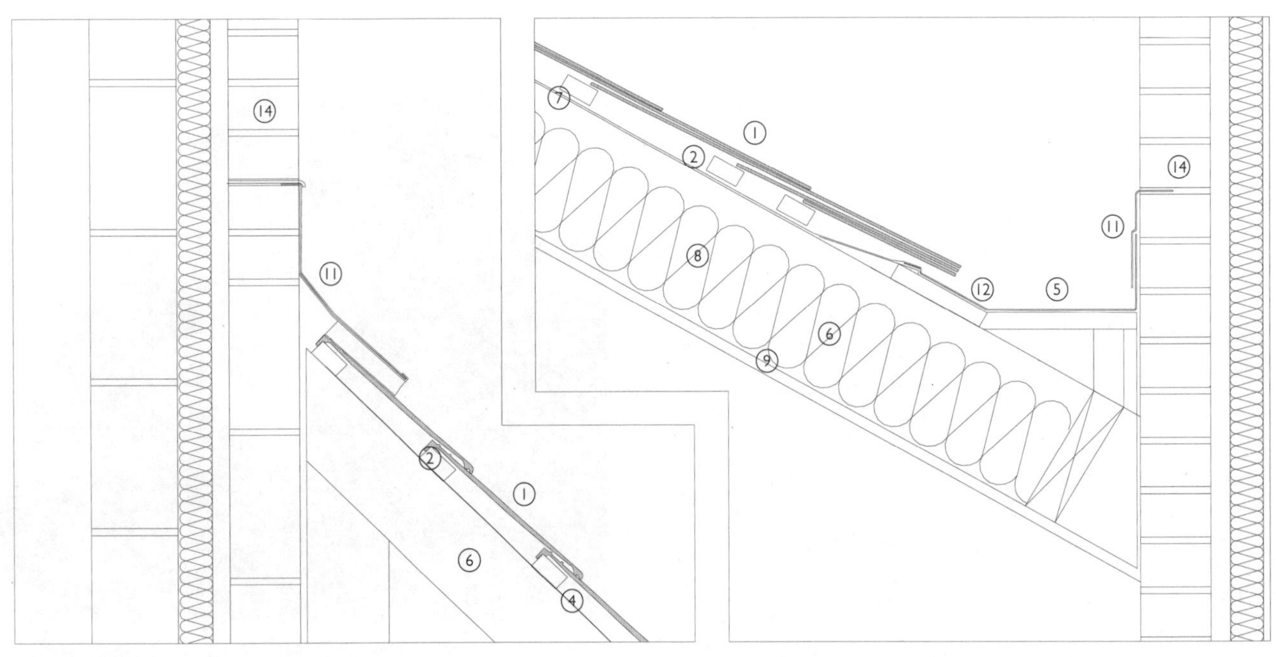

纵剖面图1：10　扶墙

纵剖面图1：10　天沟

3D视图　带屋面石板瓦的木坡屋面构造，扶墙细部

3D视图　带屋面石板瓦的木坡屋面构造，扶墙细部

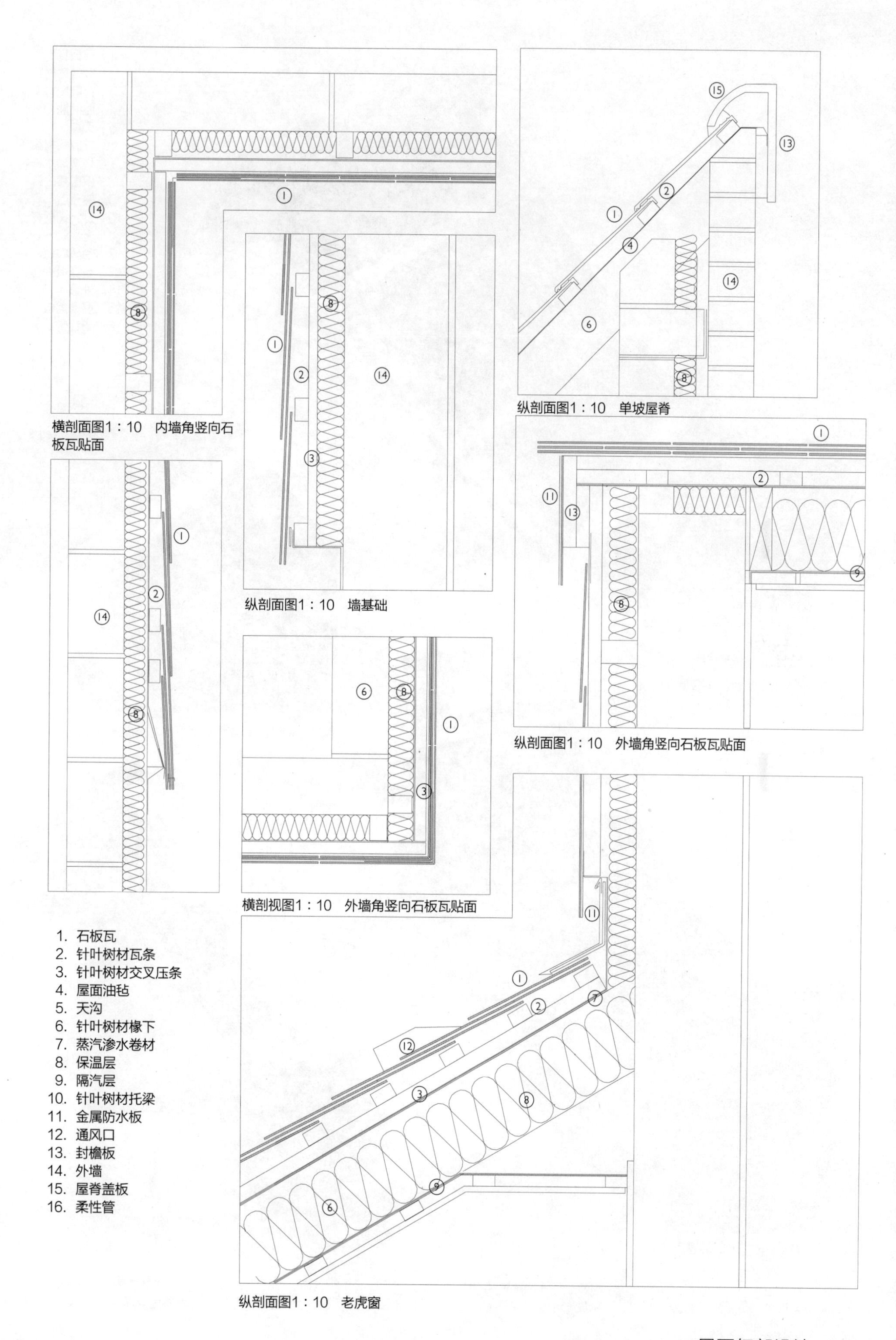

横剖面图1：10　内墙角竖向石板瓦贴面

纵剖面图1：10　墙基础

纵剖面图1：10　单坡屋脊

纵剖面图1：10　外墙角竖向石板瓦贴面

横剖视图1：10　外墙角竖向石板瓦贴面

纵剖面图1：10　老虎窗

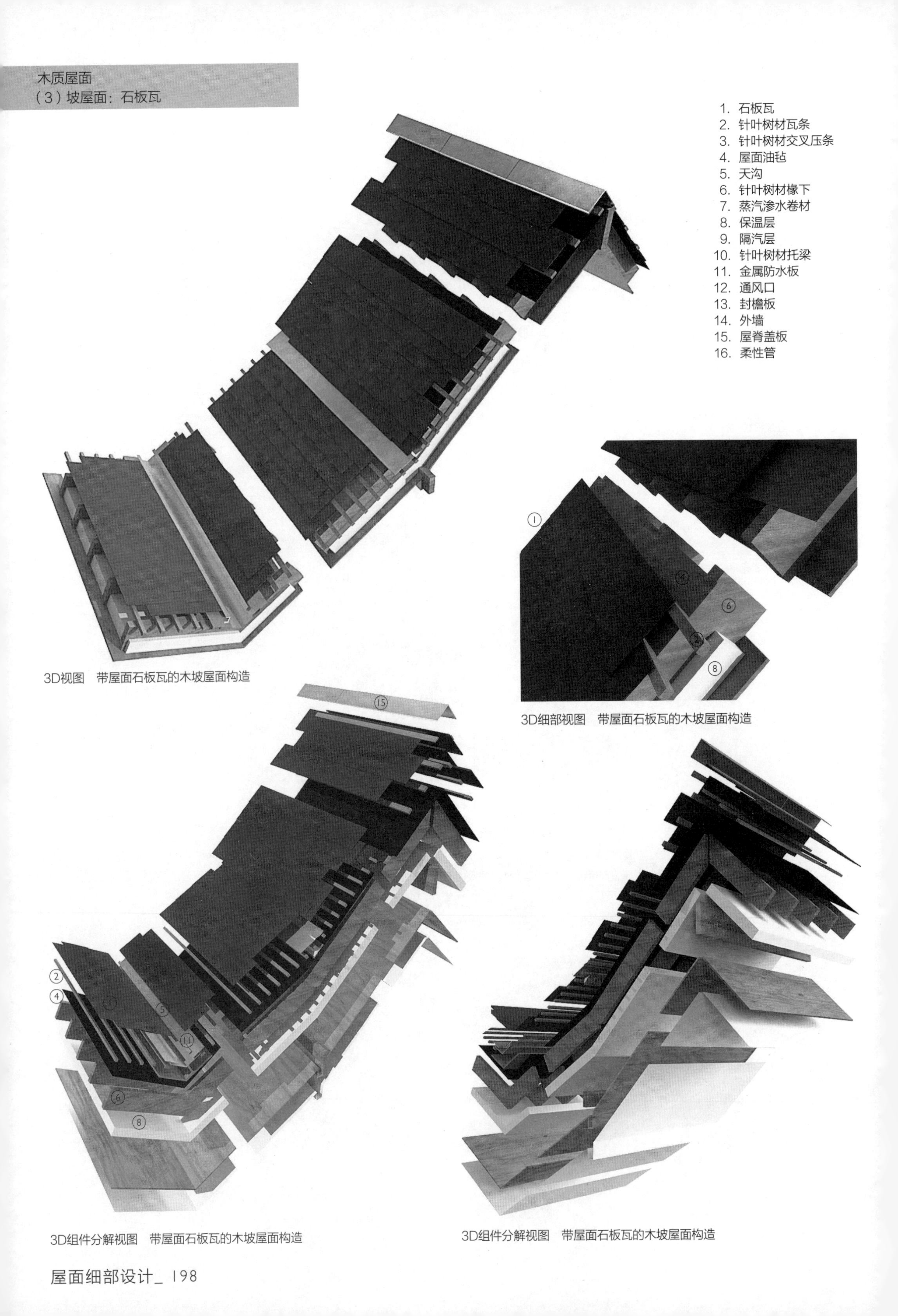

3D视图　带屋面石板瓦的木坡屋面构造

3D细部视图　带屋面石板瓦的木坡屋面构造

3D组件分解视图　带屋面石板瓦的木坡屋面构造

3D组件分解视图　带屋面石板瓦的木坡屋面构造

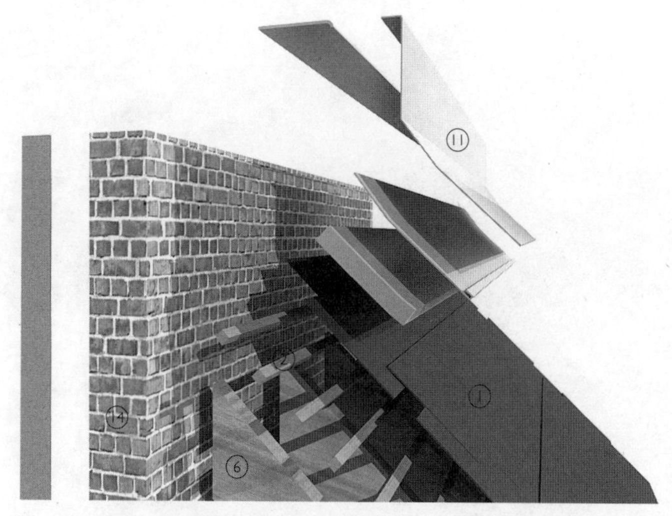

3D组件分解视图　带屋面石板瓦的木坡屋面构造，扶墙细部

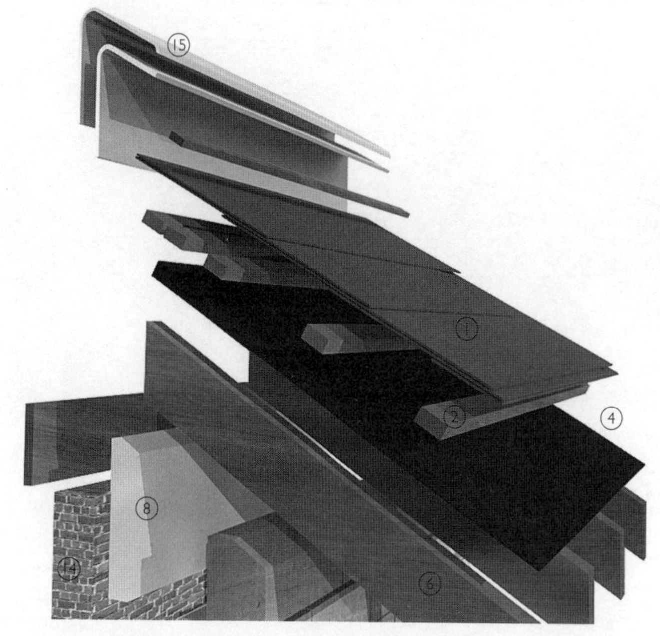

3D组件分解视图　带屋面石板瓦的单坡木屋面构造

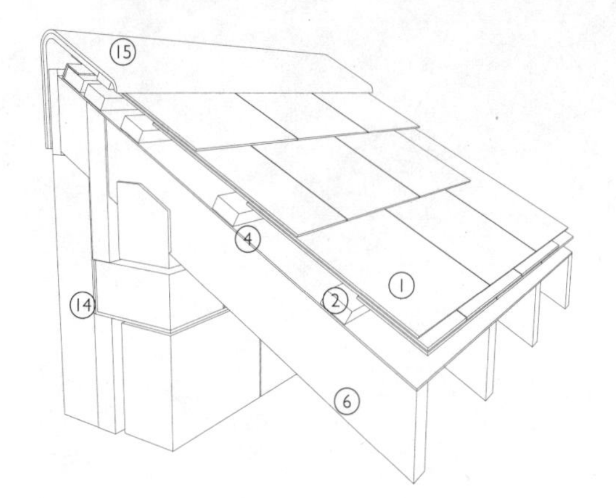

3D线条图　带屋面石板瓦的单坡木屋构造

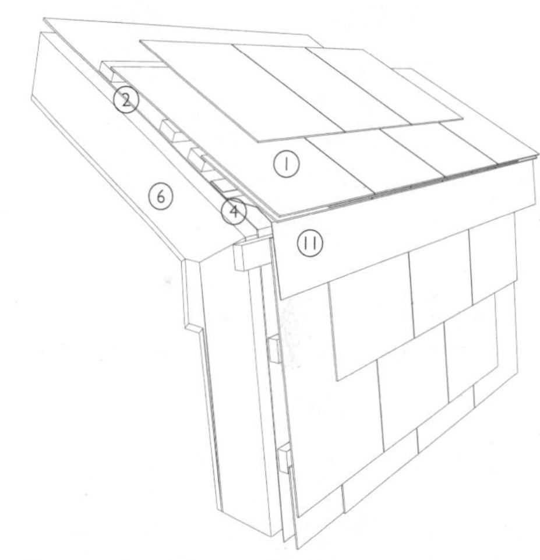

3D线条图　带屋面石板瓦的木坡屋构造，外向折角细部

3D组件分解视图　带屋面石板瓦的木坡屋构造，外向折角细部

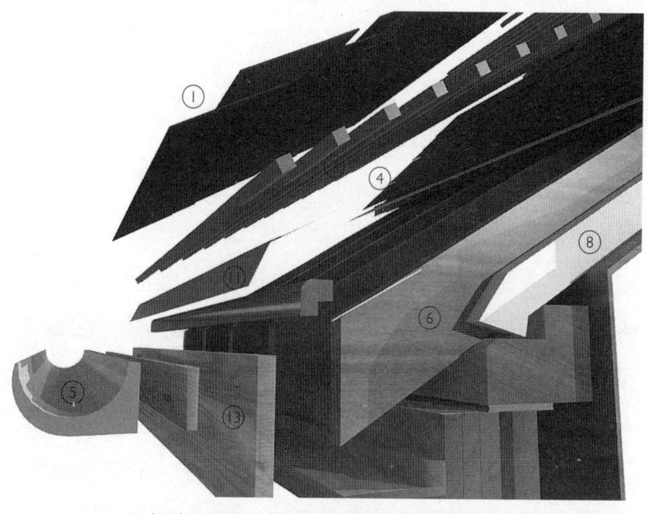

3D组件分解视图　带屋面石板瓦的木坡屋面构造，檐口细部

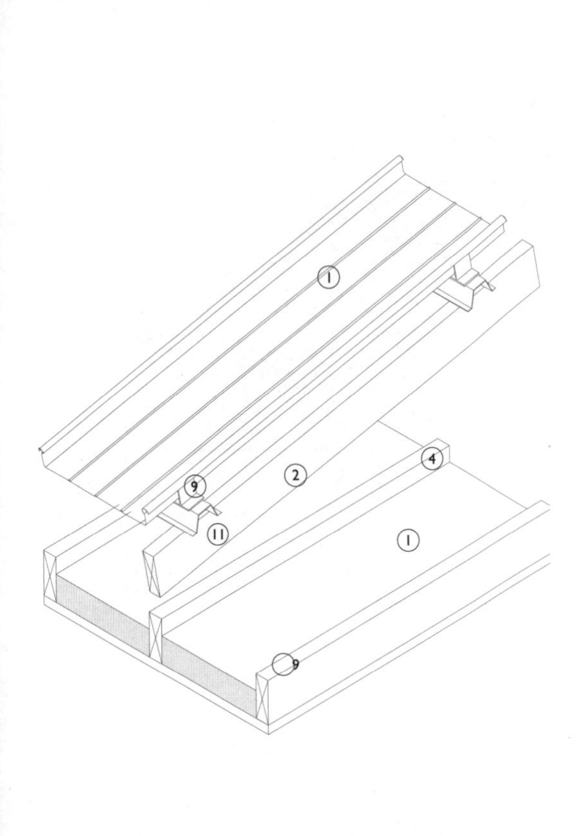

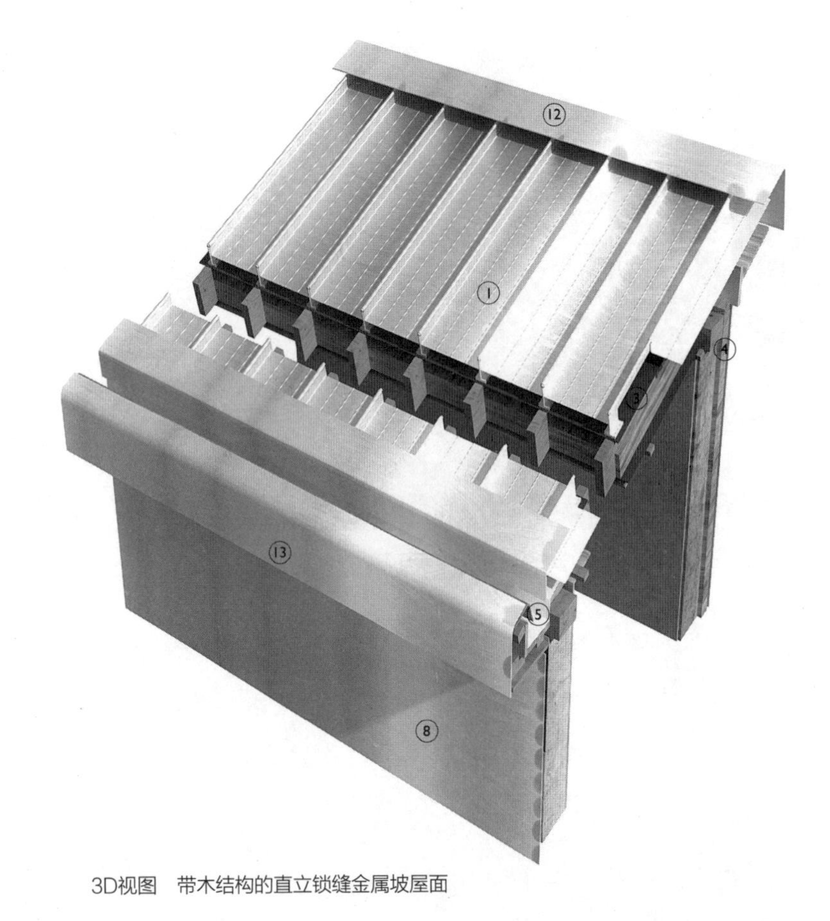

3D视图　带木结构的直立锁缝金属坡屋面

轴测视图　组合

直立锁缝“冷”屋面

“热”屋面构造中作为密封和保温面层的直立锁缝屋面在“金属屋面”一章中讨论过。如果用于木质坡屋面中的“冷”屋面构造，直立锁缝屋面是通风的，保温层做在顶棚高度上。

在这种构造中，通风的直立锁缝金属屋面板安装在由桁架和檩条组成的木屋面上。在顶棚高度，保温层安装在顶棚托梁（水平构件）之间。隔汽层铺设在保温层下面，石膏板装饰层的上面。闷顶在最低点（屋檐或女儿墙天沟处）和最高点（屋脊或屋面与墙体连接处）通风，而山墙封檐和屋面一侧的女儿墙保持密封。

屋檐和天沟

屋檐的通风通过在支撑天沟的封檐板顶和直立锁缝屋面板底之间预留的缝隙实现的。L形金属片固定在缝隙的前方，防止雨水被风吹到缝隙进入闷顶里。斜沟的处理也是相似的方式，将金属雨水沟和屋面板之间的空隙作为闷顶的通风口。雨水沟的边上翻，搭接在金属瓦的底边上，并与之密封。这样保证天沟里的雨水不会进入闷顶里，同时空气不受阻隔。

屋脊和扶墙

屋脊位置一般要在两侧金属屋面板之间预留宽100mm的空隙，空隙上盖有折弯的金属屋脊盖板，与金属屋面板固定。屋脊板和直立锁缝板之间保持窄缝是为了提供屋脊连续的通风。也可以将PVC-U材质的通风模块安装在屋脊上，屋脊和屋面板的接头做密封处理。与墙体的相接位置的处理与屋脊相似，需将折弯金属盖板一段固定到屋面板，另一端与相邻的砖石/混凝土墙或者女儿墙密封，金属板一般嵌入墙体里。山墙封檐安装有金属连接件，给屋面端部板材提供封口，并与金属压顶固定，使其作为第二道防水层。

屋面洞口

屋面开洞的做法是在屋面开口的周围设置排水沟。在有些应用中，雨水从屋面排到与相邻的金属板同高的排水沟里。雨水在上翻构件的侧边被导流到下面的屋面板上。屋面上的开洞位置需要定位，以便直立锁缝板材间的接缝能够避开洞口的侧边，确保雨水能在屋面开洞的上翻构件侧边自由流淌。

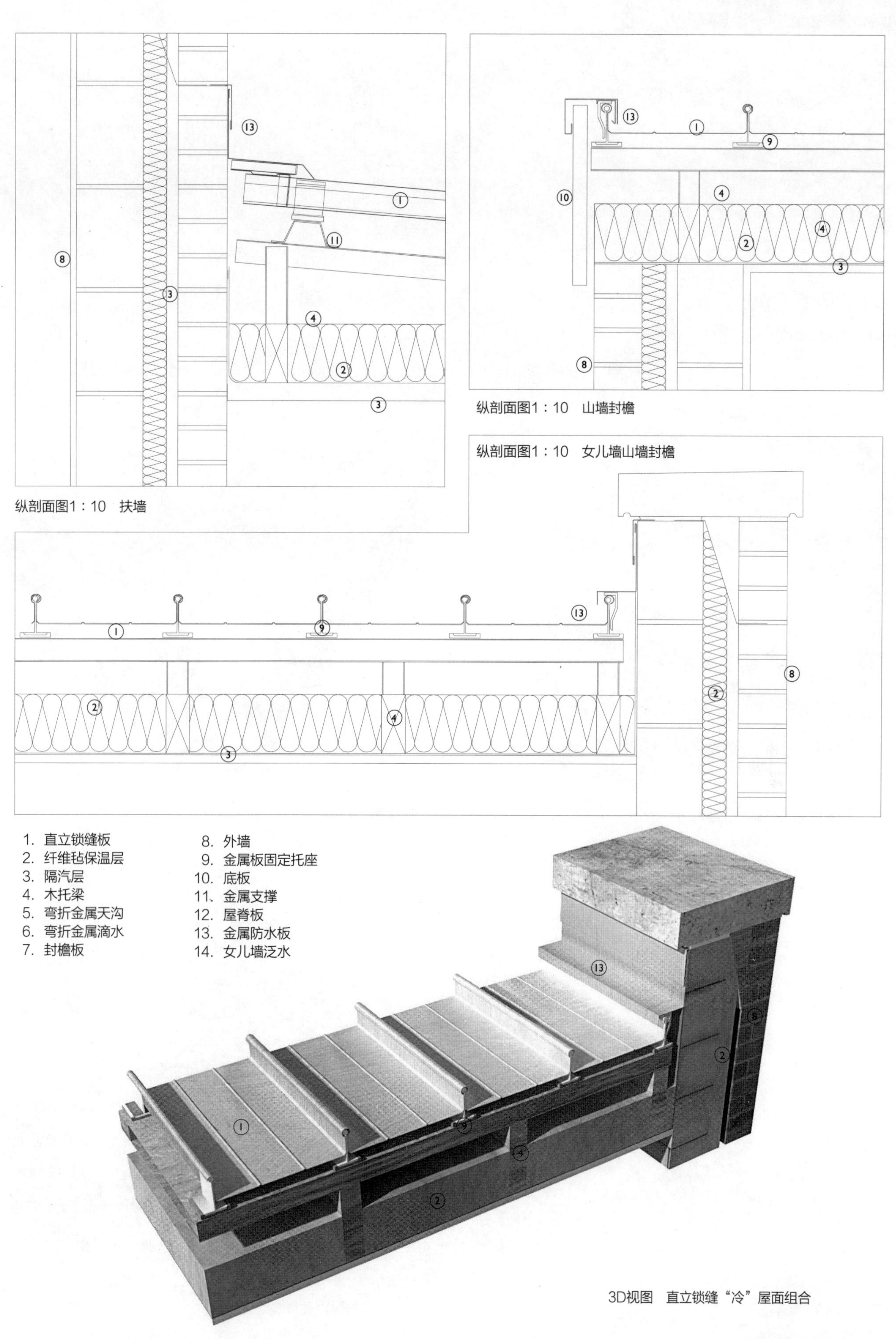

3D视图　直立锁缝“冷”屋面组合

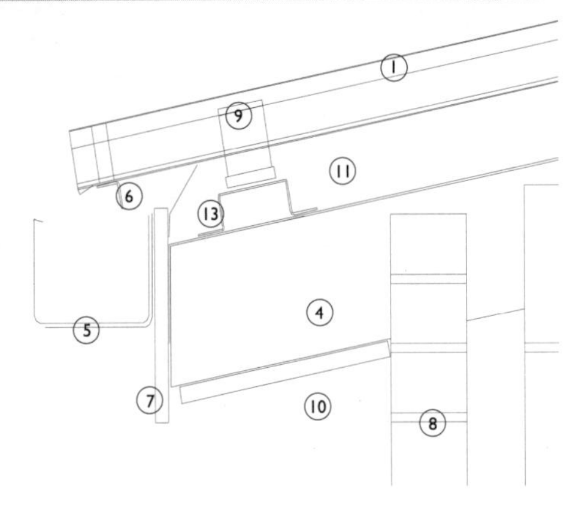

纵剖面图1：10　屋檐

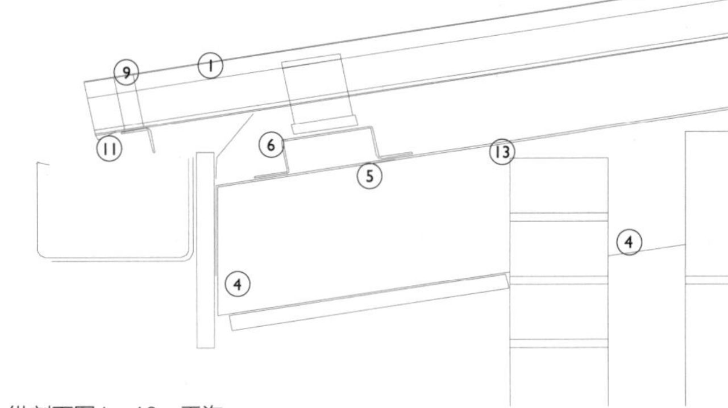

纵剖面图1：10　天沟

3D视图　金属坡屋面屋檐与天沟细部

3D视图　金属坡屋面天沟细部

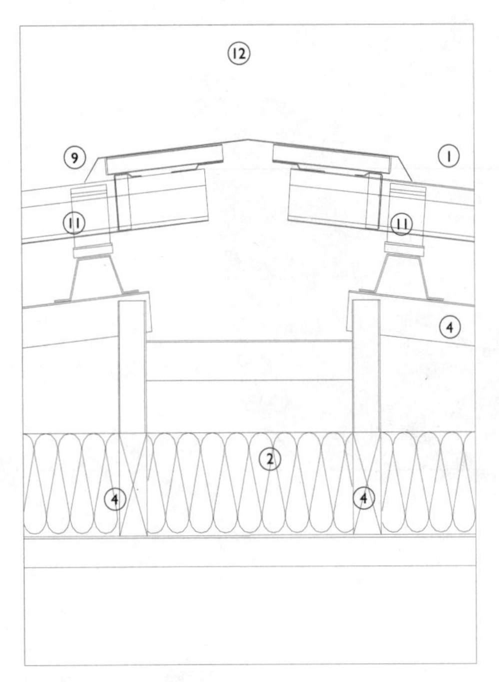

纵剖面图1：10　屋脊

3D视图　屋脊细部

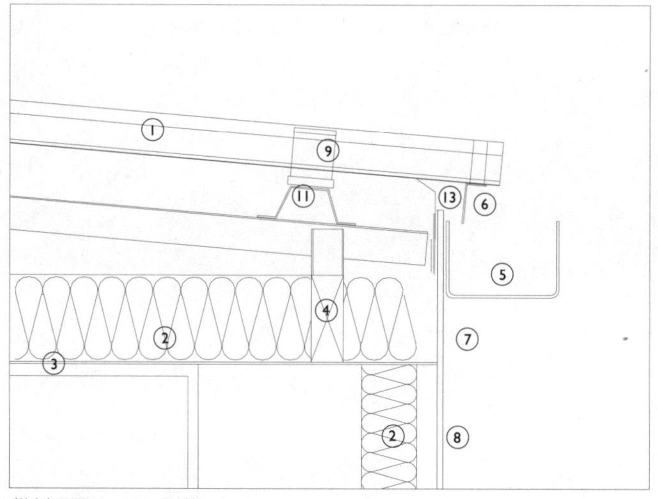

纵剖面图1：10　屋檐

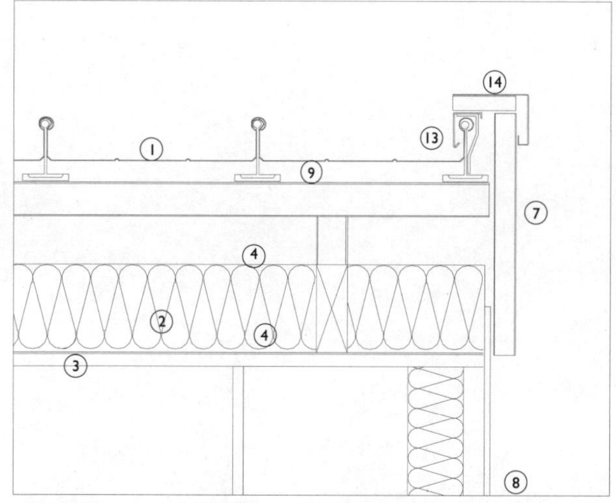

纵剖面图1：10　山墙封檐

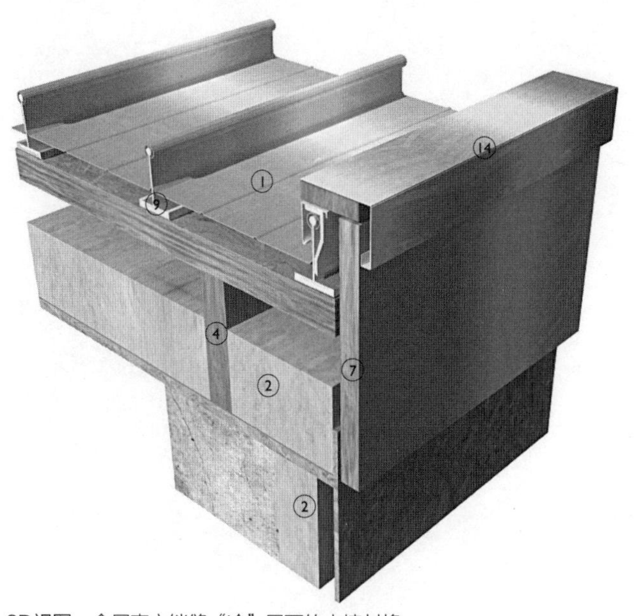

3D视图　金属直立锁缝“冷”屋面的山墙封檐

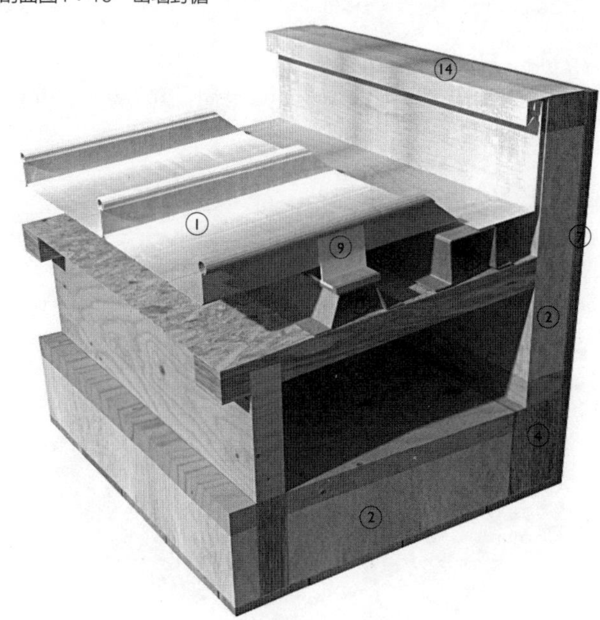

3D视图　金属直立锁缝“冷”屋面翼缘

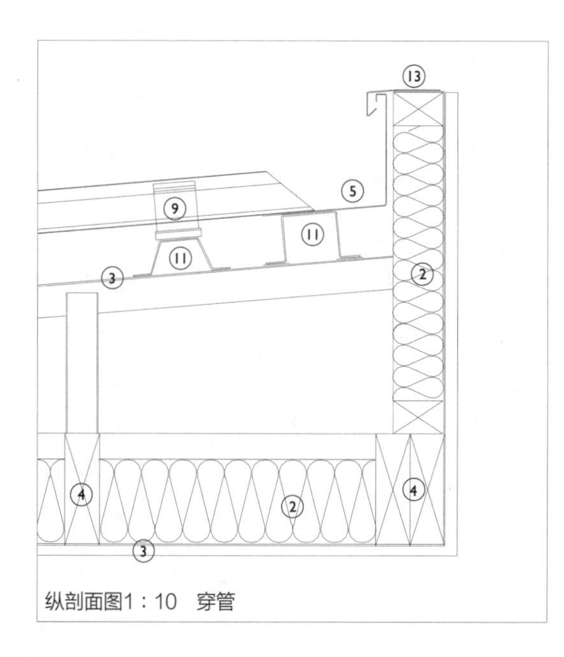

纵剖面图1：10　穿管

1. 直立锁缝板
2. 纤维毡保温层
3. 隔汽层
4. 木托梁
5. 弯折金属天沟
6. 弯折金属滴水
7. 封檐板
8. 外墙
9. 金属板固定托座
10. 底板
11. 金属支撑
12. 屋脊板
13. 金属防水板
14. 女儿墙泛水

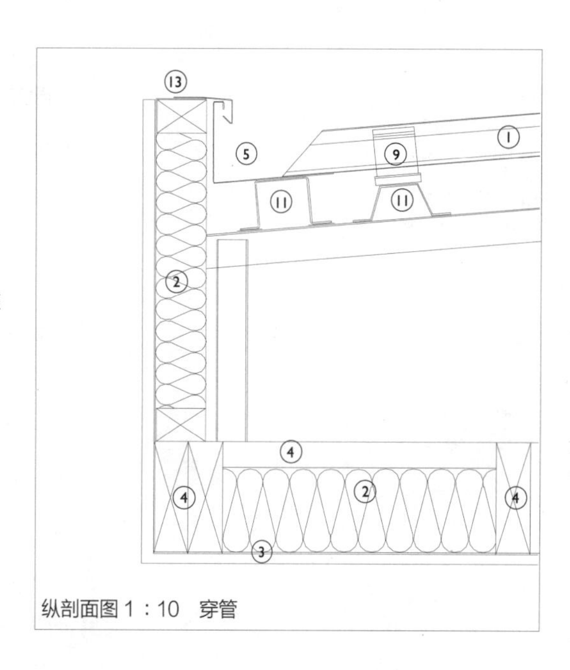

纵剖面图 1：10　穿管

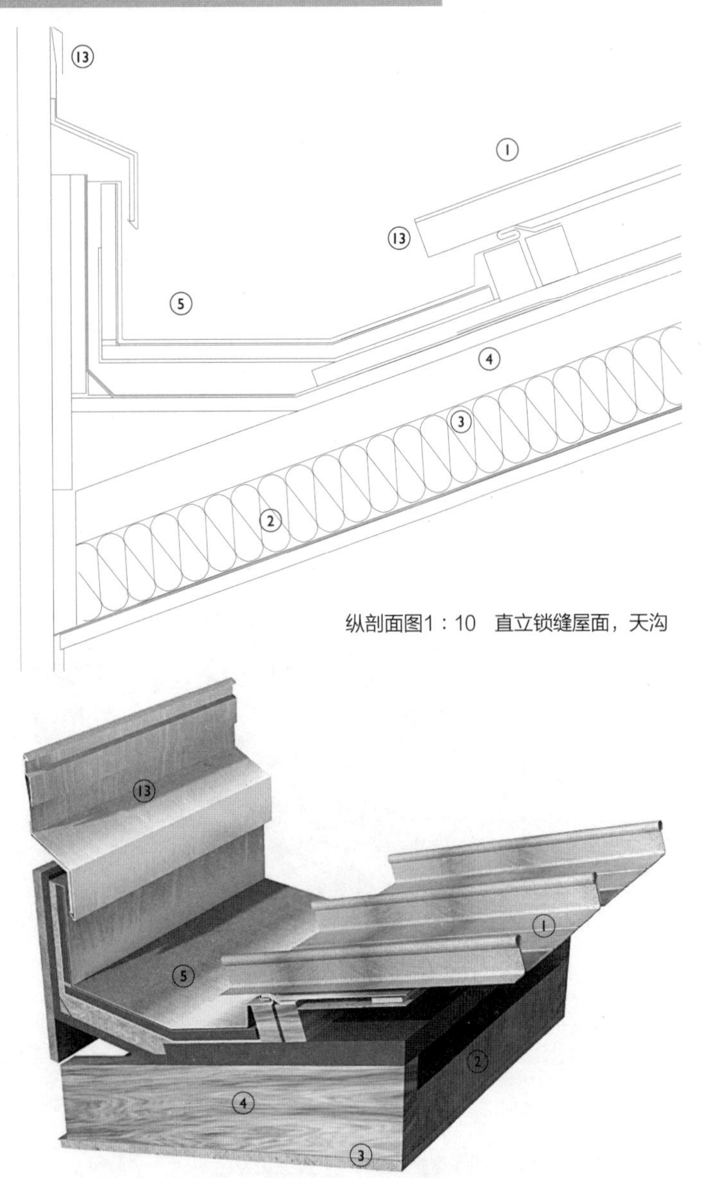

纵剖面图1：10　直立锁缝屋面，天沟

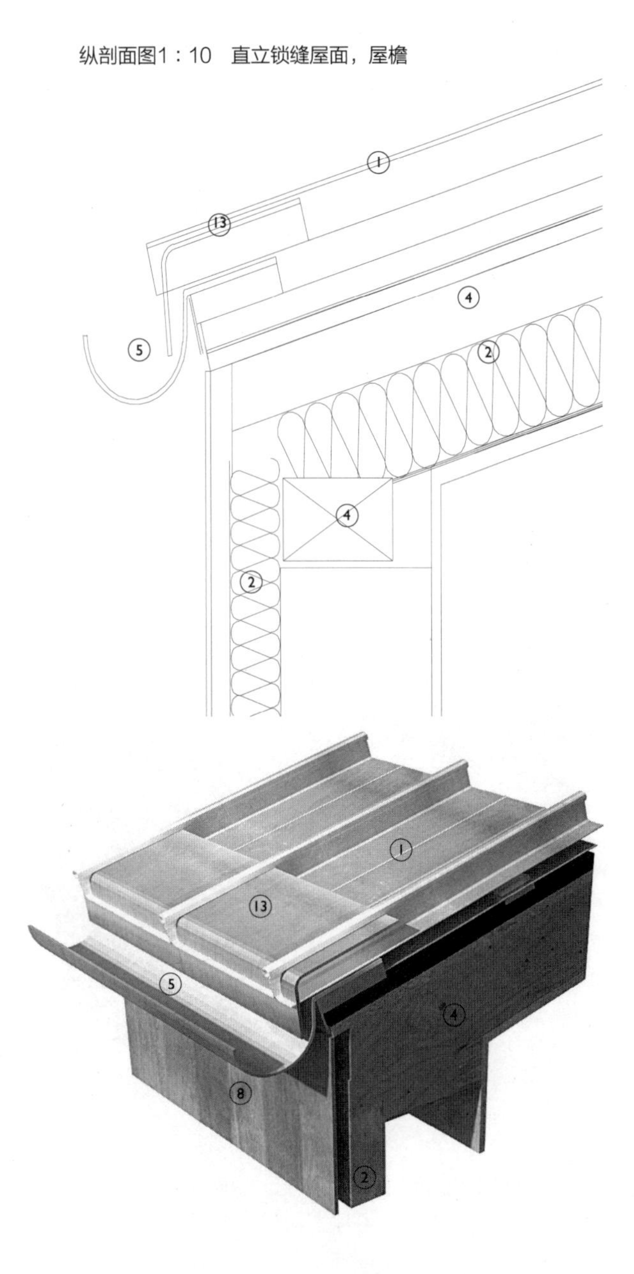

纵剖面图1：10　直立锁缝屋面，屋檐

3D视图　直立锁缝屋面天沟与檐构细部

1. 直立锁缝板
2. 纤维毡保温层
3. 隔汽层
4. 木托梁
5. 弯折金属天沟
6. 弯折金属滴水
7. 封檐板
8. 外墙
9. 金属板固定托座
10. 底板
11. 金属支撑
12. 屋脊板
13. 金属防水板
14. 女儿墙泛水

金属瓦屋面

金属瓦片由于形成屋面坡度的灵活性和适合不同工程搭接的经济性而获得日益广泛的应用。铜、锌材质的金属瓦片得到了广泛使用，它们上面独特的绿锈很适合墙面和屋面。金属瓦片的固定方法与黏土瓦和石板瓦一样，都是固定在位于沥青或聚合物防水层上的木条上。屋檐和女儿墙天沟的构造与直立锁缝屋面一样，都要做通风槽以保证空气能进入闷顶。金属瓦片的形状可以像石板瓦一般平整，也可以用压型板制作，模仿弯曲或者异型瓦片形成的传统瓦屋面。它们的形象同有很长的长度的压型金属屋面板迥异。这里的金属瓦较短，彼此搭接，通过使用能清晰展示屋面造型的接头和搭接模式可以轻易地形成复杂的几何造型。

屋脊和山墙封檐通常用弯折的金属板形成，为建筑单独设计和制造。金属瓦片相对于黏土瓦的优势在于瓦片和边饰金属片可以为每个工程单独设计，而且很经济，因为金属的弯折不需要模具，而黏土瓦和石板瓦则必须要模具。

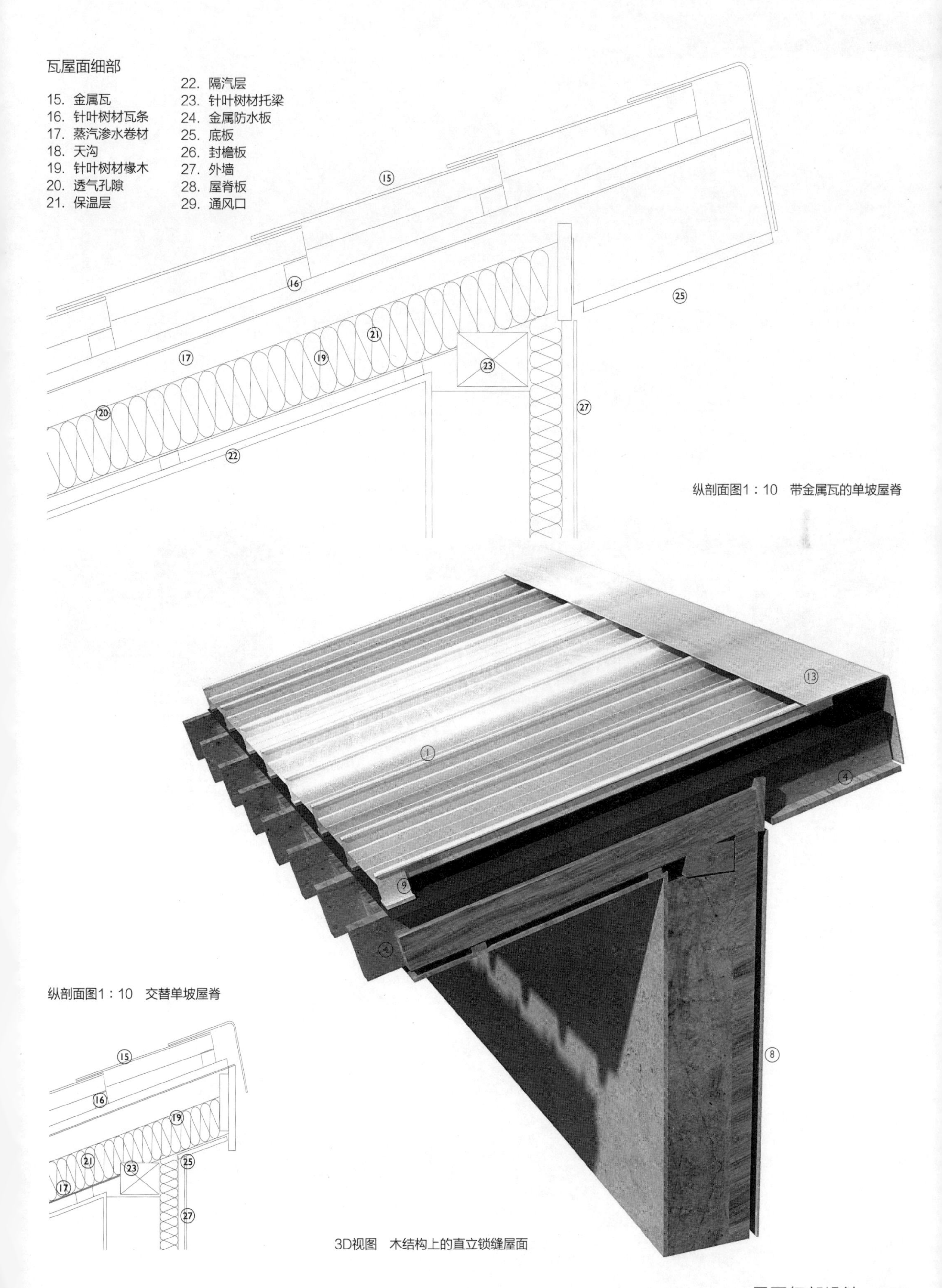

纵剖面图1：10　带金属瓦的单坡屋脊

纵剖面图1：10　交替单坡屋脊

3D视图　木结构上的直立锁缝屋面

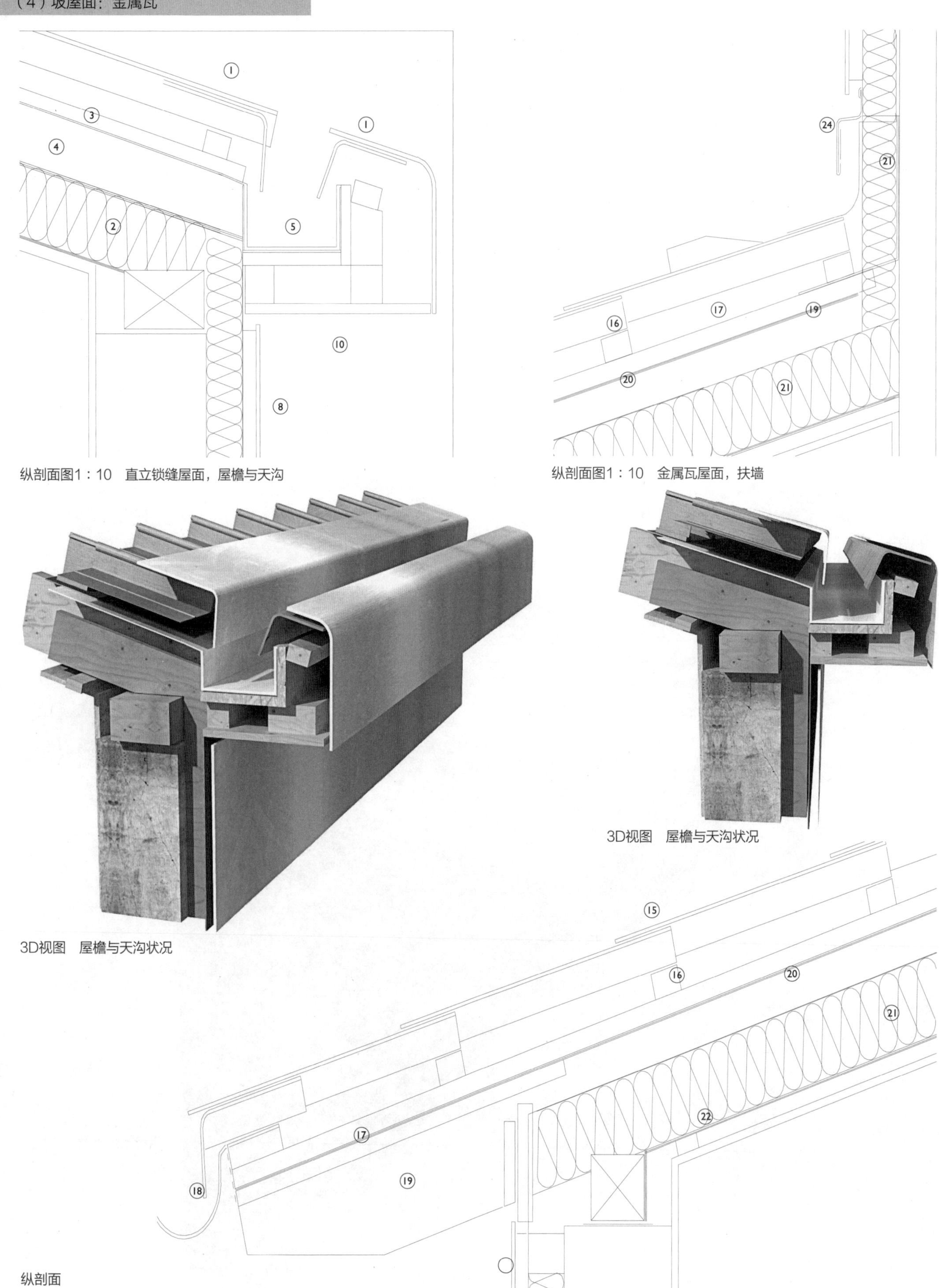

纵剖面图1：10　直立锁缝屋面，屋檐与天沟

纵剖面图1：10　金属瓦屋面，扶墙

3D视图　屋檐与天沟状况

3D视图　屋檐与天沟状况

纵剖面

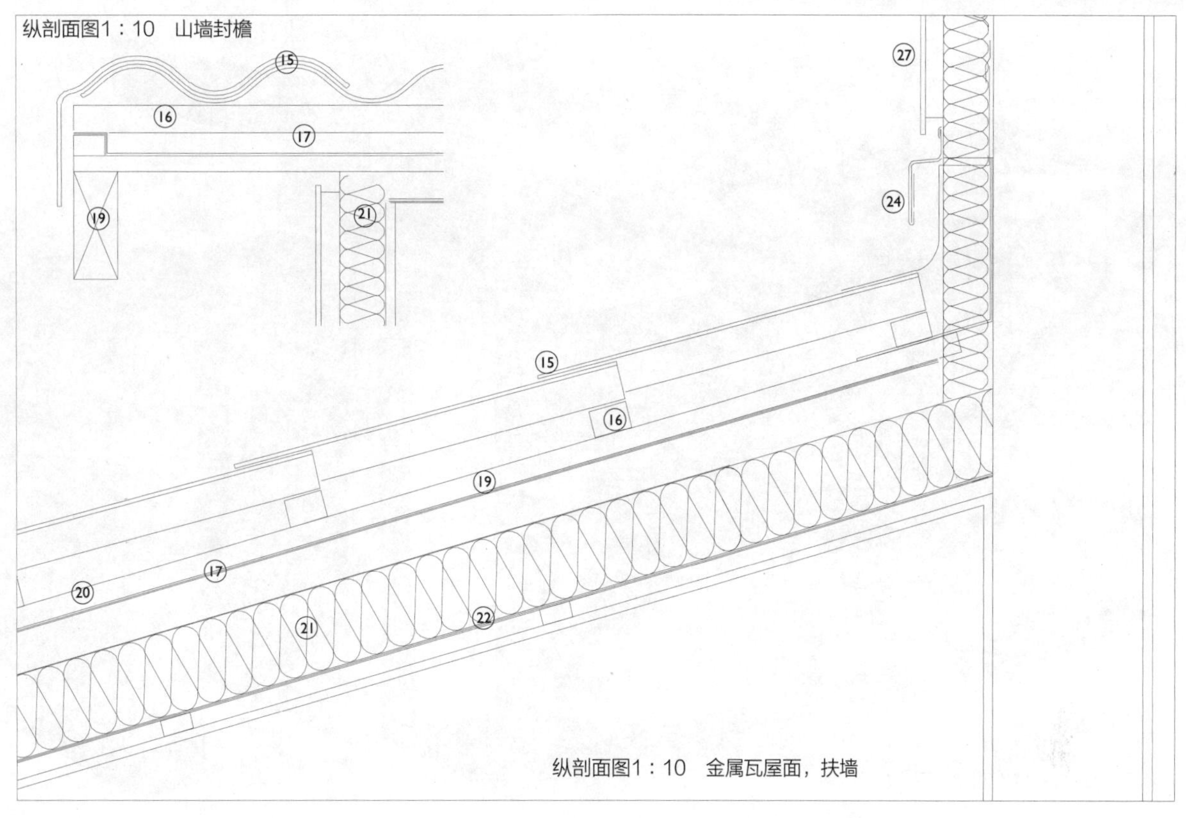

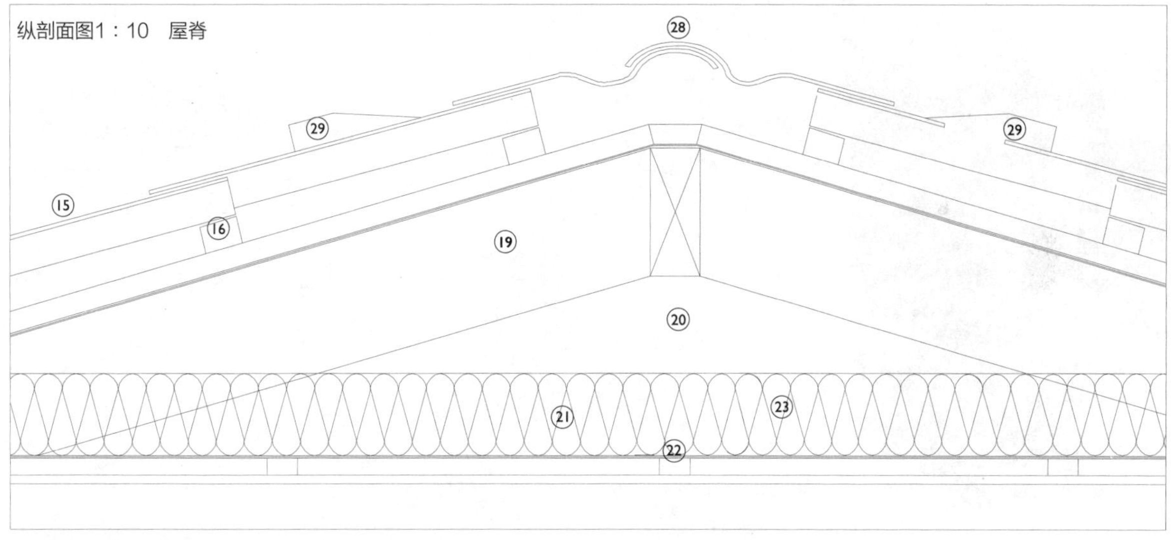

3D视图　屋脊细部片断

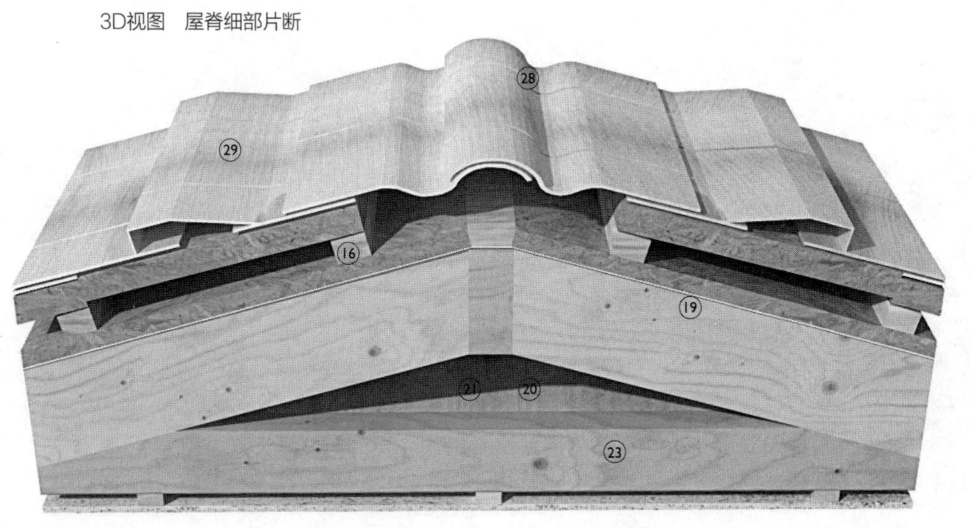

瓦屋面细部

15. 金属瓦
16. 针叶树材瓦条
17. 蒸汽渗水卷材
18. 天沟
19. 针叶树材椽木
20. 透气孔隙
21. 保温层
22. 隔汽层
23. 针叶树材托梁
24. 金属防水板
25. 底板
26. 封檐板
27. 外墙
28. 屋脊板
29. 通风口

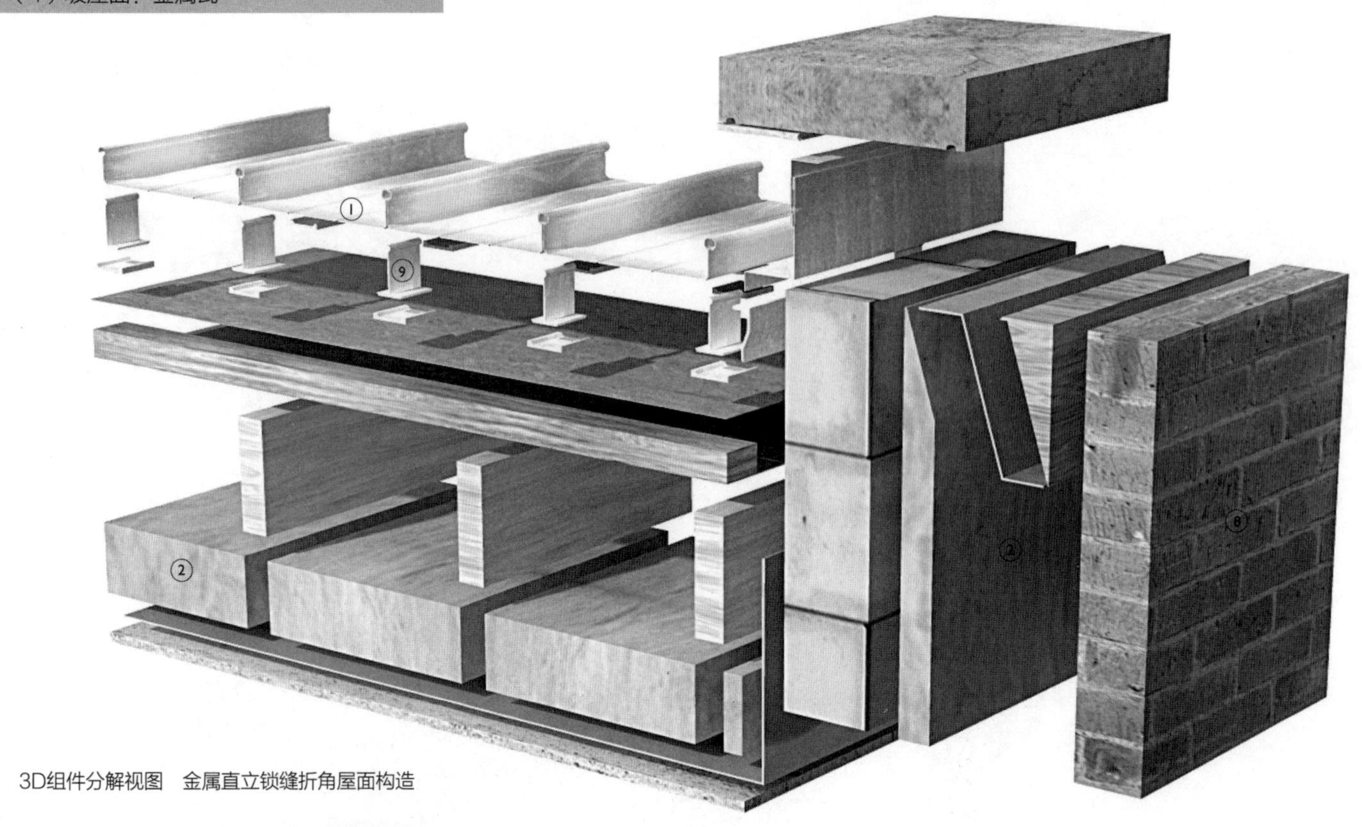

3D组件分解视图　金属直立锁缝折角屋面构造

3D组件分解视图　金属直立锁缝折角屋面翼缘状况

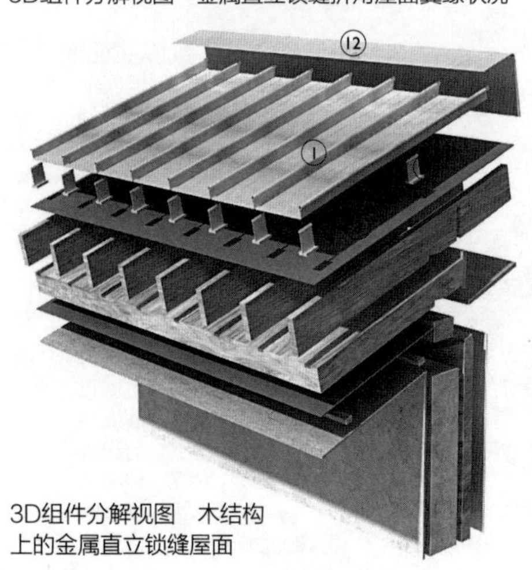

3D组件分解视图　木结构上的金属直立锁缝屋面

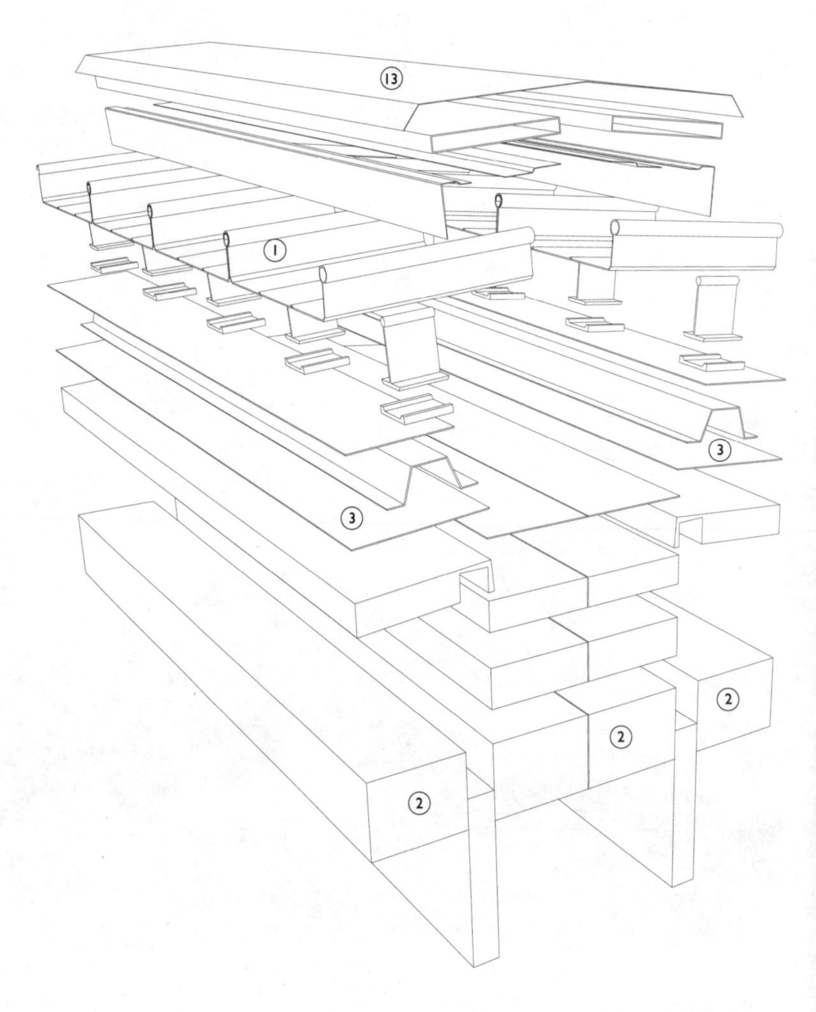

3D组件分解视图　木结构上的金属直立锁缝屋面的屋脊构造

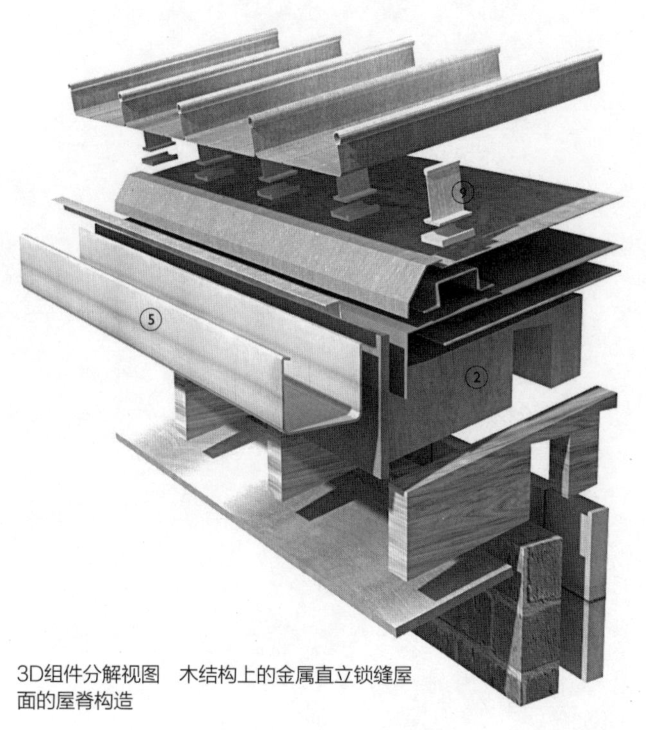

3D组件分解视图　木结构上的金属直立锁缝屋面的屋脊构造

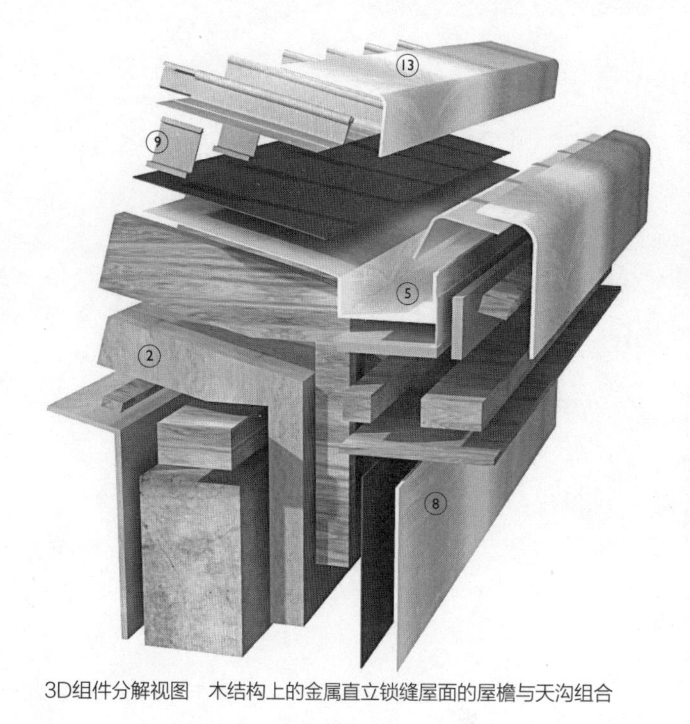

3D组件分解视图　木结构上的金属直立锁缝屋面的屋檐与天沟组合

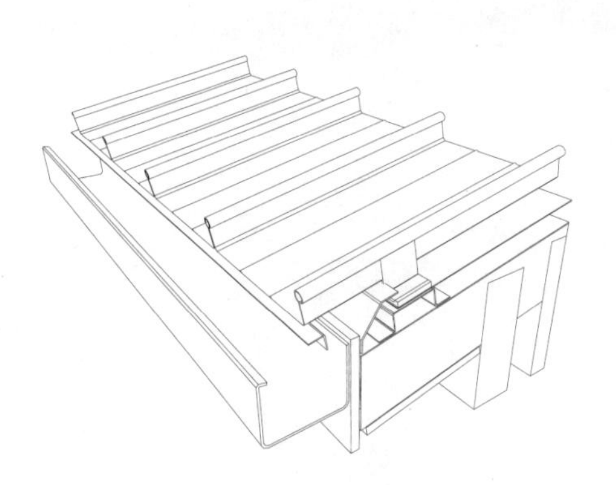

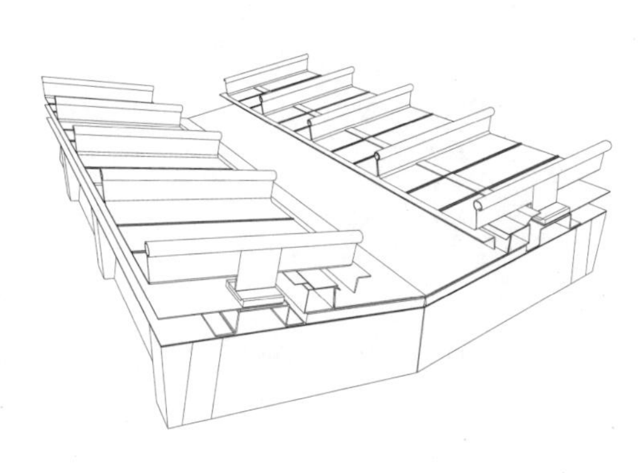

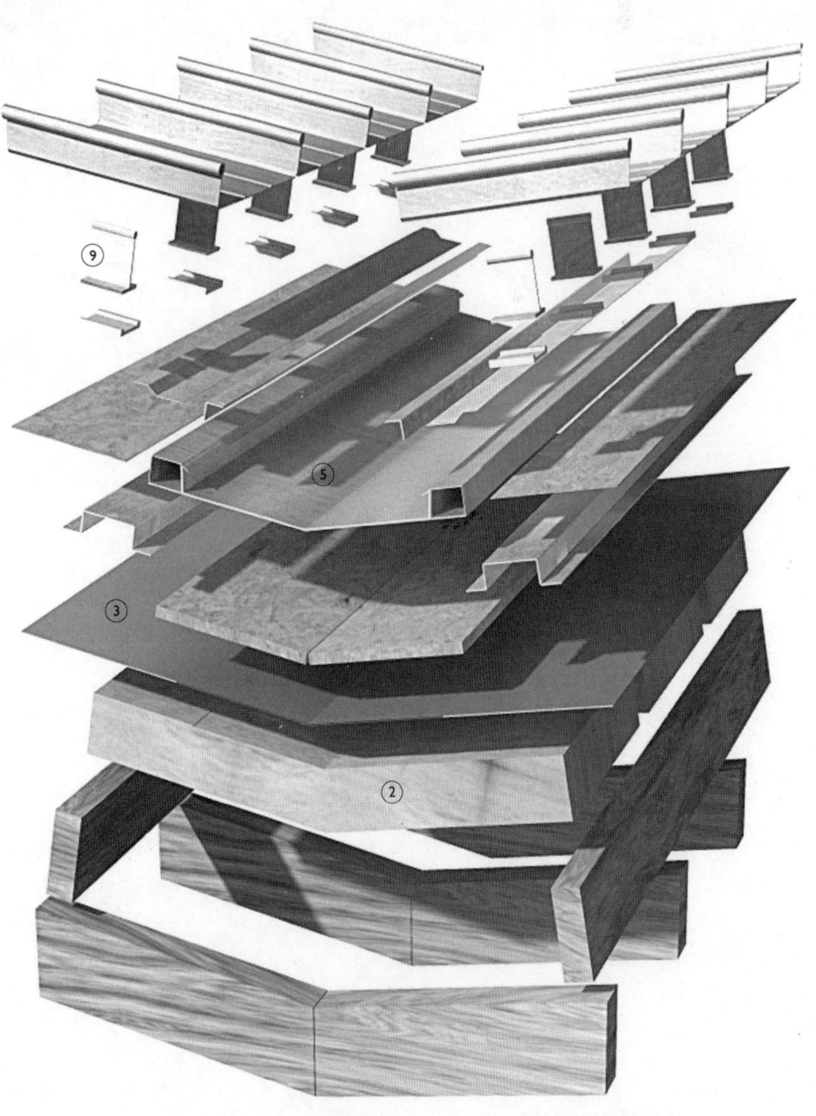

1. 直立锁缝板
2. 纤维毡保温层
3. 隔汽层
4. 木托梁
5. 弯折金属天沟
6. 弯折金属滴水
7. 封檐板
8. 外墙
9. 金属板固定托座
10. 底板
11. 金属支撑
12. 屋脊板
13. 金属防水板
14. 女儿墙泛水

3D组件分解视图　木结构上的金属直立锁缝屋面的天沟构造

5

塑料屋面

（1）GRP采光顶

屋檐和泛水
山墙封檐
扶墙
滑动式屋面板

（2）GRP板和壳体

小型板和壳体
大型板和壳体

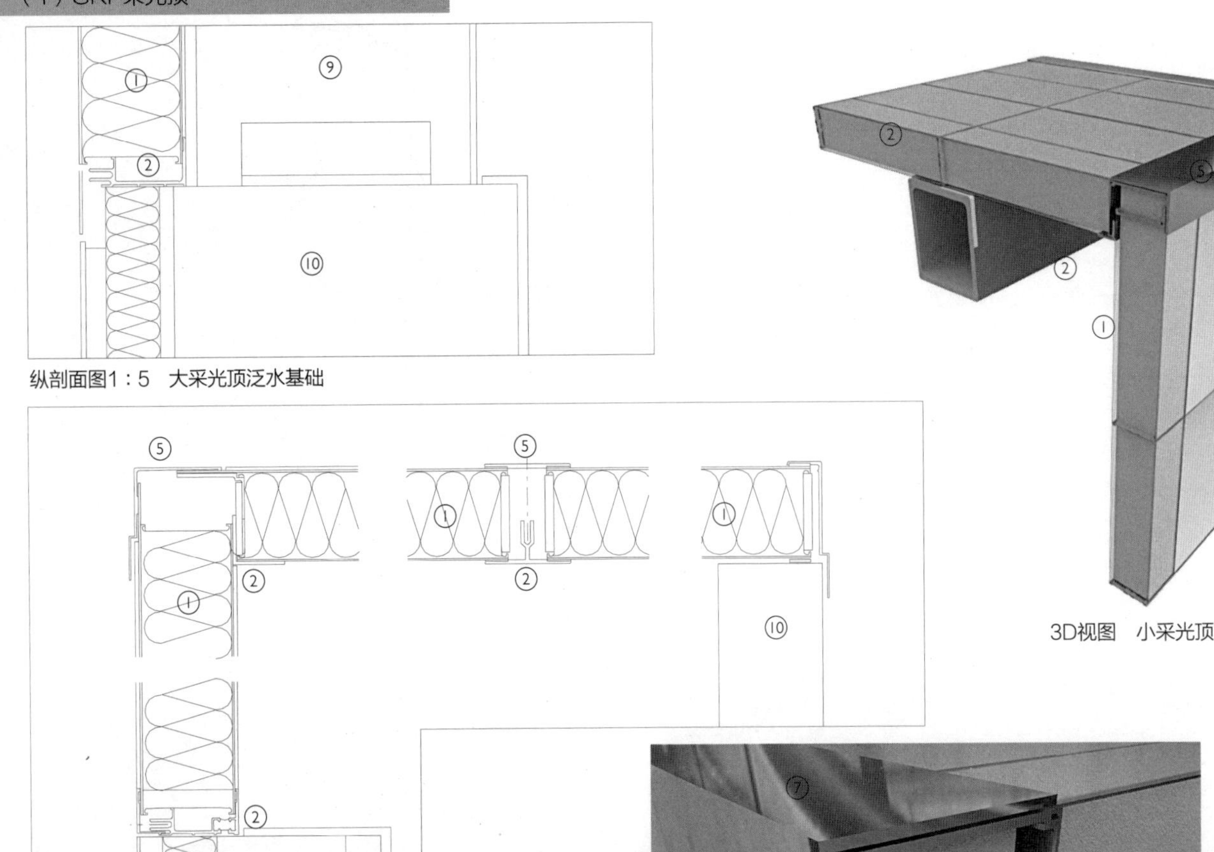

纵剖面图1：5　大采光顶泛水基础

3D视图　小采光顶

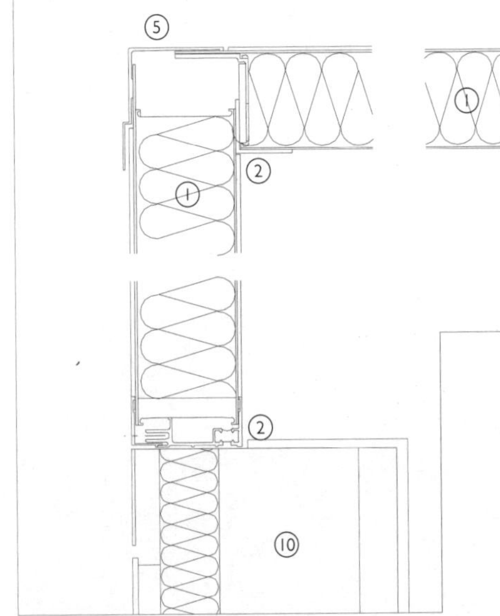

纵剖面图1：5　小采光顶山墙封檐

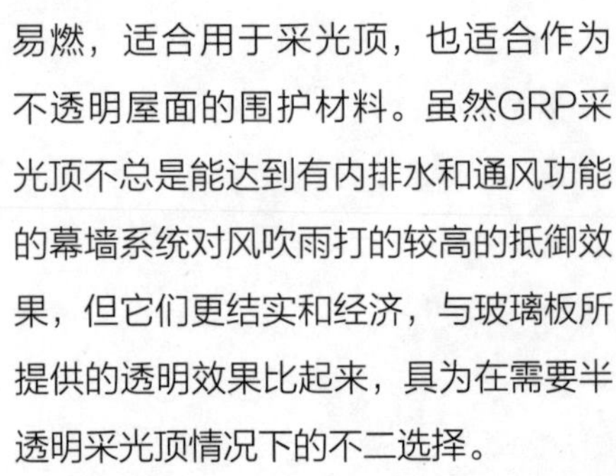

3D视图　小采光顶山墙封檐

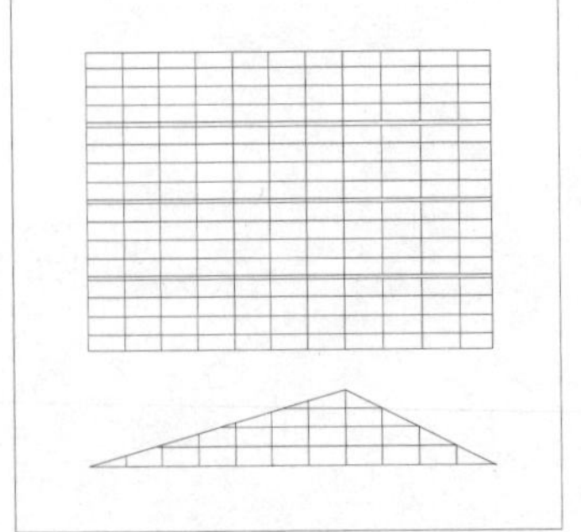

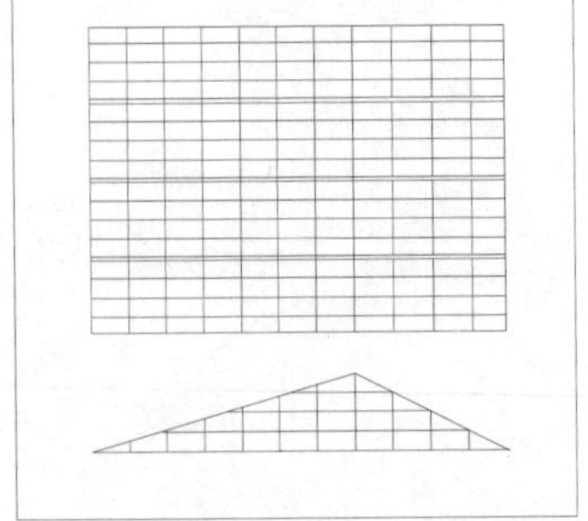

总平面图与立面图　典型小采光顶布局

1. 半透明与隔热GRP屋面板
2. 断热铝框架
3. 内侧
4. 外侧
5. 压力板
6. 邻接砌体/混凝土墙
7. 弯折金属角板
8. EPDM板
9. 支撑结构
10. 混凝土基础

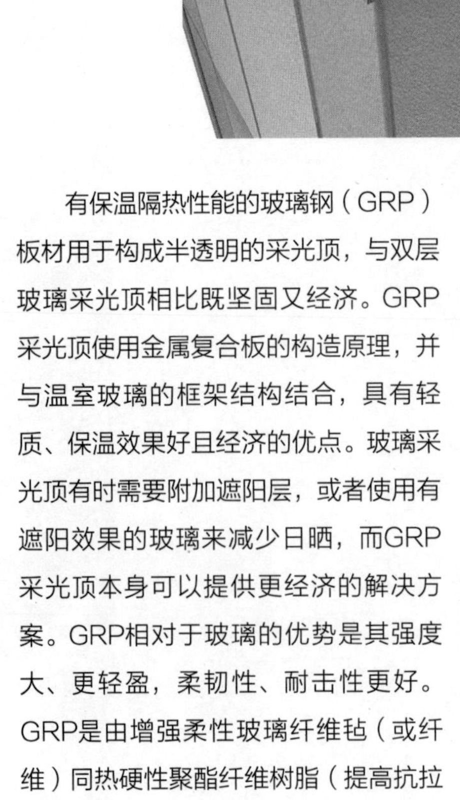

有保温隔热性能的玻璃钢（GRP）板材用于构成半透明的采光顶，与双层玻璃采光顶相比既坚固又经济。GRP采光顶使用金属复合板的构造原理，并与温室玻璃的框架结构结合，具有轻质、保温效果好且经济的优点。玻璃采光顶有时需要附加遮阳层，或者使用有遮阳效果的玻璃来减少日晒，而GRP采光顶本身可以提供更经济的解决方案。GRP相对于玻璃的优势是其强度大、更轻盈，柔韧性、耐击性更好。GRP是由增强柔性玻璃纤维毡（或纤维）同热硬性聚酯纤维树脂（提高抗拉和抗压强度）形成的复合材料。材料不易燃，适合用于采光顶，也适合作为不透明屋面的围护材料。虽然GRP采光顶不总是能达到有内排水和通风功能的幕墙系统对风吹雨打的较高的抵御效果，但它们更结实和经济，与玻璃板所提供的透明效果比起来，具为在需要半透明采光顶情况下的不二选择。

GRP板的周边粘结到铝合金框架上形成采光顶。板空腔里的保温材料通常粘结到外层的GRP面板上，形成复合材料。如同金属复合板，GRP板使用的框架越来越多的做断热处理来减小在温带气候下板底形成冷凝水的可能性，同时提高采光顶的总体保温效果。

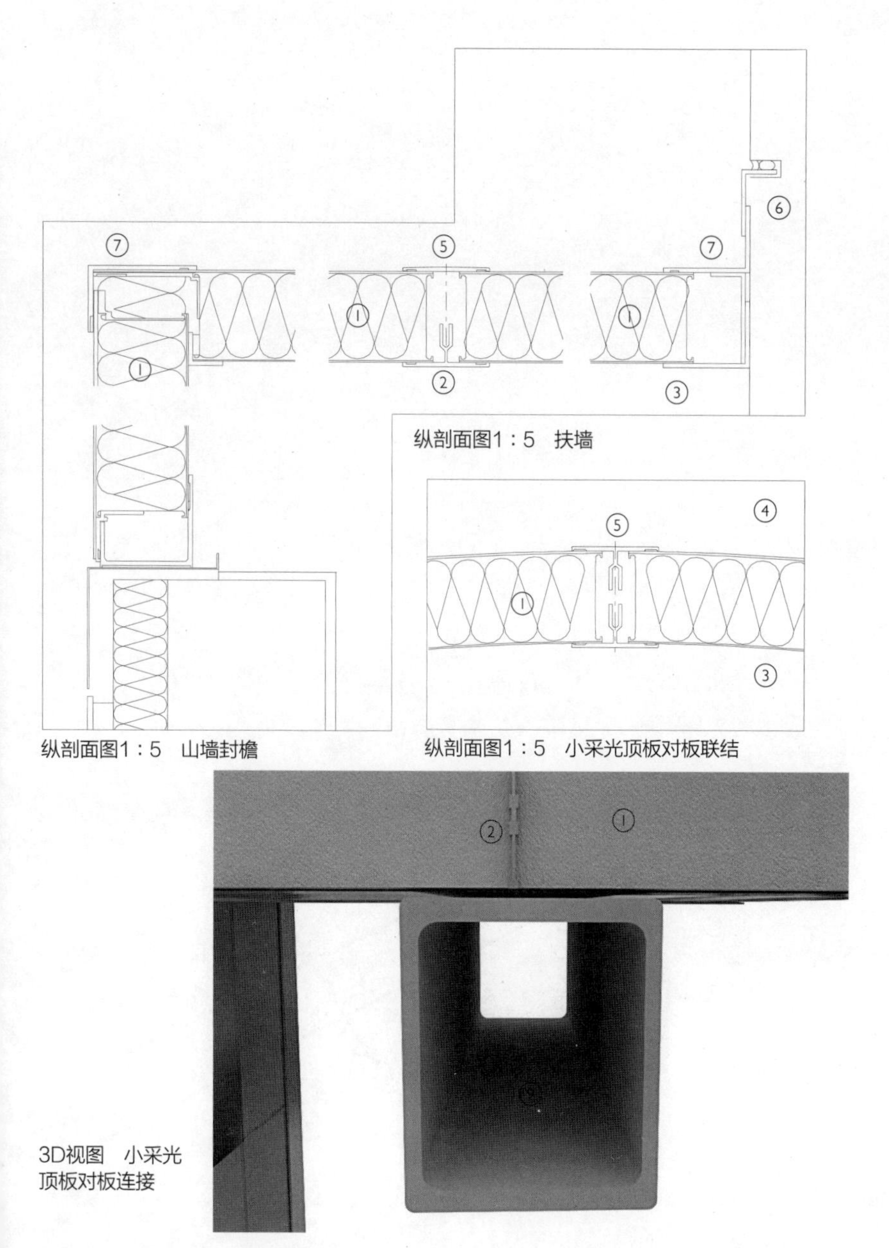

纵剖面图1：5　扶墙

纵剖面图1：5　山墙封檐

纵剖面图1：5　小采光顶板对板联结

3D视图　小采光顶板对板连接

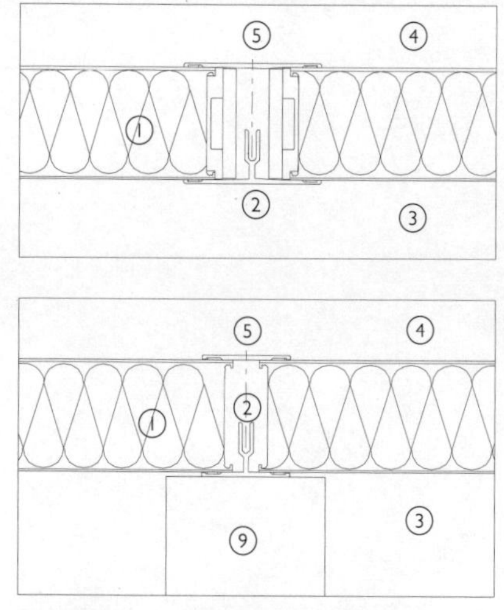

纵剖面图1：5　小采光顶板对板联结

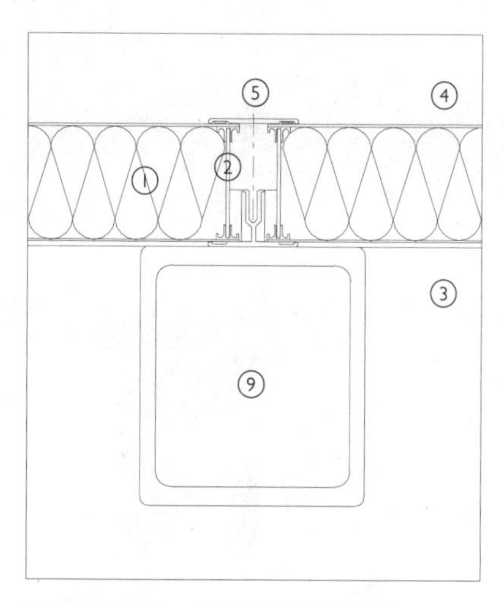

纵剖面图1：5　大采光顶板对板联结

断热材料通常用挤压聚合物制成，比铝合金的传热系数更低；采用与玻璃幕墙相同的方式粘结到挤压铝型材上，或者嵌入其中并用固定压力板的自攻螺钉将其固定牢靠。

在跨度约3000mm的小型采光顶中，GRP复合板不需要额外支撑，而更大的跨度需要额外的铝合金或者钢框架在下面支撑。板材的尺寸根据专利系统和采光顶设计的不同而不同。典型的板材尺寸的范围从400mmX800mm到800mmX3000mm。GRP采光顶的板材的拼接使用的是轻质框架系统，而非上下搭接方式或者翻边来形成如同金属复合板中的直立锁缝类型的接头。这些做法使GRP板的外观更加干净，因为框架在半透明的GRP板衬托下非常明显，跟金属板不一样。挤压铝T形型材提供对板材四边的支撑，再用挤压铝压力板在GRP板子外表将板材固定就位。现在大多数支撑框架都有内排水和通风的构造，可作为对雨水浸透的第二道防线。最外层的密封由嵌入挤压铝型材里的EPDM垫片提供。这里也会使用厂家专利胶带，但与工厂生产的固定到压力板的垫片相比，更依赖现场的良好的工艺水平。

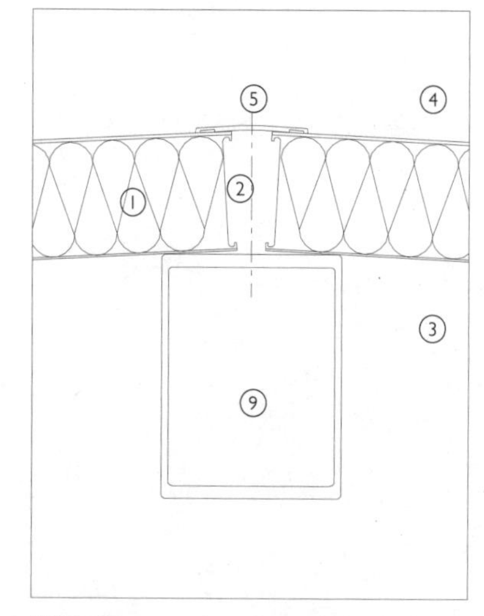

纵剖面图1：5　大采光顶屋脊

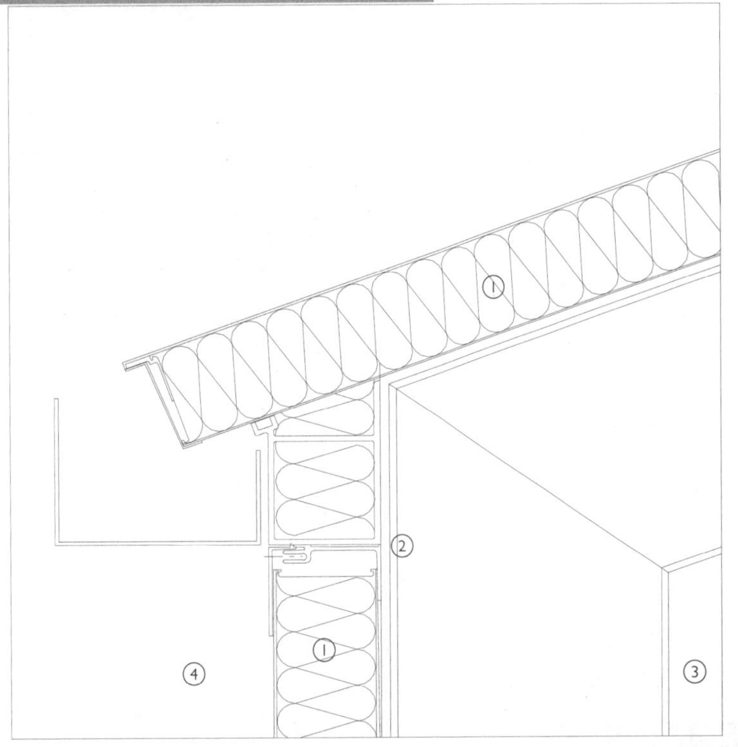

纵剖面图1：5　大采光顶屋檐

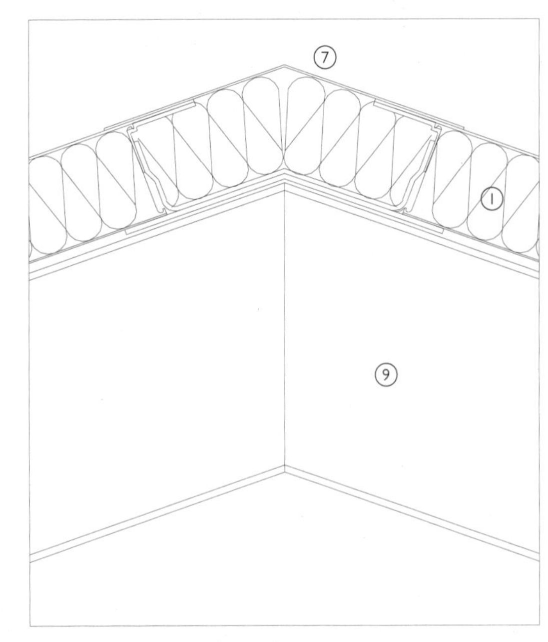

纵剖面图1：5　大采光顶屋脊

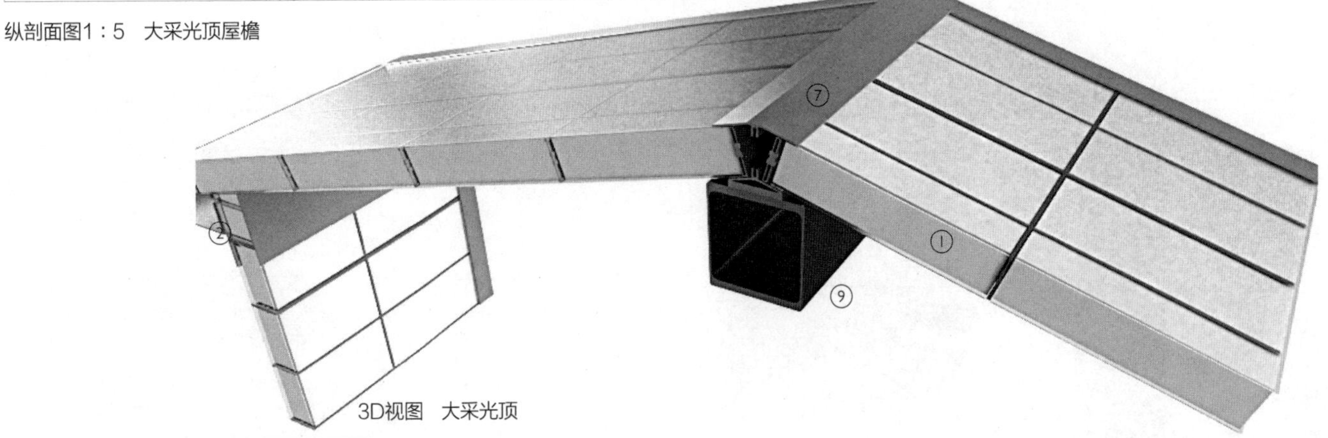

3D视图　大采光顶

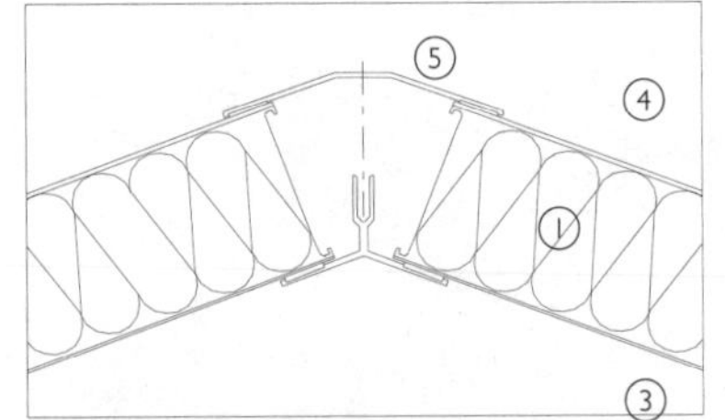

纵剖面图1：5　小采光顶屋脊与屋檐

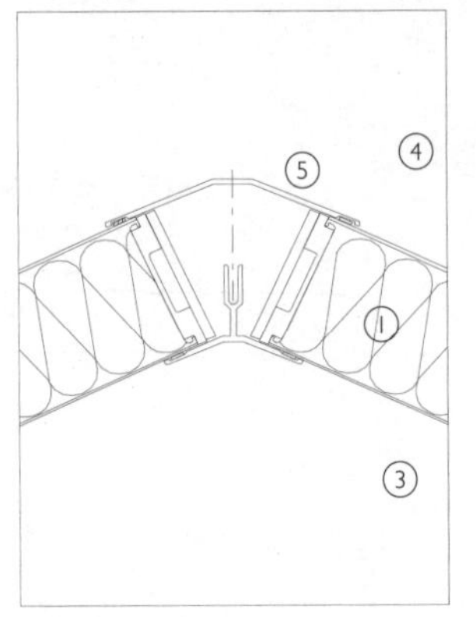

纵剖面图1：5　小采光顶屋脊

沿坡度方向的压力板，安装在板间接缝上面，方法与玻璃幕墙一样。与坡度方向垂直的接缝有时采用搭接接头的压力板，目的是为了防止雨水在接头的上面积聚而无法越过接头。搭接的处理是通过将铝合金条或者挤压铝型材安置在两块搭接的板子中上面一块的下表面上。这种将玻璃幕墙（或者温室玻璃）技术和复合金属板技术的结合，使得半透明的采光顶在视觉上显得轻盈、接缝细微。

除了这些标准的作为专利系统的连接方式，板材也用折形金属板形成非常规的接头。弯折的金属板固定在上面的板材顶上，保证雨水在板子上流过不受阻碍，并且在它与竖向板材固定的地方形成滴水檐。内侧的金属板粘结到板材的连接处作为内侧的密封和隔汽层。另一种细部做法是在空腔里填充保温材料，目的是减少在温带地区板子的底面形成冷凝水的可能。这通常用于比常规接头更宽的接头，因为这里断热材料很难实现。针对雨水渗透的第二道防线是由紧贴在金属防水板下而非板间内部接头上的卷材提供的，因为保温层不能设置在排水内腔里，否则会阻碍雨水的排除，也会因吸水而失去保温性能。

1. 半透明与隔热GRP屋面板
2. 断热铝框架
3. 内侧
4. 外侧
5. 压力板
6. 邻接砌体/混凝土墙
7. 弯折金属角板
8. EPDM板
9. 支撑结构
10. 混凝土基础

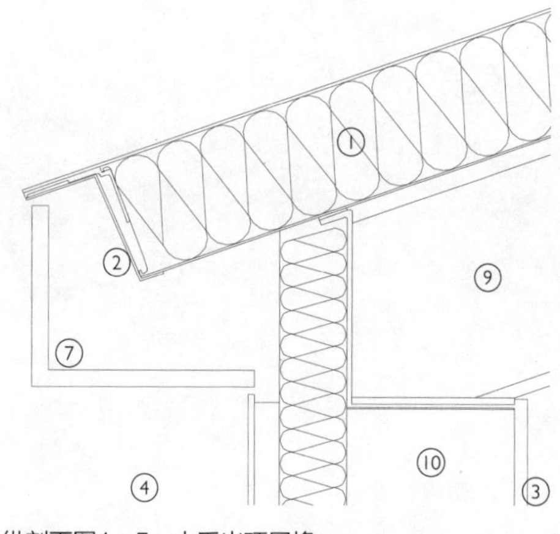

纵剖面图1：5　大采光顶屋檐

3D视图　大采光顶屋檐

3D视图　大采光顶屋脊

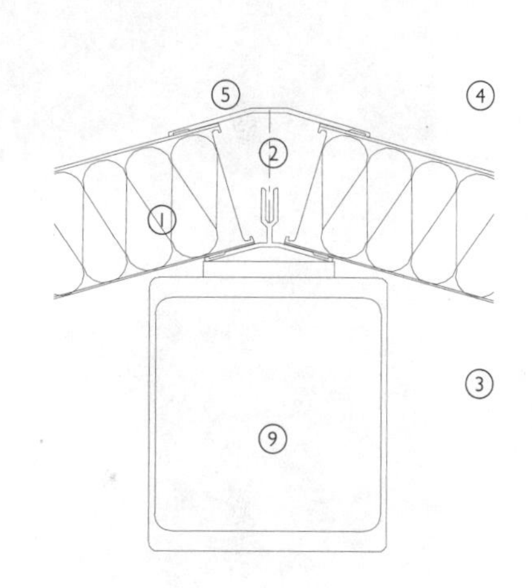

纵剖面图1：5　大采光顶屋脊

屋脊防水板的做法也使用相同的方式，将金属板固定在GRP板边框的上表面上，防水卷材铺设在下面。任何透过外密封层的雨水会在屋脊的端部或者屋脊下面的板材沿坡度排除。

屋檐和泛水

当采光顶一边位于屋檐处时，需要用挤压铝型材或者折弯金属板来完成搭接。外部的EPDM或者挤压硅胶密封层用作GRP屋面板连接处，以防范雨水渗透外层防线。铝合金封口件底部的排水槽排除经外部密封层渗入的雨水。这些排水槽也将与坡度同向的板材接缝下排水槽里的水排到外面。封口件下面作为采光顶侧壁的GRP板安装在上面的作为搭接接头的竖向铝合金构件的后面，可以防止雨水穿过接头处。铝合金封口件与GRP板之间的空隙用EPDM垫片、专用胶带或者硅胶密封。如果需要的话，将金属排水沟以外挂的形式安装在金属封口件上，除非它作为封檐板的一部分，例如异形金属屋面中的弧形檐口。在小采光顶中，不会设置雨水沟，雨水通常直接排到附近的屋面上。

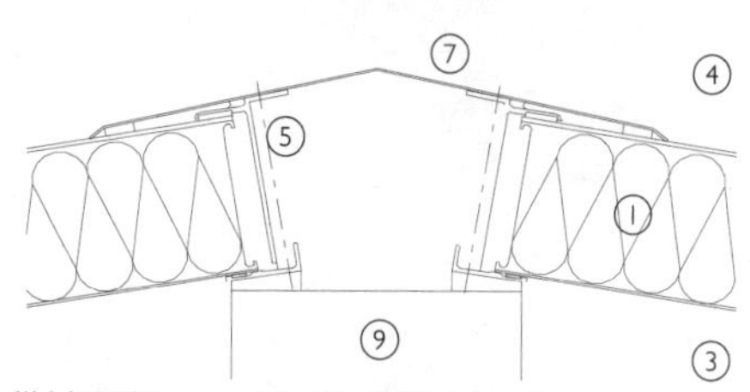

纵剖面图1：5　小采光顶屋脊与屋檐

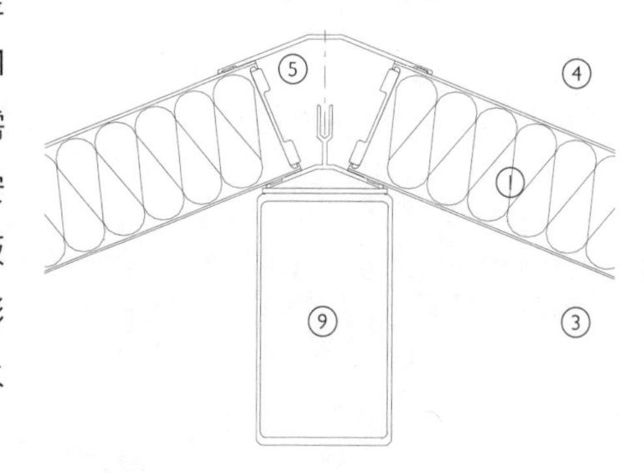

纵剖面图1：5　小采光顶屋脊

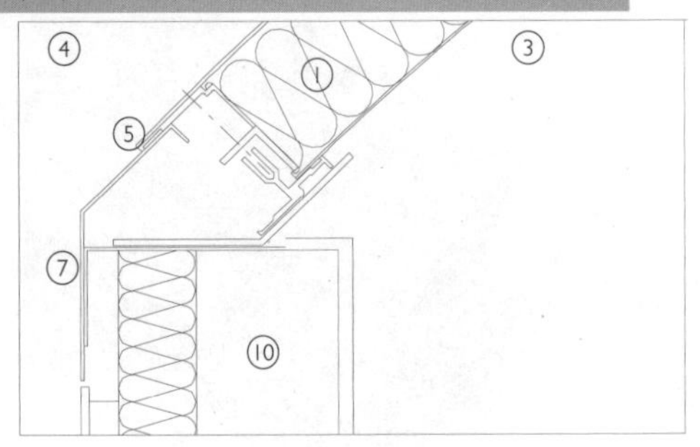

纵剖面图1：5　小采光顶泛水基础

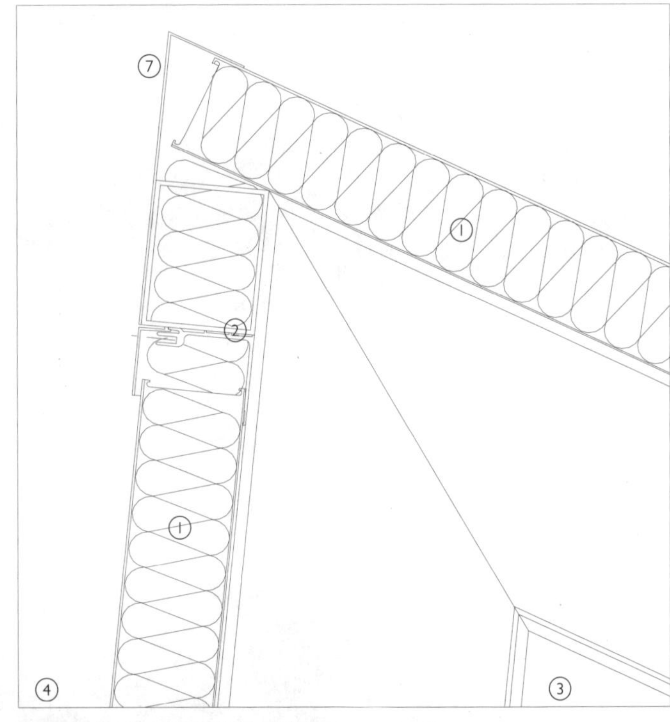

纵剖面图1：5　大采光顶单坡屋脊

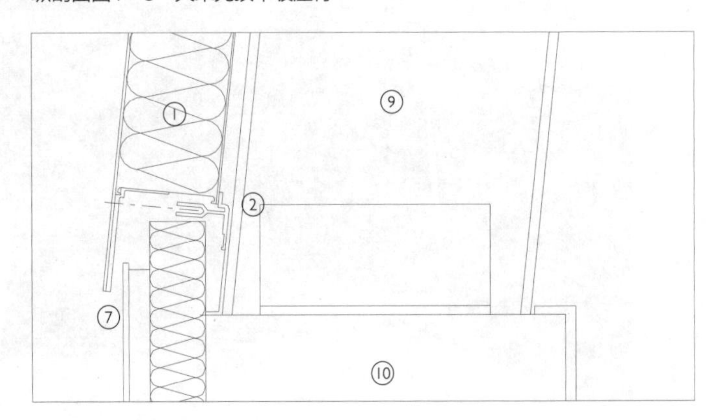

纵剖面图1：5　大采光顶基础

3D视图　大采光顶单坡屋脊

1. 半透明与隔热GRP屋面板
2. 断热铝框架
3. 内侧
4. 外侧
5. 压力板
6. 邻接砌体/混凝土墙
7. 弯折金属角板
8. EPDM板
9. 支撑结构
10. 混凝土基础

泛水采用与屋檐相同的铝合金封口件或者金属防水板材料，这个位置的GRP板支撑在钢或铝合金框架上。金属封口件用于给GRP板提供连续的周边支撑和对风雨的密封性。防水卷材粘结到封口件的外表面上，并与下面通常是用混凝土做成的泛水固定。封口件上做有保温，在内表面上与弯折的薄铝板密封，目的是固定保温层和起防潮作用。内侧封口片的可见宽度与相邻的板间的铝合金接头宽度相配，在室内是可见的。板底和下面的泛水之间的空隙用探出泛水竖直面的金属防水板密封。这样能使雨水从接缝里的与外部透气的通道里排出来。通常将EPDM材质的防水卷材粘结到GRP板周围的金属框架的底边上，并与泛水上的防水卷材密封，提供从周围平屋面到采光顶的连续的防水效果。GRP复合板框架中的断热措施能保证从泛水到GRP采光顶的连续的保温效果。

山墙封檐

GRP采光坡屋面的山墙端的做法

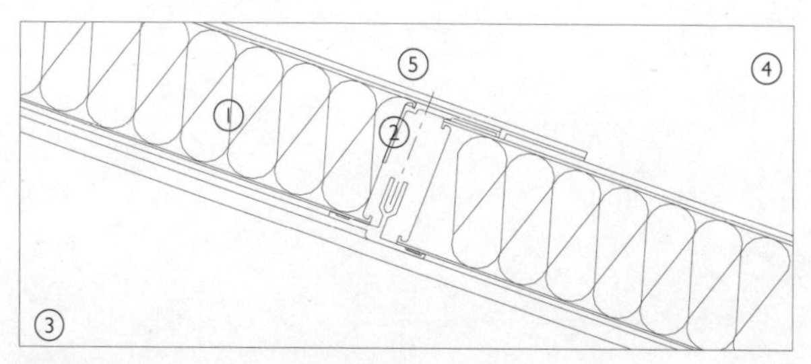

纵剖面图1：5　大采光顶内向折角

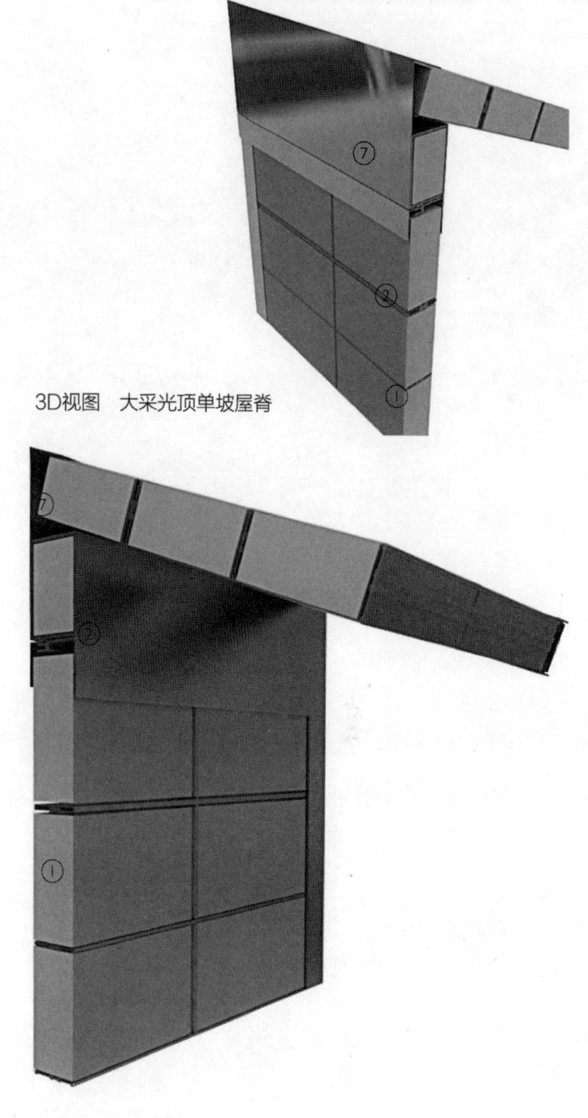

3D视图　大采光顶单坡屋脊

3D视图　大采光顶单坡屋脊

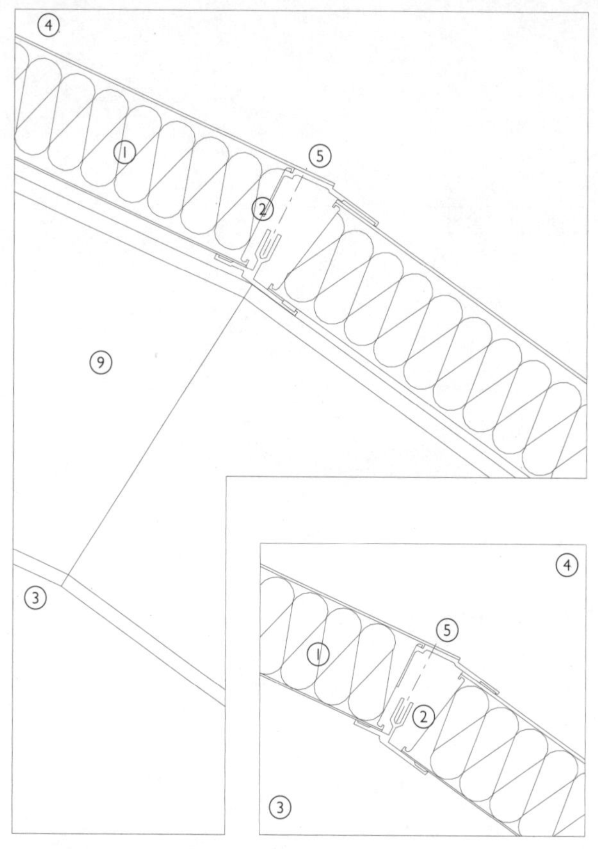

纵剖面图1：5　大采光顶外向折角

纵剖面图1：5　大采光顶外向折角

是将铝合金防水板用粘结或者机械且密封的方式固定到GRP板侧面的边框上和三角形的山墙板顶上。带坡度的板稍微探出下面的竖直面，在山墙顶形成线脚。或者，用弯折的铝合金板或角铝闭合板材之间的空隙，在屋面终结的位置形成尖锐的角度。如同其他的板与板之间的连接，防水卷材安装在外部的金属防水板的底面上作为针对雨水渗透的第二道防线。板材之间的空腔填满矿纤维保温层，这种材料的柔性很适合填充GRP板之间的不规则形状的空腔。附加的角铝用于板材内表面的连接处，提供附加的密封和隔汽效果。

扶墙

GRP采光顶靠着不同材料的竖直墙体时，例如钢筋混凝土或者混凝土砌块墙体，需要用到金属防水板。在金属防水板下面，将防水卷材粘结到GRP板的边缘，沿墙弯折上翻并与之粘结。当墙和采光顶不是结构上相连的时候，考虑到墙体和屋面的结构位移，卷材在板和墙体之间通常形成弯曲的形状。起

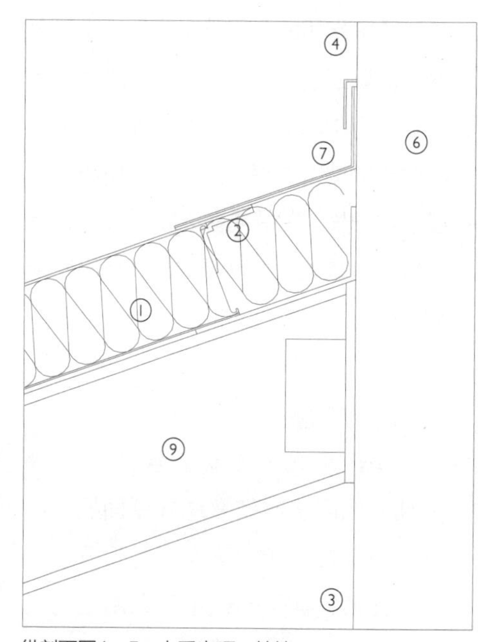

纵剖面图1：5　大采光顶，扶墙

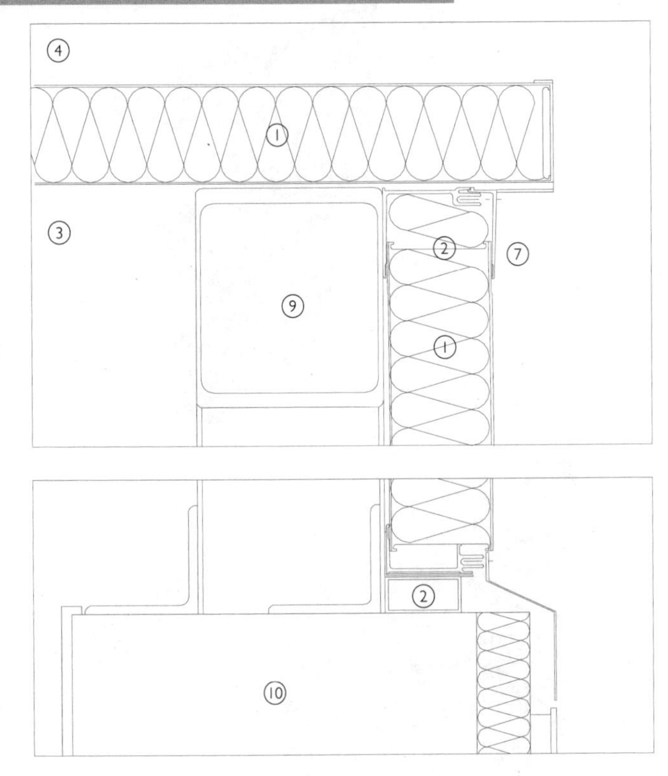

纵剖面图1：5　山墙封檐

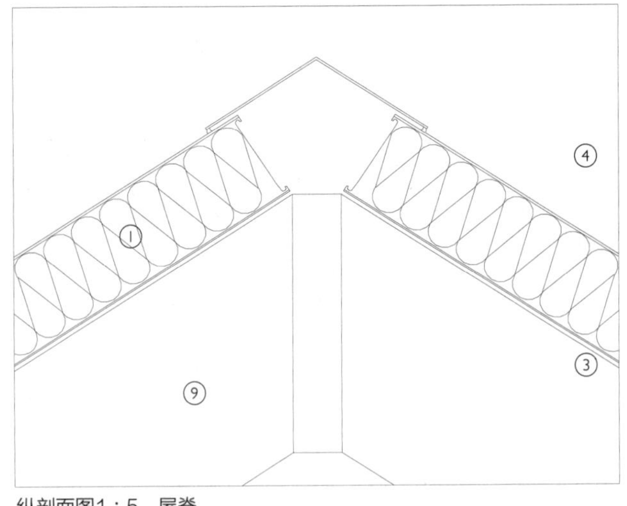

纵剖面图1：5　屋脊

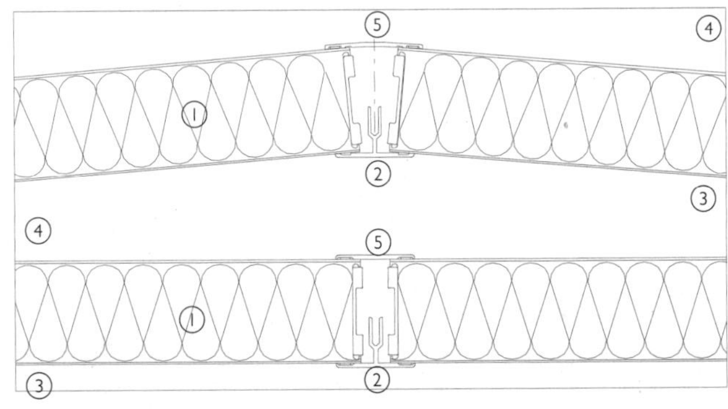

纵剖面图1：5　小采光顶板对板联结

外层防护作用的金属防水板位于卷材上面，沿墙面上翻。另一金属防水板用于盖住这个防水板的上边缘，此处可能有较明显的结构位移，外层的金属防水板固定到通长的凹槽或者混凝土/砖石的水平接缝里来给自身顶端提供防风雨密封效果。

滑动式屋面板

GRP采光顶板材轻质的特性越来越多地用于制作滑动式屋面板，可使采光顶在一年的不同时间打开。一般采光顶的40%的板都可以用电动设备通过滑动到邻近板的上部的方式打开。大型的玻璃采光顶板材因为玻璃的重量和密封的复杂性要开启非常困难和昂贵，而用于采光顶的GRP板易于滑动，搭接接头使用的是与滑动门一样的EPDM或者挤压硅胶密封层。可开启的板材的气密性同可开启窗扇一样，通常要高于固定的玻璃采光顶。

板材可以像滑动门一样从一侧移动到另一侧，也可以在竖直方向移动，如同上下推拉窗一样。不论板材的移动方向如何，其固定和接头防水的做法都是一样的。可水平滑动的板一边做上翻，其余的三边安装到槽里。在槽连接处，外层（上部）密封层由EPDM或者硅胶做的垫片组成，通常是“鳍”形断面，便于铝合金框架在一侧滑进和滑出，还可以滑到另外两侧。任何透过外密封层的雨水都由采光顶框架中的空腔收集，通过铝型材底部的孔排到下面的屋面上。内部的聚合物泡沫或者类似于外部垫圈材质的空气密封层，安装在GRP板的底面。这些滑动板材的主要做法在未来10年无疑会继续发展，以适应可开启的板材能做成更加复杂的几何造型。滑动前先向外移动的“凸出”式门和带铰链的板材，可使采光顶更普遍地适用于所有建筑类型的大规模应用。

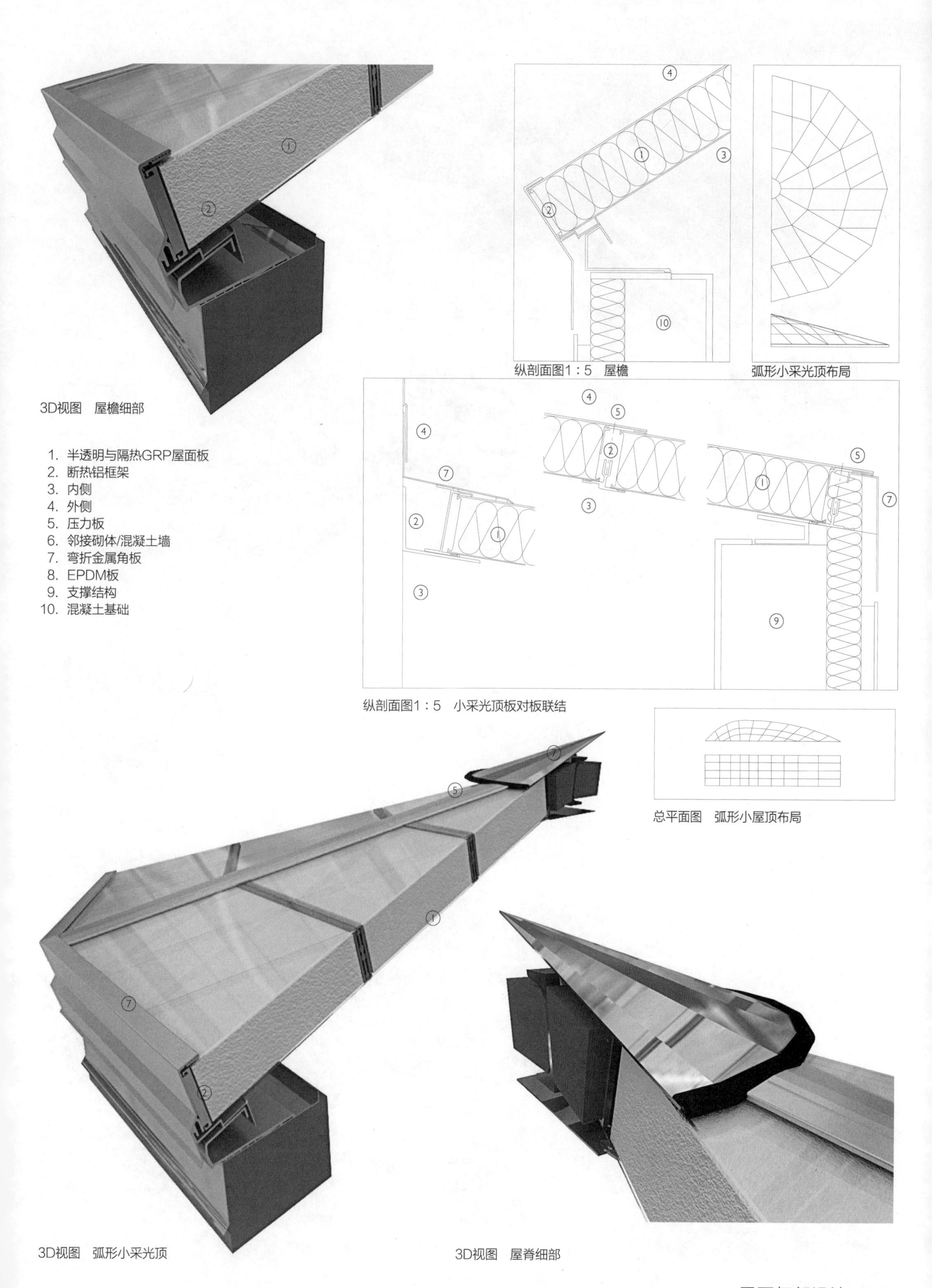

3D视图　屋檐细部

1. 半透明与隔热GRP屋面板
2. 断热铝框架
3. 内侧
4. 外侧
5. 压力板
6. 邻接砌体/混凝土墙
7. 弯折金属角板
8. EPDM板
9. 支撑结构
10. 混凝土基础

纵剖面图1：5　屋檐

弧形小采光顶布局

纵剖面图1：5　小采光顶板对板联结

总平面图　弧形小屋顶布局

3D视图　弧形小采光顶

3D视图　屋脊细部

塑料屋面
（1）GRP采光顶

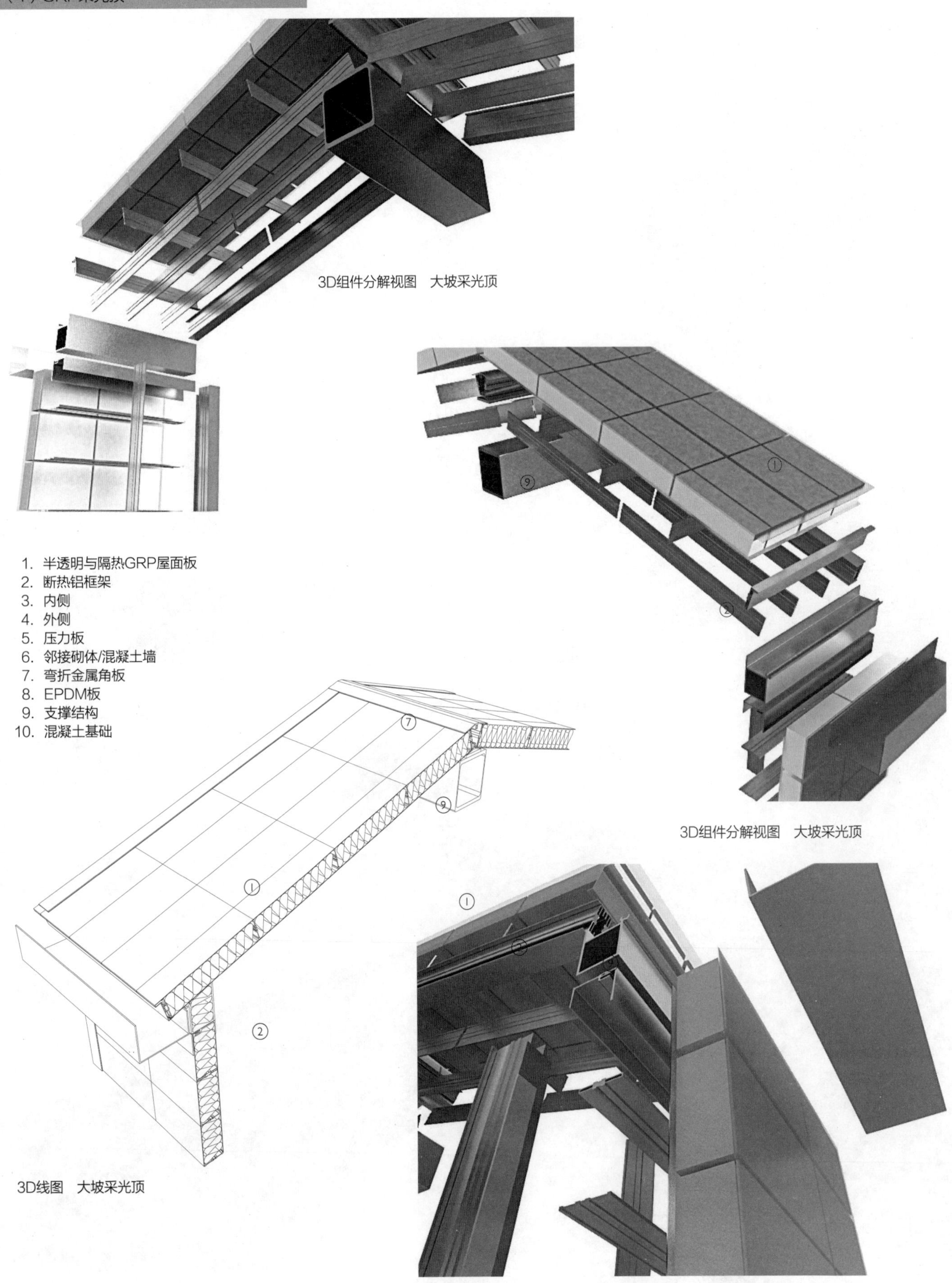

3D组件分解视图　大坡采光顶

1. 半透明与隔热GRP屋面板
2. 断热铝框架
3. 内侧
4. 外侧
5. 压力板
6. 邻接砌体/混凝土墙
7. 弯折金属角板
8. EPDM板
9. 支撑结构
10. 混凝土基础

3D组件分解视图　大坡采光顶

3D线图　大坡采光顶

3D组件分解视图　GRP坡采光顶女儿墙联结

3D组件分解视图　小采光顶

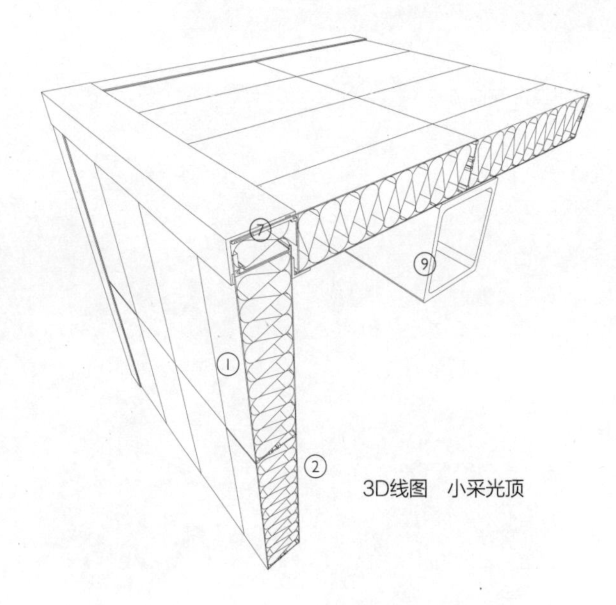

3D线图　小采光顶

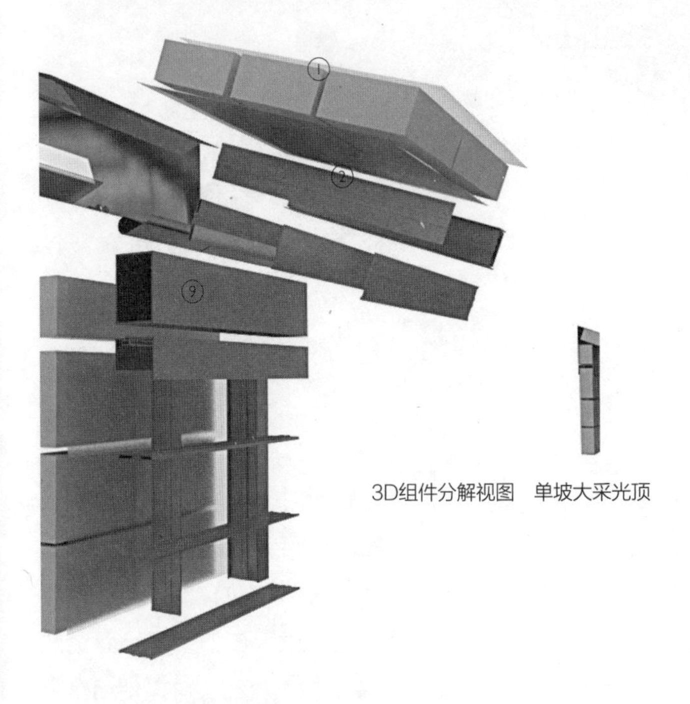

3D组件分解视图　单坡大采光顶

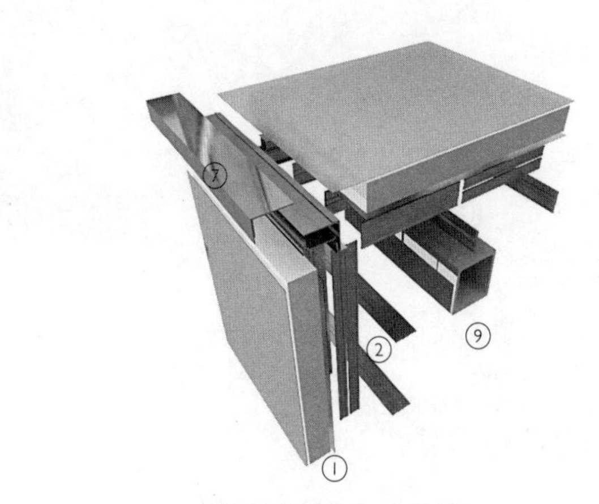

3D组件分解视图　小采光顶

3D组件分解视图　单坡大采光顶

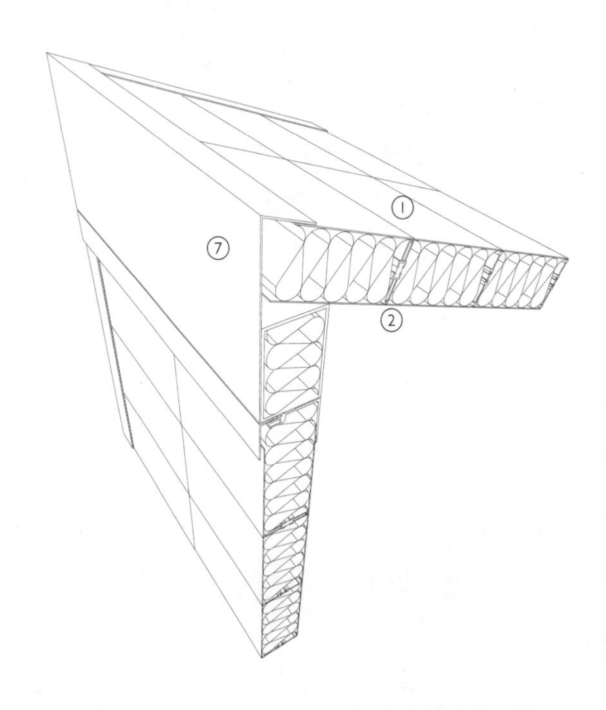

3D线图　单坡大采光顶

3D视图　屋面顶部

1. GRP壳板
2. GRP外覆板
3. GRP结构肋梁
4. 带蜂窝芯的GRP薄板
5. 低碳钢或铝框
6. 低碳钢或铝桁架
7. GRP防水板
8. 防水卷材
9. 金属固定托架
10. 保温层
11. 玻璃
12. 混凝土基础

注：玻璃钢（GRP）仅适用于半透明场合。

上一节讨论的半透明采光顶，是由板材组合而成的。本节要讨论的不透明GRP板可以在现场通过螺栓连接，形成大型、自支撑的壳体。GRP板的尺寸要适合竖直放置在拖车上，通过公路运输。板子组合成整体，可以用吊车吊到现场，这一点与其他材料的屋面很不相同。

小型板和壳体

直径约7.0m的小型屋面壳体，是由一系列板材用螺栓连接形成的。一些壳体需要由额外的框架支撑，而另一些则是自支撑结构。

GRP板可以支撑在轻质金属框架上。框架由钢或者铝合金T形型材焊接形成。框架中有上下两层弧形龙骨，分别从中心位置的顶端和底端向边缘位置辐射并相交，如自行车轮。“轮子”上发散的“辐条”在平面上被沿同心圆布置的T形型材固定。这个“自行车轮”的形式在边缘附近由金属圈梁支撑。金属圈梁则由固定在屋面上的柱子支撑。

GRP板通过螺栓在其内表面上与金属框架固定。板子的外层是厚约5mm的GRP板，而3500mm长、1800mm宽的板子的总厚度约在45mm。GRP板通过沿同心圆布置的宽约120mm的肋梁来提高强度。板子的长边不需要肋梁（其厚度约为10mm）。板子由穿过金属支撑框架的螺栓固定到板边肋梁上。板与板之间上下搭接并将接缝密封。板子长边接缝位置会形成通长的凹槽断面。槽通过叠加玻璃纤维和树脂填充达到板顶的高度。GRP板的外表面要磨削平滑，通常是用手持式砂轮机，来取得统一、光滑的平面且将接缝隐蔽。最后，通常以喷雾的形式施加油漆饰面，取得平滑反光的效果。在工厂里给面漆或“凝胶”漆里加颜料时，可以使用有限的色彩范围。将保温层粘结到GRP板的内表面上，也就是壳体的底面，可以取得整体的保温效果。

常使用与壳体一体的玻璃纤维肋梁提高壳体总体结构的稳定性。板厚约200mm，互相用螺栓连接在一起，形成自支撑的GRP壳体。肋梁用实心GRP板做成，是为了便于螺栓连接。板子的连接和密封在其外表面进行。壳体顶部的构造有多种方法。板子在壳体的顶部拼接组合起来，最后在顶中心位置安装一整块特殊形式的板，取得光滑

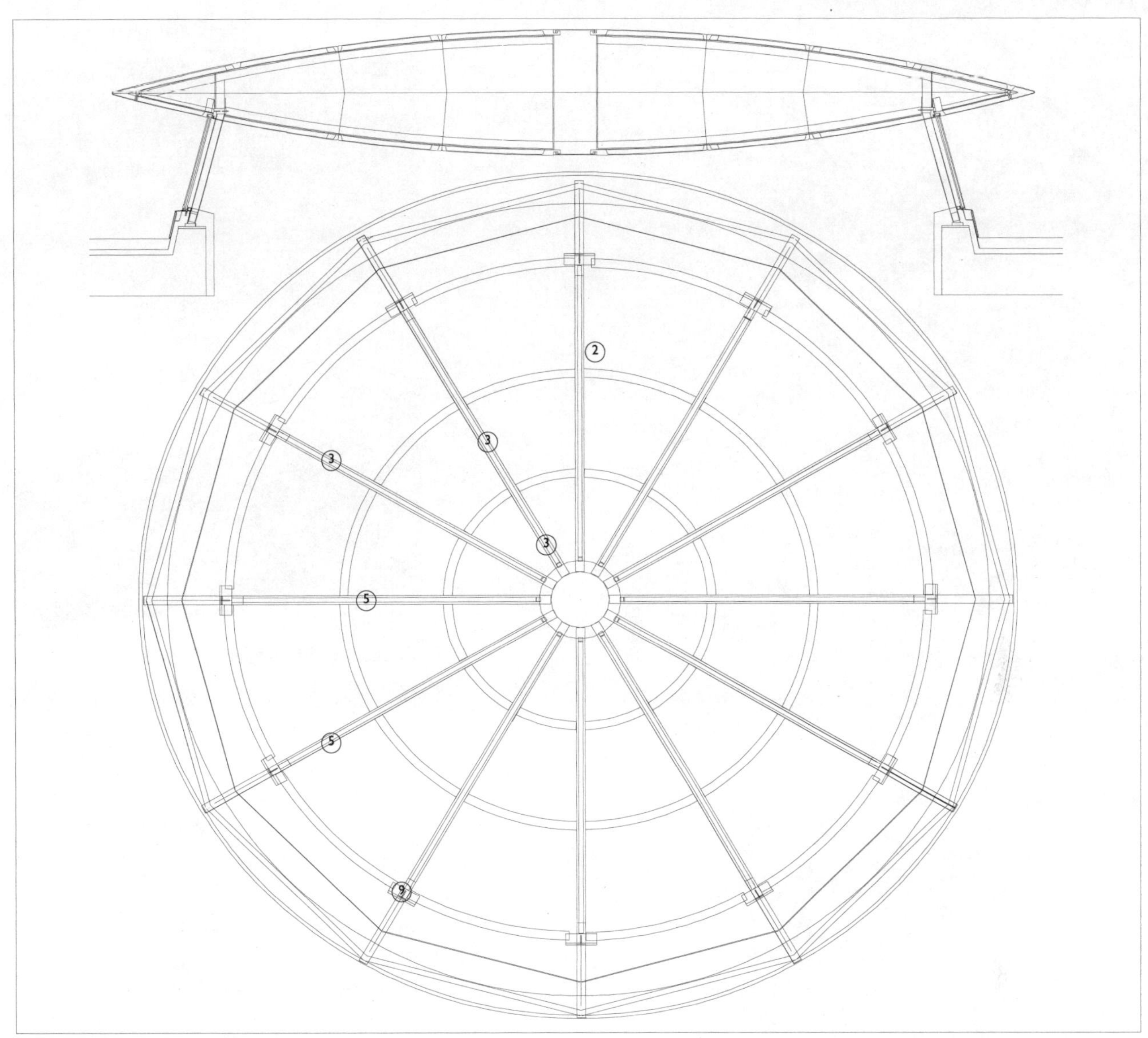

横、纵剖面图1：50　GRP板屋面

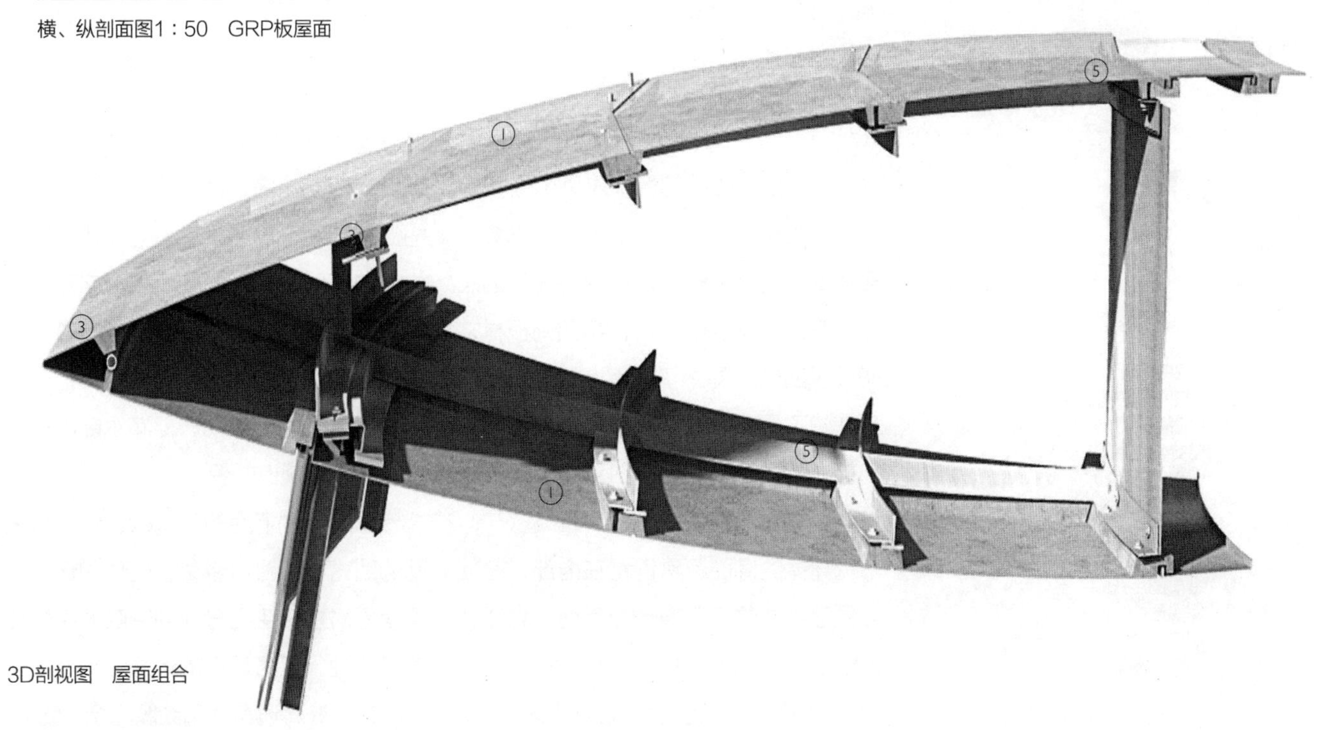

3D剖视图　屋面组合

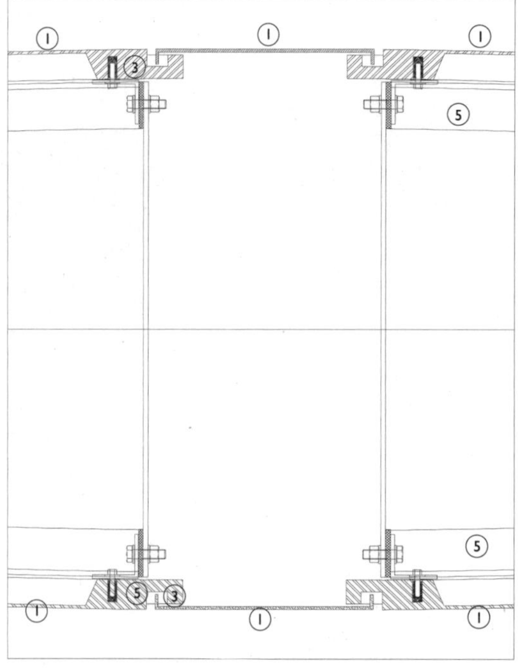

纵剖面图1：10　板对板联结

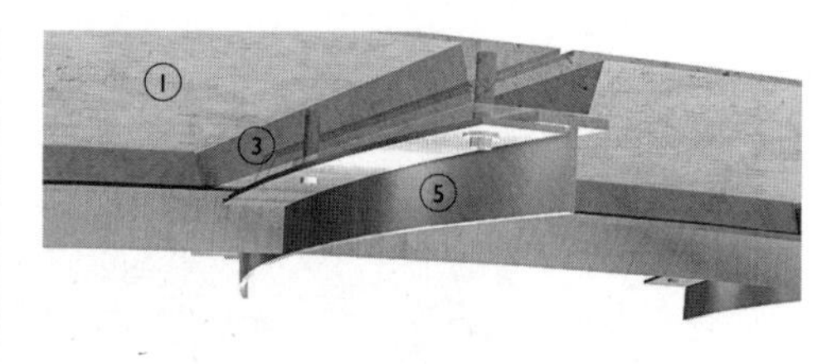

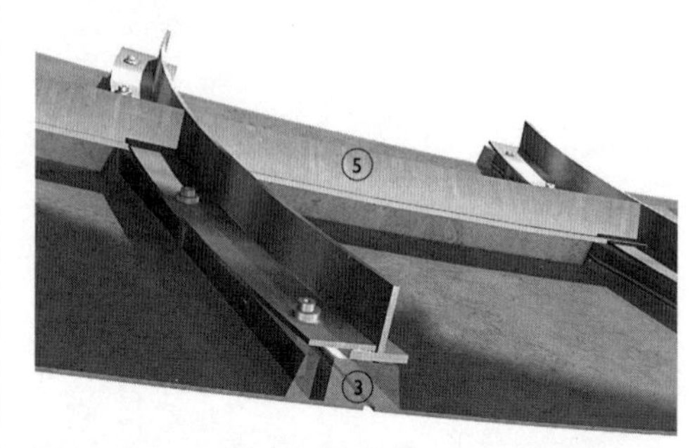

3D视图　GRP壳体屋面内部结构

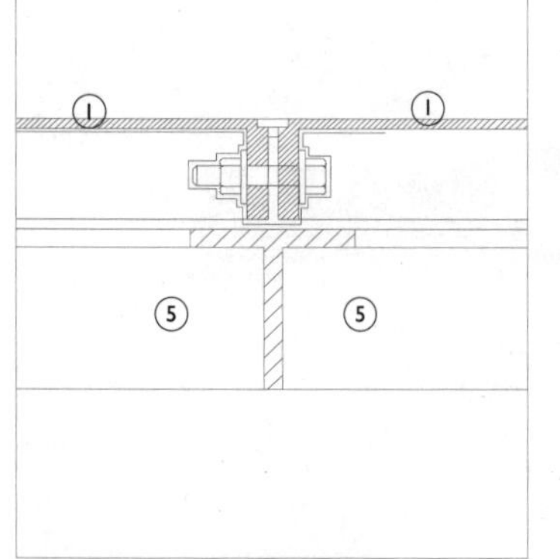

纵剖面图1：5　板对板联结

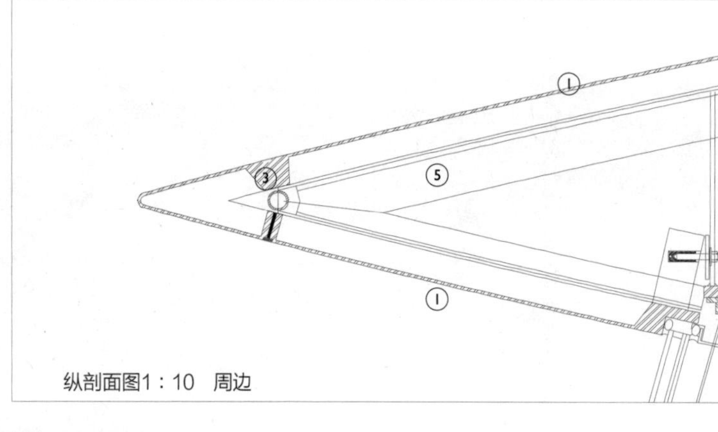

纵剖面图1：10　周边

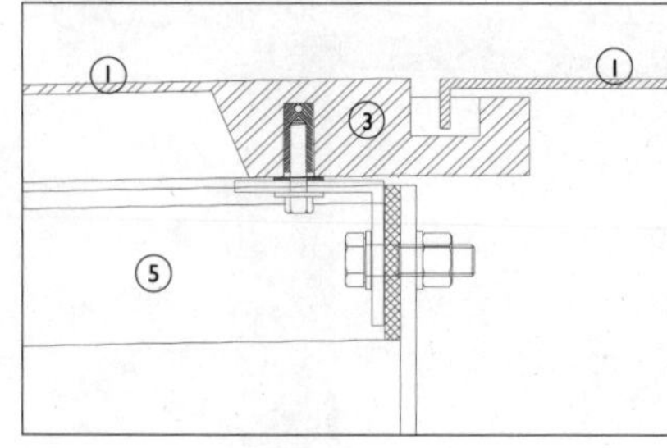

1. GRP壳板
2. GRP外覆板
3. GRP结构肋梁
4. 带蜂窝芯的GRP薄板
5. 低碳钢或铝框
6. 低碳钢或铝桁架
7. GRP防水板
8. 防水卷材
9. 金属固定托架
10. 保温层
11. 玻璃
12. 混凝土基础

的外部饰面。中心的板子避免了将16块板组合相交于一个点的困难，这样会使壳体的一侧到另一侧难以取得光滑的过渡。在例子中，中心板材和四周板材之间设置凹槽，是为了隐蔽板子之间可能存在的不平整。板子周边的接缝可用先前描述的方法填充和密封，还需要现场打磨，以保证饰面光滑。

壳体的底面通常设置在内部，安装在屋面周边的弧形玻璃板后面。壳体底面用的是同顶面一样的板材，一样的面层，但没有做保温层，保温层通常设置在外侧壳体内，目的是为了使空腔内的温度同建筑内的相近。壳体边缘的附近，在其底面，上面的板和与之相邻的下面的板之间的接缝处有一个通长凹槽，起到滴水的作用。雨水虽仍能在风的作用下沿底板流动，但滴水能够减少流到下面玻璃上的量。

屋面壳体下面的玻璃板固定到板缝间的凹槽里。凹槽避免了壳体和玻璃之间使用对接接头而导致的密封效果弱化的可能性。双层玻璃的边缘沿着其与壳体的连接处，通常使用硅胶完全密封。

3D视图　GRP屋面组合底面部分以及与玻璃幕墙的联结

3D局部视图　GRP壳体内部结构

外挂板和自支撑壳体是用相同的工艺生产的。板子都是在模具中加工成型，通常是由多个单一板组成完整的采光顶。模具通常由胶合板制作成需要的形状，然后用GRP做面层形成制作板材需要的空间形态。先在模具上涂脱模剂，然后将热固性聚酯树脂施加到模具表面上，将柔性纤维玻璃毡铺放到树脂里。制作GRP板是耗费劳力的过程，但不需要昂贵的设备，生产实际是基于手工的技术而不是工业化的流程。当板子脱模时，边缘要加以修整，如果需要的话其表面还要磨削平整。另一种方法是将树脂和玻璃纤维颗粒混合物以现喷的方式加到模具里面。根据需要的板子的尺寸，混合物的厚度为3—5mm。

大型板和壳体

在很多实例中，20m直径的半球穹顶是以自支撑壳体的形式建造的。GRP壳体可以仅用GRP板制作，也可以通过钢或者铝合金桁架提供结构稳定性。桁架还可以用来支撑外挂装饰板或者给半透明板提供照明的灯光系统。

3D局部视图　GRP壳体以及低碳钢托架在玻璃幕墙顶部固定细部

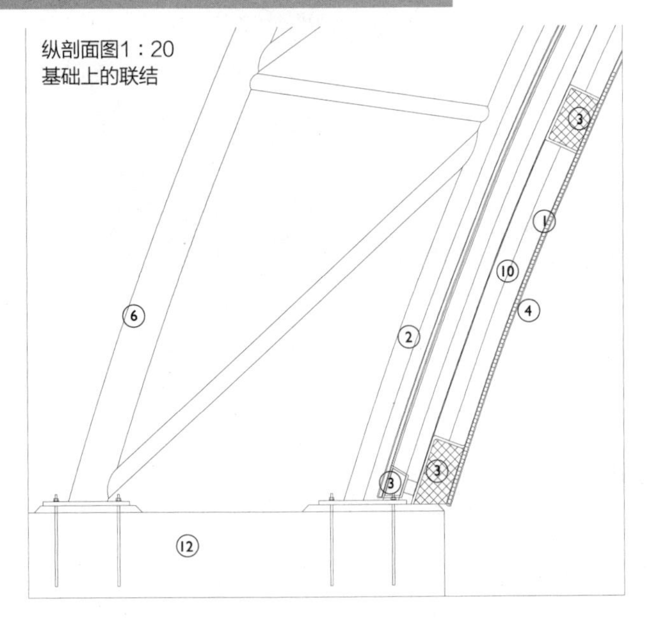

1. GRP壳板
2. GRP外覆板
3. GRP结构肋梁
4. 带蜂窝芯的GRP薄板
5. 低碳钢或铝框
6. 低碳钢或铝桁架
7. GRP防水板
8. 防水卷材
9. 金属固定托架
10. 保温层
11. 玻璃
12. 混凝土基础

3D局部视图　带外露桁架结构的GRP屋面拱与基础联结

在很多应用中，承重的内壳中有一体化的GRP肋梁，外面还需覆盖GRP板以提供防风雨的密封性。内壳的作用是承重结构，板子的内表面预先处理好的话，会给安装带来便利，因为不需要为了内表面处理再采取额外措施，例如为了安装和装修采光顶的脚手架或者平台在这里都不需要。GRP外挂板的安装是用轻型的吊车吊装到位完成的。当然，施工过程也可以反过来，这样工厂中面层已处理的外层壳可以作为预先组装的构件安装，在外部不需要更多的作业。然后GRP挂板可以从建筑内部安装到壳体的内表面上，但这个方法要更加困难。

结构壳体的组装因为其尺寸问题需将板材运到场地现场安装。然后将板子在地面上用螺栓固定。接头在做完面层的一侧完成，内侧或者外侧均可。最后，壳体整体由起重机吊到屋面上的合适位置。GRP的弹性和轻质性使之成为现实，这样避免了在屋面上对脚手架和其他的安装设备的需求。还有一种方法，如果场地没有组装的空间，就在建筑室内搭建平台，就地组装屋面。然而，为了将壳体内表面打磨光滑，适合涂漆，通常需要这种现场施工的方法在封闭的空间里进行，以防止GRP粉尘颗粒散播到整个建筑里。

内壳是用15mm厚薄复合板构成的。板子有两层2—3mm厚的GRP外壳，内芯是聚丙烯蜂巢板。蜂巢状内芯充当外层GRP外壳的加强层，取得平坦光滑的效果。内壳由板材自身的肋梁起强化作用，水平以中距大约1000mm的距离设置。肋梁也是用GRP材料制作，里面填充矿物纤维保温层或者现喷泡沫保温层，断面总体尺寸200mm（宽）×300mm（高）。水平设置的肋梁在壳体底部基座的跨度最大约为450mm，离壳体顶越近，间距越小。GRP肋梁也在板的周边做竖向设置，内部填充保温材料，在板子用螺栓连接的位置使用实心的GRP材料。

壳体在肋梁之间的空间用矿物纤维或者发泡保温材料做保温。壳体的外表面覆盖GRP面层作为防止雨水渗透的外密封层。再由外挂板提供进一步的保

3D局部视图　带外露桁架结构的GRP屋面拱

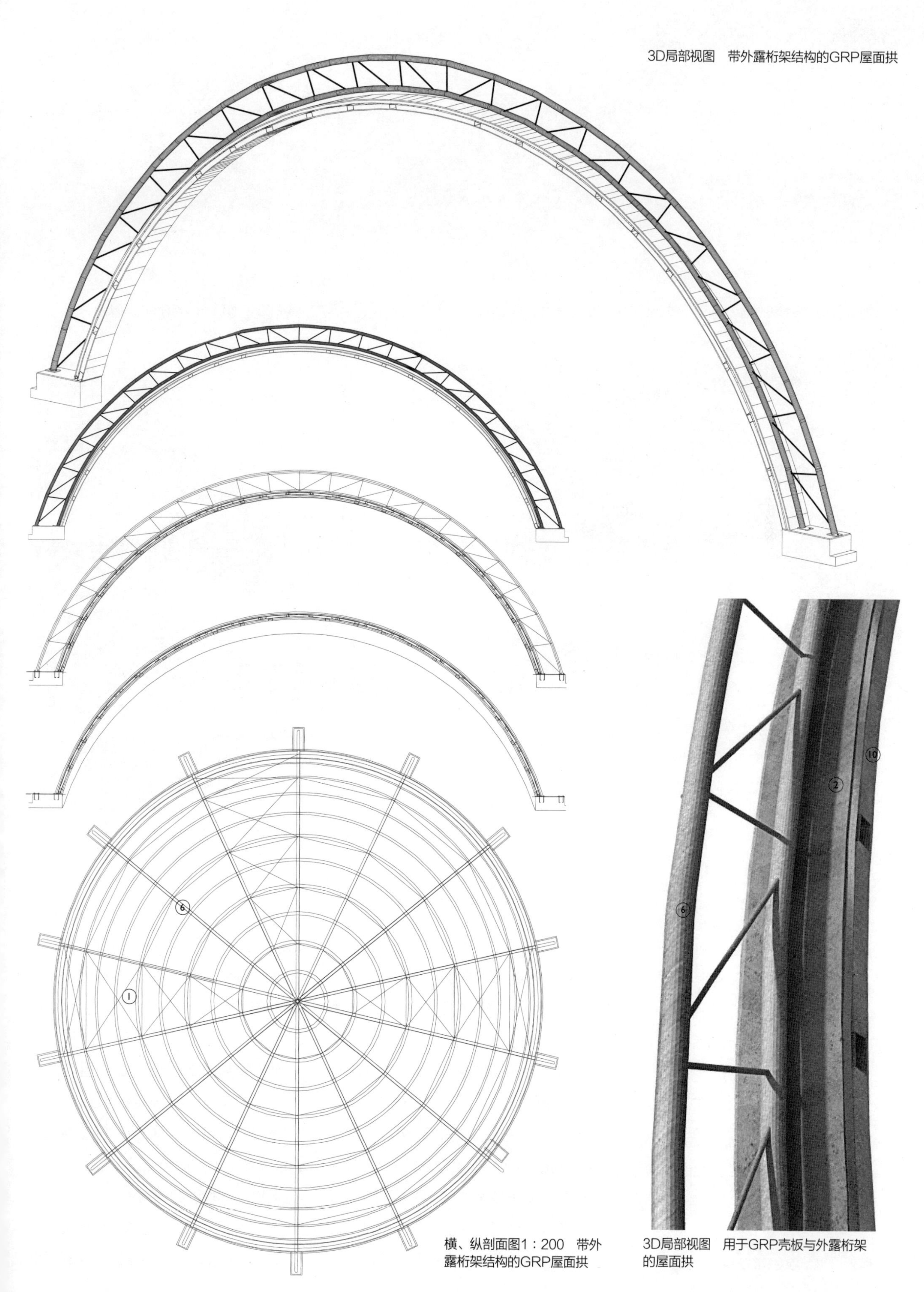

横、纵剖面图1：200　带外露桁架结构的GRP屋面拱

3D局部视图　用于GRP壳板与外露桁架的屋面拱

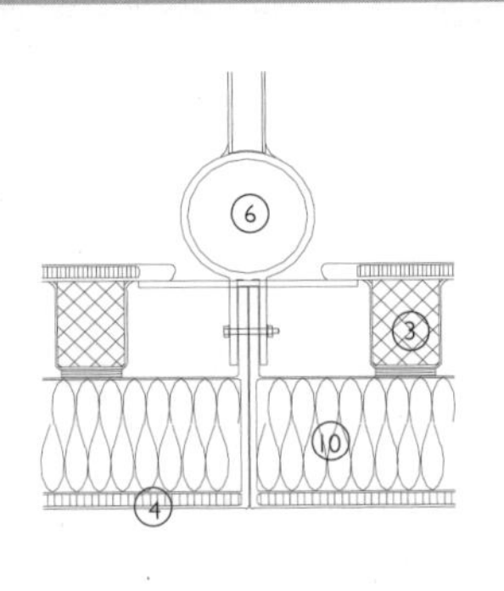

横剖面图1：10　板对板联结

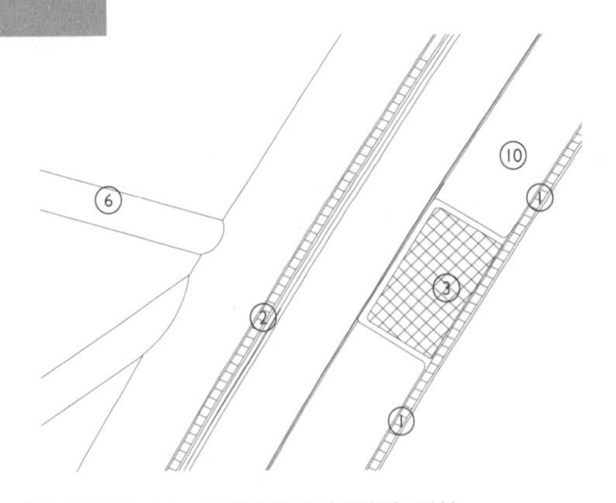

纵剖面图1：10　壳板与外露支撑桁架联结

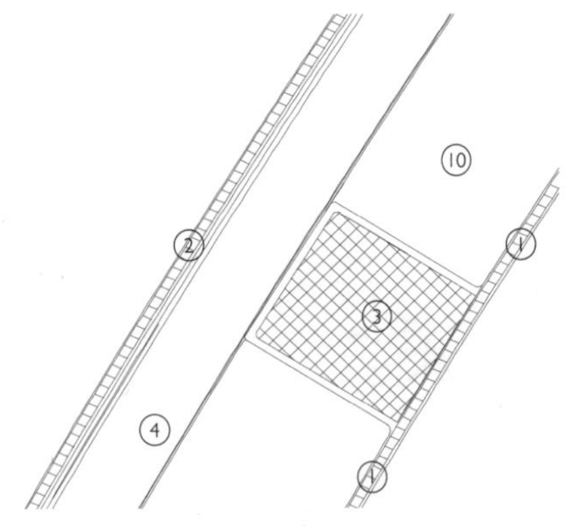

纵剖面图1：10　壳板与外露桁架联结

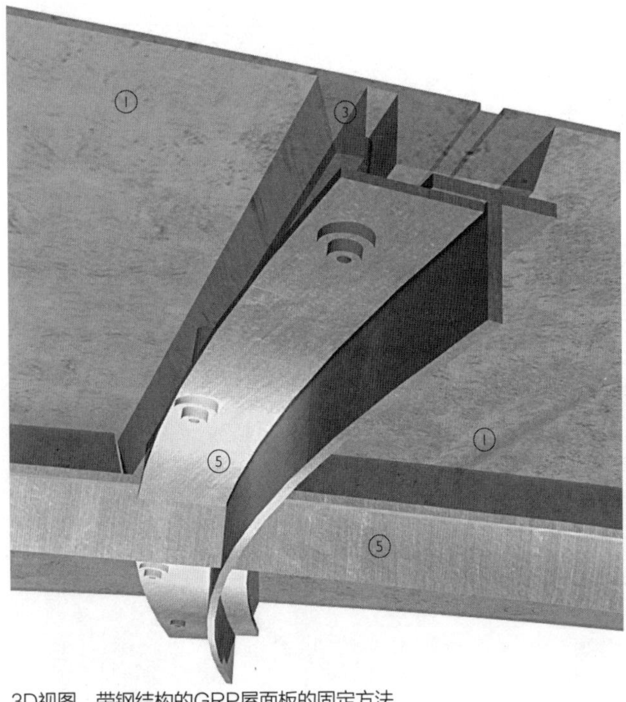

3D视图　带钢结构的GRP屋面板的固定方法

3D视图　带钢结构的GRP屋面板的固定方法

1. GRP壳板
2. GRP外覆板
3. GRP结构肋梁
4. 带蜂窝芯的GRP薄板
5. 低碳钢或铝框
6. 低碳钢或铝桁架
7. GRP防水板
8. 防水卷材
9. 金属固定托架
10. 保温层
11. 玻璃
12. 混凝土基础

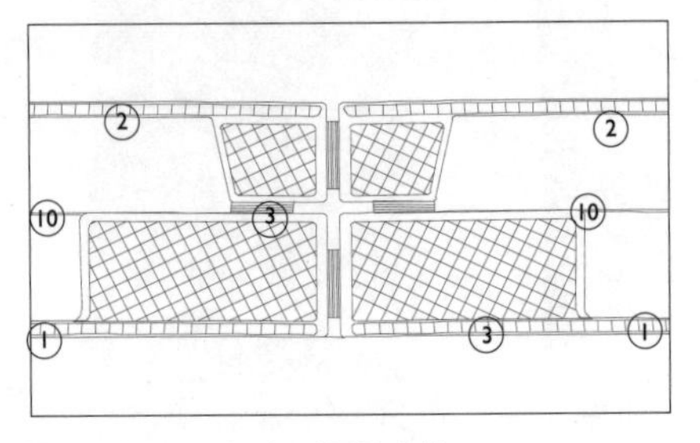

横剖面图1：10　板对板的连接

护和视觉效果。如同内壳，外挂板使用15mm厚的复合板做成，由100mm(高)×200mm(宽)的肋梁加强。这些外层的板材用树脂或者硅胶粘结到内壳上，并且在接头处用硅胶密封形成连续的外表面。少量的可能透过外密封层的雨水沿着内壳的GRP外表皮排除。小采光顶很容易形成连续而光滑的面层；而对于大采光顶，要避免大的壳体表面可见的不规则却很困难。因为这个原因，在大尺度的GRP壳体中更倾向于用可见的接头。

在通常应用中，低碳钢或者铝合金材质的金属桁架与板材在接缝处固定，提供结构稳定性。形成内壳的板材中的GRP肋梁减小到20mm高。相邻的板材间安装金属结构板，接头用硅胶密封。GRP挂板的外表皮提供对雨水渗透的防护。板材用机械方式固定在连续的金属板上，形成桁架的一部分，板材与金属板之间用硅胶密封。

在很多应用中，壳体基座连接处的构造处理同上翻梁。壳体高于相邻屋面

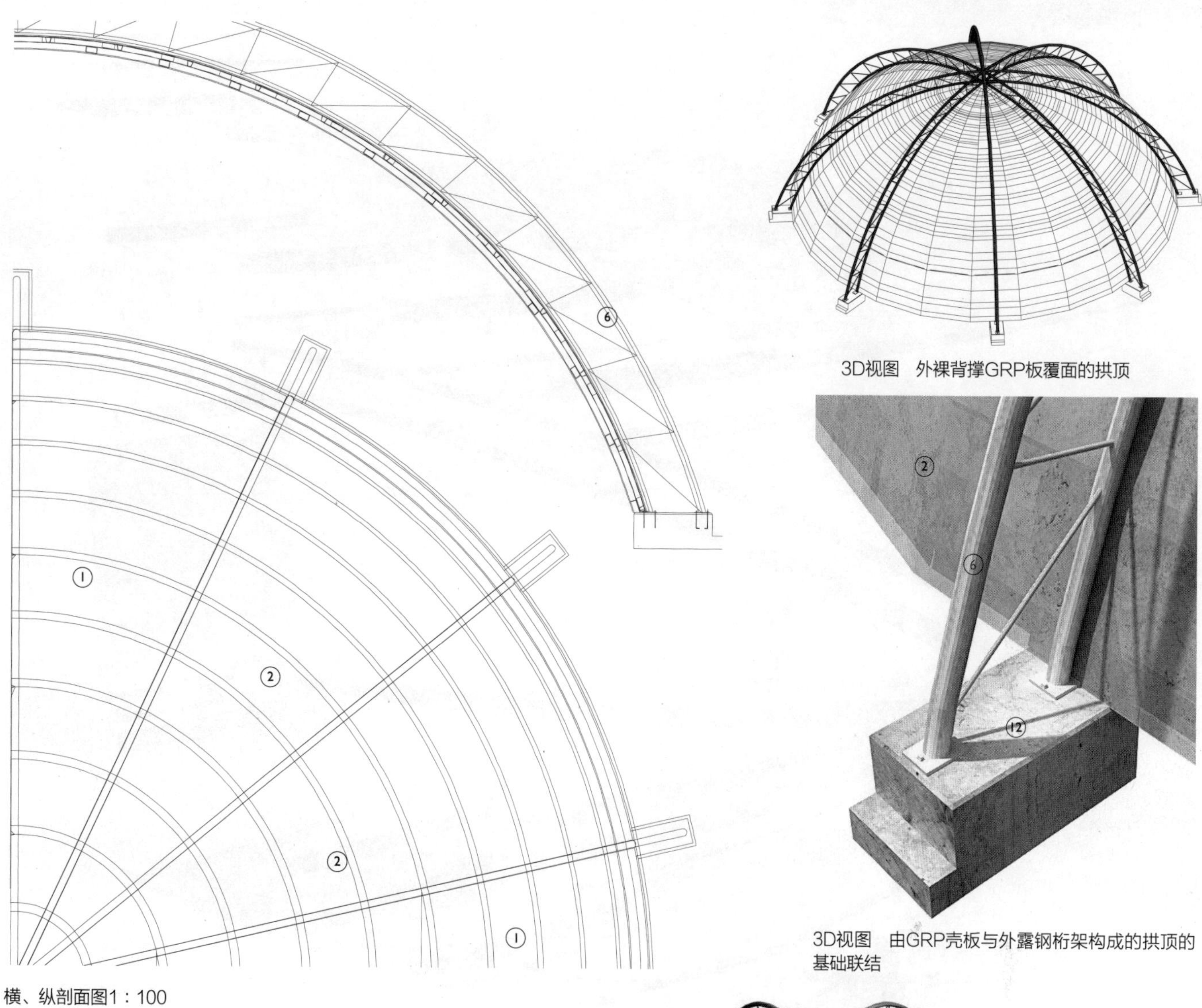

3D视图　外裸背撑GRP板覆面的拱顶

3D视图　由GRP壳板与外露钢桁架构成的拱顶的基础联结

横、纵剖面图1：100

150mm，因而屋面板和壳体之间不需要做复杂的连接处理。壳体的基座有通长的GRP防水板，也当作混凝土上翻梁上的固定板。基座平板安装在找平垫层上来消除混凝土上翻梁高度的施工误差。邻近屋面的防水卷材延伸到上翻梁顶部，搭接在GRP防水板下面。附加一道防水卷材延伸到内壳的内侧，沿其内表面上翻，在这里由另一道GRP板保护，通过内部装修将其隐蔽。

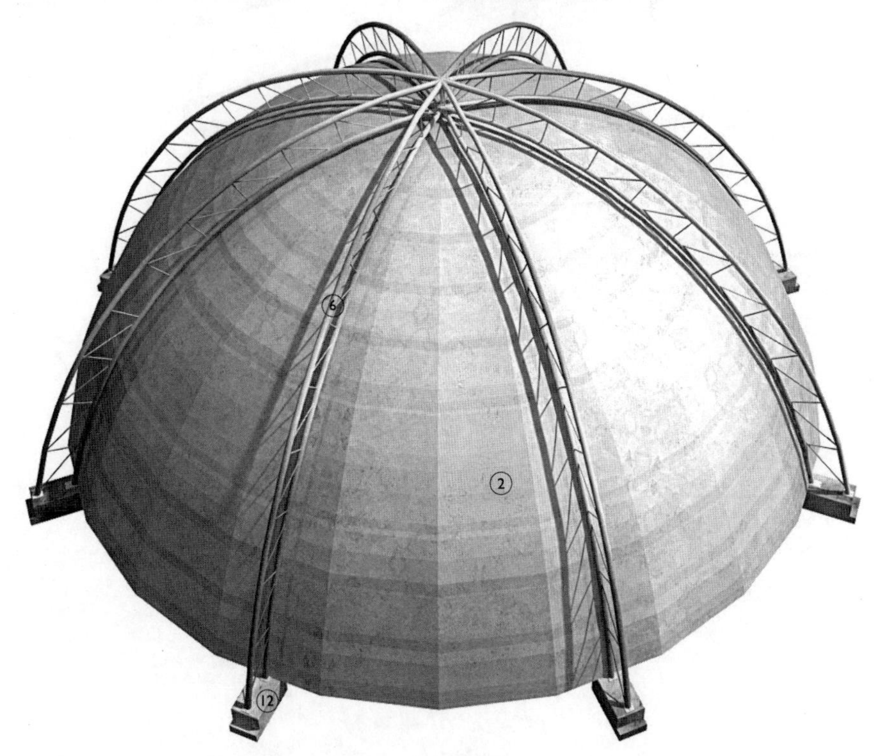

3D视图　由GRP壳板与外露钢结构桁架构成的半圆形拱顶

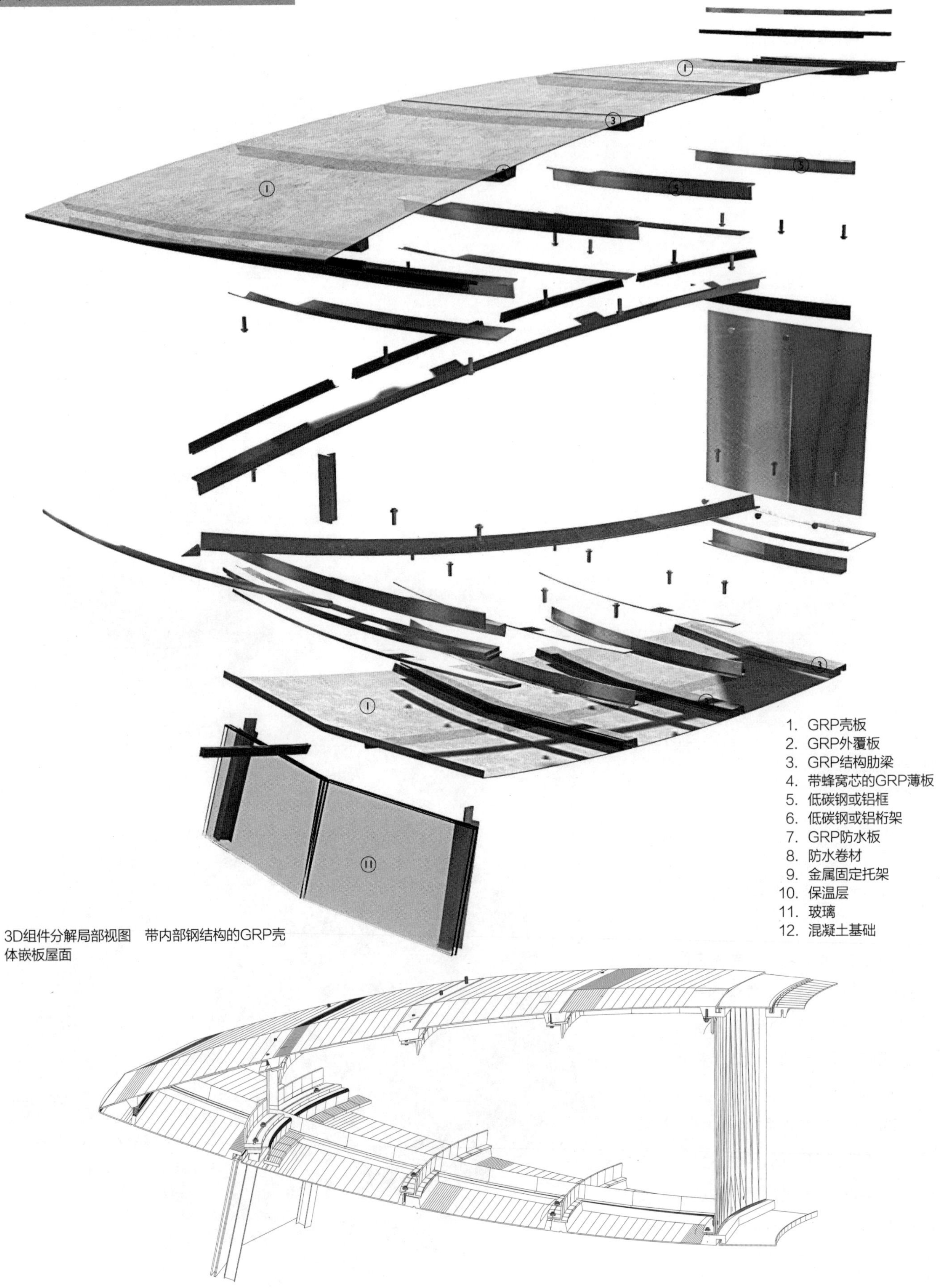

3D组件分解局部视图　带内部钢结构的GRP壳体嵌板屋面

3D局部视图　带内部钢结构的GRP壳体嵌板屋面

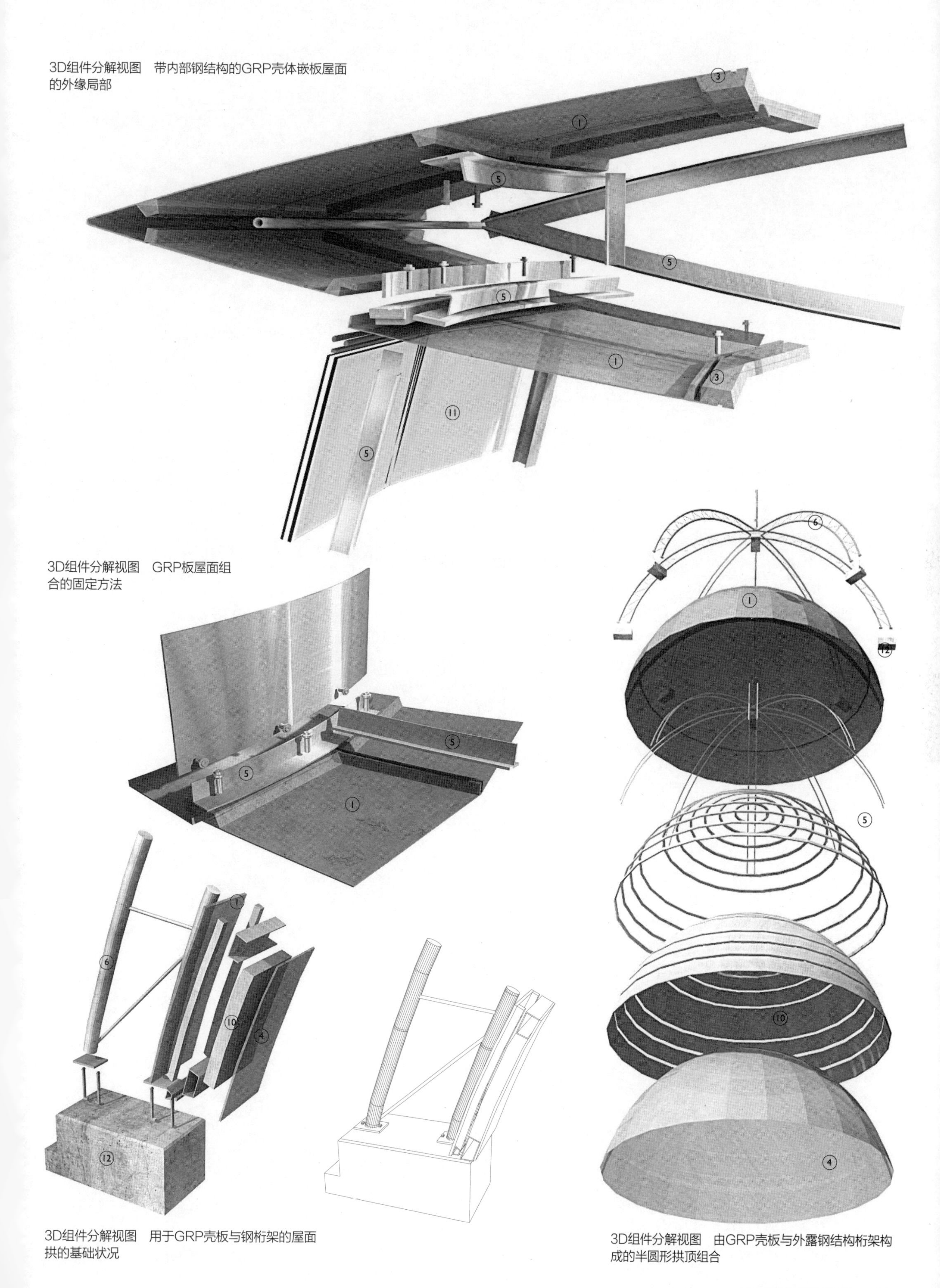

3D组件分解视图　带内部钢结构的GRP壳体嵌板屋面的外缘局部

3D组件分解视图　GRP板屋面组合的固定方法

3D组件分解视图　用于GRP壳板与钢桁架的屋面拱的基础状况

3D组件分解视图　由GRP壳板与外露钢结构桁架构成的半圆形拱顶组合

织物屋面

（1）ETFE气枕

气枕
充气
材料
制作
耐久性
防火性能

（2）单层膜：锥形屋面

织物屋面原理
织物类型
各类织物比较
保温
声学
耐久性
防火性能
冷凝

（3）单层膜：筒状屋面

制作
织物屋面边缘
悬挂点
膜的弯折

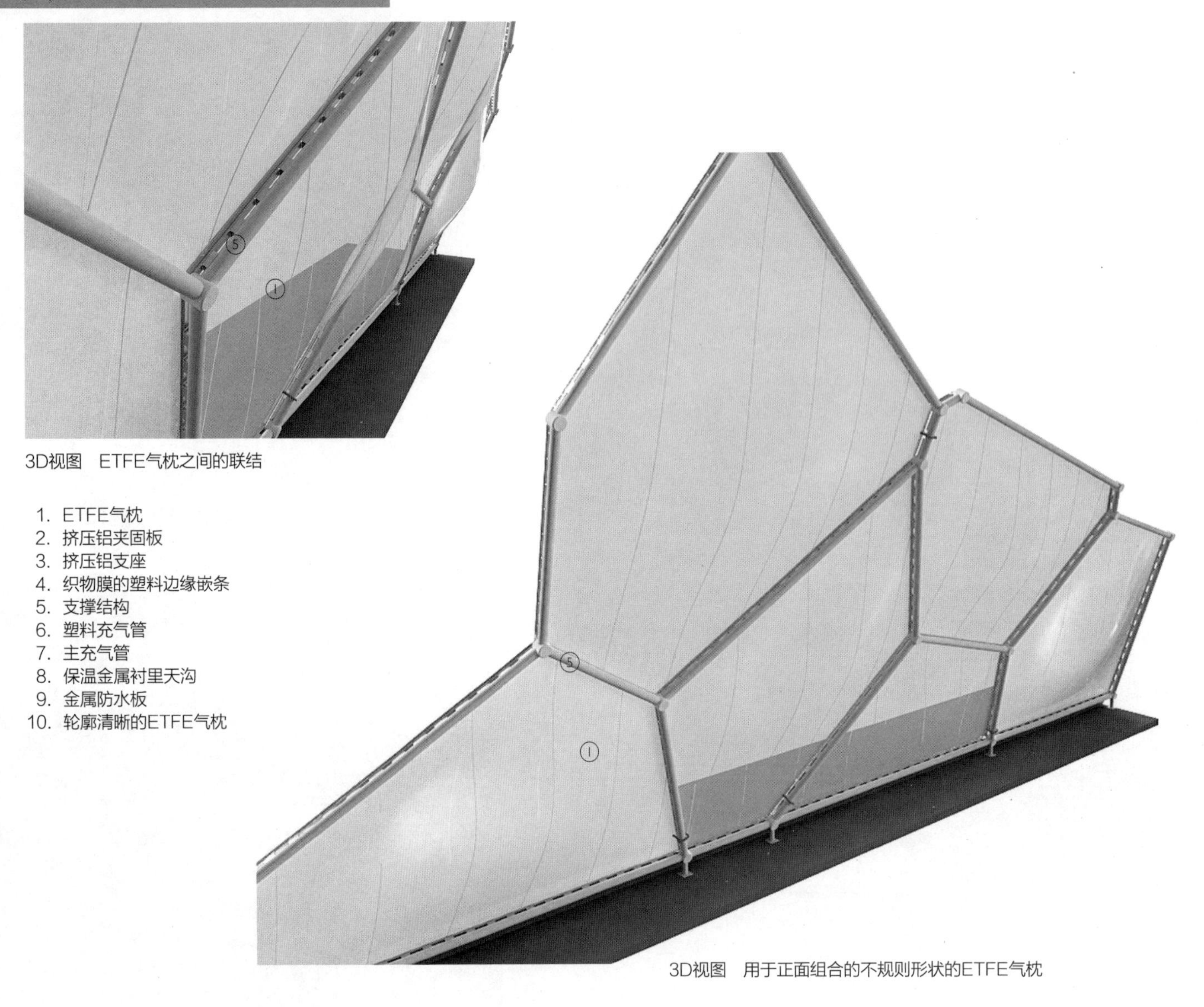

3D视图　ETFE气枕之间的联结

1. ETFE气枕
2. 挤压铝夹固板
3. 挤压铝支座
4. 织物膜的塑料边缘嵌条
5. 支撑结构
6. 塑料充气管
7. 主充气管
8. 保温金属衬里天沟
9. 金属防水板
10. 轮廓清晰的ETFE气枕

3D视图　用于正面组合的不规则形状的ETFE气枕

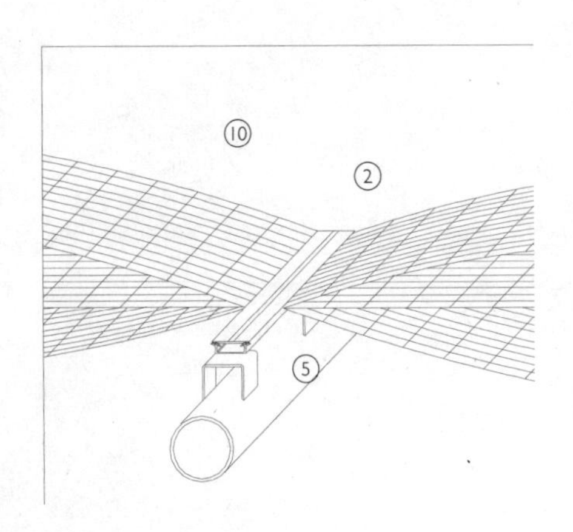

轴测视图　夹固板的联结

用作屋面膜的织物的优点是轻质、抗拉能力强和耐久性好，可以切割成不同的形状，彼此的连接也很经济，用金属不易达到这种效果，用弧形玻璃则会很昂贵。屋面织物膜用于张拉结构中，在支撑结构点之间对膜进行拉伸或者施加预应力，或者在充气结构中通过气动支撑材料。用于预应力屋面的织物膜在有关“单层膜”的后面两节中会讨论。本节讨论的是ETFE气枕，也可称作“气枕”，是最常用的可充气屋面。

尽管大尺度的自支撑充气屋面结构已投入使用，特别是用于覆盖体育场馆，但只有在不断补充空气的情况下才能保持结构的稳定。如果空气的补充中断，整个结构就会瘪下去。在小尺度的应用中用作非承重结构时，充气气枕在空气补充失败或中断时仍然能保持稳定。ETFE膜就是这种类型，用于制作充气气枕的膜，能提供高度透明、轻质和有弹性的屋面，其保温效果与双层玻璃相似。

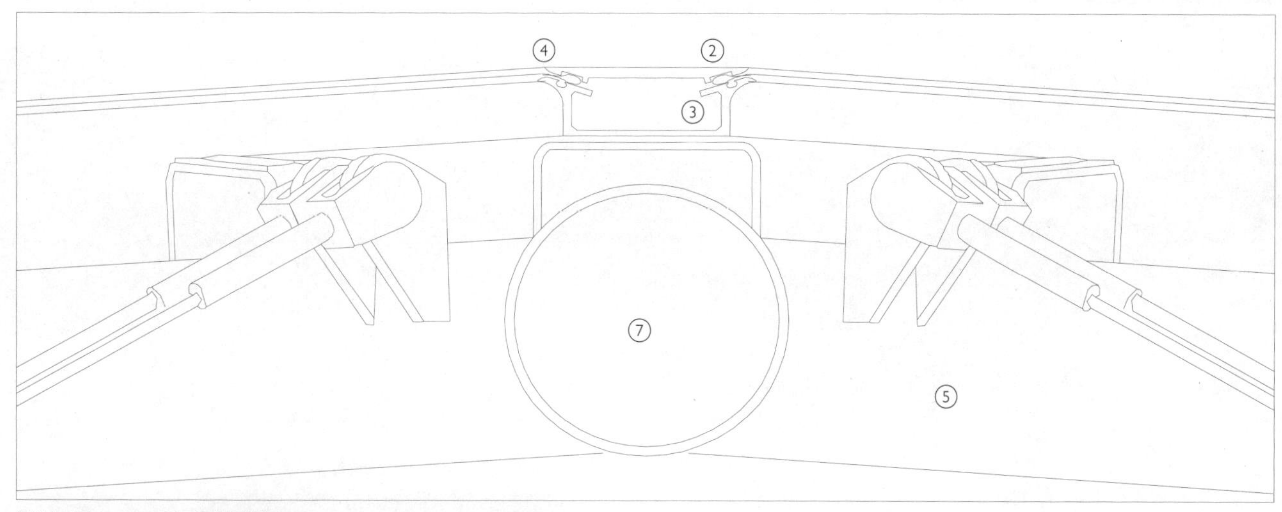

纵剖面图1：5　夹固板的联结

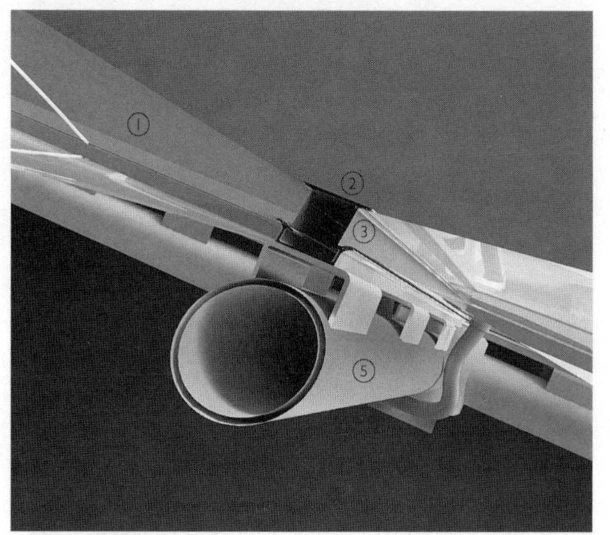

3D视图　夹固板的联结

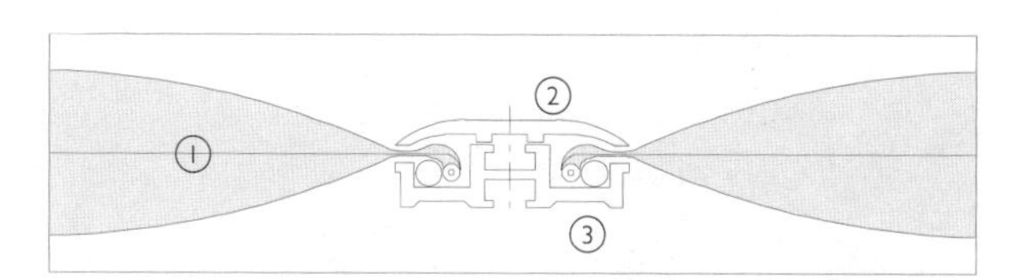

纵剖面图1：5　夹固板组合

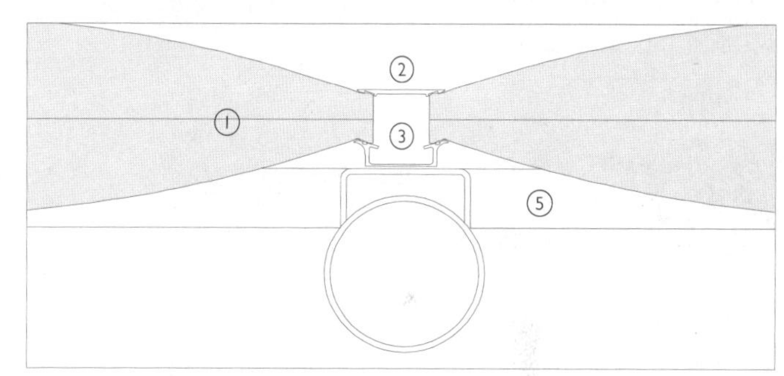

纵剖面图1：10　夹固板的联结

气枕

ETFE气枕通常由最少两层ETFE膜叠加形成平面，在边缘处密封。将气枕充气加压到200—700Pa，给结构提供稳定性，具体数值根据气枕尺寸和厂家系统而定。增加的气压会拉伸或者说“施加预应力”到外层膜，形成ETFE气枕特有的弧形形状。气枕由其周围的框夹住固定，方式同玻璃采光顶。框再由矩形或圆管状低碳钢结构支撑。气枕通常由三层组成，形成两个腔室。两个腔通过中间膜上的一个连通孔相连，目的是使空气流通，从而可以只从一个地方供给空气，并且保证两边的气压相同。这种气枕的U值约为2.0W/（m^2·K），与玻璃屋面中的双层玻璃相似。两层ETFE膜组成的气枕也有应用，但保温隔热效果明显降低。保温效果在气枕的周边降低，因为其厚度降低。有的气枕在边缘有断热措施，可以部分克服保温效果的减弱。总的U值可以通过将外层两道膜的距离加宽而降低。保温效果也可以通过增加气枕内腔室的数量获得提高。

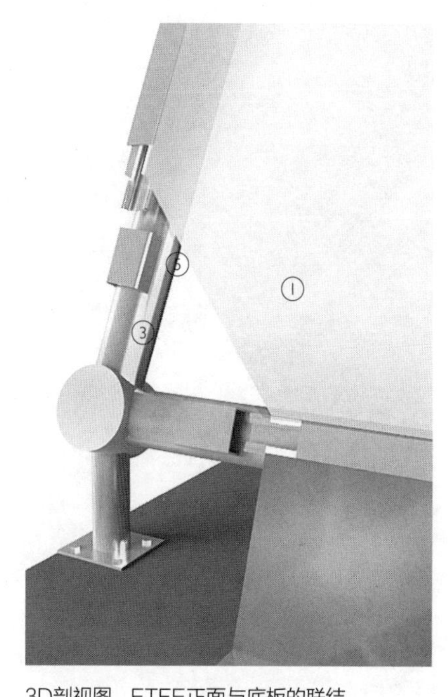

3D剖视图　ETFE正面与底板的联结

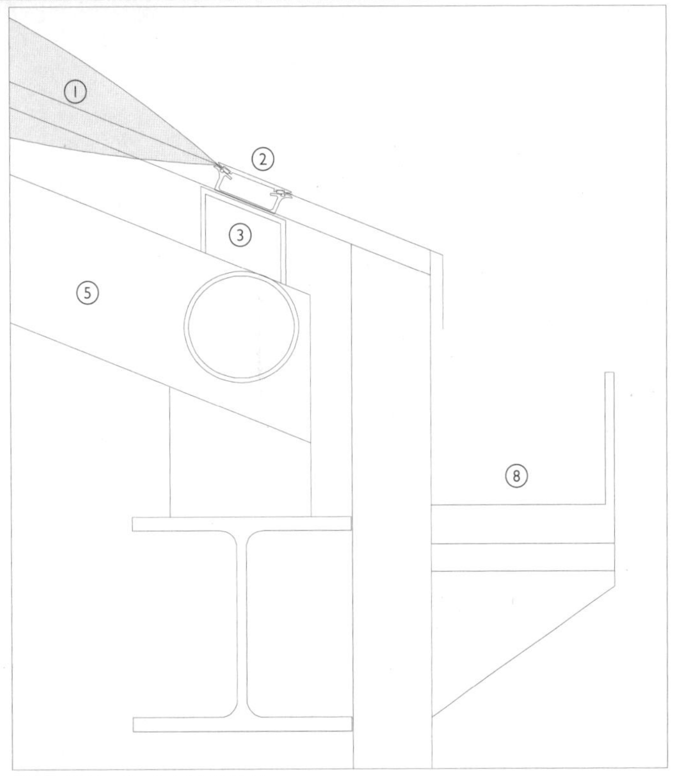

纵剖面图1：5　与天沟的联结

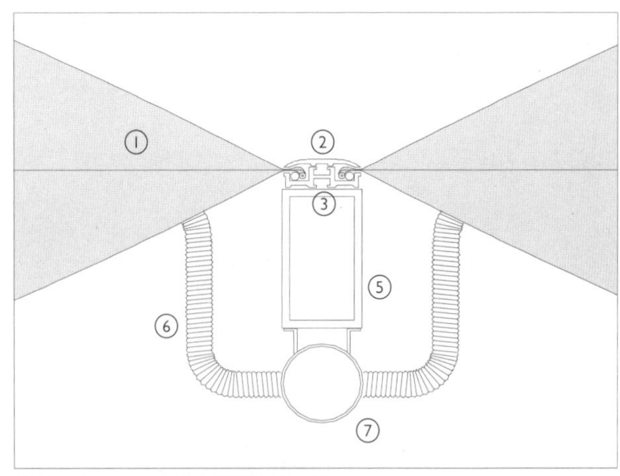

横剖面图1：10　带充气管的夹固板

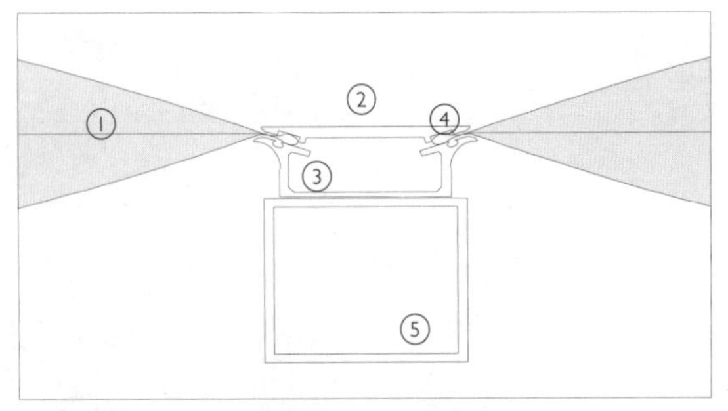

纵剖面图1：5　夹固板组合

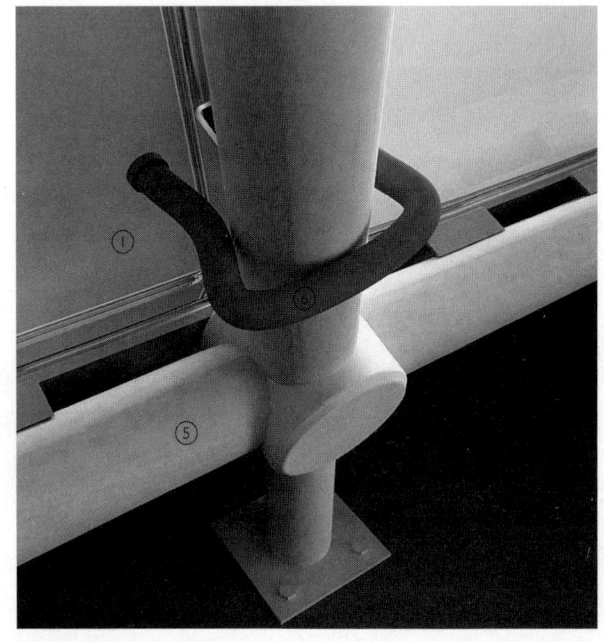

3D细部剖视图　气枕充气管

3D细部　ETFE气枕之间的联结

充气

空气是通过气枕框附近气枕底面的橡胶管或者弹性塑料管提供的。管子的直径通常约为25mm，连接到一个更大的给所有气枕提供空气的主管上。这根主管也是塑料材质的，并可以隐蔽在支撑结构里，其最大直径约为60mm。供给空气的作用是保持气枕内气压稳定。空气由带空气过滤器（防止灰尘进入）的电动风扇提供，如同用于建筑内的机械通风系统。空气的湿度通常也要控制，以避免气枕内形成冷凝水。一旦ETFE气枕充气，就要每小时进行5—10分钟的充气，以补充气枕或者充气管中渗漏的空气。

如果由于外膜损坏或者充气管内气压损失而导致气枕内气压降低，气枕就会瘪成平面。风吹在气枕的外表面上，由于内外气压差的变化，外表面会有起伏。在空气供给恢复之前，通常不会对气枕造成损害。某些制造商的系统有单向阀，可以防止气枕内的空气回流到充气管内。

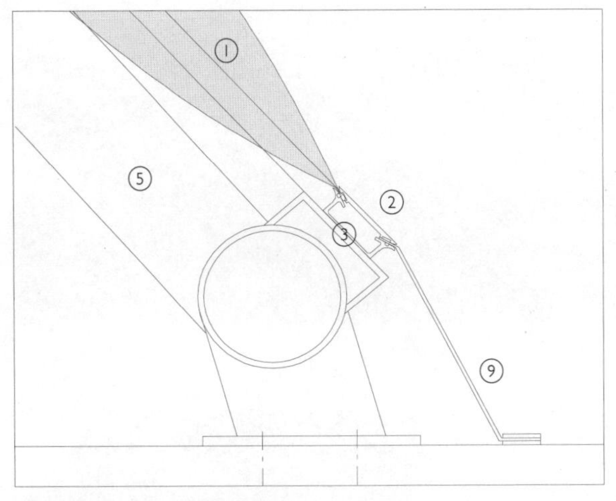

纵剖面图1：10　基础上的联结

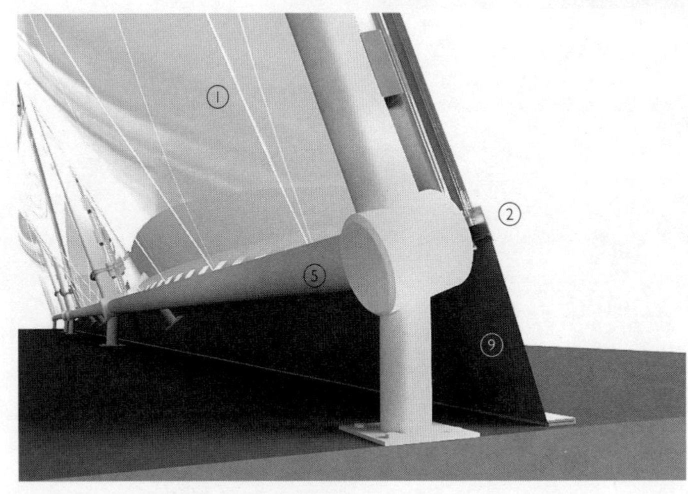

3D细部　ETFE正面与底面之间的联结

3D细部　与邻接屋面的联结

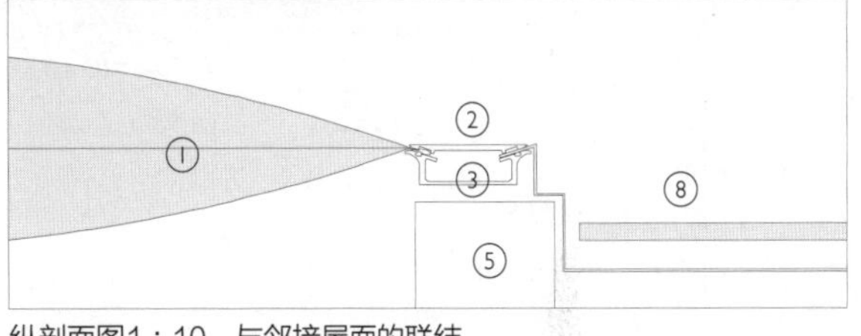

纵剖面图1：10　与邻接屋面的联结

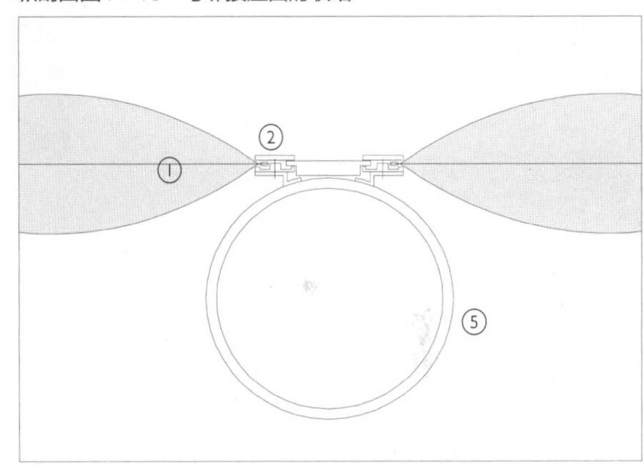

纵剖面图1：10　夹固板的联结

气枕底面或者内表面的冷凝水需要建筑内通风程度足够高来避免，空气的湿度也要控制在合适的程度。在冷凝水仍然可能会产生的地方，需要使用冷凝水槽，将其固定在气枕框的下面，与玻璃采光顶相似。在大多数情况下，充到气枕里的空气温度与下面相邻的室内空气的温度接近，因此冷凝现象不经常在气枕底面发生。

材料

ETFE（ethylene-tetra-fluoro-ethylene，乙烯-四氟乙烯聚合物）是一种类似PTFE［聚四氟乙烯，俗称特氟龙（Teflon）］的聚合物，是通过挤压形成的板状材料。厚度各异，但用于ETFE气枕的厚度一般为0.2mm，这个厚度的材料密度约为350g/m^2，质量较轻。更重的0.5mm厚的板的密度约为1000g/m^2。分隔腔室的ETFE层的厚度一般是0.1mm。根据视觉标准，材料的透明度很高，透光率可达95%；与其他织物材料相比耐久性更高，其寿命

1. ETFE气枕
2. 挤压铝夹固板
3. 挤压铝支座
4. 织物膜的塑料边缘嵌条
5. 支撑结构
6. 塑料充气管
7. 主充气管
8. 保温金属衬里天沟
9. 金属防水板
10. 轮廓清晰的ETFE气枕

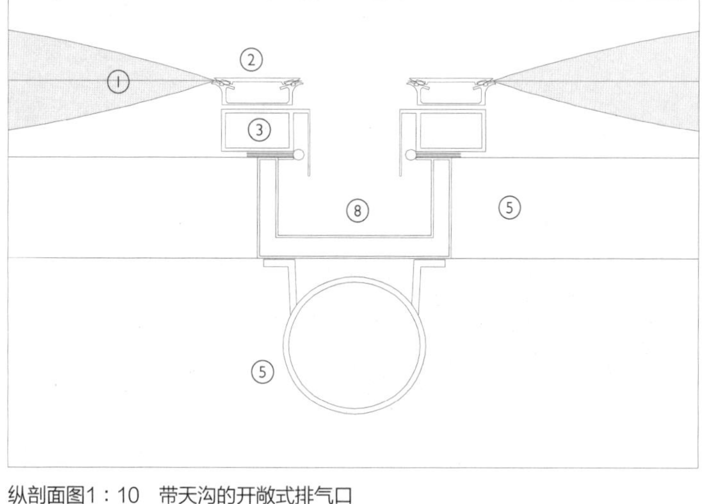

纵剖面图1：10　带天沟的开敞式排气口

3D细部　结构支撑

1. ETFE气枕
2. 挤压铝夹固板
3. 挤压铝支座
4. 织物膜的塑料边缘嵌条
5. 支撑结构
6. 塑料充气管
7. 主充气管
8. 保温金属衬里天沟
9. 金属防水板
10. 轮廓清晰的ETFE气枕

3D视图　ETFE屋面系统

可达25—35年。为了使用相同的材料做出半透明的屋面，要使用白色的半透明膜，其透光率约为40%。虽然白色膜相当大地减少了紫外线的透射，但ETFE并不能阻挡紫外线的照射，因此非常适合于种植了大量植物的建筑。在ETFE气枕表面印刷点状图案可以取得遮阳效果，尽管其他颜色和样式也可以用于不同的项目，但反光的银色图案最受欢迎。透明ETFE膜上印刷点图案能减少50%—60%的光透射，在需要更高遮阳要求的地方，可以在气枕的两面都印上图案。遮光率随着改变气枕内气压使中间的隔膜移动来改变。中间膜向内或向外移动加大了点状图案的叠加效果，从而改变气枕的遮阳效果。

ETFE气枕的吸声效果很差，声音很容易透过。尽管这在嘈杂的室内环境里可能是优点，但如果外部噪声能穿过屋面到达本来要求安静的室内的话就不合适了。气枕在下雨时，也会产生类似敲鼓的声音。

制作

ETFE气枕通常在车间制作，可以在现场组装以适应工程实际情况。材料是成卷生产的，长度很长，但宽度约为1.5m。因为这个原因，ETFE气枕在夹固板框架之间的跨度常常为3—4m，长被为15-30m，但已经使用了长度达60m的。更大的气枕是在车间熔接来形成更宽的膜制作的，这样的气枕不同于标准ETFE膜宽度做成的长方形气枕。气枕通过在车间进行熔接做成从圆形到六边形的多种形状，尺寸达7.0m×7.0m。熔接缝可以用肉眼看到，但从建筑周围看不是很明显。气枕的宽度或跨度与其厚度的比值约为5：1。更大的气枕有时候用连接的绳索形成的网提供额外的约束。

气枕边缘有通常是塑料材质的嵌条，用于将气枕固定在支撑框架里。气枕在通常是用挤压铝做成的夹固板框架里夹住，然后用铝合金压力板固定其边缘。整个组合与玻璃采光顶的框架相同，框架里都有与外部空气相通的排水内腔，作为针对雨水渗透的第二道防线。任何透过外部压力板的雨水都通过邻近ETFE气枕的排水槽排到屋面外面。整个夹固板框架组合的宽度约为100mm，要比用于玻璃屋面的宽，但使

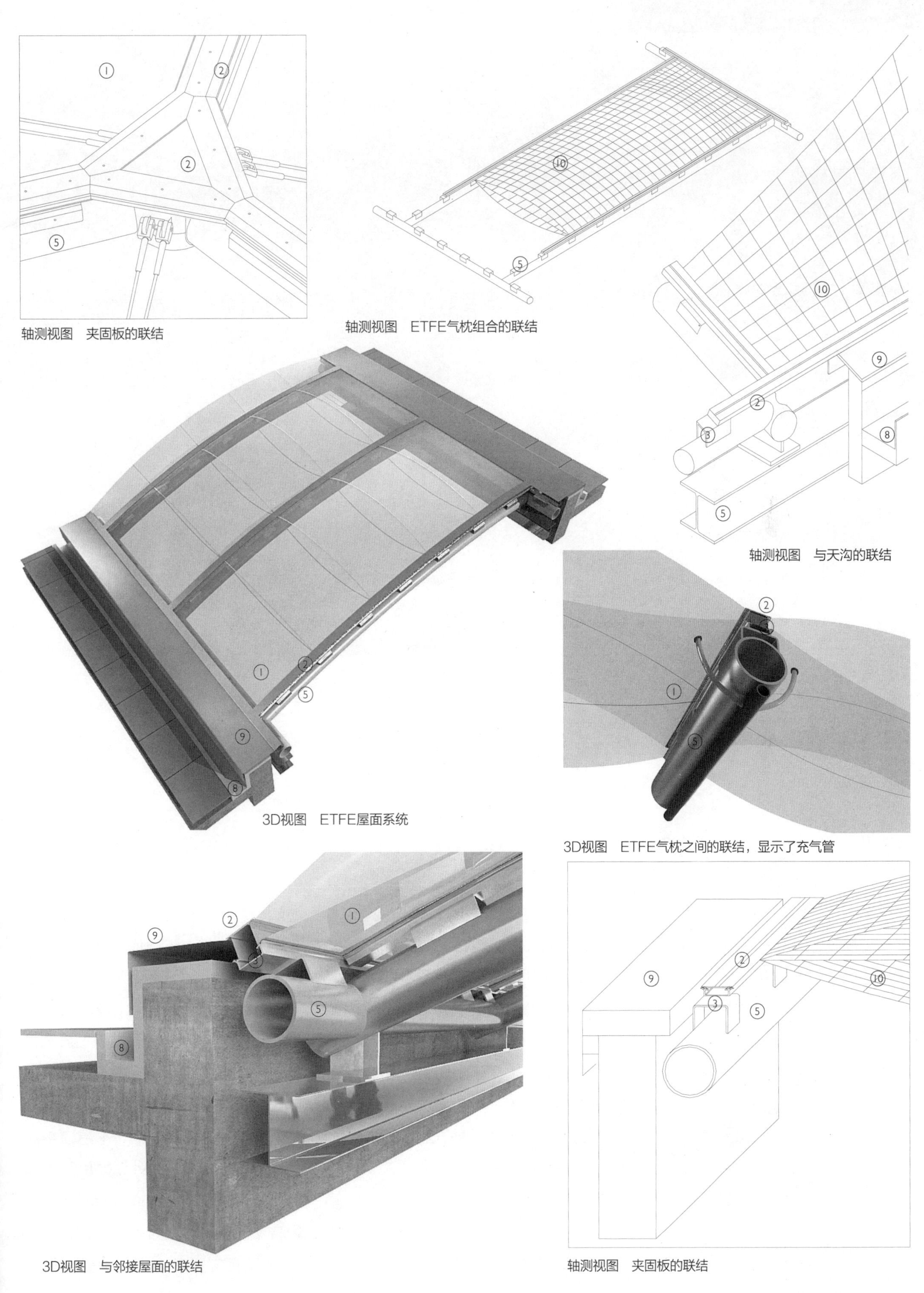

轴测视图 夹固板的联结

轴测视图 ETFE气枕组合的联结

轴测视图 与天沟的联结

3D视图 ETFE屋面系统

3D视图 ETFE气枕之间的联结，显示了充气管

3D视图 与邻接屋面的联结

轴测视图 夹固板的联结

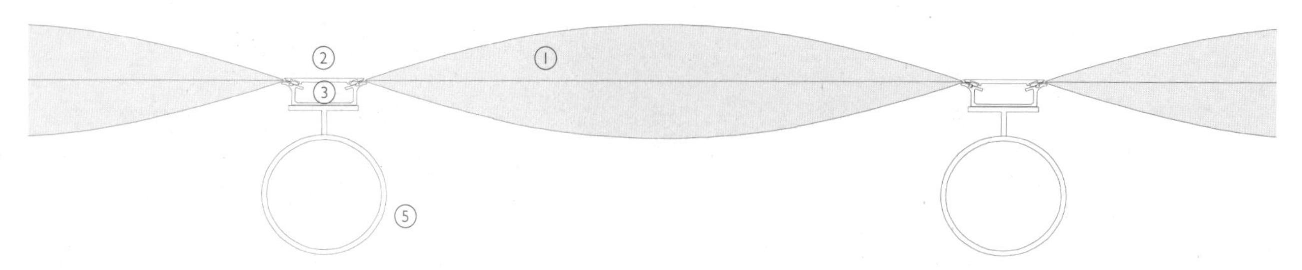

纵剖面图1：10　夹固板的联结

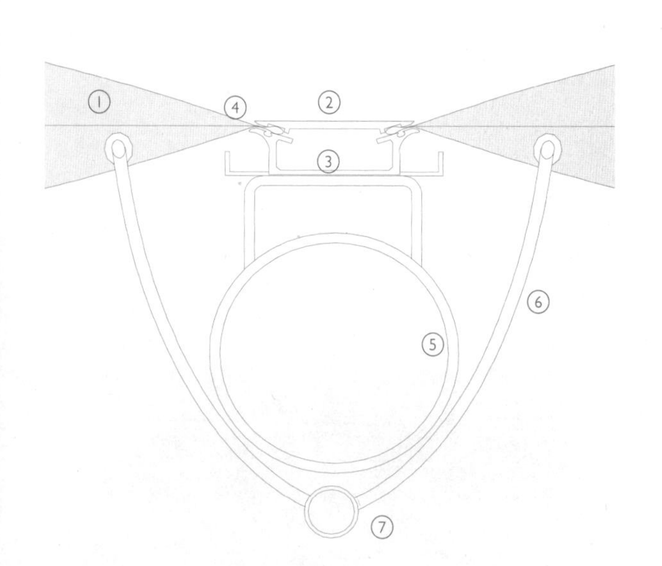

纵剖面图1：5　夹固板的联结

3D视图　ETFE气枕之间的联结，显示了充气管

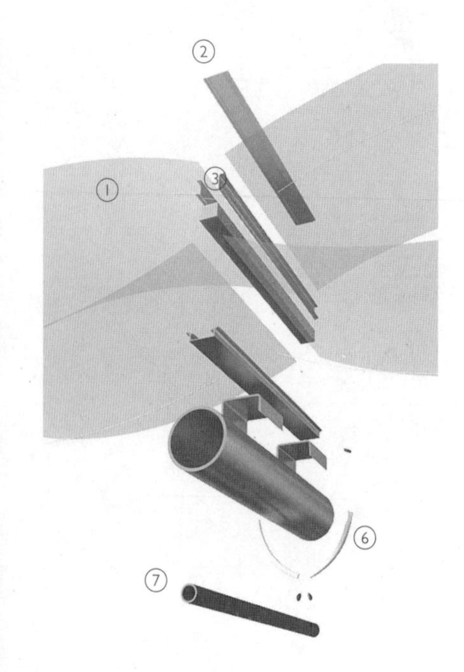

3D组件分解视图　ETFE气枕之间的联结，显示了充气管

用的框架数量比玻璃屋面少。整个ETFE气枕组件由下面的低碳钢、铝合金或者叠层木板做成的结构框架支撑。夹固板框架组件通过固定到T形型材上（与低碳钢焊接），从而固定到低碳钢管上。T形型材上之间的铝合金框提供了ETFE气枕和支撑钢结构之间的视觉上的分离。

耐久性

ETFE膜的韧性很强，也很难撕裂。尖锐物体扎到外膜上的孔也不会轻易变得更大。鸟类能刺破外膜，但它们要停留在外膜上面却很困难，除非停留在夹固板上，但夹固板上有时装有电线，让鸟类无立足之地。ETFE膜抵抗紫外线引起的褪色能力很强，也有很强的防化学侵蚀和城市空气污染的能力。气枕表面摩擦系数很低，不易沾染灰尘，易于维护。维护时需提供上人措施，人通常是走在外部的夹固板上并在绳索或者外部结构的协助下进行，但ETFE屋面在温和气候下一般通过雨水

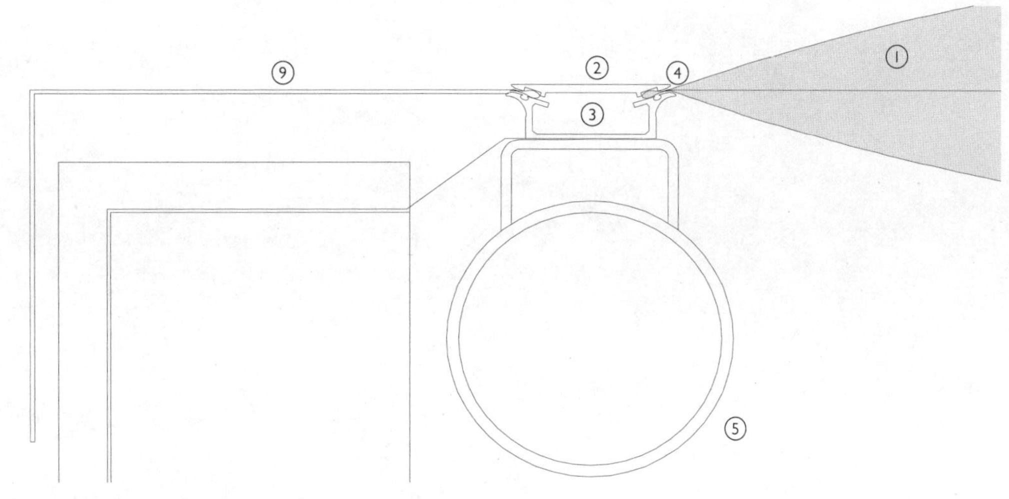

纵剖面图1：5　与邻接屋面的联结

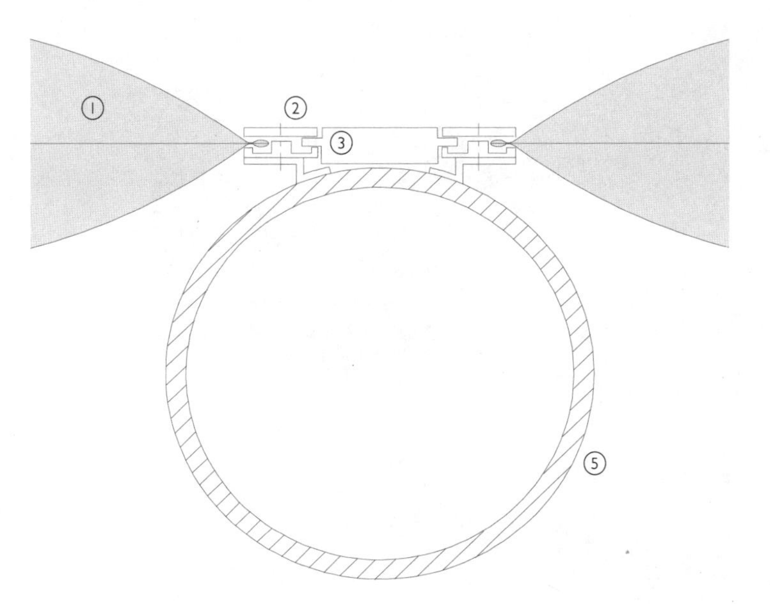

纵剖面图1：5　夹固板的联结

3D视图　与邻接屋面的联结

清洁。屋面的设计保证雨水容易从屋面排除。较长跨度的屋面在两列夹固板之间设立天沟。气枕的维修是用ETFE胶带，维修后痕迹是可见的，或者完全更换膜，具体根据屋面设计的视觉要求。

防火性能

用于单层或者多层织物屋面的聚合物材料的主要担心的问题是防火性能。ETFE膜难燃，并且在明火下能自己熄灭。在着火时，很少会有燃烧碎片落下，因为材料会熔化而不是燃烧，燃烧后的材料会随火焰上升的热空气带走。ETFE膜的熔点是275℃，在织物上形成排除热和烟的孔。但是，有的屋面仍然需要排烟口，因为如果在屋面远处的区域产生烟和热的话，屋面并不总是能产生孔洞，这时的ETFE气枕可能不受影响。ETFE气枕用料很省，平均厚度0.2mm，这样着火时落下的材料也就很少。

1. ETFE气枕
2. 挤压铝夹固板
3. 挤压铝支座
4. 织物膜的塑料边缘嵌条
5. 支撑结构
6. 塑料充气管
7. 主充气管
8. 保温金属衬里天沟
9. 金属防水板
10. 轮廓清晰的ETFE气枕

织物屋面

（1）ETFE气枕

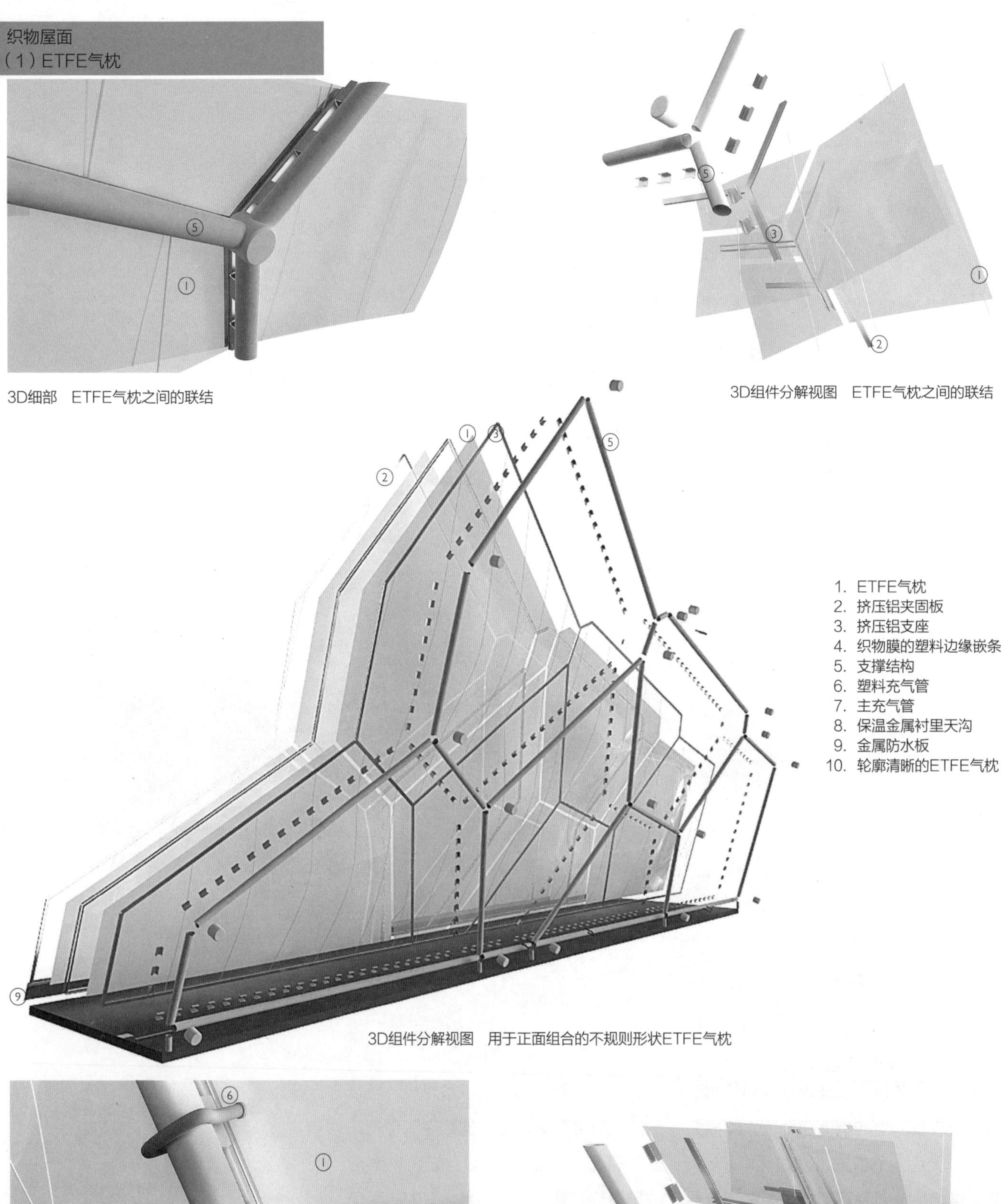

3D细部　ETFE气枕之间的联结

3D组件分解视图　ETFE气枕之间的联结

1. ETFE气枕
2. 挤压铝夹固板
3. 挤压铝支座
4. 织物膜的塑料边缘嵌条
5. 支撑结构
6. 塑料充气管
7. 主充气管
8. 保温金属衬里天沟
9. 金属防水板
10. 轮廓清晰的ETFE气枕

3D组件分解视图　用于正面组合的不规则形状ETFE气枕

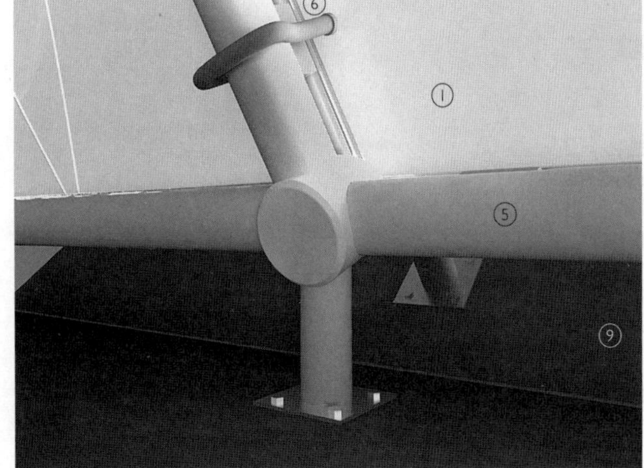

3D细部　ETFE气枕与底板之间的联结

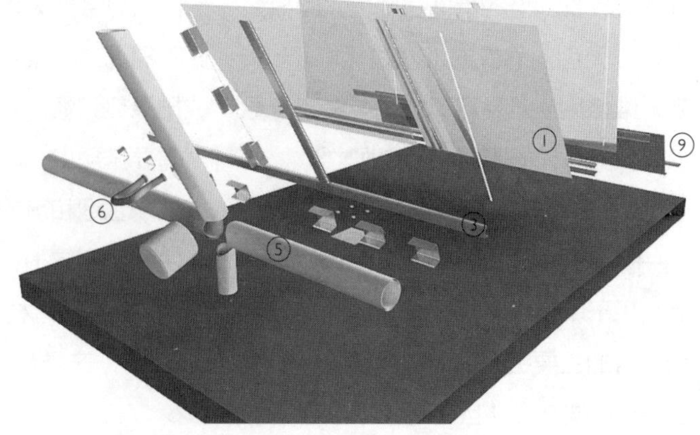

3D组件分解视图　ETFE气枕与底板之间的联结

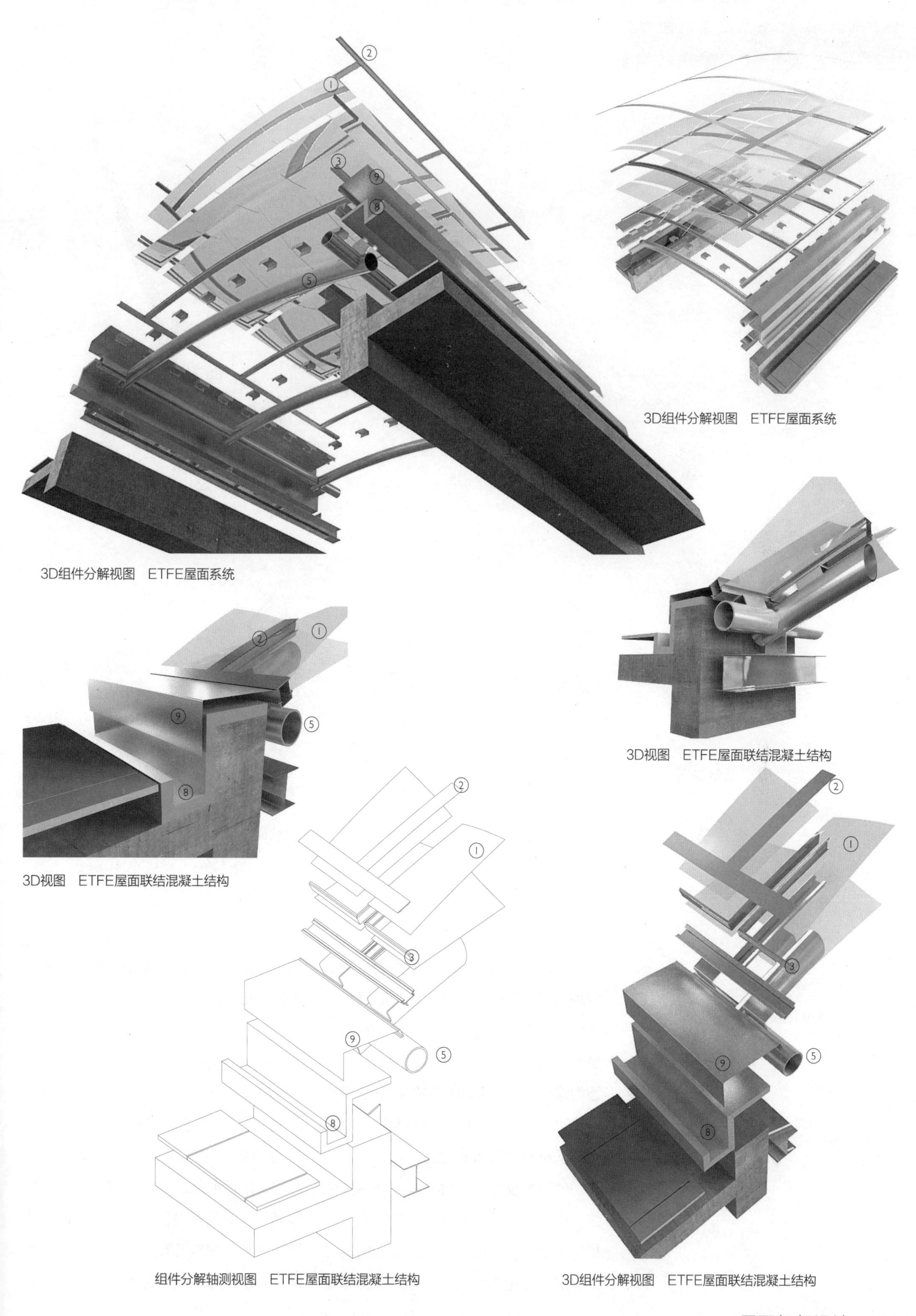

3D组件分解视图　ETFE屋面系统

3D组件分解视图　ETFE屋面系统

3D视图　ETFE屋面联结混凝土结构

3D视图　ETFE屋面联结混凝土结构

组件分解轴测视图　ETFE屋面联结混凝土结构

3D组件分解视图　ETFE屋面联结混凝土结构

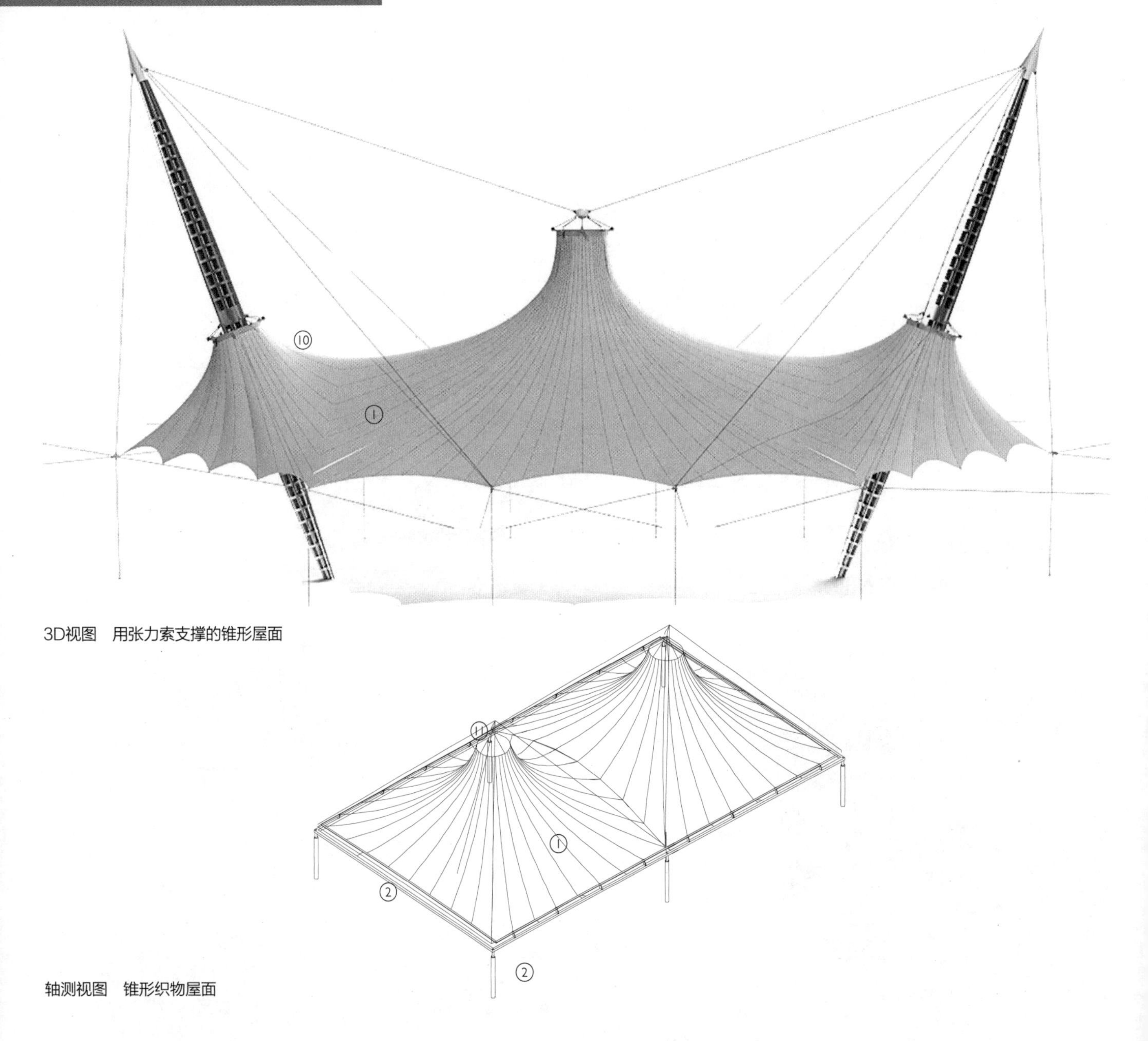

3D视图　用张力索支撑的锥形屋面

轴测视图　锥形织物屋面

1. 织物膜
2. 支承软钢结构
3. 挤压铝支座
4. 织物膜的塑料边缘嵌条
5. 挤压铝夹组合
6. 不锈钢索
7. 不锈钢接头
8. 织物膜边缘
9. 织物膜边缘天沟
10. 软钢环形支撑
11. 织物覆盖的密封圈

下面两节讨论单层膜屋面最常用的两种形状：锥形和筒状屋面。第三种形式是双曲抛物面，其原理与这两种造型是一样的，施工和细部做法没有不同。因为这个原因，其具体的形状在这里不作讨论，但这里所说的构造原则可以同样用于双曲抛物面造型上。

单膜织物屋面的优点是其光滑的曲线，通常有不同的薄而尖锐的边缘；它提供了半透明的屋面，能透过散射的光线。屋面利用其曲线部分作为在支撑结构上张拉膜的手段，支撑结构一般是由低碳钢和不锈钢索组合而成。

织物屋面原理

30年前织物屋面结构的早期实例，部分是基于对肥皂泡受力的观察，肥皂泡的壁膜由于其表面张力是均匀分布的，所以所需的表面积最少。在织物屋面中，对膜要进行结构建模，最终的形式需要由建筑师和结构工程师一起决定，以便在膜上合理分配张力，这样就

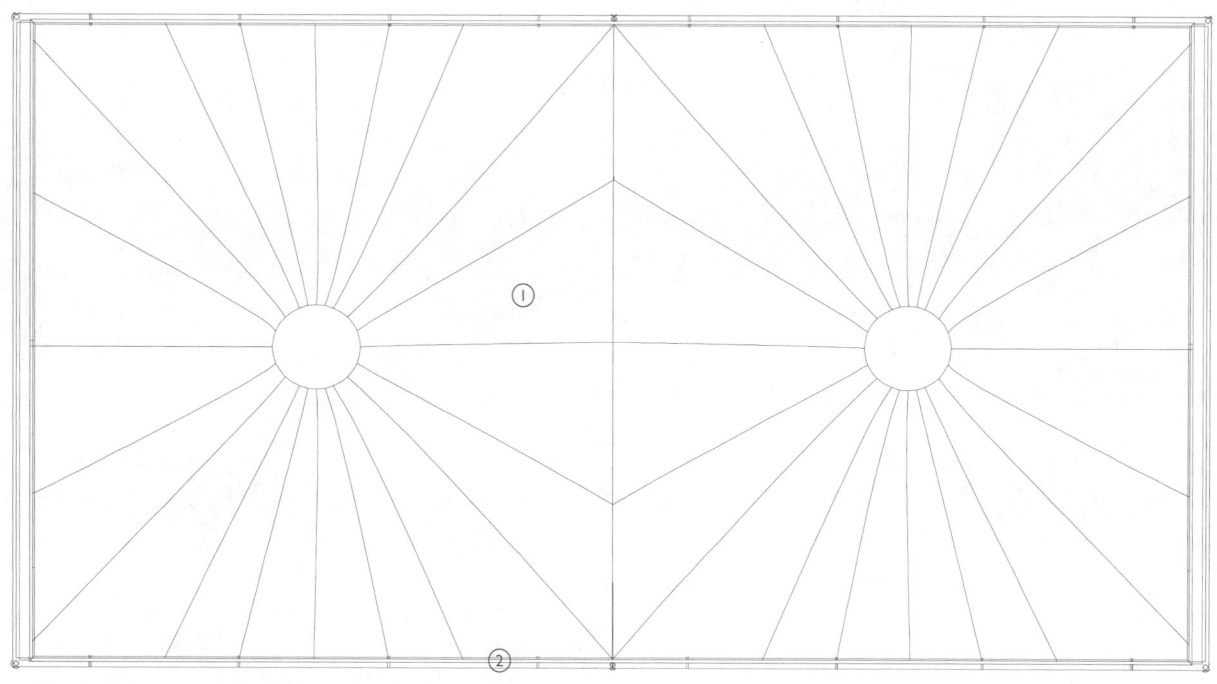

横剖面图1：400　锥形织物屋面

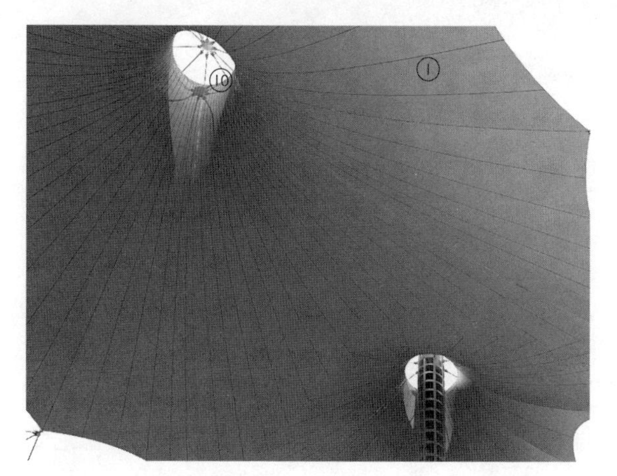

3D视图　锥形屋面的底部

张拉屋面形状类型
ⓐ 锥形
ⓑ 鞍形
ⓒ 拱形
ⓓ 波浪形

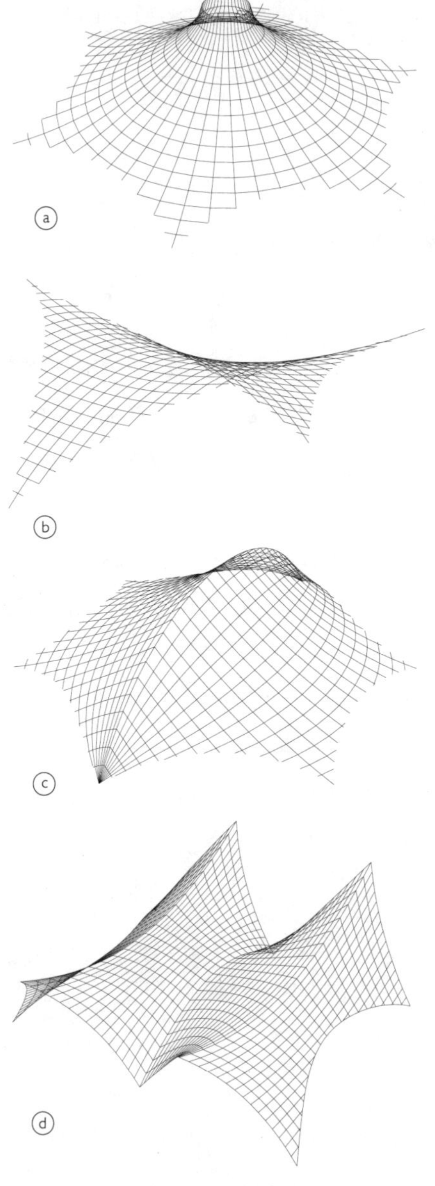

不会在某些部位造成过度张拉，而有些部位欠张拉，最终的设计要在其各个方向满足所有的荷载组合。这项工作通常用计算机模型的方式来推敲，由专业结构顾问或者生产商参与设计过程。最小的表面形式也必须满足雨水排除，这一点同与邻近屋面和外墙交界的处理一道成为设计过程要考虑的问题。最后的形式要设计成使织物膜的所有部分保持张力，以承担不仅仅来自支撑结构上的荷载，也要承担主要来自风施加的荷载。风压是通过重新分配织物膜中的力来抵抗的。任何由于膜松弛而受压的织物屋面区域都会呈现出褶皱。

本节中的锥形的例子和下一节中筒状的例子都利用膜的内部支撑钢结构将屋面的某些部分拉紧。总起来说，支撑结构较高位置的点承受来自膜和向下的荷载（主要是风荷载），而位于边缘处较低位置的点承受向上的风压。在缓坡屋面中，更多的结构荷载由基础处的点或者边缘承担，常常导致这些地方要用更

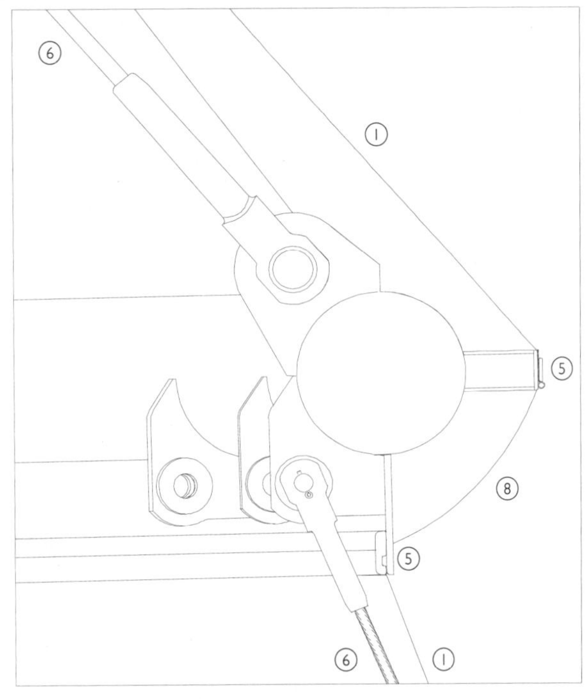

纵剖面图1：5　带织物膜边缘的屋面基础

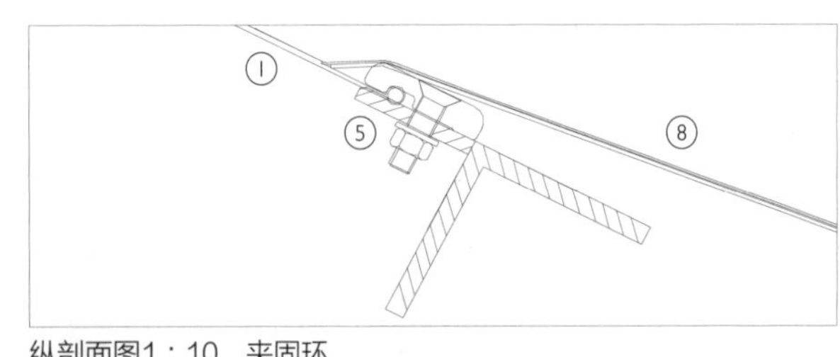

纵剖面图1：10　夹固环

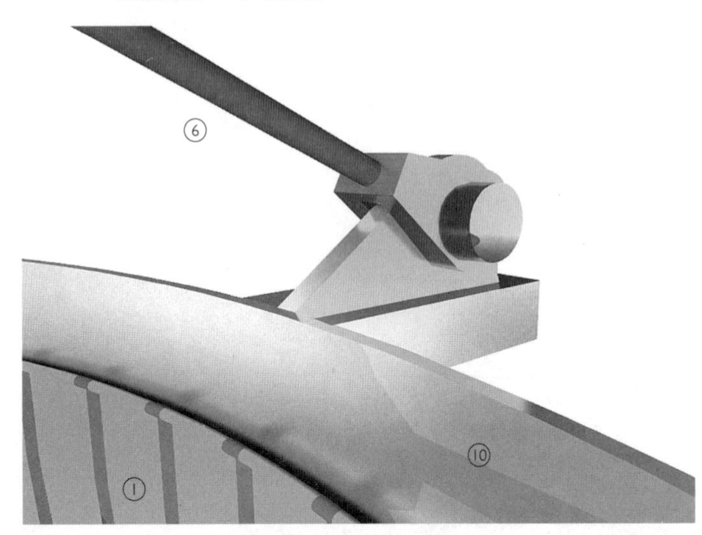

3D细部　织物薄膜的夹固边缘环

大尺寸的柱子。织物屋面设计中的荷载分布到支撑结构上，可以在视觉上看起来轻质而优雅，如同织物膜自身一样，也可以在视觉上看起来很厚重，从而降低本来想要的膜形成的轻盈效果。屋面将力传递给邻近的结构，而不是由其支撑结构承受荷载，邻近结构的视觉效果要同膜屋面及其框架的要求协调。

外加荷载如雪和沙能够使织物膜一直处于受拉状态，屋面的形式及其坡度要足够陡峭，以避免这种情况。

织物类型

两种最常用的织物是PVC涂层的聚酯纤维布和PTFE涂层的玻璃纤维布。这两种都是上下两面都有涂层提供保护的编织布料。其他的稀疏编制的织物仅仅用作遮阳，生产时也没有保护涂层。织物是用聚合物的线做成，有时候这些线在工厂生产时喷涂了保护涂层，以延长材料的寿命。在所有的这些编织材料中，织物的强度在其编织的两个方向是不相同的。在选择材料时，沿材料长度方向的“经”线和沿宽度方向的“纬”线要做比较。在最常用的屋面膜中，经纬方向的抗拉强度是相似的，但选择材料的时候还是需要确认。

大多数织物材料是模仿帆布的外形，但帆布只用在确实需要它独特外形和肌理的地方。天然帆布用于受拉结构时不如合成的织物稳定，并难于清洁。改性丙烯酸帆布材料，肌理与天然帆布相似，因为其尺寸稳定性更好而有时会有应用。两种材料都不适合大跨度的织物屋面。

PVC聚酯纤维布是在聚酯纤维布的两面涂上PVC层。涂层保护织物免受雨水和紫外线的损害。PVC涂层是由PVC粉末、软化剂和增塑剂、紫外线稳定剂、颜料和阻燃剂混合而成。外层附加的一道漆可以延缓PVC涂层变脆，原因是材料中的软化剂渐渐移到PVC涂层的表面。漆层也能延缓颜料褪色。常用的是PVDF漆（一种氟化高聚物），还能使表面变得光滑，不易积聚尘土，而且自身也易于清洁。也可以使用丙烯酸漆。使用这种材料的屋面重量为500—800g/m^2。PVC/聚酯纤维膜屋面的寿命约为15—25年。

PTFE/玻璃纤维膜是用带有PTFE面层如特氟龙的玻璃纤维毡做成。如同

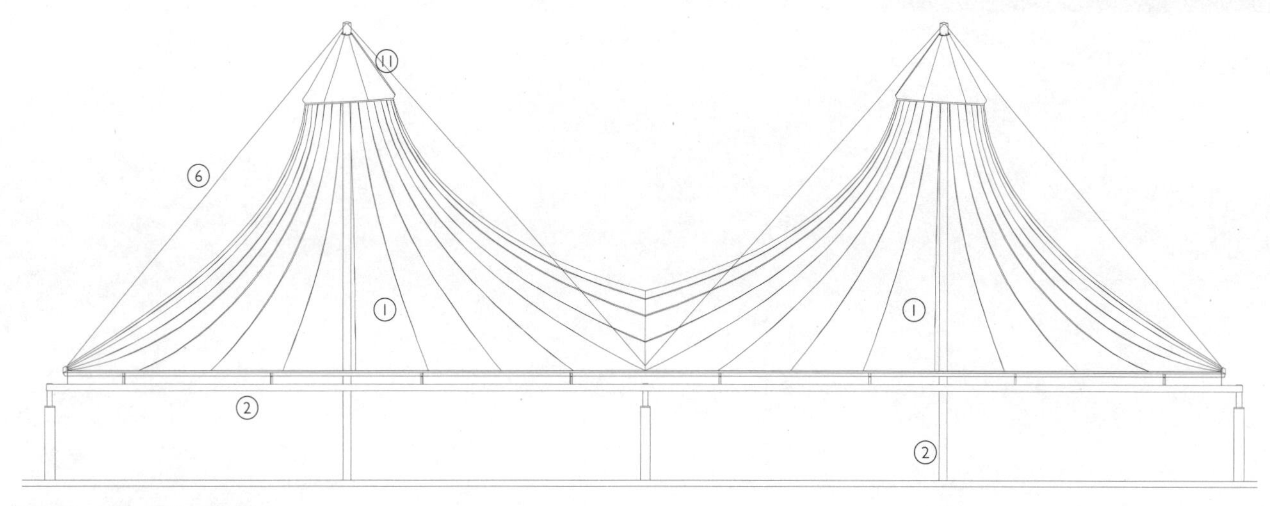

立面图1：400　锥形织物屋面

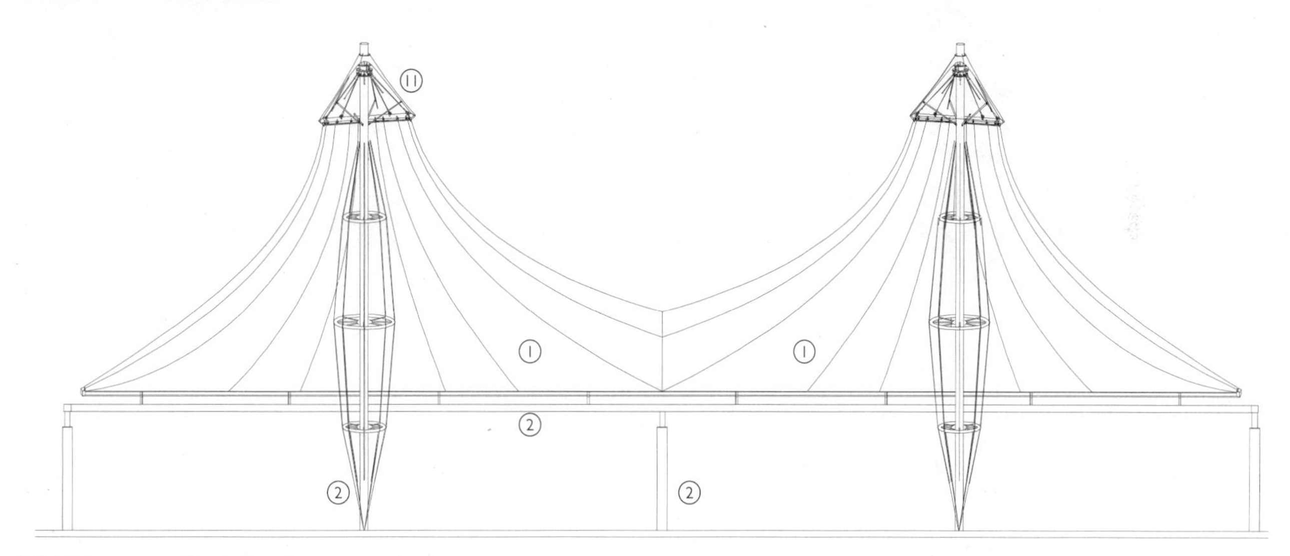

纵剖面图1：400　锥形织物屋面

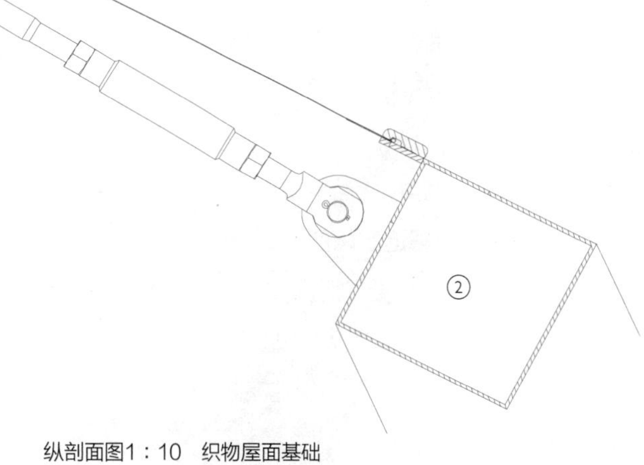

纵剖面图1：10　织物屋面基础

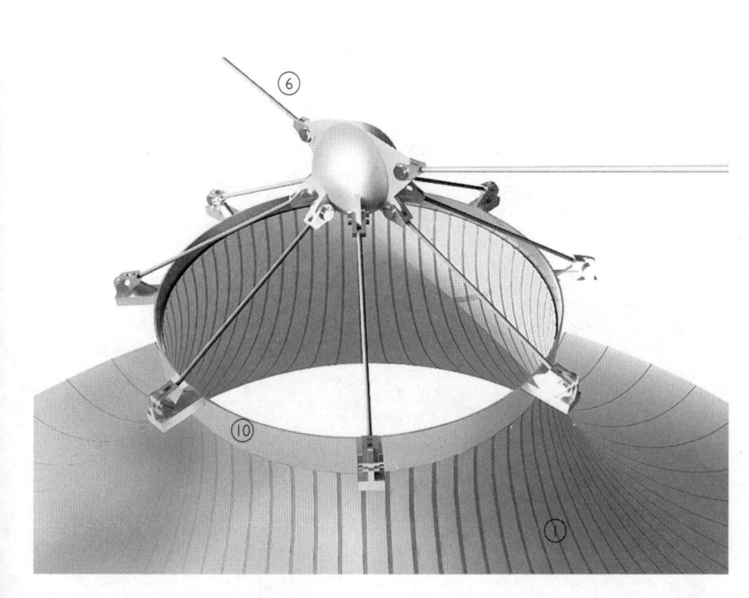

3D细部　用张拉索支撑的边缘环

1. 织物膜
2. 支承软钢结构
3. 挤压铝支座
4. 织物膜的塑料边缘嵌条
5. 挤压铝夹组合
6. 不锈钢索
7. 不锈钢接头
8. 织物膜边缘
9. 织物膜边缘天沟
10. 软钢环形支撑
11. 织物覆盖的密封圈

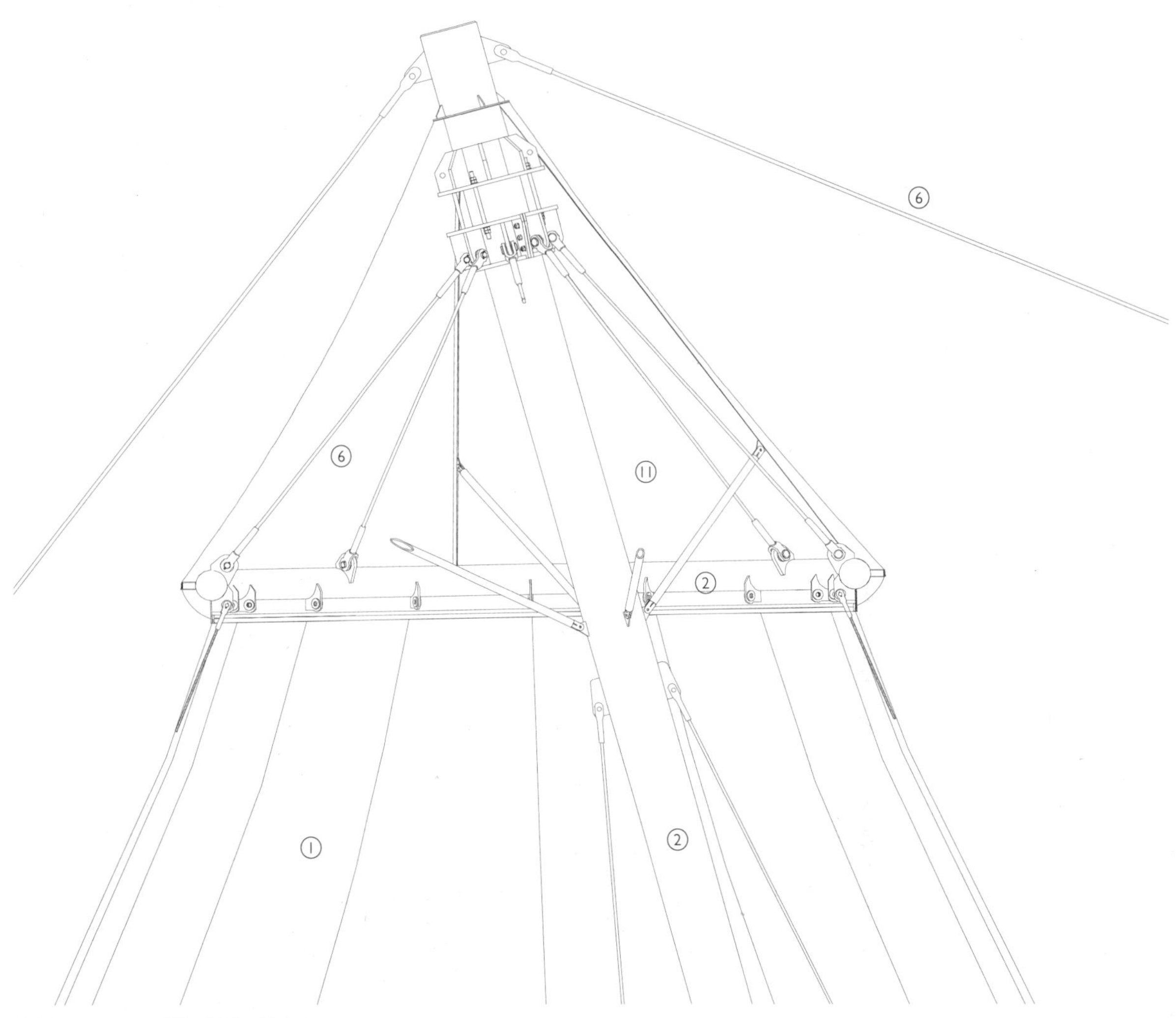

纵剖面图1：50　带织物覆面的夹固环

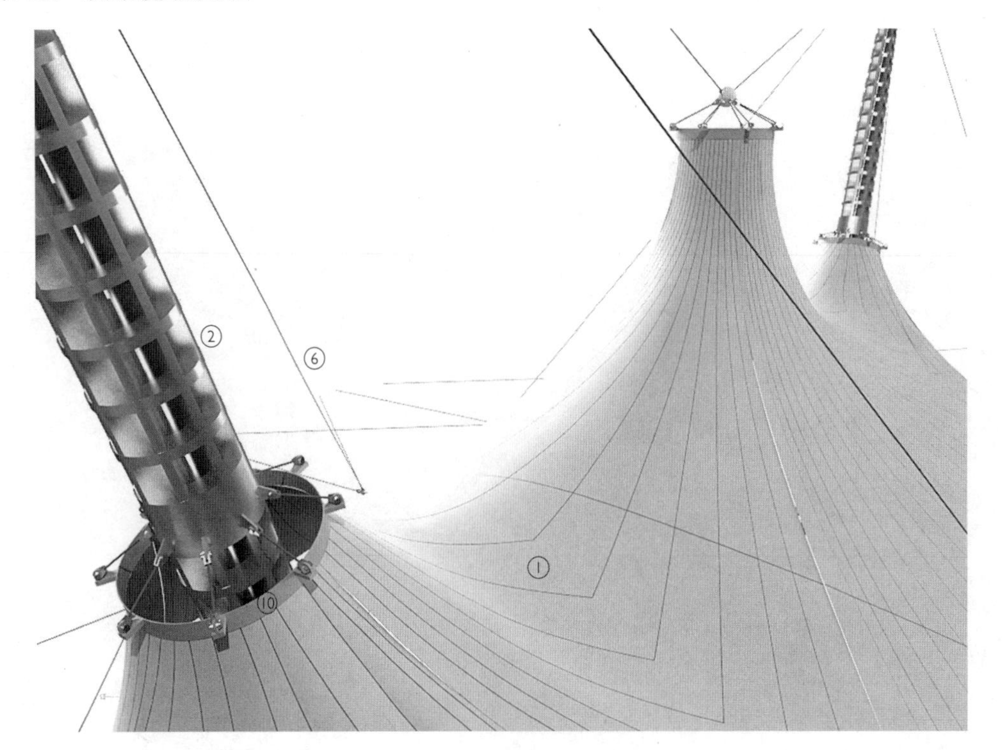

3D细部　带伸出结构支撑的锥顶

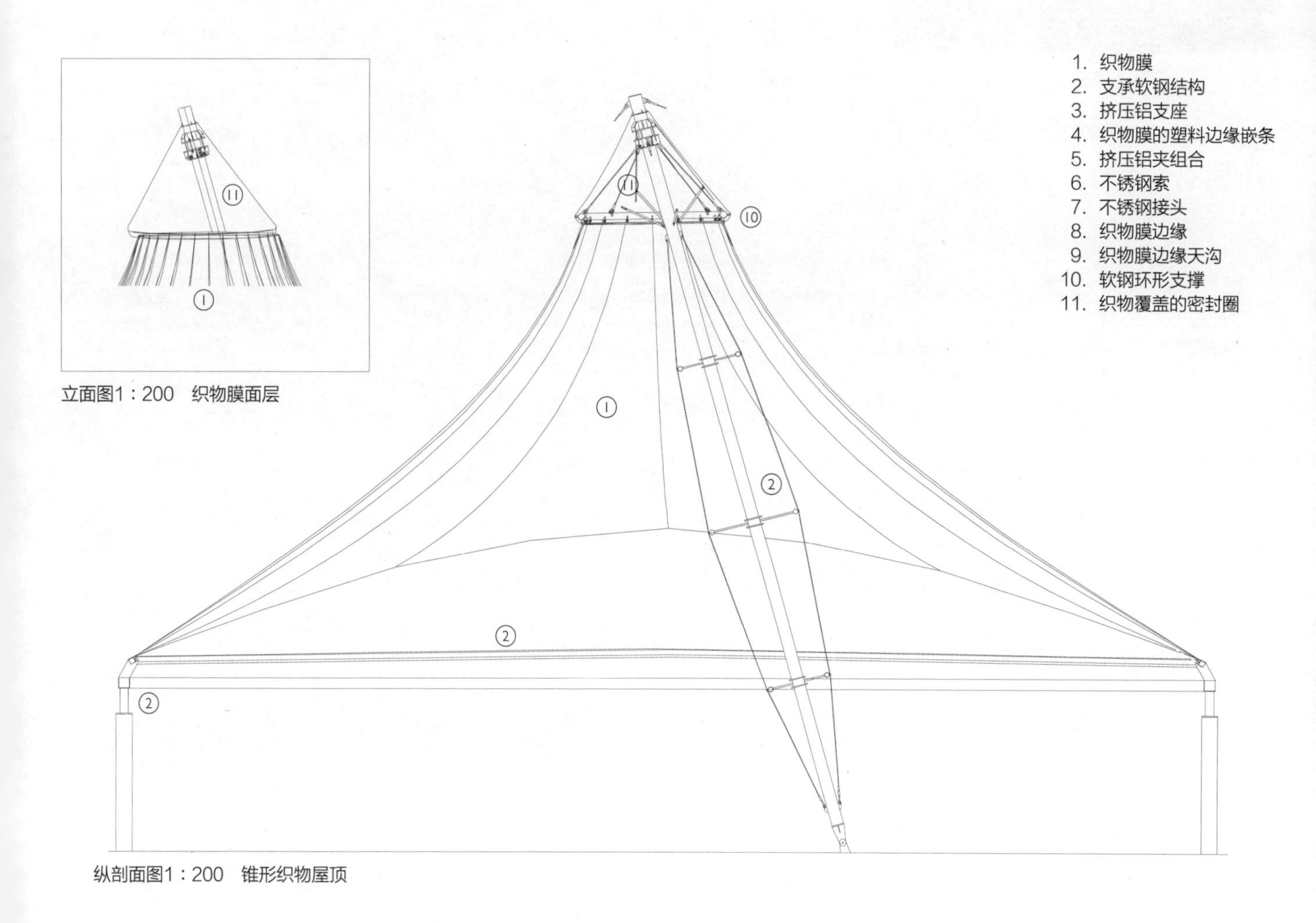

立面图1：200 织物膜面层

纵剖面图1：200 锥形织物屋顶

PVC/聚酯纤维膜，涂层保护织物免受气候和紫外线的损害，还能形成摩擦力较小的表面以免积聚灰尘。大多数灰尘被雨水冲走，但也会需要清洁，方式与PVC/聚酯纤维相同。这种材料一般的重量为800—1500g/m^2。PTFE/玻璃纤维膜屋面的寿命约为30—40年。

各类织物比较

PVC/聚酯纤维和PTFE/玻璃纤维两种材料都有较高的抗拉强度和较高的弹性，非常适合用作曲面和双曲面屋面。根据膜的厚度不同，其透光率为5%—20%，反射率为75%—80%。两种材料都不易着火，都能抵抗紫外线的损坏，尽管PVC/聚酯纤维会随时间而变脆。两种材料的声学效果都不好，用作单层膜屋面的保温效果也不好。PVC/聚酯纤维有很多颜色可选，而PTFE/玻璃纤维通常是白色的，暴露在日照中几个月后会从其生产时的米色自然地变成白色。生产时熔接的痕迹也会由于在日光中变白而消失。PTFE/玻璃纤维的表面摩擦系数小于PVC/聚酯纤维，前者更易清洗，而PVC/聚酯纤维清洗的频率更高。PTFE/玻璃纤维在运输中需要多加注意，后者则可以折叠而不会对膜造成损害。

保温

用PVC/聚酯纤维或者PTFE/玻璃纤维做成的单层织物膜屋面一般的U值为6.0W/（m^2·K）。双层膜之间最小的空气间隔是200mm，其U值可以达到3.0W/（m^2·K）。双层膜很少用，因为会严重影响透光性，而这种材料的优点本来就是半透明的效果。可以将半透明的纤维保温层加到双层膜上提高其保温效果，如同前文所讨论的在纤维玻璃挂板中的应用一样。根据闷顶的通风方式，保温层可以固定到任意一块膜的内表面上。随着保温材料在节能方面越来越重要的作用，双层织物膜在未来的10年里会有更大的发展。

声学

如同前一节所讨论的ETFE气枕，单层膜吸声能力有限。带有吸声衬层的

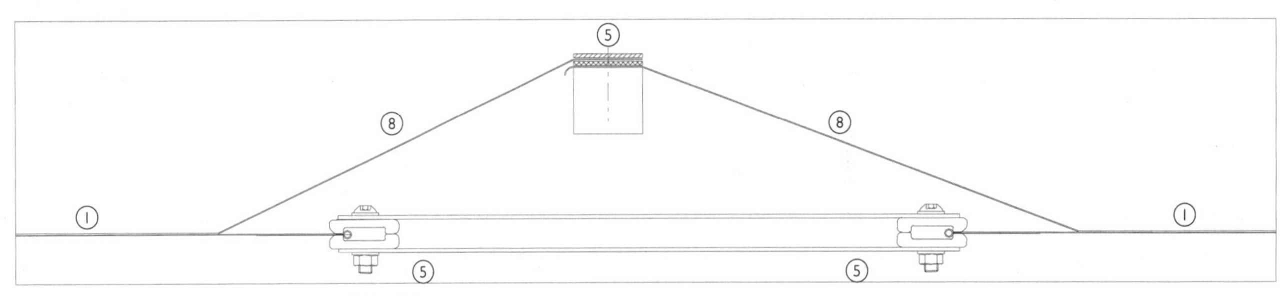

纵剖面图1：10　等角相交的邻接织物膜的联结

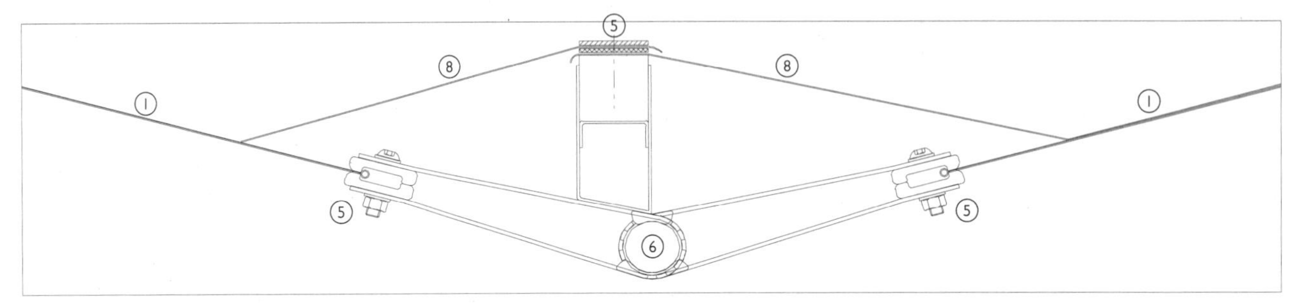

纵剖面图1：10　不同角度相交的邻接织物膜的联结

双层膜屋面在隔声方面有所提高，但同时也会极大地阻碍光的透射。另外，低频声也因为屋面质量较轻而难于吸收。同ETFE气枕屋面一样，这种屋面对于建筑内的声音几乎是通透的。

耐久性

织物屋面极易受到锋利物体的损伤。膜上的切口小的话，可以用相同材料粘结打补丁的方式修整。大的裂口要用热风焊接修整，通常由安装屋面的专业建筑公司进行。大的维修痕迹是可见的，当需要重点考虑视觉形象时，就要将膜换掉。大的裂口会影响膜的结构性能，有时候整张膜需要更换。

织物屋面的外表面要用软刷清洁，这项工作通常在移动平台进行或者由身上绑有安全带并通过与膜屋面顶部的钢支架锚点固定的安全绳吊挂的工人进行。锚点成为钢或木支撑结构的一部分。定期清洁在湿度较高的地区是很重要的事，这里更有可能在织物的内表面生成霉菌，形成污渍。定期的清洁能防止霉菌生长。PVC/聚酯纤维比PTFE/玻璃纤维更容易滋生霉菌，因为后者表面的摩擦系数更低。

防火性能

膜在着火时性能受所用织物材料和接缝处缝合方式的影响。在高温下膜会失去张力，PVC/聚酯纤维在70—80℃以上会伸长，其接缝在100℃左右开始脱落。在250℃时，PVC熔化，膜上会产生孔洞。PVC的涂层中含有阻燃剂，因此移去火源时，火焰便会自己熄灭，这样从屋面落下的燃烧碎片很少。PTFE/玻璃纤维织物在1000℃时会失去作用，但接缝在约270℃时就会失去作用了。两种材料的膜失去作用时都会产生孔洞，以利于热和烟排出。

冷凝

在建筑内，膜的底面有可能产生冷凝水的地方，可以再附加一道膜，也可以用更常用的方法：增大室内的通风量。

1. 织物膜
2. 支承软钢结构
3. 挤压铝支座
4. 织物膜的塑料边缘嵌条
5. 挤压铝夹组合
6. 不锈钢索
7. 不锈钢接头
8. 织物膜边缘
9. 织物膜边缘天沟
10. 软钢环形支撑
11. 织物覆盖的密封圈

3D剖视图　带薄膜帽罩顶点状况

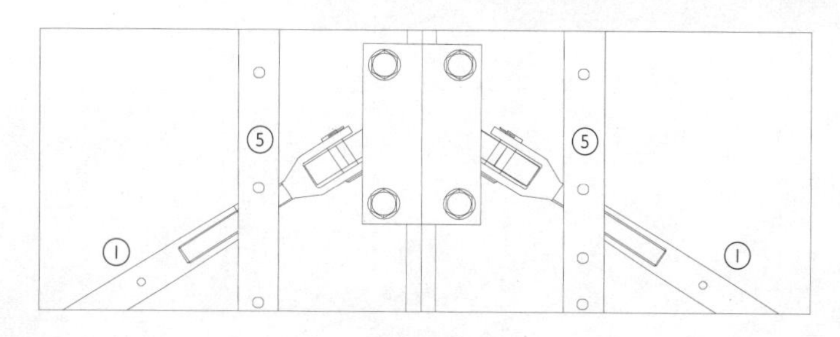

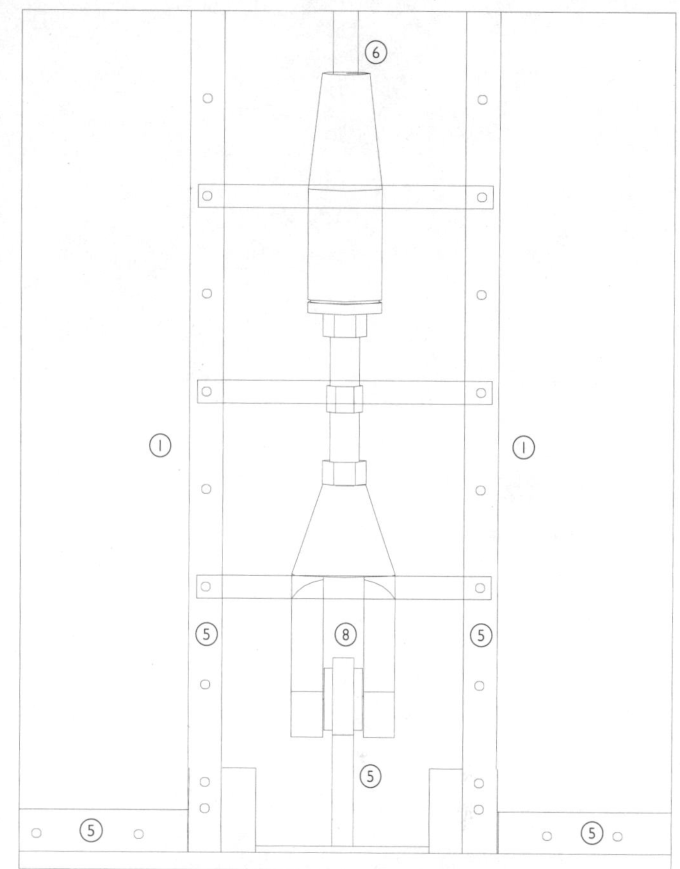

横剖面图1：10　邻接织物膜的联结

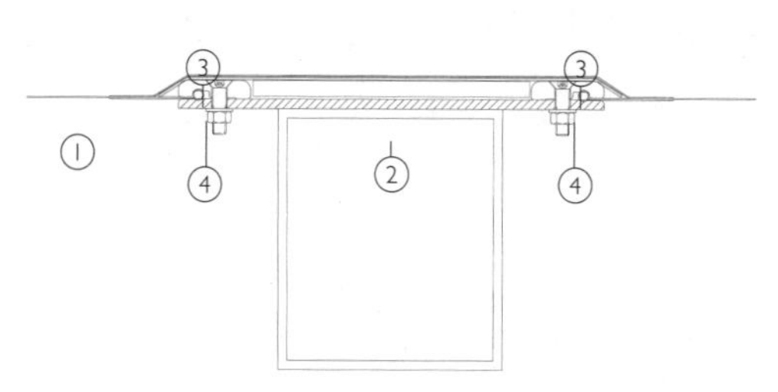

纵剖面图1：10　板间联结

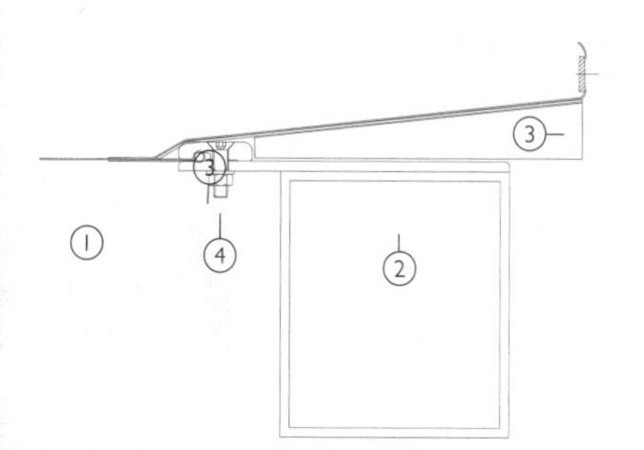

纵剖面图1：10　扶墙处屋面边缘

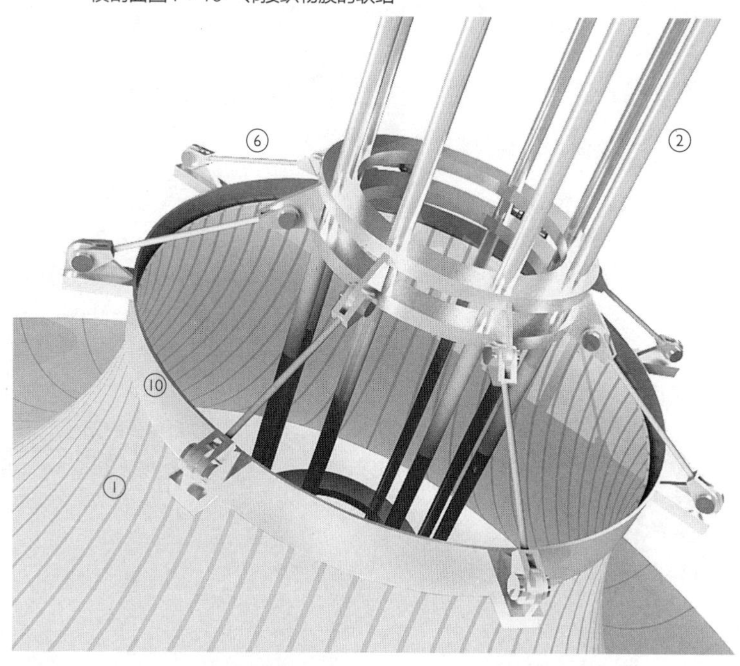

3D细部　带伸出钢筋结构支撑的锥顶

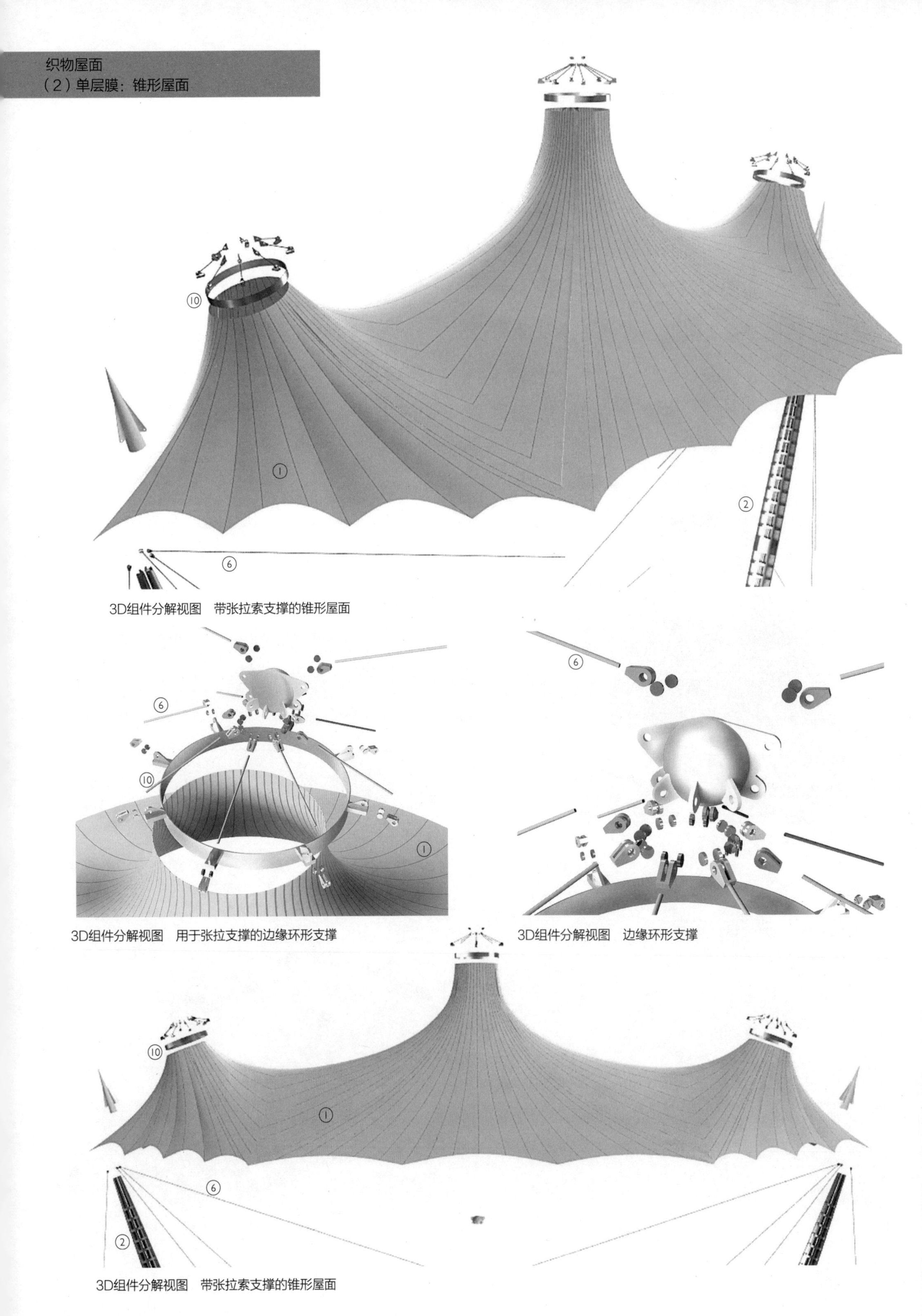

3D组件分解视图 带张拉索支撑的锥形屋面

3D组件分解视图 用于张拉支撑的边缘环形支撑

3D组件分解视图 边缘环形支撑

3D组件分解视图 带张拉索支撑的锥形屋面

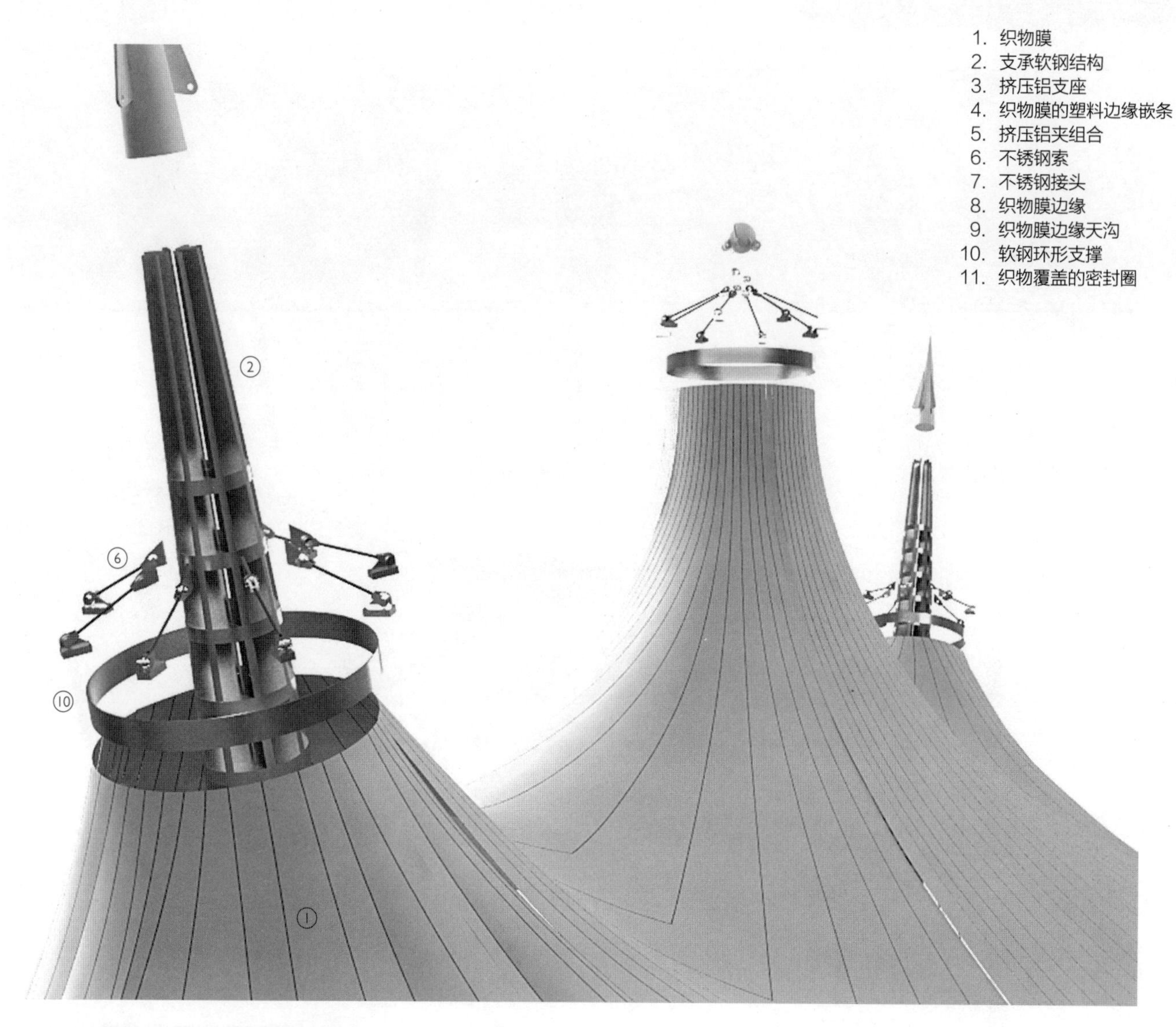

3D组件分解视图　带张拉索支撑的锥形屋面

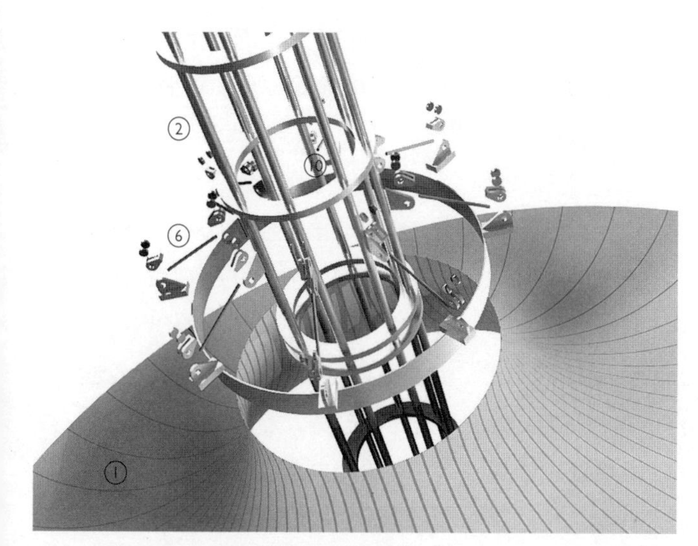

3D组件分解视图　带伸出钢筋结构支撑的锥顶

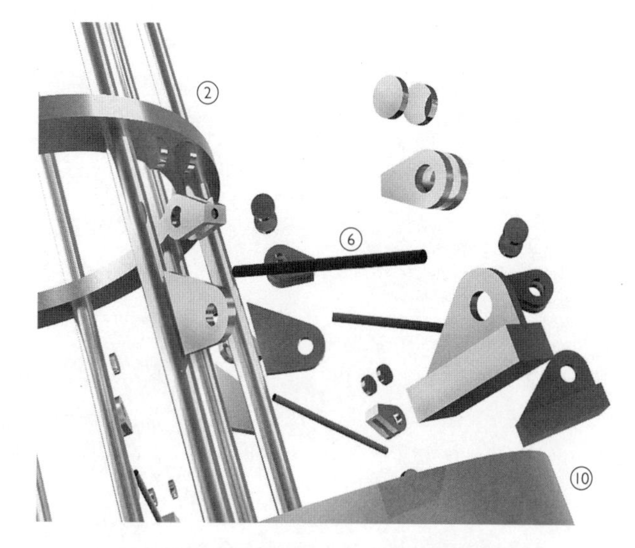

3D组件分解细部视图　带伸出钢筋结构支撑的缆绳连接件

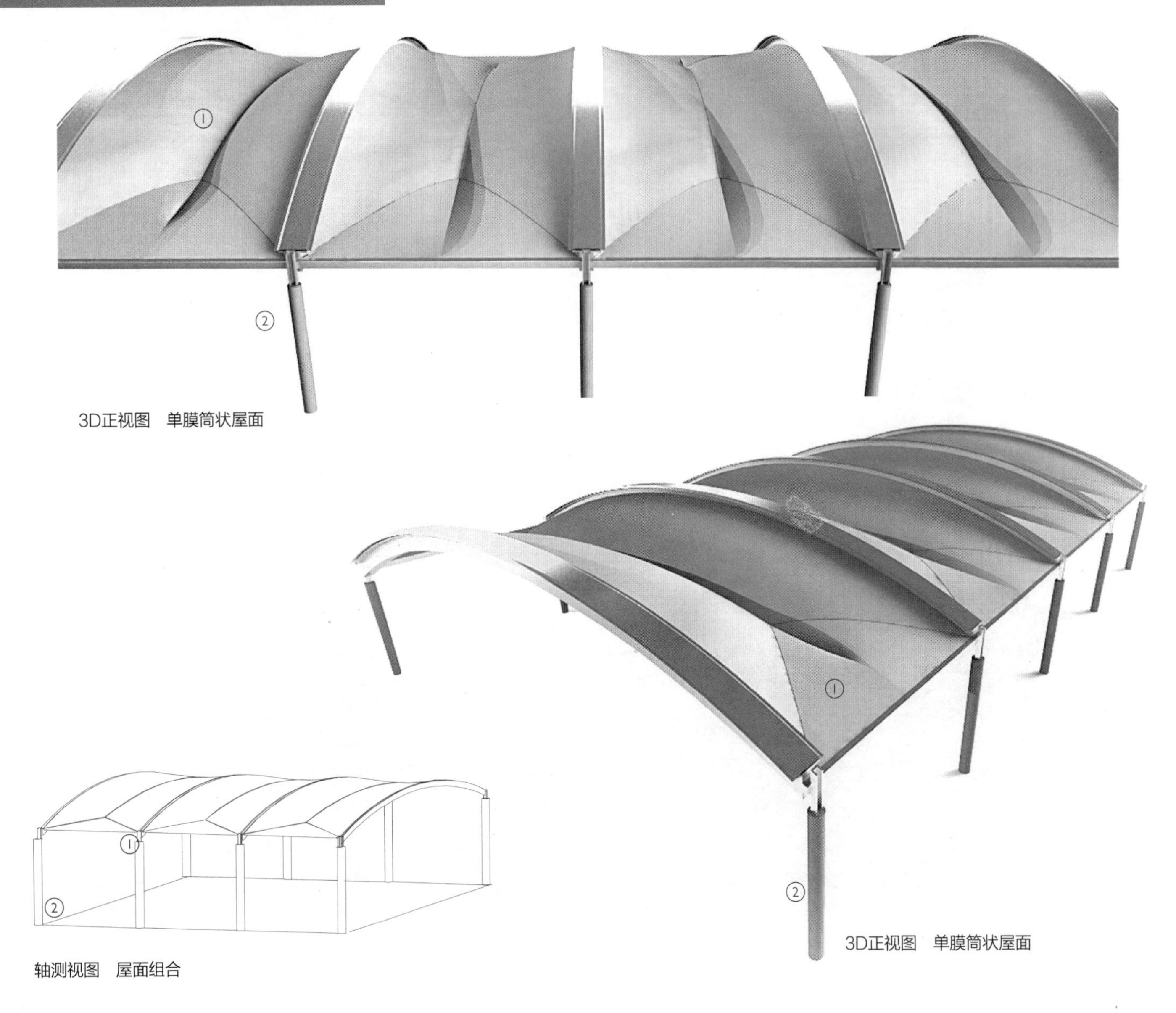

3D正视图　单膜筒状屋面

3D正视图　单膜筒状屋面

轴测视图　屋面组合

1. 织物膜
2. 支承软钢结构
3. 挤压铝支座
4. 织物膜的塑料边缘嵌条
5. 挤压铝夹组合
6. 不锈钢索
7. EPDM密封胶条
8. 织物膜边缘
9. 织物膜边缘天沟
10. 保温层
11. 焊缝
12. 卷扬提升缆绳（织物膜上）

制作

膜屋面是由从板材切割而成的单块膜组合而成的，膜的曲面形式是由平面膜张拉形成的。上一节所举的锥形的例子是由边缘向内弯曲的膜制成的，而本节所示的筒状屋面是由边缘向外弯曲的膜做成的。PVC涂层的聚酯纤维布的宽度为2000—3000mm，厚1.2mm；而PTFE涂层的玻璃纤维布的宽度约为5000mm，厚1.0mm。大块膜由计算机数控（CNC）切割机切割，小的手工切割，但现在即使小的也越来越多借助于切割机了。考虑到材料受拉时还要伸长，织物膜通常要做得稍微小于所需尺寸。

织物膜是通过缝合、熔接、粘结或者缝合与熔接结合的方法形成搭接缝连接在一起的，所有的工作都是在车间进行。搭接的痕迹在室内外约可见，其宽度由膜上的结构受力决定，荷载越大需要的搭接越宽。

在缝合的接缝中，搭接宽度越宽，需要针线缝合的排数就越多，材料自身还要折叠来强化接缝。根据膜的尺寸和承受的

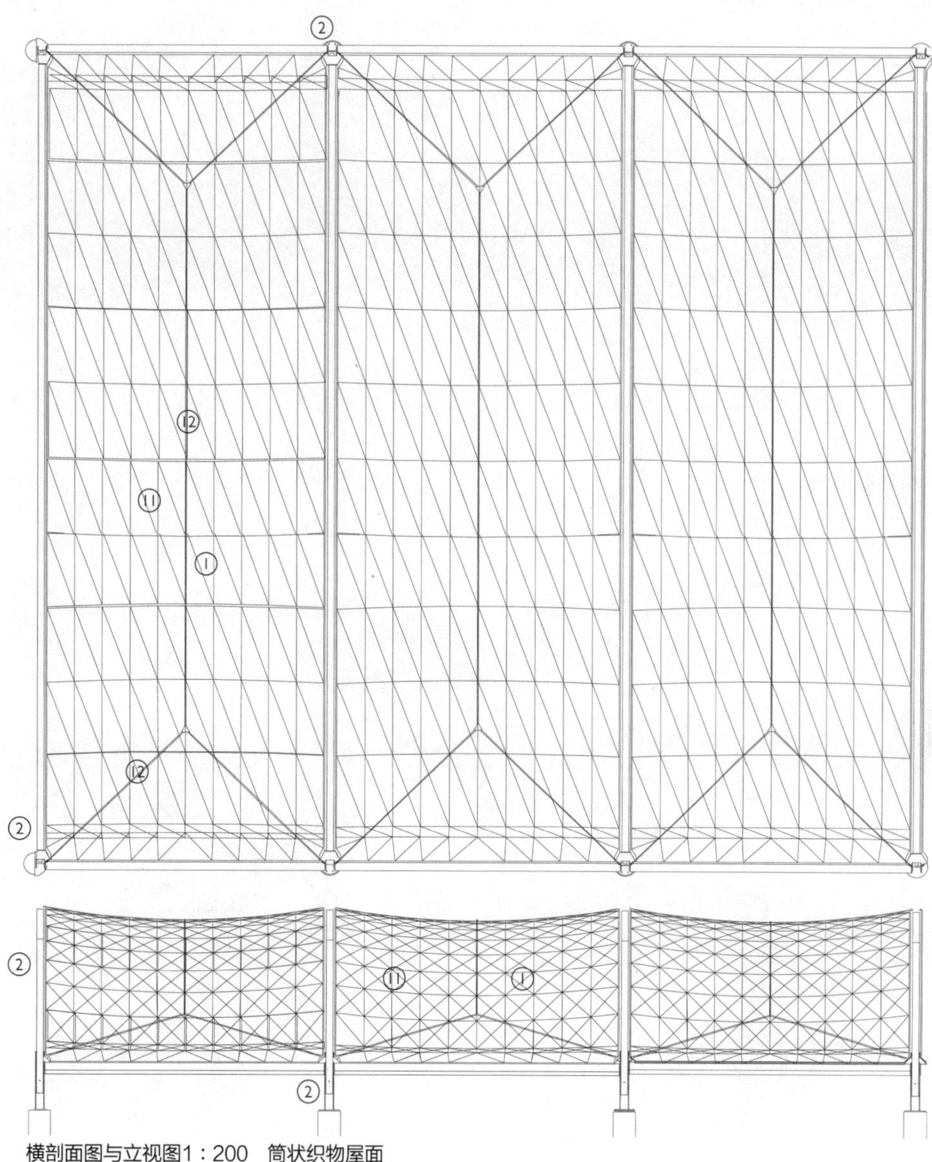

横剖面图与立视图1：200　筒状织物屋面

荷载，接缝的宽度范围为25—100mm。缝纫接缝的外（上）表面通常还要粘结一道膜，以防止雨水透过缝纫线形成渗透。PVC/聚酯纤维膜可以同大多数类型的涂漆结合，用缝合的方式连接。

熔接接缝的做法是将膜搭接，然后加热此区域并挤压。搭接宽度的要求同缝合接缝相同。PTFE/玻璃纤维膜的接缝是由热元件熔接（hot element welding）而非缝合或粘结的方式形成，接缝顶部或者接缝内部要再附加一条织物带以提供所需的强度。对于PVC膜上的熔接接缝，熔接之前要去掉搭接边缘上的PVDF漆层，熔接后再涂上，以保证PVC熔接充分，PVDF漆能在接缝位置形成连续的密封。PVC/聚酯纤维可以热风熔接，也可以用热元件熔接，前者的好处是维修工作和某些复杂接缝能够在现场安装时进行。膜自身承受较高结构荷载的屋面可以使用熔接或缝合的方法，以形成更加结实的接缝。如果接缝先缝后熔接，就不用在上表面附加一条织物带，这样可以加强外表面的视觉效果。带有溶剂的粘结只用于

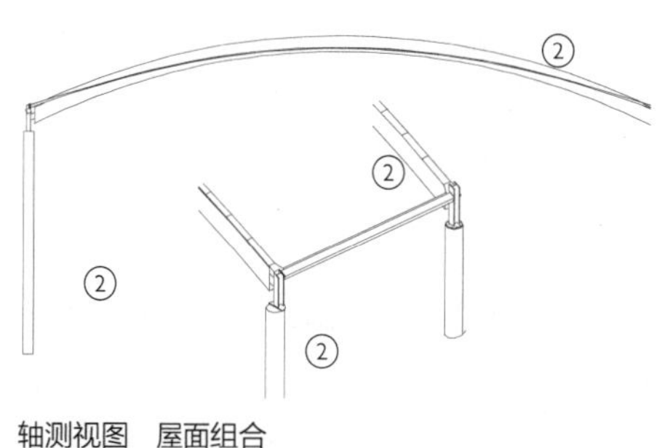

轴测视图　屋面组合

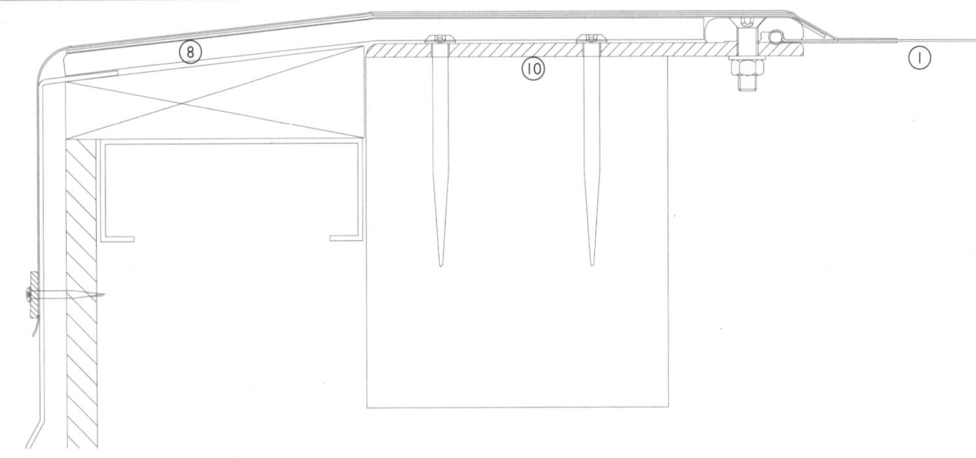

纵剖面图1：10　屋面边缘

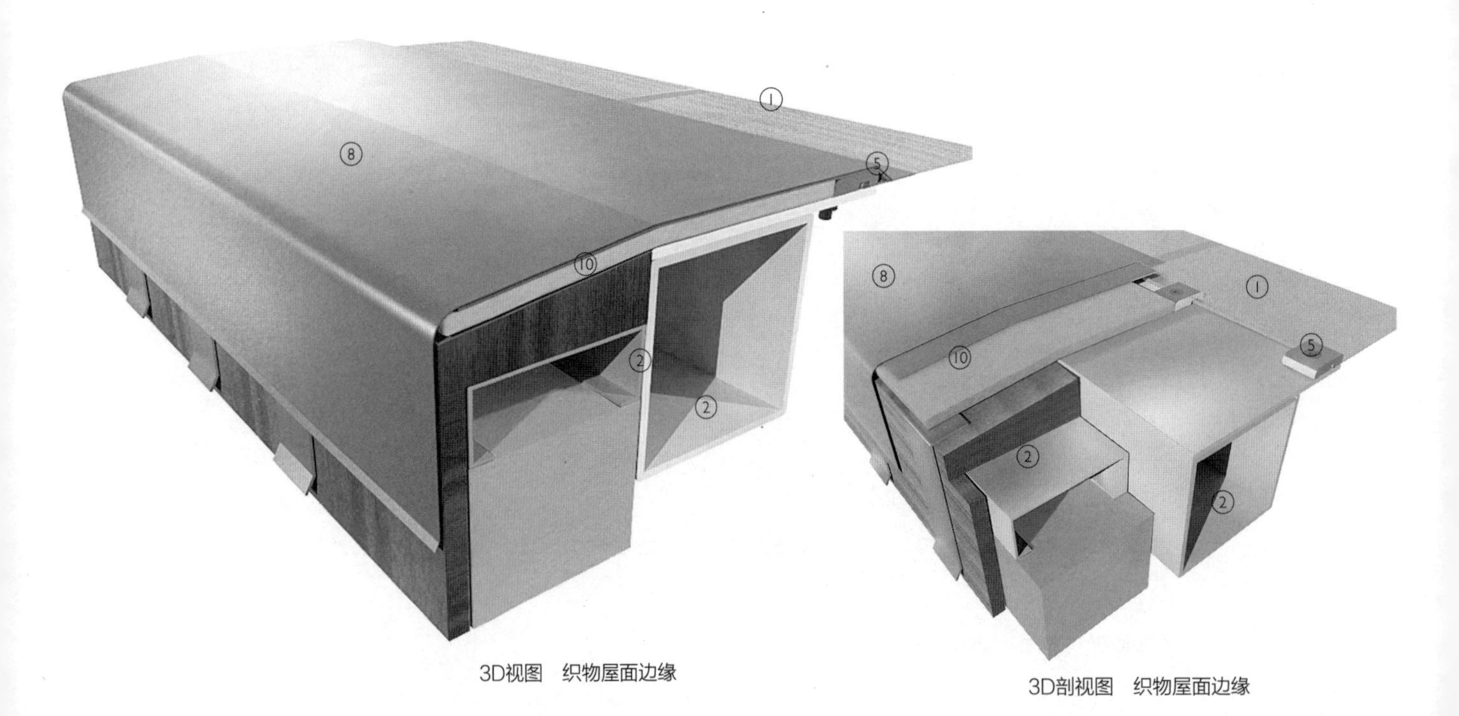

3D视图　织物屋面边缘

3D剖视图　织物屋面边缘

1. 织物膜
2. 支承软钢结构
3. 挤压铝支座
4. 织物膜的塑料边缘嵌条
5. 挤压铝夹组合
6. 不锈钢索
7. EPDM密封胶条
8. 织物膜边缘
9. 织物膜边缘天沟
10. 保温层
11. 焊缝
12. 卷扬提升缆绳（织物膜上）

PVC/聚酯纤维布上，但可以用于与这种材料上大多数的漆层的连接。

织物屋面边缘

织物膜边缘的形状通常是略微弯曲或者笔直的。弯曲的边缘是通过此处内腔里通长的缆绳形成的。另一种用于PTFE/玻璃纤维天篷的细部做法是使用外露的缆绳，将其连接到被不锈钢连接板夹紧的边缘上。直边通常是由在内腔里的用弹性PVC或者EPDM杆制成的边缘压条形成的。然后将这个经强化的边缘再固定到铝合金夹固板里，同用于ETFE气枕的相似，或者固定在槽形挤压件里。

织物屋面上由缆绳约束的曲形断面的形状通常是圆形或者悬链线形的。“套管”的形成是通过折叠膜边缘并经缝合或者熔接形成的内腔，在里面穿入通常是25mm直径的不锈钢缆，具体尺寸还需根据结构受力决定。在钢缆和膜之间放置一片卷材或塑料以便二者独立移动而不会磨损。有时会在空腔里加入加强塑料条，但这在屋面上或者下面都是看不到的。

夹紧的直边使用的约100mm宽的夹固板，是由两块平整带凹槽的板，背

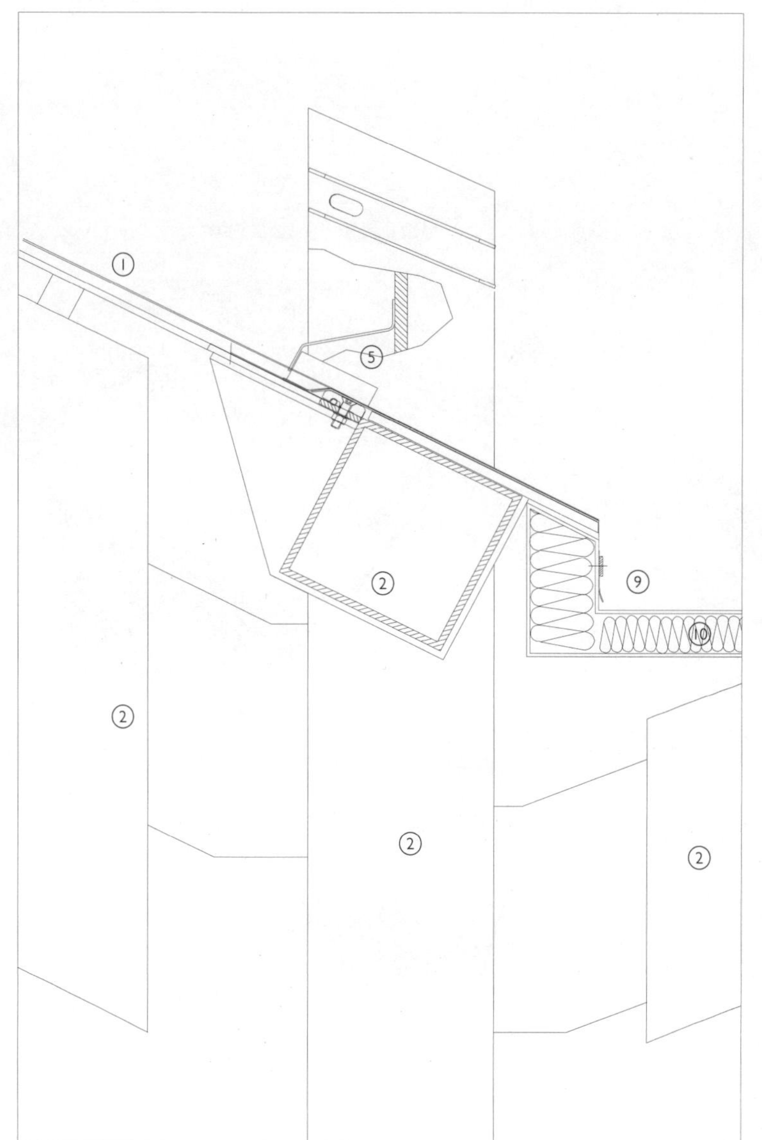

纵剖面图1：10　带穿管的屋面边缘

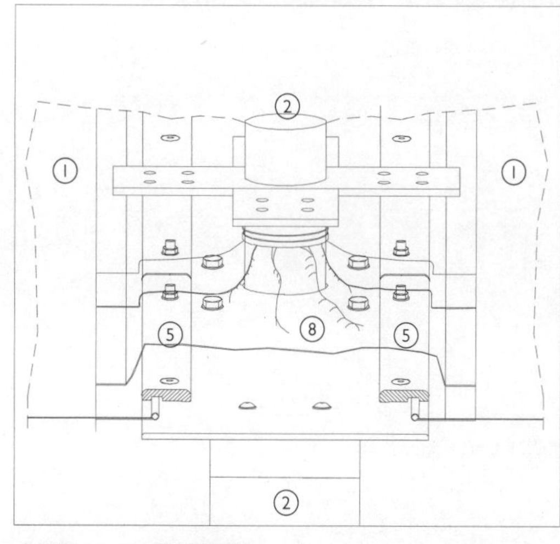

立视图1：10　屋面穿管

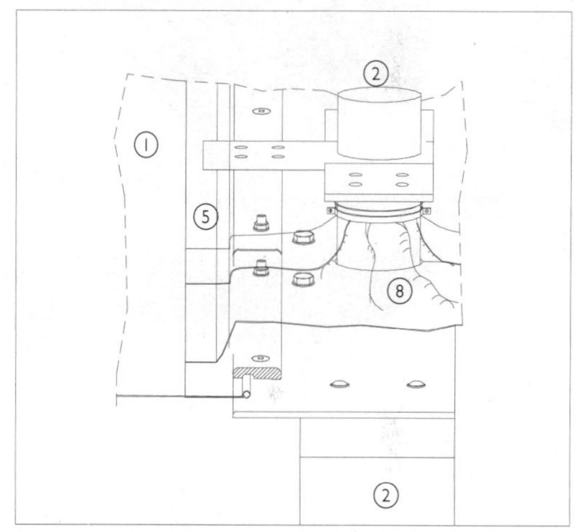

立视图1：10　屋面穿管

靠背放置并用螺栓固定形成的，而非在膜之间接缝处使用的夹固板和支撑作用的挤压件。夹固板固定到距离边缘处缆绳100mm的一条沿着膜边缘方向的缆绳上，也可以连接到与支撑墙固定的支架上，这里无须用不锈钢缆。膜的边缘上带有弹性的塑料或者EPDM条或棒，通常直径10mm，防止膜从夹具里面滑走。夹具有时带有附加的盖板作为防雨水渗透的第一道防线，但任何流到凹槽里的雨水，都通过凹槽排到屋面的基础上。

夹固板也用于屋面两个区域的连接处，此处的两区域需要单独生产和安装，通常是因为膜已经达到生产或者安装的最大尺寸。在两个实例中，夹固板放在适当位置，保证雨水沿边缘自由流淌而不是阻碍雨水汇集。

两条钢缆在膜转角处或交点位置，通常被固定到一块低碳钢板上。钢缆固定到不锈钢缆固定件里，后者再用销联结固定到起支撑作用的钢板上。膜的转角经过切割形成弧形。有时还需附加紧固带，防止膜从转角处滑落。

通过在边缘附近使用直立锁缝，雨水可以沿着膜的边缘有组织排水，而不

3D视图　两块织物板之间的联结

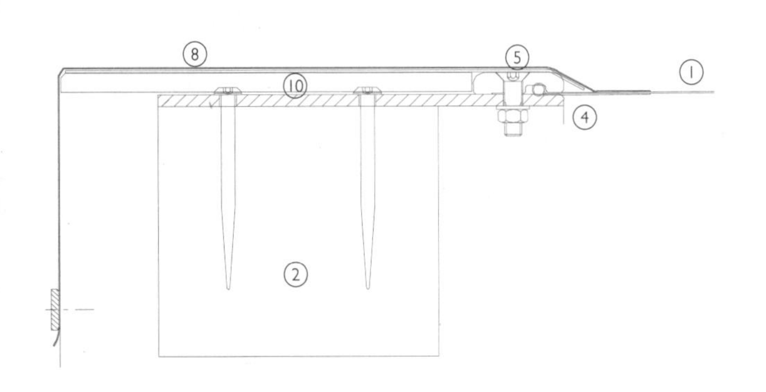

纵剖面图1：10　屋面边缘

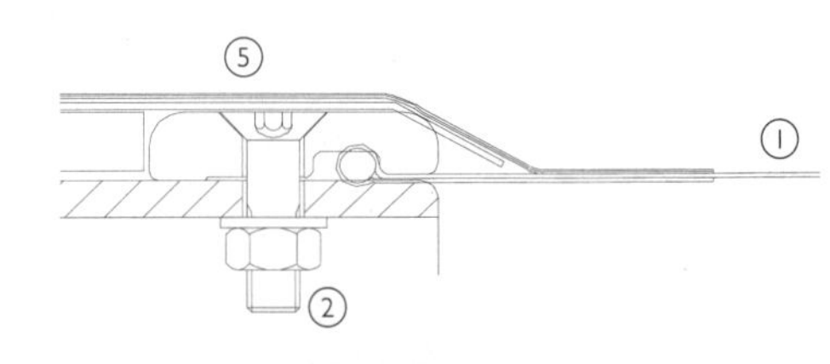

纵剖面图1：10　屋面边缘

3D细部视图　两块织物板之间的联结

3D剖视细部　两块织物板之间的联结

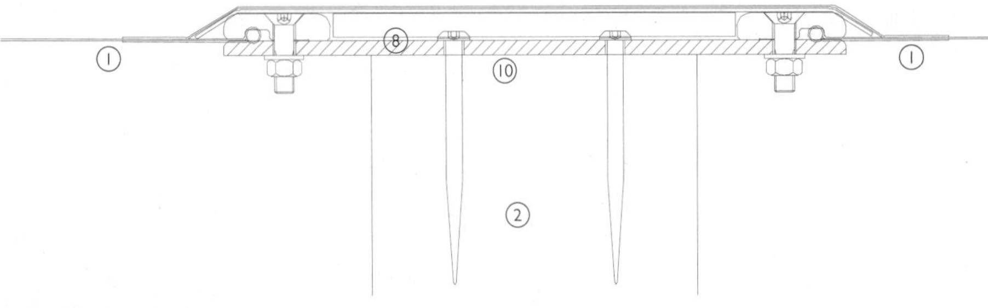

纵剖视图1：10　板间联结

3D视图　两块板间联结

允许从边缘处直接流下。缝的形成是将一段长度的膜绕着泡沫板卷起来，再熔接或者缝合到膜上。当织物屋面用于外部天篷，有使用者从下面经过时，这种雨水处理方法特别有用。考虑到墙和屋面的位移，布置有竖向膜的搭接处是作为柔性接缝处理的。

悬挂点

锥形织物屋面的悬挂点通常固定在锥形顶部的金属环上，再由钢缆或者悬挑支架固定到中央的桅杆上，或者采用“棕榈树”的布置方式挑出曲面金属支架，其作用是将膜与其支撑桅杆实现张拉。

第一种金属环的方案需要附加一道覆盖膜，而第二种“棕榈树”的方式则可以形成连续无中断的膜屋面，带有光滑的弧形顶部。在金属圆环方案中，膜在内环和外环之间实现张拉。另一套夹具用来固定罩在圆环顶上的锥形膜。锥形顶盖被拉到中央桅杆的顶上或者夹在其周围。金属圆环可以悬挂在钢缆上，也可以通过悬挑支架紧紧地固定到桅杆上。

在“棕榈树”方案中，带有曲线形状的悬挑支架成放射状排列是为了创造

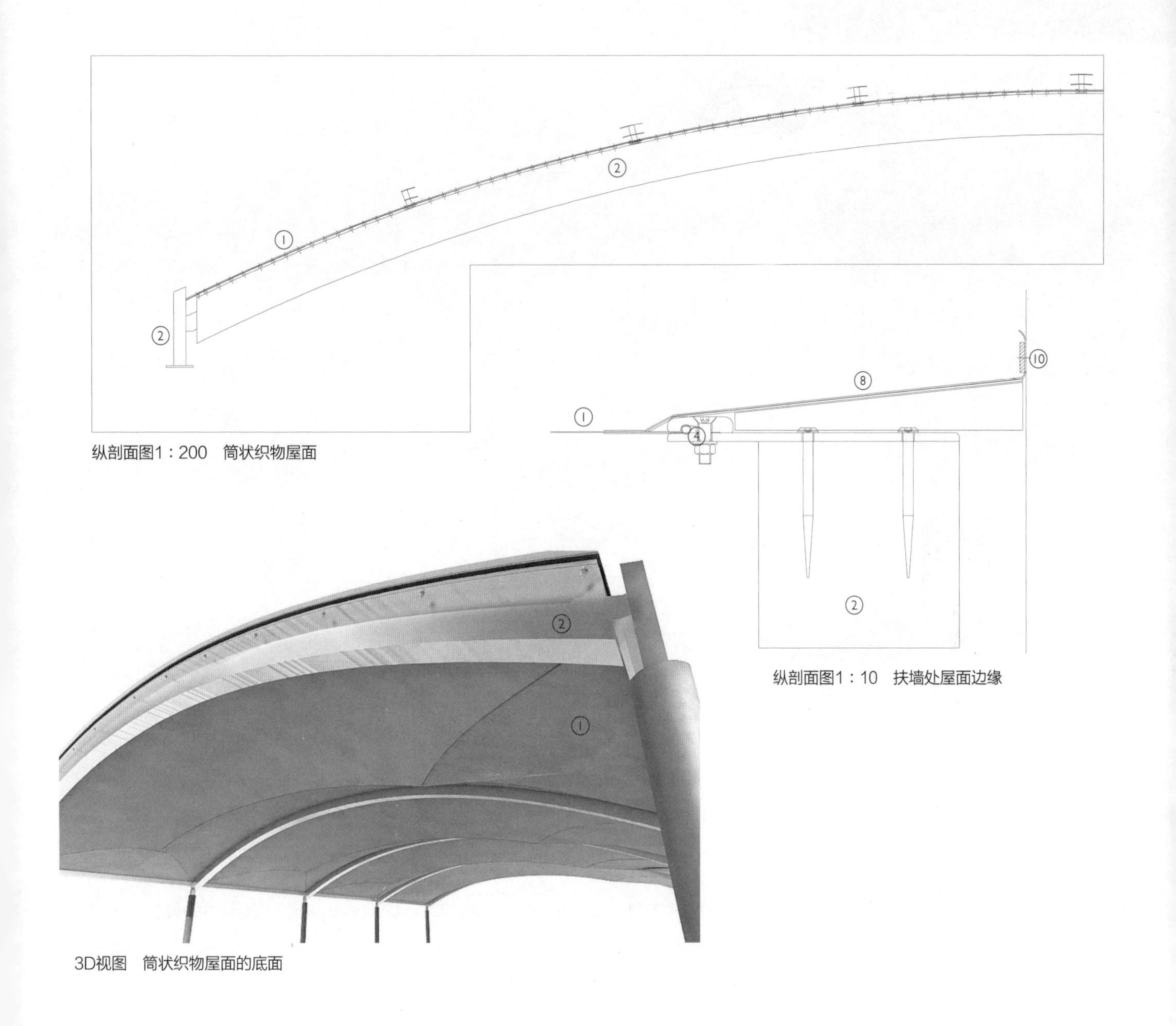

纵剖面图1：200　筒状织物屋面

纵剖面图1：10　扶墙处屋面边缘

3D视图　筒状织物屋面的底面

一个平滑的曲线形式让膜附着。支架通常同膜与膜之间的接缝对齐。

膜的弯折

屋面膜的外凸弯折的处理方法，是将膜覆盖于支撑结构上方，其底面与附加的条状膜通过缝合或者熔接固定并与支撑结构紧固。如果需要的话，可以在接缝处的顶部附加一块膜盖板以消隐缝合的痕迹。另一种方法是将弯折处作为两张膜的连接节点，将二者用压力板夹紧固定到铝合金挤压件上，后者支撑在如低碳钢管材质并同膜弯曲形状相适应的主体结构上。

内凹弯折的做法与斜脊相同，膜向外折而非越过脊部且向下。在一些实例中，膜可以从钢缆下通过。这些连接的做法是将邻近的形成天沟的膜端部夹住形成的。每张膜的边被嵌条夹住，而嵌条与中心钢缆固定。膜之间的间隙由两张条状膜封闭，它们以缝合或者熔接的方式固定到膜的底部，并夹到膜之间的压力板上。为两张条状膜收头的夹具由下面的金属带支撑。通过起封闭作用的条状膜的高度高于连接处，形成了两个邻近的天沟，这样做使夹板高于水面。

1. 织物膜
2. 支承软钢结构
3. 挤压铝支座
4. 织物膜的塑料边缘嵌条
5. 挤压铝夹组合
6. 不锈钢索
7. EPDM密封胶条
8. 织物膜边缘
9. 织物膜边缘天沟
10. 保温层
11. 焊缝
12. 卷扬提升缆绳（织物膜上）

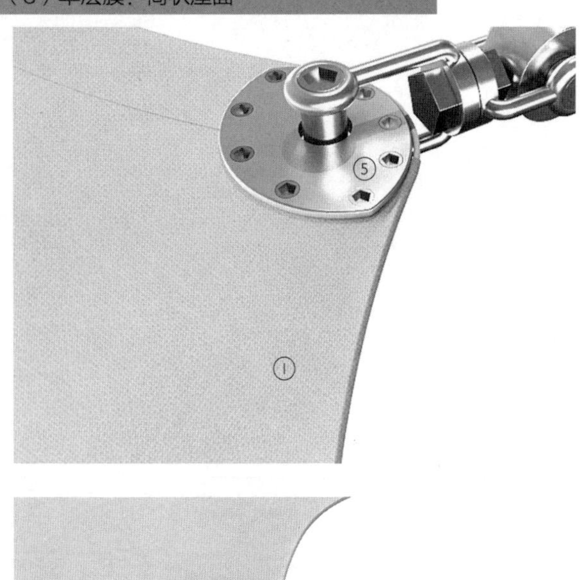

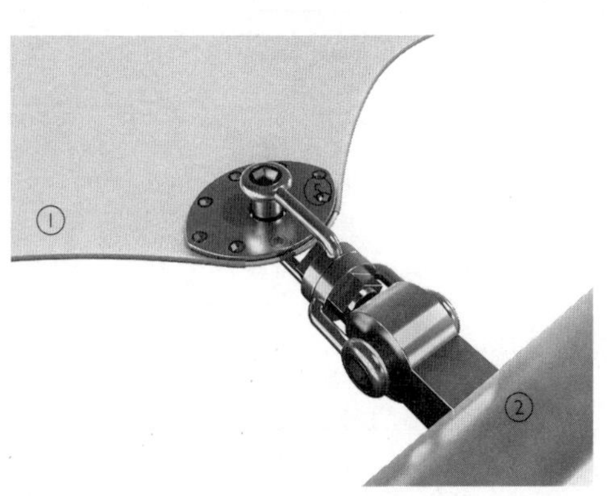

3D细部　边缘夹具

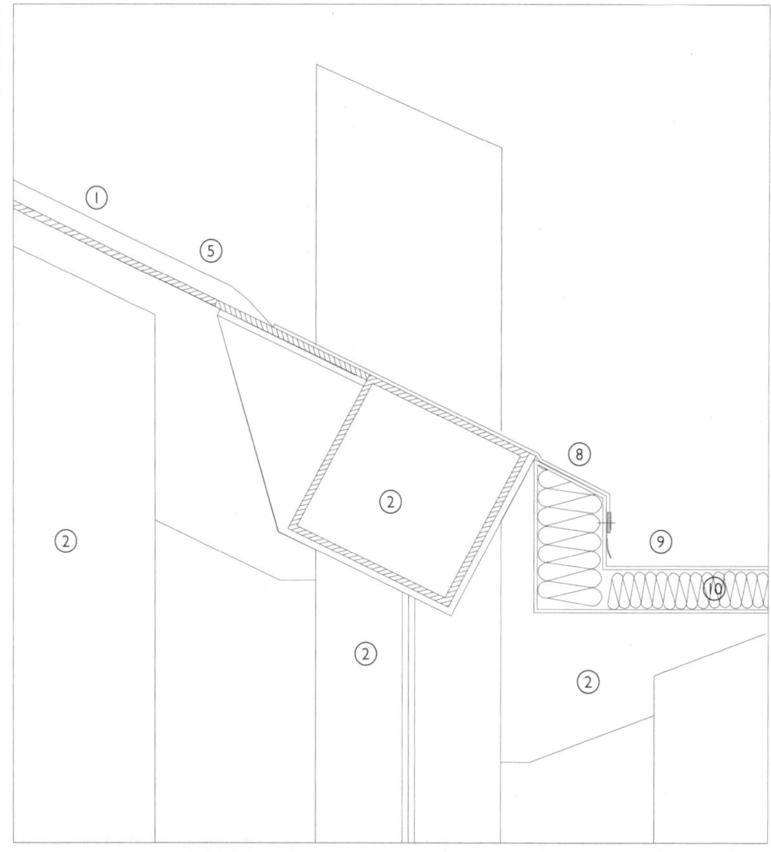

纵剖面图1：10　带穿管屋面边缘

如果只形成一个天沟的话，雨水就会将其淹没，夹板的高度会比图中所示还要低。

两个连接构件形成一条通长的线，可以使用相同的缝合或者熔接的方法，与在相邻屋面高度上设置的压力板连接，形成了两个排水沟，在这里压力板接缝不会没在雨水里。

内折处需要天沟的位置，接缝的每一边通过缝合或熔接的方式附加一道膜，连接膜在连接处保持受拉状态。在实践中，这很难安装，除非在现场将条状膜粘结或者熔接到膜的至少一边的合适位置。两张条状膜与夹固板连接的方案更容易预留现场的安装容差。

在屋面基础位置，将夹固板固定到作为支撑钢构件一部分的基板上，使屋面周边保持密封。起导流作用的雨水沟或将雨水直接排出屋面的金属板可以固定到支撑结构上。膜屋面在基础位置的坡度较缓，雨水有可能阻塞在压力板后面的地方，在这里可以使用另一道膜做成围罩以排除雨水。膜做的围罩是在工厂里通过缝合或者熔接的方式固定到膜上的。

在膜位于拱形支撑结构上方的地方，如筒状屋面，膜做的围罩用于形成连接。相同的做法也用于屋面边缘，这里膜在屋面的边缘继续延伸，机械固定到金属防水板上。夹固板用于将膜固定到防水板上，也起到防水密封作用。金属防水板与木拱固定。保温层设置在金属防水板和膜之间，避免构件因为日晒变得过热（由于直接接触起支撑作用的钢结构），也避免两种构件之间产生磨损。相同的做法可以用在屋面基础的天沟位置。在屋面基础处，将膜做的围罩夹到带保温做法的天沟的侧壁上。邻近的穿管，用专门做成的适合穿屋面构件的膜套管围合。套管的顶部夹到突出的结构上，而套管的底则熔接或者粘结到屋面膜上。

1. 织物膜
2. 支承软钢结构
3. 挤压铝支座
4. 织物膜的塑料边缘嵌条
5. 挤压铝夹组合
6. 不锈钢索
7. EPDM密封胶条
8. 织物膜边缘
9. 织物膜边缘天沟
10. 保温层
11. 焊缝
12. 卷扬提升缆绳（织物膜上）

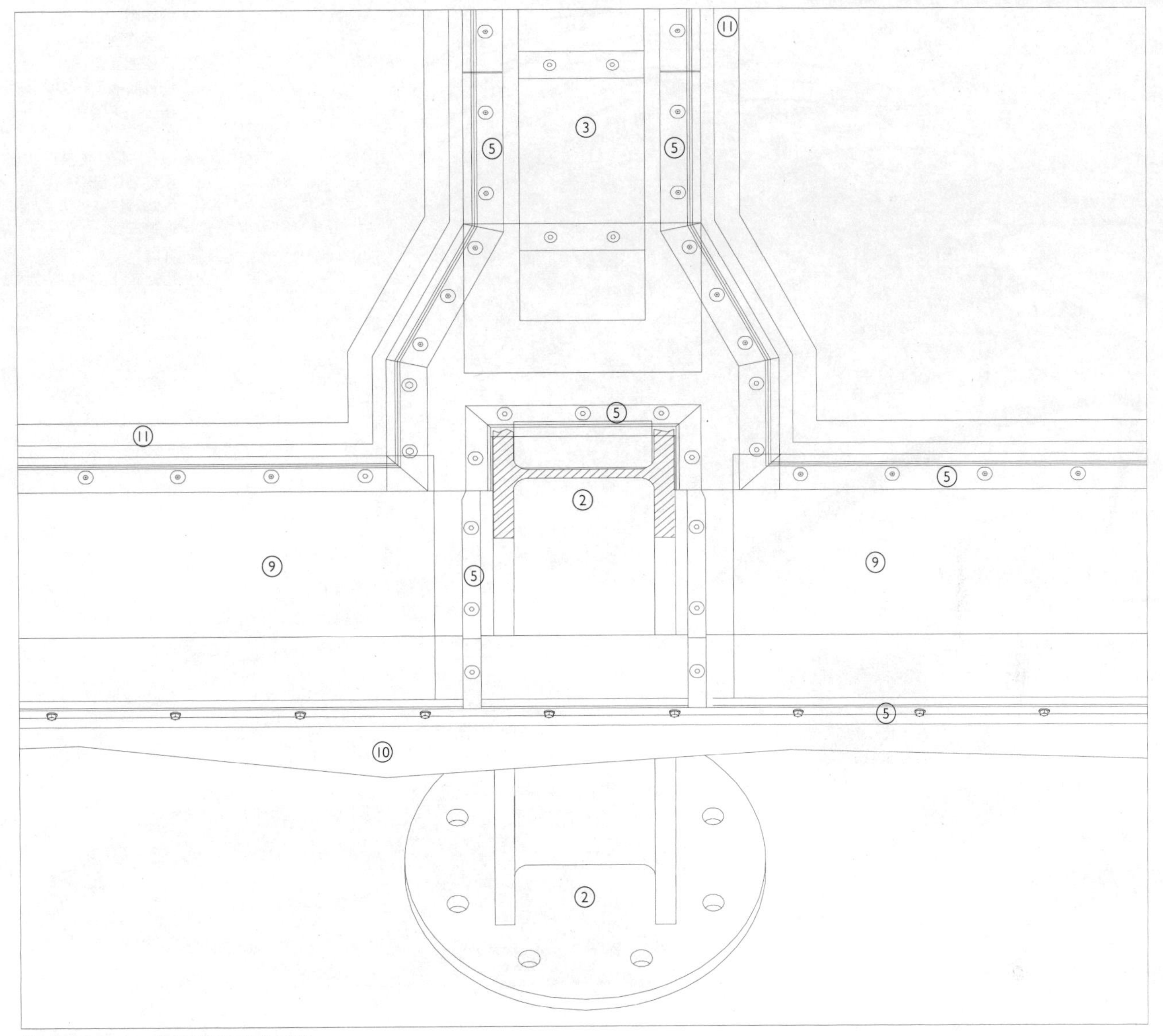

横剖面图1：10　织物膜屋面板间联结

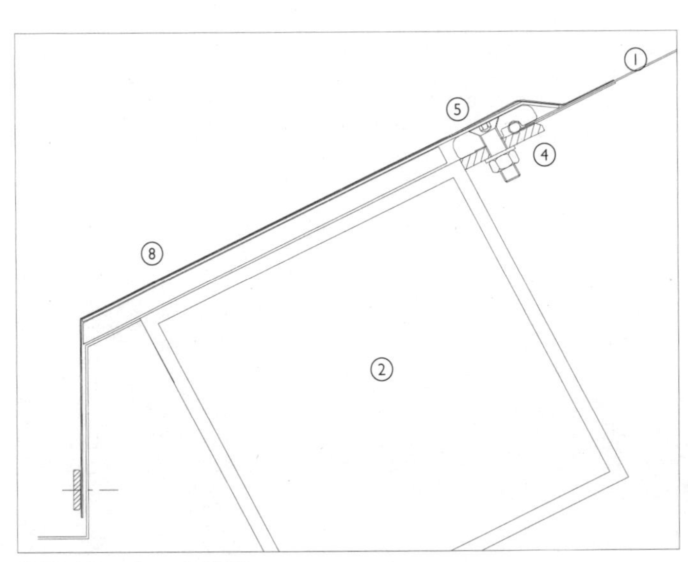

纵剖面图1：10　屋面边缘

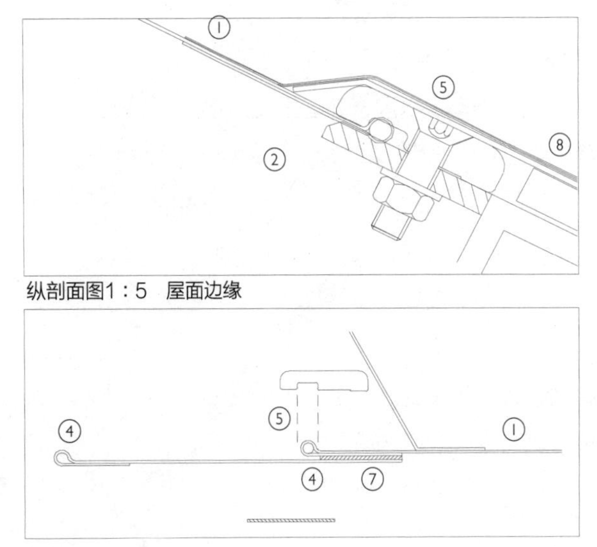

纵剖面图1：5　屋面边缘

纵剖面图1：10　夹固板组合

织物屋面

（3）单层膜：筒状屋面

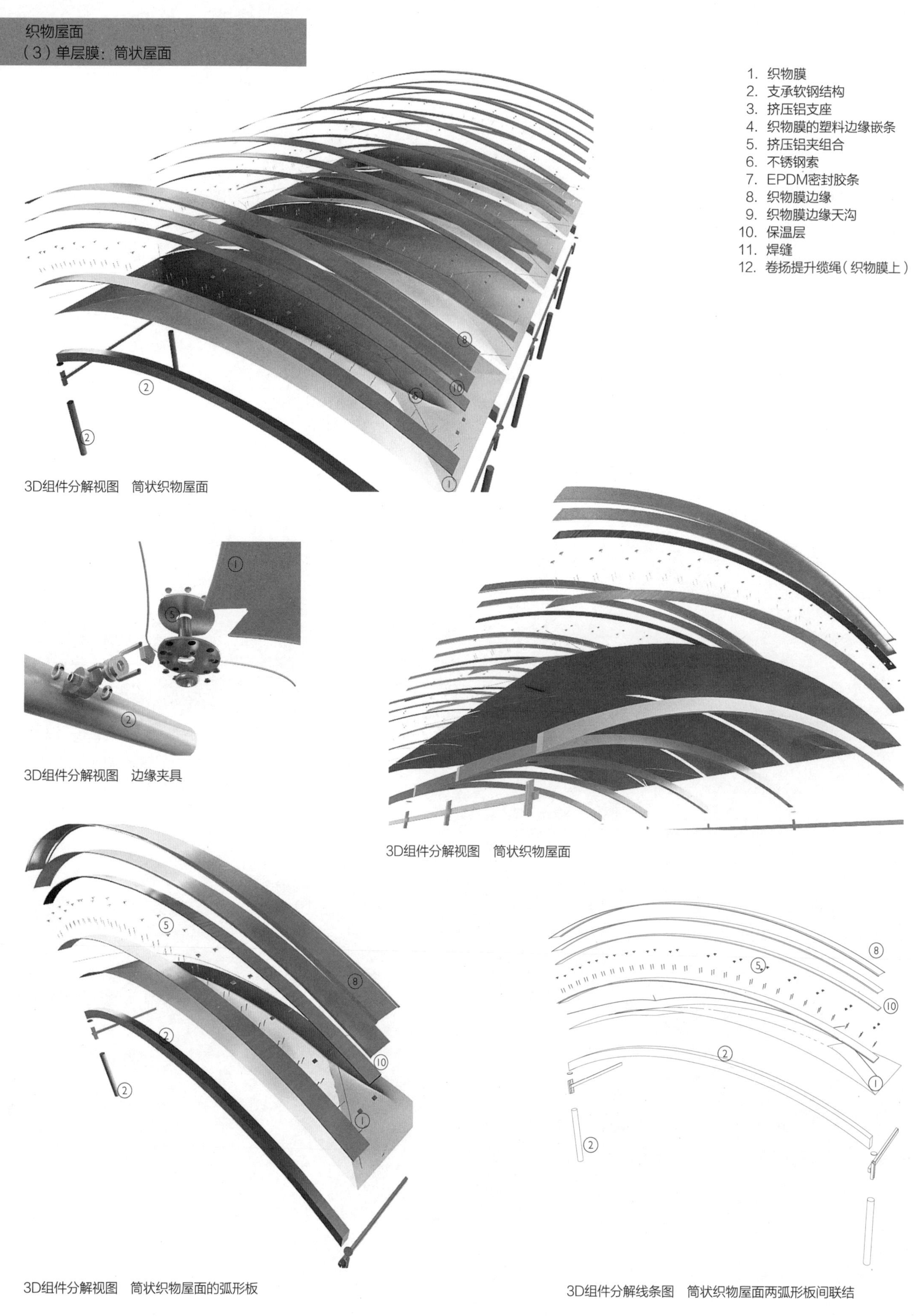

3D组件分解视图　筒状织物屋面

3D组件分解视图　边缘夹具

3D组件分解视图　筒状织物屋面

3D组件分解视图　筒状织物屋面的弧形板

3D组件分解线条图　筒状织物屋面两弧形板间联结

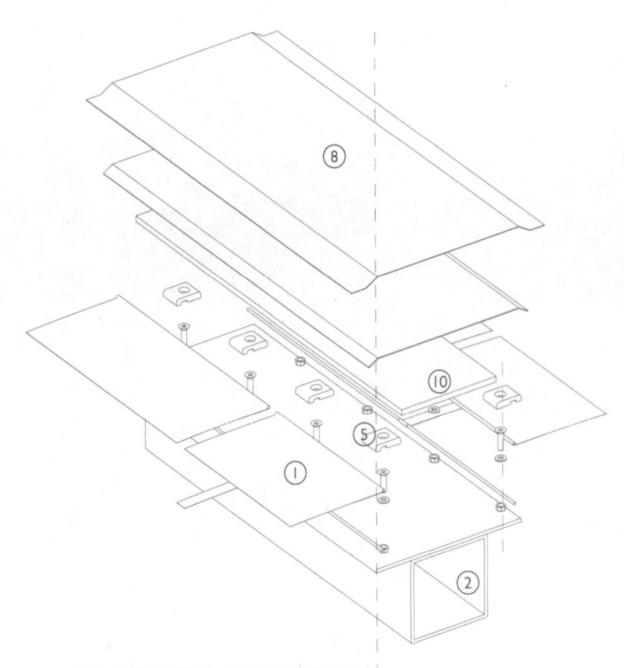

组件分解轴测图　两块织物板间联结

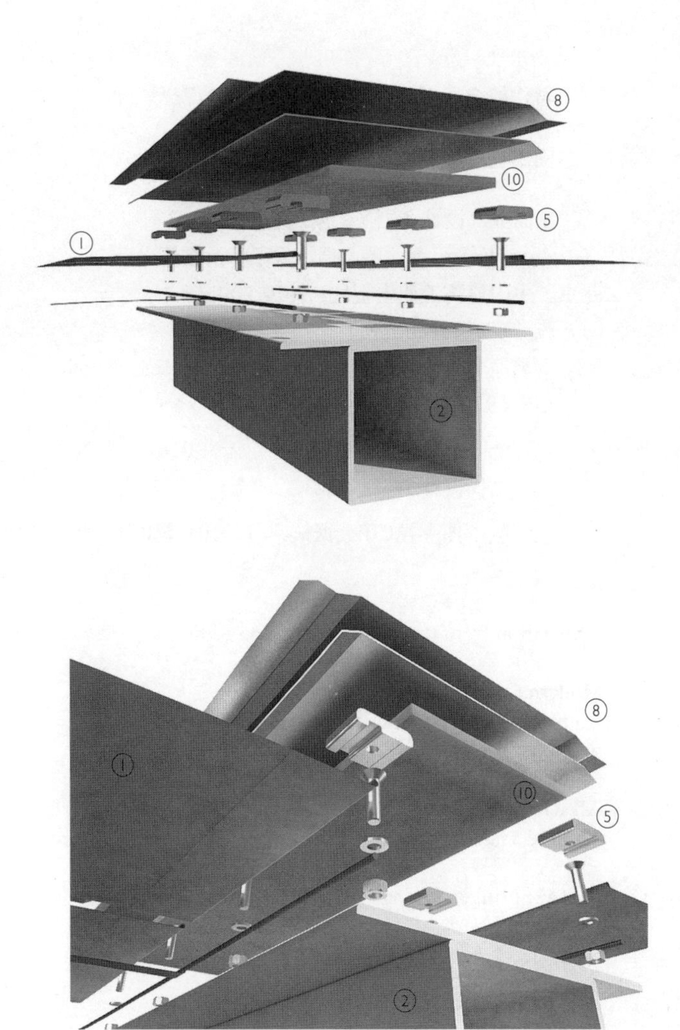

3D组件分解视图　两块织物板间联结

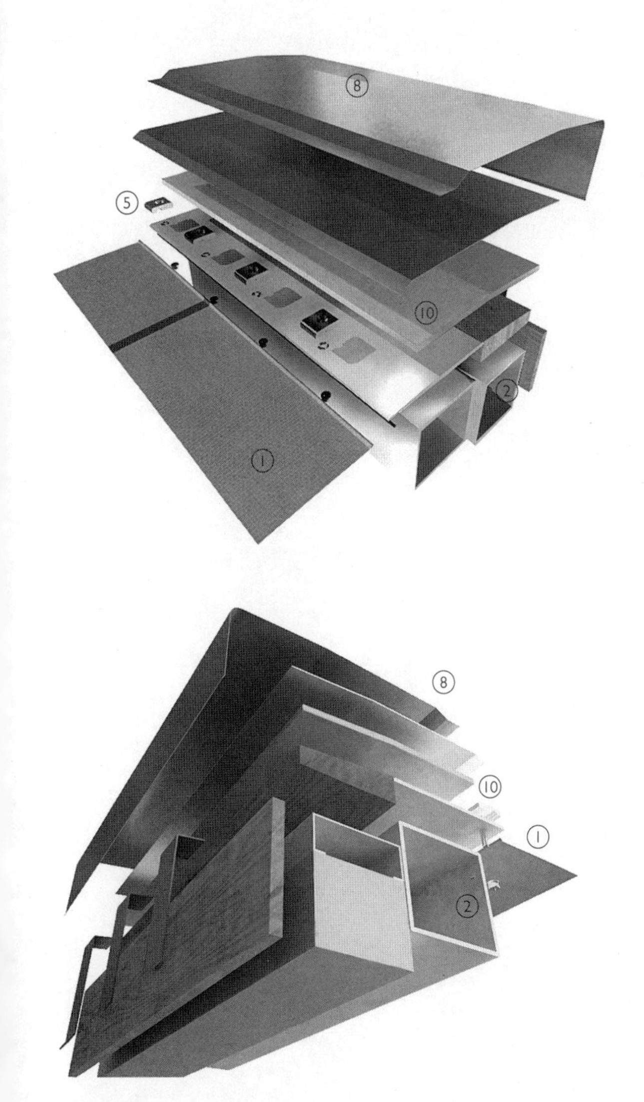

3D组件分解视图　织物屋面边缘

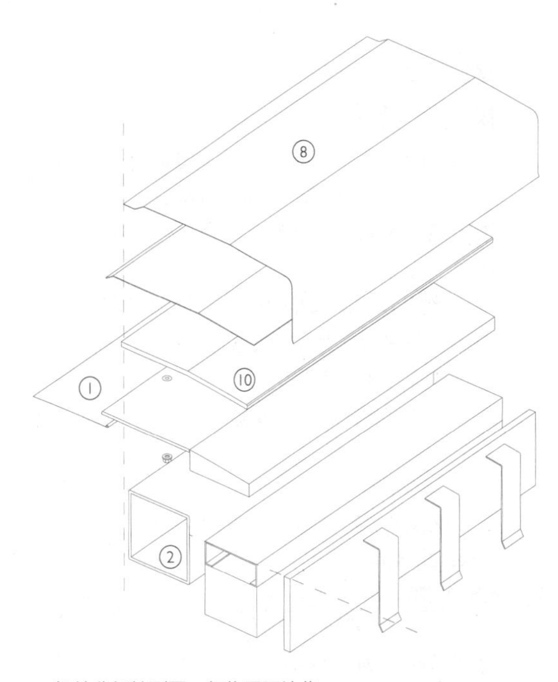

组件分解轴测图　织物屋面边缘

著作权合同登记图字：01-2011-4775号

图书在版编目（CIP）数据

屋面细部设计／（英）安德鲁·沃茨
（Andrew Watts）著；殷山瑞，孟阳子，徐哲文译．—
北京：中国建筑工业出版社，2010.5
（建筑细部设计系列）
书名原文：Modern Construction Envelopes：Roofs
ISBN 978-7-112-12058-1

Ⅰ．①屋… Ⅱ．①安… ②殷… ③孟… ④徐… Ⅲ．
①屋顶－结构设计 Ⅳ．①TU231

中国版本图书馆CIP数据核字（2010）第074674号

Translation from the English language edition:

Modern Construction Envelopes：Roofs
from: Modern Construction Series
by Watts, Andrew

责任编辑：董苏华
版式设计：锋尚设计
责任校对：王　烨

建筑细部设计系列
屋面细部设计
MODERN CONSTRUCTION ENVELOPES：Roofs
［英］安德鲁·沃茨（Andrew Watts）著
殷山瑞　孟阳子　徐哲文　译
*
中国建筑工业出版社出版、发行（北京海淀三里河路9号）
各地新华书店、建筑书店经销
北京锋尚制版有限公司制版
北京中科印刷有限公司印刷
*
开本：880毫米×1230毫米　1/16　印张：16½　字数：480千字
2021年6月第一版　2021年6月第一次印刷
定价：68.00元
ISBN 978－7－112－12058－1
（19310）